建筑施工现场管理人员一本通系列丛书

项目经理一本通

（第2版）

本书编委会　编

中国建材工业出版社

图书在版编目(CIP)数据

项目经理一本通/《项目经理一本通》编委会编.
—2 版.—北京:中国建材工业出版社,2013.6(2021.2重印)
(建筑施工现场管理人员一本通系列丛书)
ISBN 978-7-5160-0441-8

Ⅰ.①项… Ⅱ.①项… Ⅲ.①建筑工程—项目管理—
基本知识 Ⅳ.①TU71

中国版本图书馆 CIP 数据核字(2013)第 099452 号

项目经理一本通(第 2 版)

本书编委会 编

出版发行:中国建材工业出版社

地 址:北京市海淀区三里河路 1 号
邮 编:100044
经 销:全国各地新华书店
印 刷:北京紫瑞利印刷有限公司
开 本:850mm×1168mm 1/32
印 张:22
字 数:612 千字
版 次:2013 年 6 月第 2 版
印 次:2021 年 2 月第 4 次
定 价:59.00 元

本社网址:www.jccbs.com.cn
本书如出现印装质量问题,由我社市场营销部负责调换。电话:(010)88386906
对本书内容有任何疑问及建议,请与本书责编联系。邮箱:dayi51@sina.com

内 容 提 要

　　本书第 2 版根据《建设工程项目管理规范》及最新建筑工程施工管理标准规程进行编写，详细阐述了建筑工程项目经理的工作职责，专业知识和业务技能。全书主要内容包括项目经理工作概述，项目经理部，项目经理责任制，项目合同管理，项目采购管理，项目进度管理，项目质量管理，项目人力资源管理，项目造价管理，项目成本管理，项目现场管理，项目信息管理，项目风险管理，项目沟通管理，项目收尾管理等。

　　全书内容广泛、丰富、翔实、实用，是建筑工程项目经理工作时必备的参考用书，同时也可供高等院校相关专业师生学习时参考。

项目经理一本通

编委会

主　编：张　娜

副主编：秦礼光　张　超

编　委：汪永涛　蒋林君　高会芳　崔奉卫

　　　　孙世兵　黄志安　华克见　徐梅芳

　　　　赵艳娥　张广钱　陆海军　毛　娟

　　　　张微笑　何晓卫

第2版出版说明

《建筑施工现场管理人员一本通系列丛书》自2006年陆续出版发行以来,受到广大读者的关注和喜爱,本系列丛书各分册已多次重印,累计已达数万册。在本系列丛书的使用过程中,丛书编者陆续收到了不少读者及专家学者对丛书内容、深浅程度及编排等方面的反馈意见,对此,丛书编者向广大读者及有关专家学者表示衷心感谢。

随着近年来我国国民经济的快速发展和科学技术水平的不断提高,建筑工程施工技术也得到了迅速发展。在科技快速发展的科技时代,建筑工程建设标准、功能设备、施工技术等在理论与实践方面也有了长足的发展,并日趋全面、丰富,各种建筑工程新材料、新设备、新工艺、新技术也得到了广泛的应用。为使本系列丛书更好地符合时代发展的要求,更好地满足新的需要,能够跟上工程建设飞速发展的步伐,丛书编者在保持编写风格及特点不变的基础上对本系列丛书进行了修订。本系列丛书修订后的各分册书名为:

1.《标准员一本通》　　　　2.《劳务员一本通》
3.《施工员一本通》(第2版)　4.《质量员一本通》(第2版)
5.《机械员一本通》(第2版)　6.《监理员一本通》(第2版)
7.《资料员一本通》(第2版)　8.《材料员一本通》(第2版)
9.《合同员一本通》(第2版)　10.《安全员一本通》(第2版)
11.《测量员一本通》(第2版)　12.《项目经理一本通》(第2版)
13.《现场电工一本通》(第2版)　14.《甲方代表一本通》(第2版)
15.《造价员一本通(建筑工程)》(第2版)
16.《造价员一本通(安装工程)》(第2版)
本系列丛书的修订主要遵循以下原则进行:

(1)遵循最新标准规范对内容进行修订。本系列丛书出版发行期间,建筑工程领域颁布实施了众多标准规范,丛书修订工作严格依据最新标准规范进行。

(2)使用更方便。本套丛书资料丰富,内容翔实,图文并茂,编撰体例新颖,注重对建筑工程施工现场管理人员管理能力和专业技术能力的培养,力求做到文字通俗易懂,叙述内容一目了然,特别适合现场管理人员随查随用。

(3)依据广大读者及相关专家学者在丛书使用过程中提出的意见或建议,对丛书中的错误及不当之处进行了修订。

本套丛书在修订过程中,尽管编者已尽最大努力,但限于编者的水平,丛书在修订过程中难免会存在错误及疏漏,敬请广大读者及业内专家批评指正。

编　者

第1版出版说明

目前,我国建筑业发展迅速,城镇建设规模日益扩大,建筑施工队伍不断增加,建筑工地(施工现场)到处都是。工地施工现场的施工员、质量员、安全员、造价员(过去称为预算员)、资料员等是建设工程施工必需的管理人员,肩负着重要的职责。他们既是工程项目经理进行工程项目管理的执行者,也是广大建筑施工工人的领导者。他们的管理能力、技术水平的高低,直接关系到千千万万个建设项目能否有序、高效率、高质量地完成,关系到建筑施工企业的信誉、前途和发展,甚至是整个建筑业的发展。

近些年来,为了适应建筑业的发展需要,国家对建筑设计、建筑结构、施工质量验收等一系列标准规范进行了大规模的修订。同时,各种建筑施工新技术、新材料、新设备、新工艺已得到广泛的应用。在这种形势下,如何提高施工现场管理人员的管理能力和技术水平,已经成为建筑施工企业持续发展的一个重要课题。同时,这些管理人员自己也十分渴望参加培训、学习,迫切需要一些可供工作时参考用的知识性、资料性读物。

为满足施工现场管理人员对技术和管理知识的需求,我们组织有关方面的专家,在深入调查的基础上,以建筑施工现场管理人员为对象,编写了这套《建筑施工现场管理人员一本通系列丛书》。

本套丛书主要包括以下分册:

1.《标准员一本通》 2.《劳务员一本通》

3.《施工员一本通》 4.《质量员一本通》

5.《机械员一本通》 6.《监理员一本通》

7.《资料员一本通》 8.《材料员一本通》

9.《合同员一本通》 10.《安全员一本通》

11.《测量员一本通》 12.《造价员一本通(建筑工程)》

13.《现场电工一本通》 14.《造价员一本通(安装工程)》

15.《项目经理一本通》 16.《甲方代表一本通》

与市面上已经出版的同类图书相比,本套丛书具有如下特点:

1. 紧扣一本通。何谓"一本通",就是通过一本书能够解决施工现场管理人员所有的问题。本丛书将施工现场管理人员工作中涉及的的工作职责、专业技术知识、业务管理和质量管理实施细则以及有关的专业法规、标准和规范等知识全部融为一体,内容更加翔实,解决了管理人员工作时需要到处查阅资料的问题。

2. 应用新规范。本套丛书各分册均围绕现行《建筑工程施工质量验收统一标准》(GB 50300—2001)和与其配套使用的 14 项工程质量验收规范、《建设工程工程量清单计价规范》以及现行建筑安装工程预算定额、现行与安全生产有关的标准规范和最新的工程材料标准等进行编写,切实做到应用新规范、贯彻新规范。

3. 体现先进性。本套丛书充分吸收了在当前建筑业中广泛应用的新材料、新技术、新工艺,是一套拿来就能学、就能用的实用工具书。

4. 使用更方便。本套丛书资料丰富,内容翔实,图文并茂,编撰体例新颖,注重对建筑工程施工现场管理人员管理能力和专业技术能力的培养,力求做到文字通俗易懂,叙述内容一目了然,特别适合现场管理人员随查随用。

由于编写时间仓促,加之编者经验水平有限,丛书中错误及不当之处,敬请广大读者批评指正。

编 者

目　录

第一章　项目经理工作概述

第一节　工程项目管理

一、概念

1. 项目

"项目"一词来源于人类有组织的活动,中国的长城、埃及的金字塔及古罗马的尼姆水道都是人类历史上运作大型复杂项目的范例。关于项目的定义,在项目管理领域比较传统的是 1964 年 Martino 对项目的定义:"项目为一个具有规定开始和结束时间的任务,它需要使用一种或多种资源,具有许多个为完成该任务所必须完成的互相独立、互相联系、互相依赖的活动。"这一概念具有普遍的意义,强调了独特的任务、活动之间的综合性和系统性。简单地说,项目是指在一定的约束条件下,具有特定的明确目标和完整的组织结构的一次性任务或活动。它包括时间、成本和资源的约束条件。安排一场演出,开发一种新产品,建一幢房子都可以称之为一个项目。

2. 工程项目

工程项目是指建设领域中的项目,一般是指为某种特定的目的而进行投资建设并含有一定建筑或建筑安装工程的建设项目。例如:建造一定生产能力的流水线;建设一定生产能力的工厂或车间;建设一定长度和等级的公路;建设一定规模的医院、文化娱乐设施;建设一定规模的住宅小区等。

3. 项目管理

项目管理是指在一定的约束条件下(在规定的时间和预算费用内)为达到项目目标要求的质量而对项目所实施的计划、组织、指挥、协调和控制的过程。

一定的约束条件是制定项目目标的依据,也是对项目控制的依据。项目管理的目的就是保证项目目标的实现。项目管理的对象是项目,由于项目具有单件性和一次性的特点,要求项目管理具有针对性、系统性、程序性和科学性。只有用系统工程的观点、理论和方法对项目进行管理,才能保证项目的顺利完成。

4. 工程项目管理

工程项目管理是项目管理的一个重要分支,它是指通过一定的组织形式,用系统工程的观点、理论和方法对工程建设项目生命周期内的所有工作,包括项目建议书、可行性研究、项目决策、设计、设备询价、施工、签证、验收等系统运动过程进行计划、组织、指挥、协调和控制,以达到保证工程质量、缩短工期、提高投资效益的目的。由此可见,工程项目管理是以工程项目目标控制(质量控制、进度控制和投资控制)为核心的管理活动。

二、工程项目管理任务

(1)合同管理。建设工程合同是业主和参与项目实施各主体之间明确责任、权利关系的具有法律效力的协议文件,也是运用市场经济体制、组织项目实施的基本手段。从某种意义上讲,项目的实施过程就是建设工程合同订立和履行的过程。合同所赋予的一切责任、权利履行到位之日,也就是建设工程项目实施完成之时。

建设工程合同管理,主要是指对各类合同的依法订立过程和履行过程的管理,包括合同文本的选择,合同条件的协商、谈判,合同书的签署;合同履行、检查、变更和违约、纠纷的处理,总结评价等。

(2)组织协调。组织协调是实现项目目标必不可少的方法和手段。在项目实施过程中,各个项目参与单位需要处理和调整众多复杂的业务组织关系。

(3)目标控制。目标控制是项目管理的重要职能,它是指项目管理人员在不断变化的动态环境中为保证既定计划目标的实现而进行的一系列检查和调整活动。工程项目目标控制的主要任务就是在项目前期策划、勘察设计、施工、竣工交付等各个阶段采用规划、组织、协调等手段,从组织、技术、经济、合同等方面采取措施,确保项目总目标的顺利实现。

(4)风险管理。风险管理是一个确定和度量项目风险,以及制定、选择和管理风险处理方案的过程。其目的是通过风险分析减少项目决策的不确定性,以便使决策更加科学,以及在项目实施阶段,保证目标控制的顺利进行,更好地实现项目质量、进度和投资目标。

(5)信息管理。信息管理是工程项目管理的基础工作,是实现项目目标控制的保证。只有不断提高信息管理水平,才能更好地承担起项目管理的任务。

工程项目的信息管理主要是指对有关工程项目的各类信息的收集、储存、加工整理、传递与使用等一系列工作的总称。信息管理的主要任务是及时、准确地向项目管理各级领导、各参加单位及各类人员提供所需的综合程度不同的信息,以便在项目进展的全过程中,动态地进行项目规划,迅速、正确地进行各种决策,并及时检查决策执行结果,反映工程实施中暴露的各类问题,为项目总目标服务。

(6)环境保护。项目管理者必须充分研究和掌握国家和地区的有关环保法规和规定,对于环保方面有要求的工程建设项目在项目可行性研究和决策阶段,必须提出环境影响报告及其对策措施,并评估其措施的可行性和有效性,严格按建设程序向环保管理部门报批。在项目实施阶段,做到主体工程与环保措施工程同步设计、同步施工、同步投入运行。在工程施工承发包中,必须把依法做好环保工作列为重要的合同条件加以落实,并在施工方案的审查和施工过程中,始终把落实环保措施、克服建设公害作为重要的内容予以密切注视。

三、工程项目管理特点

(1)一次性。项目的单件性特征,决定了项目管理的一次性特点。在项目管理过程中一旦出现失误,很难纠正,损失严重。所以对项目建设中的每个环节都应进行严密管理,认真选择项目经理,配备项目人员和设置项目机构。

(2)强约束性。工程项目管理的一次性特征,以及明确的目标(成本低、进度快、质量好)、限定的时间和资源消耗、既定的功能要求和质量标准,决定了工程项目管理的强约束性。项目管理的重要特点在于项目管理者如何在一定时间内,在不超过约束条件的前提下,充分利用这些条件,去完成既定任务,达到预期目标。

(3)综合性管理。建设工程项目生命周期的各阶段既有明显的界限,又相互有机衔接,不可间断,这就决定了项目管理是对项目生命周期全过程的管理,如对项目可行性研究、勘察设计、招标投标、施工等各阶段全过程的管理,在每个阶段中又包含有进度、质量、成本、安全的管理。因此,项目管理是全过程的综合性管理。

第二节　项目经理工作要求

一、项目经理的地位

一个施工项目是一项整体任务,有统一的最高目标,按照管理学的基本原则,需要设有专人负责才能保证其目标的实现。这个负责人就是施工项目经理。

施工项目经理是施工项目的中心,在施工活动中占有举足轻重的地位。第一,施工项目经理是施工企业法人代表(施工企业经理)在项目上的代理人。施工企业是法人,企业经理是法人代表,一般情况下企业经理不会直接对每个建筑单位负责,而是由施工项目经理在授权范围内对建设单位直接负责。第二,施工项目经理是施工项目全过程所有工作的主要负责人,企业项目承包责任者,项目动态管理的体现者,项目生产要素合理投入和优化组合的组织者。总之,施工项目经理是施工项目目标的全面实现者,既要对建设单位的成果性目标负责,又要对施工企业的效率性目标负责,必须具备如下四方面条件:

(1)项目经理是施工承包企业法人代表在项目上的全权委托代理人。从企业内部看,项目经理是施工项目全过程所有工作的总负责人,是项目的总责任者,是项目动态管理的体现者,是项目生产要素合理投入和优化组合的组织者。从对外方面看,作为企业法人代表的企业经理,不直接对每个建设单位负责,而是由项目经理在授权范围内对建设单位直接负责。

(2)项目经理是协调各方面关系,使之相互紧密协作、配合的桥梁和纽带。他对项目管理目标的实现承担着全部责任,即承担合同责任、履行合同义务、执行合同条款、处理合同纠纷、受法律的约束和保护。

(3)项目经理对项目实施进行控制,是各种信息的集散中心。所有信息通过各种渠道汇集到项目经理的手中;项目经理又通过指令、计划和"办法",对下、对外发布信息,通过信息的集散达到控制的目的,使项目管理取得成功。

（4）项目经理是施工项目责、权、利的主体。项目经理是项目总体的组织管理者,即他是项目中人、财、物、技术、信息和管理等所有生产要素的组织管理人。他不同于技术、财务等专业的总负责人。项目经理必须把组织管理职责放在首位。项目经理必须是项目的责任主体,是实现项目目标的最高责任者,而且目标的实现还应该不超出限定的资源条件。责任是实现项目经理责任制的核心,它构成了项目经理工作的压力和动力,是确定项目经理权力和利益的依据。对项目经理的上级管理部门来说,最重要的工作之一就是把项目经理的这种压力转化为动力。其次项目经理必须是项目的权力主体。权力是确保项目经理能够承担起责任的条件与手段,所以权力的范围,必须视项目经理责任的要求而定。如果没有必要的权力,项目经理就无法对工作负责。项目经理还必须是项目的利益主体。利益是项目经理工作的动力,是由于项目经理负有相应的责任而得到的报酬,所以利益的形式及利益的多少也应该视项目经理的责任而定。如果没有一定的利益,项目经理就不愿负有相应的责任,也不会认真行使相应的权力,项目经理也难以处理好国家、企业和职工的利益关系。

二、项目经理的作用

项目经理在施工企业中的中心地位,决定了他对企业的盛衰具有关键作用。所谓"千军易得,一将难求"。项目经理是将帅之才,他在企业中的作用主要表现在以下几个方面:

（1）确定企业发展方向与目标,并组织实施。

（2）建立精干高效的经营管理机构,并适应形势与环境的变化及时做出调整。

（3）制定科学的企业管理制度并严格执行。

（4）合理配置资源,将企业资金同其他生产要素有效地结合起来,使各种资源都充分发挥作用,创造更多利润。

（5）协调各方面的利害关系,包括投资者、劳动者和社会各方面的利益关系,使各得其所,调动各方面的积极性,实现企业总体目标。

（6）造就人才,培训职工,公平、合理地选拔人才、使用人才,使各尽所能,心情舒畅地为企业献身。

(7)不断创新,采取多种措施鼓励和支持不断更新企业的机构、技术、管理和产品(服务),使企业永葆青春。

三、项目经理的资质要求

建筑工程项目施工的项目经理,须由注册受聘的建造师担任。建造师分为一级建造师和二级建造师。一级建造师具有较高的标准、素质和管理水平,有利于开展国际互认。同时,考虑我国建筑工程项目量大面广,工程项目的规模悬殊,各地经济、文化和社会发展水平有较大差异,不同工程项目对管理人员的要求也不尽相同,设立二级建造师可以适应施工管理的实际需求。

建造师的执业要点见表1-1。

表 1-1　　　　　　　　　　　建造师的执业要点

级　别	一　级	二　级
基本要求	必须严格遵守法律、法规和行业管理的各项规定,恪守职业道德	
执业范围	(1)担任特级、一级建筑业企业资质的建筑工程项目施工的项目经理。 (2)从事其他施工活动的管理工作。 (3)法律、行政法规或国务院建设行政主管部门规定的其他业务	(1)担任二级及以下建筑业企业资质的建筑工程项目施工的项目经理。 (2)从事其他施工活动的管理工作。 (3)法律、行政法规或国务院建设行政主管部门规定的其他业务
执业技术能力要求	(1)具有一定的工程技术、工程管理理论和相关经济理论水平,并具有丰富的施工管理专业知识。 (2)能够熟练掌握和运用与施工管理业务相关的法律、法规、工程建设强制性标准和行业管理的各项规定。 (3)具有丰富的施工管理实践经验和资历,有较强的施工组织能力,能保证工程质量和安全生产。 (4)有一定的外语水平	(1)了解工程建设的法律、法规、工程建设强制性标准及有关行业管理的规定。 (2)具有一定的施工管理专业知识。 (3)具有一定的施工管理实践经验和资历,有一定的施工组织能力,能保证工程质量和安全生产

四、项目经理的素质要求

1. 政治素质

施工项目经理是建筑施工企业的重要管理者,应具备较高的政治素质,必须具有思想觉悟高、政策观念强的道德品质,在施工项目管理中能认真执行党和国家的方针、政策,遵守国家的法律和地方法规,执行上级主管部门的有关决定,自觉维护国家的利益,保护国家财产,正确处理国家、企业和职工三者的利益关系。

2. 领导素质

施工项目经理是一名领导者,应具有较高的组织领导工作能力,具体应满足下列要求:

(1)博学多识,通情明理。即具有现代管理、科学技术、心理学等基础知识,见多识广,眼界开阔,通人情,达事理。

(2)多谋善断,灵活机变。即具有独立解决问题和与外界洽谈业务的能力,点子多,办法多,善于选择最佳的主意和办法,能当机立断地去实行。当情况发生变化时,能够随机应变地追踪决策,见机处理。

(3)知人善任,善与人同。即要知人所长,知人所短,用其所长,避其所短,尊贤爱才,大公无私,不任人唯亲,不任人唯资,不任人唯顺,不任人唯全。宽容大度,有容人之量,善于与人求同存异,与大家同心同德。与下属共享荣誉与利益,劳苦在先,享受在后,关心别人胜于关心自己。

(4)公道正直,以身作则。即要求下属的,自己首先做到,定下的制度、纪律,自己首先遵守。

(5)铁面无私,赏罚严明。即对被领导者赏功罚过,不讲情面,以此建立管理权威,提高管理效率。赏要从严,罚要谨慎。

(6)在哲学素养方面,项目经理必须有讲求效率的"时间观",能取得人际关系主动权的"思维观",有处理问题时注意目标和方向、构成因素、相互关系的"系统观"。

3. 知识素质

施工项目经理应具有大中专以上相应学历和文凭,懂得建筑施工技术知识、经营管理知识和法律知识,了解项目管理的基本知识,懂得施工项目管理的规律;具有较强的决策能力、组织能力、指挥能力、应变能力;能够带领经理班子成员,团结广大群众一道工作。项目经理不能是一名只知个人苦干,成天忙忙碌碌,只干不管的具体办事人员,而应该是会"将才",善运筹的"帅才"。

4. 实践经验

每个项目经理,必须具有一定的施工实践经历和按规定经过一段实际锻炼。只有具备了实践经验,他才会处理各种可能遇到的实际问题。

5. 身体素质

由于施工项目经理不但要担当繁重的工作,而且工作条件和生活条件都因现场性强而相当艰苦。因此,必须年富力强,具有健康的身体,以便保持充沛的精力和旺盛的意志。

五、项目经理的能力要求

高素质的项目经理是施工企业立足市场谋求发展之本,是施工企业竞争取胜的重要砝码。项目经理的个性不同,爱好也不一样,但在项目管理中,对项目经理的基本要求则是相同的。这不仅是指项目经理要取得某个级别的资质证书,而且要求项目经理应具备一定的基本能力。

1. 合同履约能力

从计划经济的项目管理转变为市场经济的项目管理,最大的变化就是项目管理的方式,从行政管理转变为合同管理,从行政关系转变为合同关系。因此,现代企业的项目经理应该是履行合同的专家。如今企业早已到了理性经营阶段、科学管理阶段,项目经理应该会谈判,善谈判,会签合同,更会履行合同并在合同履行过程中依法索赔。项目经理一定要清楚,只要不是承包商的原因造成的损失,就要提出索赔。现在项目经理索赔意识不强,不会索赔,不想索赔,基至不敢索赔。其实这是一种错误的观念。过去我们不叫合同履约,而是叫完成任务,完成上级下达的生产任务,不必太计较企业利益的得失。现在不同了,现在企业都是为了自己的生存去找任务、签合同,签了合同就要履行合同,既要本着对顾客负责的态度去认真履行合同,同时更要注意维护自己企业的利益。因此,项目经理必须要有合同履约的能力。

2. 风险控制能力

做项目经理是要担风险的。一项工程的完成不是凭口号凭决心就能建成的。建设过程本身就存在风险。取费中还有一项叫不可预见费,就是不可能预先知道的费用,也就是风险费。施工过程中处理风险有几种手段:

(1)承认风险。风险自留,愿意承担这个风险。

(2)不想承担这个风险。通过一定的方法转移风险,交给别人去承担。如通过投保交给保险公司去承担风险。

(3)减少风险。本来风险很大,通过各种技术措施将风险减到最小。现在有保险和担保,保险是风险转移,担保是风险减少。

3. 科学的组织领导能力

要管理一个项目,不是项目经理一个人就行的,而是要领导和组织项目班子一批人。项目上虽有人、财、物等多种因素,但项目经理最主要的还是和人打交道,所以项目经理要发挥自己的人格魅力,用爱构筑起一个团结、和谐的战斗群体。

项目经理要学会转化矛盾,要知人善任,要用人所长。要善于把你领导下的人变为人才。可以说一个项目经理在工作中不生气不发火是不可能的,施工过程中会碰到许多问题,有时还很难处理。这就要求我们的项目经理要清醒、冷静,要有涵养。还要有敬业精神和职业道德,同时要有挑战困难和坚持到底的勇气和毅力。

4. 程序优化能力

一个合同的项目经理在组织好项目队伍的前提下,还要科学组织施工程序,即项目经理还应具有程序优化能力。有程序优化能力的项目经理管理的项目就会井井有条。反之,就会手忙脚乱,顾此失彼。任何工作都有个先后程序,要按科学的程序进行安排,要学习统筹法,流水作业,运筹施工,工期自然就快。过去为缩短工期就大干苦干拼命干,无限延长劳动时间的做法,不应该再是现代项目经理所为。而应该从优化程序上下工夫,要学会应用统筹技术等现代化的科学管理方法和手段,找出主要矛盾点,找准影响工期、质量的关键工序,制定相应措施,就一定能确保项目的工期和质量。

5. 环境协调能力

环境分内部环境和外部环境。内部环境是指项目经理和其他成员的关系，外部环境的关系就更多了。现在的工地是企业面向社会的窗口，和顾客的关系，和竞争对手、合作伙伴的关系，和周围百姓的关系，和当地政府管理部门的关系等都要协调处理好，这也是市场经济竞争的一方面。

6. 以法维权的能力

作为一个现代企业的项目经理要学法、懂法、懂制度，懂规章。项目经理搞不好不是原告就是被告，当然，项目经理总当被告，这和不懂法不无关系。干工程不懂标准，不熟悉有关的法律、法规，在项目管理中出现违法经营、违章指挥、违规作业的"三违"现象，造成安全质量事故，甚至触犯法律，不当被告才怪。所以，项目经理一定要学法、用法，一方面避免自己犯法，另一方面也学会正确运用法律维护自己的权益和利益。

7. 提炼总结能力

一个项目经理要会总结，善于总结。一个项目完成了，要把经验教训都总结出来，要经过认真思考，提炼总结出有价值的东西，以指导今后的工作。项目上的人、机、料、法，环诸因素都要有一个总结，一个工程完工起码要有三方面的成果：

(1)是一个优质的工程。

(2)总结出一套施工管理的经验。

(3)造就一批人才。

所以项目经理必须具有提炼、总结的意识和能力。

8. 提升价值的能力

企业的生存发展需要人才，一个企业只有占有丰富的人才资源，企业的综合实力才会增强，才能在市场竞争中永远立于不败之地。项目经理作为企业人才资源的重要组成部分，他的作用不可忽视。一个优秀的项目经理，可以给企业带来良好的信誉和无限的商机，给他所在的企业带来巨大的利润。项目经理要不断丰富自己的内涵，要善于包装自己，人才也一样，要用知识、用良好的业绩来包装自己以达到不断提升自身价值的目的。

第三节　项目经理的选择与培养

一、项目经理的选择

项目经理是决定"项目法"施工的关键,在推行施工项目经理负责制时,首先应研究如何选择出合格的项目经理。

施工项目经理的选择主要有两方面的内容:一是选择什么样素质的人担任项目经理;二是通过什么样的方式与程序选出项目经理。

选择什么样的人担任项目经理,取决于两个方面:一方面是看具体的施工项目需要什么素质的人员,这当然取决于施工任务的内容、特点、性质、技术复杂程度等;另一方面是要看施工企业自身能够提供或聘请到什么样素质的人员,还要看承包的施工项目在施工企业的计划中所占的地位。必须明确施工企业追求的是最大效益,不是一个项目的最大效益。在选择施工项目经理时应该做这种"供需平衡"。对项目经理的素质不可能提出非常具体的要求,但必须注意以下几点:

(1)必须把施工企业的工程任务作为一个有机的完整系统、一个项目来管理,实行项目经理个人全面负责制。所以项目经理的素质必须较为全面,能够独当一面,具有独立决策的工作能力。如果某一方面能力弱一些,必须在项目经理小组配备能力较强的人。

(2)施工项目经理工作的特点是任务繁重、紧张,工作具有挑战性和创新开拓性。一般项目经理应该具有较好的体质、充沛的精力和开拓进取的精神,而且这方面的素质难以靠聘请其他组织或个人去完成。

(3)由于项目经理要对项目的全部工作负责,处理众多的企业内外部人际关系,所以必须具有较强的组织管理、协调人际关系的能力,这方面的能力比技术能力更重要。

(4)由于项目经理遇到的许多问题都具有"非程序性"、"例外性",难以直接用从书本上学习到的现成的理论知识去套用,必须靠实践经验,所以施工项目经理一般应有一定年限的工作经验。

选择项目经理应坚持以下三个基本点:

(1)选择的方式必须有利于选聘适合项目管理的人担任项目经理。

（2）产生的程序必须具有一定的资质审查和监督机制。

（3）最后决定人选必须按照"党委把关、经理聘任、合同约定"的原则由企业经理任命。

选择施工项目经理一般有以下三种方式：

（1）竞争招聘制。招聘的范围可面向社会，但要本着先内后外的原则，其程序是：个人自荐，组织审查，答辩讲演，择优选聘。这种方式既可选优，又可增强项目经理的竞争意识和责任心。

（2）经理委任制。委任的范围一般限于企业内部在聘干部，其程序是经过经理提名，组织人事部门考察，党政联席办公会议决定。这种方式要求组织人事部门严格考核，公司经理知人善任。

（3）基层推荐、内部协调制。这种方式一般是企业各基层施工队或劳务作业队向公司推荐若干人选，然后由人事组织部门集中各方面意见，进行严格考核后，提出拟聘用人选，报企业党政联席会议研究决定。

项目经理选拔程序、方法、对象可参考图 1-1。

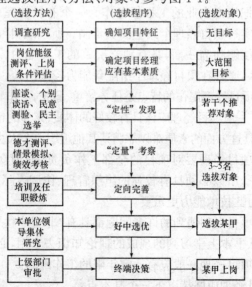

图 1-1　项目经理选拔程序、方法、对象关系图

二、项目经理的培养

现代社会已经把工程项目管理人员(包括项目经理)当做一个专业,在学校中进行有计划的人才培养,克服目前项目经理人才资源的匮乏状况。可以在大学培训,再进行实际锻炼;也可从实际工作中抽调人员到大学有计划地进行在职培训。

当前,施工企业可以从工程师、经济师以及有专业专长的工程管理技术人员中,注意发现那些熟悉专业技术,懂得管理知识,表现出有较强组织能力、社会活动能力和兴趣比较广泛的人,经过基本素质考察后,作为项目经理预备人才加以有目的地培养,主要是在取得专业工作经验以后,给予从事项目管理的锻炼机会,既挑担子,又接受考察,使之逐步具备项目经理条件,然后上岗。在锻炼中,重点内容是项目的设计、施工、采购和管理知识及技能,对项目计划安排、网络计划编排、工程概预算和估算、招标投标工作、合同业务、质量检验、技术措施制定及财务结算等工作,均要给予学习和锻炼机会。

大中型工程的项目经理,在上岗前要在别的项目经理的带领下,接受项目副经理、助理或见习项目经理的锻炼,或独立承担过小型项目经理工作。经过锻炼,有了经验,并证明确实有担任大中型工程项目经理的能力后,才能委以中型项目经理的重任。但在初期,还应给予指导、培养与考核,使其眼界进一步开阔,经验逐步丰富,成长为德才兼备、理论和实践兼能、技术和经济兼通、管理与组织兼行的项目经理。

总之,经过培养和锻炼,建设工程项目经理的工程专业知识和项目管理能力才能提高,才能承担重大工程项目的经理重任。

第四节　项目经理的工作内容与方法

一、项目经理的基本工作

项目经理的基本工作主要包括以下内容:

(1)规划施工项目管理目标。业主单位项目经理所要规划的是该项目建设的最终目标,即增加或提供一定的生产能力或使用价值,形成固定资产。这个总目标有投资控制目标、设计控制目标、施工控制目标、时间控制目标等。作为施工单位项目经理则应当对质量、工期、成本目标作出规划;应当组织项目经理班子对目标系统作出详细规划,绘制展开图,进行目标管理。

(2)制定规章制度。基础工作就是建立合理而有效的项目管理组织机构及制定重要规章制度,从而保证规划目标的实现。规章制度必须符合现代管理基本原理,特别是"系统原理"和"封闭原理"。规章制度必须面向全体职工,使他们乐意接受,以利于推进规划目标的实现。规章制度绝大多数由项目经理班子或执行机构制定,项目经理给予审批、督促和效果考核。项目经理亲自主持制定的制度,一个是岗位责任制,一个是赏罚制度。

(3)选用人才。项目经理必须下一番工夫去选择好项目经理班子成员及主要的业务人员。项目经理在选人时,首先要掌握"用最少的人干最多的事"的最基本效率原则,要选得其才,用得其能,置得其所。

二、项目经理的日常工作

施工项目经理的日常工作主要包括以下内容:

(1)决策。项目经理对重大决策必须按照完整的科学方法进行。项目经理不需要包揽一切决策,只有如下两种情况要及时明确地做出决断:一是出现了例外性事件,例如特别的合同变更,对某种特殊材料的购买,领导重要指示的执行决策等;二是下级请示的重大问题,即涉及项目目标的全局性问题,项目经理要及时明确地做出决断。项目经理可不直接回答下属问题,只直接回答下属建议。决策要及时、明确,不要模棱两可。

(2)联系群众。项目经理必须密切联系群众,经常深入实际,这样才能体察下情,发现问题,便于开展领导工作。要帮助群众解决问题,把关键工作做在最恰当的时候。

(3)实施合同。对合同中确定的各项目标的实现进行有效的协调与控制,协调各种关系,组织全体职工实现工期、质量、成本、安全、文明施工目标,提高经济利益。

(4)学习。项目管理涉及现代生产、科学技术、经营管理,它往往集中了这三者的最新成就。故项目经理必须事先学习,实战中学习。事实上,群众的水平在不断提高,项目经理如果不学习,就不能很好地领导水平提高了的下属,也不能很好地解决出现的新问题。项目经理必须不断抛弃老化的知识,学习新知识、新思想和新方法。要跟上改革的形势,推进管理改革,使各项管理能与国际惯例接轨。

三、项目经理的工作方法

项目经理的工作千头万绪,其工作方法也因人而异,各有千秋。但从国内外许多成功的项目经理的实践和体会来看,他们大多强调"以人为本",进行生产经营管理,实现对项目的有效领导。

1. 以人为本,领导就是服务

(1)领导就是服务,这是领导者的基本信条。必须明白,只有我为人人,才能人人为我。

(2)精心营造小环境,努力协调好组织内部的人际关系,使各人的优缺点互补,各得其所,形成领导班子整体优势。

(3)领导首先不是管理职工的行为,而是争取他们的心。要让企业每一个成员都对企业有所了解,逐步增加透明度,培养群体意识,团队精神。

(4)要了解你的部属在关心什么、干些什么、需要什么,并尽力满足他们的合理要求,帮助他们实现自己的理想。

(5)要赢得部属的敬重,首先要尊重部属,要懂得你的权威不在于手中的权力,而在于部属的信服和支持。

(6)设法不断强化部属的敬业精神,要知道没有工作热情,学历知识和才能都等于零。

(7)不要以为自己拥有了目前的职位,便表示有知识和才干,要虚心好学,不耻下问,博采部属之长。

(8)要平易近人,同职工打成一片。千万不要在部属面前叫苦、叫累,频呼"好忙"、"伤脑筋",这等于在向大家宣布自己无能,还影响大家情绪。

2. 发扬民主,科学决策

(1)切记独断专行的人早晚要垮台。

(2)既要集思广益,又要敢于决策,领导主要是拿主意、用人才,失去主见就等于失去领导。

(3)要善于倾听职工意见,不要以"行不通"、"我知道"等言辞敷衍职工。

3. 要把问题解决在萌芽状态

(1)及时制止流言蜚语,阻塞小道消息,驳斥恶意中伤,促进组织成员彼此和睦。

(2)切莫迎合个别人的不合理要求,对嫉贤妒能者坚决批评。

(3)对于既已形成的小集团,与其耗费很大精力去各个击破,倒不如正确引导,鼓励他们参加竞争,变消极因素为积极因素。

(4)用人要慎重,防止阿谀逢迎者投机钻营。

(5)要有意疏远献媚者。考验一个人的情操,关键是看他如何对待他的同事和比他卑微的人,而不是看他对你如何。

4. 以身作则,思想领先

(1)要做到言有信,言必行,行必果。不能办到的事千万不要许诺,切不可失信于人。

(2)有错误要大胆承认,不要推诿责任,寻找"替罪羊"。

(3)不要贪图小便宜,更不能损公肥私,这样会让人瞧不起,无法领导别人。公生明,廉生威,领导人的威信,来自清正廉明,在于身体力行。

(4)养成"换位思考"的习惯,经常提醒自己,如果我是那人,我该如何办。

(5)搞清工作的重点,弄清楚工作的轻重缓急。需要通过授权,戒除忙乱。要把自己应该做,但又一时做不了的次要事交给下属去做。

(6)用自己工作热情的"光亮"照耀别人。

(7)要学习、学习再学习。在当前知识快速更新的时代,不学习就要落伍,工作再忙也要挤时间读书看报,学习可以提高领导的质量和效率。

第二章 项目经理部

第一节 项目经理部的地位、性质与作用

一、项目经理部的地位

项目经理部是在施工项目经理领导下的管理层,其职能是对施工项目实行全过程的综合管理。

项目经理部是施工项目管理的中枢、施工项目责、权、利的落脚点,隶属企业的项目责任部门,就一个施工项目的各方面活动对企业全面负责。对于建设单位来说,是目标的直接责任者,是建设单位直接监督控制的对象。对于项目内部成员而言,它是项目独立利益的代表者和保证者,同时也是项目的最高管理者。

确立项目经理部的地位,关键在于正确处理项目经理与项目经理部之间的关系。施工项目经理是施工项目经理部的一个成员,但由于其地位的特殊,一般都把他单独列出来,同项目经理部的其他成员并列。从总体上说,施工项目经理与施工项目经理部的关系可以总结为:其一,施工项目经理部是在施工项目经理领导下的机构,要绝对服从施工项目经理的统一指挥;其二,施工项目经理是施工项目利益的代表和全权负责人,其一切行为必须符合施工项目的整体利益。在实际工作中,由于施工项目经济承包的形式不同,施工项目经理与施工项目经理部的关系远非如此简单,施工项目的责、权、利落实也存在着多种情况,需要具体分析。

二、项目经理部的性质

项目经理部是施工企业内部相对独立的一个综合性的责任单位,其性质可以归纳为相对独立性、综合性、单体性和临时性三个方面。

1. 项目经理部的相对独立性

项目经理部的相对独立性是指它与施工企业存在着双重关系。

(1)项目经理部作为施工企业的下属单位,同施工企业存在着行

政隶属关系,要绝对服从施工企业的全面领导。

(2)项目经理部又是一个施工项目独立利益的代表,存在着独立的利益,同企业形成一种经济承包或其他的经济责任关系。

2. 项目经理部的综合性

项目经理部的综合性主要指如下三个方面:第一,应当明确施工项目经理部是施工企业的一级经济组织,主要职责是管理施工项目的各种经济活动,但它又要负责一定的政工管理,比如施工项目的思想政治工作。第二,其管理职能是综合的,包括计划、组织、控制、协调、指挥等多方面。第三,其管理业务是综合的,从横向方面看包括人、财物、生产和经营活动,从纵向方面看包括施工项目寿命周期全过程。

3. 项目经理部的单体性和临时性

项目经理部的单体性和临时性是指它仅是施工企业一个施工项目的责任单位,要随着项目的立项而成立,随着项目的终结而解体。

三、项目经理部的作用

项目经理部是施工项目管理工作班子,隶属项目经理的领导。为了充分发挥项目经理部在项目管理中的主体作用,必须对项目经理部的机构设置加以特别重视,设计好,组建好,运转好,从而发挥其应有功能。

(1)项目经理部在项目经理领导下,作为项目管理的组织机构,负责施工项目从开工到竣工的全过程施工生产经营的管理,是企业在其一工程项目上的管理层,同时对作业层负有管理与服务双重职能。作业层工作的质量取决于项目经理部的工作质量。

(2)项目经理部是项目经理的办事机构,为项目经理决策提供信息依据,当好参谋,同时又要执行项目经理的决策意图,向项目经理全面负责。

(3)项目经理部是一个组织体,其作用包括:完成企业所赋予的基本任务——项目管理和专业管理任务等;凝聚管理人员的力量,调动其积极性,促进管理人员的合作,建立为事业的献身精神;协调部门之间、管理人员之间的关系,发挥每个人的岗位作用,为共同目标进行工作;影响和改变管理人员的观念和行为,使个人的思想、行为变为组织的积极因素;贯彻组织责任制,搞好管理;沟通部门之间、项目经理部与作业队之间、公司之间、环境之间的信息。

(4)项目经理部是代表企业履行工程承包合同的主体,也是对最终建筑产品和业主全面、全过程负责的管理主体;通过履行主体与管理主体地位的体现,使工程项目经理部成为企业进行市场竞争的主体成员。

第二节　项目经理部的建立

一、项目经理部的建立原则

(1)要根据设计的项目组织形式设置项目经理部。因为项目组织形式与企业对施工项目的管理方式有关,与企业对项目经理部的授权有关。不同的组织形式对项目经理部的管理力量和管理职责提出了不同要求,提供了不同的管理环境。

(2)要根据工程项目的规模、复杂程度和专业特点设置项目经理部。例如大型项目经理部可以设职能部、处;中型项目经理部可以设处、科;小型项目经理部一般只需设职能人员即可。如果项目的专业性强,便可设置专业性强的职能部门。

(3)项目经理部是一个具有弹性的一次性施工生产组织,随工程任务的变化而进行调整。不应搞成一级固定性组织。在工程项目施工开始前建立,工程竣工交付使用后,项目管理任务完成,项目经理部应解体。项目经理部不应有固定的作业队伍,而是根据施工的需要,在企业内部或社会上吸收人员,进行优化组合和动态管理。

(4)项目经理部的人员配置应面向施工项目现场,满足现场的计划与调度、技术与质量、成本与核算、劳务与物资、职业健康安全与文明施工的需要。不应设置专管经营与咨询、研究与开展、政工与人事等非生产性部门。

(5)在项目管理机构建成以后,应建立有益于组织运转的工作制度。

二、项目经理部的设置步骤

(1)根据企业批准的项目管理规划大纲,确定项目经理部的管理任务和组织形式。

(2)确定项目经理部的层次,设立职能部门和工作岗位。

(3)确定人员、职责、权限。

(4)由项目经理根据项目管理目标责任书进行目标分解。

(5)组织有关人员制定规章制度和目标责任考核、奖惩制度。

三、项目经理部的规模

目前,国家对项目经理部的设置规模尚无具体规定。结合有关企业推行施工项目管理的实际,一般按项目的使用性质和规模分类。只有当施工项目的规模达到以下要求时才实行施工项目管理:$1 \times 10^4 m^2$ 以上的公共建筑、工业建筑,住宅建设小区及其他工程项目投资在 500 万以上的,均实行项目管理。有些试点单位把项目经理部分为三个等级。

(1)一级施工项目经理部。建设面积为 $15 \times 10^4 m^2$ 以上的群体工程;面积在 $10 \times 10^4 m^2$ 以上(含 $10 \times 10^4 m^2$)的单体工程;投资在 8000万元以上(含 8000 万元)的各类工程项目。

(2)二级施工项目经理部:建设面积在 $15 \times 10^4 m^2$ 以下,$10 \times 10^4 m^2$ 以上(含 $10 \times 10^4 m^2$)的群体工程;面积在 $10 \times 10^4 m^2$ 以下,$5 \times 10^4 m^2$ 以上(含 $5 \times 10^4 m^2$)的单体工程;投资在 8000 万元以下3000 万元以上(含 3000 万元)的各类施工项目。

(3)三级施工项目经理部:建设总面积在 $10 \times 10^4 m^2$ 以下,$2 \times 10^4 m^2$ 以上(含 $2 \times 10^4 m^2$)的群体工程;面积在 $5 \times 10^4 m^2$ 以下,$1 \times 10^4 m^2$ 以上(含 $1 \times 10^4 m^2$)的单体工程;3000 万元以下,500 万元以上(含 500 万元)的各类施工项目。

建设总面积在 $2 \times 10^4 m^2$ 以下的群体工程,面积在 $1 \times 10^4 m^2$ 以下的单体工程,按照项目管理经理负责制有关规定,实行栋号承包。以栋号长为承包人,直接与公司(或工程部)经理签订承包合同。

四、项目经理部的部门设置及人员要求

项目经理部的部门设置和人员配备的指导思想是把项目建成企业管理的重心、成本核算的中心、代表企业履行合同的主体。

(1)小型施工项目,在项目经理的领导下,可设立管理人员,包括工程师、经济员、技术员、料具员、总务员,不设专业部门。大中型施工项目经理部,可设立专业部门,一般有以下五类部门:

1)经营核算部门,主要负责预算、合同、索赔、资金收支、成本核

算、劳动配置及劳动分配等工作。

2)工程技术部门,主要负责生产调度、文明施工、技术管理、施工组织设计、计划统计等工作。

3)物资设备部门,主要负责材料的询价、采购、计划供应、管理、运输、工具管理、机械设备的租赁配套使用等工作。

4)监控管理部门,主要负责工作质量、安全管理、消防保卫、环境保护等工作。

5)测试计量部门,主要负责计量、测量、试验等工作。

(2)人员规模可按下述岗位及比例配备:由项目经理、总工程师、总经济师、总会计师、政工师和技术、预算、劳资、定额、计划、质量、保卫、测试、计量以及辅助生产人员15～45人组成。一级项目经理部30～45人,二级项目经理部20～30人,三级项目经理部15～20人,其中,专业职称设岗为:高级3％～8％,中级30％～40％,初级37％～42％,其他10％,实行一职多岗,全部岗位职责覆盖项目施工全过程的全面管理。

(3)项目管理委员会在项目中的地位:为了充分发挥全体职工的主人翁责任感,项目经理部可设立项目管理委员会,由7～11人组成,由参与任务承包的劳务作业队全体职工选举产生。但项目经理、各劳务输入单位领导或各作业承包队长应为法定委员。项目管理委员会的主要职责是听取项目经理的工作汇报,参与有关生产分配会议,及时反映职工的建议和要求,帮助项目经理解决施工中出现的问题,定期评议项目经理的工作等。

五、项目经理部的职责

项目经理部各部门及管理人员的职责如下:

(1)项目经理职责:详见本书第三章第三节。

(2)项目副经理职责

1)项目副经理是施工现场全面生产管理工作的组织与指挥者。

2)领导编制项目施工生产计划,并组织贯彻实施。

3)主管项目质量管理工作,组织质量计划的实施及质量事故的调查与处理工作。

4)对施工组织设计、施工方案的情况进行监督与检查。

5)对项目职业健康安全生产负责。

6)领导做好现场文明施工及现场 CI 形象管理。

7)领导组织结构验收与竣工验收工作。

8)领导做好现场机械设备的管理工作。

9)领导与组织编写工程施工总结工作。

(3)项目总工程师(项目技术负责人)职责

1)项目总工程师是施工现场工程技术管理工作的组织与指挥者。

2)协助项目经理做好质量管理工作,负责项目质量保证体系的运行管理工作。

3)组织编制项目质量计划及参与重大质量事故与职业健康安全事故的处理。

4)组织编制项目施工组织设计及施工技术方案,领导技术交底工作。

5)领导做好施工详图设计和安装综合布线图设计工作。

6)领导项目计量设备管理及试验工作。

7)负责引进有实用价值的新工艺、新技术、新材料。

8)参与项目制造成本实施计划的编制与分析工作。

9)参与项目结构验收与竣工验收工作。

10)领导做好各项施工技术总结工作。

(4)工程管理部及经理职责

1)负责工程项目施工的各项准备工作,办好开工前的各种手续。

2)负责项目施工的计划管理工作,参加编制项目施工的总工期控制进度与年度计划,按上述计划要求,编制项目施工的季、月、周实施计划。

3)做好生产要素的综合平衡工作以及与机电安装工程的交叉作业的综合平衡工作。

4)负责日常施工生产中的技术交底工作和质量过程控制并及时处理出现的质量问题;负责项目质量目标及质量计划的贯彻实施。

5)组织项目结构验收与竣工验收工作。

6)在施工过程中及时收集完整的索赔资料以及工期延误,及时办理签证认可手续。

7)负责计划统计与分析工作。

8)负责编制项目文明施工计划及 CI 管理工作。

9)编制项目成品保护措施。

（5）技术部及经理职责

1)负责工程项目施工的技术管理工作,贯彻技术规程、规范。

2)组织图纸会审和负责工程洽商工作。

3)编制施工组织设计和施工技术方案及施工详图工作。

4)负责组织项目技术交底工作及技术资料管理工作。

5)负责对工程材料、设备的选型及材质的控制和项目的试验工作。

6)负责引进与推广有实用价值的新技术、新工艺、新材料。

7)参与项目结构验收和竣工验收。

8)参与质量事故和职业健康安全事故的调查和处理工作。

9)负责做好项目的技术总结工作。

（6）物资部及经理职责

1)负责项目的材料管理工作,贯彻执行公司的材料管理制度。

2)负责项目的材料计划管理,及时提出和上报用料计划。

3)负责项目的物资采购管理。在分工采购中负责材料的采购质量、数量及采购合同的管理、合同纠纷的处理。

4)负责项目材料的验收与现场材料管理。负责进场材料的验收及不合格材料的处理;负责现场材料的存放、保管和使用,以及材料的标识等管理工作。

5)负责材料的材质证明管理。

6)负责项目废旧品、余料回收管理。

（7）质量总监及质量部门职责

1)全面负责项目质量检查监督和管理工作。执行公司的质量方针和项目质量计划。

2)督促分承包方建立有效的质量管理体系并监督其有效的运行,把好过程控制关。

3)对重点部位及工序实施全过程跟踪检查,分阶段提出质量控制点并组织落实。

4)定期召开质量例会或分析会,研究质量状况和存在问题,并提出有效的预防措施。

5)对潜在的不合格隐患发出整改通知,对产生质量问题的责任方进行处罚。

6)参加工程结构验收和竣工验收。

7)参加工程质量事故调查分析会,提供真实施工情况供上级领导决策。

8)沟通与监理、业主的关系,保持业务联系与往来,做好工程质量报验工作。

(8)经营部(市场部)职责

1)主管项目工程合同,认真研究和理解合同条款的内容、含义和责任。

2)负责向业主办理工程款结算,收集索赔资料,办理好签证手续,及时收回费用。

3)主管分承包合同,对合同要认真理解和严格管理。

4)负责分承包结算,并防止产生分承包方的反索赔。

5)负责编制项目制造成本实施计划并经批准上报,在实施过程中分阶段进行监控。

6)负责项目办公费、业务招待费、项目管理费及消费基金的控制使用。

7)负责工程期间及竣工成本分析,办理工程竣工结算。

(9)职业健康安全总监及职业健康安全管理人员职责

1)职业健康安全总监负责项目的职业健康安全管理工作,协助项目经理开展各项职业健康安全生产业务活动。

2)负责宣传贯彻职业健康安全生产方针、政策、规章制度,推动项目职业健康安全组织保障体系的运行。

3)组织分承包商开展职业健康安全监督与检查工作。查处违章指挥、违章作业,督促有关人员对重大事故隐患采取有效措施,必要时可责令其停工并及时报告项目经理。

4)参与职业健康安全事故的调查与处理。

5)协助人事部门对进场的分包队伍进行资质的审查及三级职业

健康安全教育,并负责办理与发放操作人员上岗证。

(10)机电部职责

1)主管项目的水、电、暖、卫、煤气、强弱电、通风与空调、消防与电梯、工业设备安装等工程的施工技术及经济管理工作。

2)负责对分承包方的选择。

3)负责安装工程的图纸会审和设计洽商工作。

4)负责技术交底及机电施工组织工作。

5)负责机电安装工程的进度控制,与土建积极配合解决交叉作业时出现的问题。

6)负责建立积累完整的索赔资料。

7)负责对专业人员进行技术培训、考核。

(11)综合办公室及主任职责。负责项目方针目标管理、文件管理、人事保卫管理、人员培训、生活后勤以及对外公关等事务。

六、项目经理部的工作制度

建立项目经理部工作制度应围绕计划、责任、监理、核算、奖惩等方面。计划制是为了使各方面都能协调一致地为施工项目总目标服务,它必须覆盖项目施工的全过程和所有方面,计划的制订必须有科学的依据,计划的执行和检查必须落实到人。责任制建立的基本要求是:一个独立的职责,必须由一个人全权负责,应做到人人有责可负。监理制和奖惩制目的是保证计划制和责任制贯彻落实,对项目任务完成进行控制和激励。它应具备的条件是有一套公平的绩效评价标准和方法,有健全的信息管理制度,有完整的监督和奖惩体系。核算制的目的是为落实上述四项制度提供基础,了解各种制度执行的情况和效果,并进行相应的控制。要求核算必须落实到最小的可控制单位上;要把人员职责落实的核算与按生产要素落实的核算、经济效益和经济消耗结合起来,建立完整的核算体系。根据试点单位的经验,可以围绕以下几个方面建立施工项目经理部的工作制度。

(1)项目经理部业务系统化管理办法。

(2)工程项目成本管理办法。

(3)工程项目效益核实与经济活动分析办法。

(4)项目经理部内外关系处理的有关规定。

(5)项目经理部值班经理负责制实施办法。

(6)项目经理部社会、经济效益奖罚规定。

(7)项目经理部解体细则。

(8)栋号承包责任制实施办法。

(9)工程项目可控责任成本管理办法。

(10)栋号承包成本票证使用管理办法。

(11)项目经理部支票管理规定。

(12)项目经理部现金管理规定。

(13)项目经理部业务招待费管理规定。

(14)工程项目施工生产计划管理规定。

(15)工程项目质量管理与控制办法。

(16)项目经理部施工生产调度有关规定。

(17)工程项目现场文明施工管理办法。

(18)工程项目计量管理办法。

(19)工程项目技术管理办法。

(20)工程项目职业健康安全管理办法。

(21)施工作业职业健康安全技术交底管理规定。

(22)栋号承包限额领料管理办法。

(23)施工现场材料管理办法。

第三节 项目经理部的运作

一、项目经理部运作的原则

项目经理部的运作是公司整体运行的一部分,它应处理好与企业、主管部门、外部及其他各种关系。

1. 处理好与企业及主管部门的关系

项目经理部与企业及其主管部门的关系是:一是在行政管理上,二者是上下级行政关系,又是服从与服务、监督与执行的关系;二是在经济往来上,根据企业法人与项目经理签订的"项目管理目标责任状",严格履约,以实计算,建立双方平等的经济责任关系;三是在业务管理上,项目经理部作为企业内部项目的管理层,接受企业职能部门的业务指导和服务。

2. 处理好与外部的关系

(1)协调总分包之间的关系。项目管理中总包单位与分包单位在施工配合中,处理经济利益关系的原则是严格按照国家有关政策和双方签订的总分包合同及企业的规章制度办理,实事求是。

(2)协调处理好与劳务作业层之间的关系。项目经理部与作业层队伍或劳务公司是甲乙双方平等的劳务合同关系。劳务公司提供的劳务要符合项目经理部为完成施工需要而提出的要求,并接受项目经理部的监督与控制。同时,坚持相互尊重、支持、协商解决问题,坚持为作业层创造条件,特别是不损害作业层的利益。

(3)协调土建与安装分包的关系。本着"有主有次,确保重点"的原则,统一安排好土建、安装施工。服从总进度的需要,定期召开现场协调会,及时解决施工中交叉矛盾。

(4)重视公共关系。施工中要经常和建设单位、设计单位、监理单位以及政府主管行业部门取得联系,主动争取他们的支持和帮助,充分利用他们各自的优势为工程项目服务。

3. 取得公司的支持和指导

项目经理部的运行只有得到公司强有力的支持和指导,才会高水平的发挥。两者的关系应本着"大公司、小项目"的原则来建设。所谓大公司不是简单的人数多少,而是要把公司建设成管理中心、技术中心、信息中心、资金和资源供应及调配中心。公司有现代的管理理念、管理体系、管理办法和系统的管理制度,规范了项目经理部的管理行为和操作;公司拥有高水平的技术专业人才,掌握超前的施工技术,形成公司的技术优势。对项目施工中遇到的技术难题能迅速地解决并能提供优选的施工方案,使项目施工的技术水平有了保障;公司有多渠道采集信息资源网络,有强大的信息管理体系,能及时为领导决策及项目施工服务;公司拥有强大的资金及资源的供应及调控能力,能保证项目的优化配置资源。总之,公司应是项目运行的强大后盾,由于公司的强大使项目运行不会因项目经理的水平稍低而降低水平,从而保证公司各个项目都能代表公司的整体水平。

二、项目经理部运作的程序

建设有效的管理组织是项目经理的首要职责,它是一个持续的过程。项目经理部的运作需要按照以下程序进行。

(1)成立项目经理部。它应结构健全,包容项目管理的所有工作。选择合适的成员,他们的能力和专业知识应是互补的,形成一个工作群体。项目经理部要保持最小规模,最大可能地使用现有部门中的职能人员。

项目经理部成立、项目成员进入后,项目经理要介绍项目经理部的组成,成员开始互相认识。

(2)项目经理的目标是要把人们的思想和力量集中起来,真正形成一个组织,使他们了解项目目标和项目组织规则,公布项目的工作范围、质量标准、预算及进度计划的标准和限制。

(3)明确和磋商经理部中的人员安排,宣布对成员的授权,指出职权使用的限制和注意问题。对每个成员的职责及相互间的活动进行明确定义和分工,使各人知道,各岗位有什么责任,该做什么,如何做,什么结果,需要什么,制定或宣布项目管理规范、各种管理活动的优先级关系、沟通渠道。

(4)随着项目目标和工作逐步明确,成员们开始执行分配到的任务,开始缓慢推进工作。项目管理者应有有效的符合计划要求的、上层领导能积极支持的项目。由于任务比预计的更繁重、更困难,成本或进度计划的限制可能比预计更紧张,会产生许多矛盾。项目经理要与成员们一起参与解决问题,共同做出决策,应能接受和容忍成员的任何不满,做导向工作,积极解决矛盾,决不能希望通过压制来使矛盾自行消失。项目经理应创造并保持一种有利的工作环境,激励成员朝预定的目标共同努力,鼓励每个人都把工作做得很出色。

(5)随着项目工作的深入,各方应互相信任,进行很好的沟通和公开的交流,形成和谐的相互依赖关系。

(6)项目经理部成员经常变化,过于频繁的流动不利于组织的稳定,没有凝聚力,造成组织摩擦大,效率低下。如果项目管理任务经常出现,尽管它们时间、形式不同,也应设置相对稳定的项目管理组织机构,才能较好地解决人力资源的分配问题,不断地积累项目工作经验,使项目管理工作专业化,而且项目组成员都为老搭档,彼此适应,协调方便,容易形成良好的项目文化。

(7)为了确保项目管理的需求,对管理人员应有一整套招聘、安置、报酬、培训、提升、考评计划。应按照管理工作职责确定应做的工作内容,所需要的才能和背景知识,以此确定对人员的教育程度、知识和经验等方面的要求。如果预计到由于这种能力要求在招聘新人时会遇到困难,则应给予充分的准备时间进行培训。

第四节 项目经理部的解体

项目经理部是具有弹性的施工现场生产组织机构,工程临近结尾时,业务管理人员及项目经理要陆续撤走,因此,必须重视项目经理部的解体和善后工作。

1. 项目经理部解体程序与善后工作

(1)企业工程管理部门是施工项目经理部组建和解体善后工作的主管部门,主要负责项目经理部的组建及解体后工程项目在保修期间的善后问题处理,包括因质量问题造成的返(维)修、工程剩余价款的结算以及回收等。

(2)施工项目在全部竣工交付验收签字之日起 15 天内,项目经理部要根据工作需要向企业工程管理部写出项目经理部解体申请报告。

(3)项目经理部在解聘工作业务人员时,为使其在人才劳务市场有一个回旋的余地,要提前发给解聘人员两个月的岗位效益工资,并给予有关待遇。从解聘第三个月起(含解聘合同当月)其工资福利待遇在系统管委会或新的被聘单位领取。

(4)项目经理部解体前,应成立以项目经理为首的善后工作小组,其留守人员由主任工程师、技术、预算、财务、材料各一人组成,主要负责剩余材料的处理,工程价款的回收,财务账目的结算移交,以及解决与甲方的有关遗留事宜。善后工作一般规定为三个月,从工程管理部门批准项目经理部解体之日起计算。

(5)施工项目完成后,建筑企业还要考虑该项目的保修问题,因此在项目经理部解体与工程结算前,凡是未满一年保修期的竣工工程,要由经营和工程部门根据竣工时间和质量等级确定工程保修费的预留比例。一般占工程造价(不含利润、劳保支出费)的比例是:室外工程 2%;住宅工程 2%～5%(砖混 3%～5%、滑模3%、框架 2%);公共建筑 1.5%～3%(砖混 3%、滑模 2%、框架1.5%);市政工程为 2%～5%。保修费分别交公司工程管理部门统一包干使用,已经制定出了工程保修基金的预留比例的地区应按当地规定执行。

2. 项目经理部效益审计评估和债权债务处理

(1)项目经理部剩余材料原则上处理给公司物资设备部,材料价格新旧情况就质论价,由双方商定。如双方发生争议,可由经营管理部门协调裁决;对外出售必须经公司主管领导批准。

(2)由于现场管理工作需要,项目经理部自购的通讯、办公等小型固定资产,必须如实建立台账、按质论价,移交企业。

(3)项目经理部的工程成本盈亏审计以该项目工程实际发生成本与价款结算回收数为依据,由审计牵头,预算财务、工程部门参加,于项目经理部解体后第四个月写出审计评价报告,交经理审批。

(4)项目经理部的工程结算、价款回收及加工订货等债权债务的处理,由留守小组在三个月内全部完成。如第三个月月未能全部收回又未办理任何符合法规手续的,其差额部分作为项目经理部成本亏损额计算。

(5)整个工程项目综合效益审计评估为完成承包合同规定指标以外仍有盈余者,按规定比例分成留经理部的,可作为项目经理部的管理奖。整个经济效益审计为亏损者,其亏损部分一律由项目经理负责,按相应奖励比例从其管理人员风险(责任)抵押金和工资中补扣。亏损额超过 5 万元以上者,经公司党委或经理办公室研究,视情况给予项目经理个人行政与经济处分,亏损数额较大、性质严重者,公司有权起诉追究其刑事责任。

(6)项目经理部解体善后工作结束后,项目经理离任重新投标或聘用前,必须按上述规定做到人走账清、物净,不留任何尾巴。

3. 项目经理部解体时的有关纠纷裁决

　　项目经理部与企业有关职能部门发生矛盾时,由企业经理办公室裁决。项目经理部与劳务、专业分公司及栋号作业队发生矛盾时,按业务分工由企业劳动人事管理部、经营部和工程管理部裁决。所有仲裁的依据,原则上是双方签订的合同和有关的签证。

第三章　项目经理责任制

第一节　项目经理责任制概述

一、项目经理责任制的概念

项目经理责任制是以施工项目为对象，以项目经理全面负责为前提，以项目目标责任书为依据，以创优质工程为目标，以求得项目成果的最佳经济效益为目的，实行一次性的全过程管理。也就是指以项目经理为责任主体的施工项目管理目标责任制度，用以确保项目履约，用以确立项目经理部与企业、职工三者之间的责、权、利关系。

二、项目经理责任制的特征

项目经理责任制与其他承包经营制比较，具有以下特征：

（1）主体直接性。它是实行经理负责、全员管理、指标考核、标价分离、项目核算，确保上缴集约增效、超额奖励的复合型指标责任制，重点突出了项目经理个人的主要责任。

（2）对象终一性。它以施工项目为对象，实行建筑产品形成过程的一次性全面负责，不同于过去企业的年度或阶段性承包。

（3）内容全面性。它是以保证工程质量、缩短工期、降低成本、保证安全和文明施工等各项目标为内容的全过程的目标责任制。它明显地区别于单项或利润指标承包。

（4）责任风险性。项目经理责任制充分体现了"指标突出、责任明确、利益直接、考核严格"的基本要求。其最终结果与项目经理部成员、特别是与项目经理的行政晋升、奖、罚等个人利益直接挂钩，经济利益与责任风险同在。

三、项目经理责任制的作用

（1）明确项目经理与企业和职工三者之间的责、权、利、效关系。

（2）有利于运用经济手段强化对施工项目的法制管理。

（3）有利于项目规范化、科学化管理和提高产品质量。

（4）有利于促进和提高企业项目管理的经济效益和社会效益。

四、项目经理责任制的主体

项目管理的主体是项目经理个人全面负责，项目管理班子集体全员管理。施工项目管理的成功，必然是整个项目班子分工负责团结协作的结果。但是由于责任不同，承担的风险也不同，项目经理承担责任最大。所以，项目经理责任制的主体必然是项目经理。项目经理责任制的重点在于管理。管理是科学，是规律性活动。施工项目经理责任制的重点必须放在管理上。企业经理决定打不打这一仗，是决策者的责任；项目经理研究如何打好这一仗，是管理者的责任。

五、项目经理责任制的实施

1. 项目经理责任制实施的条件

项目经理责任制的实施需要具备以下条件：

（1）项目任务落实、开工手续齐全，具有切实可行的项目管理规划大纲或施工组织总设计。

（2）组织了一个高效、精干的项目管理班子。

（3）各种工程技术资料、施工图纸、劳动力配备、施工机械设备、各种主要材料等能按计划供应。

（4）建立企业业务工作系统化管理。使企业具有为项目经理部提供人力资源、材料、资金、设备及生活设施等各项服务的功能。

2. 项目经理责任制实施重点

施工企业项目经理责任制的实施，应着重抓好以下几点：

（1）按照有关规定，明确项目经理的职责，并对其职责具体化、制度化。

（2）按照有关规定，明确项目经理的管理权力，并在企业中进行具体落实，形成制度，确保责权一致。

（3）必须明确项目经理与企业法定代表人是代理与被代理的关系。项目经理必须在企业法定代表人授权范围、内容和时间内行使职权，不得越权。为了确保项目管理目标的实现，项目经理应有权组织指挥本工程项目的生产经营活动，调配并管理进入工程项目的人力、资金、物质、设备等生产要素；有权决定项目内部的具体分配方案和分配形式；受企业法定代表人委托，有权处理与本项目有关的外部关系，并签署有关合同。

(4)项目经理承包责任制,应是项目经理责任制的一种主要形式,它是指在工程项目建设过程中,用以确立项目承包者与企业、职工三者之间责、权、利关系的一种管理手段和方法。它以工程项目为对象,以项目经理负责为前提,以施工图预算为依据,以创优质工程为目标,以承包合同为纽带,以求得最终产品的最佳经济效益为目的,实行从工程项目开工到竣工交付使用的一次性、全过程施工承包管理。

六、项目经理责任制中各类人员责任制的建立

项目经理责任制是项目经理部集体承包、个人负责的一种承包制,从项目经理到各类人员都应有各负其责的承包责任制。

1. 项目经理对企业经理的承包责任制

项目经理部产生后,项目经理作为工程项目全面负责人,必须同企业经理(法人代表)签订以下两项承包责任文件:

(1)《工程项目承包合同》。这种合同具有项目经理个人责任性质,其内容包括项目经理在工程项目从开工到竣工交付使用全过程期间的责任目标及其责、权、利的规定。合同的签订,须经双方同意,并具有约束力。

(2)《年度项目经理承包经营责任状》。许多工程项目往往要跨年度甚至需几年才能完成,项目经理还应按企业年度综合计划的要求,在上述《工程项目承包合同》的范围内,与企业经理签订《年度项目经理承包经营责任状》,其内容应以公司当年统一下达给各项目经理部的各项生产经济技术指标及要求为依据,也可以作为企业对项目经理部年度检查的标准。

2. 项目经理与本部其他人员的责任制

这是项目经理部内部实行的以项目经理为中心的群体责任制,它规定项目经理全面负责,各类人员按照各自的目标各负其责。它既规定项目经理部各类人员的工作目标,也规定相互之间的协作关系,主要包括以下内容:

(1)确定每一业务岗位的工作目标和职责。主要是在各个业务系统工作目标和职责的基础上,进一步把每一个岗位的工作目标和责任具体化、规范化。有的可以采取《业务人员上岗合同书》的形式规定清楚。

（2）确定各业务岗位之间协作职责。主要是明确各个业务人员之间的分工协作关系、协作内容，实行分工合作。有的可以采取《业务协作合同书》的形式规定清楚。

第二节　项目管理目标责任书

一、项目管理目标责任书的含义

项目管理目标责任体系的建立是实现项目经理责任制的重要内容，项目经理之所以能对工程项目承担责任，就是有自上而下的目标管理和岗位责任制做基础。一个项目实施前，项目经理要与企业经理就工程项目全过程管理签订"项目管理目标责任书"。项目管理目标责任书是对施工项目全过程管理中重大问题的办理而事先形成的具有企业法规性的文件；也是项目经理的任职目标，具有很强的约束性。

二、项目管理目标责任书的编制

项目管理目标责任书应在项目实施之前，由法定代表人或其授权人与项目经理协商制定。

1. 项目管理目标责任书的编制依据

编制项目管理目标责任书应依据下列资料：

（1）项目的合同文件。

（2）组织的项目管理制度。

（3）项目管理规划大纲。

（4）组织的经营方针和目标。

2. 项目管理目标责任书的编制内容

项目管理目标责任书应包括下列内容：

（1）项目的进度、质量、成本、职业健康安全与环境目标。

（2）组织与项目经理部之间的责任、权限和利益分配。

（3）项目需用资源的供应方式。

（4）法定代表人向项目经理委托的特殊事项。

（5）项目经理部应承担的风险。

（6）项目管理目标评价的原则、内容和方法。

(7)对项目经理部进行奖惩的依据、标准和办法。

(8)项目经理解职和项目经理部解体的条件及办法。

3. 项目管理目标的制定原则

确定项目管理目标应遵循下列原则：

(1)满足合同的要求。

(2)考虑相关的风险。

(3)具有可操作性。

(4)便于考核。

三、项目管理目标责任书的考核

企业管理层应对项目管理目标责任书的完成情况进行考核,根据考核结果和项目管理目标责任书的奖惩规定,提出奖惩意见,对项目经理部进行奖励或处罚。

1. 考核的意义

项目管理目标责任书考核是为了规范项目管理行为,鉴定项目管理水平,确认项目管理成果,对项目管理进行全面考核和评价。它的作用是企业推动项目管理、完善项目管理制度、制定项目管理规划和实施方案的依据;也是企业推荐、评选、奖励优秀项目经理和项目管理人员的依据。

2. 考核的程序

项目管理责任书的考核应按以下程序进行：

(1)制定考核评价方案,经企业法定代表人审批后施行。

(2)听取项目经理部汇报,查看项目经理部的有关资料,对施工项目的管理层和作业层进行调整。

(3)考察已完工程。

(4)对项目管理的实际运作水平进行评价考核。

(5)提出考核评价报告。

(6)向被考核评价的项目经理部公布评价意见。

3. 考核的指标

(1)考核的定量指标

1)工程质量等级。

2)工程成本降低率。

3)工期及提前工期率。

4)职业健康安全考核指标。

(2)考核的定性指标

1)执行企业各项制度的情况。

2)项目管理资料的收集、整理情况。

3)思想工作方法与效果。

4)发包人及用户的评价。

5)在项目管理中应用的新技术、新材料、新设备、新工艺。

6)在项目管理中采用的现代管理方法和手段。

7)环境保护。

4. 考核的内容

项目管理目标责任书考核评价的对象应是项目经理部,其中应突出对项目经理管理工作进行考核评价。

项目经理部是企业内部相对独立的生产经营管理实体,其工作的目标,就是确保经济效益和社会效益的提高。考核内容主要围绕"两个效益",全面考核并与单位工资总额和个人收入挂钩。工期、质量、安全等指标要单项考核,奖罚和单位工资总额挂钩浮动。

5. 考核的方法

(1)企业成立专门的考核领导小组,由主管生产经营的领导负责,"三总师"及各生产经营管理部门领导参加。日常工作由公司经营管理部门负责。考核领导小组对整个考核结果审核并讨论通过,对个别特殊问题进行研究商定,最后报请企业经理办公会决定。

(2)考核周期。每月由经营管理部门按统计报表和文件规定,进行政审性考核。季度内考核按纵横考评结果和经济效果综合考核,预算工资总额,确定管理人员岗位效益工资档次。年末全面考核,进行工资总额结算和人员最终奖罚兑现。

四、项目管理目标责任考核实例

【例 3-1】　某工程(集团)有限公司的工程项目管理责任目标考核实施办法(摘录)

项目管理目标责任考核与奖罚是由季度考核、施工阶段考核、工程竣工考核与奖励等三部分组成。三部分考核具有相对的独立性和连贯性,该项工作由公司项目管理部或相对应职能部门牵头组织。

1. 季度考核与奖励

在考核期内,项目经理部全体管理人员的月度基本收入,按消费基金月度计划的 80% 发放,其余的 20% 作为考核奖励收入,其中 10% 用于季度考核奖励,10% 用于施工阶段考核奖励。季度考核主要是对 10% 的预留消费基金是否发放进行考核。

(1)季度考核程序。季度考核由公司项目管理部牵头组织进行;项目经理部于考核的下一个季度第一个月的 18 日前,认真填写好"季度实际成本与资金回收考核评价表"(表 3-1)、"季度工程质量考核评价表"(表 3-2)分别上报公司相应主管部门;各部门主管考核的负责人按考核标准进行考评,将考评结果报项目管理部汇总,项目管理部将汇总结果报公司分管领导签署是否奖罚的意见;财务部门根据公司分管领导签署的意见核发消费基金。

表 3-1　　　( )季度实际成本与资金回收考核评价表

项目经理部:　　　　实际上报日期:　　　　实际考核日期:

考　核　项　目	金额(单位)	项目经理部自检	专检	专检后结论
季度项目实际成本发生费用额(自年初累计)	元			
季度相对应的项目预算制造成本费用额(自年初累计)	元			
资金回收	%			

考核部门:＿＿＿＿　考核人:＿＿＿＿　项目经理:＿＿＿＿　制表:＿＿＿

注:1. 此表由项目经理部在考核季的下一个季度第一个月的 18 日前上报财务部。

　　2. 财务部务必于考核季的下一季度第一个月的 25 日前完成考核工作,并将此表转交项目管理部。

表 3-2 ( )季度工程质量考核评价表

项目经理部名称：　　　　　实际上报日期：　　　　　实际考核日期：

考 核 项 目	计划指标	经理部上报实际 完成指标(%)	总部考核后认可 完成指标(%)	考核后 结论	说明
分项工程合格率(%)					
不合格点率(%)					
质量控制记录：	说明：				

考核部门：　　　　　考核人：　　　　　项目经理：　　　　　制表：

注:1. 此表由项目经理部在考核季的下一个月的 18 日前上报质量管理部门。

2. 质量管理部门应于考核季的下一个月的 25 日前完成考核工作。

3. 每月 25 日前项目部要向质量管理部门上报工程质量月报。

(2)季度考核标准

1)季度质量目标：

①分项工程合格率低于 85％的实行否决。

②观感评分以总分 5 分为基准尺度,打分在 3 分以下的实行否决。

③不合格点率超过 18％的实行否决。

④如因质量问题导致业主严重投诉的,实行否决。

2)季度资金回收率:90％(含 90％)为达标。

3)季度成本目标:自开工累计制造成本有节余为达标。

(3)季度考核奖励说明

1)考核期内工程质量、资金、成本达到计划指标,则发放 10% 预留消费基金。

2)如在下一个季度考核期内,季度质量目标、季度总成本目标、季度资金回收率均达标,则可补发上季度尚未发放的 10% 的预留消费基金;如上述三项指标仍有一项未完成,则仍不补发尚未发放的 10% 每月预留消费基金,在以后的季度考核中按上述办法以此类推。

3)对项目跨年度尚未发放的 10% 预留消费基金,第二年则不再补发。

2. 施工阶段考核与奖励

施工阶段考核主要是当期 10% 预留消费基金是否发放和阶段成本状况的考核兑现。

(1)施工阶段分类。建筑面积在 $10 \times 10^4 m^2$ 以上且合同工期在 3 年以上的特大型项目,按基础、主体、竣工三个阶段分别进行考核兑现;群体工程可按单位工程考核。

建筑面积在 $(0.6 \sim 1.0) \times 10^5 m^2$(含)且合同工期在 2 年以上 3 年以下(含)的大型项目,按主体、竣工两个阶段分别进行考核兑现。

建筑面积在 $(3 \sim 6) \times 10^4 m^2$(含)且合同工期在 1 年以上 2 年以下的,按主体、竣工两个阶段分别进行考核兑现。

建筑面积在 $2 \times 10^4 m^2$(含)以下或者合同工期 1 年以内(含)的小型项目,项目竣工时,一次考核兑现。

(2)施工阶段考核奖励条件。当项目的施工阶段[按上述(1)条]完工后,业主、设计、监理、施工四方对已完工的阶段工程进行了验收,并具有四方签字认可的完备验收资料;已完阶段工程的工程款按合同约定回收到位(以业主、监理签字认可数为准);项目经理部向公司财务部提交了阶段成本分析报告。

(3)施工阶段考核程序。施工阶段考核由公司项目管理部牵头,组织相关部门共同进行;项目经理部认真负责地填写好"阶段工程实际成本与资金回收考核评价表"(表 3-3)、"阶段工程质量考核评价表"(表 3-4),分别上报财务部、资金部、项目管理部和质量管理部门。项目经理部组织相关部门对照标准进行考评和审核,提出奖励方案;公司主管领导审批奖励方案并由财务部实施。

表 3-3 （ ）阶段实际成本与资金回收考核评价表

项目经理部名称： 实际上报日期： 实际考核日期：

考 核 项 目	单位	自检	专检	专检后结论	说 明
1. 成本降低率	％				阶段实际成本与相应的预算制造成本之比
2. 项目经费总额	元				
其中：1)消费基金	元				
2)业务招待费	元				
3)现场经费	元				
3. 资金回收率	％				

考核部门：＿＿＿＿ 考核人：＿＿＿＿ 项目经理：＿＿＿＿ 制表：＿＿＿＿

注：此表由项目经理部在阶段工程完工后，并经业主、监理结构验收，已完工程的工程款按合同约定回收到位(以业主监理签字认数为准)，并在成本核算及成本分析完成后上报财务部。财务部收到此表后一个星期内完成考核工作，并将此表转交项目经理部。

表 3-4 （ ）阶段工程质量考核评价表

项目经理部： 实际上报日期： 实际考核日期：

考 核 项 目	计划指标	上报完成指标	考核后认可指标	考核后结论	说 明
一、工程实体质量					
1. 分项工程优良率					
2. 不合格点控制率					
二、工程质量技术保证资料					
三、质量控制记录					
四、质量事故					应计算质量事故损失金额

考核部门：＿＿＿＿ 考核人：＿＿＿＿ 项目经理：＿＿＿＿ 制表：＿＿＿＿

注：1. 此表由项目经理部在阶段工程完工后，并经业主、监理结构验收，已完工程的工程款按合同约定回收到位(以业主监理签字认可为准)，并在成本核算及成本分析完成后上报质量管理部门。

2. 质量管理部门应于收到此表一个星期内完成考核工作，并将此表转交项目管理部。

3. 表中工程质量技术保证资料由项目管理部负责考核。

（4）施工阶段考核标准。工程质量达到计划指标，资金回收率达到 90％以上，项目成本有节余(指本期内实际成本对比相应的预算制造成本有结余)。

(5)施工阶段考核奖励说明。施工阶段考核兑现实行质量、成本、资金否决制度,其中有一项指标达不到要求即实行否决;如果上述三项指标都能达到,则奖励如下:可发放本施工阶段当期 10% 预留消费基金。可从制造成本节余费用金额中预提成作为奖励(按公司规定提成办法),但发生下列情况之一者要酌情扣减:成本与资金回收考核评价表中,项目经费总额栏中每超出一项核定额度费用扣减提成奖的 10%;工程质量考核评价表中,如发生金额损失在 0.5 万~10 万元(不含 10 万元)以内质量事故时,扣减提成奖的 10%;发生金额损失在 10 万元以上重大事故,则免发提成奖励。考核期内发生安全或中毒事故,无论指标归属,均按下述规定执行:每发生 1 人次因工死亡,项目除承担政府对事故处理罚款外,另扣减项目消费基金 2 万元;每发生 1 人次因工重伤扣项目消费基金 1 万元;每发生 1 次急性中毒,项目除承担政府对事故处理罚款外,视其情节轻重程度,扣减项目消费基金 0.8~1.5 万元。

上述费用由安全主管部门书面通知财务部,在季度考核时扣款。

(6)工期提前特别嘉奖。在保证工程质量的前提下,如比合同工期提前 30d 以上(不含 30d)实现主体结构封顶(如项目由多个单位工程组成,封顶的含义指最后一个单位工程封顶),将会视该项目在当地所造成的社会效益,由公司总经理予以适当的物质嘉奖,此奖金在项目竣工后,从竣工兑现奖励中扣除。

3. 工程竣工考核与奖励

(1)工程竣工考核与奖励前提条件。项目必须完成全部合同任务及合约额;竣工决算完成,项目清算工作已完成(含预提保修成本),债权债务结清,工程尾款回收完;同业主签订建设工程保修合同,经审计效益已确认;项目必须全面完成"工程项目管理责任目标委托书"各项指标;工程竣工档案在兑奖前已全部与业主及公司档案室交接完毕。

(2)工程竣工奖励标准与内容。质量目标奖励:按集团公司质量奖励办法文件执行;制造成本降低奖励:具体奖励办法按有关文件执行;施工安全目标奖励:对获部级安全检查奖、获省(市)级文明安全工地称号以及获省级文明安全样板工地者,分别给予不同的奖励,具体奖励办法按集团公司有关文件执行;科技目标奖励:包括科技成果奖和科技示范工程奖励,具体奖励办法按集团有关文件执行;其他特别奖励:除上述各种奖励外,具备下列三个条件之二者,由项目经理提出报告,经公司总经理批准,对项目部1~2名贡献突出者进行特别奖励。例如:工程质量获省级以上荣誉奖,项目成本降低率达5%以上,工程项目产生了较大的社会效益;除国家优质工程奖和鲁班奖不列入项目制造成本,其余各项奖励均列入项目制造成本,且奖金总额不能超出项目制造成本降低额。

(3)竣工奖励的限制条件。如果项目成本出现亏损,则取消安全奖励、科技奖励、质量奖励的兑现;项目工程成本在竣工决算后亏损,已发的安全、科技、质量奖励从项目奖励金中扣除,取消上述全部奖励;项目所获的安全荣誉奖未能保持到竣工,或发生安全、消防、中毒事故,已发的安全奖励从项目奖金中扣除,取消其余未兑现奖励;获国家鲁班奖、国家优质奖的项目,项目制造成本在竣工决算后不出现亏损,给予全额奖励。如果项目制造成本在竣工决算后出现亏损,发放原奖励额度的50%。

(4)竣工考核奖励程序。工程竣工考核由项目管理部牵头,组织相关部门共同进行;根据工程项目责任目标完成的情况和其他相关指标的完成情况进行综合考评并提出奖励方案;公司主管领导审核奖励方案;总经理批准奖励方案;财务部根据总经理批准的奖励方案,向项目经理部发放奖金。

【例3-2】　某工程(集团)有限责任公司的考评管理办法

1. 在建项目检查考评量化打分标准

在建项目检查考评量化打分标准,见表3-5。

表3-5　　　　　　　　　项目检查考评量化表

序号	检查考核内容	量化打分标准	基础分	权重
一	进度目标控制	(1)建立进度控制体系,编制年度施工计划,采取切实可行的措施,确保阶段目标按期完成　　　　　　　　　　　20% (2)根据确定的年度重大阶段目标的数量,将基础分进行分解,按期完成一项得满分,推后一项适当扣分　　80%	100	15%

序号	检查考核内容	量化打分标准		基础分	权重
二	质量目标控制	（1）认真编制项目质量计划和质量考核评价体系	20%	100	15%
		（2）建立健全质量管理规章制度和组织机构落实人员和岗位责任	20%		
		（3）质检和试验操作规范，质量记录认真完整	20%		
		（4）工程实体和外观质量情况	20%		
		（5）单位工程优良率85%以上	20%		
三	安全目标控制	（1）建立健全安全管理规章制度和组织机构，落实人员和岗位责任	20%	100	10%
		（2）加强安全教育，制定安全计划，定期安全检查	20%		
		（3）火工器材、油材等易燃易爆品的安全管理	20%		
		（4）隐患部位的安全管理和警示牌的建立	20%		
		（5）重大不安全事故的发生情况	20%		
四	成本目标控制	（1）成本控制体系的建立、责任目标的分解及控制落实情况	20%	100	15%
		（2）经理部有关部门及人员定期、准确、及时提交统计资料和报表	15%		
		（3）经理部有关部门定期进行成本核算，制定纠偏和预防措施并形成报告	15%		
		（4）按规定定期上交各种费用，未全额完成上交者，按其完成的百分数考核得分	50%		
五	生产要素管理	（1）人力资源：和员工签订上岗合同，明确双方责任和奖惩；员工教育培训和思想政治工作情况	20%	100	15%
		（2）材料：建立供方考核评价体系和合格供方各组情况，计划采购及合同签订情况；进场材料的验收、储存、标识、领用及使用监督情况	20%		
		（3）机械设备：健全制度，持证上岗，合理使用，定期养修，单机核算，记录完整，车容整洁，性能良好	20%		
		（4）技术：建立技术管理体系，落实技术岗位责任情况；施工组织设计编制和施工技术规范执行情况；图纸会审、技术交底和重大施工方案技术准备情况；技术总结和竣工资料准备情况	20%		
		（5）资金：财务制度的执行情况；在公司财审部门指定银行开设账户及资金管理情况；工程结算及收支情况；员工工资拖欠不超过两个月	20%		

(续二)

序号	检查考核内容	量化打分标准		基础分	权重
六	合同管理	(1)承包合同发生变更、违约后的索赔申报及处理情况	20%	100	10%
		(2)分包合同,劳务合同签订审查及执行情况	30%		
		(3)采购合同、租赁合同签订审查及执行情况	20%		
		(4)内部责任合同签订及执行情况	10%		
		(5)债权债务清理情况	20%		
七	施工现场管理	(1)企业 CI 战略,做到施工现场、机械设备和办公生活两个覆盖	20%	100	10%
		(2)宣传牌、标志牌、警示牌醒目规范	20%		
		(3)设备停放整齐、材料堆放有序	20%		
		(4)施工现场整洁,施工道路平整,总体布局合理	20%		
		(5)办公、生活区及食堂整洁卫生	20%		
八	信息管理	(1)落实人员,明确信息管理责任	30%	100	5%
		(2)及时收集整理与项目有关的各类信息:工程信息、公告信息和项目管理信息	40%		
		(3)及时传递有关信息	30%		
九	组织协调	(1)项目经理部内部关系,与企业的关系	20%	100	5%
		(2)与业主、监理、设计的关系	50%		
		(3)与分包商、供货商的关系	10%		
		(4)与当地政府有关部门等的关系	20%		

2. 在建项目检查考评实行量化百分制

根据项目管理九项内容来综合考核项目经理部的项目管理工作,并对项目经理的任职情况进行评价,共分四个标准:

(1)优秀:综合评价 90 分以上。

(2)称职:综合评价 75～89 分。

(3)基本称职:综合评价 60～74 分。

(4)不称职:综合评价 60 分以下。

3. 检查考评程序

(1)集团公司成立项目考核评价小组,并由副总经理担任组长,成员由总部有关部门负责人组成。

（2）项目经理部按要求提交项目管理总结。

（3）考评组按考评内容逐条检查。

（4）项目经理撰写述职报告，并在一定范围的会议上进行述职。

（5）考评组查看项目有关资料，对项目管理层和劳务层进行测评和评议。

（6）考评组综合检查、测评、述职等情况，量化打分并计算总得分。

（7）根据综合考核得分，确定评价。

根据考评结果，按照集团公司"项目管理办法"和有关规定兑现项目经理年绩效工资并实行奖罚。

第三节　项目经理的责、权、利

一、项目经理的职责

（1）贯彻执行国家和工程所在地政府的有关法律、法规和政策，执行企业的各项管理制度。

（2）严格财经制度，加强财经管理，正确处理国家、企业与个人的利益关系。

（3）执行项目承包合同中由项目经理负责履行的各项条款。

（4）对工程项目施工进行有效控制，执行有关技术规范和标准，积极推广应用新技术，确保工程质量和工期，实现职业健康安全、文明生产，努力提高经济效益。

各施工承包企业都应制定本企业的项目经理管理办法，规定项目经理的职责，对上述的四大职责制定实施细则。

各省、自治区、直辖市的建筑施工企业根据上述规定，结合企业的实际都作了相应规定。例如某企业规定项目经理的职责如下：

（1）认真贯彻国家和上级的有关方针、政策、法规及企业制度颁布的各项规章制度，自觉保护企业和职工的利益，确保公司下达的各项经济技术指标的全面完成。

（2）对项目范围内的各单位工程的室外相关工程，组织内外发包，并对发包工程的进度、质量、职业健康安全、成本和场容等进行监督管理、考核验收、全面负责。

(3)组织编制工程项目施工组织设计,包括工程进度计划和技术方案,制定安全生产和保证质量措施,并组织实施。

(4)根据公司年(季)度施工生产计划,组织编制季(月)度施工计划,包括劳动力、材料、构件和机械设备的使用计划,并与有关部门签订供需包保和租赁合同。

(5)科学组织和管理进入项目工地的人、财、物资源,协调分包单位之间的关系,做好人力、物力和机械设备的调配与供应,及时解决施工中出现的问题,保证履行与公司经理签订的承包合同,提高综合经济效益,圆满完成任务。

(6)组织制定项目经理部各类管理人员的职责权限和各项规章制度,搞好与公司各职能部门的业务联系和经济往来,定期向公司经理报告工作。

(7)严格财经制度,加强财务、预算管理,推行多种形式的承包责任制。

二、项目经理的权限

为了履行项目经理的职责,施工项目经理必须具有一定的权限,这些权限应由企业法人代表授予,并用制度具体确定下来。施工项目经理应具有以下权限:

(1)用人决策权。决定项目管理机构班子的设置,选择、聘任有关人员,对班子内的成员的任职情况进行考核监督,决定奖惩、辞退。当然,项目经理的用人权应以不违背企业的人事制度为前提。

(2)财务决策权。在财务制度允许的范围内,根据工程需要和计划的安排,做出投资动用、流动资金周转、固定资产购置、作用、大修和计提折旧的决策,对项目管理班子内的计酬方式、分配方法、分配方案等做出决策。

(3)进度计划控制权。根据项目进度总目标和阶段性目标的要求,对项目建设的进度进行检查、调整,并在资源上进行调配,从而对进度计划进行有效的控制。

(4)技术质量决策权。批准重大技术方案和重大技术措施,必要时召开技术方案论证会,把好技术决策关和质量关,防止技术上的决策失误,主持处理重大质量事故。

（5）设备、物资采购决策权。对采购方案、目标、到货要求、乃至对供货单位的选择、项目库存策略等进行决策，对由此而引起的重大支付问题做出决策。

原建设部在《建筑施工企业项目经理资质管理办法》中对施工项目经理的管理权力做了以下规定：

（1）组织项目管理班子。

（2）以企业法人代表人的代表身份处理与所承担的工程项目有关的外部关系，受委托签署有关合同。

（3）指挥工程项目建设的生产经营活动，调配并管理进入工程项目的人力、资金、物资、机械设备等生产要素。

（4）选择施工作业队伍。

（5）进行合理的经济分配。

（6）企业法定代表人授予的其他管理权力。

各省、自治区、直辖市的建筑施工企业根据上述规定，结合本企业的实际，也做出了相应的规定。如某企业规定项目经理有以下权限：

（1）有权以法人代表委托代理人的身份与建设单位洽谈业务，签署洽商和有关业务性文件。

（2）对工程项目有经营决策和生产指挥权，对进入现场的人、财、物有统一调配使用权。

（3）在与有关部门协商的基础上，有聘任项目管理班子成员、选择施工队长以及劳务输入单位的权力。

（4）有内部承包方式的选择权和工资、资金的分配权，以及按合同的有关规定对工地职工辞退、奖惩权。

（5）对公司经理和有关部门违反合同行为的摊派有权拒绝接受，并对施工违反经济合同所造成的经济损失有索赔权。

三、项目经理的利益与奖罚

项目经理最终的利益是项目经理行使权力和承担责任的结果，也是商品经济条件下责、权、利相互统一的具体体现。利益可分为两大类：一是物质兑现，二是精神奖励。目前，许多企业在执行中采取了以下两种方法：

（1）项目经理按规定标准享受岗位效益工资和月度奖金（奖金暂

不发)、年终各项指标和整个工程项目,都达到承包合同(责任状)指标要求的,按合同奖罚一次性兑现,其年度奖励可为风险抵押金额的2~3倍。项目终审盈余时可按利润超额比例提成予以奖励。具体分配办法根据各部门各地区、各企业有关规定执行。整个工程项目竣工综合承包指标全面完成贡献突出的,除按项目承包合同兑现外,可晋升一级工资或授予优秀项目经理等荣誉称号。

(2)如果承包指标未按合同要求完成,可根据年度工程项目承包合同奖罚条款扣减风险抵押金,直至月度奖金全部免除。如属个人直接责任,致使工程项目质量粗糙、工期拖延、成本亏损或造成重大安全事故的,除全部没收抵押金和扣发奖金外,还要处以一次性罚款并下浮一级工资,性质严重者要按有关规定追究责任。

需要注意的是,从行为科学的理论观点来看,对施工项目经理的利益兑现应在分析的基础上区别对待,满足其最迫切的需要,以真正通过激励调动其积极性。行为科学认为,人的需要由低层次到高层次分别为物质的、安全的、社会的、自尊的和理想的。如把前两种需要称为"物质的"则其他三种需要为"精神的",因此,在进行激励之前,应分析该项目经理的最迫切需要,不能盲目地只讲物质激励。一定意义上说,精神激励的面要大,作用会更显著。

第四章 项目合同管理

第一节 项目合同管理基础知识

一、项目合同管理的概念

项目合同管理是指对项目合同的签订、履行、变更和解除进行监督检查，对合同履行过程中发生的争议或纠纷进行处理，以确保合同依法订立和全面履行。项目合同管理贯穿于合同签订、履行、终结直至归档的全过程。

二、项目合同管理的目标

合同管理直接为项目总目标和企业总目标服务，保证它们的顺利实现。所以，项目合同管理不仅是项目管理的一部分，而且还是企业管理的一部分。具体地说，项目合同管理目标包括以下两方面：

（1）使整个工程在预定的成本（投资）、预定的工期范围内完成，达到预定的质量和功能的要求。

由于合同中包括了进度要求、质量标准、工程价格，以及双方的责权利关系，所以它贯穿了项目的三大目标。在一个建筑工程项目中，有几份、十几份甚至几十份互相联系、互相影响的合同，一份合同至少涉及两个独立的项目参加者。通过合同管理可以保证各方面都圆满地履行合同责任，进而保证项目的顺利实施。最终业主按计划获得一个合格的工程，实现投资目的，承包商获得合理的价格和利润。

（2）在工程结束时使双方都感到满意，合同争执较少，合同各方面能互相协调。业主要对工程、对承包商、对双方的合作感到满意，而承包商不但取得了利润，而且赢得了信誉，建立了双方友好合作的关系。工程问题的解决公平合理，符合惯例。这是企业经营管理和发展战略对合同管理的要求。

三、项目合同管理的特点

1. 管理过程持续时间长

建筑工程项目是一个渐进的过程，工程持续时间长，这使得相关的合同,特别是工程承包合同的生命期较长。它不仅包括施工工期,而且包括招标投标和合同谈判以及保修期,所以一般至少两年,长的可达 5 年或更长时间。合同管理必须在这么长时间内连续地、不间断地进行,从领取标书直到合同完成并失效。

2. 对工程经济效益影响大

工程价值量大,合同价格高,使得合同管理对工程经济效益影响很大。工程项目合同管理好,可使承包商避免亏本,赢得利润,否则承包商要蒙受较大的经济损失,这已为许多工程实践所证明。在现代工程中,由于竞争激烈,合同价格中包括的利润减少,合同管理中稍有失误即会导致工程亏本。

3. 合同变更频繁

由于工程过程中内外干扰事件多,合同变更频繁。常常一个稍大的工程,合同实施中的变更能有几百项。合同实施必须按变化了的情况不断地调整,这要求合同管理必须是动态的,必须加强合同控制和变更管理工作。

4. 管理技术高度准确、严密、精细

合同管理工作极为复杂、繁琐,是高度准确、严密和精细的管理工作。这是由以下几方面原因造成的:

(1)现代工程体积庞大,结构复杂,技术标准、质量标准高,要求相应的合同实施的技术水平和管理水平高。

(2)由于现代工程资金来源渠道多,有许多特殊的融资方式和承包方式,使工程项目合同关系越来越复杂。

(3)现代工程合同条件越来越复杂,这不仅表现在合同条款多,所属的合同文件多,还表现在与主合同相关的其他合同多。例如在工程承包合同范围内可能有许多分包、供应、劳务、租赁、保险合同,它们之间存在极为复杂的关系,形成一个严密的合同网络。复杂的合同条件和合同关系要求高水平的项目管理特别是合同管理与之配套,否则合同条件没有实用性,项目不能顺利实施。

(4)工程的参加单位和协作单位多,通常涉及业主、总包、分包、材料供应商、设备供应商、设计单位、监理单位、运输单位、保险公司等十几家甚至几十家。各方面责任界限的划分、合同的权利和义务的定义异常复杂,合同文件出错和矛盾的可能性加大。合同在时间上和空间上的衔接和协调极为重要,同时又极为复杂和困难。合同管理必须协调和处理各方面的关系,使相关的各合同和合同规定的各工程活动之间不相矛盾,在内容上、技术上、组织上、时间上协调一致,形成一个完整、周密、有序的体系,以保证工程有秩序、按计划地实施。

(5)合同实施过程复杂,从购买标书到合同结束必须经历许多过程。签约前要完成许多手续和工作,签约后进行工程实施,要完整地履行一个承包合同,必须完成几百个甚至几千个相关的合同事件,从局部完成到全部完成。在整个过程中,稍有疏忽就会导致前功尽弃,导致经济损失。所以必须保证合同在工程的全过程和每个环节上都顺利实施。

(6)在工程实施过程中,合同相关文件,各种工程资料汗牛充栋。在合同管理中必须取得、处理、使用、保存这些文件和资料。

5. 受外界影响大、风险大

由于合同实施时间长,涉及面广,所以受外界环境如经济条件、社会条件、法律和自然条件等的影响大,风险大。这些因素承包商难以预测,不能控制,但都会妨碍合同的正常实施,造成经济损失。

合同本身常常隐藏着许多难以预测的风险。由于建筑市场竞争激烈,不仅导致报价降低,而且业主常常提出一些苛刻的合同条款,如单方面约束性条款和责权利不平衡条款,甚至有的发包商包藏祸心,在合同中用不正常手段坑人。承包商对此必须有高度的重视,并采取相应对策,否则必然会导致工程失败。

四、项目合同管理的内容与程序

1. 项目合同管理的内容

(1)对合同履行情况进行监督检查。通过检查,发现问题及时协调解决,提高合同履约率。主要包括以下三点:

1)检查合同法及有关法规贯彻执行情况;

2)检查合同管理办法及有关规定的贯彻执行情况;

3)检查合同签订和履行情况,减少和避免合同纠纷的发生。

(2)经常对项目经理及有关人员进行合同法及有关法律知识教育,提高合同管理人员的素质。

(3)建立健全工程项目合同管理制度。包括项目合同归口管理制度、考核制度、合同用章管理制度、合同台账、统计及归档制度。

（4）对合同履行情况进行统计分析。包括工程合同份数、造价、履约率、纠纷次数、违约原因、变更次数及原因等。通过统计分析手段，发现问题，及时协调解决，提高利用合同进行生产经营的能力。

（5）组织和配合有关部门做好有关工程项目合同的鉴证、公证和调解、仲裁及诉讼活动。

2. 项目合同管理的程序

工程项目合同管理应遵循以下程序：

（1）合同评审。

（2）合同订立。

（3）合同实施计划编制。

（4）合同实施控制。

（5）合同综合评价。

（6）有关知识产权的合法使用。

第二节　项目合同评审

一、招标文件分析

1. 招标文件的作用及组成

招标文件是整个招标过程所遵循的基础性文件，是投标和评标的基础，也是合同的重要组成部分。一般情况下，招标人与投标人之间不进行或进行有限的面对面交流，投标人只能根据招标文件的要求编写投标文件，因此，招标文件是联系、沟通招标人与投标人的桥梁。能否编制出完整、严谨的招标文件，直接影响到招标的质量，也是招标成败的关键。

（1）招标文件的作用。招标文件的作用主要表现在以下三方面：

1）招标文件是投标人准备投标文件和参加投标的依据。

2）招标文件是招标投标活动当事人的行为准则和评标的重要依据。

3）招标文件是招标人和投标人签订合同的基础。

（2）招标文件的组成

招标文件的内容大致分为三类：

1)关于编写和提交投标文件的规定。载入这些内容的目的是尽量减少承包商或供应商由于不明确如何编写投标文件而处于不利地位或其投标遭到拒绝的可能。

2)关于对投标人资格审查的标准及投标文件的评审标准和方法,这是为了提高招标过程的透明度和公平性,所以非常重要,也是不可缺少的。

3)关于合同的主要条款,其中主要是商务性条款,有利于投标人了解中标后签订合同的主要内容,明确双方的权利和义务。其中,技术要求、投标报价要求和主要合同条款等内容是招标文件的关键内容,统称实质性要求。

招标文件一般至少包括以下内容:

1)投标人须知。

2)招标项目的性质、数量。

3)技术规格。

4)投标价格的要求及其计算方式。

5)评标的标准和方法。

6)交货、竣工或提供服务的时间。

7)投标人应当提供的有关资格和资信证明。

8)投标保证金的数额或其他有关形式的担保。

9)投标文件的编制要求。

10)提供投标文件的方式、地点和截止时间。

11)开标、评标、定标的日程安排。

12)主要合同条款。

2. 招标文件分析的内容

(1)招标条件分析。分析的对象是投标人须知,通过分析不仅要掌握招标过程、评标的规则和各项要求,对投标报价工作作出具体安排,而且要了解投标风险,以确定投标策略。

(2)技术文件分析。主要是进行图纸会审,工程量复核,图纸和规范中的问题分析,从中了解承包商具体的工程范围、技术要求、质量标准。在此基础上进行施工组织,确定劳动力的安排,进行材料、设备的分析,制订实施方案,进行报价。

(3)合同文本分析。合同文本分析是一项综合性的、复杂的、技术性很强的工作,分析的对象主要是合同协议书和合同条件。它要求合同管理者必须熟悉与合同相关的法律、法规,精通合同条款,对工程环境有全面的了解,有合同管理的实际工作经验。

合同文本分析主要包括以下五个方面的内容:

1)承包合同的合法性分析。

2)承包合同的完备性分析。

3)承包合同双方责任和权益及其关系分析。

4)承包合同条件之间的联系分析。

5)承包合同实施的后果分析。

二、投标文件分析

1. 投标文件的内容

(1)投标书。招标文件中通常有规定的格式投标书,投标者只需按规定的格式填写必要的数据和签字即可,以表明投标者对各项基本保证的确认。

1)确认投标者完全愿意按招标文件中的规定承担工程施工、建成、移交和维修等任务,并写明自己的总报价金额。

2)确认投标者接受的开工日期和整个施工期限。

3)确认在本投标被接受后,愿意提供履约保证金(或银行保函),其金额符合招标文件规定等。

(2)有报价的工程量表。一般要求在招标文件所附的工程量表原件上填写单价和总价,每页均有小计,并有最后的汇总价。工程量表的每一数字均需认真校核,并签字确认。

(3)业主可能要求递交的文件。如施工方案,特殊材料的样本和技术说明等。

(4)银行出具的投标保函。须按招标文件中所附的格式由业主同意的银行开出。

(5)原招标文件的合同条件、技术规范和图纸。如果招标文件有要求,则应按要求在某些招标文件的每页上签字并交回业主。这些签字表明投标商已阅读过,并承认了这些文件。

2. 投标文件分析的重要性

投标文件分析是一项技术性很强,同时又十分复杂的工作,一般由咨询单位(项目管理者)负责。投标文件分析的重要性主要体现在以下几个方面：

(1)如果发现投标文件中报价计算错误，可以对它进行校正，这样可保证评标的正确性。

(2)对实施方案及进度计划中的问题，可以要求投标人在澄清会议上作出解释，也可以要求其作出修改。

(3)为定标提供依据。定标通常就按照上述分析的几个方面，赋予不同的权重，给各家打分，择优选择中标单位。

(4)为议价谈判做准备。

3. 投标文件分析的内容与方法

在投标文件分析中，应考虑承包商可能对项目有影响的所有方面。投标文件分析的内容通常包括以下几个方面的工作：

(1)投标文件总体审查

1)投标书的有效性分析，如印章、授权委托书是否符合要求。

2)投标文件的完整性，即投标文件中是否包括招标文件中规定应提交的全部文件，特别是授权委托书、投标保函和各种业主要求提交的文件。

3)投标文件与招标文件一致性的审查。一般招标文件都要求投标人完全按招标文件的要求投标报价，完全相应招标要求。这里必须分析是否完全相应，有无修改或附带条件。

(2)报价分析

1)投标报价单价分析。单价是投标价格决定的重要因素，关系到投标的成败。在投标前对每个单项工程进行价格分析很有必要。

一个工程可以分为若干个单项工程，而每一个单项工程中又包含许多项目。单价分析也可称为单价分解，就是对工程量表中所列项目的单价如何分析、计算和确定。或者说是研究如何计算不同项目的直接费和分摊其间接费、上级企业管理费、利润和风险费之后得出项目的单价。

有的招标文件要求投标者必须报送部分项目的单价分析表，而一般的招标文件不要求报单价分析。但投标者在投标时，除对于很有经验的、有把握的项目外，必须对工程量大的、对工程成本起决定作用的、没有经验的和特殊的项目进行单价分析，以使投标报价建立在可靠的基础上。

2)投标报价决策分析。报价决策就是确定投标报价的总水平。这是投标胜负的关键环节,通常由投标工作班子的决策人在主要参谋人员的协助下作出决策。

报价决策的工作内容,首先计算基础标价,即根据工程量清单和报价项目单价表,进行初步测算,其间可能对某些项目的单价作必要的调整,形成基础标价。其次做风险预测和盈亏分析,即充分估计施工过程中的各种有关因素和可能出现的风险,预测对工程造价的影响程度。第三步测算可能的最高标价和最低标价,也就是测定基础标价可以上下浮动的界限,使决策人心中有数,避免凭主观愿望盲目压价或加大保险系数。完成这些工作以后,决策人就可以靠自己的经验和智慧,做出报价决策。然后,方可编制正式报价单。

基础标价、可能的最低标价和最高标价可分别按下式计算:

$$基础标价 = \sum 报价项目 \times 单价 \tag{4-7}$$

$$最低标价 = 基础标价 - (预期盈利 \times 修正系数) \tag{4-8}$$

$$最高标价 = 基础标价 + (风险损失 \times 修正系数) \tag{4-9}$$

考虑到在一般情况下,各种盈利因素或者风险损失,很少有可能在一个工程上百分之百地出现,所以应加一修正系数,这个系数凭经验一般取 0.5~0.7。

3)投标报价宏观审核。投标承包工程,报价是投标的核心,报价正确与否直接关系到投标的成败。为了增强报价的准确性,提高中标率和经济效益,除重视投标策略,加强报价管理以外,还应善于认真总结经验教训,采取相应对策从宏观角度对承包工程总报价进行控制。

宏观审核的目的在于通过换角度的方式对报价进行审查,以提高报价的准确性,提高竞争能力。

一个工程可分为若干个单项工程,而每一个单项工程中又包含许多项目。总体报价是由各单项价格组成的,在考虑某一具体项目的价格水平时,因为所处的角度是面对具体的问题,也许人们认为其合情合理。但当组成整体价格时,从整体的角度去看则未必合理,这正是进行宏观审核的必要性。宏观审核所通常采取的观察角度主要有以下几方面:

①单位工程造价。将投标报价折合成单位工程造价,例如房屋工程按平方米造价;铁路、公路按公里造价;铁路桥梁、隧道按每延米造价,公路桥梁按桥面平方米造价等等,并将该项目的单位工程造价与类似工程(或称参照对象)的单位工程造价进行比较,以判定报价水平的高低。

②全员劳动生产率。所谓全员劳动生产率是指全体人员每工日的生产价值。一定时期内,由于受企业一定的生产力水平所决定,具有相对稳定的全员劳动生产率水平。因而企业在承揽同类工程或机械化水平相近的项目时应具有相近的全员劳动生产率水平。

③单位工程用工用料正常指标。我国铁路隧道施工部门根据所积累的大量施工经验,统计分析出的各类围岩隧道的每延米隧道用工、用料正常指标;房建部门对房建工程每平方米建筑面积所需劳力和各种材料的数量也都有一个合理的指数。可据此进行宏观控制。国外工程也如此。

④各分项工程价值的正常比例。一个工程项目是由基础、墙体、楼板、屋面、装饰、水电、各种附属设备等分项工程构成的,它们在工程价值中都有一个合理的大体比例,承包商应将投标项目的各分项工程价值的比例与经验数值相比较。

⑤各类费用的正常比例。任何一个工程的费用都是由人工费、材料设备费、施工机械费、企业管理费等各类费用组成的,它们之间都应有一个合理的比例。

⑥预测成本比较。将一个国家或地区的同类工程报价项目和中标项目的预测工程成本资料整理汇总贮存,作为下一轮投标报价的参考,可以衡量新项目报价的得失情况。

⑦个体分析整体综合。将整体报价进行分解,分摊至各个体项目上,与原个体项目价格相比较,发现差异、分析原因、合理调整,再将个体项目价格进行综合,形成新的总体价格,与原报价进行比较。

⑧综合定额估算法。本法是采用综合定额和扩大系数估算工程的工料数量及工程造价的一种方法;是在掌握工程实施经验和资料的基础上的一种估价方法。一般说来比较接近实际,尤其是在采用其他宏观指标对工程报价难以核准的情况下,该法更显出它较细致可靠的优点。

⑨企业内部定额估价法。根据企业的施工经验,确定企业在不同类型的工程项目施工中的工、料、机等的消耗水平,形成企业内部定额,并以此为基础计算工程估价。此方法不但是核查报价准确性的重要手段,也是企业内部承包管理、提高经营管理水平的重要方法。

(3)技术性评审。一般业主都要求投标人在投标书后附有施工方案、施工组织和计划等较详细的说明。它们是报价的依据,同时又是为完成合同责任所做的详细的计划和安排。

技术评审分析的主要内容包括以下几个方面:

1)投标人对该工程的性质、工程范围、难度、自己的工程责任理解的正确性。评价施工方案、作业计划、施工进度计划的科学性和可行性,能保证合同目标的实现。

2)工程按期完成的可能性。

3)施工的安全、劳动保护、质量保证措施、现场布置的科学性。

4)投标人用于该工程的人力、设备、材料计划的准确性,各供应方案的可行性。

5)项目班子评价。主要是项目经理、主要工程技术人员的工作经历、经验。

(4)其他方面的因素分析

1)潜在的合同索赔的可能性。

2)对承包商拟雇用的分包商的评价。

3)投标人提出对业主的优惠条件。如赠予、新的合作建议。

4)对业主提出的一些建议的相应。

5)投标文件的总体印象。如条理性,正确性,完备性等。

三、合同审查

1. 合同合法性审查

合同合法性是指合同依法成立所具有的约束力。对工程项目合同合法性的审查,基本上从合同主体、客体、内容三方面加以考虑。结合实践情况,现今在工程建设市场上有以下几种合同无效的情况:

(1)没有经营资格而签订的合同。工程施工合同的签订双方是否有专门从事建筑业务的资格,这是合同有效、无效的重要条件之一。

(2)缺少相应资质而签订的合同。建设工程是"百年大计"的不动产产品,而不是一般的产品,因此,工程施工合同的主体除了具备可以支配的财产、固定的经营场所和组织机构外,还必须具备与建设工程项目相适应的资质条件,而且也只能在资质证书核定的范围内承接相应的建设工程任务,不得擅自越级或超越规定的范围。

(3)违反法定程序而订立的合同。在工程施工合同尤其是总承包合同和施工总承包合同的订立中,通常通过招标投标的程序,招标为要约邀请,投标为要约,中标通知书的发出意味着承诺。对通过这一程序缔结的合同,我国《招标投标法》有着严格的规定。

(4)违反关于分包和转包的规定所签订的合同。我国《建筑法》允许建设工程总承包单位将承包工程中的部分发包给具有相应资质条件的分包单位,但是,除总承包合同中约定的分包外,其他分包必须经建设单位认可。而且属于施工总承包的,建筑工程主体结构的施工必须由总承包单位自行完成。也就是说,未经建设单位认可的分包和施工总承包单位将工程主体结构分包出去所订立的分包合同,都是无效的。此外,将建设工程分包给不具备相应资质条件的单位或分包后将工程再分包的,均是法律禁止的。

我国《建筑法》及其他法律、法规对转包行为均作了严格禁止。转包,包括承包单位将其承包的全部建筑工程转包、承包单位将其承包的全部建筑工程肢解以后以分包的名义分别转包给他人。属于转包性质的合同,也因其违法而无效。

(5)其他违反法律和行政法规所订立的合同。如合同内容违反法律和行政法规,也可能导致整个合同的无效或合同的部分无效。例如发包方指定承包单位购入的用于工程的建筑材料、构配件,或者指定生产厂、供应商等,此类条款均为无效。合同中某一条款的无效,并不必然影响整个合同的有效性。

2. 合同条款完备性审查

合同条款的内容直接关系到合同双方的权利、义务,在工程项目合同签订之前,应当严格审查各项合同条款内容的完备性,尤其应注意如下内容。

(1)确定合理的工期。工期过长,不利于发包方及时收回投资;工期过短,则不利于承包方对工程质量以及施工过程中建筑半成品的养护。

因此,对承包方而言,应当合理计算自己能否在发包方要求的工期内完成承包任务,否则应当按照合同约定承担逾期竣工的违约责任。

(2)明确双方代表的权限。在施工承包合同中通常都明确甲方代表和乙方代表的姓名和职务,但对其作为代表的权限则往往规定不明。由于代表的行为代表了合同双方的行为,因此,有必要对其权利范围以及权利限制作一定约定。

(3)明确工程造价或工程造价的计算方法。工程造价条款是工程施工合同的必备和关键条款,但通常会发生约定不明的情况,往往为日后争议与纠纷的发生埋下隐患。而处理这类纠纷,法院或仲裁机构一般委托有权审价单位鉴定造价,这势必使当事人陷入旷日持久的诉讼,更何况经审价得出的造价也因缺少可靠的计算依据而缺乏准确性,对维护当事人的合法权益极为不利。

(4)明确材料和设备的供应。由于材料、设备的采购和供应引发的纠纷非常多,故必须在合同中明确约定相关条款,包括发包方或承包商所供应或采购的材料、设备的名称、型号、规格、数量、单价、质量要求、运送到达工地的时间、验收标准、运输费用的承担、保管责任、违约责任等。

(5)明确工程竣工交付的标准。应当明确约定工程竣工交付的标准。如发包方需要提前竣工,而承包商表示同意的,则应约定由发包方另行支付赶工费用或奖励。因为赶工意味着承包商将投入更多的人力、物力、财力,劳动强度增大,损耗亦增加。

(6)明确违约责任。违约责任条款订立的目的在于促使合同双方严格履行合同义务,防止违约行为的发生。发包方拖欠工程款、承包方不能保证施工质量或不按期竣工,均会给对方以及第三方带来不可估量的损失。

第三节　项目合同实施计划

一、项目合同总体策划

1. 合同总体策划的基本概念

项目合同总体策划是指在项目的开始阶段,对那些带根本性和方向性的,对整个项目、整个合同实施有重大影响的问题进行确定。它的目标是通过合同保证项目目标和项目实施战略的实现。

2. 合同总体策划的重要性

正确的合同总体策划不仅有助于签订一个完备的有利的合同,而且可以保证圆满地履行各个合同,并使它们之间能完善地协调,顺利地实现工程项目的根本目标。工程项目合同总体策划的重要性具体体现在以下几个方面:

(1)合同总体策划决定着项目的组织结构及管理体制,决定合同各方面责任、权力和工作的划分。它保证业主通过合同委托项目任务,并通过合同实现对项目的目标控制。

(2)通过合同总体策划,摆正工程过程中各方面的重大关系,防止由于这些重大问题的不协调或矛盾造成工作上的障碍,造成重大的损失。

(3)无论对于业主还是承包商,正确的合同总体策划能够保证各个合同圆满地履行,促使各个合同达到完善的协调,减少矛盾和争执,顺利地实现工程项目的整体目标。

3. 合同总体策划的过程

合同总体策划,主要确定工程合同的一些重大问题。它对工程项目的顺利实施,对项目总目标的实现有决定性作用。合同总体策划的过程如下:

(1)研究企业战略和项目战略,确定企业和项目对合同的要求。

(2)确定合同相关的总体原则和目标,并对上述各种依据进行调查。

(3)分层次、分对象对合同的一些重大问题进行研究,列出可能的各种选择,并按照上述策划的依据综合分析各种选择的利弊得失。

(4)对合同的各个重大问题作出决策和安排,提出合同措施。

4. 合同总体策划的内容

(1)工程承包方式和费用的划分。在项目合同总体策划过程中,首先需要根据项目的分包策划确定项目的承包方式和每个合同的工程范围。

(2)合同种类的选择。不同种类的合同,有不同的应用条件、不同的权力和责任的分配、不同的付款方式,对合同双方有不同的风险。所以,应按具体情况选择合同类型。

1)单价合同。单价合同是最常见的合同种类,适用范围广,如FIDIC工程施工合同,我国的建设工程施工合同也主要是这一类合同。

在这种合同中,承包商仅按合同规定承担报价的风险,即对报价(主要为单价)的正确性和适宜性承担责任;而工程量变化的风险由业主承担。由于风险分配比较合理,能够适应大多数工程,能调动承包商和业主双方的管理积极性。单价合同又分为固订单价和可调单价等形式。

单价合同的特点是单价优先,业主在招标文件中给出的工程量表中的工程量是参考数字,而实际合同价款按实际完成的工程量和承包商所报的单价计算。在单价合同中应明确编制工程量清单的方法和工程计量方法。

2)固定总合同。这种合同以一次包死的总价格委托,除了设计有重大变更,一般不允许调整合同价格。所以在这类合同中承包商承担了全部的工作量和价格风险。

在现代工程中,业主喜欢采用这种合同形式。在正常情况下,可以免除业主由于要追加合同价款、追加投资带来的麻烦。但由于承包商承担了全部风险,报价中不可预见风险费用较高。报价的确定必须考虑施工期间物价变化以及工程量变化。

3)成本加酬金合同。工程最终合同价格按承包商的实际成本加一定比率的酬金(间接费)计算。在合同签订时不能确定一个具体的合同价格,只能确定酬金的比率。由于合同价格按承包商的实际结算,承包商不承担任何风险,所以他没有成本控制的积极性,相反期望提高成本以提高自己工程的经济效益。这样会损害工程的整体效益。所以这类合同的使用应受到严格限制,通常应用于如下情况:

①投标阶段依据不准,工程的范围无法界定,无法准确估价,缺少工程的详细说明。

②工程特别复杂,工程技术、结构方案不能预先确定。它们可能按工程中出现的新的情况确定。

③时间特别紧急,要求尽快开工。如抢救、抢险工程,人们无法详细地计划和商谈。

4)目标合同。它是固定总价合同和成本加酬金合同的结合和改进形式。在国外,它广泛使用于工业项目、研究和开发项目、军事工程项目中。承包商在项目早期(可行性研究阶段)就介入工程,并以全包的形式承包工程。

一般来说,目标合同规定,承包商对工程建成后的生产能力(或使用功能)、工程总成本、工期目标承担责任。

(3)招标方式的确定。项目招标方式,通常有公开招标、议标、选择性竞争招标三种,每种方式都有其特点及适用范围。

1)公开招标。在这个过程中,业主选择范围大,承包商之间充分地平等竞争,有利于降低报价,提高工程质量,缩短工期。但招标期较长,业主有大量的管理工作,如准备许多资格预审文件和招标文件,资格预审、评标、澄清会议工作量大。

但是,不限对象的公开招标会导致许多无效投标,导致社会资源的浪费。许多承包商竞争一个标,除中标的一家外,其他各家的花费都是徒劳的。这会导致承包商经营费用的提高,最终导致整个市场上工程成本的提高。

2)议标。在这种招标方式中,业主直接与一个承包商进行合同谈判,由于没有竞争,承包商报价较高,工程合同价格自然很高。议标一般适合在一些特殊情况下采用:

①业主对承包商十分信任,可能是老主顾,承包商资信很好。

②由于工程的特殊性,如军事工程、保密工程、特殊专业工程和仅由一家承包商控制的专利技术工程等。

③有些采用成本加酬金合同的情况。

④在一些国际工程中,承包商帮助业主进行项目前期策划,作可行性研究,甚至作项目的初步设计。

3)选择性竞争招标(邀请招标)。业主根据工程的特点,有目标、有条件地选择几个承包商,邀请他们参加工程的投标竞争,这是国内外经常采用的招标方式。采用这种招标方式,业主的事务性管理工作较少,招标所用的时间较短,费用低,同时业主可以获得一个比较合理的价格。

（4）合同条件的选择。合同条件是合同文件中最重要的部分。在实际工程中,业主可以按照需要自己（通常委托咨询公司）起草合同协议书（包括合同条件）,也可以选择标准的合同条件。可以通过特殊条款对标准文本作修改、限定或补充。合同条件的选择应注意如下问题：

（5）重要合同条款的确定。在合同总体策划过程中,需要对以下重要的条款进行确定：

1）适用于合同关系的法律,以及合同争执仲裁的地点、程序等。

2）付款方式。

3）合同价格的调整条件、范围、方法。

4）合同双方风险的分担。

5）对承包商的激励措施。

6）设计合同条款,通过合同保证对工程的控制权力,并形成一个完整的控制体系。

7）为了保证双方诚实信用,必须有相应的合同措施。如保函,保险等。

（6）其他问题。在项目合同总体策划过程中,除了确定上述各项问题外,还需要对以下问题进行确定：

1）确定资格预审的标准和允许参加投标的单位的数量。

2）定标的标准。

3）标后谈判的处理。

二、项目分包策划

1. 分包策划的基本概念

项目的所有工作都是由具体的组织（单位或人员）来完成的,业主必须将它们委托出去。工程项目的分包策划就是决定将整个项目任务分为多少个包（或标段）,以及如何划分这些标段。项目的分标方式,对承包商来说就是承包方式。

2. 分包策划的重要性

项目分包方式的确定是项目实施的战略问题,对整个工程项目有重大影响。项目分包策划的重要性主要体现在以下几个方面：

（1）通过分包和任务的委托保证项目总目标的实现。

（2）分包策划决定了与业主签约的承包商的数量，决定着项目的组织结构及管理模式，从根本上决定合同各方面责任、权力和工作的划分，所以它对项目的实施过程和项目管理产生根本性的影响。

（3）通过分包策划摆正工程过程中各方面的重大关系，防止由于这些重大问题的不协调或矛盾造成工作上的障碍，造成重大的损失。对于业主来说，正确的分包策划能够保证各个合同圆满地履行，促使各个合同达到完美的协调，减少组织矛盾和争执，顺利地实现工程项目的整体目标。

3. 项目分包方式

（1）分阶段分专业工程平行承包。这种分包方式是指业主将设计、设备供应、土建、电器安装、机械安装、装饰等工程施工分别委托给不同的承包商。各承包商分别与业主签订合同，向业主负责。这种方式的特点有：

1）业主有大量的管理工作，有许多次招标，作比较精细的计划及控制，因此项目前期需要比较充裕的时间。

2）在工程中，业主必须负责各承包商之间的协调，对各承包商之间互相干扰造成的问题承担责任。所以在这类工程中组织争执较多，索赔较多，工期比较长。

3）对这样的项目业主管理和控制比较细，需要对出现的各种工程问题作中间决策，必须具备较强的项目管理能力。

4）在大型工程项目中，业主将面对很多承包商（包括设计单位、供应单位、施工单位），直接管理承包商的数量太多，管理跨度太大，容易造成项目协调的困难，造成工程中的混乱和项目失控现象。

5）业主可以分阶段进行招标，可以通过协调和项目管理加强对工程的干预。同时承包商之间存在着一定的制衡，如各专业设计、设备供应、专业工程施工之间存在制约关系。

6）使用这种方式，项目的计划和设计必须周全、准确、细致，否则极容易造成项目实施中的混乱状态。

如果业主不是项目管理专家，或没有聘请得力的咨询（监理）工程师进行全过程的项目管理，则不能将项目分标太多。

（2）"设计—施工—供应"总承包。这种承包方式又称全包、统包、"设计—建造—交钥匙"工程等,即由一个承包商承包建筑工程项目的全部工作,包括设计、供应、各专业工程的施工以及管理工作,甚至包括项目前期筹划、方案选择、可行性研究。承包商向业主承担全部工程责任。这种分包方式的特点有:

1）可以减少业主面对的承包商的数量,这给业主带来很大的方便。在工程中业主责任较小,主要提出工程的总体要求(如工程的功能要求、设计标准、材料标准的说明),作宏观控制,验收结果,一般不干涉承包商的工程实施过程和项目管理工作。

2）这使得承包商能将整个项目管理形成一个统一的系统,方便协调和控制,减少大量的重复的管理工作与花费,有利于施工现场的管理,减少中间检查、交接环节和手续,避免由此引起的工程拖延,从而使工期(招标投标和建设期)大大缩短。

3）无论是设计与施工,与供应之间的互相干扰,还是不同专业之间的干扰,都由总承包商负责,业主不承担任何责任,所以争执较少,索赔较少。

4）要求业主必须加强对承包商的宏观控制,选择资信好、实力强、适应全方位工作的承包商。

目前这种承包方式在国际上受到普遍欢迎。

（3）将工程委托给几个主要的承包商。这种方式是介于上述两者之间的中间形式,即将工程委托给几个主要的承包商,如设计总承包商、施工总承包商、供应总承包商等,在工程中是极为常见的。

三、项目合同实施保证体系

1. 作合同交底,分解合同责任,实行目标管理

在总承包合同签订后,具体的执行者是项目部人员。项目部从项目经理、项目班子成员、项目中层到项目各部门管理人员,都应该认真学习合同各条款,对合同进行分析、分解。项目经理、主管经理要向项目各部门负责人进行"合同交底",对合同的主要内容及存在的风险作出解释和说明。项目各部门负责人要向本部门管理人员进行较详细的"合同交底",实行目标管理。

2. 建立合同管理的工作程序

在工程实施过程中,合同管理的日常事务性工作很多,要协调好各方面关系,使总承包合同的实施工作程序化、规范化,按质量保证体系进行工作。具体来说,应订立如下工作程序:

(1)制定定期或不定期的协商会办制度。在工程过程中,业主、工程师和各承包商之间,承包商和分包商之间以及承包商的项目管理职能人员和各工程小组负责人之间都应有定期的协商会办。通过会办可以解决以下问题:

1)检查合同实施进度和各种计划落实情况。

2)协调各方面的工作,对后期工作作安排。

3)讨论和解决目前已经发生的和以后可能发生的各种问题,并作出相应的决议。

4)讨论合同变更问题,作出合同变更决议,落实变更措施,决定合同变更的工期和费用补偿数量等。

对工程中出现的特殊问题可不定期地召开特别会议讨论解决方法,保证合同实施一直得到很好的协调和控制。

(2)建立特殊工作程序。对于一些经常性工作应订立工作程序,使大家有章可循,合同管理人员也不必进行经常性的解释和指导,如图纸批准程序,工程变更程序,分包商的索赔程序,分包商的账单审查程序,材料、设备、隐蔽工程、已完工程的检查验收程序,工程进度付款账单的审查批准程序,工程问题的请示报告程序等。

3. 建立文档系统

建立文档系统的具体工作应包括以下几个方面:

(1)各种数据、资料的标准化,如各种文件、报表、单据等应有规定的格式和规定的数据结构要求。

(2)将原始资料收集整理的责任落实到人,由他对资料负责。资料的收集工作必须落实到工程现场,必须对工程小组负责人和分包商提出具体要求。

(3)各种资料的提供时间。

(4)准确性要求。

(5)建立工程资料的文档系统等。

4. 建立报告和行文制度

总承包商和业主、监理工程师、分包商之间的沟通都应该以书面形式进行，或以书面形式为最终依据。这既是合同的要求，也是经济法律的要求，更是工程管理的需要。这些内容包括：

（1）定期的工程实施情况报告，如日报、周报、旬报、月报等。应规定报告内容、格式、报告方式、时间以及负责人。

（2）工程过程中发生的特殊情况及其处理的书面文件（如特殊的气候条件、工程环境的变化等）应有书面记录，并由监理工程师签署。

（3）工程中所有涉及双方的工程活动，如材料、设备、各种工程的检查验收，场地、图纸的交接，各种文件（如会议纪要，索赔和反索赔报告，账单）的交接，都应有相应的手续，应有签收证据。

第四节　项目合同实施控制

一、项目合同实施控制基础知识

1. 合同实施控制的概念

控制是项目管理的重要职能之一。所谓控制就是行为主体为保证在变化的条件下实现其目标，按照实现拟定的计划和标准，通过各种方法，对被控制对象实施中发生的各种实际值和计划值进行对比、检查、监督、引导和纠正，以保证计划目标得以实现的管理活动。

工程项目的实施过程实质上是项目相关的各个合同的执行过程。要保证项目正常、按计划、高效率地实施，必须正确地执行各个合同。按照法律和工程惯例，业主的项目管理者负责各个相关合同的管理和协调，并承担由于协调失误而造成的损失责任。

合同实施控制是指承包商为保证合同所约定的各项义务的全面完成及各项权利的实现，以合同分析的成果为基准，对整个合同实施过程的全面监督、检查、对比、引导及纠正的管理活动。

2. 合同实施控制的办法

由于项目控制的方式和方法的不同，合同实施控制的方法可分为多种类型。归纳起来，合同实施控制可分为两大类：主动控制与被动控制。

（1）主动控制

合同实施的主动控制就是预先分析目标偏离的可能性，并拟订和采取各项预防措施，以使计划目标得以实现。它是一种面对未来的控制，它可以解决传统控制过程中存在的时滞影响，尽最大可能改变偏差已成为事实的被动局面，从而使控制更为有效。

为了正确地分析和预测目标偏离的可能状况，采取有效的预防措施防止目标偏离，在合同实施的主动控制过程中往往采用以下的办法：

1）详细调查并分析外部环境条件，以确定那些影响目标实现和计划运行的各种有利和不利因素，并将它们考虑到计划和其他管理职能当中。

2）用科学的方法制定计划，做好计划可行性分析，清除那些造成资源不可行、技术不可行、经济不可行和财务不可行的各种错误和缺陷，保障工程的实施能够有足够的时间、空间、人力、物力和财力，并在此基础上力求计划优化。

3）高质量地做好组织工作，使组织与目标和计划高度一致，把目标控制的任务与管理职能落实到适当的机构和人员，做到职权与职责明确，使全体成员能够通力协作，为实现共同目标而努力。

4）识别风险，努力将各种影响目标实现和计划执行的潜在因素揭示出来，为风险分析和管理提供依据，并在计划实施过程中做好风险管理工作。

5）制定必要的应急备用方案，以对付可能出现的影响目标或计划实现的情况。一旦发生这些情况，则有应急措施作保障，从而减少偏离量，或避免发生偏离。

6）计划应有适当的松弛度，即"计划应留有余地"。这样，可以避免那些经常发生、又不可避免的干扰对计划的不断影响，减少"例外"情况产生的数量，使管理人员处于主动地位。

7）沟通信息流通渠道，加强信息收集、整理和研究工作，为预测工程未来发展提供全面、及时、可靠的信息。

（2）被动控制

在合同实施的被动控制过程中往往采用以下办法：

1)应用现代化方法、手段、仪器追踪、测试、检查项目实施过程的数据,发现异常情况及时采取措施。

2)建立项目实施过程中人员控制组织,明确控制责任,发现情况及时处理。

3)建立有效的信息反馈系统,及时将偏离计划目标值向有关人员反馈,以使其及时采取措施。

3. 合同实施控制的措施

合同实施控制是合同实施过程中对合同进行控制的重要环节。一般来说,合同实施控制主要包括以下几个方面的内容。

(1)对工程目标进行强有力的控制。总承包合同定义整个工程建设的总目标,这个目标经分解后落实到各个分包商等,这样就形成了目标体系。分解后的目标是围绕总目标进行的,分解后的目标实现与否及其落实的质量,直接关系到总目标的实现与否及其质量,这就是它们的辩证关系。控制这些目标就是为了保证工程实施按预定的计划进行,顺利地实现预定的目标。

(2)对合同实施进行跟踪与监督。在工程进行的过程中,由于实际情况千变万化,导致合同实施与预定目标发生偏离,这就需要对合同实施进行跟踪,要不断找出偏差,调整合同实施。

作为总承包商对分包合同以及采购合同的实施要进行有效的控制,要对其进行跟踪和监督,以保证总承包合同的实施。

(3)对合同实施过程加强信息管理。随着现代工程建设项目规模的不断扩大,工程难度与质量要求不断提高,而利润含量却不断降低,工程管理的复杂程度和难度也越来越大。因此信息量也不断扩大,信息交流的频度与速度也在增加,相应的工程管理对信息管理的要求也越来越高。信息化管理给工程项目管理提供了一种先进的管理手段。目前在工程管理中对信息的处理还基于纸介质进行,信息的流速并不快。对总承包商来说,一方面这是由于项目自身的管理水准的高低;另一方面也受到分包企业自身的管理水平的影响。因此,要加强合同实施过程的信息管理。具体来说,应从以下三方面着手:

1)明确信息流通的路径。

2)建立项目计算机信息管理系统,对有关信息进行链接,做到资源共享,加快信息的流速,降低项目管理费用。

3)加强对业主、监理、分包商等的信息管理,对信息发出的内容和时间有对方的签字,对对方信息的流入更要及时处理。

4.合同实施控制的日常工作

(1)参与落实合同实施计划。合同管理人员与项目的其他职能人员一起落实合同实施计划,为各工程小组、分包商的工作提供必要的保证,如施工现场的安排,人工、材料、机械等计划的落实,工序间的搭接关系和安排及其他一些必要的准备工作。

(2)协调各方关系。在合同范围内协调业主、工程师、项目管理各职能人员、所属的各工程小组和分包商之间的工作关系,解决相互之间出现的问题。如合同责任界面之间的争执、工程活动之间时间上和空间上的不协调。合同责任界面争执是工程实施中很常见的。承包商与业主、与业主的其他承包商、与材料和设备供应商、与分包商,以及承包商的分包商之间、工程小组与分包商之间常常互相推卸一些合同中或合同事件表中未明确划定的工程活动的责任,这会引起内部和外部的争执,对此合同管理人员必须做判定和调解工作。

(3)指导合同落实工作。合同管理人员应对各工程小组和分包商进行工作指导,作经常性的合同解释,使各工程小组都有全局观念,对工程中发现的问题提出意见、建议或警告。合同管理人员在工程实施中起"漏洞工程师"的作用,但他不是寻求与业主、工程师、各工程小组、分包商的对立,他的目标不仅仅是索赔和反索赔,而是将各方面在合同关系上联系起来,防止漏洞和弥补损失,更完善地完成工程。例如,促使工程师放弃不适当、不合理的要求(指令),避免对工程的干扰、工期的延长和费用的增加;协助工程师工作,弥补工程师工作的漏洞,如及时提出对图纸、指令、场地等的申请,尽可能提前通知工程师,让工程师有所准备,使工程更为顺利。

(4)参与其他合同控制工作。会同项目管理的有关职能人员每天检查、监督各工程小组和分包商的合同实施情况,对照合同要求的数量、质量、技术标准和工程进度,发现问题并及时采取对策措施。对已完工程作最后的检查核对,对未完成的工程,或有缺陷的工程指令限期采取补救措施,防止影响整个工期。按合同要求,会同业主及工程师等对工程所用材料和设备开箱检查或作验收,看是否符合质量、图纸和技术规范等的要求,进行隐蔽工程和已完工程的检查验收,负责验收文件的起草和验收的组织工作,参与工程结算,会同造价工程师对向业主提出的工程款账单和分包商提交来的收款账单进行审查和确认。

(5)合同实施情况的跟踪与诊断。

(6)负责工程变更管理。

(7)负责工程索赔管理。

(8)负责工程文档管理。对向分包商的任何指令,向业主的任何文字答复、请示,都必须经合同管理人员审查,并记录在案。

(9)参与争议处理。承包商与业主、与总(分)包商的任何争议的协商和解决都必须有合同管理人员的参与,并对解决结果进行合同和法律方面的审查、分析和评价。这样不仅保证工程施工一直处于严格的合同控制中,而且使承包商的各项工作更有预见性,更能及早地预测行为的法律后果。

二、项目合同分解与交底

1. 合同分解

(1)合同分解的原则

1)保证合同条件的系统性和完整性。合同条件分解的结果应包含所有的合同要素,这样才能保证应用这些分解结果时能等同于应用合同条件。

2)保证各分解单元间界限清晰、意义完整、内容大体上相当,这样才能保证应用分解结果明确、有序且各部分工作量相当。

3)易于理解和接受,便于应用,即要充分尊重人们已形成的概念、习惯,只在根本违背施工合同原则的情况下才作出更改。

4)便于按照项目的组织分工落实合同工作和合同责任。

(2)合同分解的内容

1)工程项目的结构分解,即工程活动的分解和工程活动逻辑关系的安排。

2)技术会审工作。

3)细化总体计划、施工组织计划、工程实施方案。

4)工程详细的成本计划。

5)合同详细分析,不仅针对承包合同,而且包括与承包合同同级的各个合同的协调,包括各个分包合同的工作安排和各分合同之间的协调。

2. 合同交底

合同交底是指承包商合同管理人员在对合同的主要内容作出解释和说明的基础上,通过组织项目管理人员和各工程小组负责人学习合同条文和合同总体分析结果,使大家熟悉合同中的主要内容、各种规定、管理程序,了解承包商的合同责任和工程范围、各种行为的法律后果等,使大家都树立全局观念,避免在执行中的违约行为,同时使大家的工作协调一致。在我国传统的施工项目管理系统中,人们十分注重"图纸交底"工作,但却没有"合同交底"工作,所以项目组和各工程小组对项目的合同体系、合同基本内容不甚了解。我国工程管理者和技术人员有十分牢固的按图施工的观念,这并不错,但在现代市场经济中必须转变到"按合同施工"上来,特别在工程使用非标准合同文本或本项目组不熟悉的合同文本时,这个"合同交底"工作就显得更为重要。

合同管理人员应将各种合同事件的责任分解落实到各工程小组或分包商。应分解落实如下合同和合同分析文件:合同事件表(任务单、分包合同)、图纸、设备安装图纸、详细的施工说明等。合同交底主要包括以下几方面内容:

(1)工程的质量、技术要求和实施中的注意要点。

(2)工期要求。

(3)消耗标准。

(4)相关事件之间的搭接关系。

(5)各工程小组(分包商)责任界限的划分。

(6)完不成责任的影响和法律后果等。

三、项目合同跟踪与诊断

1. 合同跟踪

(1)合同跟踪的作用

1)通过合同实施情况分析,找出偏离,以便及时采取措施,调整合同实施过程,达到合同总目标。所以合同跟踪是决策的前导工作。

2)在整个工程过程中,能使项目管理人员一直清楚地了解合同实施情况,对合同实施现状、趋向和结果有一个清醒的认识,这是非常重要的。有些管理混乱、管理水平低的工程常常到工程结束时才能发现实际损失,可这时已无法挽回。

(2)合同跟踪的依据。在工程实施过程中,对合同实施情况进行跟踪时,主要有如下几个方面的依据:

1)合同和合同分析的结果,如各种计划、方案、合同变更文件等,它们是比较的基础,是合同实施的目标和方向。

2)各种实际的工程文件,如原始记录、各种工程报表、报告、验收结果、量方结果等。

3)工程管理人员每天对现场情况的直观了解,如通过施工现场的巡视、与各种人谈话、召集小组会议、检查工程质量,通过报表、报告等。

(3)合同跟踪的对象

1)具体的合同事件。对照合同事件表的具体内容,分析该事件的实际完成情况。现以设备安装事件为例进行分析说明:

①安装质量。如标高、位置、安装精度、材料质量是否符合合同要求,安装过程中设备有无损坏。

②工程数量。如是否全都安装完毕,有无合同规定以外的设备安装,有无其他附加工程。

③工期。是否在预定期限内施工,工期有无延长,延长的原因是什么,该工程工期变化原因可能是:业主未及时交付施工图纸;或生产设备未及时运到工地;或基础土建施工拖延;或业主指令增加附加工程;或业主提供了错误的安装图纸,造成工程返工;或工程师指令暂停工程施工等。

④成本的增加和减少。将上述内容在合同事件表上加以注明,这样可以检查每个合同事件的执行情况。对一些有异常情况的特殊事件,即实际和计划存在大的偏离的事件,可以列特殊事件分析表,作进一步的处理。

2)工程小组或分包商的工程和工作。一个工程小组或分包商可能承担许多专业相同、工艺相近的分项工程或许多合同事件,所以必须对其实施的总情况进行检查分析。在实际工程中,常常因为某一工程小组或分包商的工作质量不高或进度拖延而影响整个工程施工。合同管理人员在这方面应给他们提供帮助,如协调他们之间的工作,对工程缺陷提出意见、建议或警告,责成他们在一定时间内提高质量、加快工程进度等。

作为分包合同的发包商,总承包商必须对分包合同的实施进行有效的控制,这是总承包商合同管理的重要任务之一。

3)业主和工程师的工作。业主和工程师是承包商的主要工作伙伴,对他们的工作进行监督和跟踪是十分重要的。

①业主和工程师必须正确、及时地履行合同责任,及时提供各种工程实施条件,如及时发布图纸、提供场地,及时下达指令、作出答复,及时支付工程款等。这常常是承包商推卸工程责任的托词,所以要特别重视。在这里合同工程师应寻找合同中以及对方合同执行中的漏洞。

②在工程中承包商应积极主动地做好工作,如提前催要图纸、材料,对工作事先通知。这样不仅可以让业主和工程师及时准备,建立良好的合作关系,保证工程顺利实施,而且可以推卸自己的责任。

③有问题及时与工程师沟通,多向他汇报情况,及时听取他的指示(书面的)。

④及时收集各种工程资料,对各种活动、双方的交流作出记录。

⑤对有恶意的业主提前防范,并及时采取措施。

4)工程总实施状况中存在的问题。对工程总的实施状况的跟踪可以从如下几方面进行:

①工程整体施工秩序状况。如果出现以下情况,合同实施必然有问题:例如现场混乱、拥挤不堪。承包商与业主的其他承包商、供应商之间协调困难。合同事件之间和工程小组之间协调困难。出现事先未考虑到的情况和局面。发生较严重的工程事故等。

②已完工程没通过验收、出现大的工程质量问题、工程试生产不成功或达不到预定的生产能力等。

③施工进度未达到预定计划,主要的工程活动出现拖期,在工程

周报和月报上计划和实际进度出现大的偏差。

④计划和实际的成本曲线出现大的偏离。在工程项目管理中,工程累计成本曲线对合同实施的跟踪分析起很大作用。计划成本累计曲线通常在网络分析、各工程活动成本计划确定后得到。在国外,它又被称为工程项目的成本模型。而实际成本曲线由实际施工进度安排和实际成本累计得到,两者对比即可分析出实际和计划的差异。

2. 合同诊断

(1)合同诊断的内容

1)合同执行差异的原因分析。通过对不同监督和跟踪对象的计划和实际的对比分析,不仅可以得到差异,而且可以探索引起这个差异的原因。原因分析可以采用鱼刺图,因果关系分析图(表),成本量差、价差分析等方法定性地或定量地进行。

2)合同差异责任分析。即这些原因由谁引起,该由谁承担责任,这常常是索赔的理由。一般只要原因分析详细,有根有据,则责任自然清楚。责任分析必须以合同为依据,按合同规定落实双方的责任。

3)合同实施趋向预测。分别考虑不采取调控措施和采取调控措施以及采取不同的调控措施情况下,合同的最终执行结果:

①最终的工程状况,包括总工期的延误,总成本的超支,质量标准,所能达到的生产能力(或功能要求)等。

②承包商将承担什么样的后果,如被罚款,被清算,甚至被起诉,对承包商资信、企业形象、经营战略造成的影响等。

③最终工程经济效益(利润)水平。

(2)合同实施偏差的处理措施。经过合同诊断之后,根据合同实施偏差分析的结果,承包商应采取相应的调整措施。其调整措施有如下四类:

1)组织措施,例如增加人员投入,重新计划或调整计划,派遣得力的管理人员。

2)技术措施,例如变更技术方案,采用新的更高效率的施工方案。

3)经济措施,例如增加投入,对工作人员进行经济激励等。

4)合同措施,例如进行合同变更,签订新的附加协议、备忘录,通过索赔解决费用超支问题等。

合同措施是承包商的首选措施,该措施主要由承包商的合同管理机构来实施。承包商采取合同措施时通常应考虑以下两个问题:

1)如何保护和充分行使自己的合同权利,例如通过索赔以降低自己的损失。

2)如何利用合同使对方的要求降到最低,即如何充分限制对方的合同权利,找出业主的责任。

四、合同变更管理

1. 合同变更的概念

合同变更是指依法对原来合同进行的修改和补充,即在履行合同项目的过程中,由于实施条件或相关因素的变化,而不得不对原合同的某些条款作出修改、订正、删除或补充。合同变更一经成立,原合同中的相应条款就应解除。

2. 合同变更的起因及影响

合同内容频繁变更是工程合同的特点之一。一个工程,合同变更的次数、范围和影响的大小与该工程招标文件(特别是合同条件)的完备性、技术设计的正确性,以及实施方案和实施计划的科学性直接相关。合同变更一般主要有以下几方面的原因:

(1)发包人有新的意图,发包人修改项目总计划,削减预算,发包人要求变化。

(2)由于设计人员、工程师、承包商事先没能很好地理解发包人的意图,或设计的错误,导致的图纸修改。

(3)工程环境的变化,预定的工程条件不准确,必须改变原设计、实施方案或实施计划,或由于发包人指令及发包人责任的原因造成承包商施工方案的变更。

(4)由于产生新的技术和知识,有必要改变原设计、实施方案或实施计划。

(5)政府部门对工程新的要求,如国家计划变化、环境保护要求、城市规划变动等。

(6)由于合同实施出现问题,必须调整合同目标,或修改合同条款。

(7)合同双方当事人由于倒闭或其他原因转让合同,造成合同当事人的变化。这通常是比较少的。

合同的变更通常不能免除或改变承包商的合同责任,但对合同实施影响很大,主要表现在如下几方面:

(1)导致设计图纸、成本计划和支付计划、工期计划、施工方案、技术说明和适用的规范等定义工程目标和工程实施情况的各种文件作相应的修改和变更。当然,相关的其他计划也应作相应调整,如材料采购计划、劳动力安排、机械使用计划等。它不仅引起与承包合同平行的其他合同的变化,而且会引起所属的各个分合同,如供应合同、租赁合同、分包合同的变更。有些重大的变更会打乱整个施工部署。

(2)引起合同双方、承包商的工程小组之间、总承包商和分包商之间合同责任的变化。如工程量增加,则增加了承包商的工程责任,增加了费用开支和延长了工期。

(3)有些工程变更还会引起已完工程的返工,现场工程施工的停滞,施工秩序打乱,已购材料的损失等。

3. 合同变更的范围

合同变更的范围很广,一般在合同签订后所有工程范围、进度、工程质量要求、合同条款内容、合同双方责权利关系的变化等都可以被看做为合同变更。最常见的变更有两种:

(1)涉及合同条款的变更,合同条件和合同协议书所定义的双方责权利关系或一些重大问题的变更。这是狭义的合同变更,以前人们定义合同变更即为这一类。

(2)工程变更,即工程的质量、数量、性质、功能、施工次序和实施方案的变化。

4. 合同变更的原则

(1)合同双方都必须遵守合同变更程序,依法进行,任何一方都不得单方面擅自更改合同条款。

(2)合同变更要经过有关专家(监理工程师、设计工程师、现场工程师等)的科学论证和合同双方的协商。在合同变更具有合理性、可行性,而且由此而引起的进度和费用变化得到确认和落实的情况下方可实行。

(3)合同变更的次数应尽量减少,变更的时间亦应尽量提前,并在事件发生后的一定时限内提出,以避免或减少给工程项目建设带来的影响和损失。

(4)合同变更应以监理工程师、发包人和承包商共同签署的合同变更书面指令为准,并以此作为结算工程价款的凭据。紧急情况下,监理工程师的口头通知也可接受,但必须在 48h 内,追补合同变更书。承包人对合同变更若有不同意见可在 7～10d 内书面提出,但发包人决定继续执行的指令,承包商应继续执行。

(5)合同变更所造成的损失,除依法可以免除的责任外,如由于设计错误,设计所依据的条件与实际不符,图与说明不一致,施工图有遗漏或错误等,应由责任方负责赔偿。

5. 合同变更的程序

(1)合同变更的提出

1)承包商提出合同变更。承包商在提出合同变更时,一般情况是工程遇到不能预见的地质条件或地下障碍。如原设计的某大厦基础为钻孔灌注桩,承包商根据开工后钻探的地质条件和施工经验,认为改成沉井基础较好。另一种情况是承包商为了节约工程成本或加快工程施工进度,提出合同变更。

2)发包人提出变更。发包人一般可通过工程师提出合同变更。但如发包方提出的合同变更内容超出合同限定的范围,则属于新增工程,只能另签合同处理,除非承包方同意作为变更。

3)工程师提出合同变更。工程师往往根据工地现场工程进展的具体情况,认为确有必要时,可提出合同变更。工程承包合同施工中,因设计考虑不周,或施工时环境发生变化,工程师本着节约工程成本和加快工程与保证工程质量的原则,提出合同变更。只要提出的合同变更在原合同规定的范围内,一般是切实可行的。若超出原合同,新增了很多工程内容和项目,则属于不合理的合同变更请求,工程师应和承包商协商后酌情处理。

(2)合同变更的批准。由承包商提出的合同变更,应交与工程师审查并批准。由发包人提出的合同变更,为便于工程的统一管理,一般由工程师代为发出。

工程师发出合同变更通知的权力,一般由工程施工合同明确约定。当然该权力也可约定为发包人所有，然后发包人通过书面授权的方式使工程师拥有该权力。如果合同对工程师提出合同变更的权力作了具体限制，而约定其余均应由发包人批准，则工程师就超出其权限范围的合同变更发出指令时，应附上发包人的书面批准文件，否则承包商可拒绝执行。但在紧急情况下，不应限制工程师向承包商发布他认为必要的变更指示。

合同变更审批的一般原则应为：

1)考虑合同变更对工程进展是否有利。

2)考虑合同变更可否节约工程成本。

3)考虑合同变更更是兼顾发包人、承包商或工程项目之外其他第三方的利益，不能因合同变更而损害任何一方的正当权益。

4)必须保证变更项目符合本工程的技术标准。

5)最后一种情况为工程受阻，如遇到特殊风险、人为阻碍、合同一方当事人违约等不得不变更合同。

(3)合同变更指令的发出及执行。为了避免耽误工作，工程师在和承包商就变更价格达成一致意见之前，有必要先行发布变更指示，即分两个阶段发布变更指示：第一阶段是在没有规定价格和费率的情况下直接指示承包商继续工作；第二阶段是在通过进一步的协商之后，发布确定变更工程费率和价格的指示。

合同变更指示的发出有以下两种形式：

1)书面形式。一般情况要求工程师签发书面变更通知令。当工程师书面通知承包商工程变更，承包商才执行变更的工程。

2)口头形式。当工程师发出口头指令要求合同变更时，要求工程师事后一定要补签一份书面的合同变更指示。如果工程师口头指示后忘了补书面指示，承包商(须 7d 内)以书面形式证实此项指示，交与工程师签字，工程师若在 14d 之内没有提出反对意见，应视为认可。

所有合同变更必须用书面或一定规格写明。对于要取消的任何一项分部工程，合同变更应在该部分工程还未施工之前进行，以免造成人力、物力、财力的浪费，避免造成发包人多支付工程款项。

根据通常的工程惯例，除非工程师明显超越合同赋予其的权限，承包商应该无条件地执行其合同变更的指示。如果工程师根据合同约定发布了进行合同变更的书面指令,则不论承包商对此是否有异议,不论合同变更的价款是否已经确定,也不论监理方或发包人答应给予付款的金额是否令承包商满意,承包商都必须无条件地执行此种指令。即使承包商有意见,也只能是一边进行变更工作,一边根据合同规定寻求索赔或仲裁解决。在争议处理期间,承包商有义务继续进行正常的工程施工和有争议的变更工程施工,否则可能会构成承包商违约。

合同变更程序示意图如图 4-1 所示。

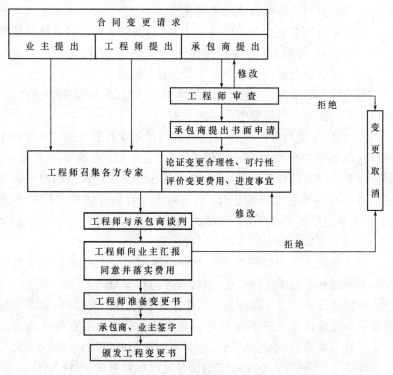

图 4-1　合同变更程序示意图

6. 合同变更责任分析

在合同变更中,量最大、最频繁的是工程变更。它在工程索赔中所占的份额也最大。工程变更的责任分析是工程变更起因与工程变更问题处理,是确定赔偿问题的桥梁。工程变更中有两大类变更,即设计变更和施工方案变更。

(1)设计变更。设计变更会引起工程量的增加、减少,新增或删除工程分项,工程质量和进度的变化,实施方案的变化。一般工程施工合同赋予发包人(工程师)这方面的变更权力,可以直接通过下达指令,重新发布图纸或规范实现变更。

(2)施工方案变更。施工方案变更的责任分析有时比较复杂。

1)在投标文件中,承包商就在施工组织设计中提出比较完备的施工方案,但施工组织设计不作为合同文件的一部分。对此有如下问题应注意:

①施工方案虽不是合同文件,但它也有约束力。发包人向承包商授标就表示对这个方案的认可。当然在授标前,在澄清会议上,发包人也可以要求承包商对施工方案作出说明,甚至可以要求修改方案,以符合发包人的目标、发包人的配合和供应能力(如图纸、场地、资金等)。此时一般承包商会积极迎合发包人的要求,以争取中标。

②施工合同规定,承包商应对所有现场作业和施工方法的完备、安全、稳定负全部责任。这一责任表示在通常情况下由于承包商自身原因(如失误或风险)修改施工方案所造成的损失由承包商负责。

③承包商对决定和修改施工方案具有相应的权利,即发包人不能随便干预承包商的施工方案;为了更好地完成合同目标(如缩短工期),或在不影响合同目标的前提下承包商有权采用更为科学和经济合理的施工方案,发包人不得随便干预。当然承包商承担重新选择施工方案的风险和机会收益。

④在工程中承包商采用或修改实施方案都要经过工程师的批准或同意。

2)重大的设计变更常常会导致施工方案的变更。如果设计变更由发包人承担责任,则相应的施工方案的变更也由发包人负责;反之,则由承包商负责。

3)对不利的异常的地质条件所引起的施工方案的变更,一般作为发包人的责任。一方面这是一个有经验的承包商无法预料的现场气候条件除外的障碍或条件;另一方面发包人负责地质勘察和提供地质报告,应对报告的正确性和完备性承担责任。

4)施工进度的变更。施工进度的变更是十分频繁的:在招标文件中,发包人给出工程的总工期目标;承包商在投标书中有一个总进度计划(一般以横道图形式表示);中标后承包商还要提出详细的进度计划,由工程师批准(或同意);在工程开工后,每月都可能有进度的调整。通常只要工程师(或发包人)批准(或同意)承包商的进度计划(或调整后的进度计划),则新进度计划就产生约束力。如果发包人不能按照新进度计划完成按合同应由发包人完成的责任,如及时提供图纸、施工场地、水电等,则属发包人的违约,应承担责任。

7. 合同变更注意事项

(1)对工程变更条款的合同分析。对工程变更条款的合同分析应特别注意:工程变更不能超过合同规定的工程范围,如果超过这个范围,承包商有权不执行变更或坚持先商定价格后再进行变更。发包人和工程师的认可权必须限制。发包人常常通过工程师对材料的认可权提高材料的质量标准、对设计的认可权提高设计质量标准、对施工工艺的认可权提高施工质量标准。如果合同条文规定比较含糊或设计不详细,则容易产生争执。但是,如果这种认可权超过合同明确规定的范围和标准,承包商应争取发包人或工程师的书面确认,进而提出工期和费用索赔。

此外,承包商与发包人、与总(分)包之间的任何书面信件、报告、指令等都应经合同管理人员进行技术和法律方面的审查,这样才能保证任何变更都在控制中,不会出现合同问题。

(2)促成工程师提前作出工程变更。在实际工作中,变更决策时间过长和变更程序太慢会造成很大的损失。通常有两种现象:一种现象是施工停止,承包商等待变更指令或变更会谈决议;另一种现象是变更指令不能迅速作出,而现场继续施工,造成更大的返工损失。这就要求变更程序尽量快捷,故即使仅从自身出发,承包商也应尽早发现可能导致工程变更的种种迹象,尽可能促使工程师提前作出工程变更。

施工中发现图纸错误或其他问题,需进行变更,首先应通知工程师,经工程师同意或通过变更程序再进行变更。否则,承包商可能不仅得不到应有的补偿,而且会带来麻烦。

(3)识别工程师发出的变更指令。特别在国际工程中,工程变更不能免去承包商的合同责任。对已收到的变更指令,特别对重大的变更指令或在图纸上作出的修改意见,应予以核实。对超出工程师权限范围的变更,应要求工程师出具发包人的书面批准文件。对涉及双方责、权、利关系的重大变更,必须有发包人的书面指令、认可或双方签署的变更协议。

(4)迅速、全面落实变更指令。变更指令作出后,承包商应迅速、全面、系统地落实变更指令。承包商应全面修改相关的各种文件,例如有关图纸、规范、施工计划、采购计划等,使它们一直反映和包容最新的变更。承包商应在相关的各工程小组和分包商的工作中落实变更指令,并提出相应的措施,对新出现的问题作解释和对策,同时又要协调好各方面工作。

(5)分析工程变更产生的影响。工程变更是索赔机会,应在合同规定的索赔有效期内完成对它的索赔处理。在合同变更过程中就应记录、收集、整理所涉及的各种文件,如图纸、各种计划、技术说明、规范和发包人或工程师的变更指令,以作为进一步分析的依据和索赔的证据。

在工程变更中,特别应注意因变更造成返工、停工、窝工、修改计划等引起的损失,注意这方面证据的收集。在变更谈判中应对此进行商谈,保留索赔权。在实际工程中,人们常常会忽视这些损失证据的收集,而最后提出索赔报告时往往因举证和验证困难而被对方否决。

第五节 项目合同终止与评价

一、项目合同终止

1.合同终止的基本概念

工程项目合同终止是指在工程项目建设过程中,承包商按照施工承包合同约定的责任范围完成了施工任务,圆满地通过竣工验收,并与业主办理竣工结算手续,将所施工的工程移交给业主使用和照管,业主按照合同约定完成工程款支付工作后,合同效力及作用的结束。

2. 合同终止的条件

合同终止的条件,通常有以下几种:

(1)满足合同竣工验收条件。竣工交付使用的工程必须符合下列基本条件:

1)完成建设工程设计和合同约定的各项内容。

2)有完整的技术档案和施工管理资料。

3)有工程使用的主要建筑材料,建筑构配件和设备的进场试验报告。

4)有勘察、设计、施工、工程监理等单位分别签署的质量合格文件。

5)有施工单位签署的工程保修书。

(2)已完成竣工结算。

(3)工程款全部回收到位。

(4)按合同约定签订保修合同并扣留相应工程尾款。

3. 竣工结算

竣工结算是指承包商完成合同内工程的施工并通过了交工验收后,所提交的竣工结算书经过业主和监理工程师审查签证,然后由建设银行办理拨付工程价款的手续。

(1)竣工结算程序

1)承包人递交竣工结算报告。工程竣工验收报告经发包人认可后,承发包双方应当按协议书约定的合同价款及专用条款约定的合同价款调整方式,进行工程竣工结算。

工程竣工验收报告经发包人认可后 28d,承包人向发包人递交竣工结算报告及完整的结算资料。

2)发包人的核实和支付。发包人自收到竣工结算报告及结算资料后 28d 内进行核实,给予确认或提出修改意见。发包人认可竣工结算报告后,及时办理竣工结算价款的支付手续。

3)移交工程。承包人收到竣工结算价款后 14d 内将竣工工程交付发包人,施工合同即告终止。

(2)合同价款的结算

1)工程款结算方式。合同双方应明确工程款的结算方式是按月结算、按形象进度结算,还是竣工后一次性结算。

①按月结算。这是国内外常见的一种工程款支付方式,一般在每个月末,承包人提交已完工程量报告,经工程师审查确认,签发月度付款证书后,由发包人按合同约定的时间支付工程款。

②按形象进度结算。这是国内一种常见的工程款支付方式,实际上是按工程形象进度分段结算。当承包人完成合同约定的工程形象进度时,承包人提出已完工程量报告,经工程师审查确认,签发付款证书后,由发包人按合同约定的时间付款。如专用条款中可约定:当承包人完成基础工程施工时,发包人支付合同价款的 20%,完成主体结构工程施工时,支付合同价款的 50%,完成装饰工程施工时,支付合同价款的 15%,工程竣工验收通过后,再支付合同价款的 10%,其余 5%作为工程保修金,在保修期满后返还给承包人。

③竣工后一次性结算。当工程项目工期较短、合同价格较低时,可采用工程价款每月月中预支、竣工后一次性结算的方法。

④其他结算方式。合同双方可在专用条款中约定经开户银行同意的其他结算方式。

2)工程款的动态结算。我国现行的结算基本上是按照设计预算价值,以预算定额单价和各地方定额站不定期公布的调价文件为依据进行的。在结算中,对通货膨胀等因素考虑不足。

实行动态结算,要按照协议条款约定的合同价款,在结算时考虑工程造价管理部门规定的价格指数,即要考虑资金的时间价值,使结算大体能反映实际的消耗费用。常用的动态结算方法有:

①实际价格结算法:对钢材、木材、水泥三大材的价格,有些地区采取按实际价格结算的办法,施工承包单位可凭发票据实报销。此法方便而准确,但不利于施工承包单位降低成本。因此,地方基建主管部门通常要定期公布最高结算限价。

②调价文件结算法:施工承包单位按当时的预算价格承包,在合同工期内,按照造价管理部门调价文件的规定,进行抽料补差(在同一价格期内,按所完成的材料用量乘以价差)。有的地方定期(通常是半年)发布一次主要材料供应价格和管理价格,对这一时期的工程进行抽料补差。

③调值公式法：调值公式法又称动态结算公式法。根据国际惯例，对建设项目已完成投资费用的结算，一般采用此法。在一般情况下，承发包双方在签订合同时，就规定了明确的调值公式。

3）工程款支付的程序和责任。在计量结果确认后14d内，发包人应向承包人支付工程款。同期用于工程的发包人供应的材料设备价款，以及按约定时间发包人应扣回的预付款，与工程款同期结算。合同价款调整、设计变更调整的合同价款及追加的合同价款、发包人或工程师同意确认的工程索赔款等，也应与工程款同期调整支付。

发包人超过约定的支付时间不支付工程款，承包人可向发包人发出要求付款的通知，发包人收到承包人通知后仍不能按要求付款，可与承包人协商签订延期付款协议，经承包人同意后可延期支付。协议应明确延期支付的时间和从计量结果确认后第15天起计算应付款的贷款利息。发包人不按合同约定支付工程款，双方又未达成延期付款协议，导致施工无法进行，承包人可停止施工，由发包人承担违约责任。

二、项目合同评价

1. 合同评价的基本概念

合同评价是指在合同实施结束后，将合同签订和执行过程中的利弊得失、经验教训总结出来，提出分析报告，作为以后工程合同管理的借鉴。

由于合同管理工作比较偏重于经验，只有不断总结经验，才能不断提高管理水平，才能通过工程不断培养出高水平的合同管理者。所以这项工作十分重要。

2. 合同签订情况评价

项目在正式签订合同前，所进行的工作都属于签约管理，签约管理质量直接制约着合同的执行过程，因此，签约管理是合同管理的重中之重。评价项目合同签订情况时，主要参照以下几个方面：

（1）招标前，对发包人和建设项目是否进行了调查和分析，是否清楚、准确，例如：施工所需的资金是否已经落实，工程的资金状况直接影响后期工程款的回收；施工条件是否已经具备、初步设计及概算是否已经批准，直接影响后期工程施工进度等等。

（2）投标时，是否依据公司整体实力及实际市场状况进行报价，对项目的成本控制及利润收益有明确的目标，心中有数，不至于中标后难以控制费用支出，为避免亏本而骑虎难下。

（3）中标后，即使使用标准合同文本，也需逐条与发包人进行谈判，既要通过有效的谈判技巧争取较为宽松的合同条件，又要避免合同条款不明确，造成施工过程中的争议，使索赔工作难以实现。

（4）做好资料管理工作，签约过程中的所有资料都应经过严格的审阅、分类、归档，因为前期资料既是后期施工的依据，也是后期索赔工作的重要依据。

3. 合同执行情况评价

在合同实施过程中，应当严格按照施工合同的规定，履行自己的职责，通过一定有序的施工管理工作对合同进行控制管理，评价控制管理工作的优劣主要是评价施工过程中工期目标、质量目标、成本目标完成的情况和特点。

（1）工期目标评价。主要评价合同工期履约情况和各单位（单项）工程进度计划执行情况；核实单项工程实际开、竣工日期，计算合同建设工期和实际建设工期的变化率；分析施工进度提前或拖后的原因。

（2）质量目标评价。主要评价单位工程的合格率、优良率和综合质量情况。

1）计算实际工程质量的合格品率、实际工程质量的优良品率等指标，将实际工程质量指标与合同文件中规定的、或设计规定的、或其他同类工程的质量状况进行比较，分析变化的原因。

2）评价设备质量，分析设备及其安装工程质量能否保证投产后正常生产的需要。

3）计算和分析工程质量事故的经济损失，包括计算返工损失率、因质量事故拖延建设工期所造成的实际损失，以及分析无法补救的工程质量事故对项目投产后投资效益的影响程度。

4）工程安全情况评价，分析有无重大安全事故发生，分析其原因和所带来的实际影响。

（3）成本目标评价。主要评价物资消耗、工时定额、设备折旧、管理费等计划与实际支出的情况，评价项目成本控制方法是否科学合理,分析实际成本高于或低于目标成本的原因。

1)主要实物工程量的变化及其范围。

2)主要材料消耗的变化情况,分析造成超耗的原因。

3)各项工时定额和管理费用标准是否符合有关规定。

4. 合同管理工作评价

合同管理工作评价是对合同管理本身,如工作职能、程序、工作成果的评价,主要内容包括:

(1)合同管理工作对工程项目的总体贡献或影响。

(2)合同分析的准确程度。

(3)在投标报价和工程实施中,合同管理子系统与其他职能的协调中的问题,需要改进的地方。

(4)索赔处理和纠纷处理的经验教训等。

5. 合同条款评价

这是对本项目有重大影响的合同条款进行评价,主要内容包括:

(1)本合同的具体条款,特别对本工程有重大影响的合同条款的表达和执行利弊得失。

(2)本合同签订和执行过程中所遇到的特殊问题的分析结果。

(3)对具体的合同条款如何表达更为有利等。

第五章　项目采购管理

第一节　项目采购管理基础知识

一、项目采购的定义

项目采购的含义不同于一般概念上的商品购买,它包含着以不同的方式通过努力从系统外部获得货物、土建工程和服务的整个采办过程。因此,世界银行贷款中的采购不仅包括采购货物,而且还包括雇佣承包商来实施土建工程和聘用咨询专家来从事咨询服务。

二、项目采购的类型

(1)按采购内容划分

1)土建工程采购。土建工程采购也是有形采购,是指通过招标或其他商定的方式选择工程承包单位,即选定合格的承包商承担项目工程施工任务。

2)货物采购。货物采购属于有形采购,是指购买项目建设所需的投入物,如建筑材料(钢材、水泥、木材等),并包括与之相关的服务,如运输、保险、安装、调试、培训、初期维修等。

此外,还有大宗货物,如包装材料、机械设备、文体用品、化肥、计算机等专项合同采购,它们采用不同的标准合同文本,可归入上述采购种类之中。

3)咨询服务采购。咨询服务采购不同于一般的货物采购或工程采购,它属于无形采购。咨询服务的范围很广,大致可分为以下四类:

①项目投资前期准备工作的咨询服务,如项目的可行性研究,项目现场勘查、设计等业务。

②工程设计和招标文件编制服务。

③项目管理、施工监理等执行性服务。

④技术援助和培训等服务。

(2)按采购方式划分

1）招标采购主要包括国际竞争性招标、有限国际招标和国内竞争性招标。

2）非招标采购主要包括国际、国内询价采购（或称"货比三家"）、直接采购、自营工程等。

一般采购的业务范围包括：

①确定所要采购的货物或土建工程，或咨询服务的规模、种类、规格、性能、数量和合同或标段的划分等。

②市场供求现状的调查分析。

③确定招标采购的方式——国际/国内竞争性招标或其他采购方式。

④组织进行招标、评标、合同谈判和签订合同。

⑤合同的实施和监督。

⑥合同执行中对存在的问题采取的必要行动或措施。

⑦合同支付。

⑧合同纠纷的处理等。

三、项目采购的原则与方式

1. 项目采购的原则

（1）经济性和效率性。项目采购的实施，包括所需货物和土建工程的采购，需要讲求经济性和效率性。

采购是项目实施或执行阶段的关键环节和主要内容，所以这里对项目采购的经济和效率性特别予以强调。而货物（包括设备）和土建工程这两项采购额，按世行的统计，大约占其总支付额的90%，其中货物约占70%，土建约占20%，服务约占10%。采购要在经济上有效，也就是说，所采购的工程、货物、服务应具有优良的质量，以及在合理的、较短的时间内完成采购，以满足项目工期的要求。

（2）均等的竞争机会。世界银行作为一个国际合作性机构，愿意给予所有来自发达国家和发展中国家的合格投标人一个竞争的机会，以提供银行贷款项目所需的货物和土建工程及咨询服务。

要在采购中给予合格竞争者均等的机会，就是要使所有来自世界银行合格货源国，即世界银行成员国和瑞士的公司都可以参加世界银行贷款项目的资格预审、投标、报价；所提供的货物、服务和与之相关的配套服务也必须来源于合格货源国;所有来自合格货源国的厂商的资格预审申请、投标文件和报价都必须受到公正对待。但是,《世界银行借款人选择和聘用咨询人指南》(以下简称《指南》)对合格国家又有新的规定:一个会员国的公司或在一个会员国制造的货物,如果属于下列情况,则可以被排除在外:第一,如果根据法律或官方规定,借款国禁止与该国的商业往来,但前提是要使银行满意地认为该排除不会妨碍在采购所需货物或土建工程时的有效竞争;第二,为相应联合国安理会根据联合国宪章第七章作出的决议,借款国禁止从该国进口任何货物或该国的个人或实体进行任何付款。

(3)促进借款国承包业和制造业的发展。世界银行作为一个国际开发机构,愿意促进借款国的承包业和制造业的发展。

鼓励借款国厂商单独或与外国合格厂商联合、合作。借款国可以通过世行规定的评标中的优惠政策,赢得更多的中标机会,以促进本国经济的发展。规定符合以下条件的借款国厂商可以受到评标中的国内优惠。

1)设备评标的国内优惠。1995年开始实行的这种评标优惠,将原《指南》的条件作了一定程度的提高,即:在国际竞争性招标的前提下,对于提供在借款国内生产的货物的投标,只要其生产成本至少有相当于30%出厂价的金额是在借款国内构成的(原为20%),就可以在评标过程中享受15%的国内优惠。

2)土建工程评标的国内优惠。国民人均(年)收入在635美元(这一标准是随世界经济的变化而调整的)以下的世界银行成员国承包商可以在项目评标中享受7.5%的国内优惠。享受该优惠的国内承包商和国内与国外承包商组成的联合体必须符合世界银行规定的条件。

(4)透明度。强调采购过程中的透明度的重要性,这是在以前的《指南》中指出的经济有效、机会平等和发展国内产业的三项原则上,新近加上的一条重要的要求。虽然以前的《指南》也强调了透明的公共采购过程,但如今的着重强调更有利于提高采购过程的客观性,也是对《指南》第二章中的国际竞争性招标(ICB)的各项要求的一种支持。一些新增条款,都是增加透明度的具体措施。

2. 项目采购的方式

(1)公开招标。公开招标采购是指招标机关或其委托的代理机构（统称招标人）以招标公告的方式邀请不特定的供应商（统称投标人）参加投标的采购方式。公开招标是项目采购的主要采购方式。招标人不得将应当以公开招标方式采购的工程、货物或服务化整为零或以其他任何方式规避公开招标采购。

(2)邀请招标。邀请招标采购是指招标人以投标邀请书的方式邀请规定人数以上的供应商参加投标的采购方式。通常情况下，邀请招标需要具备一定的条件。例如：

1)具有特殊性，只能从有限范围的供应商处采购的。

2)采用公开招标方式的费用占政府采购项目总价值的比例过大的。

(3)竞争性谈判。竞争性谈判采购是指采购机关直接邀请规定人数（我国《政府采购法》规定 3 人）以上的供应商就采购事宜进行谈判的采购方式。例如，《中华人民共和国政府采购法》规定符合下列情形之一的货物或服务，可以采用竞争性谈判方式进行采购：

1)招标后没有供应商投标或者没有合格标的或者重新招标未能成立的。

2)技术复杂或者性质特殊，不能确定详细规格或者具体要求的。

3)采用招标方式所需时间不能满足用户紧急需要的。

4)不能事先计算出价格总额的。

(4)单一来源采购。单一来源采购是指采购机关向供应商直接购买的采购方式。例如《中华人民共和国政府采购法》规定符合下列情形之一的货物或服务，可以采用单一来源方式进行采购：

1)只能从唯一供应商处采购的。

2)发生了不可预见的紧急情况不能从其他供应商处采购的。

3)必须保证原有采购项目一致性或者服务配套的要求，需要继续从原供应商处添购，且添购资金总额不超过原合同采购金额 10％的。

(5)询价采购。询价采购是指对特定数量（政府采购规定 3 家以上）的供应商提供的报价进行比较，以确保价格具有竞争性的采购方式。《中华人民共和国政府采购法》规定：对于货物规格、标准统一，现货货源充足,且价格变化幅度小的政府采购项目,可以采用询价采购方式。

因此,公开招标为项目采购的首选方式,也是最为主要的采购方式。

(6)其他采购方式。在世界银行贷款项目的采购中,除采用招标采购方式之外,还可根据项目需要采用其他非招标采购方式,通常采用的此类方式有:国际或国内询价采购、直接采购、自营工程等。以下对这几种采购方式分别予以介绍。

1)国际和国内询价采购。国际询价采购和国内询价采购也称之为"货比三家",是在比较几家国内外厂家(通常至少3家)报价的基础上进行的采购,这种方式只适用于采购现货或价值较小的标准规格设备,或者适用于小型、简单的土建工程。

询价采购不需正式的招标文件,只需向有关的运货厂家发出询价单,让其报价,然后在各家报价的基础上进行比较,最后确定并签订合同。

在贷款协定中,通常对国际或国内采购的范围,总金额及单项货物或服务的金额等,都作了明确的规定。国际或国内询价采购方式的确定是根据项目采购的内容、合同金额(通常单个合同在20万美元以下,累计合同金额不超过500万美元)的大小,即询价采购的金额占贷款采购量的比例等考虑因素而确定的。

在具体实施过程中,应按照贷款协定中写明的限额和有关规定执行,如果有必要突破,要及时向世界银行通报情况,以争取修改协定和原写明的限额;若自行改变,世界银行将视为"采购失误"而不予支付。

国际或国内询价采购的有关资料是否送世界银行审查,要根据贷款协定的规定。

2)直接采购或称直接签订合同。不通过竞争的直接签订合同的方式,可以适用于下述情况:

①对于已按照世界银行同意的程序授标并签约,而且正在实施中的工程或货物合同,在需要增加类似的工程量或货物量的情况下,可通过这种方式延续合同。

②考虑与现有设备配套的设备或设备的标准化方面的一致性,可

采用此方式向原来的供货厂家增购货物。在这种情况下,原合同货物应是适应要求的,增加购买的数量应少于现有货物的数量,价格应当合理。

③所需设备具有专营性,只能从一家厂商购买。

④负责工艺设计的承包人要求从指定的一家厂商购买关键的部件,以此作为保证达到设计性能或质量的条件。

⑤在一些特殊情况下,如抵御自然灾害,或需要早日交货,可采用直接签订合同方式进行采购,以免由于延误而花费更多。此外,在采用了竞争性招标方式而未能找到一家承包人或供货商能够以合理价格来承担所需工程或提供货物的特殊情况下,也可以采用直接签订合同方式来洽谈合同,但是要经世界银行同意。

3)自营工程。这是土建工程中采用的一种采购方式。自营工程是指借款人或项目业主不通过招标或其他采购方式而直接使用自己国内、省(区)内的施工队伍来承建的土建工程。自营工程用于下列情况:

①工程量的多少事先无法确定。

②工程的规模小而分散,或所处地点比较偏远,使承包商要承担过高的动员调遣费用。

③必须在不干扰正在进行中的作业的情况下进行施工,并完成工程。

④没有一个承包商感兴趣的工程。

⑤如果工程不可避免地要出现中断,在此情况下,其风险由借款人或项目业主承担,比由承包人承担,要更为妥当。

四、项目采购的程序

采购工作开始于项目选定阶段,并贯穿于整个项目周期。项目采购与项目周期需要相互协调。在实际执行时,项目采购与项目周期两者之间的进度配合并不一定都能按理想的情况完全协调一致,为了尽量保持项目采购与项目周期两者之间的协调一致,在项目准备与预评估阶段尽快确定采购方式、合同标段划分等,尽早编制资格预审文件、进行资格预审、编制招标文件等,做到在项目评估结束、贷款生效之前,完成招标、评标工作。一旦贷款生效,即可签订合同。这样既加快了采购进度,也提高了资金的效益。项目周期与采购程序之间的关系如图 5-1 所示。

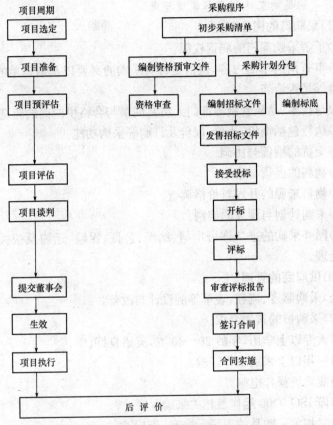

图 5-1 项目周期与采购程序之间的关系

五、采购人员职责与素质要求

采购人员必须具备与工作复杂性相适应的素质和能力,要通过专业化的工作和能力培训达到甚至超过与企业和市场要求相适应的水平。采购人员培训内容包括个人素质与技巧、相关专业知识及采购专业知识等方面,其中谈判技巧是采购人员需要通过培训和实践而掌握的一项基本技能。采购人员的管理与发展作为企业或企业人力资源管理与发展的一个重要组成部分,是保障采购能力形成与培养采购队伍建设与发展的基本内容,因此采购人员的选用对于企业的发展是非常重要的。

1. 采购员的工作职责与素质要求

(1)采购员的岗位职责

1)了解采购部门的职责权限。

2)审查请购单的内容,包括是否有采购的必要以及请购单的规格与数量等是否恰当。

3)与技术、品质管制等部门人员共同参与合格供应商的甄选。

4)执行包括询价、比价、议价及订购等采购功能。

5)交货的稽催与协调。

6)物料的退货与索赔。

7)物料来源的开发与价格调查。

8)采购计划与预算的编制。

9)国外采购的进口许可申请、结汇、公证、保险、运输及报关等事务的处理。

10)供应商的管理。

11)采购制度、流程、表单等的设计与改善。

(2)采购员的素质要求

1)大专以上学历,年龄 20～30 岁,英语良好。

2)一年以上采购工作经验。

3)能熟练操作电脑。

4)懂 ISO 9000 运作及相关采购程序。

5)对相关采购品的市场行情有一定了解。

2. 采购主管助理的工作职责与素质要求

(1)采购主管助理的岗位职责

1)协助主管收集货品的采购渠道。

2)制订货品的采购计划。

3)调查分析货品的市场行情,并提出统计分析报告。

4)对供应商评估的数据进行统计与分析。

5)培训采购人员。

6)编写采购文件。

（2）采购主管助理素质要求

1）大专以上学历，年龄 21～30 岁，英语良好。

2）一年以上采购工作经验。

3）能熟练操作电脑。

4）懂 ISO 9000 运作，了解采购培训要求，会编写有关采购文件。

3. 采购主管的工作职责和素质要求

（1）采购主管的岗位职责

1）寻找、收集整理新材料和新货品的供应商，并做好新供应商的开发工作。

2）评估并认证供应商的品质体系，供应商的生产能力、设备状况、货品的交货期、生产技术和货物的品质是评估的主要内容，通过评估和认证以确保供应商的质量。

3）开展与供应商的比价、议价谈判工作，对企业现有供应商提供货品的价格、品质、交货期和生产能力进行审核，以确保供应商稳定的供货能力。

4）及时掌握货品市场的价格行情变化及品质情况，在确保货品品质的前提下，降低成本。

5）编制采购计划，控制所需货品的数量、品质和交货期。

6）协调供应商及与其他部门的沟通。

7）组织本部门员工的采购培训。

（2）采购主管的素质要求

1）相关专业大专以上学历。

2）两年以上工作经验。

3）会电脑操作。

4）熟悉供应商评估、考核，懂 ISO 9000 运作。

4. 采购工程师的工作职责与素质要求

（1）采购工程师的岗位职责

1）主要原材料的估价。

2）供应商材料样板的初步确定。

3）材料样品的初步制作。

4）寻找替代材料。

5)拟定采购部门有关货品的品质和技术文件。

6)就采购货品相关的技术与品质问题,与技术和品质部门及货品的供应商进行沟通和协调。

(2)采购工程师的素质要求

1)相关货品专业本科以上学历,年龄 25～45 岁,英语良好。

2)两年以上相关工作经验。

3)熟练运用相关的计算机软件。

4)熟悉相关货品的性能,能对相关货品进行分析和评价。

第二节　项目采购计划

一、项目采购计划基础知识

1. 项目采购计划的概念

采购计划是根据市场需求、企业的生产能力和采购环境容量等确定采购的时间、采购的数量以及如何采购的作业。项目采购计划是建筑企业年度计划与目标的一部分。而制定项目采购计划是整个采购管理工作的第一步。

施工企业制定项目采购计划主要是为了指导采购部门的实际采购工作,保证产销活动的正常进行和企业的经营效益。因此,一项合理、完善的采购计划应达到以下目的:

(1)避免物料储存过多,积压资金。库存实质上是一种闲置资源,不仅不会在生产经营中创造价值,反而还会因占用资金而增加产品的成本。也正因为如此,准时生产(JIT)和零库存管理成为一种先进的生产运作和管理模式。在企业的总资产中,库存资产一般要占到20%～40%。物料储存过多会造成大量资金的积压,影响到资金的正常周转,同时还会增加市场风险,给企业经营带来负面影响。

(2)预估物料或商品需用的时间和数量,保证连续供应。在企业的生产活动中,生产所需的物料必须能够在需要的时候可以获得,而且能够满足需要。因此,采购计划必须根据企业的生产计划、采购环境等估算物流需用的时间和数量,在恰当的时候进行采购,保证生产的连续进行。

（3）使项目采购部门事先准备,选择有利时机购入物料。在瞬息万变的市场上,要抓住有利的采购时机并不容易,只有事先制定完善、可行的采购计划,才能使项目采购人员做好充分的采购准备,在适当的时候购入物料,而不至于临时抱佛脚。

（4）确立物料耗用标准,以便管制物料采购数量以及成本。通过以往经验及对市场的预测,采购计划能够较准确地确立所要物料的规格、数量、价格等标准,这样可以对采购成本、采购数量和质量进行控制。

（5）配合企业生产计划与资金调度。项目采购活动与建筑企业生产活动是紧密关联的,是直接服务于生产活动的。因此,项目采购计划一般要依据生产计划来制定,确保采购适当的物料满足生产的需要。

2. 项目采购计划编制依据

项目采购计划的编制依据如下：

（1）项目合同。

（2）设计文件。

（3）采购管理制度。

（4）项目管理实施规划（含进度计划）。

（5）工程材料需求或备料计划。

3. 项目采购计划的内容

产品的采购应按计划内容实施,在品种、规格、数量、交货时间、地点等方面应与项目计划相一致,以满足项目需要。项目采购计划应包括以下内容：

（1）项目采购工作范围、内容及管理要求。

（2）项目采购信息,包括产品或服务的数量、技术标准和质量要求。

（3）检验方式和标准。

（4）供应方资质审查要求。

（5）项目采购控制目标及措施。

4. 项目采购计划的影响因素

在实际工作中,影响采购计划的主要因素有采购环境、年度销售计划和年度生产计划、用料清单、存量管制卡、物料标准成本的设定和生产效率等。

(1)采购环境。项目采购活动是发生在一个充满大量不可控因素的环境中。这些因素包括外界的不可控因素;内部不可控因素,如财务状况、技术水准、厂房设备、原料零件供应情况、人力资源及企业声誉等等。这些因素的变化都会对企业的采购计划和预算产生一定影响。这就要求采购人员能够意识到环境的变化,并能决定如何利用这些变化。

(2)年度生产计划。一般生产计划源于销售计划,若销售计划过于乐观,可能使产品积压,造成企业的财务负债;反之,过度保守的销售计划,可能使生产出来的产品不足以满足顾客所需,白白丧失了创造利润的机会。因此,除非市场出现供不应求的状况,否则企业年度的经营计划多以销售计划为起点;而销售计划的拟订,又受到销售预测的影响。销售预测的决定因素,包括外界的不可控制因素,如国内外经济发展情况(GDP、失业率、物价、利率等)、人口增长、政治体制、文化及社会环境、技术发展、竞争者状况等,以及内部的可控因素,如财务状况、技术水准、厂房设备、原料零件供应情况,人力资源及企业声誉等。

(3)用料清单。企业中,特别是在高科技行业中,产品工程变更层出不穷,致使用料清单难以做出及时的反应与修订,以致根据产量所计算出来的物料需求数量与实际的使用量或规格不尽相符,造成采购数量过高或不及,物料规格过时或不易购得。因此,采购计划的准确性,必须依赖维持最新、最准确的用料清单,见表5-1。

表 5-1   生产企业用料清单

工　程:　　　　　　　编　　号:　　　　　　　字第　　号
用料单位:　　　　　　　年　月份　　　　　　　工程名称

材料名称	规 格	单 位	数 量	单 价	金 额	备 注

会计科长(签章)　　　　　复核(签章)　　　　　填表(签章)

　　(4)存量管制卡。存量管制卡记载是否正确,是影响采购计划准确性的因素之一。这包括实际物料与账目是否一致,以及物料存量是否全为优良品。若账目上数量与仓库架台上的数量不符,或存量中并非全数皆为规格正确的物料,这将使仓储低于实际上的可取用数量,所以采购计划中的采购数量将会偏低,见表 5-2。

表 5-2　　　　　　　　　　　　　　　　存量管制卡

品　名			料　号			请购点			安全存量	损耗
规　格			存　放	库号:架位:		一次请购量			采购前置时间	
日期	凭证号码	摘要	入库		出库		结存数量	请(订)购量					
			收	欠收	发	欠发		订购量	订购单号	订购日	请求交货日	实际交货日	交货量	备注

　　(5)物料标准成本的设定。在编定采购预算时,因对将来拟采购物料的价格预测不易,故多以标准成本替代。若此标准成本的设定没有过去的采购资料作为依据,也没有项目采购人员严密精确地计算其原料、人工及制造费用等组合或生产的总成本,则其正确性不无疑问。因此,标准成本与实际购入价格的差额,即是采购预算正确性的评估指标。

　　(6)生产效率。生产效率的高低将使预计的物料需求量与实际的耗用量产生误差。产品的生产效率降低,会导致原物料的单位耗用量提高,而使采购计划中的数量不能满足生产所需。过低的产出率也会导致经常进行修改作业,从而使得零组件的损耗超出正常需用量。因此,当生产效率有降低趋势时,项目采购计划必须将此额外的耗用量计算进去,才不会发生原物料的短缺现象。

　　(7)价格预期。在编制采购预算时,常对物料价格涨跌幅度、市场景气之荣枯,乃至汇率变动等多加预测,甚至列为调整预测之因素。

不过,因为个人主观之判定与事实的演变常有差距,也可能会造成采购预算的偏差。

由于影响采购计划的因素很多,故采购计划拟订之后,必须与产销部门保持经常的联系,并针对现实情况做出必要的调整与修订,才能实现维持正常产销活动的目标,并协助财务部门妥善规划资金来源。

二、项目采购需求与调查

1. 项目采购需求

(1)采购需求分析

研究项目采购需求是整个采购运作的第一步,也是进行其他采购工作的基础。因此,采购需求分析的目的就是要弄清楚需要采购什么、采购多少的问题。采购管理人员应当分析需求的变化规律,根据需求变化规律,主动地满足施工工地需要。即不需施工队长自己申报,项目采购管理部门就能知道施工现场什么时候需要什么品种、需要多少,因而可以主动地制定采购计划。

作为采购工作第一步的需求分析是制定订货计划的基础和前提,只要企业知道所需的物资数量,就可能适时适量地进行物资供应。

对于在单次、单一品种需求的情况下需求分析是很简单的,需要什么、需要多少、什么时候需要的问题,非常明确,不需要进行复杂的需求分析。通常说的采购活动,有很多是属于这样的情况。在项目采购中,采购员通常都是接到一个已经做好了的采购单,那上面都写好了要采购什么,采购多少,什么时候采购,采购员只要拿着单子去办就行了,根本就不需要进行什么需求分析。但是他们没有想一想,那张已经做好了的采购单,是怎么来的? 那张采购单实际上是别人进行需求分析后替他们做出来的。因此,项目采购人员要了解要求,分析要求。

需求分析,涉及全厂各个部门、各道工序、各种材料、设备和工具以及办公用品等各种物资。其中最重要的是生产所需的原材料,因为它的需求量最大,而且持续性、时间性很强,最直接影响生产的正常进行。

需求分析,当然要由项目采购管理部门至少做一次彻底地需求分析。因为光靠底下部门的报表,不免相互之间有遗漏,而且不一定符合采购部门要求。

需求分析,要具备全面知识。项目采购人员首先要有生产技术方面的知识,包括生产产品和加工工艺的知识,会看图纸,会根据生产计划以及生产加工图纸推算出物料需求量。然后还要有数理、统计方面的知识,会进行物料性质、质量的分析,会进行大量的统计分析。还要有管理方面的知识。因为,需求分析是一项非常重要且比较复杂的工作,是搞采购工作必须具备的基本条件。只有做好了需求分析工作,才能保证采购管理能够主动科学地进行。

(2)采购需求分析的方法

1)ABC 分析法的定义。对于单一品种的采购,不存在重点选择的问题,因此不需要 ABC 分析。但是对于多品种采购,由于需要进行重点管理,所以就存在一个 ABC 分析的问题。而一般的企业采购,基本上都是多品种采购,因此一般都要应用 ABC 分析法。

例如一个生产企业,有主产品,有辅助产品,都需要各种各样的原材料和零配件,加工过程需要能源、机器、设备、工具等。一个企业除了生产所需要的物资外,还有办公用品、生活用品等。因此需要采购的物资品种是很多的。有的物资特别重要,一旦缺货将造成不可估量的损失;有些物资则相对不那么重要,就是出现缺货情况,也不会造成多大的损失。

ABC 分析法是管理学中一个很重要、应用又很普通的一种管理方法。它用在对众多的事物进行管理时,可以有选择地进行重点管理,使用有限资源的管理效益达最大,因此又叫做重点管理法。在项目采购管理当中可以用来选择重点管理的物资品种。

2)ABC 分析法原理。以库存管理中的问题来解析一下 ABC 分析法的原理。

在库存管理中,一个仓库里存放的物资品种成千上万。但是,这些品种中,只有少数品种价值高、销售速度快、销售量大、利润高,构成仓库利润的主要部分;而大多数品种价值低、销售速度慢、利润低,只能构成仓库利润极小部分。于是,仓库管理人员通常将利润高的那一部分物资品种划作 A 类,实行重点管理;而将利润低的大部分品种划为 C 类,实行一般管理;剩余的一部分为 B 类,根据情况可以实行重点管理,也可以实行一般管理,见表 5-3。

表 5-3   ABC 分类表

类别	物资特点	品种占额	销售额	管理类别
A	价值高,销售额高,品种少	10%	70%	重点管理
B	价值中,销售额中,品种中	20%	20%	可重点,也可一般
C	价值低,销售额小,品种多	70%	10%	一般管理

表 5-3 中各类品种所占的比率都是主观确定的,一般分别取 10%、20% 和 70%,但是这个数字也没有一个绝对的标准,只要符合"多数""少数"的概念就可以了。

重点管理的 A 类,应对其库存量严密监视,保证供应。一般采用定期订货法订货,并且加强维护保管,不损坏,保证产品质量。对这些物资的保管和管理,要下大力气,不惜花费人力、物力和财力。由于这类物资品种比较少,即使项目采购企业的人力、物力、财力有限,精心管理这些少数品种也是完全有可能的。因为少数品种的效益占效益的绝大部分,所以精心管理好它们,就保证了绝大部分效益,在效益上看也是合算的。

一般管理的 C 类,是指对品种库存数量实行一般监控,项目采购部门在订货上一般采取定量订货法,联合订购,以节省费用。在保管上也是基本的一般保管措施。由于这一类品种多、价钱低、销量少,效益不那么高,所以项目采购部门采取一般管理既是必要的,也是可能的。

对于除 A 类、C 类以外,就是 B 类了,根据情况可以实行重点管理,也可以实行一般管理。这一类品种数量不是太多,效益也不是太好,都处于中间,所以我们可以根据自己的能力确定对该类品种管理的程度。如果建筑企业人力、物力、财务够,就重点管理,不够就一般管理。

在项目采购管理中,当面临众多采购物资、且人力、物力、财力有限,需保证重点物资采购时,可以用 ABC 分析法确定重点管理的采购物资对象。

此时,ABC 分析方法基本一样,但 ABC 分类的依据可能不一样。采购管理中,ABC 分类的依据要根据它对于客户需求的重要性来确定。确定重要性的主要依据是:

1)企业需求量最大的物资。

2)企业生产所需的主要物资,或者是关键物资。

3)贵重物资,虽然需求量不大,但是很贵重。

确定了重要性判别标准以后,就可以按照一定的步骤进行 ABC 分类。

2. 项目采购调查

(1)采购调查组织。一个企业可以按以下三种方法之一组织采购调查。

1)指定专职工作人员负责此工作。

2)组织正式的采购及管理人员兼职进行采购调查。

3)让对调查过程具有广泛知识的跨职能的信息团队进行调查。

建筑企业可以安排专职工作人员进行采购调查。但是,很多企业具有实际运行及战略基础意义的供应部门,在项目采购调查中,已经越来越多地开始使用跨职能的信息团队或战略合作的商品主管。但他们仅作调查和计划,不进行实际采购。这是因为:

第一,从始至终地收集分析数据的工作需要大量的时间,但是在许多采购部门中,采购人员及管理人员却没有这个时间,因为他们的时间完全被解决紧急问题所占用。

第二,采购调查人员必须对采购决策所产生的后果进行全面的分析。从另一方面来讲,采购人员有可能过于关注他(她)自己的责任范围,以至于对未来没有全面的把握。

第三,采购调查的许多领域需要高层次的调查技术知识,而这种调查技术是一些采购人员所不具有的技能,采购部门中的日常事务也不要求将这种技能作为基本技能。

第四,采购决策由采购人员或管理人员作出,采购调查人员仅仅提供数据及建议。在一些情况下,调查人员与决策者之间会产生矛盾,因此调查人员的建议有可能受到不公正的对待。

第五,采购人员对按项目要求所采购的货物是相当熟悉的,但调查人员最初可能没有这种经验,并因此忽视重要的数据。需要调查人员花费大量时间向卖方或管理人员寻求数据的方法很可能效率极低。

第六,专职采购调查人员的工资及相关费用增加了采购部门运转的管理费用,如果分析的结果不能有效地改进采购决策,那么这些费用就不该发生。

因此,为在使用专职采购调查人员与采购人员兼顾调查工作之间达成某种妥协,可利用从事不同工作的跨职能小组。这些小组有不同的名称,如信息小组、商业主管小组或价值分析小组等。

采购人员和调查不能分割,在采购过程做到了市场全面的分解信息,反馈到项目采购计划中去。

(2)商品调查。在制定项目采购计划之前,有必要进行实地的商品调查。这是因为商品调查有助于对一个主要的采购商品未来长期及短期的采购环境作出预测。这些信息构成了制定正确决策及现有的采购管理方法的基础,并且为最高管理部门提供了有关这些货物未来供应与价格的相对完整的信息。

通常来说,商品调查的焦点集中在那些需要大宗采购的货物上。但是,它也运用于那些被认为严重供应短缺的小笔采购货物中。主要的原材料,例如钢筋或水泥及混凝土浇灌设备,通常也是调查的对象,另外,一些产成品如木材或装修装饰材料也可能是调查对象。

较复杂的商品调查包括以下几个主要方面的分析:企业作为采购方现在及未来的状况;生产过程的替代性;该货物的用途;需求;供应;价格;削减成本和(或)确保供应的战略。

一些公司做了非常复杂的商品调查,制定出一份相当有战略眼光的采购计划,一般是 5～10 年的计划,也有长达 15 年的预测计划,每年更新。如果一个公司制定了 15 年的战略性市场计划,它可以附带一份战略性的供应预测计划。就长期而言,获得关键原材料的充足供应可能是公司成功地实现其市场目标的决定性因素。公司需要对价格趋势作出实际的预测以便制定调整原材料供应的战略计划。

(3)所购材料、产品或服务的调查。所购材料、产品或服务的调查,即是价值分析,这是将所购货物所体现的功能与其成本相比较,从而找到成本更低的替代品的过程。

价值分析的第一步是选择一种零件、原材料或服务进行分析,然后组织一个跨职能的价值分析小组(通常包括一个供应商),最后用一个动宾词组定义货物或服务的功能。例如选择一只装软饮料的易拉罐作为分析对象,它的功能可以被定义为"装液体"这种方法鼓励创造性思维并且使价值分析小组不要陷入现有的结论,即将铝易拉罐作为唯一结论。价值分析是一种系统性方法,它是供应管理过程中不可缺少的部分。

价值分析技术同样也适用于服务,价值分析技术与处理信息及通信的电子方法相结合,形成了流程再造的基础。

因此,价值分析是削减采购成本的一种有效方法。项目采购部门可以根据需采购货物各方面的详细信息在替代品之间作出明智的选择,从而更有效地利用采购资金。

(4)采购系统调查。尽管对所购货物及可能的供应商有足够的了解对在采购活动中获取最大的价值很重要,但不能确保采购会以最有效的方式进行。采购系统调查主要包括以下 11 个方面:

1)总订单。通过调查采购合同,分析采购杠杆作用和减少管理费用的方式,并利用长期协议作为手段确保持续供应可能会特别有效。

2)货物总体成本。用于确认涉及采购成本、管理成本和占有成本等每件货物成本的所有方面的一套系统和方法。例如一套建筑机械的总成本包括各种因素的估计值,如停工、废料及返工成本。

3)付款或现金折扣的程序。调查和改进向供应商付款或采用现金折扣的系统。例如一些建筑公司简单地通过对此采购订单副本与收货报告来完成采购订单。如果他们同意,采购部门会按先前所商定的金额在现金折扣期末签一张支票付给供应商。

4)供应商追踪系统。建立一套程序化系统,建筑企业及项目采购部门可以定期获取或收集来自供应商控制的关于材料状况或订单完成进度的信息。这些信息能够对供应商的业务完成情况进行追踪,从而保证订单更好更及时地完成。

5)收货系统。出于付款的需要,收货系统可用以证明供应商交货的数量。该系统可以在货物或材料确定没有收到时,作为领料部门通知,供应商装运的证明。

6)少量或紧急采购系统。它是项目采购部门为处理少量和紧急订单而设计的一种新颖方法,以便以最低的管理成本实现采购需要。

7)系统合约。为满足建筑公司每年对特订货物的需求,调查单一供应商或一组供应商并与之签订维护、修理及辅助用料合约。供应商甚至可以按采购方的要求储备货物。

8)与供应商的数据共享。确定供应商和采购商材料信息交换的领域,例如用途、需求预测、生产率、时间安排、报价及存货,这样对双方都有利。通常是建立采购方-供应商计算机信息交换系统,以便定期交换信息。

9)评价采购人员绩效的方法。建立衡量采购人员工作绩效的系统。

10)评价采购部门绩效的方法。建立将采购部门共同努力的实际绩效与先前确定的标准相比较的系统,在此评价的基础上,可以采取一些行动去纠正不足。

11)评价供应商绩效的方法。建立一个系统来评价供应商是否履行了它们的责任,最终的数据对于重新制定采购决策很关键,并可据此将需改进的方面反馈给供应商。

三、项目采购数量确定

1. 决定项目采购数量的基础

对于项目采购的数量多少,能起到决定性作用的基础,主要有以下五个方面:

(1)生产计划。由销售预测和人为的判断,即可确定销售计划和目标。这种销售计划,是表明各种产品在不同时间的预期销售数量;而生产计划则依据销售数量,加上预期的期末存货减去期初存货来拟订。

(2)物料标准成本的设定。在编制采购预算时,项目采购人员由于对计划采购物料的价格预测较难,一般以标准成本代替物料价格。标准成本是指在正常和高效率的运转情况下制造产品的成本,而不是指实际发生的成本。标准成本可用于控制实际成本。如果标准成本的设定缺乏过去的采购资料作为依据,也没有工程人员严密精确地计算,其原料、人工及制造费用等组合总成本的正确性就很难保证。因此,标准成本与实际购入价格的差额,即是项目采购预算正确性的评估指标。

(3)用料清单。生产计划只列出产品的数量,并无法直接知道某一产品需用哪些物料,以及数量多少,因此必须借助用料清单。用料清单是由研究发展部或产品设计部制成,根据此清单可以精确计算制造某一种产品的用料需求数量,用料清单所列的耗用量(即通称的标准用量)与实际用量相互比较作为用料管制的依据。

(4)价格预期。在编制项目采购预算时,应对物料价格涨跌、市场荣枯、汇率变动等进行预测,甚至将以上因素调整为预算因素。不过,因为个人主观判定与事实的演变常有差距,也可能会造成采购预算的偏差。

(5)存量管制卡。若产品有存货,则生产数量不一定要等于销售数量。同理,若材料有库存数量,则材料采购数量也不一定要等于根据用料清单所计算的材料需用量。因此项目采购部门必须建立物料的存量管制卡,以表明某一物料目前的库存状况,再依据用料需求数量,并考虑购料的作业时间和安全存量标准,算出正确的采购数量,然后才开具请购单,进行采购活动。

项目采购预算能帮助管理层进行计划——主要是对下一年进行计划,使组织战略和目标有一种实在的感觉,并提供了监控企业经营的方法,在适用的时候还可以对利润表现进行监控。采购管理者应集中精力考虑目标和实际的机会与问题,也就是必须更切合实际地应付不确定和不可控制的情况,同时避免使它们成为引起混乱的原因,并致力于制定可实现目标的有效战略。最重要的是,在启动预算过程的时候,管理者必须考虑周详。

因此,为了准确进行预算,预算过程应采用一种由下而上的方法。每一层的管理者都必须理解目标的先后次序,认识存在的机会,估计问题的可能性,并领会分配有限资源的过程。

一般企业预算的准备工作可能在提交最终预算的前一年就开始了。但有些企业常常在财务年度开始前3~4个月就启动预算准备工作。虽然在各个部门的不同组织之间存在差异,但项目采购预算主要包括四个步骤:

1)将预算表和说明分发给所有的管理人员。

2)填好表格后交给上一级的管理层。

3)各项预算被转化成适当的项目,然后汇总成一张组织预算表。

4)审查最终预算(如果有必要的话),然后通过。

2. 项目采购数量的计算与订购方法

采购数量表示某一物料在某时期应订购的总量。一般确定采购数量的方法有以下几种:

(1)定期订购法(固定期间法 Fixed Period Requirement,FPR)。在定期订货系统中,每隔一段时间进行库存盘点并订货,如每季、每月或每周订购一次。在供应商走访顾客并与其签订合同或某些顾客为了节省运输费用而将他们的订单合在一起的情况下,必须定期进行库存盘点和订购。使用定期订购法必须对物料未来的需求数量能作正确的预估,以避免存货过多,造成资金积压。

在定期订货系统中,不同时期的订购量不尽相同,订购量的大小主要取决于各个时期的使用率,它比一般的定量订货系统要求更高的安全库存。定期订货法适用于需要经常调整生产或采购数量的重要物品。由于定期订货模型只在盘点期进行库存盘点,可能出现在刚订完货时由于大量的需求而使库存降至零的情况,增加企业经营风险。

(2)定量订购法(固定数量法 Fixed Order Quantity,FOQ)。定量订货系统是对库存连续盘点,一旦库存水平到达再订购点,立即按固定的订货数量进行订购。对于价格低廉、临时性需求及非直接用于生产的物料,比较适合采用定量订购法。

定量订购法的订货时间和订货量不受人为判断的影响,能够保证库存管理的准确性,便于按经济订货批量订货,节约库存成本。但采用定量订购法,项目采购部门在订货之前要做的各项计划比较复杂。如复仓制的采购计划,物料首次入库时将其分为两部分,但其中一部分使用完毕时必须先开出请购单,才能使用所剩下的另一部分物料,物料的购与用反复交替进行。

(3)经济订购数量法。在企业经营过程中,为避免出现物料供应不足和积压两种经营失控的现象,有必要确定最恰当的采购数量。经济订购数量法(Economic Order Quantity,EOQ)是确定最适当的采购数量的一种方法。在经济订购批量模型中，要么需求保持均衡，要么确定安全库存以满足需要变化。

采购经济批量可由下面的公式计算：

$$EOQ=\sqrt{\frac{2CD}{PF}} \qquad (5\text{-}1)$$

式中　D——某物料全年需求量；

　　　C——每次采购成本及费用；

　　　P——采购物料（商品）的单价；

　　　F——年保管费用率。

实例：某企业年物料需求为 1200 单位，每单位物料的价格为 10 美元，每次采购成本为 150 美元，年保管费用率为 10%，则经济采购批量为：

$$EOQ=\sqrt{\frac{2\times1200\times150}{10\times10\%}}=600$$

因此，采购人员可以得知，每次采购数量为 600 单位。

这只是理想的经济采购批量模型，既不考虑缺货，也不考虑数量折扣以及其他问题时的采购数量。在实际采购工作中，经常会遇到允许缺货和有数量折扣的情况，计算要复杂得多。

（4）批对批法（Lot For Lot，LFL）

1）发出的订购数量与每一期净需求的数量相同。

2）每一期均不留库存数。

3）如果订购成本不高，此法最实用。

（5）物料需求计划法（Material Requirement Planning，MRP）。

　　　（主生产计划×用料表＝个别项目的毛需求）　　　（5-2）

个别项目的毛需求－可用存货数（库存数＋预计到货数）＝个别项目的净需求

$$\qquad\qquad\qquad\qquad\qquad\qquad\qquad\qquad\qquad (5\text{-}3)$$

四、项目采购计划的编制

1. 项目采购计划编制的目的

编制采购计划是整个采购管理进行运作的第一步，采购计划制定得是否合理、完善，直接关系到整个项目采购运作的成败。

项目采购计划是根据市场需求、建筑企业的生产能力和采购环境容量等确定采购的时间、采购的数量以及如何采购的作业。

一般建筑企业制定采购计划主要是为了指导采购部门的实际采购工作,保证施工活动的正常进行和企业的经营效益。因此,一项合理、完善的采购计划应达到以下目的:

(1)预计材料需用时间与数量,防止供应中断,影响产销活动。

(2)避免材料储存过多,积压资金,以及占用存放的空间。

(3)配合企业生产计划与资金调度。

(4)使采购部门事先准备,选择有利时机购入材料。

(5)确立材料耗用标准,以便管制材料采购数量及成本。

项目采购计划的目的要与企业的经营方针、经营目标、发展计划、利益计划等相符合,见表5-4。

表 5-4　　　　　　　　　　项目采购计划的主要内容

项　　目	目　　　的
计划概要	对拟订的采购计划予扼要的综述,便于管理部门快速浏览
目前采购状况	提供有关物料、市场、竞争以及宏观环境的相关背景资料
机会与问题分析	确定机会、威胁、优势、劣势和采购面临的主要问题
计划目标	确定计划在采购成本、市场份额和利润等领域所完成的目标
采购战略	提供用于实现计划目标的主要手段
行动方案	谁去做? 什么时候去做? 费用多少
控制	指明如何监控计划

2. 项目采购计划细分程序

(1)准备认证计划。准备认证计划是编制项目采购计划的第一步,也是非常重要的一步。关于准备认证计划,可以从以下四个方面进行详细的阐述。

1)接收开发批量需求。开发批量需求是能够启动整个供应程序流动的牵引项,要想制定比较准确的认证计划,首先要做的就是熟悉开发需求计划。目前开发批量物料需求通常有两种情形:一种是在以前或者是目前的采购环境中就能够发掘到的物料供应,例如,以前接触的供应商供应范围比较大,我们就可以从这些供应商的供应范围中找到企业需要的批量物料需求。另一种情形就是企业需要采购的是新物料，在原来形成的采购环境中不能提供，需要建筑企业的项目采购部门寻找新物料的供应商。

2)接收余量需求。项目采购人员在进行采购操作时，可能会遇到两种情况：一是随着企业规模的扩大，市场需求也会变得越来越大，现有的采购环境容量不足以支持企业的物料需求；二是由于采购环境呈下降趋势，使物料的采购环境容量逐渐缩小，无法满足采购的需求。在这两种情况下，就会产生余量需求，要求对采购环境进行扩容。采购环境容量的信息一般由认证人员和订单人员提供。

3)准备认证环境资料。通常采购环境的内容包括认证环境和订单环境两个部分。认证容量和订单容量是两个完全不同的概念，有些供应商的认证容量比较大，但是其订单容量比较小，有些供应商的情况则恰恰相反。其原因在于认证过程本身是对供应商样件的小批量试制过程，需要强有力的技术力量支持，有时甚至需要与供应商一起开发；而订单过程是供应商的规模化的生产过程。所以订单容量的技术支持难度比起容量的技术支持难度要小得多。因此，企业对认证环境进行分析时一定要分清认证环境和订单环境。

4)制定认证计划说明书。制定认证计划说明书也就是把认证计划所需要的材料准备好，主要内容包括认证计划说明书，如物料项目名称、需求数量、认证周期等，同时附有开发需求计划、余量需求计划、认证环境资料等。如图 5-2 所示。

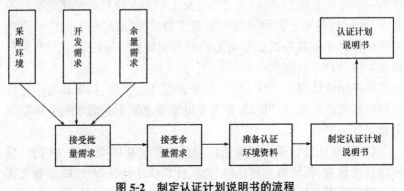

图 5-2　制定认证计划说明书的流程

（2）评估认证需求。编制采购计划的第二步是评估认证需求,主要包括分析开发批量需求、分析余量需求、确定认证需求三方面的内容,如图 5-3 所示。

图 5-3　评估认证需求流程

1)分析开发批量需求。要做好开发批量需求分析不仅要分析量的需求,而且要掌握物料的技术特征等信息。开发批量需求的样式是各种各样的,按照需求的环节可以分为研发物料开发认证需求和生产批量物料认证需求;按照采购环境可以分为环境内物料需求和环境外物料需求;按照供应情况可以分为直接供应物料和需要定做物料;按照国界可分为国内供应物料和国外供应物料等。对于如此复杂的情况,编制项目采购计划人员必须对于开发物料需求做详细的分析,必要时还应与开发人员、认证人员一起研究开发物料的技术特征,按照已有的采购环境及认证计划经验进行分别。

2)分析余量需求。分析余量需求首先要求对余量需求进行分类。余量认证的产生来源:一是市场销售需求的扩大,另一种是采购环境订单容量的萎缩。这两种情况都导致了目前采购环境的订单容量难以满足建设单位的需求的现象,因此需要增加采购环境容量。对于因市场需求原因造成的,可以通过市场及生产需求计划得到建筑物料的需求量及时间;对于因供应商萎缩造成的,可以通过分析现实采购环境的总体订单容量与原定容量之间的差别得到。这两种情况的余量相加即可得到总的需求容量。

3)确定认证需求。认证需求是指通过认证手段,获得具有一定订单容量的采购环境,它可以根据开发批量需求及余量需求的分析结果来确定。

（3）计算认证容量。计算认证容量主要包括四个方面的内容:分析项目认证资料、计算总体认证容量、计算承接认证容量、确定剩余认证容量。下面分别对这四个方面进行详细阐述。

1)分析项目认证资料。这是编制项目采购计划人员的一项重要事务,不同的认证项目及周期也是千差万别的。作为建筑行业的实体来说,需要认证的物料项目可能是上千种物料中的某几种,熟练分析几种物料的认证资料是可能的。但对于规模比较大的建筑企业,分析上千种甚至上万种物料其难度则要大得多。

2)计算总体认证容量。一般在认证供应商时,项目采购部门会要求供应商提供一定的资源用于支持认证操作,或者一些供应商只做认证项目。在供应商认证合同中,应说明认证容量与订单容量的比例,防止供应商只做批量订单,不愿意做样件认证。计算采购环境的总体认证容量的方法是把采购环境中的所有供应商的认证容量叠加即可。采购人员对有些供应商的认证容量需要加以适当系数。

3)计算承接认证容量。供应商的承接认证容量等于当前供应商正在履行认证的合同量。一般认为认证容量的计算是一个相当复杂的过程,各种各样的物料项目的认证周期也是不一样的,一般是计算要求的某一时间段的承接认证量。最恰当最及时的处理方法是借助电子信息系统,模拟显示供应商已承接认证量,以便认证计划决策使用。

4)确定剩余认证容量。某一物料所有供应商群体的剩余认证容量的总和,称为该物料的"认证容量"。可以用下面的公式简单地进行说明:

物料认证容量＝物料供应商群体总体认证容量－承接认证量

(5-4)

这种计算过程也可以被电子化,一般物料需求计划(MRP)系统不支持这种算法,可以单独创建系统。需要项目采购人员注意的是,认证容量是一近似值,仅做参考,认证计划人员对此不可过高估计,但它能指导认证过程的操作。

项目采购环境中的认证容量不仅是采购环境的指标,而且也是企业不断创新、维持持续发展的动力源。源源不断的新产品问世是认证容量价值的体现。

(4)制定认证计划。采购计划的第四步是制定认证计划,主要包括:对比需求与容量、综合平衡、确定余量认证计划、制定认证计划四方面内容,如图 5-4 所示。

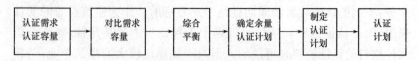

图 5-4　制定认证计划流程

1)对比需求与容量。认证需求与供应商对应的认证容量之间一般都会存在差异,如果认证需求小于认证容量,则没有必要进行综合平衡,直接按照认证需求制定认证计划。如果认证需求量大大超出供应商容量,就要进行认证综合平衡,对于剩余认证需求要制定采购环境之外的认证计划。

2)综合平衡。综合平衡就是指从全局出发,综合考虑生产、认证容量、物料生命周期等要素,判断认证需求的可行性,项目采购通过调节认证计划来尽可能地满足认证需求,并计算认证容量不能满足的剩余认证需求,这部分剩余认证需求需要到企业采购环境之外的社会供应群体之中寻找容量。

3)确定余量认证计划。确定余量认证计划是指对于采购环境不能满足的剩余认证需求,应提交项目采购认证人员分析并提出对策,与之一起确认采购环境之外的供应商认证计划。采购环境之外的社会供应群体如没有与企业签订合同,项目采购部门在制定认证计划时要特别小心,并由具有丰富经验的认证计划人员和认证人员联合操作。

4)制定认证计划。制定认证计划是确定认证物料数量及开始认证时间,其确定方法如下计算公式表示:

认证物料数量=开发样件需求数量+检验测试需求数量+

样品数量+机动数量　　　　　　　　　　(5-5)

开始认证时间=要求认证结束时间-认证周期-

缓冲时间　　　　　　　　　　　　　　(5-6)

(5)准备订单计划。采购计划的第五步是准备订单计划。准备订单计划分为:接收市场需求、接收生产需求、准备订单环境资料、编制订单计划说明书,下面分别对这四个方面的内容进行详细阐述。

1)接收市场需求。市场需求是启动生产供应程序的流动牵引项，建设单位要想制定比较准确的订单计划，首先必须熟知市场需求计划，或者市场销售计划。市场需求的进一步分解便得到生产需求计划。企业的年度销售计划一般在上一年的年末制定，并报送至各个相关部门，同时下发到项目采购部门，以便指导全年的供应链运转；根据年度计划制定季度、月度的市场销售需求计划。

2)接收生产需求。生产需求对采购来说可以称为生产物料需求。生产物料需求的时间是根据生产计划而产生的，通常生产物料需求计划是订单计划的主要来源。为了利用理解生产物料需求，采购计划人员需要深入熟知生产计划以及工艺常识。在 MRP 系统之中，物料需求计划是主生产计划的细化，它主要来源于主生产计划、独立需求的预测、物料清单文件、库存文件。编制物料需求计划的主要步骤包括：

①决定毛需求；

②决定净需求；

③对订单下在日期及订单数量进行计划。

3)准备订单环境资料。准备订单环境资料是准备订单计划中的一个非常重要的内容。订单环境的资料主要包括：

①订单物料的供应商消息。

②订单比例信息。对多家供应商的物料来说，每一个供应商分摊的下单比例称之为订单比例，该比例由项目采购认证人员提出并给予维护。

③最小包装信息。

④订单周期。订单周期是指从下单以交货的时间间隔，一般是以天为单位的。订单环境一般使用信息系统管理，订单人员根据生产需求的物料项目，从信息系统中查询了解物料的采购环境参数及描述。

4)编制订单计划说明书。主要内容包括：订单计划说明书，如物料名称、需求数量、到货日期等，并附有：市场需求计划、生产需求计划、订单环境资料等。

(6)评估订单需求。评估订单需求是项目采购计划中非常重要的一个环节，只有准确地评估订单需求，才能为计算订单容量提供参考依据，以便制定出好的订单计划。主要包括三个方面的内容：分析市场需求、分析生产需求、确定订单需求。下面将分别对这三个方面进行阐述。

1)分析市场需求。订单计划不仅仅来源于生产计划。首先,订单计划要考虑的是企业的生产需求,生产需求的大小直接决定了订单需求的大小;其次,制定订单计划得兼顾企业的市场战略以及潜在的市场需求等;另外,制定订单计划还需要分析市场要货计划的可信度。因此,项目采购人员必须仔细分析市场签订合同的数量、还没有签订合同的数量(包括没有及时交货的合同)的一系列数据,同时研究其变化趋势,全面考虑要货计划的规范性和严谨性,还要参照相关的历史要货数据,找出问题的所在。只有这样,才能对市场需求有一个全面的了解,才能制定出一个满足企业远期发展与近期实际需求的订单计划。

2)分析生产需求。要分析生产需求,第一要研究生产需求的产生过程,其次分析生产需求量和要货时间。

3)确定订单需求。根据对市场需求和对生产需求的分析结果,采购部门可以确定订单需求。通常来讲,订单需求的内容是指通过订单操作手段,在未来指定的时间内,将指定数量的合格物料采购入库。

(7)计算订单容量。计算订单容量是项目采购计划中的重要组成部分。只有准确地计算订单容量,才能对比需求和容量,经过综合平衡,最后制定出正确的订单计划。计算订单容量主要有四个方面的内容:分析项目供应资料、计算总体订单容量、计算承接订单容量、确定剩余订单容量,如图 5-5 所示。

图 5-5　计算订单容量流程

1)分析项目供应资料。对于项目采购工作来说,在实际采购环境中,所要采购物料的供应商的信息是非常重要的一项信息资料。如果没有供应商供应物料,无论是生产需求,还是紧急的市场需求,都会出现"巧妇难为无米之炊"的现象。可见,有供应商的物料供应是满足生产需求和满足紧急市场需求的必要条件。

2)计算总体订单容量。总体订单容量是多方面内容的组合,一般包括两方面的内容:一是可供给的物料数量;另一方面是可供给物料的交货时间。例如,汽车零部件供应商 A 在 11 月 30 日之前可供应 2 万个轴承(Ⅰ型 1.5 万个,Ⅱ型 0.5 万个),供应商 B 在 11 月 30 日之前可供应轴承 3 万个(Ⅰ型 1.5 万个,Ⅱ型 1.5 万个),那么,11 月 30 日之前Ⅰ、Ⅱ两种轴承订单总容量为 5 万个。

3)计算承接订单容量。承接订单容量是指某供应商在指定的时间内已经签下的订单量。但是。承接订单容量的计算过程较为复杂,我们还是以一个例子来说明一下:供应商华泰公司在本月 28 日之前可以供给 3 万个特种按钮(A 型 1.5 万个,B 型 1.5 万个),若是已经承接 A 型特种按钮 1.5 万个,B 型 1 万个,那么对 A 型和 B 型物料已承接的订单量就比较清楚(A 型 1.5 万个+B 型 1 万个=2.5 万个)。有时在各种物料容量之间进行借用,并且存在多个供应商的情况下,其计算比较稳定。

4)确定剩余订单容量。剩余订单容量是指某物料所有供应商群体的剩余订单容量的总和。用下面的公式表示为:

$$物料剩余订单容量 = 物料供应商群体总体订单容量 - 已承接订单量 \tag{5-7}$$

(8)制定订单计划。制定订单计划是采购计划的最后一个环节,也是最重要的环节,主要包括四个方面的内容:对比需求与容量、综合平衡、确定余量认证计划、制定订单计划。

1)对比需求与容量。对比需求与容量是制定订单计划的首要环节,只有比较出需求与容量的关系才能有的放矢地制定订单计划。如果经过对比发现需求小于容量,即无论需求多大,容量总能满足需求,则企业要根据物料需求来制定订单计划。如果供应商的容量小于企业的物料需求,则要求企业根据容量制定合适的物料需求计划,这样就产生了剩余物料需求,需要对剩余物料需求重新制定认证计划。

2)综合平衡。计划人员要综合考虑市场、生产、订单容量等要素,分析物料订单需求的可行性,必要时调整订单计划,计算容量不能满足的剩余订单需求。

3)确定余量认证计划。在对比需求与容量的时候,如果容量小于需求就会产生剩余需求,对于剩余需求,要提交认证计划制定者处理,并确定能否按照物料需求规定的时间及数量交货。为了保证物料及时供应,此时可以简化认证程序,并由具有丰富经验的认证计划人员进行操作。

4)制定订单计划。制定订单计划是采购计划的最后一个环节,订单计划做好之后就可以按照计划进行采购工作了。一份订单包含的内容有下单数量和下单时间两个方面。

下单数量＝生产需求量－计划入库量－现有库存量＋安全库存量

$$(5-8)$$

下单时间＝要求到货时间－认证周期－订单周期－缓冲时间

$$(5-9)$$

例如,某企业采购计划作业程序如下:

①营业部于每年年度开始时,提供主管单位有关各机型的每季度、每月的销售预测。销售预测须经营会议通过,并配合实际库存量、生产需要量、现实状况,由生产管理单位编制每月的采购计划。

②生产管理单位编制的采购计划副本送至采购中心,据以编制采购预算,经经营会议审核通过后,再将副本送交管理部财务单位编制每月的资金预算。

③营业部门变更"销售计划"或有临时的销售决策(如紧急订单),应与生产单位、采购中心协商,以排定生产日程,并修改采购计划及采购预算。

3. 编制项目采购计划

(1)制定合理、完善的采购计划

市场的瞬息万变、采购过程的繁杂,采购部门要制定一份合理、完善,有效指导采购管理工作的采购计划并不容易。采购计划好比采购管理这盘棋的一颗重要棋子,采购计划做好了,采购管理基本上会成功。但如果这一颗棋子走错了,可能导致满盘皆输。因此,采购部门应对采购计划工作给予高度的重视,它不仅要拥有一批经验丰富、具有战略眼光的采购计划人员,还必须抓住关键的两点:知己知彼,群策群力。

1)广开言路,群策群力。许多采购单位在制定采购计划时,常常仅由采购经理来制定,没有相关部门和基层采购人员的智慧支持,而且缺乏采购人员的普遍共识,致使采购计划因不够完善而影响采购运作的顺利进行。因此,在编制采购计划时,不应把采购计划作为一家的事情,应当广泛听取各部门的意见,吸收采纳其合理和正确的意见和建议。在计划草拟成文之后,还需要反复征询各方意见,以使采购计划真正切入企业的实际,适应市场变化的脉搏。

2)认真分析企业自身情况。在做采购计划之前,必须要充分分析企业自身实际情况,如企业在行业中的地位、现有供应商的情况、生产能力等等,尤其要把握企业长远发展计划和发展战略。企业发展战略反映着企业的发展方向和宏观目标,采购计划如果没有贯彻、落实企业的发展战略,可能导致采购管理与企业的发展战略不相协调甚至冲突,造成企业发展中的"南辕北辙",而且脱离企业发展战略的采购计划,就如同无根浮萍,既缺乏根据,又可能使采购部门丧失方向感。因此,只有充分了解了企业自身的情况,制定出的采购计划才最可能是切实可行的。

3)进行充分的市场调查,收集翔实的信息。在制定采购计划时,应对企业所面临的市场进行认真的调研,调研的内容应包括经济发展形势、与采购有关的政策法规、行业发展状况、竞争对手的采购策略以及供应商的情况等等。否则,制定的计划无论理论上多合理,可能经不起市场的考验,要么过于保守造成市场机会的丧失和企业可利用资源的巨大浪费,要么过于激进导致计划不切实际,无法实现而成为一纸空文。

(2)编制和执行采购计划注意事项

采购计划是指项目中整个采购工作的总体安排。采购计划包括项目或分项采购任务的采购方式、时间安排,相互衔接以及组织管理协调安排等内容。

1)在制定采购计划时,要把货物、工程和咨询服务分开。编制采购计划时应注意的问题有:

①采购设备、工程或服务的规模和数量,以及具体的技术规范与

规格,使用性能要求。

②采购时分几个阶段或步骤,哪些安排在前面,哪些安排在后面,要有先后顺序,且要对每批货物或工程从准备到交货或竣工需要多长时间做出安排;一般应以重要的控制日期作为里程碑式的横道图或类似图表,如开标、签约日、开工日、交货日、竣工日等,并应定期予以修订。

③货物和工程采购中的衔接。

④如何进行分包/分段,分几个包/合同段,每个包/合同段中含哪些具体工程或货物品目。

对一个规模大、复杂、工期有限的项目,准备阶段一定要慎重研究并将整个项目划分成合理的几个合同段,分别招标和签订合同。在招标时对同时投两个标的标价要求提出一个折减百分比,可以节省筹备费(调遣费、临时工程费),也使同时对这一项目投几个标的公司中标的机会加大,对业主的花费(付出的总标价)较少,双方都有利。如我国南方某水电站,将输水洞单独进行国际竞争性招标,京津塘高速公路将全线公路和中小桥分成三个合同段招标,高架桥为一个合同段,全线交通工程设施为一个合同段,共分五个合同招标。这样既便于使承包商可以同时投几个标,增加夺标的机会,也便于使不同内容的标的可以根据需要在不同的时间招标。目前,国内建设项目业主,为了使更多的施工单位得到工程,倾向于把标段划分得偏小,但是世界银行要考虑对国际大承包商的投标商的吸引力,总是倾向于把合同规模划分得大些,这就需要在具体项目上具体分析和商定,即:做项目采购计划时应注意分包与分段的问题。

⑤采购工作如何进行组织协调等。采购工作时间长、敏感性强、支付量大、涉及面广,比如工程采购中业主的征地拆迁工作,配套资金的到位等都与各级政府部门关系密切;与设计部门、监理部门的协调工作,合同管理工作,也占很大比重。组织协调工作的好坏,对项目的实施有很大影响。

2)实际工作中应该注意的有关事项。

①为更好地组织好采购工作,要建立强有力的管理机构,并保持领导班子的稳定性和连续性。切实加强领导,保证项目采购工作的顺

利进行。

②要根据市场结构、供货能力或施工力量,以及潜在的竞争性来确定采购批量安排、打捆分包及合同段划分。土建合同在采用 ICB 方式招标时,规模过小则不利于吸引国际上实力雄厚的承包商和供货商投标,合同太多、太小也不便于施工监理和合同管理。

③在确定采购时间表时,要根据项目实施安排,权衡贷款成本,采购过早、提前用款,要支付利息;过迟会影响项目执行。因此,项目采购部门及采购人员要权衡利弊,做出统筹安排。

3)及早做好采购准备工作。根据采购周期以及项目周期和招标采购安排的要求,一般来说,在采购计划制定完毕之后,下一步要做的工作就是编制招标文件(包括在此之前的资格预审文件),进入正式采购阶段。通常,最理想的安排是,在项目准备和评估阶段就要开始准备招标文件,同时进行资格预审,到贷款协议生效之前,就完成开标、评标工作,待协议一生效就可以正式签订合同。这样做可以避免因采购前期准备工作不充分,而影响采购工作如期进行。世界银行曾指出,采购进度的快慢主要取决于项目前期准备阶段采购计划和合同包的详细程度。同时,尽早编写招标文件,也对采购进度有相当大的促进作用。

4)选择合适的采购代理机构。采购代理机构的选择要根据项目采购的内容、采购方式以及国家的有关规定来确定。通常,属于国际竞争性招标的,要选择国家批准的有国际招标资格的公司承担。对属于询价采购、国内竞争性招标、直接采购的,要视情况而定,可以选择国际招标公司,也选择外贸公司作为代理,还可以由项目单位自行组织采购。

在世界银行项目中选择采购代理机构,既是国家有关部门的明文规定,也是我国现行体制决定的。在绝大多数项目中,业主往往只是接触自己一个项目,几乎所有的工作都是从头开始,而采购代理机构则介入了许多项目,对世行各方面的规定和程序都有深刻的了解,实践证明业主完全可以借此加快项目进度,并避免产生不必要的错误。

项目单位在选择和确定采购代理机构时,要认真评比选择那些人员素质高、内部管理严密、服务态度好的,真正能够为项目单位工作和服务的代理机构,要签订明确的代理或委托协议书,规定双方的权利和义务。代理公司的确定最好能够在项目准备阶段确定,最迟也应在评估之前完成,以便能让代理公司尽早参与项目采购准备工作,同时项目单位还可以得到一些必要的帮助,以共同完成采购工作。

第三节　项目采购控制

一、项目采购计价

1. 项目采购单价计价

(1)单价计价适用条件。单价计价适用条件是:当准备发包的项目的内容一时不能确定,或设计深度不够(如初步设计)时,工程内容或工程量可能出入较大,则采用单价计价类型形式为宜。

(2)单价计价分类

1)单价与包干混合式计价类型。采用单价与包干混合式计价类型时,以单价计价类型为基础,但对其中某些不易计算工程量的分项工程(如施工导流、小型设备购置与安装调试)采用包干办法,而对能用某种单位计算工程量的条目,则采用单价方式。

2)纯单价计价类型。当设计单位还来不及提供设计图纸,或在虽有设计图纸但由于某些原因不能比较准确地计算工程量时,宜采用纯单价计价类型。文件只向投标人给出各分项工程内的工作项目一览表、工程范围及必要的说明,而不提供工程量,承包商只要给出表中各项目的单价即可,将来施工时按实际净工程量计算。

3)估计工程量单价计价类型。采用估计工程量单价计价类型时,业主在准备此类计价类型的文件时,委托咨询单位按分部分项工程列出工程量表及估算的工程量,承包商投标时在工程量表中填入各项的单价,据之计算出计价类型总价作为投标报价之用。

有些计价类型规定,当某一分项(条目)的实际净工程量与文件规定的工程量相差一定百分比(如±25%)时,根据计价类型规定调整单价。单价调整的基本原则是:调整前后保持管理费和利润总和不变。这种形式对双方风险都不大,因此是比较常见的一种形式。

(3)价款支付。对于采用包干报价的项目,一般在计价类型条件中规定,在开工后数周内,由承包商向工程师递交一份包干项目分析表,在分析表中将包干项目分解为若干子项,列出每个子项的合理价格。该分析表经工程师批准后即可作为包干项目实施时支付的依据。对于单价报价项目,按月支付。

2. 项目采购总价计价

(1)总价计价分类

1)固定总价计价类型。

采用固定总价计价类型时,承包商的报价以准确的设计图纸及计算为基础,并考虑一些费用的上升因素。如果图纸及工程要求不变动,则总价固定;如果施工中图纸或工程质量要求发生变化,或工期要求提前,则总价应作相应的调整。采用这种计价类型,承包商将承担全部风险,将为许多不可预见的因素付出代价,因此报价较高。

这种计价类型适用于工期较短(一般不超过 1 年)、对项目要求十分明确的项目。

2)固定工程量总价计价类型。

采用固定工程量总价计价类型时,业主要求投标人在投标时分别填报分项工程单价,并按照工程量清单提供的工程量计算出工程总价。原定项目全部完成后,根据计价类型总价付款给承包商。

如果改变设计或增加新项目,则用计价类型中已确定的费率计算新增工程量那部分价款,并调整总价。这种方式适用于工程量变化不大的项目。

(2)总价计价类型适用条件

采用总价计价类型时,要求投标人按照文件的要求报一个总价,据之完成文件中所规定的全部项目。对业主而言,采用总价计价类型比较简便,评标时易于确定报价最低的承包商,业主按计价类型规定的方式分阶段付款,在施工过程中可集中精力控制工程质量和进度。但采用这种计价类型时,一般应满足下列三个条件:

1)必须详细而全面地准备好设计图纸(一般要求施工详图)和各项说明,以便投标人能准确地计算工程量。

2)工程风险不大,技术不太复杂,工程量不太大,工期不太长,一般在 2 年以内。

3)在计价类型条件允许范围内,向承包商提供各种方便。

4)管理费总价计价类型。业主雇用某一公司的管理专家对发包计价类型的项目进行施工管理和协调,由业主付给一笔总的管理费用。采用这种计价类型时要明确具体工作范畴。

3. 项目采购成本补偿计价

(1)成本补偿计价分类

1)成本加固定费用计价类型。采用成本加固定费用计价类型时,根据双方讨论同意的估算成本,来考虑确定一笔固定数目的报酬金额作为管理费及利润。如果工程变更或增加新项目,即直接费用超过原定估算成本的某一百分比时,固定的报酬费也要增加。在工程总成本一开始估计不准,可能发生较大变化的情况下,可采用此形式。

2)成本加定比费用计价类型。采用成本加定比费用计价类型时,工程成本中的直接费加一定比例的报酬费,报酬部分的比例在签订计价类型时由双方确定。这种方式报酬费随成本加大而增加,不利于缩短工期和降低成本,因而较少采用。

3)成本加奖金计价类型。采用成本加奖金计价类型时,奖金标准是根据报价书中成本概算指标制定的。计价类型中对这个概算指标规定了一个"底点"和一个"顶点"。承包商在概算指标的"顶点"之下完成工程则可得到奖金,超过"顶点"则要对超出部分支付罚款,如果成本控制在"底点"之下,则可加大酬金值或酬金百分比。这种方式通常规定,当实际成本超过"顶点"对承包商进行罚款时,最大罚款限额不超过原先议定的最高酬金值。

当前设计图纸、规范等准备不充分,不能据以确定计价类型价格,而仅能制定一个概算指标时,可采用这种形式。

4)工时及材料计价类型。采用工时及材料计价类型时,人工按综合的时费率进行支付,时费率包括基本工资、保险、纳税、工具、监督管理,现场及办公室各项开支以及利润等;材料则以实际支付材料费为准支付费用。这种形式一般用于聘请专家或管理代理人等。

5)成本加保证最大酬金计价类型。采用成本加保证最大酬金计价类型即成本加固定奖金计价类型时,双方协商一个保证最大酬金,业主偿付给承包商实际支出的直接成本,但最大限度不得超过成本加保证最大酬金。这种形式适用于设计已达到一定深度、工作范围已明确的工程。

（2）成本补偿计价类型适用条件

成本补偿计价类型也称成本加酬金计价类型，即业主向承包商支付实际工程成本中的直接费，按事先协议好的某一种方式支付管理费以及利润的一种方式。

成本补偿计价类型的适用条件是：对工程内容及其技术经济指标尚未完全确定而又急于上马的工程，或是完成崭新的工程，以及施工风险很大的工程可采用这种方式。其缺点是发包单位对工程总造价不易控制，而承包商在施工中也不注意精打细算。

二、项目采购认证

1. 项目采购认证准备

（1）熟悉物料项目。作为项目采购认证人员在与供应商接触之前就应该首先熟悉认证项目，包括物料项目所在的专业知识范围、认证难度的经验需求以及目前国内外的供应状况等。项目认证的难度会根据项目的不同产生很大的差别，从简单的一个螺母到异常复杂的巨型设备都是需要进行认证的物料。难度不同则项目认证工作所需的准备工作也具有很大差别。此外，了解物料的供应情况也是非常重要的，因为有些物料在国内或者就近就可以找到货源，而有些物料则需要到境外去采购。

（2）价格预算。采购认证人员要对所采购物料的项目成本价格进行市场调查和行业比较，以便得出合理的成本价格。此外，还可以通过对物料项目进行价格核算得出结果。采购成本是指企业经营中因采购物料而发生的费用，包括物料成本、采购管理成本、存储成本三个部分。

（3）了解项目的需求量。项目的需求量是采购认证工作必须弄清楚的参数之一，这样，可以以此作为参考来选择哪种容量的供应商。一般项目的需求量是比较容易得到的，认证人员可以从计划部门所提供的认证计划中得到项目需求量的预测值。

（4）认证说明。认证计划说明书的主要包括的内容包括项目名称、价格预算、关键质量条款、需求预测、售后服务要求、项目难度等，并附有图纸、技术规范、检验标准等。

2. 样件试制认证

(1)签订试制合同。项目采购人员与供应商签订试制合同,目的是选供应商在规定的时间内提供符合要求的样件。签订试制合同时应包括保密内容,即供应商应该无条件遵守企业的保密规定。试制认证的目的是验证系统设计方案的可行性。

(2)向供应商提供认证项目试制资料。签订试制合同后,项目采购部门会向供应商提供更为详尽的资料。在此期间内所提供的资料可能会包括企业的一些机密材料,其内容的泄漏可能会给企业带来不可估量的损失。因此,前一过程中保密条款的规定是非常重要的。

(3)供应商准备样件。供应商获得试制资料以后就开始着手进行样件的准备工作。对于那些要求较高或者根本就是全新产品的样件的准备往往需要几个月甚至一年的时间。而对于那些只是稍作改动的产品,其样件的准备则需要时间较少。比如,电子件、机械件的准备周期相对较短,组合设备的准备周期相对较长。

(4)对过程进行协调监控。认证人员对过程进行协调监控。这一要求一般是对于那些准备周期比较长的认证项目来说的。对于这些认证周期比较长的认证项目,认证人员应该对其过程进行监控、协调,以便在遇到突发事件时能够及时提出解决对策。

(5)供应商提供样件。供应商把样件制造出来之后,应把样件交送给认证部门进行认证。体积比较小的样件随身携带即可,体积巨大的样件则需要借助其他方式带给认证人员或是由认证人员前往供应方进行查看。

(6)样件评估。样件评估工作由项目采购认证人员组织,一般包括:设计人员、工艺人员、质管人员、认证人员、订单人员、计划人员等。具体的工作内容是对样件进行综合评估。样件的评估内容包括性能、质量、外观等。认证人员进行评估时也应该协调相关部门一同制定认证项目的评估标准。

(7)确定物料项目样件供应商。经过以上六项工作,就可以由项目采购部门集体决策,确定样件供应商,并报上级主管批准。对于那些技术要求简单,能够轻易完成样件的产品来说,为了保证供应商之间的竞争,一般要选择三家以上的样件供应商。对于那些复杂的采购项目,由于样件试制成本较高,因此一般只选择一家供应商。此时,前期进行的供应商选择就是一个非常重要的工作。

3. 中试认证

(1)签订中试认证合同。中试认证的目的就是使得系统设计方案具有批量生产的可能性,同时寻求成本与质量的折中方案。样件试制过程结束以后,项目采购部门需要与样件供应商签订中试合同,使样件供应商在规定的时期内提供符合中试要求的小批件。

(2)向供应商提供认证项目的中试资料。与供应商签订中试合同以后就需要向其提供项目中试资料。项目中试资料是经过试制期间以后修改了的试制项目技术资料,如经过修改的机械图纸、电子器件参数、软件方案等。

(3)供应商准备小批件。小批件的生产周期要比样件周期短。因为供应商经过试制过程之后,在技术、生产工艺、设备、原材料等方面都有一些积累和经验,生产起来比较得心应手,周期也就会大大缩短。

(4)对过程进行协调监控。在中试过程中,认证人员对过程仍需进行跟踪和协调监控。项目采购认证人员可以和供应商一起研究提高质量并且降低成本的方法,使批量生产具有可能性并最大限度地带来收益。有时技术人员也需加入到跟踪协调的队伍中来。

(5)供应商提供小批件。供应商把准备好的小批件送交到项目采购认证部门。有时小批件需要送到生产组装现场,有时则需认证人员上门验证。

(6)中试评估。由认证人员组织,对小批件进行综合评估。小批件的评估内容包括质量、成本供应情况等。我们在前面也提到过,认证人员进行中试评估时还应协调其他部门共同制定认证项目的中试评估标准。

(7)确定中试供应商。中试认证的最后一步是确定供应商。中试认证的要求要比样件试制认证要高。因此通过中试认证确定的供应商成为最后赢家的可能性比较大。

4. 批量认证

(1)签订批量合同。与选定的中试供应商签订批量合同,使中试供应商能够在规定的时间内提供符合批量认证要求的批量件。批量认证的目的是使系统设计方案具有大规模生产的可能性,同时寻求产品质量稳定性和可靠性的解决方案。

(2)供应商准备批量件。准备批量件需要一定的时间,供应商要想生产批量件就要提高自动化水平,配备相应的批量生产机械,如机械行业中的冲床、专业机械,电子行业的自动化设备,软件行业的大型拷贝机等。有些产品批量生产的技术要求很高,需要进行大量的技术攻关和试验方能成功。企业在开始这种项目的生产时,要做好充分的风险评估,有必要的心理准备。

(3)对过程进行协调监控。认证人员对过程进行协调监控。批量过程必须进行跟踪,认证员和订单人员应该随时跟踪生产中可能出现的异常情况。

(4)供应商提供批量件。供应商把准备好的批量件送交到项目采购部门,有时批量件也需要运送到建筑工地。

(5)批量评估。由认证人员组织,协调其他相关部门的人员对批量件进行综合评估,并制定出批量评估标准。具体评估内容包括:质量、成本、供应、售后服务、稳定性。

5. 认证供应评估

(1)制定供应评估计划。制定物料供应评估计划是项目采购定期评估首先要做的工作,主要内容包括以下几个方面:

1)物料名称;

2)负责团队;

3)负责人;

4)供应商;

5)评估重点;

6)措施;

7)频度;

8)要求。

(2)采购角色绩效评估

1)计划人员;

2)认证人员;

3)订单人员。

(3)部门绩效评估

1)计划；

2)认证；

3)订单。

(4)供应商绩效评估

1)质量；

2)成本；

3)供应；

4)服务。

(5)建立调整采购环境

1)建立采购环境的内容有

①根据以上供应商的认证结果,建立新的供应计划；

②拓展供应商群体；

③确定供应环节战略伙伴。

2)调整采购环境的内容有

①调整供应商比例；

②确认供应商群体；

③清理绩效较差的供应商。

三、项目采购订单

1. 实施项目采购订单计划

发出采购订单是为了实施订单计划,从采购环境中购买物料项目,为生产市场输送合格的原材料和配件,同时对供应商群体绩效表现进行评价反馈。订单的主要环节有:订单准备、选择供应商、签订合同、合同执行跟踪、物料检验、物料接收、付款操作、供应评估。

2. 项目采购订单操作规范

(1)确认项目质量需求标准。订单人员日常与供应商的接触有时大大多于认证人员,如供应商实力发生变化,决定前一订单的质量标准是否需要调整时,订单操作作为认证环节的一个监督部门应发挥应有的作用。即实行项目采购质量需求标准确认。

(2)确认项目的需求量。订单计划的需求量应等于或小于采购环境订单容量。例如,经验丰富的订单人员即使不查询系统也能知道。如果大于则提醒认证人员扩展采购环境容量;另外,对计划人员的错误操作,订单人员应及时提出自己的修改意见,以保证订单计划的需求量与采购环境订单容量相匹配。

(3)价格确认。项目采购人员在提出"查订单"及"估价单"时,为了决定价格,应汇总出"决定价格的资料"。同时,为了了解订购经过,采购人员也应制作单据簿。决定价格之后,应填列订购单、订购单兼收据、入货单、验收单及接受检查单、货单等。这些单据应记载事项包括交货期限、订购号码、交易对象号码(用电脑处理的号码)、交易对象名称、单位、数量、单价、合计金额、资材号码(资材的区分号码)、品名、图面及设计书号码、交货日期、发行日期、需要来源(要写采购部门的名称)、制造号码、交货地点、摘要(图面、设计书简要的补充说明)。

此外,在交货日期的右栏,应填入交货记录,并保管订购单,以及将订购单交给订购对象。

(4)查询采购环境。订单人员在完成订单准备之后,要查询采购环境信息系统,以寻找适应本次项目采购的供应商群体。认证环节束后会形成公司物料项目的采购环境,其中,对小规模的采购,采购环境可能记录在认证报告文档上;对于大规模的采购,采购环境则使用信息系统来管理。一般来说,一项项目采购有 3 家以上的供应商,特殊情况下也会出现一家供应商,即独家供应商。

(5)制定订单说明书。订单说明书主要内容包括说明书,即项目名称、确认的价格、确认的质量标准、确认的需求量、是否需要扩展采购环境容量等方面,另附有必要的图纸、技术规范、检验标准等。

(6)与供应商确认订单。在实际采购过程中,采购人员从主观上对供应商的了解需要得到供应商的确认,供应商组织结构的调整、设备的变化、厂房的扩建等都影响供应商的订单容量;项目采购人员有时需要进行实地考察,尤其注意谎报订单容量的供应商。

(7)发放订单说明书。既然确定了项目采购供应商,就应该向他们发放相关技术资料,一般来说采购环境中的供应商应具备已通过认证的物料生产工艺文件,那么,订单说明书就不要包括额外的技术资料。供应商在接到技术资料并分析后,即向订单人员做出"接单"还是

"不接单"的答复。

（8）制作合同。拥有采购信息管理系统的建筑企业，项目采购订单人员就可以直接在信息系统中生成订单，在其他情况下，需要订单制作者自行编排打印。一般的建筑企业都有固定标准的合同格式，而且这种格式是供应商认可的，订单人员只需在标准合同中填写相关参数（物料名称代码、单位、数量、单价、总价、货期等）及一些特殊说明后即完成制作合同操作。需要说明的是，价格及质量标准是认证人员在认证活动中的输出结果，已经存放在采购环境中，订单人员的操作对象是物料的下单数量及交货日期，特殊情况下可以向认证人员建议修改价格和质量标准。

订购单内容特别侧重交易条件、交货日期、运输方式、单价、付款方式等。根据用途不同，订购单的第一联为厂商联，作为厂商交货时之凭证；第二联是回执联，由厂商签认后寄回；第三联为物料联，作为控制存量及验收的参考；第四联是付款联，可取代请购单第二联或验收单；第五联是承办联，制发订购单的单位自存。

另外，在订购单的背面，多会有附加条款的规定，其主要内容包括：

1）品质保证。保证期限，无偿或有偿条件等规定。

2）交货方式。新品交货，附带备用零件、交货时间与地点等规定。

3）验收方式。检验设备、检验费用、不合格品之退换等规定，超交或短交数量之处理。

4）履约保证。按合同总价百分之几，退还或没收的规定。

5）罚则。迟延交货或品质不符之扣款，停权处分或取消合同之规定。

6）仲裁或诉讼。买卖双方之纷争，仲裁的地点或诉讼之法院。

7）其他。例如，卖方保证买方不受专利权侵害之控诉。

四、项目采购付款

1. 货币种类项目采购关系

（1）固定汇率，成本导向定价的产品。采取固定汇率的通常是较小的国家，如日本、新加坡等。由于在汇率变动时盯住美元，且外汇市场规模小，所以很少需要避险。但要在合约中加入条款代替避险，因为这些货币会因为价值变动而调整对美元之汇率。

（2）固定汇率，市场导向定价的产品。若市场以本国货币计价，则该产品不存在避险问题；如果不是，则避险方法和技巧如同浮动汇率。

（3）浮动汇率，成本导向定价的产品。此类产品为典型的订制或部分订制的产品，以在日本或欧洲组装的产品为典型，通常是以当地货币定价，这样可以使供应商缓和汇率风险。项目采购人员在议价之初，最好能取得较低的价格以避免供应商将避险成本加入售价中。选择这种方式的另一原因也是因为采购部门无法知道未来美金为升或贬。大多数情况下，采购部门若要避免货币成本的增加，可利用较低成本的期货来避险，甚至可将避险条款列加到采购合约中。

（4）浮动汇率，市场导向定价的产品。此类产品多为大众化的商品，其价格接近世界各地的类似产品，例如，黄金、石油。此类产品不需避险，采购人员在议价时最好依世界上的定价并维持价格依全球价格波动。若此类产品的采购包括许多地区，在避险上也不需像成本导向的产品一样，因为美元走强时，价格反映在他国货币上也会上涨。

（5）避险。避险是为了保障本国货币价值不会随外国货币在未来进行浮动，最大的理由就是要保障采购价值。可利用期货合约或货币选择来达到避险的目的。项目采购部门必须在付款同时卖出本国货币以换取供应商所在国货币。交易结束后会有利得或利失，利得或利失的发生源于汇率的变动，这会反映到材料采购价格的差额，但是，期货的存在会减少这种损失。当然，在利得时，期权成本的存在也会冲减利得。

2. 项目采购付款操作

（1）准备付款申请单据。对国内供应商付款，项目采购人员应拟制付款申请单，并附合同、物料检验单据、物料入库单据、发票。作为付款人员要注意：五份单据（付款申请单据、合同、物料检验单据、物料入库单据、发票）中的合同编号、物料名称、数量、单价、总价、供应商必须一致。

（2）付款审批。由管理办公室或者财务部专职人员进行，审核内容包括以下三个方面：

1）单据的匹配性。即以上五份单据在六个方面（合同编号、物料名称、数量、单价、总价、供应商)的一致性及正确性。

2)单据的规范性。特别是发票,其次是付款申请单,要求格式标准、统一,描述清楚。

3)单据的真实性。鉴别发票的真假,检验、入库单等单据的真假等。

(3)资金平衡。如果企业拥有足够的资金,那么本环节可以省略。但是在大多数情况下,企业需要合理利用资金,特别是在资金紧缺的情况下,要综合考虑物料的重要性、供应商的付款周期等因素,以确定首先向谁付款。对于不能及时付款的物料,要充分与供应商进行沟通,征得供应商的谅解和同意。

(4)向供应商付款。企业财务出纳部,接到付款申请单及通知后,即可向供应商付款,并提醒供应商注意收款。

五、项目采购进货控制

1. 项目采购实物与信息流程控制

采购进货,是项目采购活动中一个重要的环节,是最后实际实现采购成果,完成采购任务的关键阶段,也是大量物资从供应商转移到购买方手中的环节,能不能够实现物资的安全转移就全靠采购进货管理这个环节了。

项目采购控制要处理包括商品实际入库、根据入库商品内容做库存管理、根据需求商品向供应商下订单等一系列作业。具体而言,其工作内容包括:入库作业处理、库存控制、采购管理系统、应付账款系统及信息流程等。在整个作业过程中,实物与信息是同步控制的。所谓实物就是建筑企业所采购的原材料或设备等,信息就是有关账款和动态的库存数据等。如果实物和信息两者不同步控制,就会有浪费、暗箱操作、数量与需求不符合等问题发生。可以说,项目采购内部控制的关键是信息控制。

完善的项目采购控制系统要能够为采购人员提供快速而准确的信息,以使采购人员能向供应商适时、适量地开立采购单,使商品能在出货前准时入库,并且杜绝库存不足或积压过多等情况的发生。采购控制系统包括四个子系统:采购预警系统、供应商管理系统、采购单据打印系统、采购稽催系统。

当库存控制系统建立采购时间文件后，仓管人员应检索供应商报价数据、以往交货记录、交货质量等信息作为采购参考。系统所提供的报表通常可以是商品供应商报价分析报表、供应商交货报表等。

根据上述报表，仓管人员可按项目采购需求向供应商下达采购单。此时，仓管人员需要输入商品数据、供应商名称、采购数量、商品等级等数据，并由系统自动获取日期来建立采购数据库。系统可以打印出采购单以供配送中心对外采购时使用。当配送中心与供应商通过电子订货系统采购商品时，系统还需具备计算机网络数据接收、转换与传送功能。

项目采购单发出后，仓管人员可用采购稽催系统打印预定入库报表及已购未入库商品报表，执行商品入库稽催或商品入库日期核准等作业。系统不需要再输入特殊数据，只需要选择欲打印报表的名称，而后由系统根据当日日期与采购数据库进行比较，打印未入库数据。采购系统最好具备材料结构数据，在组合产品采购时可据此计算各商品需求量。采购单可由单笔或多笔商品组成，且允许有不同进货日期。

项目采购物品抵达后，接着就是入库作业。入库作业处理系统包括预定入库数据处理和实际入库作业。预定入库数据处理为入库月台调度及为机器设备资源调配提供参考。其数据信息主要来自：采购单上的预定入库日期、入库商品、入库数量，供应商预先通告的进货日期、商品及入库数量。实际入库作业则发生在厂商交货之时，输入数据包括采购单号、厂商名称、商品名称、商品数量等。可以输入采购单号来查询商品名称、内容及数量是否符合采购内容并用以确定入库月台，然后由仓管人员指定卸货地点及摆放方式。仓管人员检验后将修正入库数据输入，包括修正采购单并转入库存入库数据库。退货入库的商品也须检验，只有可用品方可入库。

商品入库后有两种处理方式：立即出库或上架出库。在立即出库的情况下，系统需具备待出库数据查询并连接派车计划及出货配送系统。当入库数据输入后即访问订单数据库，取出该商品待出货数据，将此数据转入出货配送数据库，并修正库存可调用量。如果采用上架入库再出库的方式，入库系统需具备货位指定功能或货位管理功能。

货位指定功能是指当入库数据输入时即启动货位指定系统,由货位数据库、产品明细数据库来计算入库商品所需货位大小,根据商品特性及货位储存现状来指定最佳货位。货位管理系统则主要完成商品货位登记、商品跟踪并提供现行使用货位报表、空货位报表等作为货位分配的参考。也可以不使用货位批示系统,由人工先行将商品入库,然后将储存位置登入货位数据库,以便商品出库及商品跟踪。货位跟踪可根据编码或入库指示单、商品货位报表、可用货位报表、各时间段入库一览表、入库统计数据等信息进行。货位指定系统还需具备人工操作的功能,以方便仓管人员调整货位,还能根据多个特性查询入库数据。

商品入库后,采购数据即由采购数据库转入应付账款数据库。会计管理人员为供应商开立发票时即可使用此系统,按供应商做应付款数据登录,并更改应付账款文件内容。高层主管人员可由此系统制作应付账款一览表、应付账款已付款统计报表等。商品入库后系统可用随即过账的功能,使商品随入库变化而过入总账。

2. 项目采购进货过程与管理

(1)进货过程。项目采购进货过程,是将同供应商订货成交的货物从供应商手中安全转移到自己需求地的过程。主要表现在三个方面:

1)物流过程,是大量物资实体转移的过程,中间要经过包装、装卸、搬运、运输、储存、流通加工等各种物流活动,从供应地转移到需求地。每一种物流活动,如果不认真操作,都会造成物资的损坏、丢失或错乱。如果物流方式的选择、物流路径的选择不合理,就会造成费用的升高。

2)大量物资资金的转移过程,所有这些物资,都是货币的载体,占用着流动资金,这些流动资金占用,在银行要付银行利息。进货时间延长一天,就要多付一天银行利息。

3)大量物资的所有权的实质性的转移过程。这个过程中,所发生的物资交接,是物资所有权的实质性转移。最后的交接完成以后,所接受的物资的所有权就完全归属给项目采购部门。如果在交接时,项目采购部门不认真验收,会造成数量欠缺、质量不好、物资破损,最终变成建筑企业的损失。

项目采购进货过程十分复杂,特别是长途进货就更加复杂:

第一,它要直接面对整个进货过程中的复杂的物流基础条件,铁路、公路、水路、航空、桥梁、车站、码头、装卸条件、包装器具、仓库、汽车、火车、轮船等,这些物流基础设施的好坏,对物资的安全进货、准时进货将有重要的影响。哪一个环节出一点儿事故,都会影响进货安全、延误进货时间。

第二,项目采购要直接面对整个复杂的自然环境,进货过程中的气候、地理条件、地质条件、灾害、突发事件等,都能影响进货过程,造成物资损失、耽误进货时间、造成进货风险。

第三,要直接面对复杂的现实社会环境和人类世界。社会的政治经济条件、政策约束、规章制度、管理水平、社会秩序、风俗习惯、公安、税务、市场管理等,都直接影响进货过程,社会中的各类人员的素质、品德、工作作风、犯罪团伙、不正之风、腐败行为等都直接影响进货过程。

因此,整个项目采购进货过程十分复杂。要在这么复杂的情况下,要把进货过程管理好,保证安全到货、按时到货,任务十分艰巨。

(2)进货管理。所谓项目采购进货管理,是对采购进货过程的计划、组织、指挥、协调和控制。整个进货管理过程是一个系统工程,涉及多种因素,必须对整个过程进行认真的策划和计划,妥善组织各种资源,进行统一的指挥、协调和控制。

由于进货过程非常复杂、影响因素多、风险大,所以,进货管理不但非常必要,也非常重要。

1)进货涉及大批量物资,大笔的物资资金,如果不认真进行进货管理,就有可能不但造成重大财产损失,而且会影响企业正常生产所需的物资供应。

2)进货费用、采购费用、订货费用再加上物资的购买费用,构成了生产成本的绝大部分,如果项目采购部门不认真进行进货管理和控制,不但会增加进货费用,甚至会使这次采购的所有采购费用、订货费用、购买费用付诸东流。

3)进货时间控制是按时到货满足企业生产需要的保证,如果我们不认真进行进货管理,使得进货超过预定交货期,不但增加了进货费用,更重要的是有可能影响企业正常生产。

4)进货过程面对的因素很多、环境复杂,不认真进行进货管理,不但会影响进货的正常进行,甚至给社会造成损失或危害。例如,运输事故,可能造成人员伤亡、公共设施破坏、环境污染等。操作人员行为不端,可能会造成违法操作、不正之风和腐败、贻害社会,给企业留下后患。交接不清楚,责任不分明,手续不严格,可能留下纠纷和遗留问题等。这些都会给社会、给企业造成危害和隐患。

因此,项目采购进货管理非常重要,企业一定要重视进货管理、认真进行进货管理,要仔细策划、冷静思考、认真处理,把每一个环节、每一种因素都处理好,做到万无一失,才能保证把进货物资安全无误地运进自己的仓库。

(3)进货管理的目标。项目采购进货管理的目标主要有:

1)保量:即保证进货物资的品种数量准确无误,尽量做到不发生少发生、丢失、遗漏、损坏等差错,如果发生差错,则要把收到的实际数量和差错的数量搞清楚,有记录,把发生差错的环节和责任人弄清楚,对发生差错的数量能够追回或补偿。

2)保质:即保证进货物资的品种质量,发货时品种质量符合要求,进货途中不发生碰撞损坏、不淋雨、不潮湿、不霉变,一旦发生导致质量受损的情况,要把质量不合格的品种数量、质量事故的原因和责任人弄清楚,也要把证据文件、手续搞齐全,做到责任分明、追赔有源、赏罚有据。

3)保安全:要防止途中发生安全事故。包括物资安全,也包括人身安全,也包括对社会、对环境的安全。对各项物流作业要明确提出安全要求,要事先做好各种安全保障措施、预防安全事故。要教育作业人员,注意安全。事前要同有关作业单位、作业人签订安全责任状或安全协议,大宗货物要买物保险。发生安全事故时,要妥善处理,不留问题。项目采购部门在选择运输部门和运输人员时,也要注意对方的资质,不要随意选用不可靠的单位和个人。

4)保时间:要力求按时到货。首先,项目采购人员要督促供应商按交货期交货、及时发货,不拖延时间,抓好运输部门的运输环节的运输时间和转运时间。争取在途中不耽误、不拖延,紧急情况下,要亲自督促。

5)保环境:确保运输途中不危害环境。要控制运输工具的污染源、对运输或转运环节发生的废弃物要妥善处理,要教育作业人员树立环境观点,要建立适当的责任制,对严重危害环境的要追究责任。

6)省费用:要精心策划,使得运输途中的总费用最省。首先要选择运输方式,采用最经济的运输方式;其次要选择运输路径,使得运输费用最省。这就需要精心策划进货方案。

7)无隐患:进货途中,项目采购人员要和各种环境、各种人物、各种情况打交道,要妥善处理好和供应商、运输单位、作业人员,以及有关部门之间的事情,杜绝各种矛盾的出发,不遗留问题、不产生隐患。事事注意掌握证据、留下记录、公平合理、有理有利、彻底解决。

项目采购进货管理是一个很复杂的工作,而且事关重大,所以,不能光靠一个人在外面单枪匹马地干,要有主管人员亲自过问,还要得到企业管理层的重视和支持。具体项目采购人员应该多请示汇报,发挥集体的力量,共同把进货管理工作做好。

(4)进货管理方法。进货管理大致可以分成以下几个步骤:

1)计划和策划。计划和策划是进货管理最重要、也是最主要的工作。这个工作应该在制定项目采购计划的时候就进行。在出发采购前,就应该在充分调查了解供应商的基础上,制定采购计划、选定供应商时就要计划和策划好进货的方案、制定出进货计划。进货计划最主要的内容是:

2)选择进货方式。进货方式主要有以下四种方式:

①供应商包送:供应商负责将货物送到买方。对项目采购部门来说,这是一种最省事的方式。这就是把运输进货的所有事务都推给了供应商,由供应商承担运输费用、货损货差和运输风险。买方坐在家里,只等供应商送货上门,省去了所有进货的繁琐业务,不承担任何运输风险、免去了途中或损货差的损失,而且只要在家门口与供应商进行一次交接,只进行一次验收工作就可以全部完成这次采购任务。

②托运:即委托运输,即由供应商委托一家运输商负责运输,把货物送到项目采购部门手中。这种方式项目采购部门也比较省事,只在

家里等待运输商送货上门。这个运输商通常是铁路部门,或者是汽车运输公司,这是项目采购部门需要和运输商进行一次交接。不过这种方式比第一种方式麻烦,当运输商的货物出现差错、或出现货损货差时,就需要取得运输商的认证、或再找公证处公正之后,还要和供应商联系、洽商补货、退赔等事宜,要增添一些麻烦事情。

③外包:这是项目采购部门接受货物以后,再把运输进货任务外包给第三方物流企业或运输商。这时,项目采购部门要进行两次交接、两次验货,和供应商交接一次、和运输商交接一次,并且还要根据与供应商签订合同的情况,决定项目采购部门是否还要承担运输损失和运输风险。所以这种方式比较麻烦。

④自提:这种方式是项目采购部门到供应商处去提货,并承担运输进货业务。这种方式要和供应商进行一次交接、一次验货,承担货损货差损失和运输风险。而且在入库时,还要进行一次入库验收。

这四种方式,最方便的是第一种。风险最大的是第四种。在制定项目采购计划时就要选定进货方式,并且在签订订货合同时,就要把选定的进货方式写进合同中,作为合同内容的一部分、必须执行。

3)选择运输方式。可供选择的常用运输方式有四种,包括铁路、公路、水路和航空运输。选择运输方式要考虑的因素主要由以下几点:

①货物的数量:一般大宗货物用火车、轮船;中小宗货物用汽车、飞机。

②路途的远近:跨省长途运输一般用火车、轮船、飞机,省内短途运输一般用汽车。

③交通条件:有公路设施的地方,用公路运输;有水路的地方,用水路运输;没有方便的陆上运输,只好用飞机。当几种运输方式都有时,就要看哪种运输方式更省钱、或更省时、或既省钱、又省时。

④货物的性质:例如一些急需品、贵重物品只能用飞机,砂石、煤炭只能用火车、轮船、汽车。

⑤货物的急需情况:如非常急需的物品,长途用飞机、短途用汽车。

从以上五种因素综合考虑,一般大宗货物、长途运输以选择铁路、水路运输为好,短距离急需品运输选择汽车比较方便,长途、贵重品、急需品、生鲜物品选用飞机比较方便,大宗货物、靠近水路则选用水运比较合适等。

⑥选择最短路径:在运输方式确定以后,项目采购部门就要确定最短路径。最近几年,我国的运输路网建设进展很快,初步形成了比较健全的运输网络,因此,运输路径的选择余地增大了。在这种情况下,项目采购部门有必要选择最短的路径,以节省运输费用和运输时间。在比较简单的路网中,项目采购部门可以用人工计算的方法求出最短路径,在比较复杂的情况下,要用网络图模型求出最短路径。

⑦选择运输商:运输方式选定以后,项目采购部门就要选择运输商。选择运输商的原则,是要重资质、重服务。一定要选择正规的、有资质的、有实力的、服务好的企业,以避免运输风险。

(5)组织和指挥。组织和指挥,项目采购部门要按照既定的进货计划组织实施。

首先根据既定的进货计划,要和供应商沟通、达成共识,然后在订货合同中要写明进货条款。合同中进货条款的内容应当包括:进货方式选择,进货进度计划,责任承担方式,双方的责任和权利等。在订货合同签订以后,就可以按进货条款实施。

例如,如果采用供应商包送方式进货,项目采购部门就要按进货进度计划的要求,督促供应商落实进货计划的实施,包括组织人力、物力和财力,制定落实措施,准备货物,初步查验货物质量和数量、准备运输工具、监督合适的包装、搬运等,每一项活动都要一一落实,直到按时发出货物。

如果是委托运输或外包,就要督促落实找到第三方运输商,签订合同、领货、验货、交货、监督包装、装运,直到发车等,项目采购部门更要认真组织和指挥。

如果是自提,更要认真组织指挥有关作业单位、作业人进行操作。每一步都要自己组织、自己操作、自己负责、自己承担全部费用和风险。

(6)控制。整个项目采购进货过程中,作业环节多、影响因素多、风险大,所以,在组织指挥各项活动时,要采取各种方式,加强对整个进货过程中各种作业的控制。

项目采购控制的目的,就是要使各项作业按照预定的计划进度和目标进行,保证按时、安全到货、降低进货成本、降低运输风险。

3. 项目采购合同控制

(1)与供应商签订合同。首先,项目采购部门应该和供应商签订合同,这个合同就是订货合同。在与供应商签订订货合同时,要明确写明进货条款,明确确定所购货物的进货方式,进货承担方和责任人。在选择进货方式时,项目采购部门最好是选择由供应商包送方式。这种方式对项目采购部门最有利,省去了很多进货环节中繁琐的事务,可以不承担任何责任和风险,把进货责任和风险推给供应商。

如果供应商不想自己送货,希望委托运输送货、由他们去委托运输商、由他们去和运输商签订运输合同,项目采购部门可以不管,这也是有利于项目采购部门的。

(2)与运输商签订合同。如果供应商不想送货,只能由项目采购部门来办理进货时,项目采购部门最好是采用进货业务外包的方式,把进货任务外包给第三方物流公司或其他运输商承担。这样采购方也可以免除繁琐的进货业务处理,避免进货风险。

把进货任务外包给运输商也有两种方式:一是供应商先将所购货物交给项目采购部门,由项目采购部门再交给运输商运输,运输商将货物运到购买方家里时,再将货物交给项目采购部门;二是由运输商直接向供应商提货,运输商将货物运到项目采购部门指定的地点。对项目采购部门来说,这两种方式中,第二种比较好,节省了与供应商的货物交接与货物检验工作。

在将进货任务外包给运输商时,要和运输商签订一份正式的运输合同。对运输过程中有关事项进行明确规定,规定双方的责任和义务,还要规定违约的处理方法。这样,项目采购部门可以约束和控制运输商的行为。

(3)与作业人员签订合同。如果是项目采购部门承担进货任务,但是租车进行运输或者是本单位派司机带车进行运输时,如果路途遥远、路况复杂、货物贵重时,为了慎重,也要和作业人签订合同,或者签订运输责任状,规定作业人的责任和义务。在这种情况下,最好派有经验、有能力、身体好的人跟车。跟车人的任务,一是在路途中处理一些紧急、复杂问题;二是协助和监督途中运输工作,保障货物安全运输。

合同是一种重要的约束和控制手段,可以减少风险。对方一旦违约,给购买方造成损失,则可以根据合同条款,向对方获取赔偿。

为了更加保险,项目采购部门除了合同之外,还买运输保险,这样,在途中一旦出事,可以找保险公司赔偿,也可以降低运输风险。

4. 项目采购作业控制

(1)选用有经验、处理问题能力强、活动能力强、身体好的人担任此项工作。这项工作要处理各种各样的问题,项目采购人员要接触各种各样的人,要熟悉运输部门的业务和各种规章制度,没有一定能力的人,难以胜任此项工作。

(2)事前要进行周密策划和计划,对各种可能出现的情况制定应对措施,要制订切实可行的物料进度控制表。对整个过程实行任务控制。

(3)做好供应商的按期交货、货物检验工作。这是项目采购部门与供应商的最后的物资交接,物资所有权的完全性转移。交接完毕,供应商就算完全交清了货物,项目采购部门就已经完全接受了货物。所以这次交接验收一定要严格在数量上、质量上把好关,做到数量准确、质量合格。要有验收记录,并且准确无误,要留下原始凭证,例如磅码单、计量记录等。验收完毕,双方签字盖章。

(4)发货。接受的货物,要妥善包装,每箱要有装箱清单,装箱单应该一式两份,箱内 1 份,货主留 1 份。在有些情况下还要在箱外贴物流条码,安全搬运上车,每个都要合理堆码,固紧,活塞填填充物,防止运输途中发生碰撞、倾覆而导致货物受损。车厢装满以后,还要填写运单。办好发运手续,并且在物料进度控制表中填写记录,做好商业记录。督促运输商按时发车。

(5)运输途中控制。最好跟车押运。如果不能跟车,也要和运输部门取得联系,跟踪货物运行情况。无论跟车或不跟车,都要随时掌握物料运输进度,并且记录物料进度控制表,做好记录。

(6)货物中转。运输途中,可能会因运输工具改变、运输路段改变而需要中转,中转有不同情况,有的是整车重新编组以后再发运,有的是要卸车、暂存仓库一段时间后再装车发运。中转点最容易发生问题,例如,整车漏挂、错挂,卸车损坏、错存、错装、少装、延时装车、延时发运等,所以,最好亲自前往监督。并填写好物料控制进度表,做好商业记录。

(7)购买方与运输方的交接。货物运到家门口,购买方要从运输方手中接受货物。这个时候,要做好运输验收。这个验收主要是看有没有包装箱受损、开箱、缺少,货物散失等。如果包装箱完好无损,数量不少,就可以接受。如果包装箱受损、遗失,或货物散失,就要弄清受损或遗失的数量,并且做好商业记录,双方认证签字,凭此向运输方索赔。

(8)进货责任人与仓库保管员的交接,即入库。这是采购中最实质性的一环。它是采购物资的实际接受关。验收入库完毕,货物就完全成为企业的财产,这次采购任务也基本结束。因此,要严格做好入库验收工作。数量上要认真清点;质量上要认真检查,按实际质量标准登记入账。验收完毕,双方在验收单签字盖章。进货管理人员要填写物料进度控制表,做好商业记录。

至此,项目采购进货管理工作宣告结束。进货管理人员的物料控制进度表和商业记录应当存档以后工作总结、取证查询之用。

以上是一般的火车运输情况下的作业控制手段。

在汽车运输的情况下,项目采购作业控制的一个重要方式是押运,可以派人坐驾驶室跟车监督控制。

在合同控制的第一种情况下,如果入库验收质量不合要求或者数量不对,可以拒收或退货。在其他情况下发生这样的情况,可以和供应商协商解决。

在项目采购进货过程中,如果处理不好,当事双方发生争端的事也是可能发生的。为了防止争端发生,或者发生争端之后能够妥善处理好争端,也是要做好管理控制工作。具体如下:

首先,要很好地研究如何防止争端的发生,争端发生以后应当如何处理。把研究的结果,制定成文件或操作手册,供操作人员认真执行。

其次,在整个项目采购进货过程中,一定要认真、谨慎、妥善处理好各种事情,工作要做到位。该签字的要签字,该找人的要找人,不要留下缺口和隐患。

最后,一定要重证据、重原始记录。特别要注意形成认证签字证物。例如,检验记录、磅码单、化验单、装箱单、运单等。还要注意做好商业记录。在发生争端时,要用证物说话,就可以防止发生争端。

发生争端以后不要急躁和意气用事,不要激发矛盾。应争取协商解决,实在不行可以请双方公认的权威机构判定;如果还是不行,则可以申请法律仲裁。

5. 项目采购进料验收作业办法

(1)目的:物料的验收以及入库作业有所依循。

(2)范围:供应商送料、外协加工送货。

(3)工作内容

1)待收料:物料管理收料人员于接到项目采购部门转来已核准的"订购单"时,按供应商、物料交货日期分别依序排列存档,并于交货前安排存放的库位以方便收料作业。

2)收料。

①内购收料:材料进入施工现场后,收料人员必须依"订购单"的内容,并核对供应商送来的物料名称、规格、数量和送货单及发票并清查数量无误后,将到货日期及实收数量填记于"请购单"办理收料;如发觉所送来的材料与"订购单"上所核准的内容不符时,应及时通知项目采购部门处理,原则上非"订购单"上所核准的材料不予接受,如采购部门要收下该等材料时,收料人员应告知主管,并于单据上注明实际收料状况,并会签采购部门。

②外购收料:材料进入施工现场后,物料管理收料人员即会同检验单位依"装箱单"及"订购单"开柜(箱)核对材料名称、规格并清点数量,并将到货日期及实收数量填入"订购单"。开柜(箱)后,如发觉所载的材料与"装箱单"或"订购单"所记载的内容不同时,通知办理进货人员及采购部门处理;当发觉所装载的物料有异常时,经初步计算损失将超过5000元(含5000元)以上者,收料人员即时通知采购人员联络公证处前来公证或通知代理商前来处理,并尽可能维持其状态以利公证作业,如未超过5000元者,则依实际的数量、接受收料,并于"采

购单"上注明损失数量及情况;对于由公证或代理商确认,物料管理收料人员开立"索赔处理单"呈主管核实后,送会计部门及采购部门督促办理。

3)材料待验:进入施工现场待验的材料,必须于物品的外包装上贴材料标签并详细注明料号、品名规格、数量及进入施工现场日期,且与已检验者分开储存,并规划"待验区"作为分区,收料后,收料人员应将每日所收料品汇总填入"进货日报表"作为入账清单的依据。

4)超交处理:交货数量超过"订购量"部分应于退回,但属买卖惯例,以重量或长度计算的材料,其超交量的3%以下,由物料管理部门于收料时,在备注栏注明超交数量,经请购部门主管同意后,始得收料,并通知采购人员。

5)短交处理:交货数量未达订购数量时,以补足为原则,但经请购部门主管同意者,可免补交,短交如需补足时,物料管理部门应通知项目采购部门联络供应商处理。

6)急用品收料:紧急材料于厂商交货时,若货仓部门尚未收到"请购单"时,收料人员应先洽询项目采购部门,确认无误后,依收料作业办理。

7)材料验收规范:为利于材料检验收料的作业,品质管理部门就材料重要性及特性等,适时召集使用部门及其他有关部门,依所需的材料品质研究制定"材料验收规范"作为项目采购及验收的依据。

8)材料检验结果的处理。

①检验合格的材料,检验人员于外包装上贴合格标签,以示区别,物料管理人员再将合格品入库定位。

②不合验收标准的材料,检验人员于物品包装贴不合格的标签,并于"材料检验报告表"上注明不良原因,经主管核实处理对策并转项目采购部门处理及通知请购单位,再送回物料管理凭此以办理退货,如果是特殊采购则办理收料。

9)退货作业:对于检验不合格的材料退货时,应开立"材料交运单"并检附有关的"材料检验报告表"呈主管签认后,凭此异常材料出厂。

第六章 项目进度管理

第一节 项目进度管理基础知识

一、项目进度管理的概念

项目进度管理是根据工程项目的进度目标,编制经济合理的进度计划,并据以检查工程项目进度计划的执行情况,若发现实际执行情况与计划进度不一致,就及时分析原因,并采取必要的措施对原工程进度计划进行调整或修正的过程。工程项目进度管理的目的就是为了实现最优工期,多快好省地完成任务。

项目进度管理是一个动态、循环、复杂的过程,也是一项效益显著的工作。

进度计划控制的一个循环过程包括计划、实施、检查、调整四个小过程。计划是指根据施工项目的具体情况,合理编制符合工期要求的最优计划;实施是指进度计划的落实与执行;检查是指在进度计划的落实与执行过程中,跟踪检查实际进度,并与计划进度对比分析,确定两者之间的关系;调整是指根据检查对比的结果,分析实际进度与计划进度之间的偏差对工期的影响,采取切合实际的调整措施,使计划进度符合新的实际情况,在新的起点上进行下一轮控制循环,如此循环进行下去,直到完成施工任务。

通过进度计划控制,可以有效地保证进度计划的落实与执行,减少各单位和部门之间的相互干扰,确保施工项目工期目标以及质量、成本目标的实现。

二、项目进度管理的原理

建设工程项目进度管理是以现代科学管理原理作为其理论基础的,主要有系统控制原理、动态控制原理、弹性原理和封闭循环原理、信息反馈原理等。

1. 系统控制原理

系统控制原理认为,建设工程项目施工进度管理本身是一个系统工程,它包括项目施工进度计划系统和项目施工进度实施系统两部分内容。项目经理必须按照系统控制原理,强化其控制全过程。

(1)项目进度计划系统。为做好项目施工进度管理工作,必须根据项目施工进度管理目标要求,制定出项目施工进度计划系统。根据需要,计划系统一般包括:施工项目总进度计划,单位工程进度计划,分部、分项工程进度计划和季、月、旬等作业计划。这些计划的编制对象由大到小,内容由粗到细,将进度管理目标逐层分解,保证了计划控制目标的落实。在执行项目施工进度计划时,应以局部计划保证整体计划,最终达到工程项目进度管理目标。

(2)项目进度实施组织系统。施工项目实施全过程的各专业队伍都是遵照计划规定的目标去努力完成一个个任务的。施工项目经理和有关劳动调配、材料设备、采购运输等各职能部门都按照施工进度规定的要求进行严格管理、落实和完成各自的任务。施工组织各级负责人,从项目经理到施工队长、班组长及其所属全体成员组成了施工项目实施的完整组织系统。

(3)项目进度管理组织系统。为了保证施工项目进度实施,还有一个项目进度的检查控制系统。自公司经理、项目经理,一直到作业班组都设有专门职能部门或人员负责检查汇报,统计整理实际施工进度的资料,并与计划进度比较分析和进行调整。当然不同层次人员负有不同进度管理职责,分工协作,形成一个纵横连接的施工项目控制组织系统。事实上有的领导可能是计划的实施者又是计划的控制者。实施是计划控制的落实,控制是计划按期实施的保证。

2. 动态控制原理

项目进度管理随着施工活动向前推进,根据各方面的变化情况,应进行适时的动态控制,以保证计划符合变化的情况。同时,这种动态控制又是按照计划、实施、检查、调整这四个不断循环的过程进行控制的。在项目实施过程中,可分别以整个施工项目、单位工程、分部工程或分项工程为对象,建立不同层次的循环控制系统,并使其循环下去。这样每循环一次,其项目管理水平就会提高一步。

3. 弹性原理

项目进度计划工期长、影响进度的原因多,其中有的已被人们掌握,因此要根据统计经验估计出影响的程度和出现的可能性,并在确定进度目标时,进行实现目标的风险分析。在计划编制者具备了这些知识和实践经验之后,编制施工项目进度计划时就会留有余地,使施工进度计划具有弹性。在进行工程项目进度管理时,便可以利用这些弹性,缩短有关工作的时间,或者改变它们之间的搭接关系,如检查之前拖延了工期,通过缩短剩余计划工期的方法,仍能达到预期的计划目标。这就是工程项目进度管理中对弹性原理的应用。

4. 封闭循环原理

项目进度管理是从编制项目施工进度计划开始的,由于影响因素的复杂和不确定性,在计划实施的全过程中,需要连续跟踪检查,不断地将实际进度与计划进度进行比较,如果运行正常可继续执行原计划;如果发生偏差,应在分析其产生的原因后,采取相应的解决措施和办法,对原进度计划进行调整和修订,然后再进入一个新的计划执行过程。这个由计划、实施、检查、比较、分析、纠偏等环节组成的过程就形成了一个封闭循环回路,见图 6-1。而建设工程项目进度管理的全过程就是在许多这样的封闭循环中得到有效的不断调整、修正与纠偏,最终实现总目标的。

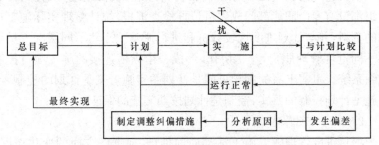

图 6-1 建设工程项目进度管理的封闭循环原理

5. 信息反馈原理

反馈是控制系统把信息输送出去,又把其作用结果返送回来,并对信息的再输出施加影响,起到控制作用,以达到预期目的。

建设工程项目进度管理的过程实质上就是对有关施工活动和进度的信息不断搜集、加工、汇总、反馈的过程。施工项目信息管理中心要对搜集的施工进度和相关影响因素的资料进行加工分析,由领导作出决策后,向下发出指令,指导施工或对原计划作出新的调整、部署;基层作业组织根据计划和指令安排施工活动,并将实际进度和遇到的问题随时上报。每天都有大量的内外部信息、纵横向信息流进流出,因而必须建立健全工程项目进度管理的信息网络,使信息准确、及时、畅通,反馈灵敏、有力,以便能正确运用信息对施工活动进行有效控制,这样才能确保施工项目的顺利实施和如期完成。

三、项目进度管理体系

1. 项目进度计划系统

项目进度计划系统的内容主要有以下四个部分:

(1)施工准备工作计划。施工准备工作的主要任务是为建设工程的施工创造必要的技术和物资条件,统筹安排施工力量和施工现场。施工准备的工作内容通常包括:技术准备、物资准备、劳动组织准备、施工现场准备和施工场外准备。为落实各项施工准备工作,加强检查和监督,应根据各项施工准备工作的内容、时间和人员,编制施工准备工作计划。

(2)施工总进度计划。施工总进度计划是根据施工部署中施工方案和工程项目的开展程序,对全工地所有单位工程作出时间上的安排。其目的在于确定各单位工程及全工地性工程的施工期限及开竣工日期,进而确定施工现场劳动力、材料、成品、半成品、施工机械的需要数量和调配情况,以及现场临时设施的数量、水电供应量和能源、交通需求量。因此,科学、合理地编制施工总进度计划,是保证整个建设工程按期交付使用,充分发挥投资效益,降低建设工程成本的重要条件。

(3)单位工程施工进度计划。单位工程施工进度计划是在既定施工方案的基础上,根据规定的工期和各种资源供应条件,遵循各施工过程的合理施工顺序,对单位工程中的各施工过程作出时间和空间上的安排,并以此为依据,确定施工作业所必需的劳动力、施工机具和材料供应计划。因此,合理安排单位工程施工进度,是保证在规定工期内完成符合质量要求的工程任务的重要前提。同时,为编制各种资源需要量计划和施工准备工作计划提供依据。

(4)分部分项工程进度计划。分部分项工程进度计划是针对工程量较大或施工技术比较复杂的分部分项工程,在依据工程具体情况所制定的施工方案基础上,对其各施工过程所作出的时间安排。如大型基础土方工程、复杂的基础加固工程、大体积混凝土工程、大型桩基工程、大面积预制构件吊装工程等,均应编制详细的进度计划,以保证单位工程施工进度计划的顺利实施。

此外,为了有效地控制建设工程施工进度,施工单位还应编制年度施工计划、季度施工计划和月(旬)作业计划,将施工进度计划逐层细化,形成一个旬保月、月保季、季保年的计划体系。

2. 项目进度管理目标体系

项目进度管理总目标是依据施工项目总进度计划确定的。对项目进度管理总目标进行层层分解,便形成实施进度管理、相互制约的目标体系。

项目进度目标是从总的方面对项目建设提出的工期要求,但在施工活动中,是通过对最基础的分部分项工程的施工进度管理来保证各单项(位)工程或阶段工程进度管理目标的完成,进而实现工程项目进度管理总目标的。因而需要将总进度目标进行一系列的从总体到细部、从高层次到基础层次的层层分解,一直分解到在施工现场可以直接调度控制的分部分项工程或作业过程的施工为止。在分解中,每一层次的进度管理目标都限定了下一级层次的进度管理目标,而较低层次的进度管理目标又是较高一级层次进度管理目标得以实现的保证,于是就形成了一个自上而下层层约束,由下而上级级保证,上下一致的多层次的进度管理目标体系,如可以按单位工程或分包单位分解为交工分目标,按承包的专业或按施工阶段分解为完工分目标,按年、季、月计划期分解为时间目标等,其结构框架如图 6-2 所示。

四、项目进度管理目标

在确定施工进度管理目标时,必须全面、细致地分析与建设工程进度有关的各种有利因素和不利因素,只有这样,才能制定出一个科学、合理的进度管理目标。确定施工进度管理目标的主要依据有:建

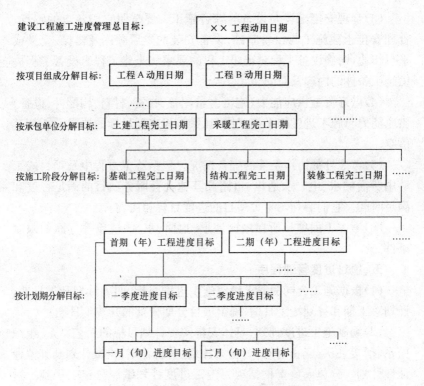

建设工程施工进度管理总目标：××工程动用日期

按项目组成分解目标：工程A动用日期 工程B动用日期 ·······

按承包单位分解目标：土建工程完工日期 采暖工程完工日期 ·······

按施工阶段分解目标：基础工程完工日期 结构工程完工日期 装修工程完工日期 ·······

首期（年）工程进度目标 二期（年）工程进度目标 ·······

按计划期分解目标：一季度进度目标 二季度进度目标 ·······

一月（旬）进度目标 二月（旬）进度目标 ·······

图 6-2 建设工程施工进度目标分解图

设工程总进度目标对施工工期的要求；工期定额、类似工程项目的实际进度；工程难易程度和工程条件的落实情况等。

在确定施工进度分解目标时，还要考虑以下几个方面：

(1)对于大型建设工程项目，应根据尽早提供可动用单元的原则，集中力量分期分批建设，以便尽早投入使用，尽快发挥投资效益。这时，为保证每一动用单元能形成完整的生产能力，就要考虑这些动用单元交付使用时所必需的全部配套项目。因此，要处理好前期动用和后期建设的关系、每期工程中主体工程与辅助及附属工程之间的关系等。

(2)结合本工程的特点，参考同类建设工程的经验来确定施工进度目标，避免只按主观愿望盲目确定进度目标，从而在实施过程中造成进度失控。

(3)合理安排土建与设备的综合施工。要按照它们各自的特点，合理安排土建施工与设备基础、设备安装的先后顺序及搭接、交叉或平行作业，明确设备工程对土建工程的要求和土建工程为设备工程提供施工条件的内容及时间。

(4)做好资金供应能力、施工力量配备、物资(材料、构配件、设备)供应能力与施工进度的平衡工作，确保工程进度目标的要求而不使其落空。

(5)考虑外部协作条件的配合情况。包括施工过程中及项目竣工动用所需的水、电、气、通讯、道路及其他社会服务项目的满足程度和满足时间。它们必须与有关项目的进度目标相协调。

(6)考虑工程项目所在地区地形、地质、水文、气象等方面的限制条件。

五、项目进度管理程序

(1)根据施工合同的要求确定施工进度目标，明确计划开工日期、计划总工期和计划竣工日期，确定项目分期分批的开竣工日期。

(2)编制施工进度计划，具体安排实现计划目标的工艺关系、组织关系、搭接关系、起止时间、劳动力计划、材料计划、机械计划及其他保证性计划。分包人负责根据项目施工进度计划编制分包工程施工进度计划。

(3)进行计划交底，落实责任，并向监理工程师提出开工申请报告，按监理工程师开工令确定的日期开工。

(4)实施施工进度计划。项目经理应通过施工部署、组织协调、生产调度和指挥、改善施工程序和方法的决策等，应用技术、经济和管理手段实现有效的进度管理。项目经理部首先要建立进度实施、控制的科学组织系统和严密的工作制度，然后依据工程项目进度管理目标体系，对施工的全过程进行系统控制。正常情况下，进度实施系统应发挥监测、分析职能并循环运行，即随着施工活动的进行，信息管理系统会不断地将施工实际进度信息，按信息流动程序反馈给进度管理者，经过统计整理，比较分析后，确认进度无偏差，则系统继续运行；一旦发现实际进度与计划进度有偏差，系统将发挥调控职能，分析偏差产生的原因，及对后续施工和总工期的影响。必要时，可对原计划进度作出相应的调整,提出纠正偏差的方案和实施技术、经济、合同的保证措施,以及取得相关单位支持与配合的协调措施,确认切实可行后,将调整后的新进度计划输入到进度实施系统,施工活动继续在新的控制下运行。当新的偏差出现后,再重复上述过程,直到施工项目全部完成。进度管理系统也可以处理由于合同变更而需要进行的进度调整。

(5)全部任务完成后,进行进度管理总结并编写进度管理报告。

第二节　流水作业进度计划

一、流水施工原理

1. 流水施工的概念

流水施工是将拟建工程项目的整个建造过程分解成若干个施工过程,也就是划分成若干个工作性质相同的分部、分项工程或工序;同时将拟建工程项目在平面上划分成若干个劳动量大致相等的施工段;在竖向上划分成若干个施工层,按照施工过程分别建立相应的专业工作队;各专业工作队按照一定的施工顺序投入施工,在完成第一个施工段上的施工任务后,在专业工作队的人数、使用的机具和材料不变的情况下,依次地、连续地投入到第二、第三……直到最后一个施工段的施工,在规定的时间内,完成同样的施工任务;不同的专业工作队在工作时间上最大限度地、合理地搭接起来;当第一施工层各个施工段上的相应施工任务全部完成后,专业工作队依次地、连续地投入到第二、第三……施工层,保证拟建工程项目的施工全过程在时间上、空间上,有节奏、连续、均衡地进行下去,直到完成全部施工任务。

2. 流水施工的特点

(1)尽可能地利用工作面进行施工,工期比较短。

(2)各工作队实现了专业化施工,有利于提高技术水平和劳动生产率,也有利于提高工程质量。

(3)专业工作队能够连续施工,同时使相邻专业队的开工时间能够最大限度地搭接。

(4)单位时间内投入的劳动力、施工机具、材料等资源量较为均衡,有利于资源供应的组织。

（5）为施工现场的文明施工和科学管理创造了有利条件。

在建设工程项目施工过程中，采用流水施工所需的工期比依次施工短，资源消耗的强度比平行施工少，最重要的是各专业班组能连续地、均衡地施工，前后施工过程尽可能平行搭接施工，能比较充分地利用施工工作面。

流水施工方式是一种先进、科学的施工方式。由于在工艺过程划分、时间安排和空间布置上进行统筹安排，将会体现出优越的技术经济效果。其具体可归纳为以下几点：

（1）由于流水施工的连续性，减少了专业工作的间隔时间，达到了缩短工期的目的，可使拟建工程项目尽早竣工，交付使用，发挥投资效益。

（2）便于改善劳动组织，改进操作方法和施工机具，有利于提高劳动生产率。

（3）专业化的生产可提高工人的技术水平，使工程质量相应提高。

（4）工人技术水平和劳动生产率的提高，可以减少用工量和施工临时设施的建造量，降低工程成本，提高利润水平。

（5）可以保证施工机械和劳动力得到充分、合理的利用。

（6）由于工期短、效率高、用人少、资源消耗均衡，可以减少现场管理费和物资消耗，实现合理储存与供应，有利于提高项目经理部的综合经济效益。

二、流水施工的组织形式

1. 全等节拍流水施工

全等节拍流水施工是指在组织流水施工时，如果所有的施工过程在各个施工段上的流水节拍彼此相等，这种流水施工组织方式称为全等节拍流水施工，也称为固定节拍流水施工或同步距流水施工。

（1）全等节拍流水施工特点

1）所有施工过程在各个施工段上的流水节拍均相等。

2）相邻施工过程的流水步距相等，且等于流水节拍。

3）专业工作队数等于施工过程数，即每一个施工过程成立一个专业工作队，由该队完成相应施工过程所有施工段上的任务。

4）各个专业工作队在各施工段上能够连续作业，施工段之间不留空闲时间。

(2)全等节拍流水施工组织步骤

1)确定施工起点及流向,分解施工过程。

2)确定施工顺序,划分施工段。划分施工段时,其数目 m 的确定如下:

①无层间关系或无施工层时,取 $m=n$(n 为实际工作数目)。

②有层间关系或有施工层时,施工段数目 m 分下面两种情况确定:

a. 无技术和组织间歇时,取 $m=n$。

b. 有技术和组织间歇时,为了保证各专业工作队能连续施工,应取 $m>n$。此时,每层施工段空闲数为 $m-n$,一个空闲施工段的时间为 t,则每层的空闲时间为:

$$(m-n) \cdot t=(m-n) \cdot K \qquad (6-1)$$

若一个楼层内各施工过程间的技术、组织间歇时间之和为 $\sum Z_1$,楼层间技术、组织间歇时间为 Z_2。如果每层的 $\sum Z_1$ 均相等,Z_2 也相等,而且为了保证连续施工,施工段上除 $\sum Z_1$ 和 Z_2 外无空闲,则:

$$(m-n) \cdot K=\sum Z_1+Z_2$$

所以,每层的施工段数 m 可按公式(6-2)确定:

$$m=n+\frac{\sum Z_1}{K}+\frac{Z_2}{K} \qquad (6-2)$$

如果每层的 $\sum Z_1$ 不完全相等,Z_2 也不完全相等,应取各层中最大的 $\sum Z_1$ 和 Z_2,并按公式(6-3)确定施工段数:

$$m=n+\frac{\max \sum Z_1}{K}+\frac{\max Z_2}{K} \qquad (6-3)$$

3)确定流水节拍,此时 $t_i^j=t$。

4)确定流水步距,此时 $K_{j,j+1}=K=t$。

5)计算流水施工工期

①有间歇时间的固定节拍流水施工。所谓间歇时间,是指相邻两个施工过程之间由于工艺或组织安排需要而增加的额外等待时间,包括工艺间歇时间($G_{j,j+1}$)和组织间歇时间($Z_{j,j+1}$)。对于有间歇时间的固定节拍流水施工,其流水施工工期 T 可按公式(6-4)计算:

$$T=(n-1)t+\sum G+\sum Z+m \cdot t$$
$$=(m+n-1)t+\sum G+\sum Z \qquad (6\text{-}4)$$

②有提前插入时间的固定节拍流水施工。所谓提前插入时间 $(C_{j,j+1})$ ，是指相邻两个专业工作队在同一施工段上共同作业的时间。在工作面允许和资源有保证的前提下，专业工作队提前插入施工，可以缩短流水施工工期。对于有提前插入时间的固定节拍流水施工，其流水施工工期 T 可按公式(6-5)计算：

$$T=(n-1)t+\sum G+\sum Z-\sum C+m \cdot t$$
$$=(m+n-1)t+\sum G+\sum Z-\sum C \qquad (6\text{-}5)$$

6)绘制流水施工指示图表。

（3）全等节拍流水施工应用实例

【例6-1】　某工程由 A、B、C、D 四个分项工程组成，它在平面上划分为四个施工段，各分项工程在各个施工段上的流水节拍均为 3 天。试编制流水施工方案。

【解】　根据题设条件和要求，该题只能组织全等节拍流水施工。

1)确定流水步距：

$$K=t=3 \text{ 天}$$

2)确定计算总工期：

$$T=(4+4-1)\times3=21 \text{ 天}$$

3)绘制流水施工指示图表，如图 6-3 所示。

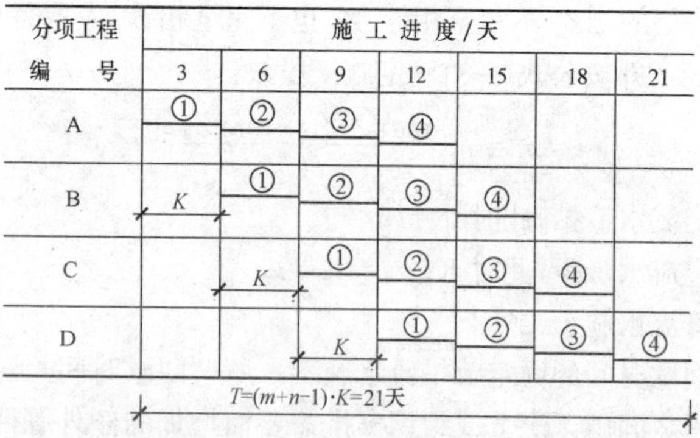

分项工程	施 工 进 度/天						
编　　号	3	6	9	12	15	18	21
A	①	②	③	④			
B	K	①	②	③	④		
C		K	①	②	③	④	
D			K	①	②	③	④
		$T=(m+n-1)\cdot K=21$天					

图 6-3　全等节拍流水施工进度

2. 成倍节拍流水施工

(1)成倍节拍流水施工特点

1)同一施工过程在其各个施工段上的流水节拍均相等;不同施工过程的流水节拍不等,但其值为倍数关系。

2)相邻施工过程的流水步距相等,且等于流水节拍的最大公约数(K)。

3)专业工作队数大于施工过程数,即有的施工过程只成立一个专业工作队,而对于流水节拍大的施工过程,可按其倍数增加相应专业工作队数目。

4)各个专业工作队在施工段上能够连续作业,施工段之间没有空闲时间。

(2)成倍节拍流水施工建立步骤

1)确定施工起点流向,划分施工段。

2)分解施工过程,确定施工顺序。

3)按以上要求确定每个施工过程的流水节拍。

4)按公式(6-6)确定流水步距:

$$K_b = 最大公约数\{各过程流水节拍\} \tag{6-6}$$

式中　K_b——成倍节拍流水的流水步距。

5)按公式(6-7)确定专业工作队数目:

$$\left.\begin{aligned} b_j &= t_i^j / K_b \\ n_1 &= \sum_{j=1}^{n} b_j \end{aligned}\right\} \tag{6-7}$$

式中　b_j——施工过程(j)的专业工作队数目,$n \geqslant j \geqslant 1$;

n_1——成倍节拍流水的专业工作队总和。

其他符号意义同前。

6)按公式(6-8)确定计算总工期:

$$T = (m + n_1 - 1)K_b + \sum Z_{j,j+1} + \sum G_{j,j+1} - \sum C_{j,j+1} \tag{6-8}$$

7)绘制流水施工指示图表。

(3)成倍节拍流水施工应用实例

【例6-2】　某项目由Ⅰ、Ⅱ、Ⅲ等三个施工过程组成,流水节拍分别为 $t^Ⅰ = 2$ 天,$t^Ⅱ = 6$ 天,$t^Ⅲ = 4$ 天,试组织成倍节拍流水施工,并绘制流水施工进度图。

【解】　1)按公式(6-6)确定流水步距 K_b =最大公约数$\{2,6,4\}$ =2 天。

2)由公式(6-7)求专业工作队数:

$$b_I = \frac{t^I}{K_b} = \frac{2}{2} = 1 \text{ 个}$$

$$b_{II} = \frac{T^{II}}{K_b} = \frac{6}{2} = 3 \text{ 个}$$

$$b_{III} = \frac{T^{III}}{K_b} = \frac{4}{2} = 2 \text{ 个}$$

$$n_1 = \sum_{j=1}^{3} b_j = 1 + 3 + 2 = 6 \text{ 个}$$

3)求施工段数:

为了使各专业工作队都能连续工作,取

$$m = n_1 = 6 \text{ 段}$$

4)计算总工期:

$$T = (6 + 6 - 1) \times 2 = 22 \text{ 天}$$

或　　　$T = (r \cdot n - 1) \cdot K_b = (6 - 1) \times 2 + 3 \times 4 = 22$ 天

5)绘制流水施工进度图,如图6-4所示。

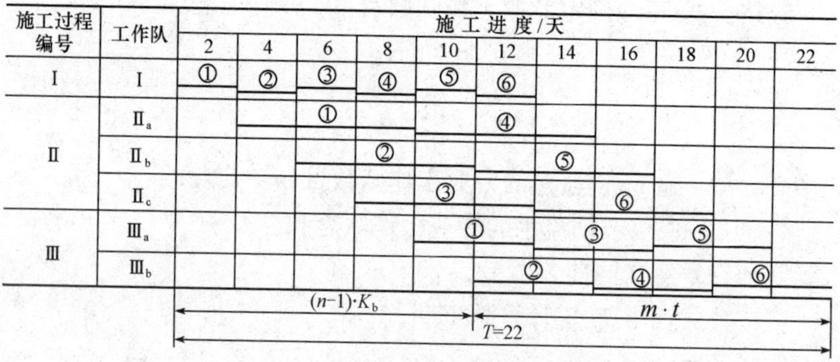

施工过程编号	工作队	施工进度/天										
		2	4	6	8	10	12	14	16	18	20	22
I	I	①	②	③	④	⑤	⑥					
II	II$_a$			①			④					
	II$_b$				②			⑤				
	II$_c$				③				⑥			
III	III$_a$					①		③		⑤		
	III$_b$						②		④		⑥	

图6-4　成倍节拍流水施工进度图

3. 无节拍流水施工

(1)无节拍流水施工特点

1)每个施工过程在各个施工段上的流水节拍不尽相等。

2)在多数情况下,流水步距彼此不相等,而且流水步距与流水节拍二者之间存在着某种函数关系。

3)各专业工作队都能连续施工,个别施工段可能有空闲。

(2)无节拍流水施工建立步骤

1)确定施工起点流向,划分施工段。

2)分解施工过程,确定施工顺序。

3)确定流水节拍。

4)按公式(6-9)确定流水步距:

$$K_{j,j+1} = \max\{k_i^{j,j+1} = \sum_{i=1}^{i} \Delta t_i^{j,j+1} + t_i^{j+1}\} \qquad (6\text{-}9)$$

$$(1 \leqslant j \leqslant n_1 - 1; 1 \leqslant i \leqslant m)$$

式中　　$K_{j,j+1}$——专业工作队(j)与$(j+1)$之间的流水步距;

　　　　$\max$——取最大值;

　　　　$k_i^{j,j+1}$——(j)与$(j+1)$在各个施工段上的"假定段步距";

　　　　$\sum\limits_{i=1}^{i}$——由施工段(1)至(i)依次累加,逐段求和;

　　　　$\Delta t_i^{j,j+1}$——(j)与$(j+1)$在各个施工段上的"段时差",即 $\Delta t_i^{j,j+1}$
　　　　　　　　$= t_i^j - t_i^{j+1}$;

　　　　t_i^j——专业工作队(j)在施工段(i)流水节拍;

　　　　t_i^{j+1}——专业工作队$(j+1)$在施工段(i)流水节拍;

　　　　i——施工段编号,$1 \leqslant i \leqslant m$;

　　　　j——专业工作队编号,$1 \leqslant j \leqslant n_1 - 1$;

　　　　n_1——专业工作队数目,此时 $n_1 = n$。

在无节拍流水施工中,通常也采用累加数列错位相减取大差法计算流水步距。由于这种方法是由潘特考夫斯基(译音)首先提出的,故又称为潘特考夫斯基法。这种方法快捷、准确,便于掌握。

累加数列错位相减取大差法的基本步骤如下:

1)对每一个施工过程在各施工段上的流水节拍依次累加,求得各施工过程流水节拍的累加数列。

2)将相邻施工过程流水节拍累加数列中的后者错后一位,相减后求得一个差数列。

3)在差数列中取最大值,即为这两个相邻施工过程的流水步距。

4)按公式(6-10)确定计算总工期;

$$T = \sum_{j=1}^{n_1} K_{j,j+1} + \sum_{i=1}^{m} t_i^{n_1} + \sum Z_{j,j+1} + \sum G_{j,j+1} - \sum C_{j,j+1}$$

$$(6\text{-}10)$$

式中　　T——流水施工方案的计算总工期;

　　　　$t_i^{n_1}$——最后一个专业工作队(n_1)在各个施工段上的流水节拍。

其他符号意义同前。

5)绘制流水施工指示图表。

(3)无节拍流水施工应用实例。

【例6-3】　某工厂需要修建4台设备的基础工程,施工过程包括基础开挖、基础处理和浇筑混凝土。因设备型号与基础条件等不同,使得4台设备(施工段)的施工过程各有不同的流水节拍(单位:周),见表6-1。

表6-1　　　　　　　　　　基础工程流水节拍表

施工过程	施工段			
	设备 A	设备 B	设备 C	设备 D
基础开挖	2	3	2	2
基础处理	4	4	2	3
浇筑混凝土	2	3	2	3

【解】　从流水节拍的特点可以看出,本工程应按无节拍流水施工方式组织施工。

1)确定施工流向由设备 A→B→C→D,施工段数 $m=4$。

2)确定施工过程数 $n=3$,包括基础开挖、基础处理和浇筑混凝土。

3)采用"累加数列错位相减取大差法"求流水步距:

$$
\begin{array}{cccc}
2, & 5, & 7, & 9 \\
-)\quad\quad & 4, & 8, & 10, & 13
\end{array}
$$

$$K_{1,2} = \max\{2,\ 1, -1, -1, -13\} = 2$$

$$
\begin{array}{cccc}
4, & 8, & 10, & 13 \\
-)\quad\quad & 2, & 5, & 7, & 10
\end{array}
$$

$$K_{2,3} = \max\{4, 6,\ 5,\ 6, -10\} = 6$$

4)计算流水施工工期：
$$T=(2+6)+(2+3+2+3)=18\ 周$$
5)绘制无节拍流水施工进度计划，如图 6-5 所示。

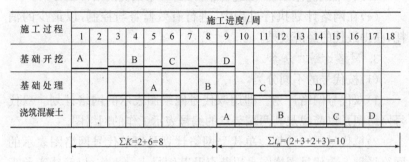

图 6-5 设备基础工程流水施工进度计划

第三节 项目网络计划

一、项目网络计划概述

1. 网络计划技术的概念

网络图是由箭头和节点组成的，用来表示工作流程的有向、有序的网状图形。在网络图上加注工作的时间参数而编成的进度计划，称为网络计划。

在工程项目管理中，应用网络计划将一个工程项目的各个工序（工作、活动）用箭杆或节点表示，依其先后顺序和相互关系绘成网络图；再通过各种计算找出网络图中的关键工序、关键线路和工期，求出最优计划方案，并在计划执行过程中进行有效的控制和监督，以保证最合理地使用人力、物力、财力，充分利用时间和空间，多快好省地完成任务。这种方法称为工程网络计划技术。

网络计划技术主要有关键线路法（Critical Path Method，CPM）和计划评审法（Program Evaluation and Review Technique，PERT）两种。两者分别适用于工序间的逻辑关系和工序需用时间肯定的情况和不能肯定的情况。

2. 网络计划的基本原理

(1)把一项工程的全部建造过程分解为若干项工作，并按其开展顺序和相互制约、相互依赖的关系,绘制出网络图。

(2)进行时间参数计算,找出关键工作和关键线路。

(3)利用最优化原理,改进初始方案,寻求最优网络计划方案。

(4)在网络计划执行过程中,进行有效监督与控制,以最少的消耗,获得最佳的经济效果。

3. 网络计划的分类

(1)按代号的不同分类

1)双代号网络计划。即用双代号网络图表示的网络计划。双代号网络图是以箭线及其两端节点的编号表示工作的网络图。

2)单代号网络计划。单代号网络计划是以单代号网络图表示的网络计划。单代号网络图是以节点及其编号表示工作、以箭线表示工作之间逻辑关系的网络图。

(2)按性质分类

1)肯定型网络计划。它是指工作、工作与工作之间的逻辑关系以及工作持续时间都肯定的网络计划。在这种网络计划中,各项工作的持续时间都是确定的单一的数值,整个网络计划有确定的计划总工期。

2)非肯定型网络计划。它是指工作、工作与工作之间的逻辑关系和工作持续时间中一项或多项不肯定的网络计划。在这种网络计划中,各项工作的持续时间只能按概率方法确定出三个值,整个网络计划无确定的计划总工期。计划评审技术和图示评审技术就属于非肯定型网络计划。

(3)按目标分类

1)单目标网络计划。它是指只有一个终点节点的网络计划,即网络图只具有一个最终目标。如一个建筑物的施工进度计划只具有一个工期目标的网络计划。

2)多目标网络计划。它是指终点节点不止一个的网络计划。此种网络计划具有若干个独立的最终目标。

(4)按有无时间坐标分类

1)时标网络计划。它是指以时间坐标为尺度绘制的网络计划。在网络图中,每项工作箭线的水平投影长度,与其持续时间成正比。

如编制资源优化的网络计划即为时标网络计划。

2)非时标网络计划。它是指不按时间坐标绘制的网络计划。在网络图中,工作箭线长度与持续时间无关,可按需要绘制。通常绘制的网络计划都是非时标网络计划。

(5)按层次分类

1)分级网络计划。它是根据不同管理层次的需要而编制的范围大小不同、详细程度不同的网络计划。

2)总网络计划。它是以整个计划任务为对象编制的网络计划,如群体网络计划或单项工程网络计划。

3)局部网络计划。它是以计划任务的某一部分为对象编制的网络计划称为局部网络计划,如分部工程网络图。

(6)按工作衔接特点分类

1)普通网络计划。工作间关系均按首尾衔接关系绘制的网络计划称为普通网络计划,如单代号、双代号和概率网络计划。

2)搭接网络计划。按照各种规定的搭接时距绘制的网络计划称为搭接网络计划,网络图中既能反映各种搭接关系,又能反映相互衔接关系,如前导网络计划。

3)流水网络计划。充分反映流水施工特点的网络计划称为流水网络计划,包括横道流水网络计划,搭接流水网络计划和双代号流水网络计划。

二、双代号网络计划

1. 双代号网络图的组成

双代号网络图是由工作、节点和线路三个基本要素组成的。

(1)工作。工作是指能够独立存在的实施性活动。如工序、施工过程或施工项目等实施性活动。

工作可分为需要消耗时间和资源的工作、只消耗时间而不消耗资源的工作和不消耗时间及资源的工作三种。前两种为实工作,最后一种为虚工作。工作表示方法如图 6-6 所示。

工作根据一项计划(或工程)的规模不同其划分的粗细程度、大小范围也有所不同。如对于一个规模较大的建设项目来讲,一项工作可能代表一个单位工程或一个构筑物;如对于一个单位工程,一项工作可能只代表一个分部或分项工作。

（2）节点。在网络图中箭线的出发和交汇处通常画上圆圈,用以标志该圆圈前面一项或若干项工作的结束和允许后面一项或若干项工作的开始的时间点称为节点(也称为结点、事件)。

在网络图中,节点不同于工作,它只标志着工作的结束和开始的瞬间,具有承上启下的衔接作用,而不需要消耗时间或资源。

网络图的第一个节点称为起节点,表示一项计划的开始;网络图的最后一个节点称为终节点,它表示一项计划的结束;其余节点都称为中间节点,任何一个中间节点既是其紧前各施工过程的结束节点,又是其紧后各施工过程的开始节点。

网络图中的每一个节点都要编号,编号的顺序是:每一个箭线的箭尾节点代号 i 必须小于箭头节点代号 j,且所有节点代号不能重复出现,如图 6-7 所示。

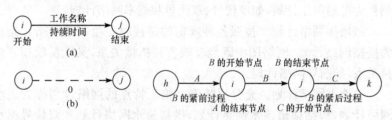

图 6-6　工作示意图　　　　图 6-7　开始节点与结束节点
(a)实工作;(b)虚工作

（3）线路。网络图中从起点节点开始,沿箭线方向连续通过一系列箭线与节点,最后到达终点节点所经过的通路,称为线路。

每一条线路都有自己确定的完成时间,它等于该线路上各项工作持续时间的总和,称为线路时间。根据每条线路的线路时间长短,可将网络图的线路区分为关键线路和非关键线路两种。

关键线路是指网络图中线路时间最长的线路,其线路时间代表整个网络图的计算总工期。关键线路至少有一条,并以粗箭线或双箭线表示。关键线路上的工作,都是关键工作,关键工作都没有时间储备。

在网络图中关键线路有时不止一条,可能同时存在几条关键线路,即这几条线路上的持续时间相同且是线路持续时间的最大值。但从管理的角度出发,为了实行重点管理,一般不希望出现太多的关键线路。

关键线路并不是一成不变的。在一定的条件下,关键线路和非关键线路可以相互转化。例如当采用了一定的技术组织措施,缩短了关键线路上各工作的持续时间就有可能使关键线路发生转移,使原来的关键线路变成非关键线路,而原来的非关键线路却变成关键线路。

位于非关键线路的工作除关键工作外,其余的均称为非关键工作,它具有机动时间(即时差)。非关键工作也不是一成不变的,它可以转化为关键工作;利用非关键工作的机动时间可以科学地、合理地调配资源和对网络计划进行优化。

2. 双代号网络图的绘制

(1)双代号网络图绘制的基本规则。在绘制双代号网络图时,一般应遵循以下规则:

1)网络图必须按照已定的逻辑关系绘制。由于网络图是有向、有序网状图形,所以其必须严格按照工作之间的逻辑关系绘制,这同时也是为保证工程质量和资源优化配置及合理使用所必需的。

2)网络图中严禁出现双向箭头和无箭头的连线。

3)网络图中严禁出现没有箭尾节点的箭线和没有箭头节点的箭线。

4)当双代号网络图的某些节点有多条外向箭线或多条内向箭线时,在保证一项工作有唯一的一条箭线和对应的一对节点编号前提下,允许使用母线法绘图。

5)双代号网络图是由许多条线路组成的、环环相套的封闭图形,只允许有一个起点节点和一个终点节点,而其他所有节点均是中间节点(既有指向它的箭线,又有背离它的箭线)。

6)在网络图中不允许出现循环回路。在网络图中,从一个节点出发沿着某一条线路移动,又回到原出发节点,即在网络图中出现了闭合的循环路线,称为循环回路。

7)绘制网络图时,箭线不宜交叉,当交叉不可避免时,可用过桥法或指向法。

(2)双代号网络图的绘制方法。当已知每一项工作的紧前工作时,可按下述步骤绘制双代号网络图。

1)绘制没有紧前工作的工作箭线,使它们具有相同的开始节点,以保证网络图只有一个起点节点。

2)依次绘制其他工作箭线。这些工作箭线的绘制条件是其所有紧前工作箭线都已经绘制出来。

3)当各项工作箭线都绘制出来之后,应合并那些没有紧后工作之工作箭线的箭头节点,以保证网络图只有一个终点节点(多目标网络计划除外)。

4)按照各道工作的逻辑顺序将网络图绘好以后,就要给节点进行编号。编号的方法有水平编号法和垂直编号法两种。

①水平编号法就是从起点节点开始由上到下逐行编号,每行则自左向右按顺序编排,如图 6-8 所示。

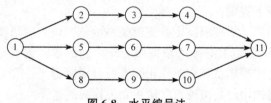

图 6-8 水平编号法

②垂直编号法就是从起点节点开始自左向右逐列编号,每列则根据编号规则的要求或自上而下,或自下而上,或先上下后中间,或先中间后上下进行编排,如图 6-9 所示。

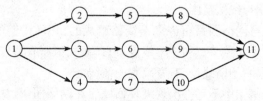

图 6-9 垂直编号法

以上所述是已知每一项工作的紧前工作时的绘图方法,当已知每一项工作的紧后工作时,也可按类似的方法进行网络图的绘制,只是其绘图顺序由前述的从左向右改为从右向左。

3. 双代号网络图时间参数的计算

(1)分析计算法。分析计算法是根据各项时间参数计算公式,列式计算时间参数的方法。

1)节点时间的计算

①节点最早时间(ET)的计算。节点最早时间指从该节点开始的各工序可能的最早开始时间(再早,则由于紧前某些工序未完成而无法为紧后工序提供作业面或作业队,因而使紧后工序无法开始施工),等于以该节点为结束点的各工序可能最早完成的时间的最大值。节点最早时间可以统一表明以该节点为开始节点的所有工序最早的可能开工时间。

节点 i 的最早时间 ET_i 应从网络计划的起点节点开始,顺着箭线方向,依次逐项计算,并应符合下列规定:

a. 起点节点 i 如未规定最早时间 ET_i 时,其值应等于零,即:

$$ET_i = 0 \quad (i=1) \tag{6-11}$$

b. 当节点 j 只有一条内向箭线时,其最早时间为:

$$ET_j = ET_i + D_{i-j} \tag{6-12}$$

c. 当节点 j 有多条内向箭线时,其最早时间 ET_j 应为:

$$ET_j = \max\{ET_i + D_{i-j}\} \tag{6-13}$$

式中　ET_j——工作 $i-j$ 的完成节点 j 的最早时间;

　　　ET_i——工作 $i-j$ 的开始节点 i 的最早时间;

　　　D_{i-j}——工作 $i-j$ 的持续时间。

②节点最迟时间(LT)的计算。节点最迟时间是指以某一节点为结束点的所有工序必须全部完成的最迟时间,也就是在不影响计划总工期的条件下,该节点必须完成的时间。由于它可以统一表示到该节点结束的任一工序必须完成的最迟时间,但却不能统一表明从该节点开始的各不同工序最迟必须开始的时间,所以也可以把它看作节点的各紧前工序最迟必须完成时间。

a. 节点 i 的最迟时间 LT_i 应从网络计划的终点节点开始,逆着箭线方向依次逐项计算,当部分工作分期完成时,有关节点的最迟时间必须从分期完成节点开始逆向逐项计算。

b. 终点节点 n 的最迟时间 LT_n 应按网络计划的计划工期 T_p

确定,即:

$$LT_n = T_p \qquad (6\text{-}14)$$

分期完成节点的最迟时间应等于该节点规定的分期完成时间。

c. 其他节点 i 的最迟时间 LT_i 应为:

$$LT_i = \min\{LT_j - D_{i-j}\} \qquad (6\text{-}15)$$

式中　LT_i——工作 $i-j$ 开始节点 i 的最迟时间;

　　　LT_j——工作 $i-j$ 完成节点 j 的最迟时间;

　　　D_{i-j}——工作 $i-j$ 的持续时间。

2)工序时间的计算。工序时间是以工序为对象计算的。计算工序时间必须包括网络图中的所有工序,对虚工序最好也进行计算。

①工序最早开始时间(ES)的计算。工序的最早开始时间指各紧前工序(紧排在本工序之前的工作)全部完成后,本工序有可能开始的最早时刻。工序 $i-j$ 的最早开始时间 ES_{i-j} 的计算应符合下列规定:

a. 工序 $i-j$ 的最早开始时间 ES_{i-j} 应从网络计划的起点节点开始,顺着箭线方向依次逐项计算。

b. 以起点节点 i 为箭尾节点的工序 $i-j$,当未规定其最早开始时间 ES_{i-j} 时,其值应等于零,即:

$$ES_{i-j} = 0(i=1) \qquad (6\text{-}16)$$

c. 当工序 $i-j$ 只有一项紧前工序 $h-i$ 时,其最早开始时间 ES_{i-j} 应为:

$$ES_{i-j} = ES_{h-i} + D_{h-i} \qquad (6\text{-}17)$$

d. 当工序 $i-j$ 有多个紧前工作时,其最早开始时间 ES_{i-j} 应为

$$ES_{i-j} = \max\{ES_{h-i} + D_{h-i}\} \qquad (6\text{-}18)$$

式中　ES_{i-j}——工序 $i-j$ 的最早开始时间;

　　　ES_{h-i}——工序 $i-j$ 的紧前工序 $h-i$ 的最早开始时间;

　　　D_{h-i}——工序 $i-j$ 的紧前工序 $h-i$ 的持续时间。

②工序最早完成时间(EF)的计算。工序最早完成时间指各紧前工序完成后,本工序有可能完成的最早时刻。工序 $i-j$ 的最早完成时间 EF_{i-j} 应按下式进行计算:

$$EF_{i-j} = ES_{i-j} + D_{i-j} \qquad (6\text{-}19)$$

③工序最迟完成时间(LF)的计算。工序最迟完成时间指在不影

响整个任务按期完成的前提下,工序必须完成的最迟时刻。

a. 工序 $i-j$ 的最迟完成时间 LF_{i-j} 应从网络计划的终点节点开始,逆着箭线方向依次逐项计算。

b. 以终点节点 $(j=n)$ 为箭头节点的工序的最迟完成时间 LF_{i-n},应按网络计划的计划工期 T_p 确定,即:

$$LF_{i-n}=T_p \tag{6-20}$$

c. 其他工序 $i-j$ 的最迟完成时间 LF_{i-j},应按下式计算:

$$LF_{i-j}=\min\{LF_{j-k}-D_{j-k}\} \tag{6-21}$$

式中 LF_{j-k}——工序 $i-j$ 的各项紧后工序 $j-k$ 的最迟完成时间;

D_{j-k}——工序 $i-j$ 的各项紧后工序(紧排在本工序之后的工序)的持续时间。

④工序最迟开始时间(LS)的计算。工序的最迟开始时间指在不影响整个任务按期完成的前提下,工序必须开始的最迟时刻。

工序 $i-j$ 的最迟开始时间 LS_{i-j} 应按下式计算:

$$LS_{i-j}=LF_{i-j}-D_{i-j} \tag{6-22}$$

3)时差计算。时差就是一个工序在施工过程中可以灵活机动使用而又不致影响总工期的一段时间。

下面介绍一下较常用的工序总时差、自由时差的计算:

①总时差(TF)的计算。在网络图中,工序只能在最早开始时间与最迟完成时间内活动。在这段时间内,除了满足本工序作业时间所需之外还可能有富裕的时间,这富裕的时间是工序可以灵活机动的总时间,称作工序的总时差。由此可知,工序的总时差是不影响本工序按最迟开始时间开工而形成的机动时间,其计算公式为

$$TF_{i-j}=LF_{i-j}-EF_{i-j}=LS_{i-j}-ES_{i-j}$$
$$=LT_j-(ET_i+D_{i-j}) \tag{6-23}$$

式中 TF_{i-j}——工序 $i-j$ 的总时差。

其他符号意义同前。

②自由时差(FF)的计算。自由时差就是在不影响其紧后工作最早开始时间的条件下,某工序所具有的机动时间。某工序利用自由时差,变动其开始时间或增加其工作持续时间均不影响其紧后工作的最早开始时间。

工序自由时差的计算应按以下两种情况分别考虑：

a. 对于有紧后工序的工作,其自由时差等于本工序之紧后工作最早开始时间减本工序最早完成时间所得之差的最小值,即：

$$FF_{i-j} = \min\{ES_{j-k} - EF_{i-j}\}$$
$$= \min\{ES_{j-k} - ES_{i-j} - D_{i-j}\} \qquad (6\text{-}24)$$

式中　FF_{i-j}——工序 $i-j$ 的自由时差。

其他符号意义同前。

b. 对于无紧后工序的工作,也就是以网络计划终点节点为完成节点的工作,其自由时差等于计划工期与本工作最早完成时间之差,即：

$$FF_{i-n} = T_p - EF_{i-n} = T_p - ES_{i-n} - D_{i-n} \qquad (6\text{-}25)$$

式中　FF_{i-n}——以网络计划终点节点 n 为完成节点的工作 $i-n$ 的自由时差；

　　　T_p——网络计划的计划工期；

　　　EF_{i-n}——以网络计划终点节点 n 为完成节点的工作 $i-n$ 的最早完成时间；

　　　ES_{i-n}——以网络计划终点节点 n 为完成节点的工作 $i-n$ 的最早开始时间；

　　　D_{i-n}——以网络计划终点节点 n 为完成节点的工作 $i-n$ 的持续时间。

需要指出的是,对于网络计划中以终点节点为完成节点的工作,其自由时差与总时差相等。此外,由于工作的自由时差是其总时差的构成部分,所以,当工作的总时差为零时,其自由时差必然为零,可不必进行专门计算。

4)关键线路和关键工作确定。在网络计划中,总时差最小的工作为关键工作。当网络计划的计划工期等于计算工期时,总时差为零的工作就是关键工作。

找出关键工作之后,将这些关键工作首尾相连,便构成从起点节点到终点节点的通路,位于该通路上各项工作的持续时间总和最大,这条通路就是关键线路。在关键线路上可能有虚工作存在。

关键线路一般用粗箭线或双线箭线标出,也可以用彩色箭线标出。关键线路上各项工作的持续时间总和应等于网络计划的计算工期,这一特点也是判别关键线路是否正确的准则。

(2)图算法。图算法是按照各项时间参数计算公式的程序,直接在网络图上计算时间参数的方法。由于计算过程在图上直接进行,不需列计算公式,既快又不易出错,计算结果直接标注在网络图上,一目了然,同时也便于检查和修改,故此比较常用。

1)各种时间参数在图上的表示方法。节点时间参数通常标注在节点的上方或下方,其标注方法如图6-10(a)所示。工作时间参数通常标注在工作箭线的上方或左侧,如图6-10(b)所示。

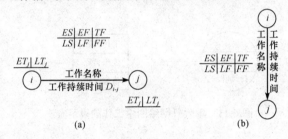

(a)　　　　　　　　　　　(b)

图6-10　双代号网络图时间参数标注方法

2)计算方法

①计算节点最早时间(ET)。与分析计算法一样,从起点节点顺箭头方向逐节点计算,起点节点的最早时间规定为0,其他节点的最早时间可采用"沿线累加、逢圈取大"的计算方法。也就是从网络的起点节点开始,沿着每条线路将各工序的作业时间累加起来,在每一个圆圈(即节点)处选取到达该圆圈的各条线路累计时间的最大值,这个最大值就是该节点最早的开始时间。终点节点的最早时间是网络图的计划工期,为醒目起见,将计划工期标在终点节点边的方框中。

②计算节点最迟时间(LT)。与分析计算法一样,从终点节点逆箭头方向逐节点计算,终点节点最迟时间的规定等于网络图的计划工期,其他节点的最迟时间可采用"逆线累减、逢圈取小"的计算方法。也就是从网络图的终点节点开始逆着每条线路将计划总工期依次减去各工序的作业时间,在每一圆圈处取其后续线路累减时间的最小

值,就是该节点的最迟时间。

③工序时间参数与时差的计算方法与顺序和分析计算法相同,计算时将计算结果填入图中相应位置。

三、单代号网络计划

1. 单代号网络图的组成

常见的单代号网络图是由工作和线路两个基本要素组成的。

(1)工作。在单代号网络图中,工作由结点及其关联箭线组成。通常将结点画成一个大圆圈或方框形式,其内标注工作编号、名称和持续时间。关联箭线表示该工作开始前和结束后的环境关系,如图6-11所示。

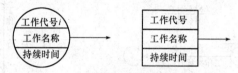

图6-11　单代号网络图中工作的表示方法

(2)线路。线路是由起点节点出发,顺着箭线方向到达终点节点的,中间经由一系列节点和箭线所组成的通道,这些通道均称为线路。在单代号网络图中,线路也分为关键线路和非关键线路两种,它们的性质与双代号网络图相应线路性质一致。

2. 单代号网络图的绘制

(1)单代号网络图绘制的基本规则

1)正确表达工作之间相互制约和相互依赖的关系。

2)网络图中不允许出现循环回路。

3)网络图中不允许出现有重复编号的工作,一个编号只能代表一项工作。

4)网络图中不允许出现双箭线或无箭头的线段。

5)在单目标网络图中只允许有一个终点节点和一个起点节点。

当网络图中有多项开始工作和多项结束工作时,应在网络图的两端分别设置一项虚工作,作为网络图的起点节点和终点节点,如图6-12所示。其他再无任何虚工作。

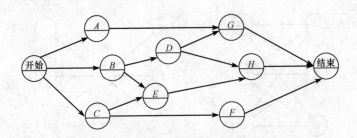

图 6-12　带虚拟起点节点和终点节点的网络图

(2)单代号网络图的绘制方法

1)在保证网络逻辑关系正确的前提下,图面布局要合理,层次要清晰,重点要突出。

2)尽量避免交叉箭线。交叉箭线容易造成线路逻辑关系混乱,绘图时应尽量避免。无法避免时,对于较简单的相交箭线,可采用过桥法处理。如图 6-13(a)所示,C、D 是 A、B 的紧后工序,不可避免地出现了交叉,用过桥法处理后网络图如图 6-13(b)所示。对于较复杂的相交线路可采用增加中间虚拟节点的办法进行处理,以简化图面。如图 6-14(a)所示,D、F、G 是 A、B、C 的紧后工序,出现了较复杂的交叉箭线,这时可增加一个中间虚拟节点(一个空圈),化解交叉箭线,如图 6-14(b)所示。

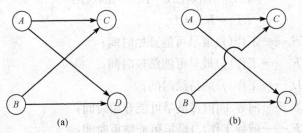

图 6-13　用过桥法处理交叉箭线

3)单代号网络图的分解方法和排列方法,与双代号网络图相应部分类似。

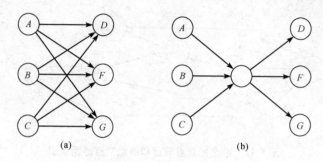

(a)　　　　　　　　　　　　　　　(b)

图 6-14　用虚拟中间节点处理交叉箭线

3. 单代号网络图时间参数的计算

(1)分析计算法

1)工作最早可能开始和结束时间的计算。

①工作 i 的最早开始时间 ES_i 应从网络计划的起点节点开始,顺着箭线方向依次逐项计算。

②起点节点 i 的最早开始时间 ES_i 如无规定时,其值应等于零,即:

$$ES_i = 0 \ (i=1) \tag{6-26}$$

③各项工作最早开始和结束时间的计算公式为:

$$\left.\begin{array}{l} ES_j = \max\{ES_i + D_i\} = \max\{EF_i\} \\ EF_j = ES_j + D_j \end{array}\right\} \tag{6-27}$$

式中　ES_j——工作(j)最早可能开始时间;

　　　EF_j——工作(j)最早可能结束时间;

　　　D_j——工作(j)的持续时间;

　　　ES_i——前导工作(i)最早可能开始时间;

　　　EF_i——前导工作(i)最早可能结束时间;

　　　D_i——前导工作(i)的持续时间。

2)相邻两项工作之间时间间隔的计算。相邻两项工作之间存在着时间间隔,i 工作与 j 工作的时间间隔记为 $LAG_{i,j}$。时间间隔指相邻两项工作之间,后项工作的最早开始时间与前项工作的最早完成时间之差,其计算公式为:

$$LAG_{i,j} = ES_j - EF_i \tag{6-28}$$

式中　$LAG_{i,j}$——工作 i 与其紧后工作 j 之间的时间间隔；

　　　ES_j——工作 i 的紧后工作 j 的最早开始时间；

　　　EF_i——工作 i 的最早完成时间。

3）工作总时差的计算。工作总时差的计算应从网络计划的终点节点开始,逆着箭线方向按节点编号从大到小的顺序依次进行。

①网络计划终点节点 n 所代表的工作总时差（TF_n）应等于计划工期 T_p 与计算工期 T_c 之差,即：

$$TF_n = T_p - T_c \tag{6-29}$$

当计划工期等于计算工期时,该工作的总时差为零。

②其他工作的总时差应等于本工作与其各紧后工作之间的时间间隔加该紧后工作的总时差所得之和的最小值,即：

$$TF_i = \min\{LAG_{i,j} + TF_j\} \tag{6-30}$$

式中　TF_i——工作 i 的总时差；

　　$LAG_{i,j}$——工作 i 与其紧后工作 j 之间的时间间隔；

　　　TF_j——工作 i 的紧后工作 j 的总时差。

4）自由时差的计算。工作 i 的自由时差 FF_i 的计算应符合下列规定：

①终点节点所代表的工作 n 的自由时差 FF_n 应为：

$$FF_n = T_p - EF_n \tag{6-31}$$

式中　FF_n——终点节点 n 所代表的工作的自由时差；

　　　T_p——网络计划的计划工期；

　　　EF_n——终点节点 n 所代表的工作的最早完成时间（即计算工期）。

②其他工作 i 的自由时差 FF_i 应为

$$FF_i = \min\{LAG_{i,j}\} \tag{6-32}$$

5）工作最迟完成时间和最迟开始时间的计算。

①工作 i 的最迟完成时间 LF_i 应从网络计划的终点节点开始,逆着箭线方向依次逐项计算。当部分工作分期完成时,有关工作的最迟完成时间应从分期完成的节点开始,逆向逐项计算。

②终点节点所代表的工作 n 的最迟完成时间 LF_n,应按网络计划

的计划工期 T_p 确定,即:

$$LF_n = T_p \tag{6-33}$$

③其他工作 i 的最迟完成时间 LF_i 应为

$$LF_i = \min\{LS_j\} \tag{6-34}$$

或

$$LF_i = EF_i + TF_i \tag{6-35}$$

式中　LF_i——工作 j 的紧前工作 i 的最迟完成时间;

　　　LS_j——工作 i 的紧后工作 j 的最迟开始时间;

　　　EF_i——工作 i 的最早完成时间;

　　　TF_i——工作 i 的总时差。

6)工作 i 的最迟开始时间的计算。工作 i 的最迟开始时间的计算公式如下:

$$LS_i = LF_i - D_i \tag{6-36}$$

式中　LS_i——工作 i 的最迟开始时间;

　　　LF_i——工作 i 的最迟完成时间;

　　　D_i——工作 i 的作业持续时间。

7)关键线路的确定

①利用关键工作确定关键线路。如前所述,总时差最小的工作为关键工作。将这些关键工作相连,并保证相邻两项关键工作之间的时间间隔为零而构成的线路就是关键线路。

②利用相邻两项工作之间的时间间隔确定关键线路。从网络计划的终点节点开始,逆着箭线方向依次找出相邻两项工作之间时间间隔为零的线路就是关键线路。

(2)图算法

单代号网络计划时间参数在网络图上的标注方法,如图6-15所示。

以图6-16所示网络计划为例来说明用图算法计算单代号网络计划时间参数的步骤:

1)计算 ES_i 和 EF_i。由起点节点开始,首先假定整个网络计划的开始时间为0,此处 $ES_1 = 0$,然后从左至右按工作(节点)编号递增的顺序,根据式(6-26)和式(6-27)逐个进行计算,直到终点节点止,并随时将计算结果填入图中的相应位置。

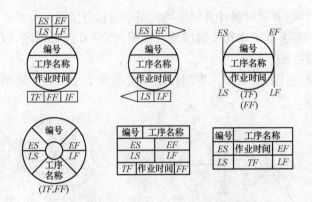

图 6-15　单代号网络图节点表达形式

ES——最早开始时间；EF——最早结束时间；LS——最迟开始时间；

LF——最迟结束时间；TF——总时差；FF——自由时差；IF——相干时差

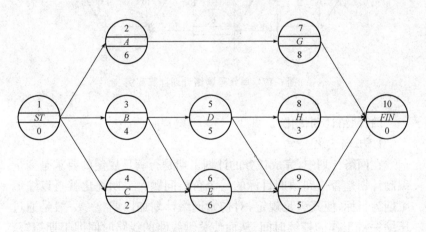

图 6-16　单代号网络计划

2)计算 LF_i 和 LS_i。由终点节点开始，假定终点节点的最迟完成时间 $LF_{10}=EF_{10}=15$，根据式(6-34)~式(6-36)从右至左按工作编号递减顺序逐个计算，直到起点节点止，并随时将计算结果填入图中相应的位置。

3)计算 TF_i、FF_i。从起点节点开始，根据式(6-29)~式(6-32)，逐

个进行计算,并随时将计算结果填入图中的相应位置。

4)判断关键工作和关键线路。根据 $TF_i=0$ 进行判断,以粗箭线标出关键线路。

5)确定计划总工期。本例计划总工期为 15 天,其计算结果如图 6-17 所示。

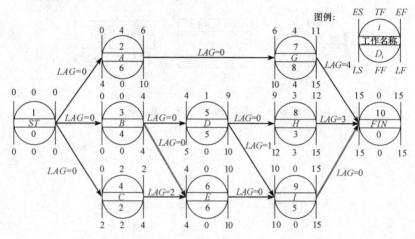

图 6-17　单代号网络计划计算实例

四、网络计划优化

1. 工期优化

在网络计划中,完成任务的计划工期是否满足规定的要求是衡量编制计划是否达到预期目标的一个首要问题。工期优化就是以缩短工期为目标,使其满足规定,对初始网络计划加以调整。一般是通过压缩关键工作的持续时间,从而使关键线路的线路时间即工期缩短。需要注意的是,在压缩关键线路的线路时间时,会使某些时差较小的次关键线路上升为关键线路,这时需要再次压缩新的关键线路,如此逐次逼近,直到达到规定工期为止。

(1)当计算工期不满足要求工期时,可通过压缩关键工作的持续时间满足工期要求。

(2)工期优化的计算,应按下述规定步骤进行:

1)计算并找出初始网络计划的计算工期、关键线路及关键工作。

2)按要求工期计算应缩短的时间 ΔT：

$$\Delta T = T_c - T_r \tag{6-37}$$

式中　T_c——网络计划的计算工期；

　　　T_r——要求工期。

3)确定各关键工作能缩短的持续时间。

4)选择关键工作，压缩其持续时间，并重新计算网络计划的计算工期。

5)若计算工期仍超过要求工期，则重复以上步骤，直到满足工期要求或工期已不能再缩短为止。

6)当所有关键工作的持续时间都已达到其能缩短的极限而工期仍不能满足要求时，应对计划的原技术、组织方案进行调整或对要求工期重新审定。

(3)选择应缩短持续时间的关键工作宜考虑下列因素：

1)缩短持续时间对质量和安全影响不大的工作。

2)有充足备用资源的工作。

3)缩短持续时间所需增加的费用最少的工作。

由于在优化过程中，不一定需要全部时间参数值，只需寻求出关键线路，为此介绍一种关键线路直接寻求法——标号法。根据计算节点最早时间的原理，设网络计划起节点①的标号值为0，即 $b_1 = 0$；中间节点 j 的标号值等于该节点的所有内向工作(即指向该节点的工作)的开始节点 i 的标号值 b_i 与该工作的持续时间 D_{i-j} 之和的最大值，即：

$$b_j = \max\{b_i + D_{i-j}\} \tag{6-38}$$

我们称能求得最大值的节点 i 为节点 j 的源节点，将源节点及 b_j 标注于节点上，直至最后一个节点。从网络计划终点开始，自右向左按源节点寻求关键线路，终节点的标号值即为网络计划的计算工期。

2. 资源优化

一个部门或单位在一定时间内所能提供的各种资源(劳动力、机械及材料等)是有一定限度的，如何经济而有效地利用这些资源是个十分重要的问题。在资源计划安排时有两种情况：一种情况是在一定时间内如何安排各工作活动时间，使可供使用的资源均衡地消耗。另一种情况是网络计划所需要的资源受到限制,如果不增加资源数量(例如劳动力),有时会迫使工程的工期延长,资源优化的目的是使工期延长最少。

(1)"工期固定—资源均衡"优化。资源的均衡性是指每天资源的供应量力求接近其平均值,避免资源出现供应高峰,方便资源供应计划的掌握与安排,使资源运用更趋合理。工期固定是在优化过程中不改变原工期。

工期固定—资源均衡优化是指施工项目按合同工期完成,寻求资源均衡的进度计划方案。因为网络计划的初始方案是在未考虑资源情况下编制出来的,因此各时段对资源的需要量往往相差很大,如果不进行资源分配的均衡性优化,工程进行中就可能产生资源供应脱节,影响工期;也可能产生资源供应过剩,产生积压,影响成本。

(2)"资源有限—工期最短"优化。资源有限是指安排计划时,每天资源需要量不能超过限值,否则资源将供应不上,计划将无法执行。计划工期是由关键线路及其关键工序确定的,移动关键工序将会延长工期。因此,工期最短目标要求尽可能移走资源高峰时段内的非关键工序,且移动尽可能在时差范围内。这实际上是优先满足高峰时段内关键工序的资源需要量。当然,满足资源限值是第一位的,当移动非关键工序无法削去高峰时,可考虑移动关键工序,这时的工期仍是最短的。

3. 费用优化

费用优化是以满足工期要求的施工费用最低为目标的施工计划方案的调整过程。通常在寻求网络计划的最佳工期大于规定工期或在执行计划时需要加快施工进度时,需要进行工期—成本优化。

费用优化的基本方法就是从组成网络计划的各项工作的持续时间与费用关系,找出能使计划工期缩短而又能使得直接费用增加最少的工作,不断地缩短其持续时间,然后考虑间接费用随着工期缩短而减少的影响,把不同工期下的直接费用和间接费用分别叠加起来,即可求得工程成本最低时的相应最优工期和工期一定时相应的最低工程成本。

第四节　项目进度计划实施

一、项目进度计划实施要求

(1)经批准的进度计划,应向执行者进行交底并落实责任。

(2)进度计划执行者应制定实施计划方案。

(3)在实施进度计划的过程中应进行下列工作:

1)跟踪检查,收集实际进度数据。

2)将实际数据与进度计划进行对比。

3)分析计划执行的情况。

4)对产生的进度变化,采取相应措施进行纠正或调整计划。

5)检查措施的落实情况。

6)进度计划的变更必须与有关单位和部门及时沟通。

二、项目进度计划实施步骤

为了保证施工项目进度计划的实施,并且尽量按照编制的计划时间逐步实现,工程项目进度计划的实施应按以下步骤进行。

1. 向执行者进行交底并落实责任

要把计划贯彻到项目经理部的每一个岗位,每一个职工,要保证进度的顺利实施,就必须做好思想发动工作和计划交底工作。项目经理部要把进度计划讲解给广大职工,让他们心中有数,并且要提出贯彻措施,针对贯彻进度计划中的困难和问题,同时提出克服这些困难和解决这些问题的方法和步骤。

为保证进度计划的贯彻执行,项目管理层和作业层都要建立严格的岗位责任制,要严肃纪律、奖罚分明,项目经理部内部积极推行生产承包经济责任制,贯彻按劳分配的原则,使职工群众的物质利益同项目经理部的经营成果结合起来,激发群众执行进度计划的自觉性和主动性。

2. 制定实施计划方案

进度计划执行者应制定工程项目进度计划的实施计划方案,具体来讲,就是编制详细的施工作业计划。

由于施工活动的复杂性,在编制施工进度计划时,不可能考虑到施工过程中的一切变化情况,因而不可能一次安排好未来施工活动中的全部细节,所以施工进度计划还只能是比较概括的,很难作为直接下达施工任务的依据。因此,还必须有更为符合当时情况、更为细致具体的、短时间的计划,这就是施工作业计划。施工作业计划是根据施工组织设计和现场具体情况,灵活安排,平衡调度,以确保实现施工进度和上级规定的各项指标任务的具体的执行计划。

施工作业计划一般可分为月作业计划和旬作业计划。施工作业计划一般应包括以下三个方面内容:

(1)明确本月(旬)应完成的施工任务,确定其施工进度。月(旬)作业计划应保证年、季度计划指标的完成,一般要按一定的规定填写作业计划表,见表 6-2。

表 6-2　　　　　　　　　　**月(旬)作业计划表**

施工单位　　　　　　　　　　　　　　　　　　　　　　年　　季　　月

编号	工程地点及名称	计量单位	月计划				上旬		中旬		下旬		形象进度要求											
			数量	单价	合价	定额	工天	数量	工天	数量	工天	数量	工天	26	27	28	29	30	31	1	2	…	23	24	25

　　　　　　　　　　　　　　　　　　　　　　　编制　　年　　月　　日

(2)根据本月(旬)施工任务及其施工进度,编制相应的资源需要量计划。

(3)结合月(旬)作业计划的具体实施情况,落实相应的提高劳动生产率和降低成本的措施。

编制作业计划时,计划人员应深入施工现场,检查项目实施的实际进度情况,并且要深入施工队组,了解其实际施工能力,同时了解设计要求,把主观和客观因素结合起来,征询各有关施工队组的意见,进行综合平衡,修正不合时宜的计划安排,提出作业计划指标。最后,召开计划会议,通过施工任务书将作业计划落实并下达到施工队组。

3. 跟踪记录,收集实际进度数据

在计划任务完成的过程中,各级施工进度计划的执行者都要跟踪做好施工记录,记载计划中的每项工作开始日期、工作进度和完成日期,为施工项目进度检查分析提供信息,因此,要求实事求是记载,并填好有关图表。

收集数据的方式有两种:一是以报表的方式;二是进行现场实地检查。收集的数据质量要高,不完整或不正确的进度数据将导致不全面或不正确的决策。

收集到的施工项目实际进度数据,要进行必要的整理,按计划控制的工作项目进行统计,形成与计划进度具有可比性的数据、相同的量纲和形象进度。一般可以按实物工程量、工作量和劳动消耗量以及累计百分比整理和统计实际检查的数据,以便与相应的计划完成量相对比。

4. 将实际数据与计划进度对比

主要是将实际的数据与计划的数据进行比较,如将实际的完成量、实际完成的百分比与计划的完成量、计划完成的百分比进行比较。通常可利用表格形成各种进度比较报表或直接绘制比较图形来直观地反映实际与计划的差距。通过比较了解实际进度比计划进度拖后、超前还是与计划进度一致。

5. 做好施工中的调度工作

施工调度是指在施工过程中不断组织新的平衡,建立和维护正常的施工条件及施工程序所做的工作。主要任务是督促、检查工程项目计划和工程合同执行情况,调度物资、设备、劳力,解决施工现场出现的矛盾,协调内、外部的配合关系,促进和确保各项计划指标的落实。

为保证完成作业计划和实现进度目标,有关施工调度应涉及多方面的工作,包括:

(1)执行施工合同中对进度、开工及延期开工、暂停施工、工期延误、工程竣工的承诺。

(2)落实控制进度措施应具体到执行人、目标、任务、检查方法和考核办法。

(3)监督检查施工准备工作、作业计划的实施,协调各方面的进度关系。

(4)督促资料供应单位按计划供应劳动力、施工机具、材料构配件、运输车辆等,并对临时出现问题采取相应措施。

(5)由于工程变更引起资源需求的数量变更和品种变化时,应及时调整供应计划。

(6)按施工平面图管理施工现场,遇到问题作必要的调整,保证文明施工。

(7)及时了解气候和水、电供应情况,采取相应的防范和调整保证措施。

(8)及时发现和处理施工中各种事故和意外事件。

(9)协助分包人解决项目进度控制中的相关问题。

(10)定期、及时召开现场调度会议,贯彻项目主管人的决策,发布调度令。

(11)当发包人提供的资源供应进度发生变化不能满足施工进度要求时,应敦促发包人执行原计划,并对造成的工期延误及经济损失进行索赔。

第五节　项目进度计划的检查与调整

一、项目进度计划的检查

在项目施工进度计划的实施过程中,由于各种因素的影响,原始计划的安排常常会被打乱而出现进度偏差。因此,在进度计划执行一段时间后,必须对执行情况进行动态检查,并分析进度偏差产生的原因,以便为施工进度计划的调整提供必要的信息。

1. 项目进度计划检查的内容

项目进度计划的检查应包括下列内容:

(1)工作量的完成情况。

(2)工作时间的执行情况。

(3)资源使用及与进度的互配情况。

(4)上次检查提出问题的处理情况。

2. 项目进度检查的方式

在项目施工过程中,可以通过以下方式获得项目施工实际进展情况。

(1)定期地、经常地收集由承包单位提交的有关进度报表资料。

项目施工进度报表资料不仅是对工程项目实施进度控制的依据,同时也是核对工程进度的依据。在一般情况下,进度报表格式由监理单位提供给施工承包单位,施工承包单位按时填写完后提交给监理工程师核查。报表的内容根据施工对象及承包方式的不同而有所区别,但一般应包括工作的开始时间、完成时间、持续时间、逻辑关系、实物工程量和工作量,以及工作时差的利用情况等。承包单位若能准确地填报进度报表,监理工程师就能从中了解到建设工程的实际进展情况。

(2)由驻地监理人员现场跟踪检查建设工程的实际进展情况。

为了避免施工承包单位超报已完工程量,驻地监理人员有必要进行现场实地检查和监督。至于每隔多长时间检查一次,应视建设工程的类型、规模、监理范围及施工现场的条件等多方面的因素而定。可以每月或每半月检查一次,也可每旬或每周检查一次。如果在某一施工阶段出现不利情况时,甚至需要每天检查。

除上述两种方式外,由监理工程师定期组织现场施工负责人召开现场会议,也是获得工程项目实际进展情况的一种方式。通过这种面对面的交谈,监理工程师可以从中了解到施工过程中的潜在问题,以便及时采取相应的措施加以预防。

3. 项目进度检查的方法

项目施工进度检查的主要方法是比较法。常用的检查比较方法有横道图、S形曲线、香蕉形曲线、前锋线和列表比较法。

(1)横道图比较法。横道图比较法是指将项目实施过程中检查实际进度收集到的数据,经加工整理后直接用横道线平行绘于原计划的横道线处,进行实际进度与计划进度的比较方法。采用横道图比较法,可以形象、直观地反映实际进度与计划进度的比较情况。

例如,某工程的计划进度与截止到第10d的实际进度,如图6-18所示。其中粗实线表示计划进度,双线条表示实际进度。从图中可以看出:在第 10d 检查时,A 工程按期完成计划;B 工程进度落后 2 天;C 工程因早开工 1d,实际进度提前了 1d。

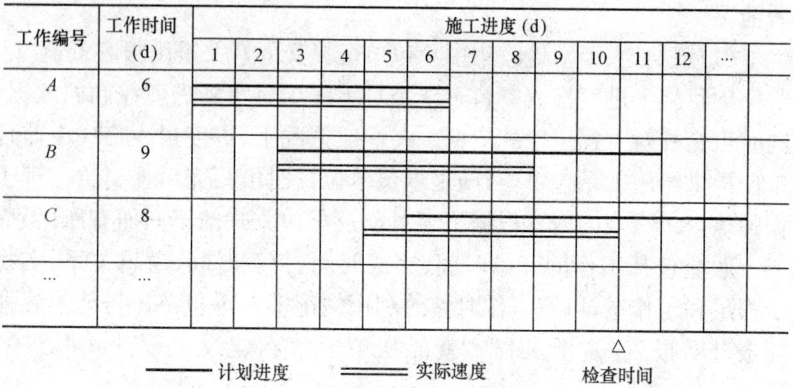

工作编号	工作时间 (d)	施工进度 (d)											
		1	2	3	4	5	6	7	8	9	10	11	12	...
A	6													
B	9													
C	8													
...	...													

───── 计划进度　　　═════ 实际速度　　　△ 检查时间

图 6-18　某工程实际进度与计划进度比较图

图 6-18 所示表达的比较方法仅适用于工程项目中的各项工作都是均匀进展的情况,即每项工作在单位时间内完成的任务量都相等。事实上,工程项目中各项工作的进展不一定是匀速的。根据工程项目中各项工作的进展是否匀速,可分别采用以下几种方法进行实际进度与计划进度的比较。

1)匀速进展横道图比较法。匀速进展是指在工程项目中,每项工作在单位时间内完成的任务量都是相等的,即工作的进展速度是均匀的。此时,每项工作累计完成的任务量与时间量线性关系,如图6-19所示。完成的任务量可以用实物工程量、劳动消耗量或费用支出表示。为了便于比较,通常用上述物理量的百分比表示。

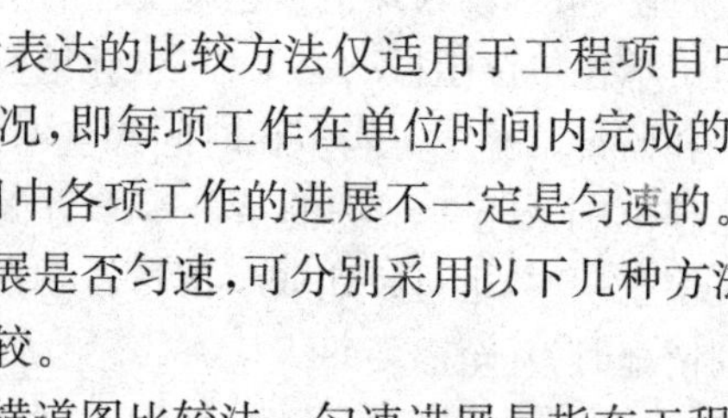

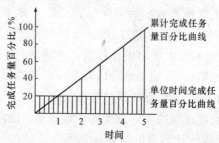

图 6-19　匀速进展工作时间与完成任务量关系曲线图

采用匀速进展横道图比较法时,其步骤如下:

①编制横道图进度计划。

②在进度计划上标出检查日期。

③将检查收集到的实际进度数据经加工整理后按比例用涂黑的粗线标于计划进度的下方,如图 6-20 所示。

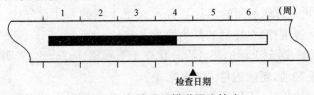

图 6-20　匀速进展横道图比较法

④对比分析实际进度与计划进度:

a. 如果涂黑的粗线右端落在检查日期左侧,表明实际进度拖后。

b. 如果涂黑的粗线右端落在检查日期右侧,表明实际进度超前。

c. 如果涂黑的粗线右端与检查日期重合,表明实际进度与计划进度一致。

必须指出,该方法仅适用于工作从开始到结束的整个过程中,其进展速度均为固定不变的情况。如果工作的进展速度是变化的,则不能采用这种方法进行实际进度与计划进度的比较,否则会得出错误的结论。

2)双比例单侧横道图比较法。双比例单侧横道图比较法是适用于工作的进度按变速进展的情况,对实际进度与计划进度进行比较的一种方法。该方法在表示工作实际进度的同时,并标出其对应时刻完成任务的累计百分比,将该百分比与其同时刻计划完成任务的累计百分比相比较,判断工作的实际进度与计划进度之间的关系。

双比例单侧横道图比较法具体步骤为:

①编制横道图进度计划。

②在横道线上方标出各主要时间工作的计划完成任务累计百分比。

③在横道线下方标出相应日期工作的实际完成任务累计百分比。

④用涂黑粗线标出实际进度线,由开工日标起,同时反映出实际

过程中的连续与间断情况。

⑤对照横道线上方计划完成任务累计量与同时刻的下方实际完成任务累计量,比较出实际进度与计划进度之偏差,可能有三种情况:

a. 同一时刻上下两个累计百分比相等,表明实际进度与计划进度一致。

b. 同一时刻上面的累计百分比大于下面的累计百分比,表明该时刻实际进度拖后,拖后的量为两者之差。

c. 同一时刻上面的累计百分比小于下面累计百分比,表明该时刻实际进度超前,超前的量为两者之差。

这种比较法,不仅适合于进展速度是变化情况下的进度比较,同样的,除标出检查日期进度比较情况外,还能提供某一指定时间两者比较的信息。当然,这要求实施部门按规定的时间记录当时的任务完成情况。

【例 6-4】 某工程项目中的基槽开挖工作按施工进度计划安排需要 7 周完成,每周计划完成的任务量百分比,如图 6-21 所示。

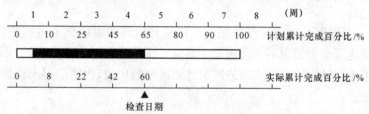

图 6-21　双比例单侧横道图比较法

【解】 ①编制横道图计划,如图 6-21 所示。

②在横道线上方标出基槽开挖工作每周计划累计完成任务量的百分比,分别为 10%、25%、45%、65%、80%、90% 和 100%。

③在横道线下方标出第 1 周至检查日期(第 4 周)每周实际累计完成任务量的百分比,分别为 8%、22%、42%、60%。

④用涂黑粗线标出实际投入的时间。图 6-21 表明,该工作实际开始时间晚于计划开始时间,在开始后连续工作,没有中断。

⑤比较实际进度与计划进度。从图 6-21 中可以看出,该工作在第一周实际进度比计划进度拖后 2%,以后各周末累计拖后分别为

3%、3%和5%。

3) 双比例双侧横道图比较法。双比例双侧横道图比较法,也是适用于工作进度按变速进展的情况,对工作实际进度与计划进度进行比较的一种方法。它是双比例单侧横道图比较法的改进和发展,是将表示工作实际进度的涂黑粗线,按照检查的期间和完成的累计百分比交替地绘制在计划横道线上下两面,其长度表示该时间内完成的任务量。工作的实际完成累计百分比标于横道线下面的检查日期处,通过两个上下相对的百分比相比较,判断该工作的实际进度与计划进度之间的关系。这种比较方法从各阶段的涂黑粗线的长度看出各期间实际完成的任务量及其本期间的实际进度与计划进度之间的关系。

其比较方法的步骤为:

①编制横道图进度计划表。

②在横道图上方标出各工作主要时间的计划完成任务累计百分比。

③在计划横道线的下方标出工作相对应日期实际完成任务累计百分比。

④用涂黑粗线分别在横道线上方和下方交替地绘制出每次检查实际完成的百分比。

⑤比较实际进度与计划进度。通过标在横道线上下方两个累计百分比,比较各时刻的两种进度的偏差。

【例 6-5】 某工程项目,计划工期为 8 个月。每月计划完成的工作量如图 6-22 所示。若该项工程每月末抽查一次,用双比例双侧横道图比较法进行施工实际进度与计划进度比较。

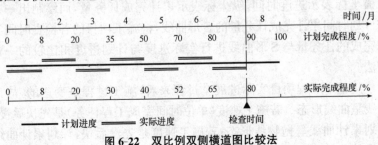

图 6-22 双比例双侧横道图比较法

【解】　①编制横道图计划,如图 6-22 所示。

②在计划横道线的下方标出工作按月检查的实际完成任务百分比,第 1 月末到第 7 月末分别为:8%、20%、30%、40%、52%、65%、80%。

③在计划横道线的上方标出工作每月计划累计完成任务量的百分比,第 1 月末到第 8 月末分别为 8%、20%、35%、50%、70%、80%、90%、100%。

④用涂黑粗线分别按规定比例在横道线上下方交替画出上述百分比。

⑤比较实际进度与计划进度。7 月末计划应完成计划的 90%,但实际只完成了计划的 80%,与 6 月末的计划要求相同,故拖延工期 1 个月;进度计划的完成程度为 89%(＝80%/90%),少完成了 10 个百分点(＝90%－80%)。

以上介绍的三种横道图比较方法,由于其形象直观,作图简单,容易理解,因而被广泛用于工程项目的进度监测中,供不同层次的进度控制人员使用。并且由于在计划执行过程中不需要修改,因而使用起来也比较方便。但由于其以横道计划为基础,因而带有不可克服的局限性。在横道计划中,各项工作之间的逻辑关系表达不明确,关键工作和关键线路无法确定。一旦某些工作实际进度出现偏差时,难以预测其对后续工作和工程总工期的影响,也就难以确定相应的进度计划调整方法。因此,横道图比较法主要用于工程项目中某些工作实际进度与计划进度的局部比较。

(2)S形曲线比较法。S形曲线比较法与横道图比较法不同,它不是在编制的横道图进度计划上进行实际进度与计划进度比较。它是以横坐标表示进度时间,纵坐标表示累计完成任务量,而绘制出一条按计划时间累计完成任务量的S形曲线,将施工项目的各检查时间实际完成的任务量与S形曲线进行实际进度与计划进度相比较的一种方法。

从整个工程项目实际进展全过程来看,施工过程是变速的,故计划线呈曲线形态。若施工速度(单位时间完成工程任务)是先快后慢,计划累计曲线呈抛物线形态;若施工速度是先慢后快,计划累计曲线呈指数曲线形态;若施工速度是快慢相间,曲线呈上升的波浪线;若施工速度是中期快首尾慢,计划累计曲线呈 S 形曲线形态。见表 6-3,其中后者居多,故而得名。

表 6-3　　　　　施工速度与累计完成任务量的关系

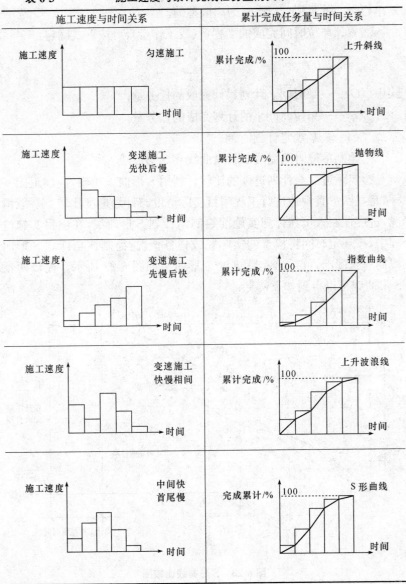

1)S形曲线的编制方法

①确定工程进展速度曲线。在实际工程中计划进度曲线,可以根据每单位时间内完成的实物工程量或投入的劳动力与费用,计算出计划单位时间的量值 q_j,则 q_j 为离散型的。

②累计单位时间完成的工程量(或工作量),可按下式确定:

$$Q_j = \sum_{j=1}^{j} q_j \tag{6-39}$$

式中 Q_j——某时间 j 计划累计完成的任务量;

q_j——单位时间 j 的计划完成的任务量;

j——某规定计划时刻。

③绘制单位时间完成工程量曲线和S形曲线。

2)实际进度与计划进度的比较。利用S形曲线比较,同横道图一样,是在图上直观地进行工程项目实际进度与计划进度比较。一般情况,进度控制人员在计划实施前绘制出计划S形曲线,在项目实施过程中,按规定时间将检查的实际完成任务情况,绘制在与计划S形曲线同一张图上,可得出实际进度S形曲线如图 6-23 所示。比较两条S形曲线可以得到如下信息:

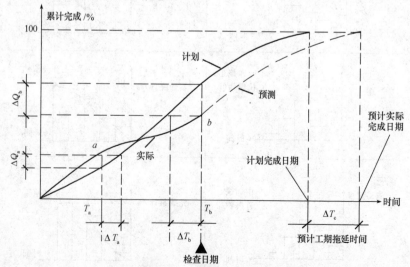

图 6-23　S形曲线比较图

①工程项目实际进展状况。如果工程实际进展点落在计划 S 曲线左侧,表明此时实际进度比计划进度超前,如图 6-23 中的 a 点;如果工程实际进展点落在计划 S 曲线右侧,表明此时实际进度拖后,如图 6-23 中的 b 点;如果工程实际进展点正好落在计划 S 曲线上,则表示此时实际进度与计划进度一致。

②工程项目实际进度超前或拖后的时间。在 S 曲线比较图中可以直接读出实际进度比计划进度超前或拖后的时间。如图 6-23 所示,ΔT_a 表示 T_a 时刻实际进度超前的时间;ΔT_b 表示 T_b 时刻实际进度拖后的时间。

③工程项目实际超额或拖欠的任务量。在 S 曲线比较图中也可直接读出实际进度比计划进度超额或拖欠的任务量。如图 6-23 所示,ΔQ_a 表示 T_a 时刻超额完成的任务量,ΔQ_b 表示 T_b 时刻拖欠的任务量。

④后期工程进度预测。如果后期工程按原计划速度进行,则可做出后期工程计划 S 形曲线,如图 6-23 中虚线所示,从而可以确定工期拖延预测值 ΔT。

(3)香蕉形曲线比较法。香蕉形曲线是两条 S 形曲线组合成的闭合图形。如前所述,工程项目的计划时间和累计完成任务量之间的关系都可用一条 S 形曲线表示。在工程项目的网络计划中,各项工作一般可分为最早和最迟开始时间,于是根据各项工作的计划最早开始时间安排进度,就可绘制出一条 S 形曲线,称为 ES 曲线,而根据各项工作的计划最迟开始时间安排进度,绘制出的 S 形曲线,称为 LS 曲线。这两条曲线都是起始于计划开始时刻,终止于计划完成之时,因而图形是闭合的;一般情况下,在其余时刻,ES 曲线上各点均应在 LS 曲线的左侧,其图形如图 6-24 所示,形似香蕉,因而得名。

香蕉曲线的绘制方法与 S 曲线的绘制方法基本相同,所不同之处在于香蕉曲线是以工作按最早开始时间安排进度和按最迟开始时间安排进度分别绘制的两条 S 曲线组合而成。其绘制步骤如下:

1)以工程项目的网络计划为基础,计算各项工作的最早开始时间和最迟开始时间。

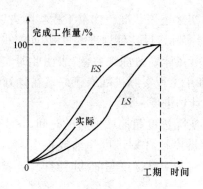

图 6-24　香蕉形曲线比较图

2)确定各项工作在各单位时间的计划完成任务量。分别按以下两种情况考虑:

①根据各项工作按最早开始时间安排的进度计划,确定各项工作在各单位时间的计划完成任务量。

②根据各项工作按最迟开始时间安排的进度计划,确定各项工作在各单位时间的计划完成任务量。

3)计算工程项目总任务量,即对所有工作在各单位时间计划完成的任务量累加求和。

4)分别根据各项工作按最早开始时间、最迟开始时间安排的进度计划,确定工程项目在各单位时间计划完成的任务量,即将各项工作在某一单位时间内计划完成的任务量求和。

5)分别根据各项工作按最早开始时间、最迟开始时间安排的进度计划,确定不同时间累计完成的任务量或任务量的百分比。

6)绘制香蕉曲线。分别根据各项工作按最早开始时间、最迟开始时间安排的进度计划而确定的累计完成任务量或任务量的百分比描绘各点,并连接各点得到 ES 曲线和 LS 曲线,由 ES 曲线和 LS 曲线组成香蕉曲线。

【例 6-6】　已知某工程项目网络计划如图 6-25 所示,有关网络计划时间参数见表 6-4;完成任务量以劳动量消耗数量表示,见表6-5。试绘制香蕉形曲线。

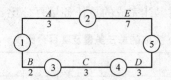

图 6-25　某施工项目网络计划

表 6-4   网络计划时间参数表

i	工作编号	工作名称	$D_i(\mathrm{d})$	ES_i	LS_i
1	1—2	A	3	0	0
2	1—3	B	2	0	2
3	3—4	C	3	2	4
4	4—5	D	3	5	7
5	2—5	E	7	3	3

表 6-5   劳动量消耗数量表

q_{ij}（工日） $j(\mathrm{d})$ i	q_{ij}^{ES}										q_{ij}^{LS}									
	1	2	3	4	5	6	7	8	9	10	1	2	3	4	5	6	7	8	9	10
1	3	3	3								3	3	3							
2	3	3										3	3							
3			3	3	3									3	3	3				
4					2	2	1											2	2	1
5				3	3	3	3	3	3	3				3	3	3	3	3	3	3

【解】　施工项目工作数 $n=5$，计划每天检查一次 $m=10$，则

①计算工程项目的总劳动消耗量 Q：

$$Q = \sum_{i=1}^{5} \sum_{j=1}^{10} q_{ij}^{ES} = 50 \qquad (6\text{-}40)$$

②计算到 j 时刻累计完成的总任务量 Q_j^{ES} 和 Q_j^{LS}，见表 6-5；

③计算到 j 时刻累计完成的总任务量百分比 μ_j^{ES}、μ_j^{LS} 见表 6-6。

表 6-6 　　　　　　　　　**完成的总任务量及其百分比表**

$j(d)$	1	2	3	4	5	6	7	8	9	10
Q_j^{ES}(工日)	6	12	18	24	30	35	40	44	47	50
Q_j^{LS}(工日)	3	6	12	18	24	30	36	41	46	50
μ_j^{ES}(%)	12	24	36	48	60	70	80	88	94	100
μ_j^{LS}(%)	6	12	24	36	48	60	72	82	92	100

④根据 μ_j^{ES}、μ_j^{LS} 及其相应的 j 绘制 ES 曲线和 LS 曲线,得香蕉型曲线,如图 6-26 所示。

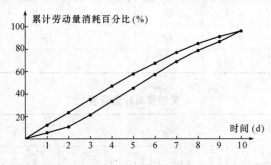

图 6-26　香蕉形曲线图

(4)前锋线比较法。前锋线比较法也是一种简单地进行工程实际进度与计划进度的比较方法。它主要适用于时标网络计划。其主要方法是从检查时刻的时标点出发,首先连接与其相邻的工作箭线的实际进度点,由此再去连接该箭线相邻工作箭线的实际进度点,依此类推,将检查时刻正在进行工作的点都依次连接起来,组成一条一般为折线的前锋线。按前锋线与箭线交点的位置判定工程实际进度与计划进度的偏差。简而言之,前锋线法就是通过工程项目实际进度前锋线,比较工程实际进度与计划进度偏差的方法。

采用前锋线比较法进行实际进度与计划进度的比较,其步骤如下:

　　1)绘制时标网络计划图。工程项目实际进度前锋线是在时标网络计划图上标示,为清楚起见,可在时标网络计划图的上方和下方各设一时间坐标。

　　2)绘制实际进度前锋线。一般从时标网络计划图上方时间坐标的检查日期开始绘制,依次连接相邻工作的实际进展位置点,最后与时标网络计划图下方坐标的检查日期相连接。

　　3)比较实际进度与计划进度。前锋线明显地反映出检查日有关工作实际进度与计划进度的关系有以下三种情况:

　　①工作实际进度点位置与检查日时间坐标相同,则该工作实际进度与计划进度一致。

　　②工作实际进度点位置在检查日时间坐标右侧,则该工作实际进度超前,超前天数为两者之差。

　　③工作实际进度点位置在检查日时间坐标左侧,则该工作实际进展拖后,拖后天数为两者之差。

　　以上比较是指匀速进展的工作,对于非匀速进展的工作比较方法较复杂。

　　【例 6-7】　某建设工程项目时标网络计划如图 6-27 所示。该计划执行到第 6 周末检查实际进度时,发现工作 A 和 B 已经全部完成,工作 D、E 分别完成计划任务量的 20% 和 50%,工作 C 尚需 3 周完成,试用前锋线法进行实际进度与计划进度的比较。

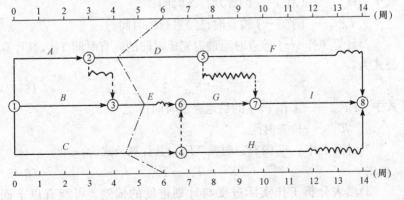

图 6-27　某工程前锋线比较图

【解】　根据第6周末实际进度的检查结果绘制前锋线,如图6-27中间画线所示。通过比较可以看出:

1)工作 D 实际进度拖后2周,将使其后续工作 F 的最早开始时间推迟2周,并使总工期延长1周。

2)工作 E 实际进度拖后1周,既不影响总工期,也不影响其后续工作的正常进行。

3)工作 C 实际进度拖后2周,将使其后续工作 G、H、I 的最早开始时间推迟2周。由于工作 G、I 开始时间的推迟,从而使总工期延长2周。

综上所述,如果不采取措施加快进度,该工程项目的总工期将延长2周。

(5)列表比较法。当工程进度计划用非时标网络图表示时,可以采用列表比较法进行实际进度与计划进度的比较。这种方法是记录检查日期应该进行的工作名称及其已经作业的时间,然后列表计算有关时间参数,并根据工作总时差进行实际进度与计划进度比较的方法。

采用列表比较法进行实际进度与计划进度的比较,其步骤如下:

1)计算检查时正在进行的工作 $i-j$ 尚需作业时间 $T_{i,j}^{②}$,其计算公式为:

$$T_{i,j}^{②} = D_{i,j} - T_{i,j}^{①} \tag{6-41}$$

式中　$D_{i,j}$——工作 $i-j$ 的计划持续时间;

$T_{i,j}^{①}$——工作 $i-j$ 检查时已经进行的时间。

2)计算工作 $i-j$ 检查时至最迟完成时间的尚有时间 $T_{i,j}^{③}$,其计算公式为:

$$T_{i,j}^{③} = LF_{i,j} - T^{②} \tag{6-42}$$

式中　$LF_{i,j}$——工作 $i-j$ 的最迟完成时间;

$T^{②}$——检查时间。

3)计算工作 $i-j$ 尚有总时差 $TF_{i,j}^{①}$,其计算公式为:

$$TF_{i,j}^{①} = T_{i,j}^{③} - T_{i,j}^{②} \tag{6-43}$$

4)填表分析工作实际进度与计划进度的偏差。可能有以下四种情况:

①如果工作尚有总时差与原有总时差相等,说明该工作实际进度与计划进度一致。

②如果工作尚有总时差大于原有总时差,说明该工作实际进度超前,超前的时间为两者之差。

③如果工作尚有总时差小于原有总时差,且仍为非负值,说明该工作实际进度拖后,拖后的时间为两者之差,但不影响总工期。

④如果工作尚有总时差小于原有总时差,且为负值,说明该工作实际进度拖后,拖后的时间为两者之差,此时工作实际进度偏差将影响总工期。

4. 工程项目进度报告

项目进度计划检查后应按下列内容编制进度报告:

(1)进度执行情况的综合描述。

(2)实际进度与计划进度的对比资料。

(3)进度计划的实施问题及原因分析。

(4)进度执行情况对质量、安全和成本等的影响情况。

(5)采取的措施和对未来计划进度的预测。

二、项目进度计划的调整

项目进度计划的调整应依据进度计划检查结果,在进度计划执行发生偏离的时候,通过对工程量、起止时间、工作关系,资源提供和必要的目标进行调整,或通过局部改变施工顺序,重新确认作业过程相互协作方式等工作关系进行的调整,更充分利用施工的时间和空间进行合理交叉衔接,并编制调整后的施工进度计划,以保证施工总目标的实现。

1. 分析进度偏差的影响

在建设工程项目实施过程中,当通过实际进度与计划进度的比较,发现有进度偏差时,需要分析该偏差对后续工作及总工期的影响,从而采取相应的调整措施对原进度计划进行调整,以确保工期目标的顺利实现。进度偏差的大小及其所处的位置不同,对后续工作和总工期的影响程度是不同的,分析时需要利用网络计划中工作总时差和自由时差的概念进行判断。其分析步骤如下:

(1)分析进度偏差的工作是否为关键工作。在工程项目的施工过程中,若出现偏差的工作为关键工作,则无论偏差大小,都对后续工作及总工期产生影响,必须采取相应的调整措施;若出现偏差的工作不为关键工作,需要根据偏差值与总时差和自由时差的大小关系,确定对后续工作和总工期的影响程度。

(2)分析进度偏差是否大于总时差。在工程项目施工过程中,若工作的进度偏差大于该工作的总时差,说明此偏差必将影响后续工作和总工期,必须采取相应的调整措施;若工作的进度偏差小于或等于该工作的总时差,说明此偏差对总工期无影响,但它对后续工作的影响程度,需要根据比较偏差与自由时差的情况来确定。

(3)分析进度偏差是否大于自由时差。在工程项目施工过程中,若工作的进度偏差大于该工作的自由时差,说明此偏差对后续工作产生影响,应该如何调整,应根据后续工作允许影响的程度而定;若工作的进度偏差小于或等于该工作的自由时差,则说明此偏差对后续工作无影响,因此,原进度计划可以不做调整。

经过如此分析,进度控制人员可以确认应该调整产生进度偏差的工作和调整偏差值的大小,以便确定调整采取的新措施,获得新的符合实际进度情况和计划目标的新进度计划。

2. 项目进度计划调整方法

当工程项目施工实际进度影响到后续工作、总工期而需要对进度计划进行调整时,通常采用下面的两种方法。

(1)改变某些工作间的逻辑关系。当工程项目实施中产生的进度偏差影响到总工期,且有关工作的逻辑关系允许改变时,可以改变关键线路和超过计划工期的非关键线路上的有关工作之间的逻辑关系,达到缩短工期的目的。例如,将顺序进行的工作改为平行作业、搭接作业以及分段组织流水作业等,都可以有效地缩短工期。对于大型群体工程项目,单位工程间的相互制约相对较小,可调幅度较大;对于单位工程内部,由于施工顺序和逻辑关系约束较大,可调幅度较小。

【例 6-8】 某建设工程项目基础工程包括挖基槽、作垫层、砌基础、回填土四个施工过程,各施工过程的持续时间分别为 21 天、15 天、18 天和 9 天,如果采取顺序作业方式进行施工,则其总工期为 63 天。为缩短该基础工程总工期,如果在工作面及资源供应允许的条件下,将基础工程划分为工程量大致相等的三个施工段组织流水作业,试绘制该基础工程流水作业网络计划,并确定其计算工期。

【解】 某基础工程流水作业网络计划,如图 6-28 所示。通过组织流水作业,使得该基础工程的计算工期由 63 天缩短为 35 天。

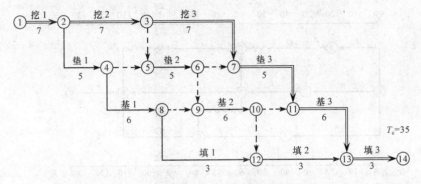

图 6-28　某基础工程流水施工网络计划

(2)缩短某些工作的持续时间。这种方法是不改变工作之间的逻辑关系,而是缩短某些工作的持续时间,而使施工进度加快,并保证实现计划工期的方法。这些被压缩了持续时间的工作是位于由于实际施工进度的拖延而引起总工期增长的关键线路和某些非关键线路上的工作。同时,这些工作又是可压缩持续时间的工作。这种方法实际上就是网络计划优化中的工期优化方法和工期与费用优化的方法。其具体做法是:

1)研究后续各工作持续时间压缩的可能性,及其极限工作持续时间。

2)确定由于计划调整,采取必要措施引起的各工作的费用变化率。

3)选择直接引起拖期的工作及紧后工作优先压缩,以免拖期影响扩大。

4)选择费用变化率最小的工作优先压缩,以求花费最小代价,满足既定工期要求。

5)综合考虑上述3)、4),确定新的调整计划。

【例 6-9】 以图 6-29 所示网络计划为例,如果在计划执行到第 40 天下班时刻检查时,其实际进度如图 6-30 中前锋线所示,试分析目前实际进度对后续工作和总工期的影响,并提出相应的进度调整措施。

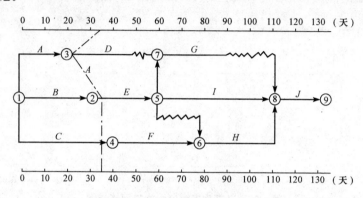

图 6-29　某工程项目时标网络计划

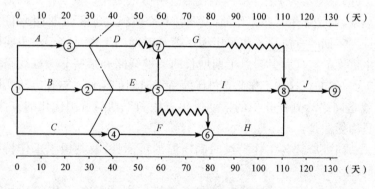

图 6-30　某工程实际进度前锋线

【解】 从图中可看出:

(1)工作 D 实际进度拖后 10 天,但不影响其后续工作,也不影响总工期。

(2)工作 E 实际进度正常,既不影响后续工作,也不影响总工期。

(3)工作 C 实际进度拖后 10 天,由于其为关键工作,故其实际进度将使总工期延长 10 天,并使其后续工作 F、H 和 J 的开始时间推迟 10 天。

如果该工程项目总工期不允许拖延,则为了保证其按原计划工期 130 天完成,必须采用工期优化的方法,缩短关键线路上后续工作的持续时间。现假设工作 C 的后续工作 F、H 和 J 均可以压缩 10 天,通过比较,压缩工作 H 的持续时间所需付出的代价最小,故将工作 H 的持续时间由 30 天缩短为 20 天。调整后的网络计划如图 6-31 所示。

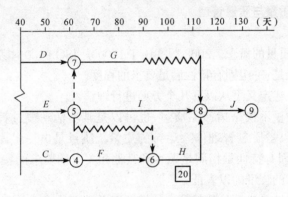

图 6-31　调整后工期不拖延的网络计划

第七章 项目质量管理

第一节 项目质量管理基础知识

一、质量与质量管理

1. 质量

(1)质量的概念。2008 版 GB/T 19000—ISO 9000 体系标准中质量的定义是：一组固有特性满足要求的程度。

对上述定义可从以下几个方面进行理解：

1)质量不仅是指产品质量，也可以是某项活动或过程的工作质量，还可以是质量管理体系运行的质量。质量是由一组固有特性组成，这些固有特性是指满足顾客和其他相关方的要求的特性，并由其满足要求的程度加以表征。

2)特性是指区分的特征。特性可以是固有的或赋予的，可以是定性的或定量的。特性有各种类型，如一般有：物质特性（如：机械的、电的、化学的或生物的特性）、官感特性（如嗅觉、触觉、味觉、视觉及感觉控测的特性）、行为特性（如礼貌、诚实、正直）、人体工效特性（如：语言或生理特性、人身安全特性）、功能特性（如：飞机的航程、速度）。质量特性是固有的特性，并通过产品、过程或体系设计和开发及其后之实现过程形成的属性。固有的意思是指在某事或某物中本来就有的，尤其是那种永久的特性。赋予的特性（如：某一产品的价格）并非是产品、过程或体系的固有特性，不是它们的质量特性。

3)满足要求就是应满足明示的（如合同、规范、标准、技术、文件、图纸中明确规定的）、通常隐含的（如组织的惯例、一般习惯）或必须履行的（如法律、法规、行业规则）的需要和期望。与要求相比较，满足要求的程度才反映为质量的好坏。对质量的要求除考虑满足顾客的需要外，还应考虑其他相关方即组织自身利益、提供原材料和零部件等供方的利益和社会的利益等多种需求。例如需考虑安全性、环境保护、节约能源等外部的强制要求。只有全面满足这些要求,才能评定为好的质量或优秀的质量。

4)顾客和其他相关方对产品、过程或体系的质量要求是动态的、发展的和相对的。质量要求随着时间、地点、环境的变化而变化。如随着技术的发展、生活水平的提高,人们对产品、过程或体系会提出新的质量要求。因此应定期评定质量要求、修订规范标准,不断开发新产品、改进老产品,以满足已提高的质量要求。另外,不同国家不同地区因自然环境条件不同,技术发达程度不同、消费水平不同和民俗习惯等不同会对产品提出不同的要求,产品应具有这种环境的适应性,对不同地区应提供不同性能的产品,以满足该地区用户的明示或隐含的要求。

(2)工程质量。工程质量是指承建工程的使用价值,是工程满足社会需要所必须具备的质量特征。它体现在工程的性能、寿命、可靠性、安全性和经济性五个方面。

1)性能。性能是指对工程使用目的提出的要求,即对使用功能方面的要求。可从内在的和外观两个方面来区别,内在质量多表现在材料的化学成分、物理性能及力学特征等方面,比如,轨枕的抗拉、压强度,钢筋的配制,钢轨枕木的断面尺寸,轨距、接头相错量,轨面高程、螺旋道钉的垂直度,桥梁落位,支座安装等。

2)寿命。寿命是指工程正常使用期限的长短。

3)可靠性。可靠性是指工程在使用寿命期限和规定的条件下完成工作任务能力的大小及耐久程度,是工程抗抵风化、有害侵蚀、腐蚀的能力。

4)安全性。安全性是指建设工程在使用周期内的安全程度,是否对人体和周围环境造成危害。

5)经济性。经济性是指效率、施工成本、使用费用、维修费用的高低,包括能否按合同要求,按期或提前竣工,工程能否提前交付使用,尽早发挥投资效益等。

(3)工序质量。工序质量也称施工过程质量,是指施工过程中劳动力、机械设备、原材料、操作方法和施工环境等五大要素对工程质量的综合作用过程,也称生产过程中五大要素的综合质量。在整个施工过程中,任何一个工序的质量存在问题,整个工程的质量都会受到影响,为了保证工程质量达到质量标准,必须对工序质量给予足够注意。必须掌握五大要素的变化与质量波动的内在联系,改善不利因素,及时控制质量波动,调整各要素间的相互关系,保证连续不断地生产合格产品。

工序质量可用工序能力和工序能力指数来表示,所谓工序能力是指工序在一定时间内处于控制状态下的实际加工能力。任何生产过程,产品质量特征值总是分散分布的。工序能力越高,产品质量特征值的分散程度越小;工序能力越低,产品质量特征值的分散程度越大。工序能力是用产品质量特征值的分布来表述的,一般用 σ 做定量描述。

工序能力指数是用来衡量工序能力对于技术标准满足程度的一种综合指标。工序能力指数 C_p 可用公差范围与工序能力的比值来表示,即

$$C_p = \frac{公差范围}{工序能力} = \frac{T}{6\sigma} \qquad (7\text{-}1)$$

式中　T——公差范围,$T = T_u - T_c$;

　　　T_u——公差上限;

　　　T_c——公差下限;

　　　σ——质量特性的标准差。

显然,工序能力指数越大,说明工序越能满足技术要求,质量指标越有保证或还有潜力可挖。

(4)工作质量。工作质量是指参与工程的建设者,为了保证工程的质量所从事的工作的水平和完善程度。

工作质量包括:社会工作质量,如社会调查、市场预测、质量回访等,生产过程工作质量如思想政治工作质量、管理工作质量、技术工作质量和后勤工作质量等。工程质量的好坏是建筑工程形成过程的各方面各环节工作质量的综合反映,而不是单纯靠质量检验检查出来的。为保证工程质量,要求有关部门和人员精心工作,对决定和影响工程质量的所有因素严加控制,即通过工作质量来保证和提高工程质量。

2. 质量管理

(1)质量管理。质量管理是指"确定质量方针、目标和职责并在质量体系中通过诸如质量策划、质量控制、质量保证和质量改进使其实施的全部管理职能的所有活动"。质量管理是下述管理职能中的所有活动。

1)确定质量方针和目标。

2)确定岗位职责和权限。

3)建立质量体系并使其有效运行。

(2)质量方针和质量目标

1)质量方针。质量方针是"由组织的最高管理者正式颁布的、该组织总的质量宗旨和方向"。

质量方针是组织总方针的一个组成部分,由最高管理者批准。它是组织的质量政策;是组织全体职工必须遵守的准则和行动纲领;是企业长期或较长时期内质量活动的指导原则,它反映了企业领导的质量意识和决策。

2)质量目标。质量目标是"与质量有关的、所追求或作为目的的事物"。

质量目标应覆盖那些为了使产品满足要求而确定的各种需求。因此,质量目标一般是按年度提出的在产品质量方面要达到的具体目标。

质量方针是总的质量宗旨、总的指导思想,而质量目标是比较具体的、定量的要求。因此,质量目标应是可测的,并且应该与质量方针,包括与持续改进的承诺相一致。

(3)质量体系。质量体系是指"为实施质量管理所需的组织结构、程序、过程和资源"。

1)组织结构是一个组织为行使其职能按某种方式建立的职责、权限及其相互关系,通常以组织结构图予以规定。一个组织的组织结构图应能显示其机构设置、岗位设置以及它们之间的相互关系。

2)资源可包括人员、设备、设施、资金、技术和方法,质量体系应提供适宜的各项资源以确保过程和产品的质量。

3)一个组织所建立的质量体系应既满足本组织管理的需要,又满足顾客对本组织的质量体系要求,但主要目的应是满足本组织管理的需要。顾客仅仅评价组织质量体系中与顾客订购产品有关的部分,而不是组织质量体系的全部。

4)质量体系和质量管理的关系是,质量管理需通过质量体系来运作,即建立质量体系并使之有效运行是质量管理的主要任务。

(4)质量策划。质量策划是"质量管理中致力于设定质量目标并规定必要的作业过程和相关资源以实现其质量目标的部分"。

最高管理者应对实现质量方针、目标和要求所需的各项活动和资源进行质量策划,并且策划的输出应文件化。质量策划是质量管理中的筹划活动,是组织领导和管理部门的质量职责之一。组织要在市场竞争中处于优胜地位,就必须根据市场信息、用户反馈意见、国内外发展动向等因素,对老产品改进和新产品开发进行筹划。就研制什么样的产品,应具有什么样的性能,达到什么样的水平,提出明确的目标和要求,并进一步为如何达到这样的目标和实现这些要求从技术、组织等方面进行策划。

(5)质量控制。质量控制是指"为达到质量要求所采取的作业技术和活动"。

1)质量控制的对象是过程。控制的结果应能使被控制对象达到规定的质量要求。

2)为使控制对象达到规定的质量要求,就必须采取适宜的有效的措施,包括作业技术和方法。

(6)质量保证。质量保证是指"为了提供足够的信任表明实体能够满足质量要求,而在质量体系中实施并根据需要进行证实的全部有计划和有系统的活动"。

1)质量保证定义的关键是"信任",对达到预期质量要求的能力提供足够的信任。质量保证不是买到不合格产品以后的保修、保换、保退。

2)信任的依据是质量体系的建立和运行。因为这样的质量体系将所有影响质量的因素,包括技术、管理和人员方面的,都采取了有效的方法进行控制,因而具有减少、消除、特别是预防不合格的机制。一言以蔽之,质量保证体系具有持续稳定地满足规定质量要求的能力。

3)供方规定的质量要求,包括产品的、过程的和质量体系的要求,必须完全反映顾客的需求,才能给顾客以足够的信任。

4)质量保证总是在有两方的情况下才存在,由一方向另一方提供信任。由于两方的具体情况不同,质量保证分为内部和外部两种。内部质量保证是企业向自己的管理者提供信任;外部质量保证是供方向顾客或第三方认证机构提供信任。

(7)质量改进。质量改进是指"质量管理中致力于提高有效性和效率的部分"。

质量改进的目的是向组织自身和顾客提供更多的利益,如更低的消耗、更低的成本、更多的收益以及更新的产品和服务等。质量改进是通过整个组织范围内的活动和过程的效果以及效率的提高来实现的。组织内的任何一个活动和过程的效果以及效率的提高都会导致一定程度的质量改进。质量改进不仅与产品、质量、过程以及质量环等概念直接相关,而且也与质量损失、纠正措施、预防措施、质量管理、质量体系、质量控制等概念有着密切的联系,所以说质量改进是通过不断减少质量损失而为本组织和顾客提供更多的利益的;也是通过采取纠正措施、预防措施而提高活动和过程的效果及效率的。质量改进是质量管理的一项重要组成部分或者说支柱之一,它通常在质量控制的基础上进行。

(8)全面质量管理。全面质量管理是指"一个组织以质量为中心,以全员参与为基础,目的在于通过让顾客满意和本组织所有成员及社会受益而达到长期成功的管理途径。"

全面质量管理的特点是针对不同企业的生产条件、工作环境及工作状态等多方面因素的变化,把组织管理、数理统计方法以及现代科学技术、社会心理学、行为科学等综合运用于质量管理,建立适用和完善的质量工作体系,对每一个生产环节加以管理,做到全面运行和控制。通过改善和提高工作质量来保证产品质量;通过对产品的形成和使用全过程管理,全面保证产品质量;通过形成生产(服务)企业全员、全企业、全过程的质量工作系统,建立质量体系以保证产品质量始终满足用户需要,使企业用最少的投入获取最佳的效益。

二、项目质量管理

1. 项目质量管理基本特征

由于项目施工涉及面广,是一个极其复杂的综合过程,再加上项目位置固定、生产流动、结构类型不一、质量要求不一、施工方法不一、体型大、整体性强、建设周期长、受自然条件影响大等特点,因此,项目的质量管理比一般工业产品的质量管理更难以实施,主要表现在以下方面:

(1)影响质量的因素多。如设计、材料、机械、地形、地质、水文、气象、施工工艺、操作方法、技术措施、管理制度等,均直接影响施工项目的质量。

(2)容易产生质量变异。因项目施工不像工业产品生产,有固定的自动性和流水线,有规范化的生产工艺和完善的检测技术,有成套的生产设备和稳定的生产环境,有相同系列规格和相同功能的产品;同时,由于影响施工项目质量的偶然性因素和系统性因素都较多,因此,很容易产生质量变异。如材料性能微小的差异、机械设备正常的磨损、操作微小的变化、环境微小的波动等,均会引起偶然性因素的质量变异;当使用材料的规格、品种有误,施工方法不妥,操作不按规程,机械故障,仪表失灵,设计计算错误等,则会引起系统性因素的质量变异,造成工程质量事故。为此,在施工中要严防出现系统性因素的质量变异;要把质量变异控制在偶然性因素范围内。

(3)容易产生第一、二判断错误。施工项目由于工序交接多,中间产品多,隐蔽工程多,若不及时检查实质,事后再看表面,就容易产生第二判断错误,也就是说,容易将不合格的产品,认为是合格的产品;反之,若检查不认真,测量仪表不准,读数有误,就会产生第一判断错误,也就是说容易将合格产品,认为是不合格的产品。这点,在进行质量检查验收时,应特别注意。

(4)质量检查不能解体、拆卸。工程项目建成后,不可能像某些工业产品那样,再拆卸或解体检查内在的质量,或重新更换零件;即使发现质量有问题,也不可能像工业产品那样实行"包换"或"退款"。

(5)质量要受投资、进度的制约。施工项目的质量受投资、进度的制约较大,如一般情况下,投资大、进度慢,质量就好;反之,质量则差。

因此,项目在施工中,还必须正确处理质量、投资、进度三者之间的关系,使其达到对立的统一。

2. 项目质量管理的原则

对项目而言,质量控制,就是为了确保合同、规范所规定的质量标准,所采取的一系列检测、监控措施、手段和方法。在进行项目质量管理过程中,应遵循以下原则:

(1)坚持"质量第一,用户至上"。社会主义商品经营的原则是"质量第一,用户至上"。建筑产品作为一种特殊的商品,使用年限较长,是"百年大计",直接关系到人民生命财产的安全。所以,工程项目在施工中应自始至终地把"质量第一,用户至上"作为质量控制的基本原则。

(2)"以人为核心"。人是质量的创造者,质量控制必须"以人为核心",把人作为控制的动力,调动人的积极性、创造性;增强人的责任感,树立"质量第一"观念;提高人的素质,避免人的失误;以人的工作质量保工序质量、保工程质量。

(3)"以预防为主"。"以预防为主",就是要从对质量的事后检查把关,转向对质量的事前控制、事中控制;从对产品质量的检查,转向对工作质量的检查、对工序质量的检查、对中间产品的质量检查。这是确保施工项目的有效措施。

(4)坚持质量标准、严格检查,一切用数据说话。质量标准是评价产品质量的尺度,数据是质量控制的基础和依据。产品质量是否符合质量标准,必须通过严格检查,用数据说话。

(5)贯彻科学、公正、守法的职业规范。建筑施工企业的项目经理,在处理质量问题过程中,应尊重客观事实,尊重科学,正直、公正,不持偏见;遵纪、守法,杜绝不正之风;既要坚持原则、严格要求、秉公办事,又要谦虚谨慎、实事求是、以理服人、热情帮助。

3. 项目质量管理的过程

任何施工项目都是由分项工程、分部工程和单位工程所组成的,而工程项目的建设,则通过一道道工序来完成。所以,施工项目的质量管理是从工序质量到分项工程质量、分部工程质量、单位工程质量的系统控制过程(图 7-1);也是一个由对投入原材料的质量控制开始,直到完成工程质量检验为止的全过程的系统过程(图 7-2)。

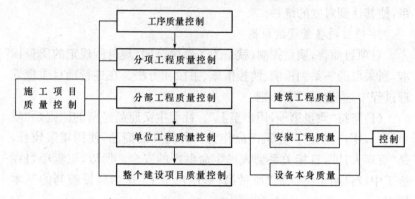

图 7-1　施工项目质量管理过程(一)

图 7-2　施工项目质量管理过程(二)

　　为了加强项目的质量管理,明确整个质量管理过程中的重点所在,可将工程项目质量管理的过程分为事前控制、事中控制和事后控制三个阶段(图 7-3)。

　　(1)事前控制。即对工程施工前准备阶段进行的质量控制。它是指在各工程对象正式施工活动开始前,对各项准备工作及影响质量的各因素和有关方面进行的质量控制。

　　1)施工技术准备工作的质量控制应符合:

　　①组织施工图纸审核及技术交底。应要求勘察设计单位按国家现行的有关规定、标准和合同规定,建立健全质量保证体系,完成符合质量要求的勘察设计工作。

　　在图纸审核中,审核图纸资料是否齐全,标准尺寸有无矛盾及错误,供图计划是否满足组织施工的要求及所采取的保证措施是否得当。

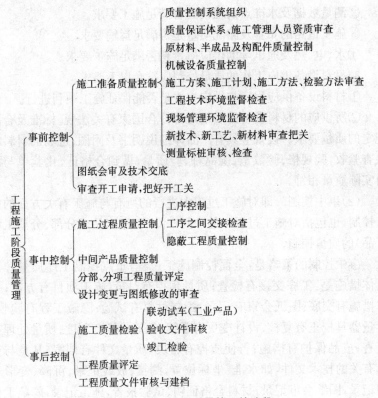

图 7-3 施工阶段质量管理的阶段

设计采用的有关数据及资料是否与施工条件相适应,能否保证施工质量和施工安全。

进一步明确施工中具体的技术要求及应达到的质量标准。

②核实资料。核实和补充对现场调查及收集的技术资料,应确保可靠性、准确性和完整性。

③审查施工组织设计或施工方案。重点审查施工方法与机械选择、施工顺序、进度安排及平面布置等是否能保证组织连续施工,审查所采取的质量保证措施。

④建立保证工程质量的必要试验设施。

2)现场准备工作的质量控制应符合以下要求:

①场地平整度和压实程度是否满足施工质量要求。

②测量数据及水准点的埋设是否满足施工要求。

③施工道路的布置及路况质量是否满足运输要求。

④水、电、热及通讯等的供应质量是否满足施工要求。

3)材料设备供应工作的质量控制应符合以下要求：

①材料设备供应程序与供应方式是否能保证施工顺利进行。

②所供应的材料设备的质量是否符合国家有关法规、标准及合同规定的质量要求。设备应具有产品详细说明书及附图；进场的材料应检查验收，验规格、验数量、验品种、验质量，做到合格证、化验单与材料实际质量相符。

(2)事中控制。即对施工过程中进行的所有与施工有关方面的质量控制，也包括对施工过程中的中间产品(工序产品或分部、分项工程产品)的质量控制。

事中控制的策略是：全面控制施工过程，重点控制工序质量。其具体措施是：工序交接有检查；质量预控有对策；施工项目有方案；技术措施有交底；图纸会审有记录；配制材料有试验；隐蔽工程有验收；计量器具校正有复核；设计变更有手续；钢筋代换有制度；质量处理有复查；成品保护有措施；行使质控有否决；质量文件有档案(凡是与质量有关的技术文件，如水准、坐标位置，测量、放线记录，沉降、变形观测记录，图纸会审记录，材料合格证明、试验报告，施工记录，隐蔽工程记录，设计变更记录，调试、试压运行记录，试车运转记录，竣工图等都要编目建档)。

(3)事后控制。事后控制是指对通过施工过程所完成的具有独立功能和使用价值的最终产品(单位工程或整个建设项目)及其有关方面(例如质量文档)的质量进行控制。其具体工作内容有：

1)组织联动试车。

2)准备竣工验收资料，组织自检和初步验收。

3)按规定的质量评定标准和办法，对完成的分项、分部工程，单位工程进行质量评定。

4)组织竣工验收，其标准是：

①按设计文件规定的内容和合同规定的内容完成施工，质量达到国家质量标准，能满足生产和使用的要求。

②主要生产工艺设备已安装配套,联动负荷试车合格,形成设计生产能力。

③交工验收的建筑物要窗明、地净、水通、灯亮、气来、采暖通风设备运转正常。

④交工验收的工程内净外洁,施工中的残余物料运离现场,灰坑填平,临时建(构)筑物拆除,2m 以内地坪整洁。

⑤技术档案资料齐全。

4. 项目质量管理程序

在进行建筑产品施工的全过程中,项目管理者要对建筑产品施工生产进行全过程、全方位的监督、检查与管理,它与工程竣工验收不同,它不是对最终产品的检查、验收,而是对生产中各环节或中间产品进行监督、检查与验收。

三、项目质量监督管理

1. 项目质量政府监督管理体制与职能

(1)政府监督管理体制。国务院建设行政主管部门对全国的建设工程质量实施统一监督管理。国务院铁路、交通、水利等有关部门按国务院规定的职责分工,负责对全国的有关专业建设工程质量的监督管理。县级以上地方人民政府建设行政主管部门对本行政区域内的建设工程质量实施监督管理。县级以上地方人民政府交通、水利等有关部门在各自职责范围内,负责本行政区域内的专业建设工程质量的监督管理。

国务院发展计划部门按照国务院规定的职责,组织稽查特派员,对国家出资的重大建设项目实施监督检查;国务院经济贸易主管部门按国务院规定的职责,对国家重大技术改造项目实施监督检查。国务院建设行政主管部门和国务院铁路、交通、水利等有关专业部门、县级以上地方人民政府建设行政主管部门和其他有关部门,对有关建设工程质量的法律、法规和强制性标准执行情况加强监督检查。

县级以上政府建设行政主管部门和其他有关部门履行检查职责时,有权要求被检查的单位提供有关工程质量的文件和资料,有权进入被检查单位的施工现场进行检查,在检查中发现工程质量存在问题时,有权责令改正。

政府的工程质量监督管理具有权威性、强制性、综合性的特点。

（2）政府监督管理职能

1）建立和完善工程质量管理法规。包括行政性法规和工程技术规范标准，前者如《中华人民共和国建筑法》、《中华人民共和国招标投标法》、《建设工程质量管理条例》等；后者如工程设计规范、建筑工程施工质量验收统一标准、工程施工质量验收规范等。

2）建立和落实工程质量责任制。包括工程质量行政领导的责任、项目法定代表人的责任、参建单位法定代表人的责任和工程质量终身负责制等。

3）建设活动主体资格的管理。国家对从事建设活动的单位实行严格的从业许可制度，对从事建设活动的专业技术人员实行严格的执业资格制度。建设行政主管部门及有关专业部门按各自分工，负责各类资质标准的审查、从业单位的资质等级的最后认定、专业技术人员资格等级的核查和注册，并对资质等级和从业范围等实施动态管理。

4）工程承发包管理。包括规定工程招投标承发包的范围、类型、条件，对招投标承发包活动的依法监督和工程合同管理。

5）控制工程建设程序。包括工程报建、施工图设计文件审查、工程施工许可、工程材料和设备准用、工程质量监督、施工验收备案等管理。

2. 项目质量监督管理法规

政府实施的建设工程质量监督管理以法律、法规和强制性标准为依据，以政府认可的第三方强制监督为主要方式。

（1）法律——《中华人民共和国建筑法》。《中华人民共和国建筑法》于 1997 年 11 月 1 日经第八届全国人大常委会第二十八次会议审议通过，并于 2011 年 4 月 22 日由第十一届全国人民代表大会常务委员会第二十次会议做出了《关于修改＜中华人民共和国建筑法＞的决定》。《建筑法》第六章规范了建筑工程质量管理，包括建筑工程的质量要求、质量义务和质量管理制度。《建筑法》第七章规范了建筑工程质量责任。《建筑法》是我国社会主义市场经济法律体系中的重要法律，对于加强建筑活动的监督管理，维护建筑市场秩序，保证建筑工程的质量和安全，促进建筑业的健康发展都具有重要意义。

　　(2)行政法规——《建设工程质量管理条例》。《建设工程质量管理条例》于 2000 年 1 月 10 日经国务院第 25 次常务会议通过,2000 年1 月 30 日发布实施。《建设工程质量管理条例》以参与建筑活动各方主体为主线,分别规定了建设单位、勘察单位、设计单位、施工单位和工程监理单位的质量责任和义务,确立了施工图设计文件审查制度、工程竣工验收制度、建设工程质量保修制度、工程质量监督管理制度等内容。《建设工程质量管理条例》对违法行为的种类和相应处罚做出了原则性的规定,同时还完善了责任追究制度,加大了处罚力度。《建设工程质量管理条例》的发布施行,对于强化政府质量监督,规范建设工程各方主体的质量责任和义务,维护建筑市场秩序,全面提高建设工程质量都具有重要意义。

　　(3)技术规范。《工程建设标准强制性条文》虽然是技术法规的过渡成果,但《建设工程质量管理条例》确立了其法律地位,已经成为工程质量管理法律规范体系中重要的组成部分。

　　(4)地方性法规。地方性法规是由省、自治区、直辖市、省级政府所在地的市、经国务院批准的较大市的人大及其常委会制定的,效力不超过本行政区域范围,作为地方司法依据之一的法规。如《北京市建设工程质量条例》、《深圳经济特区建设工程质量条例》等。

　　(5)规章。规章分为部门规章和地方政府规章两种。部门规章如《建筑工程施工许可管理办法》(据 1999 年 10 月 15 日建设部令第 71号,2001 年 7 月 4 日建设部令第 91 号修正)、《房屋建筑工程质量保修办法》(2000 年 6 月 30 日建设部令第 80 号)等。地方政府规章是省、自治区、直辖市和较大的市的人民政府,根据法律、行政法规及相应的地方性法规而制定的规章。

　　3. 项目质量监督管理制度
　　国家实行建设工程质量监督管理制度。工程质量监督管理的主体是各级政府建设行政主管部门和其他有关部门。但由于工程建设周期长、环节多、点多面广,工程质量监督工作是一项专业技术性强,且很繁杂的工作,政府部门不可能亲自进行日常检查工作。因此,工程质量监督管理由建设行政主管部门或其他有关部门委托的工程质量监督机构具体实施。

工程质量监督机构是经省级以上建设行政主管部门或有关专业部门考核认定,具有独立法人资格的单位。它受县级以上地方人民政府建设行政主管部门或有关专业部门的委托,依法对工程质量进行强制性监督,并对委托部门负责。

工程质量监督机构的主要任务有:

(1)根据政府主管部门的委托,受理建设工程项目的质量监督。

(2)制定质量监督工作方案。确定负责该项工程的质量监督工程师和助理质量监督师。根据有关法律、法规和工程建设强制性标准,针对工程特点,明确监督的具体内容、监督方式。在方案中对地基基础、主体结构和其他涉及结构安全的重要部位和关键过程,做出实施监督的详细计划安排,并将质量监督工作方案通知建设、勘察、设计、施工、监理单位。

(3)检查施工现场工程建设各方主体的质量行为。检查施工现场工程建设各方主体及有关人员的资质或资格;检查勘察、设计、施工、监理单位的质量管理体系和质量责任制落实情况;检查有关质量文件、技术资料是否齐全、符合规定。

(4)检查建设工程实体质量。按照质量监督工作方案,对建设工程地基基础、主体结构和其他涉及安全的关键部位进行现场实地抽查,对用于工程的主要建筑材料、构配件的质量进行抽查。对地基基础分部、主体结构分部和其他涉及安全的分部工程的质量验收进行监督。

(5)监督工程质量验收。监督建设单位组织的工程竣工验收的组织形式、验收程序以及在验收过程中提供的有关资料和形成的质量评定文件是否符合有关规定,实体质量是否存在严重缺陷,工程质量验收是否符合国家标准。

(6)向委托部门报送工程质量监督报告。报告的内容应包括对地基基础和主体结构质量检查的结论,工程施工验收的程序、内容和质量检验评定是否符合有关规定,及历次抽查该工程的质量问题和处理情况等。

(7)对预制建筑构件和商品混凝土的质量进行监督。

(8)对受委托部门委托按规定收取工程质量监督费。

(9)负责政府主管部门委托的工程质量监督管理的其他工作。

第二节 项目质量策划

一、项目质量策划概述

1. 项目质量策划的定义

项目质量策划,是指确定项目质量及采用的质量体系要求的目标和要求的活动,致力于设定质量目标并规定必要的作业过程和相关资源,以实现质量目标。

对上述定义,可从以下几个方面进行理解:

(1)质量策划是质量管理的前期活动,是对整个质量管理活动的策划和准备。质量策划的好坏对质量管理活动的影响是非常关键的。

(2)质量策划首先是对产品质量的策划。这项工作涉及了大量有关产品专业以及有关市场调研和信息收集方面的专门知识,因此在产品策划工作中,必须有设计部门和营销部门人员的积极参与和支持。

(3)应根据产品策划的结果来确定适用的质量体系要素和采用的程度。质量体系的设计和实施应与产品的质量特性、目标、质量要求和约束条件相适应。

(4)对有特殊要求的产品,合同和措施应制订质量计划,并为质量改进做出规定。

2. 项目质量策划的依据

(1)质量方针。质量方针是指由最高管理者正式发布的与质量有关的组织总的意图和方向。它是一个工程项目组织内部的行为准则,是该组织成员的质量意识和质量追求,也体现了顾客的期望和对顾客做出的承诺。它是根据工程项目的具体需要而确定的,一般采用实施组织(即承包商)的质量方针;若实施组织无正式的质量方针,或该项目有多个实施组织,则需要提出一个统一的项目质量方针。

(2)范围说明。即以文件的形式规定了主要项目成果和工程项目的目标(即业主对项目的需求)。它是工程项目质量策划所需的一个关键依据。

（3）产品描述。一般包括技术问题及可能影响工程项目质量策划的其他问题的细节。无论其形式和内容如何，其详细程度应能保证以后工程项目计划的进行，而且一般初步的产品描述由业主提供。

（4）标准和规则。指可能对该工程项目产生影响的任何应用领域的专用标准和规则。许多工程项目在项目策划中常考虑通用标准和规则的影响。当这些标准和规则的影响不确定时，有必要在工程项目风险管理中加以考虑。

（5）其他过程的结果。指其他领域所产生的可视为质量策划组成部分的结果，例如采购计划可能对承包商的质量要求做出规定。

3. 项目质量策划的方法

（1）成本/效益分析。工程项目满足质量要求的基本效益就是少返工、提高生产率、降低成本、使业主满意。工程项目满足质量要求的基本成本则是开展项目质量管理活动的开支。成本效益分析就是在成本和效益之间进行权衡，使效益大于成本。

（2）基准比较。就是将该工程项目的做法同其他工程项目的实际做法进行比较，希望在比较中获得改进。

（3）流程图。流程图能表明系统各组成部分间的相互关系，有助于项目班子事先估计会发生哪些质量问题，并提出解决问题的措施。

4. 项目质量策划的步骤

开展项目质量策划，一般可以分为总体策划与编辑部策划两个步骤进行。

（1）总体策划。总体策划由分公司经理主持进行。对大型、特殊工程，可邀请公司质量经理、总工程师和相关职能负责人等参与策划。

总体策划的内容有：

1）确定选聘项目经理、项目工程师。应挑选有相应资格、有工程施工管理经验的人员任命为项目经理、项目工程师，并能持证上岗。同时根据工程特点、施工规模、技术难度等情况确定项目部人数，不宜超编，也不宜无限度压缩，确保项目部工作能够高效地运转。

2）确定项目总体质量目标。依据合同条款的要求，确定项目的总体质量目标。总体目标可以摘抄合同要求，后面也可以附加"力争创⋯⋯"等。如果项目分为几个单位工程，还应该明确质量目标各是什么。

3)确定项目进度目标。施工工期应依据公司生产任务量和资源供应量综合考虑。在保证满足本工程项目的合同要求,又不影响其他工程施工的前提下,下达工期承包指标。

4)确定项目目标成本。所有工程项目均应进行承包,执行"多劳多得"的原则。分公司核算员应根据分项、分部的工程量,人工费,加上一定比例的管理费和不可预见费,核算出本项目的成本目标,并以此作为项目承包的依据。

5)物资供应。应依据工程量的大小、施工地点的远近、材料的种类等,确定好各种材料的供应方式,如物资处协助供应哪些物资,自行采购哪些物资,业主提供哪些物资,采用哪种检验方法等,都应策划周全。只有控制好材料,质量、效益才有保证。

6)项目部的临建设置。对项目部的生活、生产区的建设也应做出明确的指导,这样才有利于消除施工安全隐患,降低材料浪费,工程质量才有保证,生产效率才能提高。

(2)细部策划。被任命的项目经理、项目工程师应立即进入角色,熟悉施工现场和图纸,沟通各种联系渠道,同时组织临建施工。待项目部人员到位后,项目经理组织项目工程师、技术质量、成本核算、材料设备等方面的负责人根据总体策划的意图进行细部策划。

1)分部、分项工程的策划。项目部应按国家标准的规定,统一划分分部分项工程,为质量目标分解、分项承包、成本核算等管理上提供方便。

2)质量目标的分解。项目的总体质量目标虽已经明确,但还必须依靠分部、分项工程来实现。项目部应该对工程分部、分项逐一确定质量等级,是合格还是优良?以便当实际完成效果有偏差时尽快调整和部署,确保项目总体目标的实现。

3)项目质量、进度目标的控制方法。项目质量控制虽已有质量体系文件规定,但其中有许多是概述性的内容。这在策划时需要做出具体的规定,但要明确关键过程或特殊过程,列出检验和试验计划,规定哪些过程的测量分析要应用统计技术等。工程进度控制应该在施工进度图中,确定关键路线和关键工序,从而安排施工顺序,通过人力、物力合理调动,保证进度符合规定的要求;当安全、成本与之发生冲突时,应该怎样协调,也是质量策划的一项重要内容。

4)文件、资料的配备。与工程有关的标准规范、质量体系文件等都是施工必备的文件。怎样获得这些有效的适用文件,还缺哪些文件,项目部还应补充编制哪些内部的技术性文件和管理办法等,都应明确规定。

5)施工人员、材料和机械的配备。根据工期、成本目标及工程特点,策划出本项目各施工阶段的机械、劳力和主要物资的详细需要量计划,提交给相关部门,以便为项目部提前配备各种资源。

项目质量策划完成后,应将项目质量总体策划和细部策划的结果形成文件,诸如项目质量计划、施工组织设计、工程承包责任状、质量责任书、任命书等,并加以控制。其中工程质量计划是一种针对性很强的控制和保证工程质量的文件,在项目质量策划中占有相当重要的位置。

5. 项目质量策划的实施

(1)落实责任,明确质量目标。项目质量策划的目的就是要确保项目质量目标的实现,项目经理部是质量策划贯彻落实的基础。首先要组织精干、高效的项目领导班子,特别是选派训练有素的项目经理,是保证质量体系持续有效运行的关键。其次,对质量策划的工程总体质量目标实施分解,确定工序质量目标,并落实到班组和个人。有了这两条,贯标工作就有了基本的保障。

这里还应强调,项目部贯标工作能够保持经常性和系统性,领导层的重视和各职能部门的协调也是必不可少的因素。

(2)做好采购工作,保证原材料的质量。施工材料的好坏直接影响到建筑工程质量。如果没有好的原材料,就不可能建造出优质工程。公司应从材料计划的提出、采购及验收检验每个环节都进行严格规定和控制。项目部必须严格按采购程序的要求执行,特别是要从指定的物资合格供方名册中选择厂家进行采购,并做好检验记录。对"三无产品"坚决不采用,以保证施工进度的施工质量。

(3)加强过程控制,保证工程质量。过程控制是贯标工作和施工管理工作的一项重要内容。只有保证施工过程的质量,才能确保最终

建筑产品的质量。为此,必须做好以下几个方面的控制:

1)认真实施技术质量交底制度。每个分项工程施工前,项目部专业人员都应按技术交底质量要求,向直接操作的班组做好有关施工规范、操作规程的交底工作,并按规定做好质量交底记录。

2)实施首件样板制。样板检查合格后,再全面展开施工,确保工程的质量。

3)对关键过程和特殊过程应该制定相应的作业指导书,设置质量控制点,并从人、机、料、法、环等方面实施连续监控。必要时,开展 QC 小组活动进行质量攻关。

(4)加强检测控制。质量检测是及时发现和消除不合格工序的主要手段。质量检验的控制,主要是从制度上加以保证。如:技术复核制度、现场材料进货验收制度、三检制度、隐蔽验收制度、首件样板制度、质量联查制度和质量奖惩办法等等。通过这些检测控制,有效地防止不合格工序转序,并能制定出有针对性的纠正和预防措施。

(5)监督质量策划的落实,验证实施效果。对项目质量策划的检查重点应放在对质量计划的监督检查上。公司检查部门要围绕质量计划不定期地对项目部进行监督和指导,项目经理要经常对质量计划的落实情况进行符合性和有效性的检查,发现问题,及时纠正。在质量计划考核时,应注意证据是否确凿,奖惩分明,使项目的质量体系运行正常有效。

二、项目质量计划

1. 项目质量计划的概念

项目质量计划是指确定工程项目的质量目标和如何达到这些质量目标所规定的必要的作业过程、专门的质量措施和资源等工作。它是质量策划的一项内容,在《质量管理体系 基础和术语》中,质量计划的定义是"针对特定的项目、产品、过程或合同,规定由谁及何时应使用哪些程序和相关资源的文件"。对工程行业而言,质量计划主要是针对特定的工程项目编制的规定专门的质量措施、资源和活动顺序的文件,其作用是,对外可作为针对特定工程项目的质量保证,对内作为针对特定工程项目质量管理的依据。

2. 项目质量计划的编写依据

质量计划的编制应依据下列资料：

(1)合同中有关产品(或过程)的质量要求。

(2)与产品(或过程)有关的其他要求。

(3)质量管理体系文件。

3. 项目质量计划的编写要求

项目质量计划应由项目经理主持编制。质量计划作为对外质量保证和对内质量控制的依据文件,应体现工程项目从分项工程、分部工程到单位工程的过程控制,同时也要体现从资源投入到完成工程质量最终检验和试验的全过程控制。工程项目质量计划编写的要求主要包括以下几个方面：

(1)质量目标。合同范围内的全部工程的所有使用功能符合设计(或更改)图纸要求。分项、分部、单位工程质量达到既定的施工质量验收统一标准,合格率100%,其中专项达到：

1)所有隐蔽工程为业主质检部门验收合格。

2)卫生间、地下室、地面不出现渗漏,所有门窗不渗漏雨水。

3)所有保温层、隔热层不出现冷热桥。

4)所有高级装饰达到有关设计规定。

5)所有的设备安装、调试符合有关验收规范。

6)特殊工程的规定。

7)工程交工后维修期为一年,其中屋面防水维修期为三年。

(2)管理职责。项目经理是本工程实施的最高负责人,对工程符合设计、验收规范、标准要求负责;对各阶段、各工号按期交工负责。项目经理委托项目质量副经理(或技术负责人)负责本工程质量计划和质量文件的实施及日常质量管理工作;当有更改时,负责更改后的质量文件活动的控制和管理。

1)对本工程的准备、施工、安装、交付和维修整个过程质量活动的控制、管理、监督、改进负责。

2)对进场材料、机械设备的合格性负责。

3)对分包工程质量的管理、监督、检查负责。

4)对设计和合同有特殊要求的工程和部位负责组织有关人员、分包商和用户按规定实施,指定专人进行相互联络,解决相互间接口发生的问题。

5)对施工图纸、技术资料、项目质量文件、记录的控制和管理负责。

项目生产副经理对工程进度负责,调配人力、物力保证按图纸和规范施工,协调同业主、分包商的关系,负责审核结果、整改措施和质量纠正措施和实施。

队长、工长、测量员、试验员、计量员在项目质量副经理的直接指导下,负责所管部位和分项施工全过程的质量,使其符合图纸和规范要求,有更改者符合更改要求,有特殊规定者符合特殊要求。

材料员、机械员对进场的材料、构件、机械设备进行质量验收或退货、索赔,有特殊要求的物资、构件、机械设备执行质量副经理的指令。对业主提供的物资和机械设备负责按合同规定进行验收;对分包商提供的物资和机械设备按合同规定进行验收。

(3)资源提供。规定项目经理部管理人员及操作工人的岗位任职标准及考核认定方法。规定项目人员流动时进出人员的管理程序。规定人员进场培训(包括供方队伍、临时工、新进场人员)的内容、考核、记录等。规定对新技术、新结构、新材料、新设备修订的操作方法和操作人员进行培训并记录等。规定施工所需的临时设施(含临建、办公设备、住宿房屋等)、支持性服务手段、施工设备及通讯设备等。

(4)工程项目实现过程策划。规定施工组织设计或专项项目质量的编制要点及接口关系。规定重要施工过程的技术交底和质量策划要求。规定新技术、新材料、新结构、新设备的策划要求。规定重要过程验收的准则或技艺评定方法。

(5)材料、机械、设备、劳务及试验等采购控制。由企业自行采购的工程材料、工程机械设备、施工机械设备、工具等,质量计划作如下规定:

1)对供方产品标准及质量管理体系的要求。

2)选择、评估、评价和控制供方的方法。

3)必要时对供方质量计划的要求及引用的质量计划。

4)采购的法规要求。

5)有可追溯性(追溯所考虑对象的历史、应用情况或所处场所的能力)要求时,要明确追溯内容的形成,记录、标志的主要方法。

6)需要的特殊质量保证证据。

(6)施工工艺过程的控制。对工程从合同签订到交付全过程的控制方法做出规定。对工程的总进度计划、分段进度计划、分包工程的进度计划、特殊部位进度计划、中间交付的进度计划等做出过程识别和管理规定。

规定工程实施全过程各阶段的控制方案、措施、方法及特别要求等。其主要包括下列过程:

1)施工准备。

2)土石方工程施工。

3)基础和地下室施工。

4)主体工程施工。

5)设备安装。

6)装饰装修。

7)附属建筑施工。

8)分包工程施工。

9)冬、雨期施工。

10)特殊工程施工。

11)交付。

规定工程实施过程需用的程序文件、作业指导书(如工艺标准、操作规程、工法等),作为方案和措施必须遵循的办法。

规定对隐蔽工程、特殊工程进行控制、检查、鉴定验收、中间交付的方法。

规定工程实施过程需要使用的主要施工机械、设备、工具的技术和工作条件,运行方案,操作人员上岗条件和资格等内容,作为对施工机械设备的控制方式。

规定对各分包单位项目上的工作表现及其工作质量进行评估的方法、评估结果送交有关部门、对分包单位的管理办法等,以此控制分包单位。

(7)搬运、贮存、包装、成品保护和交付过程的控制。规定工程实施过程在形成的分项、分部、单位工程的半成品、成品保护方案、措施、交接方式等内容,作为保护半成品、成品的准则。规定工程期间交付、竣工交付、工程的收尾、维护、验评、后续工作处理的方案、措施,作为管理的控制方式。规定重要材料及工程设备的包装防护的方案及方法。

(8)安装和调试的过程控制。对于工程水、电、暖、电讯、通风、机械设备等的安装、检测、调试、验评、交付、不合格的处置等内容规定方案、措施、方式。由于这些工作同土建施工交叉配合较多,因此对于交叉接口程序、验证哪些特性、交接验收、检测、试验设备要求、特殊要求等内容要做明确规定,以便各方面实施时遵循。

(9)检验、试验和测量的过程控制。规定材料、构件、施工条件、结构形式在什么条件、什么时间必须进行检验、试验、复验,以验证是否符合质量和设计要求,如钢材进场必须进行型号、钢种、炉号、批量等内容的检验,不清楚时要进行取样试验或复验。

1)规定施工现场必须设立试验室(员)配置相应的试验设备,完善试验条件,规定试验人员资格和试验内容;对于特定要求要规定试验程序及对程序过程进行控制的措施。

2)当企业和现场条件不能满足所需各项试验要求时,要规定委托上级试验或外单位试验的方案和措施。当有合同要求的专业试验时,应规定有关的试验方案和措施。

3)对于需要进行状态检验和试验的内容,必须规定每个检验试验点所需检验、试验的特性、所采用程序、验收准则、必需的专用工具、技术人员资格、标识方式、记录等要求。例如结构的荷载试验等。

4)当有业主亲自参加见证或试验的过程或部位时,要规定该过程或部位的所在地,见证或试验时间,如何按规定进行检验试验,前后接口部位的要求等内容。例如屋面、卫生间的渗漏试验。

5)当有当地政府部门要求进行或亲临的试验、检验过程或部位时,要规定该过程或部位在何处、何时、如何按规定由第三方进行检验和试验。例如搅拌站空气粉尘含量测定、防火设施验收、压力容器使用验收,污水排放标准测定等。

6)对于施工安全设施、用电设施、施工机械设备安装、使用、拆卸等,要规定专门安全技术方案、措施、使用的检查验收标准等内容。

7)要编制现场计量网络图,明确工艺计量、检测计量、经营计量的网络、计量器具的配备方案、检测数据的控制管理和计量人员的资格。

8)编制控制测量、施工测量的方案,制定测量仪器配置,人员资格、测量记录控制、标识确认、纠正、管理等措施。

9)要编制分项、分部、单位工程和项目检查验收、交付验评的方案,作为交验时进行控制的依据。

(10)检验、试验、测量设备的过程控制。规定要在本工程项目上使用所有检验、试验、测量和计量设备的控制和管理制度,包括:

1)设备的标识方法。

2)设备校准的方法。

3)标明、记录设备准状态的方法。

4)明确哪些记录需要保存,以便一旦发现设备失准时,便确定以前的测试结果是否有效。

(11)不合格品的控制。要编制工种、分项、分部工程不合格产品出现的方案、措施,以及防止与合格之间发生混淆的标识和隔离措施。规定哪些范围不允许出现不合格;明确一旦出现不合格哪些允许修补返工,哪些必须推倒重来,哪些必须局部更改设计或降级处理。

编制控制质量事故发生的措施及一旦发生后的处置措施。

规定当分项分部和单位工程不符合设计图纸(更改)和规范要求时,项目和企业各方面对这种情况的处理有如下职权:①质量监督检查部门有权提出返工修补处理、降级处理或做不合格品处理;②质量监督检查部门以图纸(更改)、技术资料、检测记录为依据用书面形式向以下各方发出通知:当分项分部项目工程不合格时通知项目质量副经理和生产副经理;当分项工程不合格时通知项目经理;当单位工程不合格时通知项目经理和公司生产经理。

对于上述返工修补处理、降级处理或不合格的处理,接受通知方有权接受和拒绝这些要求;当通知方和接收通知方意见不能调解时,则上级质量监督检查部门、公司质量主管负责人,乃至经理裁决;若仍不能解决时申请由当地政府质量监督部门裁决。

4. 项目质量计划编写内容

编写项目质量计划时应确定下列内容：

(1)质量目标和要求。

(2)质量管理组织和职责。

(3)所需的过程、文件和资源。

(4)产品(或过程)所要求的评审、验证、确认、监视、检验和试验活动,以及接收准则。

(5)记录的要求。

(6)所采取的措施。

第三节　项目质量控制

一、项目质量控制概述

1. 项目质量控制的概念

项目质量控制是指为达到项目质量要求采取的作业技术和活动。工程项目质量要求则主要表现为工程合同、设计文件、技术规范规定的质量标准。因此,工程项目质量控制就是为了保证达到工程合同设计文件和标准规范规定的质量标准而采取的一系列措施、手段和方法。

建设工程项目质量控制按其实施者不同,包括三方面:一是业主方面的质量控制;二是政府方面的质量控制;三是承建商方面的质量控制。这里的质量控制主要指承建商方面的内部的、自身的控制。

2. 项目质量控制的目标

项目质量控制是指采取有效措施,确保实现合同(设计承包合同、施工承包合同与订货合同等)商定的质量要求和质量标准,避免常见的质量问题,达到预期目标。一般来说,工程项目质量控制的目标要求是:

(1)工程设计必须符合设计承包合同规定的规范标准的质量要求,投资额、建设规模应控制在批准的设计任务书范围内。

(2)设计文件、图纸要清晰完整,各相关图纸之间无矛盾。

(3)工程项目的设备选型、系统布置要经济合理、安全可靠、管线紧凑、节约能源。

（4）环境保护措施、"三废"处理、能源利用等要符合国家和地方政府规定的指标。

（5）施工过程与技术要求相一致，与计划规范相一致，与设计质量要求相一致，符合合同要求和验收标准。

工程项目的质量控制在项目管理中占有特别重要的地位。确保工程项目的质量，是工程技术人员和项目管理人员的重要使命。近年来，国家已明确规定把建筑工程优良品率作为考核建筑施工企业的一项重要指标，要求施工企业在施工过程中推行全面质量管理、价值工程等现代管理方法，使工程质量明显提高。但是，目前我国建筑业的质量管理仍不尽人意，还存在不少施工质量问题，这些问题的出现，大大影响了用户的使用效果，严重的甚至还造成人身伤亡事故，给建设事业造成了极大的损失。为了确保项目的质量，应下大力气抓好质量控制。

3. 项目质量控制的关键环节

（1）提高质量意识。要提高所有参加工程项目施工的全体职工（包括分包单位和协作单位）的质量意识，特别是工程项目领导班子成员的质量意识，认识到"质量第一"是个重大政策，树立"百年大计，质量第一"的思想；要有对国家、对人民负责的高度责任感和事业心，把工程项目质量的优劣作为考核工程项目的重要内容，以优良的工程质量来提高企业的社会信誉和竞争能力。

（2）落实企业质量体系的各项要求，明确质量责任制。工程项目要认真贯彻落实本企业建立的文件化质量体系的各项要求，贯彻工程项目质量计划。工程项目领导班子成员、各有关职能部门或工作人员都要明确自己在保证工程质量工作中的责任，各尽其职，各负其责，以工作质量来保证工程质量。

（3）提高职工素质。这是搞好工程项目质量的基本条件。参加工程项目的职能人员是管理者，工人是操作者，都直接决定着工程项目的质量。必须努力提高参加工程项目职工的素质，加强职业道德教育和业务技术培训，提高施工管理水平和操作水平，努力创出第一流的工程质量。

（4）搞好工程项目质量管理的基础工作。主要包括质量教育、标准化、计量和质量信息工作。

1）质量教育工作。要对全体职工进行质量意识的教育，使全体职工明确质量对国家四化建设的重大意义，质量与人民生活密切相关，质量是企业的生命。进行质量教育工作要持之以恒，有计划、有步骤地实施。

2）标准化工作。对工程项目来说，从原材料进场到工程竣工验收，都要有技术标准和管理标准，要建立一套完整的标准化体系。技术标准是根据科学技术水平和实践经验，针对具有普遍性和重复出现的技术问题提出的技术准则。在工程项目施工中，除了要认真贯彻国家和上级颁发的技术标准、规范外，还应结合本工程的情况制定工艺标准，作为指导施工操作和工程质量要求的依据。管理标准是对各项管理工作的规定，如各项工作的办事守则、职责条例、规章制度等。

3）计量工作。计量工作是保证工程质量的重要手段和方法。要采用法定计量单位，做好量值传递，保证量值的统一。对本工程项目中采用的各项计量器具，要建立台账，按国家和上级规定的周期，定期进行检定。

4）质量信息工作。质量信息反映工程质量和各项管理工作的基本数据和情况。在工程项目施工中，要及时了解建设单位、设计单位、质量监督部门的信息，及时掌握各施工班组的质量信息，认真做好原始记录，如分项工程的自检记录等，便于项目经理和有关人员及时采取对策。

二、项目质量控制的数理统计方法

1. 数理统计的基本概念

数据是进行质量管理的基础，"一切用数据说话"才能做出科学的判断。数理统计就是用统计的方法，通过收集、整理质量数据，帮助我们分析、发现质量问题，从而及时采取对策措施，纠正和预防质量事故。

利用数理统计方法控制质量可以分为三个步骤，即统计调查和整理、统计分析以及统计判断。

第一步，统计调查和整理：根据解决某方面质量问题的需要收集数据,将收集到的数据加以整理和归档,用统计表和统计图的方法,并借助于一些统计特征值(如平均数、标准偏差等)来表达这批数据所代表的客观对象的统计性质。

第二步,统计分析:对经过整理、归档的数据进行统计分析,研究它的统计规律。例如判断质量特征的波动是否出现某种趋势或倾向,影响这种波动的又是什么因素,其中有无异常波动等。

第三步,统计判断:根据统计分析的结果对总体的现状或发展趋势做出有科学根据的判断。

2. 数理统计的内容

(1)母体。母体又称总体、检查批或批,指研究对象全体元素的集合。母体分有限母体和无限母体两种。有限母体有一定数量表现,如一批同牌号、同规格的钢材或水泥等;无限母体则没有一定数量表现,如一道工序,它源源不断地生产出某一产品,本身是无限的。

(2)子样。从母体中取出来的部分个体,也叫试样或样本。子样分随机取样和系统抽样,前者多用于产品验收,即母体内各个体都有相同的机会或有可能被抽取;后者多用于工序的控制,即每经一定的时间间隔,每次连续抽取若干产品作为子样,以代表当时的生产情况。

(3)母体与子样、数据的关系。子样的各种属性都是母体特性的反映。在产品生产过程中,子样所属的一批产品(有限母体)或工序(无限母体)的质量状态和特性值,可从子样取得的数据来推测、判断。母体与子样数据的关系,如图7-4所示。

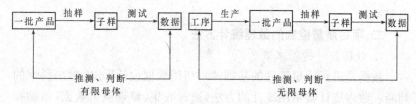

图7-4 母体与子样数据的关系

(4)随机现象。在日常生产、生活的实践活动中,在基本条件不变的情况下,经常会碰到一些不确定的,时而出现这种结果,时而又出现那种结果的现象,这种现象称为随机现象。例如,配制混凝土时,同样的配合比,同样的设备,同样的生产条件,混凝土抗压强度可能偏高,也可能偏低。这就是随机现象。随机现象实质上是一种不确定的现象。然而,随机现象并不是不可以认识的。概率论就是研究这种随机现象规律性的一门学科。

(5)随机事件。为了仔细地考察一个随机现象,就需要分析这个现象的各种表现。如某一道工序加工产品的质量,可以表现为合格,也可以表现为不合格。我们把随机现象的每一种表现或结果称为随机事件(简称为事件)。这样,"加工产品合格"和"加工产品不合格"就是随机现象中的两个随机事件。在某一次试验中既定的随机事件可能出现也可能不出现,但经过大量重复的试验后,它却具有某种规律性的表现或结果。

(6)随机事件的频率。频率是衡量随机事件发生可能性大小的一种数量标志。在试验数据中,随机事件发生的次数叫"频数",它与数据总数的比值叫"频率"。

3. 质量数据的分类

质量数据是指由个体产品质量特性值组成的样本(总体)的质量数据集,在统计上称为变量;个体产品质量特性值称变量值。根据质量数据的特点,可以将其分为计量数据和计数数据。

(1)计量数据。凡是可以连续取值的或者说可以用测量工具具体测读出小数点以下数值的这类数据就叫做计量数据。如长度、容积、重量、化学成分、温度等。就拿长度来说,在 $1\sim2$mm 之间,还可以连续测出 1.1mm、1.2mm、1.3mm 等等数值来,而在 $1.1\sim1.2$mm 之间,又可以进一步测得 1.11mm、1.12mm、1.13mm 等数值来。这些就是计量数据。

(2)计数数据。凡是不能连续取值的,或者说即使用测量工具测量,也得不到小数点以下的数据,而只能得到 0 或 1、2、3、4……自然数的这类数据叫做计数数据。如废品件数、不合格品件数、疵点数、缺陷数等等。就拿废品件数来说,就是用卡板、塞规去测量,也只能得到 1 件、2 件、3 件……废品数。计数数据还可以细分为计件数据和计点数据。计件数据是指按件计数的数据,如不合格品件数、不合格品率等。计点数据是指按点计数的数据,如疵点数、焊缝缺陷数、单位缺陷数等等。

4. 质量数据的收集方法

（1）全数检验。全数检验是对总体中的全部个体逐一观察、测量、计数、登记，从而获得对总体质量水平评价结论的方法。全数检验一般比较可靠，能提供大量的质量信息，但要消耗很多人力、物力、财力和时间，特别是不能用于具有破坏性的检验和过程质量控制，应用上具有局限性；在有限的总体中，对重要的检测项目，当可采用简易快速的不破损检验方法时可选用全数检验方案。

（2）随机抽样检验。抽样检验是按照随机抽样的原则，从总体中抽取部分个体组成样本，根据对样品进行检测的结果，推断总体质量水平的方法。随机抽样检验抽取样品不受检验人员主观意愿的支配，每一个体被抽中的概率都相同，从而保证了样本在总体中的分布比较均匀，有充分的代表性；同时它还具有节省人力、物力、财力、时间和准确性高的优点；它又可用于破坏性检验和生产过程的质量监控，完成全数检测无法进行的检测项目，具有广泛的应用空间。随机抽样的具体方法有：

1）单纯随机抽样法：这种方法适用于对母体缺乏基本了解的情况下，按随机的原则直接从母体 N 个单位中抽取 n 个单位作为样本。样本的获取方式常用的有两种：一是利用随机数表和一个六面体骰子作为随机抽样的工具。通过掷骰子所得的数字，相应地查对随机数表上的数值，然后确定抽取试样编号。二是利用随机数骰子，一般为正六面体。六个面分别标 1～6 的数字。在随机抽样时，可将产品分成若干组，每组不超过 6 个，并按顺序先排列好，标上编号，然后掷骰子，骰子正面表现的数，即为抽取的试样编号。

2）分层随机抽样法：就是事先把在不同生产条件下（不同的工人、不同的机器设备、不同的材料来源、不同的作业班次等）制造出来的产品归类分组，然后再按一定的比例从各组中随机抽取产品组成子样。

3）整群随机抽样：这种办法的特点不是一次随机抽取一个产品，而是一次随机抽取若干个产品组成子样。比如，对某种产品来说，每隔 20h 抽出其中一个小时的产品组成子样；或者是每隔一定时间抽取若干个产品组成子样。这种抽样的优点是手续简便，缺点是子样的代表性差,抽样误差大。这种方法常用在工序控制中。

4)等距抽样:等距抽样又称机械抽样、系统抽样,是将个体按某一特性排队编号后均分为 n 组,这时每组有 $K=N/n$ 个个体,然后在第一组内随机抽取第一件样品,以后每隔一定距离(K 号)抽选出其余样品组成样本的方法。如在流水作业线上每生产 100 件产品抽出一件产品做样品,直到抽出 n 件产品组成样本。在这里距离可以理解为空间、时间、数量的距离。若分组特性与研究目的有关,就可看作分组更细且等比例的特殊分层抽样,样品在总体中分布更均匀,更有代表性,抽样误差也最小;若分组特性与研究目的无关,就是纯随机抽样。进行等距抽样时特别要注意的是所采用的距离(K 值)不要与总体质量特性值的变动周期一致,如对于连续生产的产品按时间距离抽样时,相隔的时间不应是每班作业时间 8h 的约数或倍数,以避免产生系统偏差。

5)多阶段抽样:多阶段抽样又称多级抽样。上述抽样方法的共同特点是整个过程中只有一次随机抽样,因而统称为单阶段抽样。但是当总体很大时,很难一次抽样完成预定的目标。多阶段抽样是将各种单阶段抽样方法结合使用,通过多次随机抽样来实现的抽样方法。如检验钢材、水泥等质量时,可以对总体按不同批次分为 R 群,从中随机抽取 r 群,而后在中选的 r 群中的 M 个个体中随机抽取 m 个个体,这就是整群抽样与分层抽样相结合的二阶段抽样,它的随机性表现在群间和群内有两次。

5. 质量控制中常用的统计分析方法

(1)排列图法

1)作图方法。排列图(图 7-5)有两个纵坐标,左侧纵坐标表示产品频数,即不合格产品件数;右侧纵坐标表示频率,即不合格产品累计百分数。图中横坐标表示影响产品质量的各个不良因素或项目,按影响质量程度的大小,从左到右依次排列。每个直方形的高度表示该因素影响的大小,图中曲线称为巴雷特曲线。在排列图上,通常把曲线的累计百分数分为三级,与此相对应的因素分三类:A 类因素对应于频率 0~80%,是影响产品质量的主要因素;B 类因素对应于频率 80%~90%,为次要因素;与频率 90%~100% 相对应的为 C 类因素,属一般影响因素。运用排列图,便于找出主次矛盾,使错综复杂问题一目了然,有利于采取对策,加以改善。

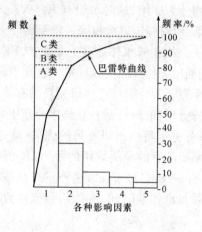

图 7-5　排列图

2)作图步骤。做排列图需要以准确而可靠的数据为基础,一般按以下步骤进行:

①按照影响质量的因素进行分类。分类项目要具体而明确,一般按产品品种、规格、不良品、缺陷内容或经济损失等情况而定。

②统计计算各类影响质量因素的频数和频率。

③画左右两条纵坐标,确定两条纵坐标的刻度和比例。

④根据各类影响因素出现的频数大小,从左到右依次排列在横坐标上。各类影响因素的横向间隔距离要相同,并画出相应的矩形图。

⑤将各类影响因素发生的频率和累计频率逐个标注在相应的坐标点上,并将各点连成一条折线。

⑥在排列图的适当位置,注明统计数据的日期、地点、统计者等可供参考的事项。

3)排列图绘制实例。某工地现浇混凝土结构尺寸质量检查结果是:在全部检查的 8 个项目中不合格点(超偏差限值)有 165 个,为改进并保证质量,应对这些不合格点进行分析,以便找出混凝土结构尺寸质量的薄弱环节。

①收集整理数据。首先收集混凝土结构尺寸各项目不合格点的数据资料,见表 7-1。各项目不合格点出现的次数即频数。然后对数据资料进行整理,将不合格点较少的轴线位置、预理设施中心位置、预留孔洞中心位置三项合并为"其他"项。按不合格点的频数由大到小顺序排列各检查项目,"其他"项排在最后。以全部不合格点数为总数,计算各项的频率和累计频率,结果见表 7-2。

表 7-1　　　　　　　　　　不合格点统计表

序　号	检查项目	不合格点数
1	轴线位置	6
2	垂直度	10
3	标高	1
4	截面尺寸	48
5	电梯井	18
6	表面平整度	80
7	预埋设施中心位置	1
8	预留孔洞中心位置	1

表 7-2　　　　　　　　　不合格点项目频数频率统计表

序　号	项　目	频　数	频率(%)	累计频率(%)
1	表面平整度	80	48.5	48.5
2	截面尺寸	48	29.1	77.6
3	电梯井	18	10.9	88.5
4	垂直度	10	6.1	94.6
5	轴线位置	6	3.6	98.2
6	其　他	3	1.8	100.0
合　计		165	100	

②图 7-6 为混凝土结构尺寸不合格点排列图。排列图的绘制步骤如下:

a. 画横坐标。将横坐标按项目数等分,并按项目频数由大到小顺序从左至右排列,该例中横坐标分为六等份。

b. 画纵坐标。左侧的纵坐标表示项目不合格点数即频数,右侧纵坐标表示累计频率。要求总频数对应累计频率100%。该例中165应与100%在一条水平线上。

c. 画频数直方形。以频数为高画出各项目的直方形。

d. 画累计频率曲线。从横坐标左端点开始,依次连接各项目直方形右边线及所对应的累计频率值的交点,所得的曲线为累计频率曲线。

e. 记录必要的事项。如标题、收集数据的方法和时间等。

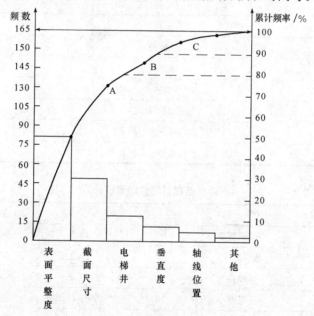

图 7-6   混凝土结构尺寸不合格点排列图

4)做排列图应注意以下几个问题:

①要注意所取数据的时间和范围。做排列图的目的是为了找出影响质量因素的主次因素,如果收集的数据不是在发生时间内或不属本范围内的数据,作出的排列图起不了控制质量的作用。所以,为了有利于工作循环和比较,说明对策的有效性。就必须注意所取数据的

时间和范围。

②找出的主要因素最好是1~2个,最多不超过3个,否则失去了抓主要矛盾的意义。如遇到这类情况需要重新考虑因素分类。遇到项目较多时,可适当合并一般项目,不太重要的项目通常可以列入"其他"栏内,排在最后一项。

②针对影响质量的主要因素采取措施后,在PDCA循环过程中,为了检查实施效果需重新做排列图进行比较。

5)排列图的应用。排列图可以形象、直观地反映主次因素。其主要应用有:

①按不合格点的缺陷形式分类,可以分析出造成质量问题的薄弱环节。

②按生产作业分类,可以找出生产不合格品最多的关键过程。

③按生产班组或单位分类,可以分析比较各单位技术水平和质量管理水平。

④将采取提高质量措施前后的排列图对比,可以分析措施是否有效。

⑤此外还可以用于成本费用分析、安全问题分析等。

(2)直方图法

1)直方图的做法。直方图可以按以下步骤绘制:

①计算极差:收集一批数据(一般取$n > 50$),在全部数据中找出最大值x_{max}和最小值x_{min},极差R可以按下式求得:

$$R = x_{max} - x_{min} \tag{7-2}$$

②确定分组的组数:一批数据究竟分为几组,并无一定规则,一般采用表7-3的经验数值来确定。

表7-3　　　　　　　　　　数据分组参考表

数据个数(n)	组数(k)
50以内	5~6
50~100	6~10
100~250	7~12
250以上	10~20

③计算组距:组距是组与组之间的差距。分组要恰当,如果分得太多,则画出的直方图像"锯齿状"从而看不出明显的规律,如分得太少,会掩盖组内数据变动的情况,组距可按下式计算:

$$h = \frac{R}{k} \tag{7-3}$$

式中　R——极差;

　　　k——组数。

④计算组界 r_i:一般情况下,组界计算方法如下:

$$r_1 = x_{\min} - \frac{h}{2} \tag{7-4}$$

$$r_i = r_{i-1} + h \tag{7-5}$$

为了避免某些数据正好落在组界上,应将组界取得比数据多一位小数。

⑤频数统计:根据收集的每一个数据,用正字法计算落入每一组界内的频数,据以确定每一个小直方的高度。以上做出的频数统计,已经基本上显示了全部数据的分布状况,再用图示则更加清楚。直方图的图形由横轴和纵轴组成。选用一定比例在横轴上划出组界,在纵轴上划出频数,绘制成柱形的直方图。

2)直方图绘制实例。某建筑工地浇筑 C30 混凝土,为对其抗压强度进行质量分析,共收集了 50 份抗压强度试验报告单,经整理见表 7-4。

表 7-4　　　　　　　　　　　　数据整理表　　　　　　　　　　（N/mm²）

序　号	抗压强度数据					最大值	最小值
1	39.8	37.7	33.8	31.5	36.1	39.8	31.5
2	37.2	38.0	33.1	39.0	36.0	39.0	33.1
3	35.8	35.2	31.8	37.1	34.0	37.1	31.8
4	39.9	34.3	33.2	40.4	41.2	41.2	33.2
5	39.2	35.4	34.4	38.1	40.3	40.3	34.4
6	42.3	37.5	35.5	39.3	37.3	42.3	35.5
7	35.9	42.4	41.8	36.3	36.2	42.4	35.9
8	46.2	37.6	38.3	39.7	38.0	46.2	37.6
9	36.4	38.3	43.4	38.2	38.0	42.4	36.4
10	44.4	42.0	37.9	38.4	39.5	44.4	37.9

①计算极差 R：极差 R 是数据中最大值和最小值之差，本例中：

$$x_{\max}=46.2\mathrm{N/mm^2}$$

$$x_{\min}=31.5\mathrm{N/mm^2}$$

$$R=x_{\max}-x_{\min}=46.2-31.5=14.7(\mathrm{N/mm^2})$$

②确定组数 k：根据表 7-3，本例中取 $k=8$。

③计算组距 h：

$$h=\frac{R}{k}=\frac{14.7}{8}=1.84\approx2(\mathrm{N/mm^2})$$

④计算组界：

$$r_1=x_{\min}-\frac{h}{2}=31.5-\frac{2.0}{2}=30.5$$

第一组上界：$30.5+h=30.5+2=32.5$

第二组下界＝第一组上界＝32.5

第二组上界：$32.5+h=32.5+2=34.5$

以下以此类推，最高组界为 $44.5\sim46.5$，分组结果覆盖了全部数据。

⑤编制数据频数统计表：统计各组频数，可采用唱票形式进行，频数总和应等于全部数据个数。本例频数统计结果见表 7-5。

表 7-5　　　　　　　　　　　频数统计表

组号	组限(N/mm²)	频数统计	频数	组号	组限(N/mm²)	频数统计	频数
1	30.5～32.5	丁	2	5	38.5～40.5	正正	9
2	32.5～34.5	正一	6	6	40.5～42.5	正	5
3	34.5～36.5	正正	10	7	42.5～44.5	丁	2
4	36.5～38.5	正正正	15	8	44.5～46.5	一	1
合　　计							50

⑥绘制频数分布直方图：在频数分布直方图中，横坐标表示质量特性值，本例中为混凝土强度，并标出各组的组限值。根据表 7-5 可画出以组距为底，以频数为高的 k 个直方形，便得到混凝土强度的频数分布直方图，如图 7-7 所示。

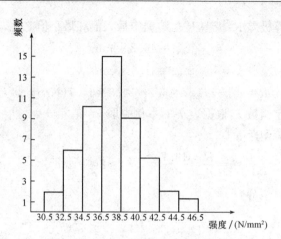

图 7-7　混凝土强度频数分布直方图

3)直方图图形分析。直方图形象直观地反映了数据分布情况，通过对直方图的观察和分析可以看出生产是否稳定，及其质量的情况。常见的直方图典型形状有以下几种，如图 7-8 所示。

①对称型——中间为峰，两侧对称分散者为对称形，如图 7-8(a)所示。这是工序稳定正常时的分布状况。

②孤岛型——在远离主分布中心的地方出现小的直方，形如孤岛，如图 7-8(b)所示。孤岛的存在表明生产过程中出现了异常因素，例如原材料一时发生变化；有人代替操作；短期内工作操作不当。

③双峰型——直方图呈现两个顶峰，如图 7-8(c)所示。这往往是两种不同的分布混在一起的结果。例如两台不同的机床所加工的零件所造成的差异。

④偏向型——直方图的顶峰偏向一侧，故又称偏坡型，如图7-8(d)所示。它往往是因计数值或计量值只控制一侧界限或剔除了不合格数据造成的。

⑤平顶型——在直方图顶部呈平顶状态，如图 7-8(e)所示。一般是由多个母体数据混在一起造成的，或者在生产过程中有缓慢变化的因素在起作用所造成。如操作者疲劳而造成直方图的平顶状。

⑥绝壁型——是由于数据收集不正常，可能有意识地去掉下限以

下的数据,或是在检测过程中存在某种人为因素所造成的,如图7-8(f)所示。

⑦锯齿型——直方图出现参差不齐的形状,即频数不是在相邻区间减少,而是隔区间减少,形成了锯齿状,如图 7-8(g)所示。造成这种现象的原因不是生产上的问题,而主要是绘制直方图时分组过多或测量仪器精度不够而造成的。

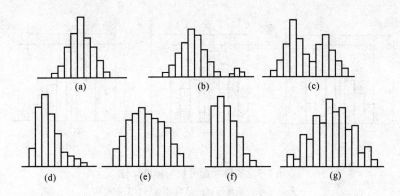

图 7-8　常见直方图形

(a)对称型;(b)孤岛型;(c)双峰型;(d)偏向型;
(e)平顶型;(f)绝壁型;(g)锯齿型

4)与质量标准对照比较。做出直方图后,除了观察直方图形状,分析质量分布状态外,再将正常型直方图与质量标准比较,从而判断实际生产过程能力。正常型直方图与质量标准相比较,如图7-9所示。

①如图 7-9(a)所示,B 在 T 中间,质量分布中心 $\bar{x}$ 与质量标准中心 M 重合,实际数据分布与质量标准相比较两边还有一定余地。这样的生产过程质量是很理想的,说明生产过程处于正常的稳定状态。在这种情况下生产出来的产品可认为全都是合格品。

②如图 7-9(b)所示,B 虽然落在 T 内,但质量分布中 $\bar{x}$ 与 T 的中心 M 不重合,偏向一边。这样如果生产状态一旦发生变化,就可能超出质量标准下限而出现不合格品。出现这种情况时应迅速采取措施,使直方图移到中间来。

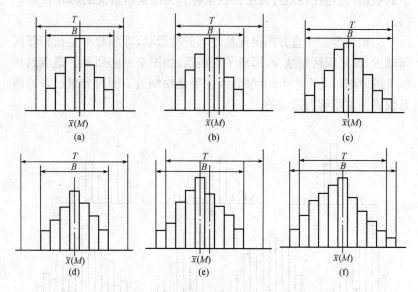

图7-9 实际质量分析与标准比较

T—质量标准要求界限;B—实际质量特性分布范围

③图 7-9(c)所示,B 在 T 中间,且 B 的范围接近 T 的范围,没有余地,生产过程一旦发生小的变化,产品的质量特性值就可能超出质量标准。出现这种情况时,必须立即采取措施,以缩小质量分布范围。

④如图 7-9(d)所示,B 在 T 中间,但两边余地太大,说明加工过于精细,不经济。在这种情况下,可以对原材料、设备、工艺、操作等控制要求适当放宽些,有目的地使 B 扩大,从而有利于降低成本。

⑤如图 7-9(e)所示,质量分布范围 B 已超出标准下限之外,说明已出现不合格品。此时必须采取措施进行调整,使质量分布位于标准之内。

⑥如图 7-9(f)所示,质量分布范围完全超出了质量标准上、下界限,散差太大,产生许多废品,说明过程能力不足,应提高过程能力,使质量分布范围 B 缩小。

5)直方图法的应用。直方图的用途可归纳为以下几点:

①作为反映质量情况的报告。

②用于质量分析。将直方图与标准(规格)进行比较,易于发现异常,以便进一步分析原因,采取措施。

③用于计算工序能力。

④用于施工现场工序状态管理控制。

(3)因果分析图法

1)因果分析图绘制步骤。因果分析图的绘制一般按以下步骤进行:

①先确定要分析的某个质量问题(结果),然后由左向右画粗干线,并以箭头指向所要分析的质量问题(结果)。

②座谈议论、集思广益、罗列影响该质量问题的原因。谈论时要请各方面的有关人员一起参加。把谈论中提出的原因,按照人、机、料、法、环五大要素进行分类,然后分别填入因果分析图的大原因的线条里,再顺序地把中原因,小原因及更小原因同样填入因果分析图内。

③从整个因果分析图中寻找最主要的原因,并根据重要程度以顺序①、②、③……表示。

④画出因果分析图并确定了主要原因后,必要时可到现场做实地调查,进一步搞清主要原因的项目,以便采取相应措施予以解决。

2)因果分析图绘制实例。绘制混凝土程度不足的因果分析图。

①明确质量问题——结果。本例分析的质量问题是"混凝土强度不足",作图时首先由左至右画出一条水平主干线,箭头指向一个矩形框,框内注明研究的问题,即结果。

②分析确定影响质量特性大的方面原因。一般来说,影响质量因素有五大方面,即人、机械、材料、方法、环境等。另外,还可以按产品的生产过程进行分析。

③将每种大原因进一步分解为中原因、小原因,直至分解的原因可以采取具体措施加以解决为止。

④检查图中的所列原因是否齐全,可以对初步分析结果广泛征求意见,并做必要的补充及修改。

⑤选择出影响大的关键因素,做出标记"△"。以便重点采取措施。

表 7-6 是对策计划表。图 7-10 是混凝土强度不足的因果分析图。

表 7-6 　　　　　　　　　　　**对策计划表**

单位工程名称：

分部分项工程：　　　　　　　　　　　　　　　　　　年　　　月　　　日

质量存在问题	产生原因		采取对策及措施	执行者	期限	实效检查
混凝土强度未达到设计要求	操作者	(1)未按规范施工。 (2)上下班不按时,劳动纪律松弛。 (3)新工人达80％。 (4)缺乏技术指导	(1)组织学习规范。 (2)加强检查,对违反规范操作者必须立即停工,追究责任。 (3)严格上下班及交接班制度。 (4)班前工长交底,班中设两名老工人专门技术指导			
	工艺	(1)天气炎热,养护不及时,无遮盖物。 (2)灌注层太厚。 (3)加毛石过多	(1)新浇混凝土上加盖草袋。 (2)前3d,白天每2h养护1次。 (3)灌注层控制在25cm以内。 (4)加毛石控制在15％以内,并分布均匀			
	材料	(1)水泥短秤。 (2)石子未级配。 (3)石子含水量未扣除。 (4)砂子计量不准。 (5)砂子含泥量过重	(1)取消以包投料,改为重量投料。 (2)石子按级配配料。 (3)每日测定水灰比。 (4)洗砂、调水灰比,认真负责计量			
	环境	(1)运输路不平,混凝土产生离析。 (2)运距太远,脱水严重。 (3)气温高达40℃,没有降温及缓凝处理	(1)修整道路。 (2)改大车装运混凝土并加盖。 (3)加缓凝剂拌制			

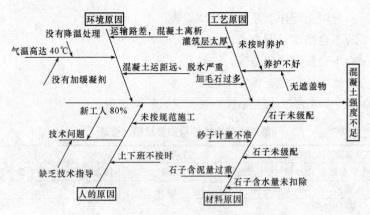

图 7-10　混凝土强度不足的因果分析图

3）因果分析图绘制注意事项如下：

①制图并不很难，但如果对工程没有比较全面和深入的了解，没有掌握有关专业技术，是画不好的；同时，一个人的认识是有限的，所以要组织有关人员共同讨论、研究、分析、集思广益，才能准确地找出问题的原因所在，制定行之有效的对策。

②对于特性产生的原因，要大原因、中原因、小原因、更小原因，一层一层地追下去，追根到底，才能抓住真正的原因。

4）因果分析图的观察方法如下：

①大小各种原因，都是通过什么途径，在多大程度上影响结果的。

②各种原因之间有无关系。

③各种原因有无测定的可能，准确程度如何。

④把分析出来的原因与现场的实际情况逐项对比，看与现场有无出入、有无遗漏或不易遵守的条件等。

（4）统计调查表法。在质量管理活动中，应用统计表是一种很好的收集数据的方法。统计表是为了掌握生产过程中或施工现场的情况，根据分层的设想做出的一类记录表。统计表不仅使用方便，而且能够自行整理数据，粗略地分析原因。统计表的形式是多种多样的，使用场合不同、对象不同、目的不同、范围不同，其表格形式内容也不相同，可以根据实际情况自行选项或修改。常用的有如下几种：

1)分项工程作业质量分布调查表。

2)不合格项目调查表。

3)不合格原因调查表。

4)施工质量检查评定用调查表等。

表 7-7 是混凝土空心板外观质量缺陷调查表。

表 7-7 混凝土空心板外观质量缺陷调查表

产品名称	混凝土空心板		生产班组		
日生产总数	200 块	生产时间	年 月 日	检查时间	年 月 日
检查方式	全数检查		检查员		
项目名称	检查记录		合计		
露筋	正正		9		
蜂窝	正正一		11		
孔洞	丁		2		
裂缝	一		1		
其他	丁		3		
总计			26		

(5)分层法。分层法又称分类法或分组法,就是将收集到的质量数据,按统计分析的需要,进行分类整理,使之系统化,以便于找到产生质量问题的原因,及时采取措施加以预防。分层的结果使数据各层间的差异突出地显示出来,减少了层内数据的差异。在此基础上再进行层间、层内的比较分析,可以更深入地发现和认识质量问题的原因。

分层法的形式和作图方法与排列图基本一样。分层时,一般按以下方法进行划分:

1)按时间分:如按日班、夜班、日期、周、旬、月、季划分。

2)按人员分:如按新、老、男、女或不同年龄特征划分。

3)按使用仪器工具分:如按不同的测量仪器、不同的钻探工具等划分。

4)按操作方法分:如按不同的技术作业过程、不同的操作方法等划分。

5)按原材料分:按不同材料成分、不同进料时间等划分。

现举例说明分层法的应用。

【例 7-1】 钢筋焊接质量的调查分析,共检查了 50 个焊接点,其中不合格 19 个,不合格率为 38%。存在严重的质量问题,试用分层法分析质量问题的原因。

现已查明这批钢筋的焊接是由 A、B、C 三个师傅操作的,而焊条是由甲、乙两个厂家提供的。因此,分别按操作者和焊条生产厂家进行分层分析,即考虑一种因素单独的影响。见表 7-8 和表 7-9。

表 7-8　　　　　　　　　　　按操作者分层

操作者	不合格	合　格	不合格率(%)
A	6	13	32
B	3	9	25
C	10	9	53
合　计	19	31	38

表 7-9　　　　　　　　　　按供应焊条厂家分层

工　厂	不合格	合　格	不合格率(%)
甲	9	14	39
乙	10	17	37
合　计	19	31	38

由表 7-8 和表 7-9 分层分析可见,操作者 B 的质量较好,不合格率 25%;而不论是采用甲厂还是乙厂的焊条,不合格率都很高且相差不大。为了找出问题之所在,再进一步采用综合分层进行分析,即考虑两种因素共同影响的结果。见表 7-10。

表 7-10　　　　　　　　　综合分层分析焊接质量

操作者	焊接质量	甲　厂		乙　厂		合　计	
		焊接点	不合格率(%)	焊接点	不合格率(%)	焊接点	不合格率(%)
A	不合格合格	6 2	75	0 11	0	6 13	32
B	不合格合格	0 5		3 4	43	3 9	25
C	不合格合格	3 7	30	7 2	78	10 9	53
合计	不合格合格	9 14	39	10 17	37	19 31	38

从表 7-10 的综合分层法分析可知,在使用甲厂的焊条时,应采用 B 师傅的操作方法为好;在使用乙厂的焊条时,应采用 A 师傅的操作方法为好,这样会使合格率大大的提高。

(6)相关图法。相关图又称散布图。在进行质量问题原因分析时,常常遇到一些变量共处于一个统一体中,它们相互联系、相互制约,在一定条件下又相互转化。这些变量之间的关系,有些是属于确定性关系,即它们之间的关系,可以用函数关系来表达;而有些则属于非确定性关系,即不能有一个变量的数值精确地求出另一个变量的值。相关图法就是将两个非确定性变量的数据对应列出,并用点子画在坐标图上,来观察它们之间关系的图。对它们进行的分析称为相关分析。

相关图可用于质量特性和影响质量因素之间的分析;质量特性和质量特性之间的分析;影响因素和影响因素之间的分析。例如混凝土的强度(质量特性)与水灰比、含砂率(影响因素)之间的关系;强度与抗渗性(质量特性)之间的关系;水灰比与含砂率之间的关系,都可用相关图来分析。

1)相关图的绘制方法实例。分析混凝土抗压强度和水灰比之间的关系。

①收集数据。要成对地收集两种质量数据,数据不得过少。见表 7-11。

表 7-11　　　　　　　　混凝土抗压强度与水灰比统计资料

序　号	1	2	3	4	5	6	7	8
x 水灰比(W/C)	0.4	0.45	0.5	0.55	0.6	0.65	0.7	0.75
y 强度(N/mm²)	36.3	35.3	28.2	24.0	23.0	20.6	18.4	15.0

②绘制相关图。在直角坐标系中,一般 x 轴用来代表原因的量或较易控制的量,本例中表示水灰比;y 轴用来代表结果的量或不易控制的量,本例中表示强度。然后将数据中相应的坐标位置上描点,便得到散布图,如图 7-11 所示。

2)相关图的类型。相关图是利用有对应关系的两种数值画出来的坐标图。由于对应的数值反映出来的相关关系的不同。所以数据

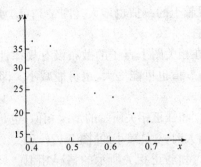

图 7-11 相关图

在坐标图上的散布点也各不相同。因此,表现出来的分布状态有各种类型,大体归纳起来有六种类型,如图 7-12 所示。

①强正相关。它的特点是点子的分布面较窄。当横轴上的 x 值增大时,纵坐标 y 也明显增大,散布点呈一条直线带,图 7-12(a)所示的 x 和 y 之间存在着相当明显的相关关系,称为强正相关。

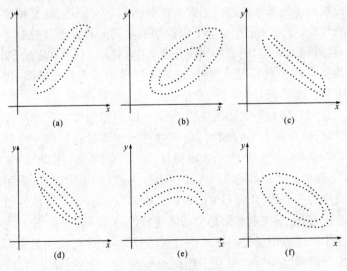

图 7-12 相关图的类型

②弱正相关。点子在图上散布的面积较宽,但总的趋势是横轴上

的 x 值增大时,纵轴上的 y 值也增大。图 7-12(b)所示其相关程度比较弱,叫弱正相关。

③不相关。在相关图上点子的散布没有规律性。横轴上的 x 值增大时,纵轴上的 y 值也可能增大,也可能减小。即 x 和 y 间无任何关系[图 7-12(f)]。

④强负相关。和强正相关所示的情况相似,也是点子的分布面较窄,只是当 x 值增大时,y 是减小的[图 7-12(c)]。

⑤弱负相关。和弱正相关所示的情况相似。只是当横轴上的 x 值增大时,纵轴上的 y 值却随之减小[图 7-12(d)]。

⑥曲线相关。图 7-12(e)所示的散布点不是呈线性散布,而是曲线散布。它表明两个变量间具有某种非线性相关关系。

(7)控制图法。控制图又称管理图。它是用于分析和判断施工生产工序是否处于稳定状态所使用的一种带有控制界限的图表。它的主要作用是反映施工过程的运动状况,分析、监督、控制施工过程,对工程质量的形成过程进行预先控制。所以,常用于工序质量的控制。

1)控制图的基本原理与形式。控制图的基本原理,就是根据正态分布的性质,合理确定控制上下限。如果实测的数据落在控制界限范围内,且排列无缺陷,则表明情况正常,工艺稳定,不会出废品;如果实测的数据落在控制界限范围外,或虽未越界但排列存在缺陷,则表明生产工艺状态出现异常,应采取措施调整。

控制图的基本形式如图 7-13 所示。横坐标为样本(子样)序号或抽样时间,纵坐标为被控制对象,即被控制的质量特性值。控制图上一般有三条线:在上面的一条虚线称为上控制界限,用符号 UCL 表示;在下面的一条虚线称为下控制界限,用符号 LCL 表示;中间的一条实线称为中心线,用符号 CL 表示。中心线标志着质量特性值分布的中心位置,上下控制界限标志着质量特性值允许波动范围。

在生产过程中通过抽样取得数据,把样本统计量描在图上来分析判断生产过程状态。如果点子随机地落在上、下控制界限内,则表明生产过程正常处于稳定状态,不会产生不合格品;如果点子超出控制界限,或点子排列有缺陷,则表明生产条件发生了异常变化,生产过程处于失控状态。

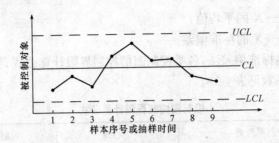

图 7-13　控制图的基本形式

2)控制图控制界限的确定。根据数理统计的原理,考虑经济的原则,世界上大多数国家采用"三倍标准偏差法"来确定控制界限,即将中心线定在被控制对象的平均值上,以中心线为基准向上向下各量三倍被控制对象的标准偏差,即为上、下控制界限。如图 7-14 所示。

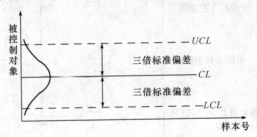

图 7-14　控制界限的确定

采用三倍标准偏差法是因为控制图是以正态分布为理论依据的。采用这种方法可以在最经济的条件下,实现生产过程控制,保证产品的质量。在用三倍标准偏差法确定控制界限时,其计算公式如下:

$$中心线 \quad CL = E(X) \tag{7-6}$$

$$上控制界限 \quad UCL = E(X) + 3D(X) \tag{7-7}$$

$$下控制界线 \quad UCL = E(X) - 3D(X) \tag{7-8}$$

式中　X——样本统计量,X 可取 $\bar{x}$(平均值)、$\tilde{x}$(中位数)、x(单值)、R(极差)、P_n(不合格品数)、P(不合格品率)、C(缺陷数)、u(单位缺陷数)等;

$E(X)$——X 的平均值；

$D(X)$——X 的标准偏差。

按三倍标准偏差法，各类控制图的控制界限计算公式，见表 7-12。控制图用系数见表 7-13。

表 7-12　　　　　　　　控制图控制界限计算公式

控制图种类		中心线	控制界限
计量值控制图	平均数 $\bar{x}$ 控制图	$\bar{\bar{x}} = \dfrac{\sum\limits_{i=1}^{k} \bar{x_i}}{k}$	$\bar{\bar{x}} \pm A_2 \bar{R}$
	极差 R 控制图	$\bar{R} = \dfrac{\sum\limits_{i=1}^{k} R_i}{k}$	$D_4\bar{R}, D_3\bar{R}$
	中位数 $\tilde{x}$ 控制图	$\bar{\tilde{x}} = \dfrac{\sum\limits_{i=1}^{k} \tilde{x_i}}{k}$	$\bar{\tilde{x}} \pm m_3 A_2 \bar{R}$
	单值 x 控制图	$x = \dfrac{\sum\limits_{i=1}^{k} x_i}{k}$	$\bar{x} \pm E_2 \bar{R_S}$
	移动极差 R_S 控制图	$\bar{R_S} = \dfrac{\sum\limits_{i=1}^{k} R_{S_i}}{k}$	$D_4\bar{R_S}$
计数值控制图	计件　不合格品数 P_n 控制图	$\bar{P_n} = \dfrac{\sum\limits_{i=1}^{k} P_i n_i}{k}$	$\bar{P_n} \pm 3\sqrt{\bar{P_n}(1-\bar{P_n})}$
	不合格品率 P 控制图	$\bar{P} = \dfrac{\sum\limits_{i=1}^{k} P_i n_i}{k}$	$\bar{P} \pm 3\sqrt{\bar{P}(1-\bar{P})}$
	计点　缺陷数 C 控制图	$\bar{C} = \dfrac{\sum\limits_{i=1}^{k} C_i}{k}$	$\bar{C} \pm 3\sqrt{\bar{C}}$
	单位缺陷 u 控制图	$\bar{u} = \dfrac{\sum\limits_{i=1}^{k} u_i}{k}$	$\bar{u} \pm 3\sqrt{\dfrac{\bar{u}}{n}}$

表 7-13　　　　　　　　　　　控制图用系数表

样本容量 n	A_2	D_4	D_3	$m_3 A_2$	E_2
2	1.88	3.27	—	1.88	2.66
3	1.02	2.57	—	1.19	1.77
4	0.73	2.28	—	0.80	1.46
5	0.58	2.11	—	0.69	1.29
6	0.48	2.00	—	0.55	1.18
7	0.42	1.92	0.08	0.51	1.11
8	0.37	1.86	0.14	0.43	1.05
9	0.34	1.82	0.18	0.41	1.01
10	0.31	1.78	0.22	0.36	0.96

3)控制图的用途和应用。控制图是用样本数据来分析判断生产过程是否处于稳定状态的有效工具。它的用途主要有：

①过程分析，即分析生产过程是否稳定。为此，应随机连续收集数据，绘制控制图，观察数据点分布情况并判定生产过程状态。

②过程控制，即控制生产过程质量状态。为此，要定时抽样取得数据，将其变为点子描在图上，发现并及时消除生产过程中的失调现象，预防不合格品的产生。

应用控制图进行分析判断时，有两条准则：

①数据点都应在正常区内，不能越出控制界限。

②数据点的排列，不应有缺陷。

如有以下一些情况，即表示生产工艺中存在异常因素：

①数据点在中心线的一侧连续出现 7 次以上。

②连续 7 个以上的数据上升或下降。

③连续 11 个点中，至少有 10 个点(可以不连续)在中心线的同一侧。

④连续 3 个点中，至少有 2 个点(可以不连续)在控制界限外出现。

⑤数据点呈周期性变化。

(8)抽样检验方案。抽样检验方案是根据检验项目特性所确定的抽样数量、接受标准和方法。如在简单的计数值抽样检验方案中，主要是

确定样本容量 n 和合格判定数，即允许不合格品件数 c，记为方案(n,c)。

1)抽样检验方案的分类。抽样检验方案分类如图 7-15 所示。

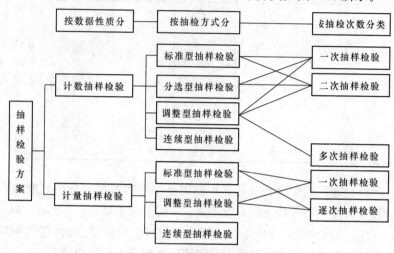

图 7-15　抽样检验方案分类

2)常用的抽样检验方案

①计数值标准型一次抽样检验方案：计数值标准型一次抽样检验方案是规定在一定样本容量 n 时的最高允许的批合格判定数 c，记作(n,c)，并在一次抽检后给出判断检验批是否合格的结论。c 也可用 A_c 表示。c 值一般为可接受的不合格品数，也可以是不合格品率，或者是可接受的每百单位缺陷数。若实际抽检时，检出不合格品数为 d，则当：

$d \leqslant c$ 时，判定为合格批，接受该检验批；$d > c$，判定为不合格批，拒绝该检验批。

②计数值标准型二次抽样检验方案：计数值标准型二次抽样检验方案是规定两组参数，即第一次抽检的样本容量 n_1 时的合格判定数 c_1 和不合格判定数 $r_1(c_1 < r_1)$；第二次抽检的样本容量 n_2 时的合格判定数 c_2。在最多两次抽检后就能给出判断检验批是否合格的结论。其检验程序是：

第一次抽检 n_1 后，检出不合格品数为 d_1，则当：

$d_1 \leqslant c_1$ 时，接受该检验批；$d_1 \geqslant r_1$ 时，拒绝该检验批；$c_1 < d_1 < r_1$ 时，抽检第二个样本。

第二次抽检 n_2 后，检出不合格品数为 d_2，则当：

$d_1 + d_2 \leqslant c_2$ 时，接受该检验批；$d_1 + d_2 > c_2$ 时，拒绝该检验批。

以上两种标准型抽样检验程序如图 7-16、图 7-17 所示。

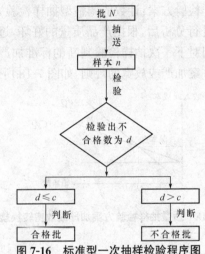

图 7-16　标准型一次抽样检验程序图

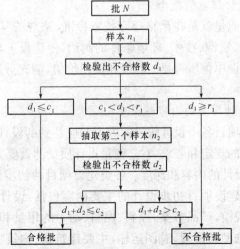

图 7-17　标准型二次抽样检验程序图

③分选型抽样检验方案:计数值分选型抽样检验方案基本与计数值标准型一次抽样检验方案相同,只是在抽检后给出检验批是否合格的判断结论和处理有所不同。即实际抽检时,检出不合格品数为 d,则当: $d \leqslant c$ 时,接受该检验批; $d > c$ 时,则对该检验批余下的个体产品全数检验。

④调整型抽样检验方案:计数值调整型抽样检验方案是在对正常抽样检验的结果进行分析后,根据产品质量的好坏,过程是否稳定,按照一定的转换规则对下一次抽样检验判断的标准加严或放宽的检验。调整型抽样检验方案加严或放宽的规则,如图 7-18 所示。

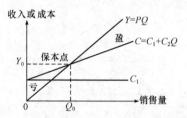

图 7-18　质量抽样检验方案加严或放宽转换规则

三、项目设计质量控制

1. 项目设计质量的概念

项目设计质量就是在严格遵守技术标准、法规的基础上,正确处理和协调资金、资源、技术、环境条件的制约,使建设工程项目设计能更好地满足建设单位所需要的功能和使用价值,能充分发挥项目投资的经济效益。

2. 项目设计质量的内容与深度

建设工程项目各个设计阶段的内容和应达到的设计深度,国家和地方都有一定的规定和要求,它是衡量设计质量的重要方面。

(1)初步设计的内容和深度。各类建设项目的初步设计内容不尽相同。如工业建设项目初步设计的主要内容包括:设计依据,设计指导思想,建设规模,产品方案,原料、燃料、动力的用量和来源,工艺流程,主要设备选型及配置,总图运输,主要建筑物、构筑物,公用、辅助设施,新技术采用情况、主要材料用量,外部协作条件,占地面积和土地利用情况,综合利用和"三废"治理、环境保护设施和评价,生活区建设,抗震和人防措施,生产组织和劳动定员,各项技术经济指标,建设顺序和期限,总概算等。民用建设项目的设计内容,也应视建设工程的类型、结构和使用要求而定。

初步设计的深度应能满足设计方案的比选和确定主要设备、材料订货,土地征用,项目投资的控制,施工图的编制,施工组织设计的编制,施工准备和生产准备等要求。

(2)技术设计的内容和深度。技术复杂而又缺乏设计经验的投资建设项目,一般要进行技术设计。它是根据批准的初步设计和更详细的勘察、调查、研究资料和技术经济计算编制的。

技术设计的内容应视建设项目的具体情况、特点和需要而定,国家不作硬性的规定。技术设计的深度一般应能满足有关特殊工艺流程方面的试验、研究及确定,新型设备的试验、制作和确定,大型建筑物、构筑物等某些关键部位的试验研究和确定,以及某些技术复杂问题的研究和确定等要求。

(3)施工图设计的内容和深度。施工图设计是工程设计的最后一个阶段。它是初步设计(或三阶段设计中的技术设计)的进一步具体化和形象化,是把前期设计中所有的设计内容和方案绘制成可用于施工的图纸。

施工图设计根据批准的初步设计(或技术设计)文件编制,其内容主要包括:绘制总平面图,绘制建筑物和构筑物详图,绘制公用设备详图,绘制工艺流程和设备安装图,编制重要施工、安装部位和生产环节的施工操作说明,以及编制设备、材料明细表和汇总表等,并确定工程合理的使用年限。施工图的设计深度应能满足设备和材料的安排,各种非标准设备的制作,施工图预算的编制,工程施工需要以及工程价款结算需要等要求。

3. 项目设计质量控制的依据

项目设计质量控制的依据,主要有以下几个方面:

(1)有关工程建设及质量管理方面的法律法规,如城市规划、建设用地、市政管理、环境保护、质量管理、投资管理等方面的法律和法规。

(2)有关工程建设的技术标准,如各种设计规范、规程、标准、设计参数的定额及指标等。

(3)建设项目的审批文件,如项目建议书及其审批、项目可行性研究报告及其审批、项目建设选址报告及其审批、项目环境影响报告及其审批等。

(4)建设项目设计的准备文件,如体现业主建设意图的规划设计大纲、设计纲要、设计合同,以及经业主审查同意的设计监理大纲和监理细则等。

(5)反映项目建设过程中和建成后所需要的有关技术、资源、经济、社会协作等方面的协议、数据和资料等。

4.项目设计质量控制的措施

(1)加强设计标准化工作。标准是对设计中的重复性事物和概念所做的统一规定,是以科学技术和先进经验的综合成果为基础,经有关方面协商一致,由主管机构批准,通过制定发布和实施,为设计提供共同遵守的技术准则和依据。它也是科研成果转化为生产力、推广应用国外先进技术的有效途径,在促进技术进步、科技创新,保证设计质量方面起着重要的作用。

重视企业标准的编制,推广工程项目标准设计的应用和国际专业标准的采用,跟踪先进设计技术和设计方法,确保工程项目设计质量的稳定提高。

(2)编制好设计纲要等指导性文件。设计策划是指针对合同项目而建立质量目标,规定质量控制要求,重点是制定开展各项设计活动的计划,明确设计活动内容及其职责分工,配备合格人员和资源。项目的设计策划要形成文件,通常以项目设计计划的形式编制,作为项目设计管理和控制的主要文件。文件应体现规划、设计意图,符合规范、规程的规定,满足可行性报告和设计任务书的要求,依据齐全可靠,方案合理可行,以统一技术条件与工作安排,同时积极改革传统的设计方法和手段,提高设计质量和效率。

(3)建立健全原始资料。原始资料必须符合规范、规程的规定,及时编录、核对、整理,不得遗失或任意涂改。设计单位也要及时收集施工中和投产后对设计质量的意见,建立工程设计质量档案,进行分析研究,不断改进工作,提高设计质量。

（4）设计接口控制。设计接口是为了使设计过程中设计部门以及设计各专业之间能做到协调和统一，必须明确规定并切实做好设计部门与其他部门（主要指采购部门）、设计内部各专业间以及装置（工区）间的设计接口。设计的组织接口和技术接口应制定相应的设计接口管理程序，由公司技术管理部门组织评审后实施。设计过程中要严格按照规定的程序进行设计接口管理，以保证设计的质量。

（5）严把设计方案的选择与审核关。设计方案的合理性和先进性是项目设计质量的基础。重要项目的设计方案需认真研究讨论。设计方案包括总体方案和专业设计方案。对生产性建设项目，总体方案特别应注意设计规模、生产工艺及技术水平的审核。专业设计方案的选择与审核，重点是设计参数、设计标准、设备和结构选型、功能和使用价值等方面，是否满足适用、经济、美观、安全、可靠等要求。

（6）设计验证。设计验证是确保设计输出满足设计输入的重要环节，是对设计产品的检查，通过检查和提供客观证据，证明设计输出是否满足了设计输入的要求。

只有符合资格要求的人员才能承担相应级别的验证工作。设计验证除上述方法外，还可采用其他方法进行：变换方法进行计算；将新设计与已证实的类似设计进行比较；进行试验和证实；对发表前的设计阶段文件进行评审。设计者按校审意见进行修改。完成修改并经检查确认的设计文件方能进行进入下一道工序。

（7）建立健全成品校审制度。设计文件的校审是对设计所做的逐级检查和验证检查，以保证设计满足规定的质量要求。设计校审应按设计过程中规定的每一个阶段进行。对阶段性成果和最终成果的质量，按规定程序进行严格校审，具体包括对计算依据的可靠性，成果资料的数据和计算结果的准确性，论证证据和结论的合理性，现行标准规范的执行，各阶段设计文件的内容和深度，文字说明的准确性，图纸的清晰与准确，成果资料的规范化和标准化等内容。注册建筑师、注册结构工程师等注册执业人员应当在设计文件上签字，对设计文件负责。大型或地质条件复杂的工程，应组织会审。对检查、验收或审核不符合质量要求的设计成果都要推倒重来，不得盖章出图。设计人员必须按校审意见进行修改。没有校审记录和质量评定的设计文件不得入库。

（8）建立和健全设计文件会签制度。设计文件的会签是保证各专业设计相互配合和正确衔接的必要手段。通过会签，可以消除专业设计人员对设计条件或相互联系中的误解、错误或遗漏，是保证设计质量的重要环节。

（9）设计更改控制。设计更改是在设计过程中或设计成品完成后，由于用户变更或项目变更而导致设计更改，这都将对设计进度、质量和费用产生直接的影响。因此，工程设计公司应制定设计更改的控制程序，一旦发生设计更改时，应严格按规定的程序办理。

5. 初步设计阶段的质量控制

（1）初步设计前的准备工作。在初步设计前，要做好明确设计委托，核准原始依据，落实基础资料，扩大前期服务等准备工作。

1）接受任务委托，收集基础资料：

①取得工程设计立项和规模投资等方面的上级批准文件（复印件）。

②取得填写齐全、明细的设计任务（委托）书。

③签订工程设计合同和有关工作协议书。

④核实设计任务、工艺设计文件和使用要求等。

⑤取得拨地位置红线图。

⑥取得地形图及勘察报告等地质资料。

⑦取得改、扩建工程的原有设计文件与资料。

⑧落实城市规划、消防、人防、环保等方面提出的有关要求。

⑨取得外地工程有关气象、水文、地震等方面的基础资料。

⑩根据任务轻重、均衡生产等原则，及时下达设计任务。

2）进行设计准备

①按照分级管理的原则，由院、所（室）研究确定参加工程设计的主要人选。

②组织设计人员进行现场踏勘，深入了解地上、地下的环境条件。

③对确实需要外出调研的项目，应认真做好准备；做到目标具体，收效明显。

④适时召开会议，重点研究有关任务书、工艺和使用要求、设计进

度安排等方面的前提条件以及实行限额设计,开展目标创优和组建QC小组方面的实施计划。

(2)初步设计的主要内容

1)设计原则为可行性报告及审批文件中的设计原则,设计中遵循的主要方针、政策和设计的指导思想。

2)建设规模,分期建设及远景规划,企业专业化协作和装备水平,建设地点,占地面积,征地数量,总平面布置和内外交通、外部协作条件。

3)生产工艺流程为各专业主要设计方案和工艺流程。

4)产品方案,主要产品和综合回收产品的数量、等级、规格、质量;原料、燃料、动力来源、用量、供应条件;主要材料用量;主要设备选型、数量、配置。

5)新技术、新工艺、新设备采用情况。

6)主要建筑物、构筑物,公用、辅助设施,生活区建设;抗震和人防措施。

7)综合利用,环境保护和"三废"治理。

8)生产组织,工作制度和劳动定员。

9)各项技术经济指标。

10)建设顺序,建设期限。

11)经济评价,成本、产值、税金、利润、投资回收期、贷款偿还期、净现值、投资收益率、盈亏平衡点、敏感性分析,资金筹措、综合经济评价等。

12)总概算。

13)附件、附表、附图,包括设计依据的文件批文,各项协议批文,主要设备表,主要材料明细表,劳动定员表等。

(3)初步设计文件的编制与审定

1)编制初步设计文件。根据上级主管部门对设计方案提出的审查意见,进行必要的修改与补充,并在此基础上研究拟定初步设计工作计划。

根据国家和本院有关初步设计文件深度的规定要求,精心组织各专业人员同步进行设计文件的编制工作,及时协调解决专业间的问题,确保整个工程设计文件内容的完备与统一。

2)审定初步设计文件

①根据院、所(室)两级管理的规定,院各专业总工和所(室)各专业主任工程师,应有计划、有重点地抓好跟踪指导和目标创优工作。

②设计中严格执行方针政策、技术法规,对规模面积、工程投资、设计标准等严格控制,对各专业设计中的重大方案性、前提性问题进一步深化落实。

③院、各专业总工和所(室)各专业主任工程师,对院、所(室)两级工程的初步设计文件,认真组织综合审查,填写初步设计指导检查标,并按规定要求在设计文件上进行签署。

④在上级主管部门召开初设审查会之前,设计总负责人应组织各专业人员认真做好准备,审查汇报时,要有条理、有层次,有重点地说明设计意图和特点,认真维护设计的科学性和公正性,对直接影响设计顺利进行的客观因素的问题,应明确提出,提请领导尽快研究解决,并认真做好记录。

6. 施工图设计阶段的质量控制

施工图设计阶段是工程设计的成果阶段,也是保证设计质量、提高设计水平的后期考核验收阶段。在本阶段的工序控制中,必须切实抓好保证文件深度,坚持限额设计,提高出图质量,加强综合会审,落实创优目标,严格质量评定等项工作。

(1)充实技术准备

1)取得文件的正式审查批复文件,核实各级主管部门对初步设计调整工程设计中需要严格控制的指令性标准。

2)深入落实满足施工图设计内容及深度要求所需要的有关规划、消防、人防、环保、市政、公用、电力以及施工安装等方面的必备资料和依据的文件。

3)根据初步设计的审查批复文件和各有关方面的合理意见,进一步改进和完善设计。

4)落实设计条件,商定设计进度,组织拟定统一技术条件和质量保证措施,认真填写开工报告表。

(2)施工图设计委托书的主要内容。施工图设计委托书的主要内容包括有:设计依据;经批准的初步设计及批准部门核发的设计条件:批准的满足施工图设计的勘察资料、地形地貌资料、建设地点的自然状况资料和有关部门及地方政府签订的外部条件正式协议书,以及施工条件、地方材料及有关建筑、设备的技术经济数据、资料。

(3)施工图设计文件的基本内容。施工图设计文件是以图纸为主,应包括:封面、图纸目录、设计说明(首页)、图纸和工程预算书等,且以子项为编排单位。各专业的工程计算书应经校审,签字后,整理归档。设计图纸的主要内容如下:

1)图纸目录:先列新绘制图纸,后列选用的标准图或重复利用图。

2)首页(设计说明):结构安全等级;地基概况;设计活荷载、设备荷载、结构材料、品种、规格、型号、强度等;标准构件图集及施工注意事项等。

3)基础平面图及基础详图。

4)结构平面布置图、结构构件详图及节点构造图。

5)其他图纸:包括各专业设计方案的平、立、剖面图及其详图或构造图等。

(4)施工图设计的审查。在工程项目开工前,业主必须持施工图资料到建设主管部门申报开工手续,办理领取"开工许可证"。

由于施工图是指导施工的直接依据,也是设计阶段质量控制的一个重点。因此,在施工图设计完成后,业主应组织对施工图设计文件进行审查。审查的重点是:使用功能是否满足质量目标的要求,施工图预算是否超过设计概算。施工图设计审查的基本内容如下:

1)总体审核。首先要审核施工图纸的完整性和完备性及各级的签字盖章;其次审核工程施工设计总平面布置图和总目录。审核总平面布置和总目录的重点是:项目是否齐全,总平面布置是否合理,平面与空间布置是否产生矛盾,以及各工艺流程、各专业配合是否合理,选择标准、规范、规程是否可靠等。

2)总说明审查。工程设计总说明和分项工程设计说明的审查重点是:所采用的设计依据、参数、标准是否满足质量要求;选用设备、仪器、材料是否先进合理;工程操作程序及措施是否合适等。

3)图纸审查。图纸审查重点是:施工图是否符合现行规范、规程、规定的要求;图纸是否符合现场和施工实际条件,设计深度能否满足施工要求;图纸设计质量是否达到工程质量的标准;对选型、选材、造型、尺寸、关系、节点等图纸自身质量的审查。

4)审查施工总预算与总投资概算。施工总预算是否在设计总概算的控制范围内。

5)其他及政策性要求。如是否满足环保措施和"三废"排放标准;是否满足施工安全;是否满足与外部协作条件的要求等。

(5)技术交底,配合施工。在工程项目全过程的收尾阶段,必须进行设计技术交底,配合施工方面的质量控制工作。

1)根据工程建设的实际需要,适时组织做好施工图设计的技术交底准备工作,各专业对设计中重要内容、关键部位、特殊要求和突出问题等,详细说明设计意图和具体做法,取得施工单位的密切配合。

2)在交底时施工单位对设计质量和服务质量等方面提出的问题和意见,设计人员应虚心听取并由专人做好记录,回院后作为质量信息,应认真分析研究并及时解决和善后处理。

3)建设过程中,而根据需要,酌情采取驻现场服务组,轮流派出代表定期深入工地以及有事随叫随到等形式,及时研究处理施工中出现的有关问题,并认真做好记录和进行必要的反馈处理工作。

4)当需要进行设计变更(补充)时应按照管理标准和工作要求,及时认真地填发设计;变更(补充)通知单,其中变更原因必须明确、具体,专业变更必须同步、协调,岗位签署必须齐全,重大变更内容必须报请专业总工审查把关,最后交图档组编号存档。

5)参加竣工验收,如实反映施工质量,关键问题要做好记录。

7. 项目设计质量控制方法

(1)初步设计阶段质量控制方法

1)收集和熟悉项目原始资料,充分领会建设意图。首先要核查已批准的"项目建议书"、"可行性研究报告"、选址报告、城市规划部门的批文、土地使用要求、环境要求;工程地质和水文地质勘察报告、区域图、地形图;动力、资源、设备、气象、人防、消防、地震烈度、交通运输、生产工艺、基础设施等资料;有关设计规范、标准和技术经济指标等,并分析研究整理出满足设计要求的基本条件。其次要充分掌握和理解建设单位对项目建设的要求、设想和各种意图。

2)项目总目标论证的方法。对建设单位提出的项目总投资、总进度、总质量目标必须进行分析,论证其可行性。在确定的总投资数限定下,分析论证项目的规模、设备标准、装饰标准能否达到建设单位预期水平,进度目标能否实现;在进度目标限定下,要满足建设单位提出的项目规模、设备标准、装饰标准,估算总投资需多少。论证时应依据历史类似工程各种指标和条件与本项目进行差异分析比较,并分析项目建设中可能遇到的风险。

3)以初步确定的总建筑规模和质量要求为基础,将论证后所得总投资和总进度切块分解,确定投资和进度规划。

4)建设单位应尽量与设计单位达成限额设计条款。

(2)施工图设计阶段质量控制方法

1)跟踪设计,审核制度化。为了有效地控制设计质量,就必须对设计进行质量跟踪。设计质量跟踪不是监督设计人员画图,也不是监督设计人员结构计算和结构配筋,而是要定期地对设计文件进行审核,必要时,对计算书进行核查,发现不符合质量标准和要求的,指令设计单位修改,直到符合标准为止。这里所述的标准是指根据设计质量目标所采用的技术标准、规范及材料品种规格等。因此,设计质量控制的主要方法就是在设计过程中和阶段设计完成时,以设计招标文件(含设计任务书、地质勘察报告等)、设计合同、监理合同、政府有关批文、各项技术规范和规定、气象、地区等自然条件及相关资料、文件为依据,对设计文件进行深入细致的审核。在各阶段设置审查点,审核设计文件质量,如规范符合性、结构安全性、施工可行性等,概预算总额,设计进度完成情况,与相应标准和计划值进行分析比较。

2)采用多种方案比较法。对设计人员所定的诸如建筑标准、结构方案、水、电、工艺等各种设计方案进行了解和分析,有条件时应进行两种或多种方案比较,判断确定最优方案。

3)协调各相关单位关系。工程设计过程牵涉很多部门,包括很多设计单位、政府部门等很多的专业交叉,故必须掌握组织协调方法,以减少设计的差错。

四、项目施工质量控制

1. 施工质量控制的原则

工程施工是使工程设计意图最终实现并形成工程实体的阶段,是最终形成工程产品质量和工程项目使用价值的重要阶段。在进行工程项目施工质量控制的过程中,应遵循以下原则:

(1)坚持"质量第一"原则。建筑产品作为一种特殊的商品,使用年限长,是"百年大计",直接关系到人民生命财产的安全。所以,应自始至终地把"质量第一"作为对工程项目质量控制的基本原则。

(2)坚持以人为控制核心。人是质量的创造者,质量控制必须"以人为核心",把人作为质量控制的动力,发挥人的积极性、创造性,处理好业主监理与承包单位各方面的关系,增强人的责任感,树立"质量第一"的思想,提高人的素质,避免人的失误,以人的工作质量保证工序质量、保证工程质量。

(3)坚持以预防为主。预防为主是指要重点做好质量的事前控制、事中控制,同时严格对工作质量、工序质量和中间产品质量的检查。这是确保工程质量的有效措施。

(4)坚持质量标准。质量标准是评价产品质量的尺度,数据是质量控制的基础。产品质量是否符合合同规定的质量标准,必须通过严格检查,以数据为依据。

(5)贯彻科学、公正、守法的职业规范。在控制过程中,应尊重客观事实,尊重科学,客观、公正、不持偏见,遵纪守法,坚持原则,严格要求。

2. 施工质量控制系统的过程

由于施工阶段是使工程设计最终实现并形成工程实体的阶段,是最终形成工程实体质量的过程,所以施工阶段的质量控制是一个由对投入的资源和条件的质量控制,进而对生产过程及各环节质量进行控制,直到对所完成的工程产出品的质量检验与控制为止的全过程的系统控制过程。这个过程根据三阶段控制原理划分三个环节。

(1)事前控制。指施工准备控制即在各工程对象正式施工活动开始前,对各项准备工作及影响质量的各因素进行控制,这是确保施工质量的先决条件。

（2）事中控制。指施工过程控制即在施工过程中对实际投入的生产要素质量及作业技术活动的实施状态和结果所进行的控制,包括作业者发挥技术能力过程的自控行为和来自有关管理者的监控行为。

（3）事后控制。指竣工验收控制即对于通过施工过程所完成的具有独立的功能和使用价值的最终产品(单位工程或整个工程项目)及有关方面(例如质量文档)的质量进行控制。

上述三个环节的质量控制系统过程及其所涉及的主要方面,如图7-19所示。

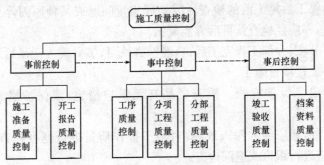

图7-19　施工质量控制系统过程

3. 施工质量控制的方法

施工质量控制的方法,主要是审核有关技术文件、报告和直接进行现场检查或必要的试验等。

（1）审核有关技术文件、报告或报表。对技术文件、报告、报表的审核,是项目经理对工程质量进行全面控制的重要手段,具体内容有:

1)审核有关技术资质证明文件。

2)审核开工报告,并经现场核实。

3)审核施工方案、施工组织设计和技术措施。

4)审核有关材料、半成品的质量检验报告。

5)审核反映工序质量动态的统计资料或控制图表。

6)审核设计变更、修改图纸和技术核定书。

7)审核有关质量问题的处理报告。

8)审核有关应用新工艺、新材料、新技术、新结构的技术核定书。

9)审核有关工序交接检查,分项、分部工程质量检查报告。

10)审核并签署现场有关技术签证、文件等。

(2)现场质量检查

1)开工前检查。目的是检查是否具备开工条件,开工后能否连续正常施工,能否保证工程质量。

2)工序交接检查。对于重要的工序或对工程质量有重大影响的工序,在自检、互检的基础上,还要组织专职人员进行工序交接检查。

3)隐蔽工程检查。凡是隐蔽工程均应检查认证后方能掩盖。

4)停工后复工前的检查。因处理质量问题或某种原因停工后需复工时,亦应经检查认可后方能复工。

5)分项、分部工程完工后,应经检查认可,签署验收记录后才许进行下一工程项目施工。

6)成品保护检查。检查成品有无保护措施,或保护措施是否可靠。

此外,还应经常深入现场,对施工操作质量进行巡视检查;必要时,还应进行跟班或追踪检查。

现场进行质量检查的方法有目测法、实测法和试验法三种。

1)目测法。其手段可归纳为看、摸、敲、照四个字。

看,就是根据质量标准进行外观目测。如墙纸裱糊质量应是:纸面无斑痕、空鼓、气泡、折皱;每一墙面纸的颜色、花纹一致;斜视无胶痕,纹理无压平、起光现象;对缝无离缝、搭缝、张嘴;对缝处图案、花纹完整;裁纸的一边不能对缝,只能搭接;墙纸只能在阴角处搭接,阳角应采用包角等。又如,清水墙面是否洁净,喷涂是否密实和颜色是否均匀,内墙抹灰大面及口角是否平直,地面是否光洁平整,油漆浆活表面观感,施工顺序是否合理,工人操作是否正确等,均需通过目测检查、评价。观察检验方法的使用人需要有丰富的经验,经过反复实践才能掌握标准、统一口径。所以这种方法虽然简单,但是却难度最大,应予以充分重视,加强训练。

摸,就是手感检查,主要用于装饰工程的某些检查项目,如水刷石、干粘石粘结牢固程度,油漆的光滑度,浆活是否掉粉,地面有无起砂等,均可通过手摸加以鉴别。

敲,是运用工具进行音感检查。对地面工程、装饰工程中的水磨石、面砖、锦砖和大理石贴面等,均应进行敲击检查,通过声音的虚实确定有无空鼓,还可根据声音的清脆和沉闷,判定属于面层空鼓或底层空鼓。此外,用手敲玻璃,如发出颤动声响,一般是底灰不满或压条不实。

照,对于难以看到或光线较暗的部位,则可采用镜子反射或灯光照射的方法进行检查。

2)实测法。就是通过实测数据与施工规范及质量标准所规定的允许偏差对照,来判别质量是否合格。实测检查法的手段,也可归纳为靠、吊、量、套四个字。

靠,是用直尺、塞尺检查墙面、地面、屋面的平整度。如对墙面、地面等要求平整的项目都利用这种方法检验。

吊,是用托线板以线锤吊线检查垂直度。可在托线板上系以线锤吊线,紧贴墙面、或在托板上下两端粘以突出小块,以触点触及受检面进行检验。板上线锤的位置可压托线板的刻度,示出垂直度。

量,是用测量工具和计量仪表等检查断面尺寸、轴线、标高、湿度、温度等的偏差。这种方法用得最多,主要是检查容许偏差项目。如外墙砌砖上下窗口偏移用经纬仪或吊线检查,钢结构焊缝余高用"量规"检查,管道保温厚度用钢针刺入保温层和尺量检查等。

套,是以方尺套方,辅以塞尺检查。如对阴阳角的方正、踢脚线的垂直度、预制构件的方正等项目的检查。对门窗口及构配的对角线(窜角)检查,也是套方的特殊手段。

3)试验法。指必须通过试验手段,才能对质量进行判断的检查方法。如对桩或地基的静载试验,确定其承载力;对钢结构的稳定性试验,确定是否产生失稳现象;对钢筋对焊接头进行拉力试验,检验焊接的质量等。

4.施工准备阶段的质量控制

(1)技术准备

1)研究和会审图纸及技术交底。通过研究和会审图纸,可以广泛听取使用人员、施工人员的正确意见,弥补设计上的不足,提高设计质量;可以使施工人员了解设计意图、技术要求、施工难点,为保证工程质量打好基础。技术交底是施工前的一项重要准备工作。以使参与施工的技术人员与工人了解承建工程的特点、技术要求、施工工艺及施工操作要点。

2)施工组织设计和施工方案编制阶段。施工组织设计或施工方案,是指导施工的全面性技术经济文件,保证工程质量的各项技术措施是其中的重要内容。这个阶段的主要工作有以下几点:

①签订承发包合同和总分包协议书。

②根据建设单位和设计单位提供的设计图纸和有关技术资料,结合施工条件编制施工组织设计。

③及时编制并提出施工材料、劳动力和专业技术工种培训,以及施工机具、仪器的需用计划。

④认真编制场地平整、土石方工程、施工场区道路和排水工程的施工作业计划。

⑤及时参加全部施工图纸的会审工作,对设计中的问题和有疑问之处应随时解决和弄清,要协助设计部门消除图纸差错。

⑥属于国外引进工程项目,应认真参加与外商进行的各种技术谈判和引进设备的质量检验,以及包装运输质量的检查工作。

施工组织设计编制阶段,质量管理工作除上述几点外,还要着重制定好质量管理计划,编制切实可行的质量保证措施和各项工程质量的检验方法,并相应地准备好质量检验测试器具。质量管理人员要参加施工组织设计的会审,以及各项保证质量技术措施的制定工作。

(2)物质准备

1)材料质量控制的要求

①掌握材料信息,优选供货厂家。

②合理组织材料供应,确保施工正常进行。

③合理地组织材料使用,减少材料的损失。

④加强材料检查验收,严把材料质量关。

a. 对用于工程的主要材料,进场时必须具备正式的出厂合格证的材质化验单。如不具备或对检验证明有影响时,应补做检验。

b. 工程中所有各种构件,必须具有厂家批号和出厂合格证。钢筋混凝土和预应力钢筋混凝土构件,均应按规定的方法进行抽样检验。由于运输、安装等原因出现的构件质量问题,应分析研究,经处理鉴定后方能使用。

c. 凡标志不清或认为质量有问题的材料,对质量保证资料有怀疑或与合同规定不符的一般材料;由于工程重要程度决定,应进行一定比例试验的材料;需要进行追踪检验,以控制和保证其质量的材料等,均应进行抽检。对于进口的材料设备和重要工程或关键施工部位所用的材料,则应进行全部检验。

d. 材料质量抽样和检验的方法,应符合《建筑材料质量标准与管理规程》,要能反映该批材料的质量性能。对于重要构件或非匀质的材料,还应酌情增加采样的数量。

e. 在现场配制的材料,如混凝土、砂浆、防水材料、防腐材料、绝缘材料、保温材料等的配合比,应先提出试配要求,经试配检验合格后才能使用。

f. 对进口材料、设备应会同商检局检验,如核对凭证书发现问题,应取得供方和商检人员签署的商务记录,按期提出索赔。

g. 高压电缆、电压绝缘材料要进行耐压试验。

⑤要重视材料的使用认证,以防错用或使用不合格的材料。

a. 对主要装饰材料及建筑配件,应在订货前要求厂家提供样品或看样订货;主要设备订货时,要审核设备清单,是否符合设计要求。

b. 对材料性能、质量标准、适用范围和对施工要求必须充分了解,以便慎重选择和使用材料。

c. 凡是用于重要结构、部位的材料,使用时必须仔细地核对、认证,其材料的品种、规格、型号、性能有无错误,是否适合工程特点和满足设计要求。

d. 新材料应用,必须通过试验和鉴定;代用材料必须通过计算和充分的论证,并要符合结构构造的要求。

e. 材料认证不合格时,不许用于工程中;有些不合格的材料,如过期、受潮的水泥是否降级使用,亦需结合工程的特点予以论证,但决不允许用于重要的工程或部位。

2)材料质量控制的内容。材料质量控制的内容主要有:材料质量的标准,材料的性能,材料取样、试验方法,材料的适用范围和施工要求等。

①材料质量标准。材料质量标准是用以衡量材料质量的尺度,也是作为验收、检验材料质量的依据。不同的材料有不同的质量标准,掌握材料的质量标准,就便于可靠地控制材料和工程的质量。

②材料质量的检(试)验。材料质量检验的目的,是通过一系列的检测手段,将所取得的材料数据与材料的质量标准相比较,借以判断材料质量的可靠性,能否使用于工程中;同时,还有利于掌握材料信息。

3)材料的选择和使用。材料的选择和使用不当,均会严重影响工程质量或造成质量事故。为此,必须针对工程特点,根据材料的性能、质量标准、适用范围和对施工要求等方面进行综合考虑,慎重地来选择和使用材料。

4)施工机械设备的选用。施工机械设备是实现施工机械化的重要物质基础,是现代施工中必不可少的设备,对施工项目的质量有直接的影响。为此,施工机械设备的选用,必须综合考虑施工场地的条件、建筑结构形式、机械设备性能、施工工艺和方法、施工组织与管理、建筑经济等各种因素进行多方案比较,使之合理装备、配套使用、有机联系,以充分发挥机械设备的效能,力求获得较好的综合经济效益。

机械设备的选用,应着重从机械设备的选型、机械设备的主要性能参数和机械设备使用操作要求三方面予以控制。

①机械设备的选型。机械设备的选择,应本着因地制宜、因工程制宜,按照技术上先进、经济上合理、生产上适用、性能上可靠、使用上安全、操作方便和维修方便的原则,贯彻执行机械化、半机械化与改良工具相结合的方针,突出施工与机械相结合的特色,使其具有工程的适用性,具有保证工程质量的可靠性,具有使用操作的方便性和安全性。

②机械设备的主要性能参数。机械设备的主要性能参数是选择机械设备的依据,要能满足需要和保证质量的要求。

③机械设备的使用与操作要求。合理使用机械设备,正确地进行操作,是保证项目施工质量的重要环节。应贯彻"人机固定"原则,实行定机、定人、定岗位责任的"三定"制度。操作人员必须认真执行各

项规章制度,严格遵守操作规程,防止出现安全质量事故。机械设备在使用中,要尽量避免发生故障,尤其是预防事故损坏(非正常损坏),即指人为的损坏。造成事故损坏的主要原因有:操作人员违反安全技术操作规程和保养规程;操作人员技术不熟练或麻痹大意;机械设备保养、维修不良;机械设备运输和保管不当;施工使用方法不合理和指挥错误,气候和作业条件的影响等。这些都必须采取措施,严加防范,随时要以"五好"标准予以检查控制,即:完成任务好、技术状况好、使用好、保养好和安全好。

(3)组织准备。包括建立项目组织机构;集结施工队伍;对施工队伍进行入场教育等。

(4)施工现场准备。包括控制网、水准点、标桩的测量;"五通一平";生产、生活临时设施等的准备;组织机具、材料进场;拟定有关试验、试制和技术进步项目计划;编制季节性施工措施;制定施工现场管理制度等。

(5)择优选择分包商并对其进行分包培训。分包是直接的操作者,只有他们的管理水平和技术实力提高了,工程质量才能达到既定的目标,因此要着重对分包队伍进行技术培训和质量教育,帮助分包提高管理水平。项目对分包班组长及主要施工人员,按不同专业进行技术、工艺、质量综合培训,未经培训或培训不合格的分包队伍不允许进场施工。项目要责成分包建立责任制,并将项目的质量保证体系贯彻落实到各自施工质量管理中,督促其对各项工作的落实。

5. 施工工序的质量控制

(1)施工工序质量控制的概念。工程项目的施工过程,是由一系列相互关联、相互制约的工序所构成的。工序质量是基础,直接影响工程项目的整体质量。要控制工程项目施工过程的质量,首先必须控制工序的质量。

工序质量是指施工中人、材料、机械、工艺方法和环境等对产品综合起作用的过程的质量,又称过程质量,它体现为产品质量。

工序质量包含两方面的内容:一是工序活动条件的质量;二是工序活动效果的质量。从质量管理的角度来看,这两者是互为关联的,一方面要管理工序活动条件的质量,即每道工序投入品的质量(即人、材料、机械、方法和环境的质量)是否符合要求;另一方面又要管理工序活动效果的质量,即每道工序施工完成的工程产品是否达到有关质量标准。

(2)工序质量控制的内容。工序质量控制主要包括两方面的控制,即对工序施工条件的控制和对工序施工效果的控制,如图 7-20 所示。

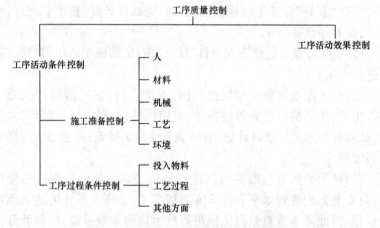

图 7-20 施工工序质量控制内容

1)工序施工条件的控制。工序施工条件是指从事工序活动的各种生产要素及生产环境条件。控制方法主要可以采取检查、测试、试验、跟踪监督等方法。控制依据是要坚持设计质量标准、材料质量标准、机械设备技术性能标准、操作规程等。控制方式对工序准备的各种生产要素及环境条件宜采用事前质量控制的模式(即预控)。

工序施工条件的控制包括以下两个方面:

①施工准备方面的控制。即在工序施工前,应对影响工序质量的因素或条件进行监控。要控制的内容一般包括,人的因素,如施工操作者和有关人员是否符合上岗要求;材料因素,如材料质量是否符合标准,能否使用;施工机械设备的条件,如其规格、性能、数量能否满足要求,质量有无保障;采用的施工方法及工艺是否恰当,产品质量有无保证;施工的环境条件是否良好等。这些因素或条件应当符合规定的

要求或保持良好状态。

②施工过程中对工序活动条件的控制。对影响工序产品质量的各因素的控制不仅体现在开工前的施工准备中,而且还应当贯穿于整个施工过程中,包括各工序、各工种的质量保证与强制活动。在施工过程中,工序活动是在经过审查认可的施工准备的条件下展开的,要注意各因素或条件的变化,如果发现某种因素或条件向不利于工序质量方面变化,应及时予以控制或纠正。

在各种因素中,投入施工的物料如材料、半成品等,以及施工操作或工艺是最活跃和易变化的因素,应予以特别的监督与控制,使它们的质量始终处于控制之中,符合标准及要求。

2)工序施工效果的控制。工序施工效果主要反映在工序产品的质量特征和特性指标方面。对工序施工效果控制就是控制工序产品的质量特征和特性指标是否达到设计要求和施工验收标准。工序施工效果质量控制一般属于事后质量控制,其控制的基本步骤包括实测、统计、分析、判断、认可或纠偏。

①实测。即采用必要的检测手段,对抽取的样品进行检验,测定其质量特性指标(例如混凝土的抗拉强度)。

②分析。即对检测所得数据进行整理、分析、找出规律。

③判断。根据对数据分析的结果,判断该工序产品是否达到了规定的质量标准,如果未达到,应找出原因。

④纠正或认可。如发现质量不符合规定标准,应采取措施纠正,如果质量符合要求则予以确认。

(3)工序分析。在施工过程中,有许多影响工程质量的因素,但是它们并非同等重要,重要的只是少数,往往是某个因素对质量起决定作用,处于支配地位,控制了它,质量就可以得到保证。人、材料、机械、方法、环境、时间、信息中的任何一个要素,都可能在工序质量中起关键作用。有些工序往往不是一种因素起作用,而是同时有几种因素混合着起支配作用。

工序分析,概括地讲,就是要找出对工序的关键或重要质量特性起支配性作用的全部活动。对这些支配性要素,要制定成标准,加以重点控制。不进行工序分析,就搞不好工序控制,也就不能保证工序质量。工序质量不能保证，工程质量也就不能保证。如果搞好工序分析，就能迅速提高质量。工序分析是施工现场质量体系的一项基础工作。

工序分析可按三个步骤、八项活动进行：

第一步，应用因果分析图法进行分析，通过分析，在书面上找出支配性要素。该步骤包括五项活动：

1）选定分析的工序。对关键、重要工序或根据过去资料认定经常发生问题的工序，可选定为工序分析对象。

2）确定分析者，明确任务，落实责任。

3）对经常发生质量问题的工序，应掌握现状和问题点，确定改善工序质量的目标。

4）组织开会，应用因果分析图法进行工序分析，找出工序支配性要素。

5）针对支配性要素拟订对策计划，决定试验方案。

第二步，实施对策计划：

6）按试验方案进行试验，找出质量特性和工序支配性要素之间的关系，经过审查，确定试验结果。

第三步，制定标准，控制工序支配性要素：

7）将试验核实的支配性要素编入工序质量表，纳入标准或规范，落实责任部门或人员，并经批准。

8）各部门或有关人员对属于自己负责的支配性要素，按标准规定实行重点管理。

工序分析的方法第一步是书面分析，用因果分析图法，第二步进行试验核实，可根据不同的工序用不同的方法，如优选法等，第三步，制定标准进行管理，主要应用系统图法和矩阵图法。

（4）工序施工质量的动态控制。影响工序施工质量的因素对工序质量所产生的影响，可能表现为一种偶然的、随机性的影响，也可能表现为一种系统性的影响。前者表现为工序产品的质量特征数据是以平均值为中心，上下波动不定，呈随机性变化，此时的工序质量基本上是稳定的，质量数据波动是正常的，它是由于工序活动过程中一些偶然的、不可避免的因素造成的，如所用材料上的微小差异、施工设备运行的正常振动、检验误差等。这种正常的波动一般对产品质量影响不大,在管理上是容许的。而后者则表现为在工序产品质量特征数据方面出现异常大的波动或散差,其数据波动呈一定的规律性或倾向性变化,如数值不断增大或减小、数据均大于(或小于)标准值、或呈周期性变化等。这种质量数据的异常波动通常是由于系统性的因素造成的,如使用了不合格的材料、施工机具设备严重磨损、违章操作、检验量具失准等。这种异常波动,在质量管理上是不允许的,施工单位应采取措施设法加以消除。

因此,施工管理者应当在整个工序活动中,连续地实施动态跟踪控制,通过对工序产品的抽样检验,判定其产品质量波动状态,若工序活动处于异常状态,则应查找出影响质量的原因,采取措施排除系统性因素的干扰,使工序活动恢复到正常状态,从而保证工序活动及其产品的质量。

(5)质量控制点的设置。质量控制点是指为了保证工序质量而确定的重点控制对象、关键部位或薄弱环节。设置质量控制点是保证达到工序质量要求的必要前提,监理工程师在拟定质量控制工作计划时,应予以详细的考虑,并以制度来保证落实。对于质量控制点,一般要事先分析可能造成质量问题的原因,再针对原因制定对策和措施进行预控。

1)质量控制点设置的原则。质量控制点设置的原则,是根据工程的重要程度,即质量特性值对整个工程质量的影响程度来确定。为此,在设置质量控制点时,首先要对施工的工程对象进行全面分析、比较,以明确质量控制点;之后进一步分析所设置的质量控制点在施工中可能出现的质量问题或造成质量隐患的原因,针对隐患的原因,相应地提出对策、措施予以预防。由此可见,设置质量控制点,是对工程质量进行预控的有力措施。

质量控制点的涉及面较广,根据工程特点,视其重要性、复杂性、精确性、质量标准和要求,可能是结构复杂的某一工程项目,也可能是技术要求高、施工难度大的某一结构构件或分项、分部工程,也可能是影响质量关键的某一环节中的某一工序或若干工序。总之,无论是操作、材料、机械设备、施工顺序、技术参数、自然条件、工程环境等,均可作为质量控制点来设置,主要是视其对质量特征影响的大小及危害程度而定。

质量控制点一般设置在下列部位:

①重要的和关键性的施工环节和部位。

②质量不稳定、施工质量没有把握的施工工序和环节。

③施工技术难度大的、施工条件困难的部位或环节。

④质量标准或质量精度要求高的施工内容和项目。

⑤对后续施工或后续工序质量或安全有重要影响的施工工序或部位。

⑥采用新技术、新工艺、新材料施工的部位或环节。

2)质量控制点的实施要点。质量控制点实施要点如下:

①交底。将控制点的"控制措施设计"向操作班组进行认真交底,必须使工人真正了解操作要点,这是保证"制造质量",实现"以预防为主"思想的关键一环。

②质量控制人员在现场进行重点指导,检查,验收。对重要的质量控制点,质量管理人员应当进行旁站指导,检查和验收。

③工人按作业指导书进行认真操作,保证操作中每个环节的质量。

④按规定做好检查并认真记录检查结果,取得第一手数据。

⑤运用数理统计方法不断进行分析与改进(实施 PDCA 循环),直至质量控制点验收合格。

3)见证点和停止点。所谓"见证点"(Witness Point)和"停止点"(Hold Point)是国际上(如 ISO 9000 标准)对于重要程度不同及监督控制要求不同的质量控制对象的一种区分方式。实际上他们都是质量控制点,只是由于他们的重要性或其质量后果影响程度有所不同,所以在实施监督控制时的动作程序和监督要求也有区别。

①见证点(也称截流点,或简称 W 点)。它是指重要性一般的质量控制点,在这种质量控制点施工之前,施工单位应提前(例如 24h 之前)通知监理单位派监理人员在约定的时间到现场进行见证,对该质量控制点的施工进行监督和检查,并在见证表上详细记录该质量控制点所在的建筑部位、施工内容、数量、施工质量和工时,并签字以作为

凭证。如果在规定的时间监理人员未能到达现场进行见证和监督,施工单位可以认为已取得监理单位的同意(默认),有权进行该见证点的施工。

②停止点(也称待检点,或简称 H 点)。它是指重要性较高、其质量无法通过施工以后的检验来得到证实的质量控制点。例如无法依靠事后检验来证实其内在质量或无法事后把关的特殊工序或特殊过程。对于这种质量控制点,在施工之前施工单位应提前通知监理单位,并约定施工时间,由监理单位派出监督员到现场进行监督控制,如果在约定的时间监理人员未到现场进行监督和检查,则施工单位应停止该质量控制点的施工,并按合同规定,等待监理人员,或另行约定该质量控制点的施工时间。

在实际工程实施质量控制时,通常是由工程承包单位在分项工程施工前制定施工计划时,就选定设置的质量控制点,并在相应的质量计划中再进一步明确哪些是见证点,哪些是停止点,施工单位应将该施工计划及质量计划提交监理工程师审批。如监理工程师对上述计划及见证点与停止点的设置有不同的意见,应书面通知施工单位,要求予以修改,修改后再上报监理工程师审批后执行。

6. 成品的质量保护

成品质量保护一般是指在施工过程中,某些分项工程已经完成,而其他一些分项工程尚在施工;或者是在其分项工程施工过程中,某些部位已完成,而其他部位正在施工。在这种情况下,施工单位必须负责对已完成部分采取妥善措施予以保护,以免因成品缺乏保护或保护不善而造成损伤或污染,影响工程整体质量。

(1)合理安排施工顺序。合理地安排施工顺序,按正确的施工流程组织施工,是进行成品保护的有效途径之一。

1)遵循"先地下后地上"、"先深后浅"的施工顺序,就不至于破坏地下管网和道路路面。

2)地下管道与基础工程相配合进行施工,可避免基础完工后再打洞挖槽安装管道,影响质量和进度。

3)先在房心回填土后再作基础防潮层,则可保护防潮层不致受填土夯实损伤。

4)装饰工程采取自上而下的流水顺序,可以使房屋主体工程完成后,有一定沉降期;已做好的屋面防水层,可防止雨水渗漏。这些都有利于保护装饰工程质量。

5)先做地面,后做顶棚、墙面抹灰,可以保护下层顶棚、墙面抹灰不致受渗水污染;但在已作好的地面上施工,需对地面加以保护。若先做顶棚、墙面抹灰,后作地面时,则要求楼板灌缝密实,以免漏水污染墙面。

6)楼梯间和踏步饰面,宜在整个饰面工程完成后,再自上而下地进行;门窗扇的安装通常在抹灰后进行;一般先油漆,后安装玻璃;这些施工顺序,均有利于成品保护。

7)当采用单排外脚手砌墙时,由于砖墙上面有脚手洞眼,故一般情况下内墙抹灰需待同一层外粉刷完成,脚手架拆除,洞眼填补后,才能进行,以免影响内墙抹灰的质量。

8)先喷浆而后安装灯具,可避免安装灯具后又修理浆活,从而污染灯具。

9)当铺贴连续多跨的卷材防水屋面时,应按先高跨、后低跨,先远(离交通进出口)、后近,先天窗油漆、玻璃,后铺贴卷材屋面的顺序进行。这样可避免在铺好的卷材屋面上行走和堆放材料、工具等物,有利于保护屋面的质量。

(2)成品的保护措施。根据建筑产品特点的不同,可以分别对成品采取"防护"、"包裹"、"覆盖"、"封闭"等保护措施,以及合理安排施工顺序等来达到保护成品的目的。具体如下所述:

1)防护。就是针对被保护对象的特点采取各种防护的措施。例如,对清水楼梯踏步,可以采取护棱角铁上下连接固定;对于进出口台阶可垫砖或方木搭脚手板供人通过的方法来保护台阶;对于门口易碰部位,可以钉上防护条或槽型盖铁保护;门扇安装后可加楔固定等。

2)包裹。就是将被保护物包裹起来,以防损伤或污染。例如,对镶面大理石柱可用立板包裹捆扎保护;铝合金门窗可用塑料布包扎保护等。

3)覆盖。就是用表面覆盖的办法防止堵塞或损伤。例如,对地漏、落水口排水管等安装后可加以覆盖,以防止异物落入而被堵塞;预制水磨石或大理石楼梯可用木板覆盖加以保护;地面可用锯末、苫布等覆盖以防止喷浆等污染;其他需要防晒、防冻、保温养护等项目也应采取适当的防护措施。

4)封闭。就是采取局部封闭的办法进行保护。例如,垃圾道完成后,可将其进口封闭起来,以防止建筑垃圾堵塞通道;房间水泥地面或地面砖完成后,可将该房间局部封闭,防止人们随意进入而损害地面;房内装修完成后,应加锁封闭,防止人们随意进入而受到损伤等。

总之,在工程项目施工过程中,必须充分重视成品的保护工作。

五、项目质量改进

1. 项目质量改进基本规定

(1)项目经理部应定期对项目质量状况进行检查、分析,向组织提出质量报告,提出目前质量状况、发包人及其他相关方满意程度、产品要求的符合性以及项目经理部的质量改进措施。

(2)组织应对项目经理部进行检查、考核,定期进行内部审核,并将审核结果作为管理评审的输入,促进项目经理部的质量改进。

(3)组织应了解发包人及其他相关方对质量的意见,对质量管理体系进行审核,确定改进目标,提出相应措施并检查落实。

2. 项目质量改进方法

(1)质量改进应坚持全面质量管理的 PDCA 循环方法。随着质量管理循环的不停进行,原有的问题解决了,新的问题又产生了,问题不断产生而又不断被解决,如此循环不止,每一次循环都把质量管理活动推向一个新的高度。

(2)坚持"三全"管理:"全过程"质量管理指的就是在产品质量形成全过程中,把可以影响工程质量的环节和因素控制起来;"全员"质量管理就是上至项目经理下至一般员工,全体人员行动起来参加质量管理;"全面质量管理"就是要对项目各方面的工作质量进行管理。这个任务不仅由质量管理部门来承担,而且项目的各部门都要参加。

(3)质量改进要运用先进的管理办法、专业技术和数理统计方法。

3. 项目质量预防与纠正措施

(1)质量预防措施

1)项目经理部应定期召开质量分析会,对影响工程质量潜在原因,采取预防措施。

　　2)对可能出现的不合格,应制定防止再发生的措施并组织实施。

　　3)对质量通病应采取预防措施。

　　4)对潜在的严重不合格,应实施预防措施控制程序。

　　5)项目经理部应定期评价预防措施的有效性。

　　(2)质量纠正措施

　　1)对发包人或监理工程师、设计人员、质量监督部门提出的质量问题,应分析原因,制定纠正措施。

　　2)对已发生或潜在的不合格信息,应分析并记录结果。

　　3)对检查发现的工程质量问题或不合格报告提及的问题,应由项目技术负责人组织有关人员判定不合格程度,制定纠正措施。

　　4)对严重不合格或重大质量事故,必须实施纠正措施。

　　5)实施纠正措施的结果应由项目技术负责人验证并记录;对严重不合格或等级质量事故的纠正措施和实施效果应验证,并应报企业管理层。

　　6)项目经理部或责任单位应定期评价纠正措施的有效性。

第八章 项目人力资源管理

第一节 人力资源管理概述

一、人力资源管理的概念

人力资源是指在一定时间空间条件下,劳动力数量和质量的总和。

为了实现项目既定目标,采用计划、组织、指挥、监督、激励、协调、控制等有效措施和手段,充分开发和利用项目中人力资源所进行的一系列活动的总称,称为人力资源管理。

二、人力资源来源

目前,企业内部自有固定工人逐渐减少,合同制工人逐渐增加,而主要的工人来源将是建筑劳务基地,以"定点定向,双向选择,专业配套,长期合作"为原则,形成了"两点一线"("两点"即劳务输出方与输入方,"一线"即建筑市场)的供需方式。

根据我国原建设部关于企业资质重新定位的文件要求,可将施工单位定位为总承包企业、专业承包企业和劳务承包企业,不同性质的企业必然有不同的劳动力管理特点。就施工项目来说,项目作业工人通常是由企业内部劳务市场按项目经理部制定的劳动力使用计划提供的。而内部劳务市场提供的劳动力,大部分来自建筑劳务基地;特殊的劳动力,可经企业劳务部门授权,由项目经理部自行招募。

从来源上看,人力资源可分为自有(聘用)职工和劳务分包(或劳务合作单位)两种形式:

1. 自有或聘用的职工

施工企业自有或聘用的职工一般多为管理人员或施工技术工人。他们一般与企业签有定期合同,有的甚至是长期合同,这类人员较为固定。但是,总承包企业对自有职工的要求较高,根据工程施工的需求,施工企业可对此类人员自行招收、培训、录用或聘用。

2. 劳务分包(或劳务合作单位)

随着建筑技术和管理技术的发展,专业分工更加细化,社会协作更加普遍,企业也不可能在建筑所有领域里保有优势,因此不可避免地会采取劳务分包(或劳务合作单位)进行劳动力的补充。

劳务分包一般都是农民工,除少数人外,大多技术水平较低,因此对劳务分包如何进行更有效的管理是一个非常重要和实际的问题。但是,采用劳务分包的形式有利于减少成本,规避风险。

工程项目经理部一般不设固定的劳务队伍。当任务需要时,可与内部劳务市场管理部门签订劳务合同;任务完成后,即可解除合同,劳动力退归劳务市场。项目经理享有和行使劳动用工自主权,自主决定用工的时间、条件、方式和数量,自主决定用工形式,并自主决定解除劳动合同、辞退劳务人员等。

三、人力资源管理的内容

1. 工作分析

工作分析是指通过对工作任务的分解,根据不同的工作内容设计不同的职务,规定每个职务应承担的职责、工作条件和工作目标等。工作分析的目的是合理配置人力资源,确保人与工作之间的最佳匹配。

2. 人力资源规划

制定人力资源规划是为了保证人力资源管理活动与企业的战略方向和目标一致,保证人力资源管理活动的各个环节相互协调,避免互相冲突。人力资源规划的主要作用是满足企业总体战略发展要求,促进企业人力资源管理的开展,协调人力资源管理的各项计划,提高企业人力资源的利用率。

3. 招聘与选拔

招聘与选拔是指为了企业发展的需要,迅速、有效、合法地为企业找到需要的、合适的求职者并将其安排到相应的工作岗位上。招聘和选拔的主要作用是促进企业发展和人力资源的充分利用,以提高工作效率。

4. 培训与开发

培训与开发是指企业有计划地给员工传授知识、技能和态度的过程。培训与开发可以提高职工素质,最大限度地实现其自身价值,以提高工作效率和经济效益。

5. 绩效管理

绩效管理是指通过运用科学的考核标准和方法,对员工的工作成绩进行定期评价,全面了解员工完成工作的情况,发现其不足和存在的问题,奖优罚劣,进一步提高和改善员工的工作绩效,为人事决策和人事管理提供依据。

6. 员工激励

员工激励是调动员工的工作积极性、提高员工行为有效性的有力手段。激励可分为物质激励与精神激励两方面,任何一个方面都不可忽视。激励的方法因人而异,有效的激励要建立在对人的工作动力与满足感的分析之上。员工激励的主要作用是有助于激发和调动员工的工作积极性,有助于将员工的个人目标与组织整体目标实现统一,有助于增强组织的凝聚力,促进组织内部的协调统一。

7. 薪酬管理

薪酬管理是企业根据员工为实现组织目标所作的贡献,运用薪酬制度给予相应的回报,满足企业吸引人才、留住人才、激励员工工作、发挥人力资源效能的要求。薪酬管理通常包括工资、奖励、津贴和福利四个主要组成部分。薪酬管理的主要作用是保证薪酬在劳动力市场上具有竞争性,吸引人才,调动员工的积极性,合理控制企业人工成本,提高劳动生产效率等。

8. 劳动关系管理

劳动关系是指企业与员工之间在实现劳动过程中建立的社会经济关系。劳动关系包括劳动安全、员工福利、劳动冲突以及相关的法律问题。而劳动关系管理是指协调各种劳动关系、进行企业文化建设以创造融洽的人际关系和良好的工作氛围,建立与员工有效沟通的渠道,使员工身心健康和合法权益得到有效保证,实现劳动关系的和谐发展。

第二节 项目人力资源管理计划

一、人力资源管理计划编制要求

人力资源管理计划是工程项目施工期限得以实现的重要保证,对

其进行编制时,有如下要求:

(1)要保持劳动力均衡使用。如果劳动力使用不均衡,不仅给劳动力调配带来困难,还会出现过多、过大的需求高峰,同时也增加了劳动力的成本,还带来了住宿、交通、饮食、工具等方面的问题。

(2)要根据工程的实物量和定额标准分析劳动需用总工日;确定生产工人、工程技术人员、徒工的数量和比例,以便对现有人员进行调整、组织、培训,以保证现场施工的人力资源。

(3)要准确计算工程量和施工期限。劳动力管理计划的编制质量,不仅与计算的工程量的准确程度,而且与工程工期计划得合理与否,有着直接的关系。工程量越准确,工期越合理,劳动力使用计划才能越合理。

二、人力资源需求计划

确定工程项目人力资源的需要量,是人力资源管理计划的重要组成部分,它不仅决定人力资源的招聘、培训计划,而且直接影响其他管理计划的编制。

人力资源需求计划要紧紧围绕施工项目总进度计划的实施进行编制。因为总进度计划决定了各个单项(位)工程的施工顺序及延续时间和人数,它是经过组织流水作业,去掉劳动力高峰及低谷,反复进行综合平衡以后,得出的劳动力需要量计划,反映了计划期内应调入、补充、调出的各种人员变化情况。

(1)确定劳动效率。确定劳动力的劳动效率,是劳动力需求计划编制的重要前提,只有确定了劳动力的劳动效率,才能制定出科学合理的计划。工程施工中,劳动效率通常用"产量/单位时间",或"工时消耗量/单位工作量"来表示。

在一个工程中,分项工程量一般是确定的,它可以通过图纸和规范的计算得到,而劳动效率的确定却十分复杂。在建筑工程中,劳动效率可以在《劳动定额》中直接查到,它代表社会平均先进的劳动效率。但在实际应用时,必须考虑到具体情况,如环境、气候、地形、地质、工程特点、实施方案的特点、现场平面布置、劳动组合等,进行合理调整。

根据劳动力的劳动效率,即可得出劳动力投入的总工时,其计算式如:

劳动力投入总工时＝工程量/（产量/单位时间）

　　　　　　　　　＝工程量×工时消耗/单位工程量

（2）确定劳动力投入量。劳动力投入量也称劳动组合或投入强度，在工程劳动力投入总工时一定的情况下，假设在持续的时间内，劳动力投入强度相等，而且劳动效率也相等，在确定每日班次及每班次的劳动时间时，可依下式进行：

$$某活动劳动力投入量＝\frac{劳动力投入总工时}{班次/日×工时/班次×活动持续时间}$$

$$＝\frac{工程量×工时消耗量×单位工程量}{班次/日×工时/班次×活动持续时间}$$

(8-1)

（3）人力资源需求计划的编制。

1）在编制劳动力需要量计划时，由于工程量、劳动力投入量、持续时间、班次、劳动效率、每班工作时间之间存在一定的变量关系，因此，在计划中要注意它们之间的相互调节。

2）在工程项目施工中，经常安排混合班组承担一些工作包任务，此时，不仅要考虑整体劳动效率，还要考虑到设备能力和材料供应能力的制约，以及与其他班组工作的协调。

但是，混合班组在承担工作包（或分部工程）时，劳动力的投入并非是均值的。例如基础混凝土浇捣时，如采用顺序施工，则劳动力投入为图 8-1(a)，而如果采用两个阶段流水施工，则劳动力投入为图 8-1(b)。而专业投入的不均衡性更大。由于劳动效率没有变化，所以两图上面积（即代表劳动力总投入量）应是相等的。

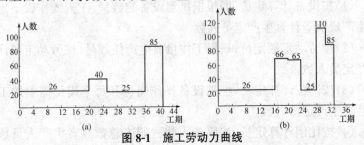

图 8-1　施工劳动力曲线

(a)顺序施工劳动力曲线；(b)分两段流水施工劳动力曲线

3)劳动力需要量计划中还应包括对现场其他人员的使用计划,如为劳动力服务的人员(如医生、厨师、司机等)、工地警卫、勤杂人员、工地管理人员等,可根据劳动力投入量计划按比例计算,或根据现场的实际需要安排。

三、人力资源配置计划

1. 人力资源配置计划编制依据

(1)人力资源配备计划。人力资源配备计划阐述人力资源在何时、以何种方式加入和离开项目小组。人员计划可能是正式的,也可能是非正式的,可能是十分详细的,也可能是框架概括型的。

(2)资源库说明。可供项目使用的人力资源情况。

(3)制约因素。外部获取时的招聘惯例、招聘原则和程序。

2. 人力资源配置计划编制内容

(1)研究制定合理的工作制度与运营班次,根据类型和生产过程特点,提出工作时间、工作制度和工作班次方案。

(2)研究员工配置数量,根据精简、高效的原则和劳动定额,提出配备各岗位所需人员的数量,技术改造项目,优化人员配置。

(3)研究确定各类人员应具备的劳动技能和文化素质。

(4)研究测算职工工资和福利费用。

(5)研究测算劳动生产率。

(6)研究提出员工选聘方案,特别是高层次管理人员和技术人员的来源和选聘方案。

3. 人力资源配置计划编制方法

(1)按设备计算定员,即根据机器设备的数量、工人操作设备定额和生产班次等计算生产定员人数。

(2)按劳动定额定员,根据工作量或生产任务量,按劳动定额计算生产定员人数。

(3)按岗位计算定员,根据设备操作岗位和每个岗位需要的工人数计算生产定员人数。

(4)按比例计算定员,按服务人数占职工总数或者生产人员数量的比例计算所需服务人员的数量。

(5)按劳动效率计算定员,根据生产任务和生产人员的劳动效率计算生产定员人数。

(6)按组织机构职责范围、业务分工计算管理人员的人数。

4. 劳动生产率

(1)影响劳动生产率的因素。影响劳动生产率的因素有两种,即内部因素和外部因素。一般来说,外部因素是一个企业所无法控制的,如立法、税收、各种相关政策等,这些外部因素对不同的建筑施工企业来说,其影响程度基本相同,不在我们的研究范围之内。

在制定劳动生产率计划时,对那些可以控制的内部因素,应加以充分考虑。影响劳动生产率的内部因素主要有:

1)劳动者水平,包括经营者的管理水平,操作者的技术水平,劳动者的觉悟水平即劳动态度等;

2)企业的技术装备程度,如机械化施工水平,设备效率和利用程度等;

3)劳动组织科学化、标准化、规范化程度;

4)劳动的自然条件;

5)企业的生产经营状况。

(2)劳动生产率的计算

1)按实物量计算劳动生产率。该计算方法是以每人每日可完成的实物量来表示的,如每人每日砌筑砖墙若干立方米(m^3/人・日)。

这种方法比较直观,可以直接比较某工种的劳动生产率。但由于各个分部工程不能综合,难以进行全面比较。其计算公式如下:

$$实物劳动生产率 = \frac{实际完成某工种实物工程量(m^2 \text{ 或 } m^3)}{完成该实物量的工日数(包括辅助工人)} \quad (8-2)$$

2)以产值计算劳动生产率。该计算方法是以每人每年完成的产值来进行计算的,通过工程项目施工所完成的各种实物量转换成以价值形态表示的金额进行计算,最后都折算成以人年为计算单位的形式来表示其总产值。

为了便于比较,常折算成以人年为计算单位的形式,然后加以比较。其计算公式如下:

$$\frac{建筑(安装)}{工人劳动生产率} = \frac{自行完成的施工产值(元)}{建筑(安装)工人及学徒平均人数(人)} \quad (8-3)$$

$$全员劳动生产率 = \frac{自行完成的建筑总产值(元)}{全部人员平均数(人)} \quad (8\text{-}4)$$

$$\frac{全员中扣除其他}{人员的劳动生产率} = \frac{自行完成的建筑总产值(元)}{全部人员(扣除其他人员)平均人员(人)}$$

$$\quad (8\text{-}5)$$

式中,其他人员包括社会性服务机构人员,如医务、商店、学校等人员。

该方法克服了由于实物量汇总的困难,计算方便,易于比较和控制,但是以此而制定的劳动生产率计划不易准确。根据上面三个公式可知,建筑(安装)工人劳动生产率反映了作业层的生产技术水平和施工工人的技术熟练程度,而全员劳动生产率则反映了经营管理水平。

3)以定额工日计算的劳动生产率。这种方法是以所完成的实物工程量,用它的时间定额(定额工日)来表示的,即:

$$\frac{建筑(安装)}{工人劳动生产率} = \frac{定额工日总额(工日)}{建筑(安装)工人及学徒平均人员(人)}$$

$$= \frac{实际完成实物量 \times 时间定额(工日)}{建筑(安装)工人及学徒平均人数(人)} \quad (8\text{-}6)$$

$$全员劳动生产率 = \frac{定额工日总数(工日)}{全部人员平均人数(人)} \quad (8\text{-}7)$$

$$\frac{全员中扣除其他}{人员的劳动生产率} = \frac{定额工日总数(工日)}{全部人员(不包括其他人员)平均人数(人)}$$

$$\quad (8\text{-}8)$$

这种计算方法可比性较高,因为即使工程对象性质不同,但都可计算出消耗的劳动时间,即定额工日总数,这就具有共同比较的基础。

(3)提高劳动生产率的途径。劳动生产率的提高,就是要劳动者更合理更有效率地工作,尽可能少地消耗资源,尽可能多地提供产品和服务。

提高劳动生产率最根本的是使劳动者具有高智慧、高技术、高技能。真正的劳动生产率提高,不是靠拼体力,增加劳动强度,这是由于人类自身条件的限制,这样做只能导致生产率的有限增长。而提高劳动生产率,主要途径有:

1)提高全体员工的业务技术水平和文化知识水平,充分开发职工的能力；

2)加强思想政治工作,提高职工的道德水准,搞好企业文化建设,增加企业凝聚力；

3)提高生产技术和装备水平,采用先进施工工艺和操作方法,提高施工机械化水平；

4)不断改进生产劳动组织,实行先进合理的定员和劳动定额；

5)改善劳动条件,加强劳动纪律；

6)有效地使用激励机制。

(4)劳动生产率计划的编制

在编制劳动生产率计划时,应详细考虑近期劳动生产率实际达到的水平,并分析劳动定额完成情况,总结经验教训,提出改革措施,充分挖掘潜力,科学地预计每年劳动生产率增长的速度,实事求是地编制劳动生产率计划。劳动生产率计划见表 8-1。

表 8-1 　　　　　　　　　　　**2012 年度劳动生产率计划**

项　　　目	计算单位	2011 年（上年度）完成	2012 年（本年度）计划完成	本年度计划预计完成（%）
一、××单位工程劳动生产率				
单位工程工作量				
全员劳动生产率				
生产工人劳动生产率				
二、××单位工程劳动生产率				
三、建设项目劳动生产率				
建筑安装工作总量				
全部职工平均人数				
建筑工人平均人数				
全员劳动生产率				
建筑工人劳动生产率				

四、人力资源培训计划

为保证人力资源的使用,在使用前还必须进行人力资源的招雇、调遣和培训工作,工程完工或暂时停工时必须解聘或调到其他工地工作。为此,必须按照实际需要和环境等因素确定培训和调遣时间的长短,及早安排招聘,并签订劳务合同或工程的劳务分包合同。

　　1. 人力资源培训计划分类

　　人力资源培训计划是人力资源管理计划的重要组成部分。按培训对象的不同可分为工人培训计划、管理人员培训计划等;按计划时间长短的不同则又可分为中长期计划(规划)、短期计划;还可按培训的内容进行分类。

　　(1)管理人员培训的内容。

　　1)岗位培训:岗位培训是对一切从业人员,根据岗位或者职务对其具备的全面素质的不同需要,按照不同的劳动规范,本着干什么学什么、缺什么补什么的原则进行的培训活动。它旨在提高职工的本职工作能力,使其成为合格的劳动者,并根据生产发展和技术进步的需要,不断提高其适应能力。它包括对项目经理的培训,对基层管理人员和土建、装饰、水暖、电气工程的培训以及其他岗位的业务、技术干部的培训。

　　2)继续教育:包括建立以"三总师"为主的技术、业务人员继续教育体系,采取按系统、分层次、多形式的方法,对具有中专以上学历的处级以上职务的管理人员进行继续教育。

　　3)学历教育:主要是有计划地选派部分管理人员到高等院校深造。培养企业高层次专门管理人才和技术人才,毕业后回本企业继续工作。

　　(2)工人培训的内容。

　　1)班组长培训。按照国家建设行政主管部门制定的班组长岗位规范,对班组长进行培训,通过培训最终达到班组长100%持证上岗。

　　2)技术工人等级培训。按照原劳动部颁发的有关技师评聘条例,开展中、高级工人应知应会考评和工人技师的评聘。

　　3)特种作业人员的培训。根据国家有关特种作业人员必须单独培训、持证上岗的规定,对从事电工、塔式起重机驾驶员等工种的特种作业人员进行培训,保证100%持证上岗。

　　4)对外埠施工队伍的培训。按照省、市有关外地务工人员必须进行岗前培训的规定,对所使用的外地务工人员进行培训,颁发省、市统一制发的外地务工经商人员就业专业训练证书。

2. 人力资源培训计划编制步骤

人力资源培训计划的内容应包括培训目标、培训方式、培训时间、各种形式的培训人数、培训经费、师资保证等。编制劳动力培训计划的具体步骤如下：

(1)调查研究阶段

1)研究我国关于劳动力培训的目标、方针和任务，以及工程项目对劳动力的要求等。

2)预测工程项目在计划内的生产发展情况以及对各类人员的需要量。

3)摸清劳动力的技术、业务、文化水平以及其他各方面的素质。

4)摸清项目的人、财、物、教等培训条件和实际培训能力，如培训经费、师资力量、培训场所、图书资料、培训计划、培训大纲和教材的配置等。

(2)计划起草阶段

1)根据需要和可能，经过综合平衡，确定职工教育发展的总目标和分目标。

2)制定实施细则，包括计划实施的过程、阶段、步骤、方法、措施和要求等。

3)经充分讨论，将计划用文字和图表形式表示出来，形成文件形式的草件。

(3)批准实施阶段

上报项目经理批准形成正式文件、下达基层、付诸实施。

五、人力资源经济激励计划

项目管理的目的就是经济地实现施工目标，为此，常采用激励手段来提高产量和生产率。常用的激励方法有行为激励方法和经济激励计划两种。在建筑项目中，行为激励法虽可创造出健康的工作环境，但经济激励计划却可以使参与者直接受益。

1. 经济激励计划的作用

(1)通过减少监督时间，获得工作过程中可靠的反馈，施行对工人工作的有效控制。在不增加任何预算成本的前提下，就可以帮助项目管理增加产量并提高生产率。反馈也能为计划未来工作和估算未来工作成本以及改进激励计划提供信息。

（2）它能帮助工人不用影响工作成本估算即增加收入，获得对工作的满意度。它也能激励工人发展更好的工作方法。

2. 经济激励计划的类型

目前，在工程施工过程中，已经形成了多种经济激励计划，但这些计划常随着工程项目类型、任务和工人工作小组的性质而改变。大致上，经济激励计划可分成以下几类：

（1）时间相关激励计划。即按基本小时工资成比例地付给工人超时工资。

（2）工作相关激励计划。即按照可以测量的完成工作量付给工人工资。

（3）一次付清工作报酬。该计划有两种方式：一种是按从完成工作的标准时间中省出的时间付给工人工资；另一种是按完成特定工作的固定量，一次付清。

（4）按利润分享奖金。在预先确定的时间，例如一季度、半年或一年支付奖金。

确定给定工作的最终经济激励计划是很困难的过程，但是，一项计划一旦达成，若没有相关各方的同意是不能更改的。

六、其他人力资源计划

作为一个完整的工程建设项目，人力资源计划常常还包括项目运行阶段的人力资源计划，包括项目运行操作人员、管理人员的招雇、调遣、培训的安排，如对设备和工艺由外国引进的项目，常常还要将操作人员和管理人员送到国外培训。通常按照项目顺利、正常投入运行的要求，编排子网络计划，并由项目交付使用期向前安排。有的业主还希望通过项目的建设，有计划地培养一批项目管理和运营管理的人员。

第三节　项目人力资源管理控制

一、人力资源的选择

1. 人力资源的优化配置

劳动力优化配置的目的是保证生产计划或施工项目进度计划的

实现,在考虑相关因素变化的基础上,合理配置劳动力资源,使劳动者之间、劳动者与生产资料和生产环境之间,达到最佳的组合,使人尽其才,物尽其用,时尽其效,不断地提高劳动生产率,降低工程成本。与此相关的问题是:人力资源配置的依据与数量,人力资源的配置方法和来源。

(1)人力资源优化配置的依据。就企业来讲,人力资源配置的依据是人力资源需求计划。企业的人力资源需求计划是根据企业的生产任务与劳动生产率水平计算的。就施工项目而言,人力资源的配置依据是施工进度计划。

此外,还要考虑相关因素的变化,即要考虑生产力的发展、市场需求、技术进步、市场竞争、职工年龄结构、知识结构、技能结构等因素的变化。

(2)人力资源优化配置的要求。对人力资源进行优化配置时,应以精干高效、双向选择、治懒汰劣、竞争择优为原则,同时,还需满足以下要求:

1)数量合适。根据工程量的大小和合理的劳动定额并结合施工工艺和工作面的大小确定劳动者的数量。要做到在工作时间内能满负荷工作,防止"三个人的活、五个人干"的现象。

2)结构合理。所谓结构合理是指在劳动力组织中的知识结构、技能结构、年龄结构、体能结构、工种结构等方面,与所承担生产经营任务的需要相适应,能满足施工和管理的需求。

3)素质匹配。主要是指劳动者的素质结构与物质形态的技术结构相匹配;劳动者的技能素质与所操作的设备、工艺技术的要求相适应;劳动者的文化程度、业务知识、劳动技能、熟练程度和身体素质等,能胜任所担负的生产和管理工作。

4)协调一致。指管理者与被管理者、劳动者之间,相互支持、相互协作、相互尊重、相互学习,成为具有很强的凝聚力的劳动群体。

5)效益提高。这是衡量劳动力组织优化的最终目标,一个优化的劳动力组织不仅在工作上实现满负荷、高效率,更重要的是要提高经济效益。

(3)人力资源优化配置的方法。

1)应在人力资源需求计划的基础上再具体化,防止漏配,必要时根据实际情况对人力资源计划进行调整。

2)如果现有的人力资源能满足要求,配置时尚应贯彻节约原则。如果现有劳动力不能满足要求,项目经理部应向企业申请加配,或在企业经理授权范围内进行招募,也可以把任务转包出去。如果在专业技术或其他素质上现有人员或新招收人员不能满足要求,应提前进行培训,再上岗作业。培训任务主要由企业劳务部门承担,项目经理部只能进行辅助培训,即临时性的操作训练或试验性操作练兵,进行劳动纪律、工艺纪律及安全作业教育等。

3)配置劳动力时应积极可靠,让工人有超额完成的可能,以获得奖励,进而激发出工人的劳动热情。

4)尽量使作业层正在使用的劳动力和劳动组织保持稳定,防止频繁调动。当在用劳动组织不适应任务要求时,应进行劳动组织调整,并应敢于打乱原建制进行优化组合。

5)为保证作业需要,工种组合、技术工人与壮工比例必须适当、配套。

6)尽量使劳动力均衡配置,以便于管理,使劳动资源强度适当,达到节约的目的。

2. 劳动定额

(1)劳动定额的基本形式。建筑企业的劳动定额有两种基本形式,即时间定额和产量定额。

1)时间定额是指完成某单位产品或某项工序所必需的劳动时间,即具有某种技术等级的工人所组成的某种专业(或混合)班组或个人,在正常施工条件下,完成某一计量单位的合格产品(或工作)所必需的工作时间。其中包括:准备与结束时间、基本工作时间、辅助工作时间、不可避免的中断时间,以及为了使工人保持充沛的精力而规定的适当休息和生理需要所必需消耗的时间等。建筑安装工程的时间定额一般以工日为单位,每一工日按 8h 计算。其计算方法如下:

$$单位产品时间定额(工日) = \frac{1}{每工产量} \tag{8-9}$$

或
$$单位产品时间定额(工日) = \frac{小组成员工日数的总和}{台班总量} \tag{8-10}$$

2)产量定额是指在单位时间内应完成的产品数量,即在正常施工条件下,具有某种技术等级的工人所组成的某种专业(或混合)班组或个人,在单位工日中应完成的合格产品(或工作)数量。其计算方法如下:

$$每工产量 = \frac{1}{单位产品时间定额(工日)} \tag{8-11}$$

$$或台班产量 = \frac{小组成员工日数的总和}{单位产品时间定额(工日)} \tag{8-12}$$

(2)确定劳动定额水平的基本原则。确定劳动定额水平的基本原则就是贯彻先进、合理的原则。只有先进、合理的劳动定额水平,才能反映科学技术进步及吸收、推广先进经验和生产组织措施的改善,以发挥其鼓励先进、激发中间、督促后进的作用。

所谓"先进",就是确定劳动定额水平必须反映采用先进的生产技术、施工工艺和操作方法、先进的设备及具备先进的管理水平等;所谓"合理",就是从企业当前的实际出发,考虑现有的各种客观因素的影响,使劳动定额建立在现实可行和可靠的基础之上。

(3)劳动定额的作用

1)劳动定额是现场制定劳动力计划的重要依据,是保证完成或超额完成施工任务的有力手段。劳动定额是编制施工进度计划、成本计划、劳动工资计划以及各种作业计划的基础,也是签发施工任务书,进行生产调度的重要依据。现场所需的一切必须依据劳动定额来分析汇总和安排,没有劳动定额或劳动定额不符合实际,则现场劳动力的计划就无法有效进行。

2)劳动定额是组织开展劳动竞赛,考核劳动成果的主要尺度。劳动定额规定了完成各项工作的劳动消耗量,因此,它是开展劳动竞赛的重要依据和标准。劳动定额也是开展班组经济核算的基础,它是考核劳动投入与劳动产出成果的主要衡量尺度。

3)劳动定额是合理组织现场劳动力的重要依据。现场劳动力如何安排,施工任务单的考核,劳动成果的结算都要使用劳动定额。它规定了完成某项工作的劳动消耗及前后工序在劳动时间上的配合和衔接。没有定额,现场劳动就无法有效组织。

4)劳动定额也是贯彻按劳分配原则,调动工人积极性的手段。定额水平制定的正确与否,会直接影响广大工人的分配和收入。通过劳动定额,可使工人对完成生产任务所需要的劳动量心中有数,从而会更合理地支配工时、挖掘潜力、提高工作效率。

(4)劳动定额的工时消耗分析。劳动定额是在一定时间和一定物质条件下,管理水平、生产技术和职工觉悟程度的综合反映。要制定正确的劳动定额,首先应正确地分析工人的工时消耗构成,掌握工人劳动时间消耗的客观规律。

工时消耗分析是按照一定的原则对工人劳动时间的必要消耗和非必要消耗进行科学的区别和归类,其目的是在总结先进经验的基础上,消除工时浪费,引导工人尽可能将工时用在有效劳动上。这种分析方法为制定先进的劳动定额提供了依据,其时间消耗的组成,如图8-2所示。

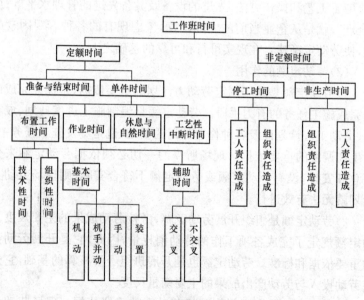

图 8-2　工时消耗分析图

从劳动定额角度来观察,一个工作日的全部工时消耗包括定额时间与非定额时间。非定额时间是非必要的时间消耗,不能计入劳动定额内;而定额时间则是工人完成规定生产任务的必要时间消耗,其中包括单件时间和准备与结束时间。

(5)劳动定额的制定。劳动定额的制定方法,一般有以下四种:

1)经验估工法。就是由老工人、技术人员和定额员,根据自己的经验,结合分析图纸、工艺规程和产品实物,以及考虑所使用的设备工具、原材料及其他生产条件,估算制定劳动定额的方法。这种方法简便迅速,通常适用于一次性或临时性施工任务或小批量生产,其缺点是容易受估工人员的水平和经验局限的影响,定额的准确性较差。

为提高估工质量并缩小偏差,可选用概率估算法进行估算:

$$M = \frac{a + 4c + b}{6} \tag{8-13}$$

$$\sigma = \frac{b - a}{6} \tag{8-14}$$

$$N = M \pm \lambda \sigma \tag{8-15}$$

式中　a——先进的估计值;

　　　b——保守的估计值;

　　　c——有把握的估计值;

　　　M——平均工时;

　　　σ——概率偏差;

　　　λ——预计定额完成面(概率系数);

　　　N——估工定额。

2)统计分析法。就是根据过去生产同类产品或类似产品的工时消耗统计历史资料,经整理分析,并结合当前的生产技术组织条件的状况来制定定额的方法。它适用于大批量、重复性生产的产量定额的制定,其优点是简单易行,工作量不大,在生产稳定统计资料正确、全面的情况下,其精度较高。

统计分析法有平均与加权平均法两种:

①平均法。采用平均法进行分析时,其步骤如下:

首先求平均数$\bar{a}$,即参加平均的多数项之和($\sum\limits_{i}^{n} G_i$)除以项数(n)所得之商,即:

$$\bar{a} = \frac{\sum_{i}^{n} G_i}{n} \qquad (8\text{-}16)$$

再求平均先进数$\overline{a'}$，即将低于平均数的项数舍去，然后将选用的数据之和($\sum_{i}^{n} \overline{a'}$)除以选用项数($n'$)之商，即：

$$\overline{a'} = \frac{\sum_{i}^{n} \overline{a'}}{n'} \qquad (8\text{-}17)$$

选用项数一般都大于总项数的一半，但被选用的项数愈少，其先进程度也愈高。

接着求均方差σ。表示统计值与平均值之间的偏差范围，即：

$$\sigma = \sqrt{\frac{\sum_{i}^{n} (a_i - \bar{a})^2}{n}} \qquad (8\text{-}18)$$

最后求劳动定额的平均值N，即平均先进值加上它的偏差：

$$N = \overline{a'} + \sigma \qquad (8\text{-}19)$$

②加权平均法。加权平均法的步骤与平均法的相同，只不过用加权平均数替代平均数而已。其步骤如下：

首先求加权平均数$\overline{A}$，它是参加平均数的各项数(A_i)与本项权数(f_i)的乘积的总和($\sum_{i}^{n} A_i f_i$)除以权数总和($\sum_{i}^{n} f_i$)之商。即：

$$\overline{A} = \frac{\sum_{i}^{n} A_i f_i}{\sum_{i}^{n} f_i} \qquad (8\text{-}20)$$

然后求加权平均先进数$\overline{A'}$，即将低于加权平均数的项数舍去后，再求剩余项A'的平均值。即：

$$\overline{A'} = \frac{\sum_{i}^{n} A'_i f_i}{\sum_{i}^{n} f_i} \qquad (8\text{-}21)$$

求出加权的方差 σ'，即：

$$\sigma' = \sqrt{\dfrac{\sum\limits_{i}^{n}(A_i - \overline{A})f_i}{\sum\limits_{i}^{n}f_i}} \tag{8-22}$$

最后算出加权平均法的劳动定额值 N'。即：

$$N' = \overline{A'} + \sigma' \tag{8-23}$$

3)技术测定法。指通过实地观察、计算来制定劳动定额的办法。

此方法由于有充分的测量和统计资料作依据,且是在在总结先进经验、挖掘生产潜力的基础上,来确定合理的生产条件和工艺操作方法的,所以该方法能反映先进的操作技术,消除薄弱环节和浪费现象,比较科学,准确性较高,易于掌握,但是工作量大、较费时间、周期也长。

技术测定方法又可以分为分析研究法和分析计算法两种,其中,分析研究法有"测时"和"工作日写时"两种,用以确定工时定额各个组成部分的时间。而分析计算法常用于制定建筑材料消耗定额,它是在研究建筑结构、构造方案和材料规格及特性的基础上,用分析计算定出材料的消耗。

4)类推比较法。就是以同类型工序、同类型产品的定额水平或技术测定的实耗工时为标准,经过分析比较,类推出同一组定额中相似项目的定额的方法。其作法,通常是按照一定的标准,在同类型的施工分项工程和工序中,选出有代表性的分项工程或工序,制定出典型定额,以此类推其他分项工程或工序的劳动定额。这种方法的优点是工作量小、制定迅速、使用方便。但对类推比较的条件的选择要适当,分析要细致,要提高原始记录的质量。

（6）劳动定额完成分析。劳动定额完成分析就是对各种定额统计资料进行分析,进而揭示出完成定额过程中的矛盾和问题,从而为改进定额管理和修订定额提供决策依据。

定额完成分析的主要任务是:考察定额完成水平;分析超额完成定额的经验和方法,分析没有完成定额的原因;验证定额水平的准确程度和均衡程度;发现和查找管理薄弱环节;分析工人的工作态度和技能水平。

定额完成分析的基本指标有定额完成率、达额面等指标。

1)定额完成率。定额完成率即定额时间与实际使用时间的比率，或在同一时间内实际完成的产量与定额产量的比率。其计算公式为：

$$定额完成率=\frac{完成某一工程定额时间}{完成同一工程量实际使用时间}\times100\%$$

$$=\frac{一定时间实际完成工程量}{同一时间定额规定工程量}\times100\% \tag{8-24}$$

2)达额面。达额面是指在全部实行定额的人员中，达到和超过定额要求的人员所占的比例。其计算公式为：

$$达额面=\frac{达到和超过定额要求的人数}{全部实行定额人数} \tag{8-25}$$

3. 劳动定员管理

(1)对企业职工进行分类。明确建筑施工企业职工的构成，对职工进行科学分类，是搞好定员工作的重要基础。建筑施工企业的职工按工作性质和劳动岗位可分为管理人员、专业技术人员、生产人员、服务人员、其他人员五种。

1)管理人员。指在企业各职能部门从事行政、生产、经济管理工作的人员和政工人员。

2)专业技术人员。指从事与生产、经济活动有关的技术活动及管理工作的专业人员。

3)生产人员。指参加建筑安装施工活动的物质生产者，包括建筑安装人员、附属辅助生产人员、运输装卸人员及其他生产人员。

4)服务人员。指服务于职工生活或间接服务于生产的人员。

5)其他人员。如出国援外人员，脱产学习 6 个月以上的人员。

(2)劳动定员的编制要求。定员是优化劳动力组织的重要前提，只有定员后，才能合理配备所需人员和进行劳动力的平衡和余缺调剂，优化劳动力组织才有依据。因此，在编制定员时，应当灵活或多种方法相结合，并注意以下几个问题：

1)要先定额后定员，对于企业中可以实行劳动定额的工人来说，定额是定员的基础，定额如果落后，定员就不可能先进合理。

2)定员时应注意各类人员的比例关系,各类人员(包括生产工人)都要有合理的比例。

3)要做好定员的日常管理工作,包括设立员工登记卡片,掌握员工内部调动情况;定期考核各部门员工人数,检查定员执行情况;经常了解人员使用情况,研究进一步挖掘劳动潜力的措施等。

(3)劳动定员的编制方法。劳动定员的编制方法主要有:按劳动效率定员,按设备定员,按岗位定员,按比例定员,按组织机构、职责范围、业务分工定员等。

1)按劳动效率定员。这是根据生产任务和劳动定额以及平均出勤率等因素来确定定员人数的方法。它主要适用于能够确定劳动定额的工种或岗位。尤其是以手工操作为主的工种,更适用此法。

2)按设备定员。就是按完成施工任务所需设备数量和开动班次以及工人的看管定额来计算定员人数的方法。这种方法适用于以机械设备操作为主的工种。

3)按岗位定员。这是按岗位的多少、岗位定员标准和工作班次计算确定定员人数的方法。这种方法适用于无法按劳动定额定员的某些辅助人员等。

4)按比例定员。即按职工总数或某类人员总数的一定比例来计算确定某种人员所需人数。这种方法可用于非直接生产人员,如服务人员的定员。

5)按组织机构、职责范围和业务分工定员。这种方法主要适用于企业管理人员和专业技术人员的定员。其步骤是先定组织机构,定职能科室,明确各项业务分工及职责范围以后,根据各项业务量的大小、复杂程度,结合管理人员或专业技术人员的工作能力、技术水平确定定员。

(4)劳动力优化组合。定员以后,需要按照分工协作的原则,合理地配备人员,其优化组合方法主要有以下几种:

1)自愿组合。自愿组合可以改善人际关系,消除因感情不和而影响生产的现象,调动班组长和生产工人的积极性。

2)招标组合。对某些又脏又累的工种,可实行高于其他工种(或部门)的工资福利待遇而进行公开招标组合,使劳动力的配备得以优化,职工的心情比较愉快。

3)切块组合。对某些专业性强、人员要求相对稳定的作业班组或职能组,采取切块组合。由作业班组或职能组集体向工程处或项目经理部提出组阁方案,经有关部门审核批准后实施。

企业中有些作业班组,成员之间各有专长,配合密切,关系融洽,在这种情况下,应保持相对稳定,不要轻易打乱重组,应采取切块组合,即由该班组集体讨论,或调整现有人员之间的分工,或改选班组长,也应在保持原有建制的情况下,加以优化。

二、劳务分包合同

1. 劳务分包合同的形式

劳务分包合同的形式一般可分为以下两种:

(1)按施工预算或招标价承包;

(2)按施工预算中的清工承包。

2. 劳务分包合同的内容

劳务分包合同的内容应包括工程名称,工作内容及范围,提供劳务人员的数量,合同工期,合同价款及确定原则,合同价款的结算和支付,安全施工,重大伤亡及其他安全事故处理,工程质量、验收与保修,工期延误,文明施工,材料机具供应,文物保护,发包人、承包人的权利和义务,违约责任等。

3. 劳务分包合同范本

建设工程施工劳务分包合同示范文本

工程承包人(施工总承包人或专业工程承(分)包人):＿＿＿＿＿＿

＿＿＿＿＿＿＿＿＿＿＿＿

劳务分包人:＿＿＿＿＿＿＿＿＿＿＿＿＿＿＿＿＿

依照《中华人民共和国合同法》、《中华人民共和国建筑法》及其他有关法律、行政法规,遵循平等、自愿、公平和诚实信用的原则,鉴于＿＿＿＿＿＿＿＿＿＿＿＿＿＿(以下简称为"发包人")与工程承包人已经签订施工总承包合同或专业承(分)包合同(以下称为"总(分)包合同"),双方就劳务分包事项协商达成一致,订立本合同。

1. 劳务分包人资质情况

资质证书号码:＿＿＿＿＿＿＿＿＿＿＿＿＿

发证机关：_____

资质专业及等级：_____

复审时间及有效期：_____

2. 劳务分包工作对象及提供劳务内容

工程名称：_____

工程地点：_____

分包范围：_____

提供分包劳务内容：_____

3. 分包工作期限

开始工作日期：_____年____月____日，结束工作日期：_____年____月____日，总日历工作天数为：____天

4. 质量标准

工程质量：按总（分）包合同有关质量的约定、国家现行的《建筑安装工程施工及验收规范》和《建筑安装工程质量评定标准》，本工作必须达到质量评定_____等级。

5. 合同文件及解释顺序

组成本合同的文件及优先解释顺序如下：

(1) 本合同；

(2) 本合同附件；

(3) 本工程施工总承包合同；

(4) 本工程施工专业承（分）包合同。

6. 标准规范

除本工程总（分）包合同另有约定外，本合同适用标准规范如下：

(1) _____

(2) _____

7. 总（分）包合同

7.1 工程承包人应提供总（分）包合同（有关承包工程的价格细节除外），供劳务分包人查阅。当劳务分包人要求时，工程承包人应向劳务分包人提供一份总包合同或专业分包合同（有关承包工程的价格细节除外）的副本或复印件。

7.2 劳务分包人应全面了解总（分）包合同的各项规定（有关承

包工程的价格细节除外)。

8. 图纸

8.1　工程承包人应在劳务分包工作开工_____天前,向劳务分包人提供图纸_____套,以及与本合同工作有关的标准图_____套。

9. 项目经理

9.1　工程承包人委派的担任驻工地履行本合同的项目经理为_____,职务:_____,职称:_____。

9.2　劳务分包人委派的担任驻工地履行本合同的项目经理为_____,职务:_____,职称:_____。

10. 工程承包人义务

10.1　组建与工程相适应的项目管理班子,全面履行总(分)包合同,组织实施施工管理的各项工作,对工程的工期和质量向发包人负责。

10.2　除非本合同另有约定,工程承包人完成劳务分包人施工前期的下列工作并承担相应费用:

(1)在_____年____月____日前向劳务分包人交付具备本合同项下劳务作业开工条件的施工场地,具备开工条件的施工场地交付要求为:_____。

(2)在_____年____月____日前完成水、电、热、电讯等施工管线和施工道路,并满足完成本合同劳务作业所需的能源供应、通讯及施工道路畅通的时间和质量要求;

(3)在_____年____月____日前向劳务分包人提供相应的工程地质和地下管网线路资料;

(4)在_____年____月____日前完成办理下列工作手续(包括各种证件、批件、规费,但涉及劳务分包人自身的手续除外):_____;

(5)在_____年____月____日前向劳务分包人提供相应的水准点与坐标控制点位置,其交验要求与保护责任为:_____;

(6)在_____年____月____日前向劳务分包人提供下列生产、生活临时设施:_____,其交验要求与保护责任为:_____;

10.3　负责编制施工组织设计,统一制定各项管理目标,组织编制年、季、月施工计划、物资需用量计划表,实施对工程质量、工期、安全生产、文明施工,计量析测、实验化验的控制、监督、检查和验收。

10.4　负责工程测量定位、沉降观测、技术交底,组织图纸会审,统一安排技术档案资料的收集整理及交工验收。

10.5　统筹安排、协调解决非劳务分包人独立使用的生产、生活临时设施、工作用水、用电及施工场地。

10.6　按时提供图纸,及时交付应供材料、设备,所提供的施工机械设备、周转材料、安全设施保证施工需要;

10.7　按本合同约定,向劳务分包人支付劳动报酬。

10.8　负责与发包人、监理、设计及有关部门联系,协调现场工作关系。

11.　劳务分包人义务

11.1　对本合同劳务分包范围内的工程质量向工程承包人负责,组织具有相应资格证书的熟练工人投入工作;未经工程承包人授权或允许,不得擅自与发包人及有关部门建立工作联系;自觉遵守法律法规及有关规章制度。

11.2　劳务分包人根据施工组织设计总进度计划的要求,每月底前_____天提交下月施工计划,有阶段工期要求的提交阶段施工计划,必要时按工程承包人要求提交旬、周施工计划,以及与完成上述阶段、时段施工计划相应的劳动力安排计划,经工程承包人批准后严格实施。

11.3　严格按照设计图纸、施工验收规范、有关技术要求及施工组织设计精心组织施工,确保工程质量达到约定的标准;科学安排作业计划,投入足够的人力、物力,保证工期;加强安全教育,认真执行安全技术规范,严格遵守安全制度,落实安全措施,确保施工安全;加强现场管理,严格执行建设主管部门及环保、消防、环卫等有关部门对施工现场的管理规定,做到文明施工;承担由于自身责任造成的质量修改、返工、工期拖延、安全事故、现场脏乱造成的损失及各种罚款。

11.4　自觉接受工程承包人及有关部门的管理、监督和检查;接受工程承包人随时检查其设备、材料保管、使用情况,及其操作人员的有效证件、持证上岗情况;与现场其他单位协调配合,照顾全局。

　　11.5　按工程承包人统一规划堆放材料、机具,按工程承包人标准化工地要求设置标牌,搞好生活区的管理,做好自身责任区的治安保卫工作。

　　11.6　按时提交报表、完整的原始技术经济资料,配合工程承包人办理交工验收。

　　11.7　做好施工场地周围建筑物、构筑物和地下管线和已完工程部分的成品保护工作,因劳务分包人责任发生损坏,劳务分包人自行承担由此引起的一切经济损失及各种罚款。

　　11.8　妥善保管、合理使用工程承包人提供或租赁给劳务分包人使用的机具、周转材料及其他设施。

　　11.9　劳务分包人须服从工程承包人转发的发包人及工程师的指令。

　　11.10　除非本合同另有约定,劳务分包人应对其作业内容的实施、完工负责,劳务分包人应承担并履行总(分)包合同约定的、与劳务作业有关的所有义务及工作程序。

　　12. 安全施工与检查

　　12.1　劳务分包人应遵守工程建设安全生产有关管理规定,严格按安全标准进行施工,并随时接受行业安全检查人员依法实施的监督检查,采取必要的安全防护措施,消除事故隐患。由于劳务分包人安全措施不力造成事故的责任和因此而发生的费用,由劳务分包人承担。

　　12.2　工程承包人应对其在施工场地的工作人员进行安全教育,并对他们的安全负责。工程承包人不得要求劳务分包人违反安全管理的规定进行施工。因工程承包人原因导致的安全事故,由工程承包人承担相应责任及发生的费用。

　　13. 安全防护

　　13.1　劳务分包人在动力设备、输电线路、地下管道、密封防震车间、易燃易爆地段以及临街交通要道附近施工时,施工开始前应向工程承包人提出安全防护措施,经工程承包人认可后实施,防护措施费用由工程承包人承担。

　　13.2　实施爆破作业,在放射、毒害性环境中工作(含储存、运输、使用)及使用毒害性、腐蚀性物品施工时,劳务分包人应在施工前10天以书面形式通知工程承包人,并提出相应的安全防护措施,经工程承包人认可后实施,由工程承包人承担安全防护措施费用。

13.3　劳务分包人在施工现场内使用的安全保护用品(如安全帽、安全带及其他保护用品),由劳务分包人提供使用计划,经工程承包人批准后,由工程承包人负责供应。

14. 事故处理

14.1　发生重大伤亡及其他安全事故,劳务分包人应按有关规定立即上报有关部门并报告工程承包人,同时按国家有关法律、行政法规对事故进行处理。

14.2　劳务分包人和工程承包人对事故责任有争议时,应按相关规定处理。

15. 保险

15.1　劳务分包人施工开始前,工程承包人应获得发包人为施工场地内的自有人员及第三人人员生命财产办理的保险,且不需劳务分包人。支付保险费用。

15.2　运至施工场地用于劳务施工的材料和待安装设备,由工程承包人办理或获得保险,且不需劳务分包人支付保险费用。

15.3　工程承包人必须为租赁或提供给劳务分包人使用的施工机械设备办理保险,并支付保险费用。工程承包人自行投保的范围(内容)为:＿＿＿＿＿＿＿＿＿＿＿。

15.4　劳务分包人必须为从事危险作业的职工办理意外伤害保险,并为施工场地内自有人员生命财产和施工机械设备办理保险,支付保险费用。劳务分包人自行投保的范围(内容)为:＿＿＿＿＿＿＿＿＿＿＿＿＿＿＿＿＿＿＿＿＿＿＿。

15.5　保险事故发生时,劳务分包人和工程承包人有责任采取必要的措施,防止或减少损失。

16. 材料、设备供应

16.1　劳务分包人应在接到图纸后＿＿＿＿＿＿天内,向工程承包人提交材料、设备、构配件供应计划(具体表式见附件一);经确认后,工程承包人应按供应计划要求的质量、品种、规格、型号、数量和供应时间等组织货源并及时交付;需要劳务分包人运输、卸车的,劳务分包人必须及时进行,费用另行约定。如质量、品种、规格、型号不符合要求,劳务分包人应在验收时提出,工程承包人负责处理。

16.2　劳务分包人应妥善保管、合理使用工程承包人供应的材料、设备。因保管不善发生丢失、损坏,劳务分包人应赔偿,并承担因此造成的工期延误等发生的一切经济损失。

16.3　工程承包人委托劳务分包人采购下列低值易耗性材料(列明名称、规格、数量、质量或其他要求):

_____采购材料费用为:_____(单价)

_____采购材料费用为:_____(单价)

_____采购材料费用为:_____(单价)

_____采购材料费用为:_____(单价)

16.4　工程承包人委托劳务分包人采购低值易耗性材料的费用,由劳务分包人凭采购凭证,另加_____%的管理费向工程承包人报销。

17. 劳务报酬

17.1　本工程的劳务报酬采用下列任何一种方式计算:

(1)固定劳务报酬(含管理费);

(2)约定不同工种劳务的计时单价(含管理费),按确认的工时计算;

(3)约定不同工作成果的计件单价(含管理费),按确认的工程量计算。

17.2　本工程的劳务报酬,除本合同17.6规定的情况外,均为一次包死,不再调整。

17.3　采用第(1)种方式计价的,劳务报酬共计_____元。

17.4　采用第(2)种方式计价的,不同工种劳务的计时单价分别为:

_____,单价为_____元;

_____,单价为_____元;

_____,单价为_____元;

_____,单价为_____元;

_____，单价为_____元。

17.5　采用第(3)种方式计价的,不同工作成果的计件单价分别为:

_____，单价为_____元;

_____，单价为_____元;

_____，单价为_____元;

_____，单价为_____元;

_____，单价为_____元。

17.6　在下列情况下,固定劳务报酬或单价可以调整:

(1)以本合同约定价格为基准,市场人工价格的变化幅度超过_____%,按变化前后价格的差额予以调整;

(2)后续法律及政策变化,导致劳务价格变化的,按变化前后价格的差额予以调整;

(3)双方约定的其他情形:_____

_____

_____。

18.　工时及工程量的确认

18.1　采用固定劳务报酬方式的,施工过程中不计算工时和工程量。

18.2　采用按确定的工时计算劳务报酬的,由劳务分包人每日将提供劳务人数报工程承包人,由工程承包人确认。

18.3　采用按确认的工程量计算劳务报酬的,由劳务分包人按月(或旬、日)将完成的工程量报工程承包人,由工程承包人确认。对劳务分包人未经工程承包人认可,超出设计图纸范围和因劳务分包人原因造成返工的工程量,工程承包人不予计量。

19.　劳务报酬的中间支付

19.1　采用固定劳务报酬方式支付劳务报酬的,劳务分包人与工程承包人约定按下列方法支付:

(1)合同生效即支付预付款_____元;

(2)中间支付:

第一次支付时间为_____年___月___日,支付_____元;

第二次支付时间为＿＿＿＿年＿＿＿月＿＿＿日,支付＿＿＿＿＿＿元;

……

19.2　采用计时单价或计件单价方式支付劳务报酬的,劳务分包人与工程承包人双方约定支付方法为＿＿＿＿＿＿＿＿＿＿＿＿＿＿＿。

19.3　本合同确定调整的劳务报酬、工程变更调整的劳务报酬及其他条款中约定的追加劳务报酬,应与上述劳务报酬同期调整支付。

20. 施工机具、周转材料供应

20.1　工程承包人提供给劳务分包人劳务作业使用的机具、设备,性能应满足施工的要求,及时运入场地,安装调试完毕,运行良好后交付劳务分包人使用。周转材料、低值易耗材料(由工程承包人依据本合同委托劳务分包人采购的除外)应按时运入现场交付劳务分包人,保证施工需要。如需要劳务分包人运输、卸车、安拆调试时,费用另行约定。

20.2　工程承包人应提供施工使用的机具、设备一览表见附件二。

20.3　工程承包人应提供的周转材料、低值易耗材料一览表见附件三。

21. 施工变更

21.1　施工中如发生对原工作内容进行变更,工程承包人项目经理应提前7天以书面形式向劳务分包人发出变更通知,并提供变更的相应图纸和说明。劳务分包人按照工程承包人(项目经理)发出的变更通知及有关要求,进行下列需要的变更:

(1)更改工程有关部分的标高、基线、位置和尺寸;

(2)增减合同中约定的工程量;

(3)改变有关的施工时间和顺序;

(4)其他有关工程变更需要的附加工作。

21.2　因变更导致劳务报酬的增加及造成的劳务分包人损失,由工程承包人承担,延误的工期相应顺延;因变更减少工程量,劳务报酬应相应减少,工期相应调整。

21.3　施工中劳务分包人不得对原工程设计进行变更。因劳务分包人擅自变更设计发生的费用和由此导致工程承包人的直接损失,由劳务分包人承担,延误的工期不予顺延。

21.4　因劳务分包人自身原因导致的工程变更,劳务分包人无权要求追加劳务报酬。

22. 施工验收

22.1　劳务分包人应确保所完成施工的质量,应符合本合同约定的质量标准。劳务分包人施工完毕,应向工程承包人提交完工报告,通知工程承包人验收;工程承包人应当在收到劳务分包人的上述报告后7天内对劳务分包人施工成果进行验收,验收合格或者工程承包人在上述期限内未组织验收的,视为劳务分包人已经完成了本合同约定工作。但工程承包人与发包人间的隐蔽工程验收结果或工程竣工验收结果表明劳务分包人施工质量不合格时,劳务分包人应负责无偿修复,不延长工期,并承担由此导致的工程承包人的相关损失。

22.2　全部工程竣工(包括劳务分包人完成工作在内)一经发包人验收合格,劳务分包人对其分包的劳务作业的施工质量不再承担责任,在质量保修期内的质量保修责任由工程承包人承担。

23. 施工配合

23.1　劳务分包人应配合工程承包人对其工作进行的初步验收,以及工程承包人按发包人或建设行政主管部门要求进行的涉及劳务分包人工作内容、施工场地的检查、隐蔽工程验收及工程竣工验收;工程承包人或施工场地内第三方的工作必须劳务分包人配合时,劳务分包人应按工程承包人的指令予以配合。除上述初步验收、隐蔽工程验收及工程竣工验收之外,劳务分包人因提供上述配合而发生的工期损失和费用由工程承包人承担。

23.2　劳务分包人按约定完成劳务作业,必须由工程承包人或施工场地内的第三方进行配合时,工程承包人应配合劳务分包人工作或确保劳务分包人获得该第三方的配合,且工程承包人应承担因此而发生的费用。

24. 劳务报酬最终支付

24.1　全部工作完成,经工程承包人认可后14天内,劳务分包人向工程承包人递交完整的结算资料,双方按照本合同约定的计价方式,进行劳务报酬的最终支付。

24.2　工程承包人收到劳务分包人递交的结算资料后 14 天内进行核实,给予确认或者提出修改意见。工程承包人确认结算资料后 14 天内向劳务分包人支付劳务报酬尾款。

24.3　劳务分包人和工程承包人对劳务报酬结算价款发生争议时,按本合同关于争议的约定处理。

25. 违约责任

25.1　当发生下列情况之一时,工程承包人应承担违约责任:

(1)工程承包人违反本合同第 19 条、第 24 条的约定,不按时向劳务分包人支付劳务报酬;

(2)工程承包人不履行或不按约定履行合同义务的其他情况。

25.2　工程承包人不按约定核实劳务分包人完成的工程量或不按约定支付劳务报酬或劳务报酬尾款时,应按劳务分包人同期向银行贷款利率向劳务分包人支付拖欠劳务报酬的利息,并按拖欠全额向劳务分包人支付每日_____‰的违约金。

25.3　工程承包人不履行或不按约定履行合同的其他义务时,应向劳务分包人支付违约金_____元,工程承包人尚应赔偿因其违约给劳务分包人造成的经济损失,顺延延误的劳务分包人工作时间。

25.4　当发生下列情况之一时,劳务分包人应承担违约责任:

(1)劳务分包人因自身原因延期交工的,每延误一日,应向工程承包人支付_____元的违约金;

(2)劳务分包人施工质量不符合本合同约定的质量标准,但能够达到国家规定的最低标准时,劳务分包人应向工程承包人支付_____的违约金;

(3)劳务分包人不履行或不按约定履行合同的其他义务时,应向工程承包人支付违约金_____元,劳务分包人尚应赔偿因其违约给工程承包人造成的经济损失,延误的劳务分包人工作时间不予顺延。

25.5　一方违约后,另一方要求违约方继续履行合同时,违约方承担上述违约责任后仍应继续履行合同。

26. 索赔

26.1 工程承包人根据总(分)包合同向发包人递交索赔意向通知或其他资料时,劳务分包人应予以积极配合,保持并出示相应资料,以便工程承包人能遵守总(分)包合同。

26.2 在劳务作业实施过程中,如劳务分包人遇到不利外部条件等根据总(分)包合同可以索赔的情形出现,则工程承包人应该采取一切合理步骤,向发包人主张追加付款或延长工期。当索赔成功后,工程承包人应该将索赔所得的相应部分转交给劳务分包人。

26.3 当本合同的一方向另一方提出索赔时,应有正当的索赔理由,并有索赔事件发生时有效的相应证据。

26.4 工程承包人未按约定履行自己的各项义务或发生错误,以及应由工程承包人承担责任的其他情况,造成工作时间延误和(或)劳务分包人不能及时得到合同报酬及劳务分包人的其他经济损失,劳务分包人可按下列程序以书面形式向工程承包人索赔:

(1)索赔事件发生后21天内,向工程承包人项目经理发出索赔意向通知;

(2)发出索赔意向通知后21天内,向工程承包人项目经理提出延长工作时间和(或)补偿经济损失的索赔报告及有关资料;

(3)工程承包人项目经理在收到劳务分包人送交的索赔报告和有关资料后,于21天内给予答复,或要求劳务分包人进一步补充索赔理由和证据;

(4)工程承包人项目经理在收到劳务分包人送交的索赔报告和有关资料后21天内未予答复或未对劳务分包人作进一步要求,视为该项索赔已经认可;

(5)当该项索赔事件持续进行时,劳务分包人应当阶段性地向工程承包人发出索赔意向,在索赔事件终了后21天内,向工程承包人项目经理送交索赔的有关资料和最终索赔报告。索赔答复程序与(3)、(4)规定相同。

26.5 劳务分包人未按约定履行自己的各项义务或发生错误,给工程承包人造成经济损失,工程承包人可按上述程序和时限以书面形式向劳务分包人索赔。

27. 争议

27.1　工程承包人和劳务分包人在履行合同时发生争议,可以自行和解或要求有关主管部门调解,任何一方不愿和解、调解或和解、调解不成的,双方约定采用下列第_____种方式解决争议:

(1)双方达成仲裁协议,向_____仲裁委员会申请仲裁;

(2)向有管辖权的人民法院起诉。

27.2　发生争议后,除非出现下列情况,双方都应继续履行合同,保持工作连续,保护好已完工作成果:

(1)单方违约导致合同确已无法履行,双方协议终止合同;

(2)调解要求停止合同工作,且为双方接受;

(3)仲裁机构要求停止合同工作;

(4)法院要求停止合同工作。

28. 禁止转包或再分包

28.1　劳务分包人不得将本合同项下的劳务作业转包或再分包给他人。否则,劳务分包人将依法承担责任。

29. 不可抗力

29.1　本合同中不可抗力的定义与总包合同中的定义相同。

29.2　不可抗力事件发生后,劳务分包人应立即通知工程承包人项目经理,并在力所能及的条件下迅速采取措施,尽力减少损失,工程承包人应协助劳务分包人采取措施。工程承包人项目经理认为劳务分包人应当暂停工作,劳务分包人应暂停工作。不可抗力事件结束后48小时内劳务分包人向工程承包人项目经理通报受害情况和损失情况,及预计清理和修复的费用。不可抗力事件持续发生,劳务分包人应每隔7天向工程承包人项目经理通报一次受害情况。不可抗力结束后14天内,劳务分包人应向工程承包人项目经理提交清理和修复费用的正式报告和有关资料。

29.3　因不可抗力事件导致的费用和延误的工作时间由双方按以下办法分别承担:

(1)工程本身的损害、因工程损害导致第三人人员伤亡和财产损失以及运至施工场地用于劳务作业的材料和待安装的设备的损害由工程承包人承担;

(2)工程承包人和劳务分包人的人员伤亡由其所在单位负责,并承担相应费用；

（3）劳务分包人自有机械设备损坏及停工损失，由劳务分包人自行承担；

（4）工程承包人提供给劳务分包人使用的机械设备损坏，由工程承包人承担，但停工损失由劳务分包人自行承担；

（5）停工期间，劳务分包人应工程承包人项目经理要求留在施工场地的必要的管理人员及保卫人员的费用由工程承包人承担；

（6）工程所需清理、修复费用，由工程承包人承担；

（7）延误的工作时间相应顺延。

29.4　因合同一方迟延履行合同后发生不可抗力的，不能免除迟延履行方的相应责任。

30. 文物和地下障碍物

30.1　在劳务作业中发现古墓、古建筑遗址等文物和化石或其他有考古、地质研究价值的物品时，劳务分包人应立即保护好现场并于4小时内以书面形式通知工程承包人项目经理，工程承包人项目经理应于收到书面通知后24小时内报告当地文物管理部门，工程承包人和劳务分包人按文物管理部门的要求采取妥善保护措施。工程承包人承担由此发生的费用，顺延合同工作时间。如劳务分包人发现后隐瞒不报或哄抢文物，致使文物遭受破坏，责任者依法承担相应责任。

30.2　劳务作业中发现影响工作的地下障碍物时，劳务分包人应于8小时内以书面形式通知工程承包人项目经理，同时提出处置方案，工程承包人项目经理收到处置方案后24小时内予以认可或提出修正方案，工程承包人承担由此发生的费用，顺延合同工作时间。所发现的地下障碍物有归属单位时，工程承包人应报请有关部门协同处置。

31. 合同解除

31.1　如果工程承包人不按照本合同的约定支付劳务报酬，劳务分包人可以停止工作。停止工作超过28天，工程承包人仍不支付劳务报酬，劳务分包人可以发出通知解除合同。

31.2　如在劳务分包人没有完全履行本合同义务之前，总包合同或专业分包合同终止，工程承包人应通知劳务分包人终止本合同。劳务分包人接到通知后尽快撤离现场,工程承包人应支付劳务分包人已完工程的劳务报酬,并赔偿因此而遭受的损失。

31.3　如因不可抗力致使本合同无法履行,或因一方违约或因发包人原因造成工程停建或缓建,致使合同无法履行的,工程承包人和劳务分包人可以解除合同。

31.4　合同解除后,劳务分包人应妥善做好已完工程和剩余材料、设备的保护和移交工作,按工程承包人要求撤出施工场地。工程承包人应为劳务分包人撤出提供必要条件,支付以上所发生的费用,并按合同约定支付已完工作劳务报酬。有过错的一方应当赔偿因合同解除给对方造成的损失。合同解除后,不影响双方在合同中约定的结算和清理条款的效力。

32. 合同终止

32.1　双方履行完合同全部义务,劳务报酬价款支付完毕,劳务分包人向工程承包人交付劳务作业成果,并经工程承包人验收合格后,本合同即告终止。

33. 合同份数

33.1　本合同正本两份,具有同等效力,由工程承包人和劳务分包人各执一份;本合同副本_____份,工程承包人执_____份,劳务分包人执_____份。

34. 补充条款

_____

_____ 。

35. 合同生效

合同订立时间:_____年____月____日;

合同订立地点:_____;

本合同双方约定_____后生效。

36. 附件(略)

三、人力资源的培训

对拟用人力资源的培训应该达到以下要求:

(1)所有人员都应意识到符合管理方针与各项要求的重要**性**。

（2）他们应该知道自己工作中的重要管理因素及其潜在影响，以及个人工作的改进所能带来的工作效益。

（3）他们应该意识到在实现各项管理要求方面的作用与职责。

（4）所有人员应该了解如果偏离规定的要求可能产生的不利后果。

四、班组劳动力管理

1. 班组劳动力的特点

传统的企业管理往往把注意力过多地放在企业的领导层上，而忽视了对施工现场班组劳动力的建设和管理。

其实，企业的管理归根到底是对班组的管理，只有搞好了班组的建设与管理，整个企业才有扎实的基础。施工现场班组的特点如下：

（1）班组是企业的最基本单元。企业从职能上看，能划成许多层次的组织机构，而在这些组织机构中，班组是最基层最直接的生产单位，直接与劳动对象、生产工具相结合，站在为社会创造物质财富的最前沿。

（2）班组是企业各项工作的中心。施工生产的组织与管理，各项经济技术指标的考核完善，基础资料的建立，职工文化生活的开展，无一不依赖于班组的工作而得以实现，企业的各项工作也都是围绕现场班组而进行的。

（3）班组不仅是施工生产的最基本单元，也是培养人，造就人的重要阵地。班组对工人的培训更具有针对性，干什么学什么，缺什么补什么，通过学习可逐渐提高队伍的素质，增强主人翁意识，建设一支能打硬仗的工人队伍。

（4）随着建筑市场竞争的日趋激烈，企业要生存发展只有不断增强自己的实力，只有不断提高班组的素质、技术水平和操作技能，才能迎接这种挑战，不至于被淘汰出局。故而，班组也是企业生存发展的源泉。

（5）目前，我国班组管理和施工水平落后的矛盾越来越突出，传统的手工劳动、人海战术，经验型管理在现场普遍存在，严重影响建设工程项目的经济效益和社会效益。而要改革这些弊端最直接、最有效的办法就是加强班组劳动力的建设。

2. 班组建设的内容

具体来说,对班组的建设主要应包括以下几个方面:

(1)班组组织建设。对班组组织进行建设时,应当努力建立一个团结、合作、进取的班组领导集体。同时,加强定编、定员工作,并对班组成员进行合理配备。

(2)班组业务建设。加强班组业务建设,就是对班组成员加强技术知识学习和操作技能的培训,这要结合本班组的工作实际需要围绕现场施工进行。

(3)班组劳动纪律和规章制度建设。劳动纪律是组织集体劳动必不可少的条件,凡是存在集体劳动的地方必须具有劳动纪律的约束,否则班组建设就无法进行。班组成员必须服从工作分配,听从工作指挥和调度,严格执行施工指令,坚守岗位尽心尽责,并遵守企业的各项规章制度及国家相关的法律、法令和政策等。

(4)生活需求建设。做好班组建设不能忽视职工的生活需要,在进行职工劳动成果分配时要体现各尽所能,按劳分配的原则,保证职工必要的物质、文化生活条件。

此外,还须加强班组成员的政治思想建设,可通过适当的引导和教育,提高班组成员的政治思想觉悟和工作积极性,不折不扣地完成生产任务。

五、人力资源的动态管理

1. 动态管理的原则

劳动力动态管理是以进度计划与劳务合同为依据,以动态平衡和日常调度为手段,以企业内部市场为依托,允许劳动力在市场内作充分的合理流动,以达到劳动力优化组合和以作业人员的积极性充分调动为目的。

2. 项目经理部的职责

项目经理部是项目施工范围内劳动力动态管理的直接责任者,其主要职责如下:

(1)按计划要求向企业劳务管理部门申请派遣劳务人员,并签订劳务合同。

(2)按计划在项目中分配劳务人员,并下达施工任务单或承包任务书。

（3）在施工中不断进行劳动力平衡、调整，解决施工要求与劳动力数量、工种、技术能力、相互配合中存在的矛盾。在此过程中按合同与企业劳务部门保持信息沟通、人员使用和管理的协调。

（4）按合同支付劳务报酬。解除劳务合同后，将人员遣归内部劳务市场。

3. 劳动管理部门的职责

由于企业劳务部门对劳动力进行集中管理，故其在动态管理中起着主导作用，应做好以下几方面的工作：

（1）根据施工任务的需要和变化，从社会劳务市场中招募和遣返（辞退）劳动力。

（2）根据项目经理部所提出的劳动力需要量计划与项目经理部签订劳务合同，并按合同向作业队下达任务，派遣队伍。

（3）对劳动力进行企业范围内的平衡、调度和统一管理。施工项目中的承包任务完成后收回作业人员，重新进行平衡、派遣。

（4）负责对企业劳务人员的工资奖金管理，实行按劳分配，兑现合同中的经济利益条款，进行合乎规章制度及合同约定的奖罚。

4. 施工现场经济承包责任制

（1）实施原则

1）制定经济承包责任制要科学、先进、合理、实用、可行。

2）建立岗位责任制时，要充分发扬民主，使全体职工都有权发表自己的意见，避免主观性、片面性。

3）建立干部、工人双向选择制度，打破职务、职业终身制，使组织机构适应经济承包责任制的需要。

4）要兼顾国家、集体、个人利益，确保上缴，超收多留，歉收自补。同时要严格维护承包者的利益，避免分配不公，要体现多劳多得。

5）做好考核、审计工作，对承包经营效果，经济责任制履行情况进行总结、评价。

（2）责任制的形式。按施工现场责任制承包者的不同，责任制可划分为职工个人的经济责任制和单位集体经济责任制。前者是以每个岗位上的职工个人为对象建立经济承包责任制，包括现场行政领导的经济责任制,专业管理人员责任制和施工人员的经济责任制;后者是以单位集体,像工程队、专业队、作业班组为对象建立的经济承包责任制。

1)职工个人经济承包责任制。首先,可将工程对象按施工过程划分为一个职工的工作范围,尽量准确、细致,然后根据每一职工工作的多少、难易程度,确定岗位责任制,建立责、权、利对应关系。最后,签订人员上岗合同,将责任落实到人,使工程的工期、质量和效益同个人的收入直接挂钩。这种责任制形式的特点是责任关系明确、直观,便于互相督促,有利于人员密切协作,信息反应较快。

2)施工队或作业班组经济承包责任制。根据双向选择的原则,首先确定精干的领导班子和紧凑的人员组织结构,并制定对违约行为的处理方法;然后根据分项工程的内容和工程预算、合同规定、经济责任合同的工期要求、质量标准及安全文明现场的达标要求、材料消耗量等相关内容,签订经济承包责任合同,确立经济承包责任制。

3)单位工程经济承包责任制。首先,应明确工程概况、承包范围及费用、进度要求、质量要求等内容,签订承包合同,建立承包集体的内容组织机构,明确各自的责任,使工程经济承包责任制落到实处。同时,还应确定工程承包的考核、奖惩标准及争议、纠纷处理方法。该责任制的特点是便于单位工程各工序统一指挥,整体配合与控制,有利于提高综合经济效益。

第四节 项目人力资源管理考核

一、人力资源考核分类

(1)试用期考核。对试用期内或届满的职工均需进行考核,以确定是否正式录用。该项考核通常由项目经理部授权劳动力管理机构进行,对于某些技术类或较为重要的职位也可自行考核。对于试用优秀者,可提前转正或正式录用。

(2)业绩(绩效)考核。可根据职工在施工生产中的表现和其完成工作量的多少、质量等因素进行综合考核,这是劳动力考核的主体。通常是建立职工工作绩效考核卡。根据职工工作岗位的特点和要求,采取定岗定责，一人一岗一卡的方式进行考核。考核卡的内容中包括该名职工所在岗位的工作职责、工作要求和工作标准，考核时按卡检查考评该岗位工作。

（3）后进职工考核。该项考核可由后进职工主管，会同人事部门共同考核定案。对认定为后进的职工，可对其具体工作表现随时提出考核和改进意见，对于被留职察看的后进职工，可根据其具体表现作出考核决定。

（4）个案考核。该项考核可由职工主管和人事管理部门负责，常采用专案报告的形式。对职工日常工作中的重大事件，及时提出考核意见，决定奖励或处罚。

（5）调配考核。对职工的调配，项目人事管理部门首先应考虑调配人员的素质及其技术水平，然后向项目经理部提出考核意见。调配事项确定后，应提供调配职工在本部门工作情况的考核结论和评语，以供新主管参考。

（6）离职考核。职工离职前，应对其在本公司的工作情况作出书面考核，并且必须在职工离职前完成。公司应为离职员工出具工作履历证明和工作绩效意见，由人事管理部门负责办理，必要时可由部门主管协办。

对职工的考核，应当公开、公平、公正，实事求是，不得徇私舞弊。应以岗位职责为主要依据，坚持上下结合、左右结合，定性与定量考核相结合的原则。

二、人力资源管理考核评比标准

对人力资源进行考核评比时，多采取百分制和等级制考核相结合的评比办法，即设立"优"、"良"、"可"、"差"四个等级，按岗位职责划分出得分项目，累计为100分。考核时以得分多少就近套等级，得90分以上的为"优"，80分以上的为"良"，70分以上的为"可"，70分以下的为"差"。

三、人力资源考核评比方法

目前，我国对人力资源的考核和评比工作，多采取定期考核与不定期抽查考核相结合、年终总评的方法。定期考核每月一次，由考评小组进行；不定期抽查考核由部门负责人组织，中心领导参加，随时可以进行,抽查情况要认真记录,以备集中考核时运用,年终结合评先工作进行总评。对中层干部和管理人员的考评,由服务中心领导组织职工管理委员会中的职工成员共同参与,进行年度考评。

四、人力资源考核评比工作的实施

人力资源考核评比小组(简称考评小组)在每次对各部门、各岗位的工作情况进行全面检查考核后,要召开例会,结合平时的抽查情况、职工的考勤和日常工作表现、服务对象的满意度等综合因素,为每一名职工打分,做出综合评价。

考评小组通常由 7 人组战,其具体实施办法是:7 名考评小组成员按照各自掌握的被考评职工的综合情况,先独立给出各自的综合评价分(综合评价分的起评标准为:优 90~95 分;良 80~85 分;可 70~75分;差 60~65 分),在给出的这 7 个综合评价分中去掉最高和最低的两个分数,余下 5 个分数的平均数就是该职工所得的初步考评分。在此基础上运用检查考核的结果,工作质量好、完全符合工作标准的可以适当加分,但加分最多不能超过 5 分;工作质量达不到工作标准要求的,不合格的每一个单项扣 1 分,最后累计总的得分就是被考评职工的最终考评得分,这个得分所套入的等级就是该职工本次考核获得的考评等级。

五、对管理人员的考核

(1)考核的内容

1)工作成绩。重点考核工作的实际成果,以员工工作岗位的责任范围和工作要求为标准,相同职位的职工以同一个标准考核。

2)工作态度。重点考核员工在工作中的表现,如责任心、职业道德,积极性。

3)工作能力。

(2)考核的方法

1)主观评价法。依据一定的标准对被考核者进行主观评价。在评价过程中,可以通过对比比较法,将被考核者的工作成绩与其他被考核者比较,评出最终的顺序或等级;也可以通过绝对标准法,直接根据考核标准和被考核者的行为表现进行比较。主观评价法比较简易,但也容易受考核者的主观影响,需要在使用过程中精心设计考核方案,减少考核的不确定性。

2)客观评价法。依据工作指标的完成情况进行客观评价。主要包括生产指标,如产量、销售量、废次品率、原材料消耗量、能源率等;个人工作指标,如出勤率、事故率、违规违纪次数等指标;客观评价法注重工作结果,忽略被考核者的工作行为,一般只适用于生产一线从事体力劳动的员工。

3)工作成果评价法。为员工设定一个最低的工作成绩标准,然后将员工的工作结果与这一最低的工作成绩标准进行比较。重点考核被考核者的产出和贡献。为保持员工的正常状况,通过奖惩、解聘、晋升、调动等方法,使员工技能水平和工作效率达到岗位要求。

六、对作业人员的考核

对作业人员的考核应以劳务分包合同等为依据,由项目经理部对进场的劳务队伍进行队伍评价。在施工过程中,项目经理部的管理人员应加强对劳务分包队伍的管理,重点考核其是否按照组织有关规定进行施工,是否严格执行合同条款,是否符合质量标准和技术规范操作要求。工程结束后,由项目经理对分包队伍进行评价,并将评价结果报组织有关管理部门。

第九章　项目造价管理

第一节　施工预算

一、施工预算的定义与作用

施工预算是建筑工程施工前,施工企业根据施工定额(或企业内部定额)编制的完成单位工程所需的工种工时、材料数量、机械台班数量和直接费标准,用于指导施工和进行企业内部经济核算,向班组下达施工任务书,签发限额领料单,控制工料消耗和签订内部承包合同的主要依据。

施工预算的作用主要体现在以下几个方面:

(1)能准确地计算出各种劳动力需要量,为施工企业有计划地调配劳动力,提供可靠依据。

(2)能准确地确定材料的需用量,使施工企业可据此安排材料采购和供应。

(3)能计算出施工中所需的人力和物力的实物工作量,为施工作业计划的编制提供分层、分段及分部分项工程量、材料数量及分工种的用工数,以便施工企业作出最佳的施工进度计划。

(4)确定施工任务单和限额领料单上的定额指标和计件单价等,以便向班组下达施工任务。

(5)施工预算是衡量工人劳动成果的尺度和实行计件工资的依据。有利于贯彻多劳多得原则,调动生产工人的生产积极性。

(6)施工企业在进行经济活动分析中,可把施工预算与施工图预算相对比,分析其中超支、节约的原因,有针对性地控制施工中的人力、物力消耗。

二、施工预算的内容

建筑工程施工预算,除按定额的分部、分项进行计算外,还应按工程部位加以分层、分段汇总,以满足编制施工作业计划的需要。施工预算的内容主要包括工程量、人工、材料和机械台班四项,一般以单位工程为对象。施工预算通常由编制说明和计算表格两部分组成。

1. 编制说明部分

编制说明是以简练的文字说明施工预算的编制依据,对施工图纸的审查意见,现场勘察的主要资料,存在的问题及处理办法等。其主要包括以下内容:

(1)施工图纸名称和编号,依据的施工定额,施工组织设计;

(2)设计修改或会审记录;

(3)遗留项目或暂估项目有哪些,并说明原因;

(4)存在的问题及以后处理的办法;

(5)其他。

2. 计算表格部分

各施工企业根据其特点和组织机构的不同,拟定不同的施工预算的内容。为减少重复计算,便于组织施工,编制施工预算常用表格来表达,土建工程一般有以下各类表格:

(1)钢筋混凝土预制构件加工表(含钢筋明细表及预埋件明细表);

(2)金属结构加工表(含材料明细表);

(3)门窗加工表(含五金明细表);

(4)工程量汇总表;

(5)分部、分项(分层、分段)工程工、料、机械分析表;

(6)木材加工明细表;

(7)周转材料(模板、脚手架)需用量表;

(8)施工机具需用量表;

(9)单位工程工、料、机械汇总表。

三、施工预算的编制依据

(1)施工图纸、说明书等技术资料。经过建设单位、设计单位和施工单位共同会审后的全套施工图和设计说明书,以及有关的标准图集。

(2)施工组织的设计方案。施工组织设计或施工方案所确定的施工顺序、施工方法、施工机械、施工技术组织措施和施工现场平面布置等内容,都是施工预算编制的依据。例如,土方工程是采用机械还是人力;脚手架的材料是木制还是金属,单排还是双排,安全网是立网还是平网;垂直运输机械是井架还是塔吊;混凝土预制构件是现场预制还是到预制厂购买;模板是钢模还是木模等等,这些都是编制人工、机械、材料用量的依据。

(3)施工定额和有关补充定额。施工定额是编制施工预算的主要依据之一。有关补充定额有全国建筑安装工程统一劳动定额和地区材料消耗定额等。

(4)工资标准、预算价格。人工工资标准、材料预算价格(或实际价格)、机械台班预算价格。这些价格是计算人工费、材料费、机械费的主要依据。

(5)施工图预算书。由于施工图预算中的许多工程量数据如工程量、定额直接费,以及相应的人工费、材料费、机械费等可供编制施工预算时利用,因而依据施工图预算书可减少施工预算的编制工作量,提高编制效率。

(6)计算手册和相关资料。由于施工图纸只能计算出金属构件和钢筋的长度、面积和体积,而施工定额中金属结构的工程量常以吨(t)为单位,因此必须根据建筑材料手册和有关资料,把金属结构的长度、面积和体积换算成吨(t)之后,才能套用相应的施工定额。

四、施工预算的编制步骤

施工预算和施工图预算在编制依据、编制方法、粗细程度和所起的作用等方面均有所不同,施工预算比施工图预算的项目划分更细,以便适合现场施工管理的需要,有利于安排施工进度计划和编制统计表。如果说施工图预算是确定施工企业在单位工程上收入的依据,那么,施工预算则是施工企业在单位工程上控制各项成本支出的依据。

施工预算的编制可按以下步骤进行:

(1)熟悉图纸,施工组织设计及现场资料。

(2)排列工程项目。

(3)计算工程量。

(4)套施工定额,进行人工、材料和机械台班消耗量分析。

(5)单位工程人工、材料和机械台班消耗量汇总。

(6)"两算"对比。

(7)写出编制说明。

五、"两算"对比

施工预算与施工图预算的对比也就是通常所说的"两算"对比。完成施工预算的编制后,应进行施工预算与施工图预算的对比分析。对比分析的内容应包括施工预算的全部内容。施工图预算确定的是工程预算收入成本,而施工预算确定的是工程预计支出成本,它们是从不同的角度计算的两本经济账。"两算"对比是建筑企业进行经济分析的重要内容,是单位工程开工前,计划阶段的预测分析工作。通过两者对比分析,可以预先找出节约或超支的原因,研究解决措施,防止或减少发生成本亏损。

"两算"对比以施工预算所包括的项目为准,内容包括主要项目工程量、用工数及主要材料耗用量,一般有实物量对比法和实物金额对比法。

1. 实物量对比法

实物量对比是将"两算"中相同分项工程所需的人工、材料和机械台班消耗量进行比较,或者以分部工程或单位工程为对象,将"两算"的人工、材料汇总数量相比较。因施工预算和施工图预算各自的定额项目划分及工作内容不一致,一般是预算定额(基础定额)项目(子目)的综合性比施工定额大。在对比时,应将施工预算的相应子目的实物量加以合并,与预算定额的子目口径相符合,然后才能进行对比。

2. 实物金额对比法

实物金额定额对比法是将施工预算中的人工、材料和机械台班的数量,乘以各自的单价,汇总成人工费、材料费和机械使用费,然后与施工图预算的人工费、材料费和机械使用费相比较。一般以分部分项工程费为基本对比内容,其他如措施项目费、利税等内容都是按一定费率计取的,其出入的比例与分部分项工程费的出入是相一致的。

由于两者定额的编制时间不同,采用的工资、材料及机械台班费的选用价也不同,因此对比时也必须取得一致,才能反映出真实的对比结果。

一般是施工图预算编制在先,而且反映的是收入成本,所以宜采用施工图预算的单价作为对比的同一单价,这样才是各种量差综合反映为货币金额的结果,可用以衡量预计支出成本的盈亏。

"两算"对比一般说明见表 9-1。

表 9-1   **"两算"对比一般说明**

序号	项目	说　明
1	人工数量	人工数量,一般施工预算应低于施工图预算工日数的 10%～15%,这是因为施工图预算定额有 10%左右的人工定额幅度差。这是由于施工图预算定额考虑到在正常施工组织的情况下工序搭接及土建与水电安装之间的交叉配合所需停歇时间,工程质量检查及隐蔽工程验收而影响的时间和施工中不可避免的少量零星用工等因素
2	材料消耗	材料消耗方面,一般施工预算应低于施工图预算耗量。由于定额水平不一致,有的项目会出现施工预算消耗量大于施工图预算消耗量的情况。这时,要调查分析,根据实际情况调整施工预算用量后再予对比
3	机械台班数量及机械费	机械台班数量及机械费的"两算"对比,由于施工预算是根据施工组织设计或施工方案规定的实际进场施工机械种类、型号、数量和使用期编制计算机械台班,而施工图预算定额的机械台班是根据需要和合理配备进行综合考虑的,多以金额表示。因此,一般以"两算"的机械费相对比,如果机械费大量超支,没有特殊情况,应改变施工采用的机械方案,尽量做到不亏本
4	脚手架	脚手架工程施工预算是根据施工组织设计或施工方案规定的搭设脚手架内容编制计算其工程量和费用的,而施工图预算定额是按建筑面积计算脚手架的摊销费用,即综合脚手架费用。因此无法按实物量进行"两算"比对,只能用金额对比

第二节　工程变更与工程变更价款的确定

工程变更是在工程项目实施过程中,按照合同约定的程序对部分或全部工程在材料、工艺、功能、构造、尺寸、技术指标、工程数量及施工方法等方面做出的改变。

建设工程施工合同签订以后,对合同文件中的任何一部分的变更都属于工程变更的范畴。建设单位、设计单位、施工单位和监理单位等都可以提出工程变更的要求。因此在工程建设的过程中,如果对工程变更处理不当,都将对工程的投资、进度计划、工程质量造成影响,甚至引发合同有关方面的纠纷,因此对工程变更应予以重视,严加控制,并依照法定程序予以解决。

一、工程变更的原因

(1)设计变更。在施工前或施工过程中,由于遇到不能预见的情况、环境,或为了降低成本,或原设计的各种原因引起的设计图纸、设计文件的修改、补充,而造成的工程修改、返工、报废等。

(2)工程量的变更。由于各种原因引起的工程量的变化,或建设单位指令要求增加或减少附加工程项目、部分工程,或提高工程质量标准、提高装饰标准等。监理工程师必须对这些变化进行认证。

(3)有关技术标准、规范、技术文件的变更。由于情况变化,或有关方面的要求,对合同文件中规定的有关技术标准、规范、技术文件需增加或减少,以及建设单位或监理工程师的特殊要求,指令施工单位进行合同规定以外的检查、试验而引起的变更。

(4)施工时间的变更。施工单位的进度计划,在监理工程师审核批准以后,由于建设单位的原因,包括没有按期交付设计图纸、资料,没有按期交付施工场地和水源、电源,以及建设单位供应的材料、设备、资金筹集等未能按工程进度及时交付,或提供的材料设备因规格不符或有缺陷不宜使用,影响了原进度计划的实施,特别是这种影响使关键线路上的关键节点受到影响,而要求施工单位重新安排施工时间时引起的变更。

(5)施工工艺或施工次序的变更。施工组织设计经监理工程师确认以后,因为各种原因需要修改时,改变了原施工合同规定的工程活动的顺序及时间,打乱了施工部署而引起的变更。

(6)合同条件的变更。建设工程施工合同签订以后,甲乙双方根据工程实际情况,需要对合同条件的某些方面进行修改、补充,待双方对修改部分达成一致意见以后,引起的变更。

二、项目监理机构处理工程变更的程序

(1)设计单位对原设计存在的缺陷提出的工程变更,应编制设计变更文件;建设单位或承包单位提出的工程变更,应提交总监理工程师,由总监理工程师组织专业监理工程师审查,审查同意后,应由建设单位转交原设计单位编制设计变更文件。当工程变更涉及安全、环保等内容时,应按规定经有关部门审定。

(2)项目监理机构应了解实际情况和收集与工程变更有关的资料。

(3)总监理工程师必须根据实际情况、设计变更文件和其他有关资料,按照施工合同的有关条款,在指定专业监理工程师完成下列工作后,对工程变更的费用和工期作出评估:

1)确定工程变更项目与原工程项目之间的类似程度和难易程度;

2)确定工程变更项目的工程量;

3)确定工程变更的单价或总价。

(4)总监理工程师应就工程变更费用及工期的评估情况及承包单位和建设单位进行协调。

(5)总监理工程师签发工程变更单。

(6)项目监理机构应根据工程变更单监督承包单位实施。

三、工程变更价款的确定

(1)按《建设工程施工合同(示范文本)》约定的工程变更价款的确定方法:

1)合同中已有适用于变更工程的价格,按合同已有的价格变更合同价款;

2)合同中只有类似于变更工程的价格,可以参照类似价格变更合同价款;

3)合同中没有适用或类似于变更工程的价格,由承包人提出适当的变更价格,经工程师确认后执行。

(2)采用合同中工程量清单的单价和价格,具体有下面几种情况:

1)直接套用,即从工程量清单上直接拿来使用;

2)间接套用,即依据工程量清单,通过换算后采用;

3)部分套用,即依据工程量清单,取其价格中的某一部分使用。

(3)协商单价和价格。协商单价和价格是基于合同中没有或者有些不合适的情况下采取的一种方法。

四、工程变更的时间限定

(1)施工中发包人需对原工程设计进行变更,应提前14天以书面形式向承包人发出变更通知。

(2)承包人在工程变更确定后 14 天内,提出变更工程价款的报告,经监理工程师确认后调整合同价款。

(3)承包人在双方确定变更后 14 天内不向监理工程师提出变更工程价款报告时,视为该项变更不涉及合同价款的变更。

(4)监理工程师应在收到变更工程价款报告之日起 14 天内予以确认,监理工程师无正当理由不确认时,自变更工程价款报告送达之日起 14 天后视为变更工程价款报告已被确认。

(5)监理工程师不同意承包人提出的变更价款,按关于争议的约定处理。

第三节　项目索赔管理

一、项目索赔管理基础知识

1. 索赔的概念

索赔是当事人在合同实施过程中,根据法律、合同规定及惯例,对不应由自己承担责任的情况造成的损失,向合同的另一方当事人提出给予赔偿或补偿要求的行为。

建设工程索赔通常是指在工程合同履行过程中,合同当事人一方因非自身因素或对方不履行或未能正确履行合同而受到经济损失或权利损害时,通过一定的合法程序向对方提出经济或时间补偿的要求。索赔是一种正当的权利要求,它是发包方、监理工程师和承包方之间一项正常的、大量发生而且普遍存在的合同管理业务,是一种以法律和合同为依据的、合情合理的行为。

建设工程索赔包括狭义的建设工程索赔和广义的建设工程索赔。狭义的建设工程索赔,是指人们通常所说的工程索赔或施工索赔。工程索赔是指建设工程承包商在由于发包人的原因或发生承包商和发包人不可控制的因素而遭受损失时,向发包人提出的补偿要求。这种补偿包括补偿损失费用和延长工期。

广义的建设工程索赔,是指建设工程承包商由于合同对方的原因或合同双方不可控制的原因而遭受损失时,向对方提出的补偿要求。

这种补偿可以是损失费用索赔,也可以是索赔实物。它不仅包括承包商向发包人提出的索赔,而且还包括承包商向保险公司、供货商、运输商、分包商等提出的索赔。

2. 索赔的特征

从索赔的基本含义可以看出,索赔具有以下基本特征:

(1)索赔是双向的,不仅承包人可以向发包人索赔,发包人同样也可以向承包人索赔。由于实践中发包人向承包人索赔发生的频率相对较低,而且在索赔处理中,发包人始终处于主动和有利地位,对承包人的违约行为他可以直接从应付工程款中扣抵、扣留保留金或通过履约保函向银行索赔来实现自己的索赔要求,因此在工程实践中大量发生的、处理比较困难的是承包人向发包人的索赔,这也是工程师进行合同管理的重点内容之一。

(2)只有实际发生了经济损失或权利损害,一方才能向对方索赔。经济损失是指因对方因素造成合同外的额外支出,如人工费、材料费、机械费、管理费等额外开支;权利损害是指虽然没有经济上的损失,但造成了一方权利上的损害,如由于恶劣气候条件对工程进度的不利影响,承包人有权要求工期延长等。因此发生了实际的经济损失或权利损害,应是一方提出索赔的一个基本前提条件。

(3)索赔是一种未经对方确认的单方行为。它与我们通常所说的工程签证不同。在施工过程中签证是承发包双方就额外费用补偿或工期延长等达成一致的书面证明材料和补充协议,它可以直接作为工程款结算或最终增减工程造价的依据。而索赔则是单方面行为,对对方尚未形成约束力,这种索赔要求能否得到最终实现,必须要通过确认(如双方协商、谈判、调解或仲裁、诉讼)后才能得知。

归纳起来,索赔具有以下特征:

(1)索赔是要求给予补偿(赔偿)的一种权利、主张。

(2)索赔的依据是法律法规、合同文件及工程建设惯例,但主要是合同文件。

(3)索赔是因非自身原因导致的,要求索赔一方没有过错。

(4)与合同相比较,已经发生了额外的经济损失或工期损害。

(5)索赔必须有切实有效的证据。

(6)索赔是单方行为,双方没有达成协议。

3. 索赔发生的原因

在现代承包工程中,特别在国际承包工程中,索赔经常发生,而且索赔额很大。这主要是由以下几方面原因造成的:

(1)施工延期。施工延期是指由于非承包商的各种原因而造成工程的进度推迟,施工不能按原计划时间进行。大型的土木工程项目在施工过程中,由于工程规模大,技术复杂,受天气、水文地质条件等自然因素影响,又受到来自于社会的政治经济等人为因素影响,发生施工进度延期是比较常见的。施工延期的原因有时是单一的,有时又是多种因素综合交错形成。施工延期的事件发生后,会给承包商造成两个方面的损失:一项损失是时间上的损失,另一项损失是经济方面的损失。因此,当出现施工延期的索赔事件时,往往在分清责任和损失补偿方面,合同双方易发生争端。常见的施工延期索赔多由于发包人征地拆迁受阻,未能及时提交施工场地,以及气候条件恶劣,如连降暴雨,使大部分的土方工程无法开展等。

(2)合同变更。对于工程项目实施过程来说,变更是客观存在的,只是这种变更必须是指在原合同工程范围内的变更,若属超出工程范围的变更,承包商有权予以拒绝。特别是当工程量变化超出招标时工程量清单的20%以上时,可能会导致承包商的施工现场人员不足,需另雇工人;也可能会导致承包商的施工机械设备失调,工程量的增加,往往要求承包商增加新型号的施工机械设备,或增加机械设备数量等。人工和机械设备的需求增加,则会引起承包商额外的经济支出,扩大了工程成本。反之,若工程项目被取消或工程量大减,又势必会引起承包商原有人工和机械设备的窝工和闲置,造成资源浪费,导致承包商的亏损。因此,在合同变更时,承包商有权提出索赔。

(3)合同中存在的矛盾和缺陷。合同矛盾和缺陷常表现为合同文件规定不严谨,合同中有遗漏或错误,这些矛盾常反映为设计与施工规定相矛盾,技术规范和设计图纸不符合或相矛盾,以及一些商务和法律条款规定有缺陷等。在这种情况下,承包商应及时将这些矛盾和缺陷反映给监理工程师,由监理工程师作出解释。若承包商执行监理工程师的解释指令后,造成施工工期延长或工程成本增加,则承包商可提出索赔要求,监理工程师应予以证明,发包人应给予相应的补偿。因为发包人是工程承包合同的起草者,应该对合同中的缺陷负责,除非其中有非常明显的遗漏或缺陷,依据法律或合同可以推定承包商有义务在投标时发现并及时向发包人报告。

(4)恶劣的现场自然条件。恶劣的现场自然条件是一般有经验的承包商事先无法合理预料的,例如地下水、未探明的地质断层、溶洞、沉陷等,另外还有地下的实物障碍,如经承包商现场考察无法发现的、发包人资料中未提供的地下人工建筑物,地下自来水管道、公共设施、坑井、隧道、废弃的建筑物混凝土基础等,这都需要承包商花费更多的时间和金钱去克服和除掉这些障碍与干扰。因此,承包商有权据此向发包人提出索赔要求。

(5)参与工程建设主体的多元性。由于工程参与单位多,一个工程项目往往会有发包人、总包商、监理工程师、分包商、指定分包商、材料设备供应商等众多参加单位,各方面的技术、经济关系错综复杂,相互联系又相互影响,只要一方失误,不仅会造成自己的损失,而且会影响其他合作者,造成他人损失,从而导致索赔和争执。

上述这些问题会随着工程的逐步开展而不断暴露出来,使工程项目必然受到影响,导致工程项目成本和工期的变化,这就是索赔形成的根源。因此,索赔的发生,不仅是一个索赔意识或合同观念的问题,从本质上讲,索赔也是一种客观存在。

4.索赔的作用

索赔与项目合同同时存在,它的作用主要体现在以下几个方面:

(1)索赔是合同和法律赋予正确履行合同者免受意外损失的权利,索赔是当事人一种保护自己、避免损失、增加利润、提高效益的重要手段。

(2)索赔是落实和调整合同双方责、权、利关系的手段,也是合同双方风险分担的又一次合理再分配,离开了索赔,合同责任就不能全面体现,合同双方的责、权、利关系就难以平衡。

(3)索赔是合同实施的保证。索赔是合同法律效力的具体体现,对合同双方形成约束条件,特别能对违约者起到警戒作用,违约方必须考虑违约后的后果,从而尽量减少其违约行为的发生。

(4)索赔对提高企业和工程项目管理水平起着重要的促进作用。我国承包商在许多项目上提不出或提不好索赔,与其企业管理松散混乱、计划实施不严、成本控制不力等有着直接关系。没有正确的工程进度网络计划就难以证明延误的发生及天数;没有完整翔实的记录,就缺乏索赔定量要求的基础。

承包商应正确地、辩证地对待索赔问题。在任何工程中,索赔是不可避免的,通过索赔能使损失得到补偿,增加收益。所以承包商要保护自身利益,争取盈利,不能不重视索赔问题。

5. 索赔的分类

索赔从不同的角度、按不同的方法和不同的标准,可以有多种分类的方法。

(1)按索赔的目的分类

1)工期索赔。由于非承包人责任的原因而导致施工进程延误,要求批准顺延合同工期的索赔,称之为工期索赔。工期索赔形式上是对权利的要求,以避免在原定合同竣工日不能完工时,被发包人追究拖期违约责任。一旦获得批准合同工期顺延后,承包人不仅免除了承担拖期违约赔偿费的严重风险,而且可能提前工期得到奖励,最终仍反映在经济收益上。

2)费用索赔。费用索赔的目的是要求经济补偿。当施工的客观条件改变导致承包人增加开支,要求对超出计划成本的附加开支给予补偿,以挽回不应由其承担的经济损失。

(2)按索赔当事人分类

1)承包商与发包人间索赔。这类索赔大多是有关工程量计算、变更、工期、质量和价格方面的争议,也有中断或终止合同等其他违约行为的索赔。

2)承包商与分包商间索赔。其内容与前一种大致相似,但大多数是分包商向总包商索要付款和赔偿及承包商向分包商罚款或扣留支付款等。

3)承包商与供货商间索赔。其内容多系商贸方面的争议,如货品质量不符合技术要求、数量短缺、交货拖延、运输损坏等。

(3)按索赔的原因分类

1)工程延误索赔。因发包人未按合同要求提供施工条件,如未及时交付设计图纸、施工现场、道路等,或因发包人指令工程暂停或不可抗力事件等原因造成工期拖延的,承包商对此提出索赔。

2)工程范围变更索赔。工作范围的索赔是指发包人和承包商对合同中规定工作理解的不同而引起的索赔。其责任和损失不如延误索赔那么容易确定,如某分项工程所包含的详细工作内容和技术要求、施工要求很难在合同文件中用语言描述清楚,设计图纸也很难对每一个施工细节的要求都说得清清楚楚。另外设计的错误和遗漏,或发包人和设计者主观意志的改变都会导致向承包商发布变更设计的命令。

工作范围的索赔很少能独立于其他类型的索赔,例如,工作范围的索赔通常导致延期索赔。如设计变更引起的工作量和技术要求的变化都可能被认为是工作范围的变化,为完成此变更可能增加时间,并影响原计划工作的执行,从而可能导致随之而来的延期索赔。

3)施工加速索赔。施工加速索赔经常是延期或工作范围索赔的结果,有时也被称为“赶工索赔”。而加速施工索赔与劳动生产率的降低关系极大,因此又可称为劳动生产率损失索赔。

如果发包人要求承包商比合同规定的工期提前,或者因工程前段的承包商的工程拖期,要后一阶段工程的另一位承包商弥补已经损失的工期,使整个工程按期完工,这样,承包商可以因施工加速成本超过原计划的成本而提出索赔,其索赔的费用一般应考虑加班工资,雇用额外劳动力,采用额外设备,改变施工方法,提供额外监督管理人员和由于拥挤、干扰、加班引起的疲劳造成的劳动生产率损失等所引起的费用的增加。在国外的许多索赔案例中对劳动生产率损失通常数量很大,但一般不易被发包人接受。这就要求承包商在提交施工加速索赔报告中提供施工加速对劳动生产率的消极影响的证据。

4)不利现场条件索赔。不利的现场条件是指合同的图纸和技术规范中所描述的条件与实际情况有实质性的不同或虽合同中未作描述,但也是一个有经验的承包商无法预料的。一般是地下的水文地质条件,但也包括某些隐藏着的不可知的地面条件。

不利现场条件索赔近似于工作范围索赔,然而又不大像大多数工作范围索赔。不利现场条件索赔应归咎于确实不易预知的某个事实。

如现场的水文、地质条件在设计时全部弄得一清二楚几乎是不可能的,只能根据某些地质钻孔和土样试验资料来分析和判断。要对现场进行彻底、全面的调查将会耗费大量的成本和时间,一般发包人不会这样做,承包商在短短的投标报价时间内更不可能做这种现场调查工作。这种不利现场条件的风险由发包人来承担是合理的。

(4)按索赔的合同依据分类

1)合同内索赔。此种索赔是以合同条款为依据,在合同中有明文规定的索赔,如工期延误、工程变更、工程师提供的放线数据有误、发包人不按合同规定支付进度款等。这种索赔由于在合同中有明文规定,往往容易成功。

2)合同外索赔。此种索赔在合同文件中没有明确的叙述,但可以根据合同文件的某些内容合理推断出可以进行此类索赔,而且此索赔并不违反合同文件的其他任何内容。例如在国际工程承包中,当地货币贬值可能给承包商造成损失,对于合同工期较短的,合同条件中可能没有规定如何处理。当由于发包人原因使工期拖延,而又出现汇率大幅度下跌时,承包商可以提出这方面的补偿要求。

3)道义索赔(又称额外支付)。道义索赔是指承包商在合同内或合同外都找不到可以索赔的合同依据或法律根据,因而没有提出索赔的条件和理由,但承包商认为自己有要求补偿的道义基础,而对其遭受的损失提出具有优惠性质的补偿要求,即道义索赔。道义索赔的主动权在发包人手中,发包人在下面四种情况下,可能会同意并接受这种索赔:

①若另找其他承包商,费用会更大。

②为了树立自己的形象。

③出于对承包商的同情和信任。

④谋求与承包商更理解或更长久的合作。

(5)按索赔处理方式分类

1)单项索赔。单项索赔是针对某一干扰事件提出的,在影响原合同正常运行的干扰事件发生时或发生后,由合同管理人员立即处理,并在合同规定的索赔有效期内向发包人或监理工程师提交索赔要求和报告。单项索赔通常原因单一,责任单一,分析起来相对容易,由于涉及的金额一般较小,双方容易达成协议,处理起来也比较简单。因此合同双方应尽可能地用此种方式来处理索赔。

2)综合索赔。综合索赔又称一揽子索赔,一般在工程竣工前和工程移交前,承包商将工程实施过程中因各种原因未能及时解决的单项索赔集中起来进行综合考虑,提出一份综合索赔报告,由合同双方在工程交付前后进行最终谈判,以一揽子方案解决索赔问题。在合同实施过程中,有些单项索赔问题比较复杂,不能立即解决,为不影响工程进度,经双方协商同意后留待以后解决。有的是发包人或监理工程师对索赔采用拖延办法,迟迟不作答复,使索赔谈判旷日持久。还有的是承包商因自身原因,未能及时采用单项索赔方式等,都有可能出现一揽子索赔。由于在一揽子索赔中许多干扰事件交织在一起,影响因素比较复杂而且相互交叉,责任分析和索赔值计算都很困难,索赔涉及的金额往往又很大,双方都不愿或不容易作出让步,使索赔的谈判和处理都很困难。因此综合索赔的成功率比单项索赔要低得多。

二、项目索赔的处理

1. 索赔工作的特点

与工程项目的其他管理工作不同,索赔的处理工作具有如下特点:

(1)对一特定干扰事件的索赔没有预定的统一的标准解决方式。要达到索赔的目的需要许多条件。其主要影响因素有:

1)合同背景,即合同的具体规定。索赔的处理过程、解决方法、依据、索赔值的计算方法都由合同规定。不同的合同,对风险有不同的定义和规定,有不同的赔(补)偿范围、条件和方法,则索赔就会有不同的解决结果,甚至有时索赔还涉及适用于合同关系的法律。

2)发包人以及工程师的信誉、公正性和管理水平。如果发包人和工程师的信誉好,处理问题比较公正,能实事求是地对待承包商的索赔要求,则索赔比较容易解决;如果他们中有一人或两人都不讲信誉,办事不公正,则索赔就很难解决。虽然承包商有将索赔争执提交仲裁的权力,但大多数索赔争执是不能提交仲裁的,因为仲裁费时、费钱、费精力,而且大多数索赔数额较小,不值得仲裁。它们的解决只有靠发包人、工程师和承包商三方协商。

3)承包商的工程管理水平。从承包商的角度来说,这是影响索赔的主要因素,包括:

①承包商能否全面完成合同责任,严格执行合同不违约。

②工程管理中有无失误行为。

③是否有一整套合同监督、跟踪、诊断程序,并严格执行这些程序。

④是否有健全有效的文档管理系统等。

4)承包商的索赔业务能力。如果承包商重视索赔,熟悉索赔业务,严格按合同规定的要求和程序提出索赔,有丰富的索赔处理经验,注重索赔策略和方法的研究,则容易取得索赔的成功。

5)合同双方的关系。合同双方关系密切,发包人对承包商的工作和工程感到满意,则索赔易于解决;如果双方关系紧张,发包人对承包商抱着不信任的,甚至是敌对的态度,则索赔难以解决。

(2)索赔与律师打官司相似,索赔的成败常常不仅在于事件本身的实情,而且在于能否找到有利于自己的书面证据,能否找到为自己辩护的法律(合同)条文。

(3)对干扰事件造成的损失,承包商只有"索",发包人才有可能"赔",不"索"则不"赔"。如果承包商自己放弃索赔机会,例如没有索赔意识,不重视索赔,或不懂索赔,不精通索赔业务,不会索赔,或对索赔缺乏信心,怕得罪发包人,失去合作机会,或怕后期合作困难,不敢索赔,任何发包人都不可能主动提出赔偿,一般情况下,工程师也不会提示或主动要求承包商向发包人索赔。所以索赔完全在于承包商自己,承包商必须有主动性和积极性。

(4)索赔是以利益为原则,而不是以立场为原则,不以辨明是非为目的。承包商追求的是通过索赔(当然也可以通过其他形式或名目)使自己的损失得到补偿,获得合理的收益。在整个索赔的处理和解决过程中,承包商必须牢牢把握这个方向。由于索赔要求只有最终获得发包人、工程师或调解人、仲裁人等的认可才有效,最终获得赔偿才算成功,所以索赔的技巧和策略极为重要。承包商应考虑采用不同的形式、手段,采取各种措施争取索赔的成功,同时既不损害双方的友谊,又不损害自己的声誉。

(5)由于合同管理注重实务,所以对案例的研究是十分重要的。在国际工程中,许多合同条款的解释和索赔的解决要符合通常大家公认的一些案例,甚至可以直接引用过去典型案例的解决结果作为索赔理由。但对索赔事件的处理和解决又要具体问题具体分析,不可盲目照搬以前的案例或一味凭经验办事。

2. 索赔工作的程序

索赔工作程序是指从索赔事件产生到最终处理全过程所包括的工作内容和工作步骤。由于索赔工作实质上是承包商和业主在分担工程风险方面的重新分配过程,涉及双方的众多经济利益,因而是一项繁琐、细致、耗费精力和时间的过程。因此,合同双方必须严格按照合同规定办事,按合同规定的索赔程序工作,才能获得成功的索赔。施工索赔程序通常可分为以下几个步骤(图 9-1)。

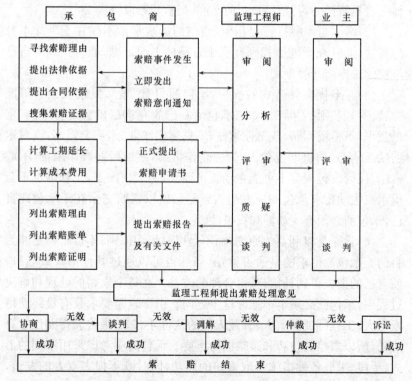

图 9-1　施工索赔程序示意图

(1)发出索赔意向通知。索赔事件发生后,承包商应在合同规定的时间内,及时向发包人或工程师书面提出索赔意向通知,亦即向发包人或工程师就某一个或若干个索赔事件表示索赔愿望、要求或声明保留索赔的权利。索赔意向的提出是索赔工作程序中的第一步,其关键是抓住索赔机会,及时提出索赔意向。

我国建设工程施工合同条件规定:承包商应在索赔事件发生后的28d内,将其索赔意向通知工程师。反之如果承包商没有在合同规定的期限内提出索赔意向或通知,承包商则会丧失在索赔中的主动和有利地位,发包人和工程师也有权拒绝承包商的索赔要求,这是索赔成立的有效和必备条件之一。因此,在实际工作中,承包商应避免合理的索赔要求由于未能遵守索赔时限的规定而导致无效。

施工合同要求承包商在规定期限内首先提出索赔意向,是基于以下考虑:

1)提醒发包人或工程师及时关注索赔事件的发生、发展等全过程。

2)为发包人或工程师的索赔管理做准备,如可进行合同分析、搜集证据等。

3)如属发包人责任引起索赔,发包人有机会采取必要的改进措施,防止损失的进一步扩大。

4)对于承包商来讲,意向通知也可以起到保护作用,使承包商避免"因被称为'志愿者'而无权取得补偿"的风险。

在实际的工程承包合同中,对索赔意向提出的时间限制不尽相同,只要双方经过协商达成一致并写入合同条款即可。

一般索赔意向通知仅仅是表明意向,应写得简明扼要,涉及索赔内容但不涉及索赔数额。通常包括以下几个方面的内容:

1)事件发生的时间和情况的简单描述。

2)合同依据的条款和理由。

3)有关后续资料的提供,包括及时记录和提供事件发展的动态。

4)对工程成本和工期产生的不利影响的严重程度,以期引起工程师(发包人)的注意。

(2)准备资料。监理工程师和发包人一般都会对承包商的索赔提出一些质疑,要求承包商作出解释或出具有力的证明材料。因此,承包商在提交正式的索赔报告之前,必须尽力准备好与索赔有关的一切详细资料,以便在索赔报告中使用,或在监理工程师和发包人要求时出示。根据工程项目的性质和内容不同,索赔时应准备的证据资料也是多种多样、复杂万变的。但从多年工程的索赔实践来看,承包商应该准备和提交的索赔账单和证据资料主要如下:

1)施工日志。应指定有关人员现场记录施工中发生的各种情况,包括天气、出工人数、设备数量及使用情况、进度情况、质量情况、安全情况、监理工程师在现场有什么指示、进行了什么试验、有无特殊干扰施工的情况、遇到了什么不利的现场条件、多少人员参观了现场等等。这种现场记录和日志有利于及时发现和正确分析索赔,可能成为索赔的重要证明材料。

2)来往信件。对与监理工程师、发包人和有关政府部门、银行、保险公司的来往信函,必须认真保存,并注明发送和收到的详细时间。

3)气象资料。在分析进度安排和施工条件时,天气是应考虑的重要因素之一,因此,要保持一份真实、完整、详细的天气情况记录,包括气温、风力、湿度、降雨量、暴风雪、冰雹等。

4)备忘录。承包商对监理工程师和发包人的口头指示和电话应随时用书面记录,并请签字给予书面确认。事件发生和持续过程中的重要情况都应有记录。

5)会议纪要。承包商、发包人和监理工程师举行会议时要做好详细记录,对其主要问题形成会议纪要,并由会议各方签字确认。

6)工程照片和工程声像资料。这些资料都是反映工程客观情况的真实写照,也是法律承认的有效证据,对重要工程部位应拍摄有关资料并妥善保存。

7)工程进度计划。承包商编制的经监理工程师或发包人批准同意的所有工程总进度、年进度、季进度、月进度计划都必须妥善保管,任何有关工期延误的索赔中,进度计划都是非常重要的证据。

8)工程核算资料。所有人工、材料、机械设备使用台账,工程成本分析资料,会计报表,财务报表,货币汇率,现金流量,物价指数,收付款票据,都应分类装订成册,这些都是进行索赔费用计算的基础。

9)工程报告。包括工程试验报告、检查报告、施工报告、进度报告、特别事件报告等。

10)工程图纸。工程师和发包人签发的各种图纸,包括设计图、施工图、竣工图及其相应的修改图,承包商应注意对照检查和妥善保存。对于设计变更索赔,原设计图和修改图的差异是索赔最有力的证据。

11)招投标阶段有关现场考察和编标的资料。各种原始单据(工资单、材料设备采购单)、各种法规文件、证书证明等,都应积累保存,它们都有可能是某项索赔的有力证据。由此可见,高水平的文档管理信息系统,对索赔的资料准备和证据提供是极为重要的。

(3)编写索赔报告。索赔报告是承包商在合同规定的时间内向监理工程师提交的要求发包人给予一定经济补偿和延长工期的正式书面报告。索赔报告的水平与质量如何,直接关系到索赔的成败与否。

大型土木工程项目的重大索赔报告,承包商都是非常慎重、认真而全面地论证和阐述,充分地提供证据资料,甚至专门聘请合同及索赔管理方面的专家,帮助编写索赔报告,以尽力争取索赔成功。承包商的索赔报告必须有力地证明自己正当合理的索赔报告资格,受损失的时间和金钱,以及有关事项与损失之间的因果关系。

编写索赔报告时,应注意以下几个问题:

1)索赔报告的基本要求

①必须说明索赔的合同依据,即基于何种理由有资格提出索赔要求,一种是根据合同某条某款规定,承包商有资格因合同变更或追加额外工作而取得费用补偿和(或)延长工期;一种是发包人或其代理人如果违反合同规定给承包商造成损失,承包商有权索取补偿。

②索赔报告中必须有详细准确的损失金额及时间的计算。

③要证明客观事实与损失之间的因果关系,说明索赔事件前因后果的关联性,要以合同为依据,说明发包人违约或合同变更与引起索赔的必然性联系。如果不能有理有据说明因果关系,而仅在事件的严重性和损失的巨大上花费过多的笔墨,对索赔的成功都无济于事。

2)索赔报告必须准确。编写索赔报告是一项比较复杂的工作,须有一个专门的小组和各方的大力协助才能完成。索赔小组的人员应具有合同、法律、工程技术、施工组织计划、成本核算、财务管理、写作等各方面的知识,进行深入的调查研究,对较大的、复杂的索赔需要向有关专家咨询,对索赔报告进行反复讨论和修改,写出的报告不仅有理有据,而且必须准确可靠。应特别强调以下几点:

①责任分析应清楚、准确。在报告中所提出索赔的事件的责任是对方引起的,应把全部或主要责任推给对方,不能有责任含混不清和自我批评式的语言。要做到这一点,就必须强调索赔事件的不可预见性,承包商对它不能有所准备,事发后尽管采取能够采取的措施也无法制止;指出索赔事件使承包商工期拖延、费用增加的严重性和索赔值之间的直接因果关系。

②索赔值的计算依据要正确,计算结果要准确。计算依据要用文件规定的和公认合理的计算方法,并加以适当的分析。数字计算上不要有差错,一个小的计算错误可能影响到整个计算结果,容易使人对索赔的可信度产生不好的印象。

③用词要婉转和恰当。在索赔报告中要避免使用强硬的不友好的抗议式的语言。不能因语言而伤害了和气和双方的感情。切记断章取义,牵强附会,夸大其词。

3)索赔报告的内容。在实际承包工程中,索赔报告通常包括三个部分:

①承包商或其授权人致发包人或工程师的信。信中简要介绍索赔的事项、理由和要求,说明随函所附的索赔报告正文及证明材料情况等。

②索赔报告正文。针对不同格式的索赔报告,其形式可能不同,但实质性的内容相似,一般主要包括:

a. 题目。简要地说明针对什么提出索赔。

b. 索赔事件陈述。叙述事件的起因,事件经过,事件过程中双方的活动,事件的结果,重点叙述我方按合同所采取的行为,对方不符合合同的行为。

c. 理由。总结上述事件,同时引用合同条文或合同变更和补充协议条文,证明对方行为违反合同或对方的要求超过合同规定,造成了该项事件,有责任对此造成的损失作出赔偿。

d. 影响。简要说明事件对承包商施工过程的影响,而这些影响与上述事件有直接的因果关系。重点围绕由于上述事件原因造成的成本增加和工期延长。

e. 结论。对上述事件的索赔问题作出最后总结，提出具体索赔要求，包括工期索赔和费用索赔。

③附件。该报告中所列举事实、理由、影响的证明文件和各种计算基础、计算依据的证明文件。

索赔报告正文该编写至何种程度，需附上多少证明材料，计算书该详细到和准确到何种程度，这都根据监理工程师评审索赔报告的需要而定。对承包商来说，可以用过去的索赔经验或直接询问工程师或发包人的意图，以便配合协调，有利于施工和索赔工作的开展。

(4)递交索赔报告。索赔意向通知提交后的 28d 内，或工程师可能同意的其他合理时间，承包人应递送正式的索赔报告。

如果索赔事件的影响持续存在，28d 内还不能算出索赔额和工期展延天数时，承包人应按工程师合理要求的时间间隔（一般为 28d），定期陆续报出每一个时间段内的索赔证据资料和索赔要求。在该项索赔事件的影响结束后的 28d 内，报出最终详细报告，提出索赔论证资料和累计索赔额。

承包人发出索赔意向通知后，可以在工程师指示的其他合理时间内再报送正式索赔报告，也就是说，工程师在索赔事件发生后有权不马上处理该项索赔。如果事件发生时，现场施工非常紧张，工程师不希望立即处理索赔而分散各方抓施工管理的精力，可通知承包人将索赔的处理留待施工不太紧张时再去解决。但承包人的索赔意向通知必须在事件发生后的 28d 内提出，包括因对变更估价双方不能取得一致意见，而先按工程师单方面决定的单价或价格执行时，承包人提出的保留索赔权利的意向通知。如果承包人未能按时间规定提出索赔意向和索赔报告，则就失去了就该项事件请求补偿的索赔权力。此时承包人所受到损害的补偿，将不超过工程师认为应主动给予的补偿额。

(5)索赔审查。索赔的审查，是当事双方在承包合同基础上，逐步分清在某些索赔事件中的权利和责任以使其数量化的过程。作为发包人或工程师，应明确审查的目的和作用，掌握审查的内容和方法，处理好索赔审查中的特殊问题,促进工程的顺利进行。当承包商将索赔报告呈交工程师后,工程师首先应予以审查和评价,然后与发包人和承包商一起协商处理。在具体索赔审查操作中,应首先进行索赔资格条件的审查,然后进行索赔具体数据的审查。

1)工程师审核承包人的索赔申请。接到承包人的索赔意向通知后,工程师应建立自己的索赔档案,密切关注事件的影响,检查承包人的同期纪录时,随时就记录内容提出不同意见或希望应予以增加的记录项目。

在接到正式索赔报告之后,认真研究承包人报送的索赔资料。首先在不确认责任归属的情况下,客观分析事件发生的原因,重温合同的有关条款,研究承包人的索赔证据,并检查其同期纪录。其次通过对事件的分析,工程师再依据合同条款划清责任界限,必要时还可以要求承包人进一步提供补充资料。尤其是对承包人与发包人或工程师都负有一定责任的事件影响,更应划出各方应该承担合同责任的比例。最后再审查承包人提出的索赔补偿要求,剔除其中的不合理部分,拟定自己计算的合理索赔数额和工期顺延天数。

2)判定索赔成立的原则

①与合同相对照,事件已造成了承包人施工成本的额外支出或总工期延误。

②造成费用增加或工期延误的原因,按合同约定不属于承包人应承担的责任,包括行为责任和风险责任。

③承包人按合同规定的程序提交了索赔意向通知和索赔报告。

上述三个条件没有先后主次之分,应当同时具备。只有工程师认定索赔成立后,才处理应给予承包人的补偿额。

3)审查索赔报告

①事态调查。通过对合同实施的跟踪、分析了解事件经过、前因后果,掌握事件详细情况。

②损害事件原因分析。即分析索赔事件是由何种原因引起,责任应由谁来承担。在实际工作中,损害事件的责任有时是多方面原因造成,故必须进行责任分解,划分责任范围,按责任大小承担损失。

③分析索赔理由。主要依据合同文件判明索赔事件是否属于未

履行合同规定义务或未正确履行合同义务导致,是否在合同规定的赔偿范围之内。只有符合合同规定的索赔要求才有合法性,才能成立。

④实际损失分析。即分析索赔事件的影响,主要表现为工期的延长和费用的增加。如果索赔事件不造成损失,则无索赔可言。损失调查的重点是分析、对比实际和计划的施工进度,工程成本和费用方面的资料,在此基础上核算索赔值。

⑤证据资料分析。主要分析证据资料的有效性、合理性、正确性,这也是索赔要求有效的前提条件。如果在索赔报告中提不出证明其索赔理由、索赔事件的影响、索赔值的计算等方面的详细资料,索赔要求是不能成立的。如果工程师认为承包人提出的证据不能足以说明其要求的合理性时,可以要求承包人进一步提交索赔的证据资料。

4)工程师可根据自己掌握的资料和处理索赔的工作经验就以下问题提出质疑:

①索赔事件不属于发包人和监理工程师的责任,而是第三方的责任。

②事实和合同依据不足。

③承包商未能遵守意向通知的要求。

④合同中的开脱责任条款已经免除了发包人补偿的责任。

⑤索赔是由不可抗力引起的,承包商没有划分和证明双方责任的大小。

⑥承包商没有采取适当措施避免或减少损失。

⑦承包商必须提供进一步的证据。

⑧损失计算夸大。

⑨承包商以前已明示或暗示放弃了此次索赔的要求等等。

在评审过程中,承包商应对工程师提出的各种质疑作出圆满的答复。

(6)索赔的解决。从递交索赔文件到索赔结束是索赔的解决过程。工程师经过对索赔文件的评审,与承包商进行了较充分的讨论后,应提出对索赔处理决定的初步意见,并参加发包人和承包商之间的索赔谈判,根据谈判达成索赔最后处理的一致意见。

如果索赔在发包人和承包商之间未能通过谈判得以解决,可将有争议的问题进一步提交工程师决定。如果一方对工程师的决定不满意,双方可寻求其他友好解决方式,如中间人调解、争议评审团评议等。友好解决无效,一方可将争端提交仲裁或诉讼。

一般合同条件规定争端的解决程序如下:

1)合同的一方就其争端的问题书面通知工程师,并将一份副本提交对方。

2)工程师应在收到有关争端的通知后,在合同规定的时间内作出决定,并通知发包人和承包商。

3)发包人和承包商在收到工程师决定的通知后,均未在合同规定的时间内发出要将该争端提交仲裁的通知,则该决定视为最后决定,对发包人和承包商均有约束力。若一方不执行此决定,另一方可按对方违约提出仲裁通知,并开始仲裁。

4)如果发包人或承包商对工程师的决定不同意,或在要求工程师作决定的书面通知发出后,未在合同规定的时间内得到工程师决定的通知,任何一方可在其后按合同规定的时间内就其所争端的问题向对方提出仲裁意向通知,将一份副本送交工程师。在仲裁开始前应设法友好协商解决双方的争端。

工程项目实施中会发生各种各样、大大小小的索赔、争议等问题,应该强调,合同各方应该争取尽量在最早的时间、最低的层次,尽最大可能以友好协商的方式解决索赔问题,不要轻易提交仲裁。因为对工程争议的仲裁往往是非常复杂的,要花费大量的人力、物力、财力和精力,对工程建设也会带来不利有时甚至是严重的影响。

3. 索赔机会的寻找与发现

寻找和发现索赔机会是索赔的第一步。在合同实施过程中经常会发生一些非承包商责任引起的,而且承包商不能影响的干扰事件。它们不符合"合同状态",造成施工工期的拖延和费用的增加,是承包商的索赔机会。承包商必须对索赔机会有敏锐的感觉。

在承包合同的实施中,索赔机会通常表现为如下现象:

(1)发包人或他的代理人、工程师等有明显的违反合同或未正确地履行合同责任的行为。

(2)承包商自己的行为违约,已经或可能完不成合同责任,但究其原因却在发包人、工程师或其代理人等。由于合同双方的责任是互相联系、互为条件的,如果承包商违约的原因是发包人造成,同样是承包商的索赔机会。

(3)工程环境与"合同状态"的环境不一样,与原标书规定不一样,出现"异常"情况和一些特殊问题。

(4)合同双方对合同条款的理解发生争执,或发现合同缺陷、图纸出错等。

(5)发包人和工程师作出变更指令,双方召开变更会议,双方签署了会谈纪要、备忘录、修正案、附加协议。

(6)在合同监督和跟踪中承包商发现工程实施偏离合同,如月形象进度与计划不符、成本大幅度增加、资金周转困难、工程停滞、质量标准提高、工程量增加、施工计划被打乱、施工现场紊乱、实际的合同实施不符合合同事件表中的内容或存在差异等。

寻找索赔机会是合同管理人员的工作重点之一。一经发现索赔机会就应进行索赔处理,不能有任何拖延。

4. 索赔证据的收集

索赔证据是关系到索赔成败的重要文件之一,在索赔过程中应注重对索赔证据的收集。否则即使抓住了合同履行中的索赔机会,但拿不出索赔证据或证据不充分,则索赔要求往往难以成功或被大打折扣。又或者拿出的证据漏洞百出,前后自相矛盾,经不起对方的推敲和质疑,不仅不能促进自方索赔要求的成功,反而会被对方作为反索赔的证据,使承包商在索赔问题上处于极为不利的地位。因此,收集有效的证据是搞好索赔管理中不可忽视的一部分。

(1)有效索赔证据的特征。在合同实施过程中,资料很多,面很广,因而在索赔中要分析考虑发包人和仲裁人需要哪些证据,及哪些证据最能说明问题、最有说服力等,这需要索赔管理人员有较丰富的索赔工作经验。而在诸多证据中,有效的索赔证据是顺利成功地解决索赔争端的有利条件。

一般有效的索赔证据都具有以下几个特征:

1)及时性:既然干扰事件已发生,又意识到需要索赔,就应在有效时间内提出索赔意向。在规定的时间内报告事件的发展影响情况,在规定时间内提交索赔的详细额外费用计算账单,对发包人或工程师提出的疑问及时补充有关材料。如果拖延太久,将增加索赔工作的难度。

2)真实性:索赔证据必须是在实际工程过程中产生,完全反映实际情况,能经得住对方的推敲。由于在工程过程中合同双方都在进行合同管理,收集工程资料,所以双方应有相同的证据。使用不实或虚假证据是违反商业道德甚至法律的。

3)全面性:所提供的证据应能说明事件的全过程。索赔报告中所涉及的干扰事件、索赔理由、影响、索赔值等都应有相应的证据,不能凌乱和支离破碎,否则发包人将退回索赔报告,要求重新补充证据。这会拖延索赔的解决,损害承包商在索赔中的有利地位。

4)法律证明效力:索赔证据必须有法律证明效力,特别对准备递交仲裁的索赔报告更要注意这一点。

①证据必须是当时的书面文件,一切口头承诺、口头协议无效。

②合同变更协议必须由双方签署,或以会谈纪要的形式确定,且为决定性决议。一切商讨性、意向性的意见或建议都无效。

③工程中的重大事件、特殊情况的记录应由工程师签署认可。

(2)索赔证据的资料来源。索赔的证据主要来源于施工过程中的信息和资料。承包商只有平时经常注意这些信息资料的收集、整理和积累,存档于计算机内,才能在索赔事件发生时,快速地调出真实、准确、全面、有说服力、具有法律效力的索赔证据来。

可以直接或间接作为索赔证据的资料很多,详见表 9-2。

表 9-2　　　　　　　　　　　索赔的证据

施工记录方面	财务记录方面
(1)施工日志	(1)施工进度款支付申请单
(2)施工检查员的报告	(2)工人劳动计时卡
(3)逐月分项施工纪要	(3)工人分布记录
(4)施工工长的日报	(4)材料、设备、配件等的采购单
(5)每日工时记录	(5)工人工资单
(6)同发包人代表的往来信函及文件	(6)付款收据

续表

施工记录方面	财务记录方面
(7)施工进度及特殊问题的照片或录像带	(7)收款单据
(8)会议记录或纪要	(8)标书中财务部分的章节
(9)施工图纸	(9)工地的施工预算
(10)发包人或其代表的电话记录	(10)工地开支报告
(11)投标时的施工进度表	(11)会计日报表
(12)修正后的施工进度表	(12)会计总账
(13)施工质量检查记录	(13)批准的财务报告
(14)施工设备使用记录	(14)会计往来信函及文件
(15)施工材料使用记录	(15)通用货币汇率变化表
(16)气象报告	(16)官方的物价指数、工资指数
(17)验收报告和技术鉴定报告	

三、项目索赔值的计算

1. 索赔项目的分类

索赔项目按索赔事件和原因分类是很多的,要将它们一一列举比较困难,不过可以将它们进行归类,分别列出索赔的事件类型和索赔的原因类型,并将它们之间的关系用一矩阵表达,见表 9-3。

表 9-3　　　　　索赔事件类型与索赔原因类型关系矩阵

索赔事件类型	工程延期索赔	工程变更索赔	加速施工索赔	不利施工条件索赔
施工顺序变化	○	○	○	○
设计变更	○	√	○	○
放慢施工速度	√	×	×	×
工程师指令错误或未能及时给出指示	√	○	○	×
图纸或规范错误	○	√	×	√
现场条件不符	○	×	×	√
地下障碍和文物	○	×	√	√
发包人未及时提供占用权	√	×	○	×

索赔事件类型	工程延期索赔	工程变更索赔	加速施工索赔	不利施工条件索赔
发包人不及时付款	√	×	×	×
发包人采购的材料设备问题	√	×	○	×
不利气候条件	√	×	√	√
暂时停工	√	×	○	×
不可抗力	√	×	○	×

注:"√"表示有关系,"○"表示可能有关系,"×"表示没有关系。

2. 干扰事件影响分析方法

(1)分析基础

1)干扰事件的实情。干扰事件的实情,也就是事实根据。承包商提出索赔的干扰事件必须符合两个条件:

①该干扰事件确实存在,而且事情的经过有详细的具有法律证明效力的书面证据。不真实、不肯定、没有证据或证据不足的事件是不能提出索赔的。在索赔报告中必须详细地叙述事件的前因后果,并附相应的各种证据。

②干扰事件非承包商责任。干扰事件的发生不是由承包商引起的,或承包商对此没有责任。对在工程中因承包商自己或其分包商等管理不善、错误决策、施工技术和施工组织失误、能力不足等原因造成的损失,应由承包商自己承担。所以在干扰事件的影响分析中应将双方的责任区分开来。

2)合同背景。合同是索赔的依据,当然也是索赔值计算的依据。合同中对索赔有专门的规定,这首先必须落实在计算中。这主要有:

①合同价格的调整条件和方法。

②工程变更的补偿条件和补偿计算方法。

③附加工程的价格确定方法。

④发包人的合作责任和工期补偿条件等。

(2)分析方法

1)合同状态分析。这里不考虑任何干扰事件的影响,仅对合同签订的情况作重新分析。

①合同状态及分析基础。从总体上说,合同状态分析是重新分析合同签订时的合同条件、工程环境、实施方案和价格。其分析基础为招标文件和各种报价文件,包括合同条件、合同规定的工程范围、工程量表、施工图纸、工程说明、规范、总工期、双方认可的施工方案和施工进度计划、合同报价的价格水平等。

在工程施工中,由于干扰事件的发生,造成合同状态其他几个方面——合同条件、工程环境、实施方案的变化,原合同状态被打破。这是干扰事件影响的结果,就应按合同的规定,重新确定合同工期和价格。新的工期和价格必须在合同状态的基础上分析计算。

②合同状态分析的内容。合同状态分析的内容和次序为:

a. 各分项工程的工程量。

b. 按劳动组合确定人工费单价。

c. 按材料采购价格、运输、关税、损耗等确定材料单价。

d. 确定机械台班单价。

e. 按生产效率和工程量确定总劳动力用量和总人工费。

f. 列各事件表,进行网络计划分析,确定具体的施工进度和工期。

g. 劳动力需求曲线和最高需求量。

h. 工地管理人员安排计划和费用。

i. 材料使用计划和费用。

j. 机械使用计划和费用。

k. 各种附加费用。

l. 各分项工程单价、报价。

m. 工程总报价等。

③合同状态分析的结论。合同状态分析确定的是:如果合同条件、工程环境、实施方案等没有变化,则承包商应在合同工期内,按合同规定的要求完成工程施工,并得到相应的合同价格。

合同状态的计算方法和计算基础是极为重要的,它直接制约着后面所述的两种状态的分析计算。它的计算结果是整个索赔值计算的基础。在实际工作中,人们往往仅以自己的实际生产值、生产效率、工资水平和费用支出作为索赔值的计算基础,以为这即是索赔实际损失原则,其实这是一种误解。这样做常常会过高地计算了赔偿值,而使整个索赔报告被对方否定。

2)可能状态分析。合同状态仅为计划状态或理想状态。在任何工程中,干扰事件是不可避免的,所以合同状态很难保持。要分析干扰事件对施工过程的影响,必须在合同状态的基础上加上干扰事件的分析。为了区分各方面的责任,这里的干扰事件必须为非承包商自己责任引起,而且不在合同规定的承包商应承担的风险范围内,才符合合同规定的赔偿条件。

仍然引用上述合同状态的分析方法和分析过程,再一次进行工程量核算,网络计划分析,确定这种状态下的劳动力、管理人员、机械设备、材料、工地临时设施和各种附加费用的需要量,最终得到这种状态下的工期和费用。

这种状态实质上仍为一种计划状态,是合同状态在受外界干扰后的可能情况,所以被称为可能状态。

3)实际状态分析。按照实际的工程量、生产效率、人力安排、价格水平、施工方案和施工进度安排等确定实际的工期和费用。这种分析以承包商的实际工程资料为依据。

比较上述三种状态的分析结果可以看到:

①实际状态和合同状态结果之差即为工期的实际延长和成本的实际增加量。这里包括所有因素的影响,如发包人责任的,承包商责任的,其他外界干扰的等。

②可能状态和合同状态结果之差即为按合同规定承包商真正有理由提出工期和费用赔偿的部分。它直接可以作为工期和费用的索赔值。

③实际状态和可能状态结果之差为承包商自身责任造成的损失和合同规定的承包商应承担的风险。它应由承包商自己承担,得不到补偿。

(3)分析注意事项。上述分析方法从总体上将双方的责任区分开来,同时又体现了合同精神,比较科学和合理。分析时应注意:

1)索赔处理方法不同,分析的对象也会有所不同。在日常的单项索赔中仅需分析与该干扰事件相关的分部分项工程或单位工程的各种状态;而在一揽子索赔(总索赔)中,必须分析整个工程项目的各种状态。

2)三种状态的分析必须采用相同的分析对象、分析方法、分析过程和分析结果表达形式,如相同格式的表格,从而便于分析结果的对比,索赔值的计算,对方对索赔报告的审查分析等。

3)分析要详细,能分出各干扰事件、各费用项目、各工程活动,这样使用分项法计算索赔值更方便。

4)在实际工程中,不同种类、不同责任人、不同性质的干扰事件常常搅在一起,要准确地计算索赔值,必须将它们的影响区别开来,由合同双方分别承担责任,这常常是很困难的,会带来很大的争执。如果几类干扰事件搅在一起,互相影响,则分析就很困难。这里特别要注意各干扰事件的发生和影响之间的逻辑关系,即先后顺序关系和因果关系。这样干扰事件的影响分析和索赔值的计算才是合理的。

5)如果分析资料多,对于复杂的工程或重大的索赔,采用人工处理必然花费许多时间和人力,常常达不到索赔的期限和准确度要求。在这方面引入计算机数据处理方法,将极大地提高工作效率。

3. 工期索赔计算

(1)工期索赔的概念。在工程施工中,常常会发生一些未能预见的干扰事件使施工不能顺利进行,使预定的施工计划受到干扰,结果造成工期延长。工期索赔就是取得发包人对于合理延长工期的合法性的确认。

施工过程中,许多原因都可能导致工期拖延,但只有在某些情况下才能进行工期索赔,详见表 9-4。

表 9-4　　　　　　　　　工期拖延与索赔处理

种　　类	原因责任者	处　　理
可原谅不补偿延期	责任不在任何一方 如:不可抗力、恶性自然灾害	工期索赔
可原谅应补偿延期	发包人违约 非关键线路上工程延期引起费用损失	费用索赔
	发包人违约 导致整个工程延期	工期及费用索赔
不可原谅延期	承包商违约 导致整个工程延期	承包商承担违约罚款和违约后发包人要求加快施工或终止合同所引起的一切经济损失

承包商进行工期索赔的目的通常有两个：

1)免去或推卸自己对已经产生的工期延长的合同责任,使自己不支付或尽可能少支付工期延长的违约金。

2)进行因工期延长而造成的费用损失的索赔。

（2）工期索赔的依据

1)合同规定的总工期计划。

2)合同签订后由承包商提交的并经过工程师同意的详细的进度计划。

3)合同双方共同认可的对工期的修改文件,如认可信、会谈纪要、来往信件等。

4)发包人、工程师和承包商共同商定的月进度计划及其调整计划。

5)受干扰后实际工程进度,如施工日记、工程进度表、进度报告等。

6)承包商在每个月月底以及在干扰事件发生时都应分析对比上述资料,以发现工期拖延以及拖延原因,提出有说服力的索赔要求。

（3）工期索赔的原则

1)工期索赔的一般原则。工期延误的影响因素,可以归纳为两大类:第一类是合同双方均无过错的原因或因素而引起的延误,主要指不可抗力事件和恶劣气候条件等;第二类是由于发包人或工程师原因造成的延误。

一般来说,根据工程惯例对于第一类原因造成的工程延误,承包商只能要求延长工期,很难或不能要求发包人赔偿损失。而对于第二类原因,假如发包人的延误已影响了关键线路上的工作,承包商既可要求延长工期,又可要求相应的费用赔偿;如果发包人的延误仅影响非关键线路上的工作,且延误后的工作仍属非关键线路,而承包商能证明因此引起的损失或额外开支,则承包商不能要求延长工期,但完全有可能要求费用赔偿。

2)交叉延误的处理原则。交叉延误的处理可能会出现以下几种情况:

①在初始延误是由承包商原因造成的情况下,随之产生的任何非

承包商原因的延误都不会对最初的延误性质产生任何影响,直到承包商的延误缘由和影响已不复存在。因而在该延误时间内,发包人原因引起的延误和双方不可控制因素引起的延误均为不可索赔延误。

②如果在承包商的初始延误已解除后,发包人原因的延误或双方不可控制因素造成的延误依然在起作用,那么承包商可以对超出部分的时间进行索赔。

③如果初始延误是由于发包人或工程师原因引起的,那么其后由承包商造成的延误将不会使发包人摆脱(尽管有时或许可以减轻)其责任。此时承包商将有权获得从发包人的延误开始到延误结束期间的工期延长及相应的合理费用补偿。

④如果初始延误是由双方不可控制因素引起的,那么在该延误时间内,承包商只可索赔工期,而不能索赔费用。

(4)工期索赔分析流程。工期索赔的分析流程包括延误原因分析、网络计划(CPM)分析、发包人责任分析和索赔结果分析等步骤,具体内容可如图 9-2 所示。

(5)工期索赔分析计算方法。

1)网络分析计算法。网络分析计算方法通过分析延误发生前后网络计划,对比两种工期计算结果,计算索赔值。

这种方法的基本分析思路为:假设工程施工一直按原网络计划确定的施工顺序和工期进行,现发生了一个或多个延误,使网络中的某个或某些活动受到影响,如延长持续时间,或活动之间逻辑关系变化,或增加新的活动。将这些活动受影响后的持续时间代入网络中,重新进行网络分析,得到一新工期。则新工期与原工期之差即为延误对总工期的影响,即为工期索赔值。通常,如果延误在关键线路上,则该延误引起的持续时间的延长为总工期的延长值。如果该延误在非关键线路上,受影响后仍在非关键线路上,则该延误对工期无影响,故不能提出工期索赔。

这种考虑延误影响后的网络计划又作为新的实施计划,如果有新的延误发生,则在此基础上可进行新一轮分析,提出新的工期索赔。

工程实施过程中的进度计划是动态的,会不断地被调整,而延误引起的工期索赔也可以随之同步进行。

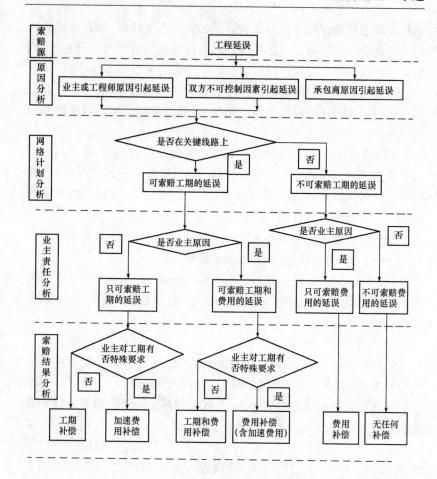

图 9-2 工期索赔的分析流程图

网络分析方法是一种科学的、合理的分析方法,适用于各种延误的索赔。但它以采用计算机网络分析技术进行工期计划和控制作为前提条件,因为稍微复杂的工程,网络活动可能有几百个,甚至几千个,个人分析和计算几乎是不可能的。

【例 9-1】 某工程主要活动的实施由图 9-3 所示原网络计划给出,经网络分析,计划工期为 23 周,现受到干扰,使计划实施产生了以下变化:

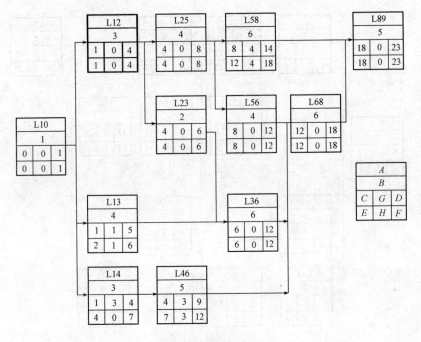

图 9-3　原网络计划

A—工程活动号；B—持续时间；C—最早开始期；D—最早结束期；

E—最迟开始期；F—最迟结束期；G—总时差；H—自由时差

(1)活动 L25 工期延长 2 周,即实际工期为 6 周。

(2)活动 L46 工期延长 3 周,即实际工期为 8 周。

(3)增加活动 L78,持续时间为 6 周,L78 在 L13 结束后开始,在 L89 开始前结束。

将它们一起代入原网络中,得到一新网络图,经过新一轮分析,总工期为 25 周(图 9-4)。即工程受到上述干扰事件的影响,总工期延长仅 2 周,这就是承包商可以有理由提出索赔的工期拖延。

从上面的网络分析可见:总工期延长 2 周完全是由于 L25 活动的延长造成的,因为它在干扰前即为关键线路活动。它的延长直接导致总工期的延长。而 L46 的延长不影响总工期,该活动在干扰前为非关键线路活动,在干扰发生后与 L56 等活动并立在关键线路上。

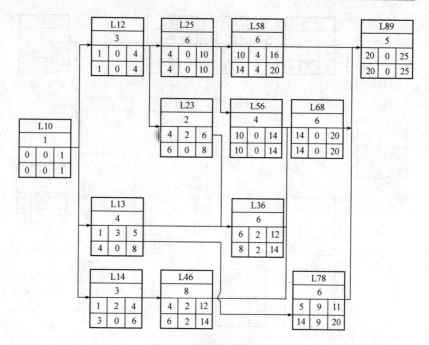

图 9-4　干扰后的网络计划

　　同样,L78 活动的增加也不影响总工期。在新网络中,它处于非关键线路上。

　　2)比例分析计算法。网络分析法虽然最科学,也是最合理的,但在实际工程中,干扰事件常常仅影响某些单项工程、单位工程或分部分项工程的工期,分析它们对总工期的影响,可以采用更为简单的比例分析法,即以某个技术经济指标作为比较基础,计算出工期索赔值。

　　①合同价比例法。对于已知部分工程的延期的时间:

$$工期索赔值 = \frac{受干扰部分工程的合同价}{原整个工程合同总价}$$

$$\times 该部分工程受干扰工期拖延时间 \quad (9\text{-}1)$$

　　对于已知增加工程量或额外工程的价格:

$$工期索赔值 = \frac{增加的工程量或额外工程的价格}{原合同总价} \times 原合同总工期$$

$$(9\text{-}2)$$

【例 9-2】　某工程施工中,发包人改变办公楼工程基础设计图纸的标准,使该单项工程延期 10 周,该单项工程合同价为 80 万美元,而整个工程合同总价为 400 万美元。则承包商提出工期索赔额可按上述公式计算:

$$工期索赔值=\frac{80}{400}\times 10\ 周=2\ 周$$

按单项工程拖期的平均值计算法。如有若干单项工程 $A_1,A_2,\cdots,A_m$,分别拖期 $d_1,d_2,\cdots,d_m$ 天,求出平均每个单项工程拖期天数 $\overline{D}=\sum\limits_{i}^{m}d_i/m$,则工期索赔值为 $T=\overline{D}+\Delta d$,Δd 为考虑各单项工程拖期对总工期的不均匀影响而增加的调整量($\Delta d>0$)。

【例 9-3】　某工程有 A、B、C、D、E 五个单项工程,合同规定由发包人提供水泥。在实际工程中,发包人没能按合同规定的日期供应水泥,造成停工待料。根据现场工程资料和合同双方的通信等证据证明,由于发包人水泥提供不及时对工程造成如下影响:

A 单项工程 500m³ 混凝土基础推迟 21d。

B 单项工程 850m³ 混凝土基础推迟 7d。

C 单项工程 225m³ 混凝土基础推迟 10d。

D 单项工程 480m³ 混凝土基础推迟 10d。

E 单项工程 120m³ 混凝土基础推迟 27d。

承包商在一揽子索赔中,对发包人材料供应不及时造成工期延长提出索赔要求如下:

总延长天数＝21＋7＋10＋10＋27＝75d

平均延长天数＝75÷5＝15d

工期索赔值＝15＋5＝20d(加 5d 是为考虑单项工程的不均匀性对总工期的影响)

比例计算法简单方便,但有时不符合实际情况。比例计算法不适用于变更施工顺序、加速施工、删减工程量等事件的索赔。

4. 费用索赔计算

(1)费用索赔的特点。费用索赔是工程索赔的重要组成部分,是承包商进行索赔的主要目标。与工期索赔相比,费用索赔有以下一些特点：

1)费用索赔的成功与否及其大小事关承包商的盈亏，也影响发包人工程项目的建设成本，因而费用索赔常常是最困难、也是双方分歧最大的索赔。特别是对于发生亏损或接近亏损的承包商和财务状况不佳的发包人，情况更是如此。

2)索赔费用的计算比索赔资格或权利的确认更为复杂。索赔费用的计算不仅要依据合同条款与合同规定的计算原则和方法，而且还可能要依据承包商投标时采用的计算基础和方法，以及承包商的历史资料等。索赔费用的计算没有统一的合同双方共同认可的计算方法，因此索赔费用的确定及认可是费用索赔中一项困难的工作。

3)在工程实践中，常常是许多干扰事件交织在一起，承包商成本的增加或工期延长的发生时间及其原因也常常相互交织在一起，很难清楚、准确地划分开，尤其是对于一揽子综合索赔。对于像生产率降低损失及工程延误引起的承包商利润和总部管理费损失等费用的确定，很难准确计算出来，双方往往有很大的分歧。

(2)费用索赔的原因。引起费用索赔的原因是由于合同环境发生变化使承包商遭受了额外的经济损失。归纳起来，费用索赔产生的常见原因主要有：

1)发包人违约索赔。

2)工程变更。

3)发包人拖延支付工程款或预付款。

4)工程加速。

5)发包人或工程师责任造成的可补偿费用的延误。

6)工程中断或终止。

7)工程量增加(不含发包人失误)。

8)发包人指定分包商违约。

9)合同缺陷。

10)国家政策及法律、法令变更等。

(3)费用索赔的原则。费用索赔是整个施工阶段索赔的重点和最终目标，工期索赔在很大程度上也是为了费用索赔。因而费用索赔的计算就显得十分重要，必须按照如下原则进行：

1)赔偿实际损失的原则,实际损失包括直接损失(成本的增加和实际费用的超支等)和间接损失(可能获得的利益的减少,比如发包人拖欠工程款,使得承包商失去了利息收入等)。

2)合同原则,通常是指要符合合同规定的索赔条件和范围、符合合同规定的计算方法、以合同报价为计算基础等。

3)符合通常的会计核算原则,通过计划成本或报价与实际工程成本或花费的对比得到索赔费用值。

4)符合工程惯例,费用索赔的计算必须采用符合人们习惯的、合理、科学的计算方法,能够让发包人、监理工程师、调解人、仲裁人接受。

(4)索赔费用的构成

1)可索赔费用的分类

①按可索赔费用的性质划分。在工程实践中,承包商的费用索赔包括额外工作索赔和损失索赔。

损失索赔主要是由于发包人违约或监理工程师指令错误所引起,按照法律原则,承包商对损失索赔,发包人应当给予损失的补偿,包括实际损失和可得利益(或叫所失利益)。这里的实际损失是指承包商多支出的额外成本。所失利益是指如果发包人或监理工程师不违约,承包商本应取得的,但因发包人等违约而丧失了的利益。

额外工作索赔主要是因合同变更及监理工程师下达变更令引起的。对额外工作的索赔,发包人应以原合同中的合适价格为基础,或以监理工程师确定的合理价格予以付款。

计算损失索赔和额外工作索赔的主要差别在于,损失索赔的费用计算基础是成本,而额外工作索赔的计算基础价格是成本和利润,甚至在该工作可以顺利列入承包商的工作计划,不会引起总工期延长,从而事实上承包商并未遭受到利润损失时也可计算利润在索赔款额内。

②按可索赔费用的构成划分。可索赔费用按项目构成可分为分部分项工程费和措施项目费。分部分项工程费和措施项目费包括人工费、材料费、施工机具使用费、企业管理费和利润,其中企业管理费包括现场和公司总部管理费、劳动保险费、利息利息及保函手续费等

项目。可索赔费用计算的基本方法是按上述费用构成项目分别分析、计算,最后汇总求出总的索赔费用。

按照工程惯例,承包商的索赔准备费用、索赔金额在索赔处理期间的利息、仲裁费用、诉讼费用等是不能索赔的,因而不应将这些费用包含在索赔费用中。

2)常见索赔事件费用构成。对于不同的索赔事件,将会有不同的费用构成内容。索赔方应根据索赔事件的性质,分析其具体的费用构成内容。表 9-5 中列出了工期延长、发包人指令工程加速、工程中断、工程量增加或附加工程等类型索赔事件的可能费用损失项目的构成及其示例。

表 9-5　　　　　索赔事件的费用项目构成示例表

索赔事件	可能的费用损失项目	示　　例
工期延长	(1)人工费增加。 (2)材料费增加。 (3)现场施工机械设备停置费。 (4)现场管理费增加。 (5)因工期延长和通货膨胀使原工程成本增加。 (6)相应保险费、保函费用增加。 (7)分包商索赔。 (8)总部管理费分摊。 (9)推迟支付引起的兑换率损失。 (10)银行手续费和利息支出	包括工资上涨,现场停工、窝工,生产效率降低,不合理使用劳动力等的损失。 因工期延长,材料价格上涨。 设备因延期所引起的折旧费、保养费或租赁费等。 包括现场管理人员的工资及其附加支出,生产补贴,现场办公设施支出,交通费用等。 分包商因延期向承包商提出的费用索赔。 因延期造成公司总部管理费增加。 工程延期引起支付延迟
发包人指令工程加速	(1)人工费增加。 (2)材料费增加。 (3)机械使用费增加。 (4)因加速增加现场管理人员的费用。 (5)总部管理费增加。 (6)资金成本增加	因发包人指令工程加速造成增加劳动力投入,不经济地使用劳动力,生产率降低和损失等。 不经济地使用材料,材料提前交货的费用补偿,材料运输费增加。 增加机械投入,不经济地使用机械。 费用增加和支出提前引起负现金流量所支付的利息

续表

索赔事件	可能的费用损失项目	示　例
工程中断	(1)人工费。 (2)机械使用费。 (3)保函、保险费、银行手续费。 (4)贷款利息。 (5)总部管理费。 (6)其他额外费用	如留守人员工资,人员的遣返和重新招雇费,对工人的赔偿金等。 如设备停置费,额外的进出场费,租赁机械的费用损失等。 如停工、复工所产生的额外费用,工地重新整理费用等
工程量增加 或附加工程	(1)工程量增加所引起的索赔额,其构成与合同报价组成相似。 (2)附加工程的索赔额,其构成与合同报价组成相似	工程量增加小于合同总额的5%,为合同规定的承包商应承担的风险,不予补偿。 工程量增加超过合同规定的范围(如合同额的15%～20%),承包商可要求调整单价,否则合同单价不变

(5)可以索赔的费用项目。

1)人工费。人工费是指按工资总额构成规定,支付给从事建筑安装工程施工的生产工人和附属生产单位工人的各项费用。在施工索赔中的人工费是指额外劳务人员的雇用、加班工作、人员闲置和劳动生产率降低的工时所花费的费用。一般用工时与投标时人工单价或折算单价相乘即得。

在索赔事件发生后,为了方便起见,工程师有时会实施计日工作,此时索赔费用计算可采用计日工作表中的人工单价。

发包人通常会认为不应计算闲置人员奖金,福利等报酬,常常将闲置人员的人工单价按折算人工单价计算,一般为0.75。

除此之外,人工单价还可参考有关其他标准定额。

如何确定因劳动生产率降低而额外支出的人工费是一个很重要的问题,国外非常重视在这方面的索赔研究,索赔值相当可观。其计算方法,一般有以下三类方法:

①实际成本和预算成本比较法。这种方法是用受干扰后的实际成本与合同中的预算成本比较,计算出由于劳动效率降低造成的损失金额。计算时需要详细的施工记录和合理的估价体系,只要两种成本

的计算准确,而且成本增加确系发包人原因时,索赔成功的把握性很大。

②正常施工期与受影响施工期比较法。这种方法是分别计算出正常施工期内和受干扰时施工期内的平均劳动生产率,求出劳动生产率降低值,而后求出索赔额:

$$人工费索赔额=\frac{计划工时×劳动生产率降低值}{正常情况下平均劳动生产率}×相应人工单价$$

(9-3)

③用科学模型计量的方法。利用科学模型来计量劳动生产率损失是一种较为可信的科学方法,它是根据对生产率损失的观察和分析,建立一定的数学模型,然后运用这种模型来进行生产率损失的计算。在运用这种计量模型时,要求承包商能在确认索赔事件发生后立即意识到为选用的计量模型记录和收集资料。有关生产率损失计量模型请参阅有关资料。

2)材料费。材料费的索赔主要包括材料涨价费用,额外新增材料运输费用,额外新增材料使用费,材料破损消耗估价费用等。

由于建设工程项目的施工周期通常较长,在合同工期内,材料涨价降价会经常发生。为了进行材料涨价的索赔,承包商必须出示原投标报价时的采购计划和材料单价分析表,并与实际采购计划、工期延期、变更等结合起来,以证明实际的材料购买确实滞后于计划时间,再加上出具有关订货单或涨价的价格指数、运费票据等,以证明材料价和运费已确实上涨。

额外工程材料的使用,主要表现为追加额外工作、工程变更、改变施工方法等。计算时应将原来的计划材料用量与实际消耗使用了的材料定购单、发货单、领料单或其他材料单据加以比较,以确定材料的增加量。还有工期的延误会造成材料采购不到位,不得不采用代用材料或进行设计变更时,由此增加的工程成本也可以列入材料费用索赔之中。

3)施工机械费。机械费索赔包括增加台班量、机械闲置或工作效率降低、台班费率上涨等费用。

台班费率按照有关定额和标准手册取值。对于工作效率降低,可参考劳动生产率降低的人工费索赔的计算方法。台班量的计算数据来自机械使用记录。对于租赁的机械,取费标准按租赁合同计算。

在索赔计算中,多采用以下方法计算:

①采用公布的行业标准的租赁费率。承包商采用租赁费率是基于以下两种考虑:一是如果承包商的自有设备不用于施工,他可将设备出租而获利;二是虽然设备是承包商自有,但却要为该设备的使用支出一笔费用,这费用应与租用某种设备所付出的代价相等。因此在索赔计算中,施工机械的索赔费用的计算表达如下:

$$机械索赔费 = 设备额外增加工时(包括闲置) \times 设备租赁费率$$

$$(9\text{-}4)$$

这种计算,发包人往往会提出不同的意见,他认为承包商不应得到使用租赁费率中所得的附加利润,因此一般将租赁费率打一折扣。

②参考定额标准进行计算。在进行索赔计算中,采用标准定额中的费率或单价是一种能为双方所接受的方法。对于监理工程师指令实施的计日工作,应采用计日工作表中的机械设备单价进行计算。对于租赁的设备,均采用租赁费率。

在考察机械合理费用单价的组成时,可将其费用划分为两大部分,即不变费用和可变费用。其中折旧费、大修费、安拆场外运输费、养路费、车船使用税等,一般都是按年度分摊的,称为不变费用,它是相对固定的,与设备的实际使用时间无直接关系。人工费、燃料动力费、轮胎磨损费等随设备实际使用时间的变化而变化,称之可变费用。

在设备闲置时,除司机工资外,可变费用也不会发生。因此,在处理设备闲置时的单价时,一般都建议对设备标准费率中的不变费用和可变费用分别扣除 50％ 和 25％。

4)管理费。管理费包括现场管理费(工地管理费)和总部管理费(公司管理费、上级管理费)两部分。

①现场管理费。现场管理费是具体于某项工程合同而发生的间接费用,该项索赔费用应列入以下内容:额外新增工作雇佣额外的工程管理人员费,管理人员工作时间延长的费用,工程延长期的现场管理费,办公设施费,办公用品费,临时供热、供水及照明费,保险费,管理人员工资和有关福利待遇的提高费等。

现场管理费一般占工程直接成本的 8%～15%。其索赔值用下式计算：

现场管理费索赔值＝索赔的直接成本费×现场管理费率　(9-5)

现场管理费率的确定可选用下面的方法：

a. 合同百分比法：按合同中规定的现场管理费率。

b. 行业平均水平法：选用公开认可的行业标准现场管理费率。

c. 原始估价法：采用承包时，报价时确定的现场管理费率。

d. 历史数据法：采用以往相似工程的现场管理费率。

②总部管理费。总部管理费是属于承包商整个公司，而不能直接归于直接工程项目的管理费用。它包括有：总部办公大楼及办公用品费用，总部职工工资，投标组织管理费用，通讯邮电费用，会计核算费用，广告及资助费用，差旅费等其他管理费用。总部管理费一般占工程成本的 3%～10%左右。总部管理费的索赔值用下列方法计算：

a. 日费率分摊法。在延期索赔中采用，计算公式如下：

$$延期合同应分摊的管理费(A)＝\frac{延期合同额}{同时期公司所有合同额之和}×$$

$$同期公司总计划管理费 \qquad (9-6)$$

$$单位时间(日或周)管理费率(B)＝A/计划合同期(日或周)(9-7)$$

$$管理费索赔值(C)＝B×延期时间(日或周) \qquad (9-8)$$

b. 总直接费分摊法。在工作范围变更索赔中采用，计算公式为：

$$\begin{matrix}被索赔合同应\\分摊的管理费(A_1)\end{matrix}＝\frac{被索赔合同原计划直接费}{同期公司所有合同直接费总和}×$$

$$同期公司计划管理费总和 \qquad (9-9)$$

$$每元直接费包含管理费率(B_1)＝\frac{(A_1)}{被索合同原计划直接费} \qquad (9-10)$$

$$应索赔的总部管理费(C_1)＝B_1×工作范围变更索赔的直接费$$

$$(9-11)$$

c. 分摊基础法。这种方法是将管理费支出按用途分成若干分项，并规定了相应的分摊基础，分别计算出各分项的管理费索赔额，加总后即为总部管理费总索赔额，其计算结果精确，但比较繁琐，实践中应用较少，仅用于风险高的大型项目。表 9-6 列举了管理费各构成项目的分摊基础。

表 9-6 管理费的不同分摊基础

管 理 费 分 项	分 摊 基 础
管理人员工资及有关费用	直接人工工时
固定资产使用费	总直接费
利息支出	总直接费
机械设备配件	机械工作时间
各种供应材料的采购	直接材料费

按上述公式计算的管理费数额,还可经发包人、监理工程师和承包商三方经过协商一致以后,再具体确定。或者还可以采用其他恰当的计算方法来确定。一般地讲,管理费是一相对固定的收入部分,若工期不延长或有所缩短,则对承包商更加有利;若工期不得延长,承包商就可以索赔延期管理费而作为一种补偿和收入。

5)利润。利润是承包商的净收入,是施工的全部收入减去成本支出后的盈余。利润索赔包括额外工作应得的利润部分和由于发包人违约等造成的可能的利润损失部分。具体利润索赔主要发生在以下几个方面:

①合同及工程变更。此项利润的索赔计算直接与投标报价相关联。

②合同工期延长。延期利润损失是一种机会损失的补偿,具体款额计算可据工程项目情况及机会损失多少而定。

③合同解除。该项索赔的计算比较灵活多变,主要取决于该工程项目的实际盈利性,以及解除合同时已完工作的付款数额。

6)融资成本。融资成本又称资金成本,即取得和使用资金所付出的代价,其中最主要的是支付资金供应者的利息。

由于承包商只有在索赔事件处理完结以后的一段时间内才能得到其索赔费,所以承包商不得不从银行贷款或以自己的资金垫付,这就产生了融资成本问题,主要表现在额外贷款利息的支出和自有资

金的机会损失。在以下几种情况下,可以进行利息索赔:

①业主推迟支付工程款和保留金,这种金额的利息通常以合同中约定的利率计算。

②承包商借款或动用自己的资金来弥补合法索赔事项所引起的现金流量缺口。在这种情况下,可以参照有关金融机构的利率标准,或者假定把这些资金用于其他工程承包可得到的收益来计算索赔费用,后者实际上是机会利润损失。

(6)费用索赔计算方法。费用索赔的计算方法一般有两种:一是总费用法,二是分项法。

1)总费用法

①基本思路。总费用法的基本思路是把固定总价合同转化为成本加酬金合同,以承包商的额外成本为基点加上管理费和利润等附加费作为索赔值。

②使用条件。这是一种最简单的计算方法,但通常用得较少,且不容易被对方、调解人和仲裁人认可,因为它的使用有几个条件:

a. 合同实施过程中的总费用核算是准确的;工程成本核算符合普遍认可的会计原则;成本分摊方法、分摊基础选择合理;实际总成本与报价总成本所包括的内容一致。

b. 承包商的报价是合理的,反映实际情况。如果报价计算不合理,则按这种方法计算的索赔值也不合理。

c. 费用损失的责任或干扰事件的责任完全在于发包人或其他人,承包商在工程中无任何过失,而且没有发生承包商风险范围内的损失。

d. 合同争执的性质不适用其他计算方法。例如由于发包人原因造成工程性质发生根本变化,原合同报价已完全不适用。这种计算方法常用于对索赔值的估算。如果发包人和承包商签订协议或在合同中规定,对于一些特殊的干扰事件,例如特殊的附加工程、发包人要求加速施工、承包商向发包人提供特殊服务等,可采用成本加酬金的方法计算赔(补)偿值。

③注意事项。在计算过程中要注意以下几个问题:

a. 索赔值计算中的管理费率一般采用承包商实际的管理费分摊

率。这符合赔偿实际损失的原则,但实际管理费率的计算和核实是很困难的,所以通常都用合同报价中的管理费率,或双方商定的费率。这全在于双方商讨。

b. 在费用索赔的计算中,利润是一个复杂的问题,故一般不计利润,以保本为原则。

c. 由于工程成本增加使承包商支出增加,这会引起工程的负现金流量的增加。为此,在索赔中可以计算利息支出(作为资金成本)。利息支出可按实际索赔数额、拖延时间和承包商向银行贷款的利率(或合同中规定的利率)计算。

2)分项法。分项法是按每个(或每类)干扰事件,以及这事件所影响的各个费用项目分别计算索赔值的方法,其特点有:

①它比总费用法复杂,处理起来困难。

②它反映实际情况,比较合理、科学。

③它为索赔报告的进一步分析评价、审核,双方责任的划分,双方谈判和最终解决提供方便。

④应用面广,人们在逻辑上容易接受。

所以,通常在实际工程中费用索赔计算都采用分项法。但对具体的干扰事件和具体费用项目,分项法的计算方法又是千差万别。分项法计算索赔值,通常分三步:

①分析每个或每类干扰事件所影响的费用项目。这些费用项目通常应与合同报价中的费用项目一致。

②确定各费用项目索赔值的计算基础和计算方法,计算每个费用项目受干扰事件影响后的实际成本或费用值,并与合同报价中的费用值对比,即可得到该项费用的索赔值。

③将各费用项目的计算值列表汇总,得到总费用索赔值。

用分项法计算,重要的是不能遗漏。在实际工程中,许多现场管理者提交索赔报告时常常仅考虑直接成本,即现场材料、人员、设备的损耗(这是由他直接负责的),而忽略计算一些附加的成本,例如工地管理费分摊,由于完成工程量不足而没有获得企业管理费,人员在现场延长停滞时间所产生的附加费,如假期、差旅费、工地住宿补贴、平均工资的上涨,由于推迟支付而造成的财务损失,保险费和保函费用增加等。

四、项目反索赔

1. 反索赔的概念及特征

按照我国《合同法》和《通用条款》的规定,索赔应是双方面的。在工程项目过程中,发包人与承包商之间,总承包商和分包商之间,合伙人之间,承包商与材料和设备供应商之间都可能有双向的索赔与反索赔。

例如,承包商向发包人提出索赔,则发包人反索赔;同时发包人又可能向承包商提出索赔,则承包商必须反索赔。而工程师一方面通过圆满的工作防止索赔事件的发生,另一方面又必须妥善地解决合同双方的各种索赔与反索赔问题。按照通常的习惯,我们把追回自方损失的手段称为索赔,把防止和减少向自方提出索赔的手段称为反索赔。

索赔和反索赔是进攻和防守的关系。在合同实施过程中,合同双方都在进行合同管理,都在寻找索赔机会,一经干扰事件发生,都在企图推卸自己的合同责任,都在企图进行索赔。不能进行有效的反索赔,同样要蒙受损失,所以反索赔和索赔具有同等重要的地位。

发包人的反索赔或向承包商的索赔具有以下特征:

(1)发包人反过来向承包商的索赔发生频率要低得多,原因是工程发包人在工程建设期间,本身的责任重大,除了要向承包商按期付款,提供施工现场用地和协调管理工程的责任外,还要承担许多社会环境、自然条件等方面的风险,且这些风险是发包人所不能主观控制的,因而发包人要扣留承包商在现场的材料设备,承包商违约时提取履约保函金额等发生的几率很少。

(2)在反索赔时,发包人处于主动的有利地位,发包人在经工程师证明承包商违约后,可以直接从应付工程款中扣回款额,或从银行保函中得以补偿。

2. 反索赔的作用

一般的从理论上讲,反索赔和索赔是对立的统一,是相辅相成的。有了承包商的索赔要求,发包人也会提出一些反索赔要求,这是很常见的情况。

反索赔对合同双方具有同等重要的作用,主要表现为:

　　(1)成功的反索赔能防止或减少经济损失。如果不能进行有效的反索赔,不能推卸自己对干扰事件的合同责任,则必须满足对方的索赔要求,支付赔偿费用,致使自己蒙受损失。对合同双方来说,反索赔同样直接关系到工程经济效益的高低,反映着工程管理水平。

　　(2)成功的反索赔能增长管理人员士气,促进工作的开展。在国际工程中常常有这种情况:由于企业管理人员不熟悉工程索赔业务,不敢大胆地提出索赔,又不能进行有效的反索赔,在施工干扰事件处理中,总是处于被动地位,工作中丧失了主动权。常处于被动挨打局面的管理人员必然受到心理上的挫折,进而影响整体工作。

　　(3)成功的反索赔必然促进有效的索赔。能够成功有效地进行反索赔的管理者必然熟知合同条款内涵,掌握干扰事件产生的原因,占有全面的资料。具有丰富的施工经验,工作精细,能言善辩的管理者在进行索赔时,往往能抓住要害,击中对方弱点,使对方无法反驳。

　　同时,由于工程施工中干扰事件的复杂性,往往双方都有责任,双方都有损失。有经验的索赔管理人员在对索赔报告仔细审查后,通过反驳索赔不仅可以否定对方的索赔要求,使自己免受损失,而且可以重新发现索赔机会,找到向对方索赔的理由。

　　3. 反索赔的种类

　　依据工程承包的惯例和实践,常见的发包人反索赔主要有以下几种:

　　(1)工程质量缺陷反索赔。对于土木工程承包合同,都严格规定了工程质量标准,有严格细致的技术规范和要求。因为工程质量的好坏直接与发包人的利益和工程的效益紧密相关。发包人只承担直接负责设计所造成的质量问题,工程师虽然对承包商的设计、施工方法、施工工艺工序以及对材料进行过批准、监督、检查,但只是间接责任,并不能因而免除或减轻承包商对工程质量应负的责任。

　　在工程施工过程中,若承包商所使用的材料或设备不符合合同规定或工程质量不符合施工技术规范和验收规范的要求,或出现缺陷而未在缺陷责任期满之前完成修复工作,发包人均有权追究承包商的责任,并提出由承包商所造成的工程质量缺陷所带来的经济损失的反索赔。另外,发包人向承包商提出工程质量缺陷的反索赔要求时,往往不仅仅包括工程缺陷所产生的直接经济损失,也包括该缺陷带来的间接经济损失。

常见的工程质量缺陷表现为:

1)由承包商负责设计的部分永久工程和细部构造,虽然经过工程师的复核和审查批准,仍出现了质量缺陷或事故。

2)承包商的临时工程或模板支架设计安排不当,造成了施工后的永久工程的缺陷,如悬臂浇注混凝土施工的连续梁,由于挂篮设计强度及稳定性不够,造成梁段下挠严重,致使跨中无法合拢。

3)承包商使用的工程材料和机械设备等不符合合同规定和质量要求,从而使工程质量产生缺陷。

4)承包商施工的分项分部工程,由于施工工艺或方法问题,造成严重开裂、下挠、倾斜等缺陷。

5)承包商没有完成按照合同条件规定的工作或隐含的工作,如对工程的保护和照管,安全及环境保护等。

(2)工期拖延反索赔。依据土木工程施工承包合同条件规定,承包商必须在合同规定的时间内完成工程的施工任务。如果由于承包商的原因造成不可原谅的完工日期拖延,则影响到发包人对该工程的使用和运营生产计划,从而给发包人带来经济损失。此项发包人的索赔,并不是发包人对承包商的违约罚款,而只是发包人要求承包商补偿拖期完工给发包人造成的经济损失。承包商则应按签订合同时双方约定的赔偿金额以及拖延时间长短向发包人支付这种赔偿金,而不再需要去寻找和提供实际损失的证据去详细计算。在有些情况下,拖期损失赔偿金若按该工程项目合同价的一定比例计算,若在整个工程完工之前,工程师已经对一部分工程颁发了移交证书,则对整个工程所计算的延误赔偿金数量应给予适当的减少。

(3)经济担保反索赔。经济担保是国际工程承包活动中的不可缺少部分,担保人要承诺在其委托人不适当履约的情况下代替委托人来承担赔偿责任或原合同所规定的权利与义务。在土木工程项目承包施工活动中,常见的经济担保有:预付款担保和履约担保等。

1)预付款担保反索赔。预付款是指在合同规定开工前或工程价款支付之前,由发包人预付给承包商的款项。预付款的实质是发包人向承包商发放的无息贷款。对预付款的偿还,一般是由发包人在应支付给承包商的工程进度款中直接扣还。为了保证承包商偿还发包人的预付款,施工合同中都规定承包商必须对预付款提供等额的经济担保。若承包商不能按期归还预付款,发包人就可以从相应的担保款额中取得补偿,这实际上是发包人向承包商的索赔。

2)履约担保反索赔。履约担保是承包商和担保方为了发包人的利益不受损害而作的一种承诺,担保承包商按施工合同所规定的条件进行工程施工。履约担保有银行担保和担保公司担保的方法,以银行担保较常见,担保金额一般为合同价的 10%~20%,担保期限为工程竣工期或缺陷责任期满。当承包商违约或不能履行施工合同时,持有履约担保文件的发包人,可以很方便地在承包商的担保人的银行中取得金钱补偿。

3)保留金的反索赔。保留金的作用是对履约担保的补充形式。一般的工程合同中都规定有保留金的数额,为合同价的 5%左右。保留金是从应支付给承包商的月工程进度款中扣下一笔合同价百分比的基金,由发包人保留下来,以便在承包商一旦违约时直接补偿发包人的损失。所以说保留金也是发包人向承包商索赔的手段之一。保留金一般应在整个工程或规定的单项工程完工时退还保留金款额的50%,最后在缺陷责任期满后再退还剩余的 50%。

(4)其他损失反索赔。依据合同规定,除了上述发包人的反索赔外,当发包人在受到其他由于承包商原因造成的经济损失时,发包人仍可提出反索赔要求。比如:由于承包商的原因,在运输施工设备或大型预制构件时,损坏了旧的道路或桥梁;承包商的工程保险失效,给发包人造成的损失等。

4. 反索赔工作的内容

承包人对发包人、分包人、供应商之间的反索赔管理工作应包括下列内容:

(1)对收到的索赔报告进行审查分析,收集反驳理由和证据,复核赔值,并提出反索赔报告。

(2)通过合同管理,防止反索赔事件的发生。

5. 反索赔的工作步骤

在接到对方索赔报告后,就应着手进行分析、反驳。反索赔与索赔有相似的处理过程,但也有其特殊性。通常对方提出的索赔的反驳处理过程,如图 9-5 所示。

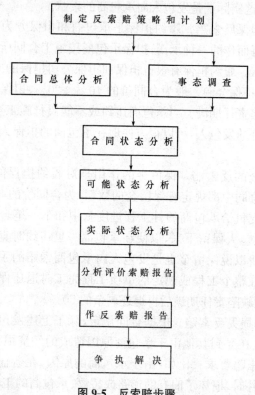

图 9-5　反索赔步骤

(1)合同总体分析。反索赔同样是以合同作为法律依据,作为反驳的理由和根据。合同分析的目的是分析、评价对方索赔要求的理由和依据。在合同中找出对对方不利,对自方有利的合同条文,以构成对对方索赔要求否定的理由。合同总体分析的重点是,与对方索赔报告中提出的问题有关的合同条款,通常有:合同的法律基础;合同的组成及合同变更情况;合同规定的工程范围和承包商责任;工程变更的补偿条件、范围和方法;合同价格,工期的调整条件、范围和方法,以及对方应承担的风险;违约责任;争执的解决方法等。

(2)事态调查与分析。反索赔仍然基于事实基础之上,以事实为根据。这个事实必须有己方对合同实施过程跟踪和监督的结果,即各种实际工程资料作为证据,用以对照索赔报告所描述的事情经过和所附证据。通过调查可以确定干扰事件的起因,事件经过,持续时间,影响范围等真实的详细的情况。

在此应收集整理所有与反索赔相关的工程资料。

在事态调查和收集、整理工程资料的基础上进行合同状态、可能状态、实际状态分析。通过三种状态的分析可以达到:

1)全面地评价合同、合同实际状况,评价双方合同责任的完成情况。

2)对对方有理由提出索赔的部分进行总概括。分析出对方有理由提出索赔的干扰事件有哪些,以及索赔的大约值或最高值。

3)对对方的失误和风险范围进行具体指认,这样在谈判中有攻击点。

4)针对对方的失误作进一步分析,以准备向对方提出索赔。这样可以在反索赔中同时使用索赔手段。国外的承包商和发包人在进行反索赔时,特别注意寻找向对方索赔的机会。

(3)对索赔报告进行全面分析与评价。分析评价索赔报告,可以通过索赔分析评价表进行。其中,分别列出对方索赔报告中的干扰事件、索赔理由、索赔要求,提出己方的反驳理由、证据、处理意见或对策等。

(4)起草并向对方递交反索赔报告。反索赔报告也是正规的法律文件。在调解或仲裁中,对方的索赔报告和己方的反索赔报告应一起递交调解人或仲裁人。反索赔报告的基本要求与索赔报告相似。通常反索赔报告的主要内容有:

1)合同总体分析简述。

2)合同实施情况简述和评价。这里重点针对对方索赔报告中的问题和干扰事件,叙述事实情况,应包括前述三种状态的分析结果,对双方合同责任完成情况和工程施工情况作评价。目标是,推卸自己对对方索赔报告中提出的干扰事件的合同责任。

3)反驳对方索赔要求。按具体的干扰事件,逐条反驳对方的索赔要求,详细叙述自己的反索赔理由和证据,全部或部分地否定对方的索赔要求。

4)提出索赔。对经合同分析和三种状态分析得出的对方违约责任,提出己方的索赔要求。对此,有不同的处理方法。通常,可以在反索赔报告中提出索赔,也可另外出具己方的索赔报告。

5)总结。对反索赔作全面总结,通常包括的内容有:对合同总体分析作简要概括、对合同实施情况作简要概括、对对方索赔报告作总评价、对己方提出的索赔作概括、双方要求,即索赔和反索赔最终分析结果比较、提出解决意见、附各种证据。即本反索赔报告中所述的事件经过、理由、计算基础、计算过程和计算结果等证明材料。

6. 反驳索赔报告

对于索赔报告的反驳,通常可从以下几个方面着手:

(1)索赔事件的真实性。对于对方提出的索赔事件,应从两方面核实其真实性:一是对方的证据。如果对方提出的证据不充分,可要求其补充证据,或否定这一索赔事件;二是己方的记录。如果索赔报告中的论述与己方关于工程记录不符,可向其提出质疑,或否定索赔报告。

(2)索赔事件责任分析。认真分析索赔事件的起因,澄清责任。

以下五种情况可构成对索赔报告的反驳:

1)索赔事件是由索赔方责任造成的,如管理不善,疏忽大意,未正确理解合同文件内容等等。

2)此事件应视作合同风险,且合同中未规定此风险由己方承担。

3)此事件责任在第三方,不应由己方负责赔偿。

4)双方都有责任,应按责任大小分摊损失。

5)索赔事件发生以后,对方未采取积极有效的措施以降低损失。

(3)索赔依据分析。对于合同内索赔,可以指出对方所引用的条款不适用于此索赔事件,或者找出可为己方开脱责任的条款,以驳倒对方的索赔依据。对于合同外索赔,可以指出对方索赔依据不足,或者错解了合同文件的原意,或者按合同条件的某些内容,不应由己方负责此类事件的赔偿。

　　另外,可以根据相关法律法规,利用其中对自己有利的条文,来反驳对方的索赔。

　　(4)索赔事件的影响分析。分析索赔事件对工期和费用是否产生影响以及影响的程度,这直接决定着索赔值的计算。对于工期的影响,可分析网络计划图,通过每一工作的时差分析来确定是否存在工期索赔。通过分析施工状态,可以得出索赔事件对费用的影响。例如业主未按时交付图纸,造成工程拖期,而承包商并未按合同规定的时间安排人员和机械,因此工期应予顺延,但不存在相应的各种闲置费。

　　(5)索赔证据分析。索赔证据不足、不当或片面,都可以导致索赔不成立。如索赔事件的证据不足,对索赔事件的成立可提出质疑。对索赔事件产生的影响证据不足,则不能计入相应部分的索赔值。仅出示对自己有利的片面的证据,将构成对索赔的全部或部分的否定。

　　(6)索赔值审核。索赔值的审核工作量大,涉及的资料和证据多,需要花费许多时间和精力。审核的重点在于:

　　1)数据的准确性。对索赔报告中的各种计算基础数据均须进行核对,如工程量增加的实际量方,人员出勤情况,机械台班使用量,各种价格指数等。

　　2)计算方法的合理性。不同的计算方法得出的结果会有很大出入。应尽可能选择最科学、最精确的计算方法。对某些重大索赔事件的计算,其方法往往需双方协商确定。

　　3)是否有重复计算。索赔的重复计算可能存在于单项索赔与一揽子索赔之间,相关的索赔报告之间,以及各费用项目的计算中。索赔的重复计算包括工期和费用两方面,应认真比较核对,剔除重复索赔。

第四节　工程价款结算

一、工程价款主要结算方式

　　我国现行工程价款结算根据不同情况,可采取多种方式。

　　1. 按月结算

　　实行旬末或月中预支,月终结算,竣工后清算的方法。跨年度竣工的工程,在年终进行工程盘点,办理年度结算。我国现行建筑安装工程价款结算中,相当一部分是实行这种按月结算的。

2. 竣工后一次结算

建设项目或单项工程全部建筑安装工程建设期在 12 个月以内,或者工程承包合同价值在 100 万元以下的,可以实行工程价款每月月中预支,竣工后一次结算。

3. 分段结算

分段结算即当年开工,当年不能竣工的单项工程或单位工程按照工程形象进度,划分不同阶段进行结算。分段结算可以按月预支工程款。分段的划分标准,由各部门、自治区、直辖市、计划单列市规定。

4. 目标结款方式

目标结款方式即在工程合同中,将承包工程的内容分解成不同的控制界面,以业主验收控制界面作为支付工程价款的前提条件。也就是说,将合同中的工程内容分解成不同的验收单元,当承包商完成单元工程内容并经业主(或其委托人)验收后,业主支付构成单元工程内容的工程价款。

目标结款方式下,承包商要想获得工程价款,必须按照合同约定的质量标准完成界面内的工程内容;要想尽早获得工程价款,承包商必须充分发挥自己组织实施能力,在保证质量前提下,加快施工进度。这意味着承包商拖延工期时,则业主推迟付款,增加承包商的财务费用、运营成本,降低承包商的收益,客观上使承包商因延迟工期而遭受损失。同样,当承包商积极组织施工,提前完成控制界面内的工程内容,则承包商可提前获得工程价款,增加承包收益,客观上承包商因提前工期而增加了有效利润。同时,承包商在界面内质量达不到合同约定的标准而业主不预验收,承包商也会因此而遭受损失。可见,目标结款方式实质上是运用合同手段、财务手段对工程的完成进行主动控制。

目标结款方式中,对控制界面的设定应明确描述,便于量化和质量控制,同时要适应项目资金的供应周期和支付频率。

5. 结算双方约定的其他结算方式

施工企业在采用按月结算工程价款方式时,要先取得各月实际完成的工程数量,并按照工程预算定额中的工程直接费预算单价、间接费用定额和合同中采用利税率,计算出已完工程造价。实际完成的工程数量,由施工单位根据有关资料计算,并编制"已完工程月报表",然后按照发包单位编制"已完工程月报表",将各个发包单位的本月已完工程造价汇总反映。再根据"已完工程月报表"编制"工程价款结算账单",与"已完工程月报表"一起,分送发包单位和经办银行,据以办理结算。

施工企业在采用分段结算工程价款方式时,要在合同中规定工程部位完工的月份,根据已完工程部位的工程数量计算已完工程造价,按发包单位编制"已完工程月报表"和"工程价款结算账单"。

对于工期较短、能在年度内竣工的单项工程或小型建设项目,可在工程竣工后编制"工程价款结算账单",按合同中工程造价一次结算。

"工程价款结算账单"是办理工程价款结算的依据。工程价款结算账单中所列应收工程款应与随同附送的"已完工程月报表"中的工程造价相符,"工程价款结算账单"除了列明应收工程款外,还应列明应扣预收工程款、预收备料款、发包单位供给材料价款等应扣款项、算出本月实收工程款。

为了保证工程按期收尾竣工,工程在施工期间,不论工程长短,其结算工程款,一般不得超过承包工程价值的95%,结算双方可以在5%的幅度内协商确定尾款比例,并在工程承包合同中订明。施工企业如已向发包单位出具履约保函或其他保证的,可以不留工程尾款。

"已完工程月报表"和"工程价款结算账单"的格式见表 9-7 和表9-8。

表 9-7　　　　　　　　已完工程月报表

发包单位名称：　　　　年　月　日　　　　　　　　　元

单项工程和单位工程名称	合同造价	建筑面积	开竣工日期		实际完成数		备注
			开工日期	竣工日期	至上月(期)止已完工程累计	本月(期)已完工程	

施工企业　　　　　　　　　　　　　　　编制日期：　年　月　日

表 9-8   **工程价款结算账单**

发包单位名称：   年　月　日   元

单项工程和单位工程名称	合同造价	本月(期)应收工程款	应 扣 款 项			本月(期)实收工程款	尚未归还	累计已收工程款	备注
			合　计	预收工程款	预收备料款				

施工企业：   编制日期：　年　月　日

二、工程预付款支付

施工企业承包工程，一般都实行包工包料，这就需要有一定数量的备料周转金。在工程承包合同条款中，一般要明文规定发包单位(甲方)在开工前拨付给承包单位(乙方)一定限额的工程预付备料款。此预付款构成施工企业为该承包工程项目储备主要材料、结构件所需的流动资金。

按照我国有关规定，实行工程预付款的，双方应当在专用条款内约定发包方向承包方预付工程款的时间和数额，开工后按约定的时间和比例逐次扣回。预付时间应不迟于约定的开工日期前 7 天。发包方不按约定预付，承包方在约定预付时间 7 天后向发包方发出要求预付的通知，发包方收到通知后仍不能按要求预付，承包方可在发出通知后 7 天停止施工，发包方应从约定应付之日起向承包方支付应付款的贷款利息，并承担违约责任。

工程预付款仅用于承包方支付施工开始时与本工程有关的动员费用。如承包方滥用此款，发包方有权立即收回。在承包方向发包方提交金额等于预付款数额(发包方认可的银行开出)的银行保函后，发包方按规定的金额和规定的时间向承包方支付预付款，在发包方全部扣回预付款之前，该银行保函将一直有效。当预付款被发包方扣回时,银行保函金额相应递减。

1. 工程预付款的限额

工程预付款额度,各地区、各部门的规定不完全相同,主要是保证施工所需材料和构件的正常储备。一般是根据施工工期、建安工作量、主要材料和构件费用占建安工作量的比例以及材料储备周期等因素经测算来确定。

(1)在合同条件中约定。发包人根据工程的特点、工期长短、市场行情、供求规律等因素,招标时在合同条件中约定工程预付款的百分比。

(2)公式计算法。公式计算法是根据主要材料(含结构件等)占年度承包工程总价的比重,材料储备定额天数和年度施工天数等因素,通过公式计算预付备料款额度的一种方法。

其计算公式为:

$$工程预付款数额 = \frac{工程总价 \times 材料比重(\%)}{年度施工天数} \times$$

$$材料储备定额天数 \qquad (9\text{-}12)$$

$$工程预付款比率 = \frac{工程预付款数额}{工程总价} \times 100\% \qquad (9\text{-}13)$$

式中,年度施工天数按 365 天日历天数计算;材料储备定额天数由当地材料供应的在途天数、加工天数、整理天数、供应间隔天数、保险天数等因素确定。

2. 预付款的扣回

发包单位拨付给承包单位的预付款属于预支性质,到了工程实施后,随着工程所需主要材料储备的逐步减少,应以抵充工程价款的方式陆续扣回。其扣款的方法有:

(1)可以从未施工工程尚需的主要材料及构件的价值相当于预付款数额时起扣,从每次结算工程价款中,按材料比重扣抵工程价款,竣工前全部扣清,其基本表达公式为:

$$T = P - \frac{M}{N} \qquad (9\text{-}14)$$

式中　T——起扣点,即预付备料款开始扣回时的累计完成工作量金额;

  M——预付款限额；

  N——主要材料所占比重；

  P——承包工程价款总额。

  (2)可以在承包方完成金额累计达到合同总价的一定比例后,由承包方开始向发包方还款,发包方从每次应付给承包方的金额中扣回工程预付款,发包方至少在合同规定的完工期前将工程预付款的总计金额逐次扣回。

  在实际经济活动中,情况比较复杂,有些工程工期较短,就无需分期扣回。有些工程工期较长,如跨年度施工,预付款可以不扣或少扣,并于次年按应预付款调整,多退少补。具体地说,跨年度工程,预计次年承包工程价值大于或相当于当年承包工程价值时,可以不扣回当年的预付款;如小于当年承包工程价值时,应按实际承包工程价值进行调整,在当年扣回部分预付款,并将未扣回部分,转入次年,直到竣工年度,再按上述办法扣回。

  三、工程进度款支付

  1. 工程进度款的组成

  财政部制定的《企业会计准则——建造合同》中对合同收入的组成内容进行了解释。合同收入包括两部分内容:

  (1)合同中规定的初始收入,即建造承包商与客户在双方签订的合同中最初商定的合同总金额,它构成了合同收入的基本内容。

  (2)因合同变更、索赔、奖励等构成的收入,这部分收入并不构成合同双方在签订合同时已在合同中商定的合同总金额,而是在执行合同过程中由于合同变更、索赔、奖励等原因而形成的追加收入。

  施工企业在结算工程价款时,应计算已完工程的工程价款。由于合同中的工程造价,是施工企业在工程投标时中标的标函中的标价,它往往围绕施工图预算的工程预算价值上下浮动。因此已完工程的工程价款,不能根据施工图预算中的工程预算价值计算,只能根据合同中的工程造价计算。为了简化计算手续,可先计算合同工程造价与工程预算成本的比率,再根据这个比率乘以已完工程预算成本,算得已完工程价款。其计算公式为:

$$某项工程已完工程价款＝该项工程已完工程预算成本×$$

$$\frac{该项工程合同造价}{该项工程预算成本} \quad (9\text{-}15)$$

式中,该项工程预算成本为该项工程施工图预算中的总预算成本,该项工程已完工程预算成本是根据实际完成工程量和相应的预算(直接费)单价和间接费用定额算得的预算成本。如预算中间接费用定额包括管理费用和财务费用,要先将间接费用定额中的管理费用和财务费用调整出来。

【例 9-4】　某项工程的预算成本为 954000 元,合同造价为 1192500 元,当月已完工程预算成本为 122960 元,则:

$$当月已完工程价款 = 122960 \times \frac{1192500}{954000}$$

$$= 122960 \times 1.25 = 153700 元$$

至于合同变更收入,包括因发包单位改变合同规定的工程内容或因合同规定的施工条件变动等原因,调整工程造价而形成的工程结算收入。如某项办公楼工程,原设计为钢窗,后发包单位要求改为铝合金窗,并同意增加合同变更收入 20 万元,则这项合同变更收入可在完成铝合金窗安装后与其他已完工程价款一起结算,作为工程结算收入。

1)索赔款,是因发包单位或第三方的原因造成、由施工企业向发包单位或第三方收取的用于补偿不包括在合同造价中的成本的款项,如某施工企业与电力公司签订一份工程造价 2000 万元建造水电站的承包工程合同,规定建设期是 2005 年 3 月至 2008 年 8 月,发电机由发包单位采购,于 2007 年 8 月交付施工企业安装。该项合同在执行过程中,由于发包单位在 2008 年 1 月才将发电机运抵施工现场,延误了工期,经协商,发包单位同意支付延误工期款 30 万元,这 30 万元就是因发生索赔款而形成的收入,亦应在工程价款结算时作为工程结算收入。

2)奖励款,是指工程达到或超过规定的标准时,发包单位同意支付给施工企业的额外款项。如某施工企业与城建公司签订一项合同造价为 20 亿元工程承包合同,建设一条高速公路,合同规定建设期为

2006 年 1 月 4 日至 2008 年 6 月 30 日,在合同执行中于 2008 年 3 月工程已基本完工,工程质量符合设计要求,有望提前 3 个月通车,城建公司同意向施工企业支付提前竣工奖 350 万元。这 350 万元就是因发生奖励款而形成的收入,也应在工程价款结算时作为工程结算收入。

2. 工程进度款支付的程序

施工企业在施工过程中,按逐月(或形象进度、或控制界面等)完成的工程数量计算各项费用,向建设单位办理工程进度款的支付。

以按月结算为例,现行的中间结算办法是,施工企业在旬末或月中向建设单位提出预支工程款账单,预支一旬或半月的工程款,月终再提出工程款结算账单和已完工程月报表,收取当月工程价款,并通过银行进行结算。按月进行结算,要对现场已施工完毕的工程逐一进行清点,资料提出后要交监理工程师和建设单位审查签证。为简化手续,多年来采用的办法是以施工企业提出的统计进度月报表为支取工程款的凭证,即通常所称的工程进度款。工程进度款的支付步骤,如图 9-6 所示。

图 9-6　工程进度款的支付步骤

3. 工程进度款的计算

工程进度款的计算,主要涉及两个方面:一是工程量的计量;二是单价的计算方法。

(1)工程量的确认。根据有关规定,工程量的确认应做到:

1)承包方应按约定时间,向工程师提交已完工程量的报告。工程师接到报告后 7 天内按设计图纸核实已完工程量(以下称计量),并在计量前 24 小时通知承包方,承包方为计量提供便利条件并派人参加。承包方不参加计量,发包方自行进行,计量结果有效,作为工程价款支付的依据。

2)工程师收到承包方报告后 7 天内未进行计量,从第 8 天起,承包方报告中开列的工程量即视为已被确认,作为工程价款支付的依据。工程师不按约定时间通知承包方,使承包方不能参加计量,计量结果无效。

3)工程师对承包方超出设计图纸范围和(或)因自身原因造成返工的工程量,不予计量。

(2)单价的计算。单价的计算方法,主要根据由发包人和承包人事先约定的工程价格的计价方法决定。目前一般来讲,工程价格的计价方法可以分为工料单价和综合单价两种方法。所谓工料单价法是指单位工程分部分项的单价为直接成本单价,按现行计价定额的人工、材料、机械的消耗量及其预算价格确定,其他直接成本、间接成本、利润、税金等按现行计算方法计算。所谓综合单价法是指单位工程分部分项工程量的单价是全部费用单价,既包括直接成本,也包括间接成本、利润、税金等一切费用。二者在选择时,既可采取可调价格的方式,即工程价格在实施期间可随价格变化而调整,也可采取固定价格的方式,即工程价格在实施期间不因价格变化而调整,在工程价格中已考虑价格风险因素并在合同中明确了固定价格所包括的内容和范围。实践中采用较多的是可调工料单价法和固定综合单价法。

(3)工程价格的计价方法。可调工料单价法和固定综合单价法在分项编号、项目名称、计量单位、工程量计算方面是一致的,都可按照国家或地区的单位工程分部分项进行划分、排列,包含了统一的工作内容,使用统一的计量单位和工程量计算规则。所不同的是,可调工料单价法将工、料、机再配上预算价作为直接成本单价,其他直接成本、间接成本、利润、税金分别计算;因为价格是可调的,其材料等费用在竣工结算时按工程造价管理机构公布的竣工调价系数或按主材计算差价或主材用抽料法计算,次要材料按系数计算差价而进行调整;固定综合单价法是包含了风险费用在内的全费用单价,故不受时间价值的影响。由于两种计价方法的不同,因此工程进度款的计算方法也不同。

(4)工程进度款的计算。当采用可调工料单价法计算工程进度款时,在确定已完工程量后,可按以下步骤计算工程进度款:

1）根据已完工程量的项目名称、分项编号、单价得出合价。

2）将本月所完全部项目合价相加，得出分部分项工程费小计。

3）按规定按规定计算措施项目费、其他项目费。

4）按规定计算主材差价或差价系数。

5）按规定计算税金。

6）累计本月应收工程进度款。

4．工程进度款的支付

国家工商行政管理总局、原建设部颁布的《建设工程施工合同（示范文本）》中对工程进度款支付作了如下详细规定：

（1）工程款（进度款）在双方确认计量结果后 14 天内，发包方应向承包方支付工程款（进度款）。按约定时间发包方应扣回的预付款，与工程款（进度款）同期结算。

（2）符合规定范围的合同价款的调整，工程变更调整的合同价款及其他条款中约定的追加合同价款，应与工程款（进度款）同期调整支付。

（3）发包方超过约定的支付时间不支付工程款（进度款），承包方可向发包方发出要求付款通知，发包方受到承包方通知后仍不能按要求付款，可与承包方协商签订延期付款协议，经承包方同意后可延期支付。协议需明确延期支付时间和从发包方计量结果确认后第 15 天起计算应付款的贷款利息。

（4）发包方不按合同约定支付工程款（进度款），双方又未达成延期付款协议，导致施工无法进行，承包方可停止施工，由发包方承担违约责任。

（5）工程进度款支付时，要考虑工程保修金的预留，以及在施工过程中发生的安全施工方面的费用、专利技术及特殊工艺涉及的费用、文物和地下障碍物涉及的费用。

四、工程竣工结算价款支付

1．竣工结算的概念

竣工结算是指一个单位工程或单项工程完工，经业主及工程质量监督部门验收合格，在交付使用前由施工单位根据合同价格和实际发生的增加或减少费用的变化等情况进行编制，并经业主或其委托方签认的,以表达该项工程最终造价为主要内容,作为结算工程价款依据的经济文件。

竣工结算也是建设项目建筑安装工程中的一项重要经济活动。正确、合理、及时地办理竣工结算,对于贯彻国家的方针、政策、财经制度,加强建设资金管理,合理确定、筹措和控制建设资金,高速优质完成建设任务,具有十分重要的意义。

2. 工程竣工结算的程序

工程竣工结算是指施工企业按照合同规定的内容全部完成所承包的工程,经验收质量合格,并符合合同要求之后,向发包单位进行的最终工程价款结算。

《建设工程施工合同(示范文本)》中对竣工结算作了详细规定:

(1)工程竣工验收报告经发包方认可后28天内,承包方向发包方递交竣工结算报告及完整的结算资料,双方按照协议书约定的合同价款及专用条款约定的合同价款调整内容,进行工程竣工结算。

(2)发包方收到承包方递交的竣工结算报告及结算资料后28天内进行核实,给予确认或者提出修改意见。发包方确认竣工结算报告后,通知经办银行向承包方支付工程竣工结算价款。承包方收到竣工结算价款后14天内,将竣工工程交付发包方。

(3)发包方收到竣工结算报告及结算资料后28天内无正当理由不支付工程竣工结算价款,从第29天起按承包方同期向银行贷款利率支付拖欠工程价款的利息,并承担违约责任。

(4)发包方收到竣工结算报告及结算资料后28天内不支付工程竣工结算价款,承包方可以催告发包方支付结算价款。发包方在收到竣工结算报告及结算资料后56天内仍不支付的,承包方可以与发包方协议将该工程折价,也可以由承包方申请人民法院将该工程依法拍卖,承包方就该工程折价或者拍卖的价款优先受偿。

(5)工程竣工验收报告经发包方认可后28天内,承包方未能向发包方递交竣工结算报告及完整的结算资料,造成工程竣工结算不能正常进行或工程竣工结算价款不能及时支付,发包方要求交付工程的,承包方应当交付;发包方不要求交付工程的,承包方承担保管责任。

(6)发包方和承包方对工程竣工结算价款发生争议时,按争议的约定处理。

在实际工作中,当年开工、当年竣工的工程,只需办理一次性结算。跨年度的工程,在年终办理一次年终结算,将未完工程结算转到下一年度,此时竣工结算等于各年度结算的总和。

办理工程价款竣工结算的一般公式为:

$$\frac{\text{竣工结算}}{\text{工程价款}} = \text{预算(或概算)或合同价款} + \text{施工过程中预算}$$

或   合同价款调整数额－预付及已结算工程价款－保修金 (9-16)

3. 工程竣工结算的审查

竣工结算要有严格的审查,一般从以下几个方面入手:

(1)核对合同条款。首先,应核对竣工工程内容是否符合合同条件要求,工程是否竣工验收合格,只有按合同要求完成全部工程并验收合格才能竣工结算;其次,应按合同规定的结算方法、计价定额、取费标准、主材价格和优惠条款等,对工程竣工结算进行审核,若发现合同开口或有漏洞,应请建设单位与施工单位认真研究,明确结算要求。

(2)检查隐蔽验收记录。所有隐蔽工程均需进行验收,两人以上签证;实行工程监理的项目应经监理工程师签证确认。审核竣工结算时应核对隐蔽工程施工记录和验收签证,手续完整,工程量与竣工图一致方可列入结算。

(3)落实设计变更签证。设计修改变更应有原设计单位出具设计变更通知单和修改的设计图纸、校审人员签字并加盖公章,经建设单位和监理工程师审查同意、签证;重大设计变更应经原审批部门审批,否则不应列入结算。

(4)按图核实工程数量。竣工结算的工程量应依据竣工图、设计变更单和现场签证等进行核算,并按国家统一规定的计算规则计算工程量。

(5)执行定额单价。结算单价应按合同约定或招标规定的计价定额与计价原则执行。

(6)防止各种计算误差。工程竣工结算子目多、篇幅大,往往有计算误差,应认真核算,防止因计算误差多计或少算。

五、工程款价差的调整

1. 工程款价差调整的范围

工程造价价差是指建设工程所需的人工、设备、材料费等,因价格变化对工程造价产生的变化值。其调整范围包括建筑安装工程费、设备及工器具购置费和工程建设其他费用。其中,对建筑安装工程费用中的有关人工费、设备与材料预算价格、施工机械使用费和措施费及间接费的调整规定如下:

(1)建筑安装工程费用中的人工费调整。应按国家有关劳动工资政策、规定及定额人工费的组成内容调整。

(2)设备、材料预算价格的调整。应区别不同的供应渠道、价格形式,以及有关主管部门发布的预算价格及执行时间为准进行调整,同时应扣除必要的设备、材料储备期因素。

(3)施工机械使用费调整。按规定允许调整的部分(如机械台班费中燃料动力费、人工费、车船使用税及养路费)按有关主管部门规定进行调整。

(4)措施费、间接费的调整。按照国家规定的费用项目内容的要求调整,对于因受物价、税收、收费等变化的影响而使企业费用开支增大部分,应适时在修订费用定额中予以调整。对于预算价格变动而产生的价差部分,可作为计取措施费和间接费的基数。但因市场价格或实际价格与预算价格发生的价差部分,不应计取各项费用。

2. 工程款价差调整的方法

(1)按实调整法。指对工程实际发生的某些材料的实际价格与定额中相应材料预算价格之差进行调整的方法。其计算公式为:

$$某材料价差=某材料实际价格-定额中该材料预算价格 \quad (9-17)$$

$$材料价差调整额=\sum(各种材料价差 \times 相应各材料实际用量)$$

$$(9-18)$$

(2)价格指数调整法。指依据当地工程造价管理机构或物价部门公布的当地材料价格指数或价差指数,逐一调整各种材料价格的方法。其计算公式为:

$$某材料价格指数=\frac{某材料当地当时预算价}{某材料定额中取定的预算价} \quad (9-19)$$

若用价差指数,其计算公式为:

$$某材料价差指数＝某材料价格指数－1 \qquad (9-20)$$

例如:某钢材在预算编制时当地价格为 3200 元/t,而该钢材在预算定额中取定的预算价是 2500 元/t,则其价格指数为:

$$某钢材价格指数＝\frac{3200}{2500}＝1.28$$

而

$$某钢材的价差指数＝1.28－1＝0.28$$

(3)调价文件计算法。这种方法是甲乙双方采取按当时的预算价格承包,在合同工期内,按照造价管理部门调价文件的规定,进行抽料补差(在同一价格期内按所完成的材料用量乘以价差)。也有的地方定期发布主要材料供应价格和管理价格,对这一时期的工程进行抽料补差。

(4)调值公式法。根据国际惯例,对建设项目工程价款的动态结算,一般是采用此法。事实上,在绝大多数国际工程项目中,甲乙双方在签订合同时就明确列出这一调值公式,并以此作为价差调整的计算依据。

建筑安装工程费用价格调值公式一般包括固定部分、材料部分和人工部分。但当建筑安装工程的规模和复杂性增大时,公式也变得更为复杂。其调值公式一般为:

$$P = P_0(a_0 + a_1 \frac{A}{A_0} + a_2 \frac{B}{B_0} + a_3 \frac{C}{C_0} + a_4 \frac{D}{D_0} + \cdots) \qquad (9-21)$$

式中　　　　　　P——调值后合同价款或工程实际结算款;

　　　　　　　　P_0——合同价款中工程预算进度款;

　　　　　　　　a_0——固定要素,代表合同支付中不能调整的部分占合同总价中的比重;

a_1、a_2、a_3、a_4……——代表有关各项费用(如:人工费用、钢材费用、水泥费用、运输费等)在合同总价中所占比重,$a_1 + a_2 + a_3 + a_4 + \cdots = 1$;

A_0、B_0、C_0、D_0……——基准日期与 a_1、a_2、a_3、a_4……对应的各项费用的基期价格指数或价格;

　A、B、C、D……——与特定付款证书有关的期间最后一天的 49 天前

与 a_1、a_2、a_3、a_4…对应的各项费用的现行价格指
数或价格。

在运用这一调值公式进行工程价款价差调整中要注意如下几点：

1) 固定要素通常的取值范围在 0.15～0.35 之间。固定要素对调价的结果影响很大，它与调价余额成反比关系。固定要素相当微小的变化，隐含着在实际调价时很大的费用变动，所以，承包商在调值公式中采用的固定要素取值要尽可能偏小。

2) 调值公式中有关的各项费用，按一般国际惯例，只选择用量大、价格高且具有代表性的一些典型人工费和材料费，通常是大宗的水泥、砂石料、钢材、木材、沥青等，并用它们的价格指数变化综合代表材料费的价格变化，以便尽量与实际情况接近。

3) 各部分成本的比重系数，在许多招标文件中要求承包方在投标中提出，并在价格分析中予以论证。但也有的是由发包方（业主）在招标文件中即规定一个允许范围，由投标人在此范围内选定。例如，某水电站工程的标书即对外币支付项目各费用比重系数范围作了如下规定：外籍人员工资 0.10～0.20；水泥 0.10～0.16；钢材 0.09～0.13；设备 0.35～0.48；海上运输 0.04～0.08，固定系数 0.17。并规定允许投标人根据其施工方法在上述范围内选用具体系数。

4) 调整有关各项费用要与合同条款规定相一致。例如，签订合同时，甲乙双方一般应商定调整的有关费用和因素，以及物价波动到何种程度才进行调整。在国际工程中，一般在 ±5% 以上才进行调整。如有的合同规定，在应调整金额不超过合同原始价 5% 时，由承包方自己承担；在 5%～20% 之间时，承包方负担 10%，发包方（业主）负担 90%；超过 20% 时，则必须另行签订附加条款。

5) 调整有关各项费用应注意地点与时点。地点一般指工程所在地或指定的某地市场价格。时点指的是某月某日的市场价格。这里要确定两个时点价格，即签订合同时间某个时点的市场价格（基础价格）和每次支付前的一定时间的时点价格。这两个时点就是计算调值的依据。

6) 确定每个品种的系数和固定要素系数，品种的系数要根据该品种价格对总造价的影响程度而定。各品种系数之和加上固定要素系

数应该等于1。

六、工程价款的核算

1. 施工企业与发包单位工程价款的核算

施工企业与发包单位工程价款的核算施工企业与发包单位关于预收备料款、工程款和已完工程款的核算,应在"预收账款——预收备料款"、"预收账款——预收工程款"、"应收账款——应收工程款"、"工程结算收入"或"主管业务收入"(采用企业会计制度的施工企业在"主营业务收入")等科目进行。

"预收账款——预收备料款"科目用以核算企业按照合同规定向发包单位预收的备料款(包括抵作备料款的材料价值)和备料款的扣还。科目的贷方登记预收的备料款和拨入抵作备料款的材料价值。科目的借方登记工程施工达到一定进度时从应收工程款中扣还的预收备料款,以及退还的材料价值。科目的贷方余额反映已经向发包单位预收但尚未从应收工程款中扣还的备料款。本科目应按发包单位的户名和工程合同进行明细分类核算。

"预收账款——预收工程款"科目用以核算企业根据工程合同规定,按照工程进度向发包单位预收的工程款和预收工程款的扣还。科目的贷方登记预收的工程款,科目的借方登记与发包单位结算已完工程价款时从"应收账款——应收工程款"中扣还预收的工程款。科目的贷方余额反映已经预收但尚未从应收工程款中扣还的工程款。本科目应按发包单位的户名和工程合同进行明细分类核算。

"应收账款——应收工程款"科目用以核算企业与发包单位办理工程价款结算时,按照工程合同规定应向其收取的工程价款。科目的借方登记根据"工程价款结算账单"确定的工程价款,科目的贷方登记收到的工程款和根据合同规定扣还预收的工程款、备料款。科目的借方余额反映尚未收到的应收工程款。本科目应按发包单位的户名和工程合同进行明细分类核算。

"工程结算收入"或"主营业务收入"科目用以核算企业承包工程实现的工程结算收入,包括已完工程价款收入、合同变更收入、索赔款和奖励款。施工企业的已完工程价款收入,应于其实现时及时入账。

(1)实行竣工后一次结算工程价款的工程合同,应于合同完成、施工企业与发包单位进行工程合同价款结算时,确认为收入实现。实现的收入额为承发包双方结算的合同造价。

(2)实行月中预支、月终结算、竣工后清算的工程合同,应分期确认合同价款收入的实现。即:各月份终了,与发包单位进行已完工程价款结算时,确认为承包合同已完工部分的工程收入实现。本期收入额为月终结算的已完工程价款。

(3)实行分段结算工程价款的工程合同,应按合同规定的工程形象进度,分次确认已完工部位工程收入的实现。即:应于完成合同规定的工程形象进度或工程部位,与发包单位进行工程价款结算时,确认为已完工程收入的实现。本期实现的收入额,为本期已结算的分段工程价款。合同变更收入、索赔款和奖励款,应在发包单位签证结算时,确认为工程结算收入的实现。施工企业实现的各项工程结算收入,应记入科目的贷方。期末,本科目余额应转入"本年利润"科目。结转后,本科目应无余额。

2.施工企业与分包单位结算工程价款的核算

一个工程项目如果有两个以上施工企业同时交叉作业,根据国家对建设工程管理的要求,建设单位和施工企业要实行承发包责任制和总分包协作制。在这种情况下,要求一个施工企业作为总包单位向建设单位(发包单位)总承包,对建设单位负责,再由总包单位将专业工程分包给专业性施工企业施工,分包单位对总包单位负责。

在实行总分包的情况下,如果总分包单位对主要材料、结构件的储备资金都由工程发包单位以预付备料款供应的,总包单位对分包单位要按照工程分包合同规定预付一定数额的备料款和工程款,并进行工程价款的结算。为了反映与分包单位发生的备料款和工程款的预付和结算情况,应设置"预付账款——预付分包备料款"、"预付账款——预付分包工程款"和"应付账款——应付分包工程款"三个科目。

"预付账款——预付分包备料款"科目用以核算企业按照工程分包合同规定,预付给分包单位的备料款(包括拨给抵作预付备料款的材料价值)和备料款的扣回。科目的借方登记预付给分包单位的备料款和拨给抵作备料款的材料价值。科目的贷方登记与分包单位结算已完工程价款时,根据合同规定的比例从应付分包单位工程款中扣回的预付备料款,以及分包单位退回的材料价值。科目的借方余额反映尚未从应付工程款中扣回的备料款。本科目应按分包单位的户名和分包合同进行明细分类核算。

"预付账款——预付分包工程款"科目用以核算企业按照工程分包合同规定预付给分包单位的工程款。科目的借方登记根据工程进度预付给分包单位的分包工程款。科目的贷方登记月终或工程竣工时与分包单位结算的已完工程价款和从应付分包单位工程款中扣回预付的工程款。科目的借方余额反映预付给分包单位尚未从应付工程款中扣回的工程款。本科目应按分包单位的户名和分包合同进行明细分类核算。

"应付账款——应付分包工程款"科目用以核算企业与分包单位办理工程结算时,按照合同规定应付给分包单位的工程款。科目的贷方登记根据经审核的分包单位提出的"工程价款结算账单"结算的应付已完工程价款。科目的借方登记支付给分包单位的工程款和根据合同规定扣回预付的工程款和备料款。科目的贷方余额反映尚未支付的应付分包工程款。本科目应按分包单位的户名和分包合同进行明细分类核算。

第十章　项目成本管理

第一节　项目成本管理基础知识

一、项目成本管理的原则

项目成本管理应遵循以下六项原则。

1. 领导者推动原则

企业的领导者是企业成本的责任人,必然是工程项目施工成本的责任人。领导者应该制定项目成本管理的方针和目标,组织项目成本管理体系的建立和保持,创造使企业全体员工能充分参与项目施工成本管理、实现企业成本目标的良好内部环境。

2. 以人为本,全员参与原则

项目成本管理的每一项工作、每一个内容都需要相应的人员来完善,抓住本质,全面提高人的积极性和创造性,是搞好项目成本管理的前提。项目成本管理工作是一项系统工程,项目的进度管理、质量管理、安全管理、施工技术管理、物资管理、劳务管理、计划统计、财务管理等一系列管理工作都关联到项目成本,项目成本管理是项目管理的中心工作,必须让企业全体人员共同参与。只有如此,才能保证项目成本管理工作顺利地进行。

3. 目标分解,责任明确原则

项目成本管理的工作业绩最终要转化为定量指标,而这些指标的完成是通过上述各级各个岗位的工作实现的,为明确各级各岗位的成本目标和责任,就必须进行指标分解。企业确定工程项目责任成本指标和成本降低率指标,是对工程成本进行了一次目标分解。企业的责任是降低企业管理费用和经营费用,组织项目经理部完成工程项目责任成本指标和成本降低率指标。项目经理部还要对工程项目责任成本指标和成本降低率目标进行二次目标分解,根据岗位不同、管理内容不同,确定每个岗位的成本目标和所承担的责任。把总目标进行层层分解,落实到每一个人,通过每个指标的完成来保证总目标的实现。事实上每个项目管理工作都是由具体的个人来执行,执行任务而不明确承担的责任,等于无人负责,久而久之,形成人人都在工作,谁也不负责任的局面,企业无法搞好。

4. 管理层次与管理内容的一致性原则

项目成本管理是企业各项专业管理的一个部分,从管理层次上讲,企业是决策中心、利润中心,项目是企业的生产场地,是企业的生产车间,由于大部分的成本耗费在此发生,因而它也是成本中心。项目完成了材料和半成品在空间和时间上的流水,绝大部分要素或资源要在项目上完成价值转换,并要求实现增值,其管理上的深度和广度远远大于一个生产车间所能完成的工作内容,因此项目上的生产责任和成本责任是非常大的,为了完成或者实现工程管理和成本目标,就必须建立一套相应的管理制度,并授予相应的权力。因而相应的管理层次,它相对应的管理内容和管理权力必须相称和匹配,否则会发生责、权、利的不协调,从而导致管理目标和管理结果的扭曲。

5. 动态性、及时性、准确性原则

项目成本管理是为了实现项目成本目标而进行的一系列管理活动,是对项目成本实际开支的动态管理过程。由于项目成本的构成是随着工程施工的进展而不断变化的,因而动态性是项目成本管理的属性之一。进行项目成本管理是不断调整项目成本支出与计划目标的偏差,使项目成本支出基本与目标一致的过程。这就需要进行项目成本的动态管理,它决定了项目成本管理不是一次性的工作,而是项目全过程每日每时都在进行的工作。项目成本管理需要及时、准确地提供成本核算信息,不断反馈,为上级部门或项目经理进行项目成本管理提供科学的决策依据。如果这些信息的提供严重滞后,就起不到及时纠偏、亡羊补牢的作用。项目成本管理所编制的各种成本计划、消耗量计划,统计的各项消耗、各项费用支出,必须是实事求是的、准确的。如果计划的编制不准确,各项成本管理就失去了基准;如果各项统计不实事求是、不准确,成本核算就不能真实反映,出现虚盈或虚亏,只能导致决策失误。

因此,确保项目成本管理的动态性、及时性、准确性是项目成本管

理的灵魂,否则,项目成本管理就只能是纸上谈兵,流于形式。

6. 过程控制与系统控制原则

项目成本是由施工过程的各个环节的资源消耗形成的。因此,项目成本的控制必须采用过程控制的方法,分析每一个过程影响成本的因素,制定工作程序和控制程序,使之时时处于受控状态。

项目成本形成的每一个过程又是与其他过程互相关联的,一个过程成本的降低,可能会引起关联过程成本的提高。因此,项目成本的管理,必须遵循系统控制的原则,进行系统分析,制定过程的工作目标必须从全局利益出发,不能为了小团体的利益,损害了整体的利益。

二、项目成本管理的内容

1. 成本预测

项目成本预测是通过成本信息和工程项目的具体情况,并运用一定的专门方法,对未来的成本水平及其可能发展趋势作出科学的估计,其实质就是在施工以前对成本进行核算。通过成本预测,可以使项目经理部在满足建设单位和企业要求的前提下,选择成本低、效益好的最佳成本方案,并能够在项目成本形成过程中,针对薄弱环节,加强成本控制,克服盲目性,提高预见性。因此,项目成本预测是项目成本决策与计划的依据。

2. 成本计划

项目成本计划是项目经理部对项目施工成本进行计划管理的工具。它是以货币形式编制工程项目在计划期内的生产费用、成本水平、成本降低率以及为降低成本所采取的主要措施和规划的书面方案,它是建立项目成本管理责任制、开展成本控制和核算的基础。一般来说,一个项目成本计划应包括从开工到竣工所必需的施工成本,它是降低项目成本的指导文件,是设立目标成本的依据。

3. 成本控制

项目成本控制是指在施工过程中,对影响项目成本的各种因素加强管理,并采取各种有效措施,将施工中实际发生的各种消耗和支出严格控制在成本计划范围内,随时揭示并及时反馈,严格审查各项费用是否符合标准,计算实际成本和计划成本之间的差异并进行分析,消除施工中的损失浪费现象,发现和总结先进经验。通过成本控制,使之最终实现甚至超过预期的成本节约目标。项目成本控制应贯穿在工程项目从招投标阶段开始直到项目竣工验收的全过程,它是企业全面成本管理的重要环节。

4. 成本核算

项目成本核算是指项目施工过程中所发生的各种费用和形式项目成本的核算。一是按照规定的成本开支范围对施工费用进行归集,计算出施工费用的实际发生额;二是根据成本核算对象,采用适当的方法,计算出该工程项目的总成本和单位成本。项目成本核算所提供的各种成本信息,是成本预测、成本计划、成本控制、成本分析和成本考核等各个环节的依据。因此,加强项目成本核算工作,对降低项目成本、提高企业的经济效益有积极的作用。

5. 成本分析

项目成本分析是在成本形成过程中,对项目成本进行的对比评价和剖析总结工作,它贯穿于项目成本管理的全过程,也就是说项目成本分析主要利用工程项目的成本核算资料(成本信息),与目标成本(计划成本)、预算成本以及类似的工程项目的实际成本等进行比较,了解成本的变动情况,同时也要分析主要技术经济指标对成本的影响,系统地研究成本变动的因素,检查成本计划的合理性,并通过成本分析,深入揭示成本变动的规律,寻找降低项目成本的途径,以便有效地进行成本控制。

6. 成本考核

成本考核是指在项目完成后,对项目成本形成中的各责任者,按项目成本目标责任制的有关规定,将成本的实际指标与计划、定额、预算进行对比和考核,评定项目成本计划的完成情况和各责任者的业绩,并以此给以相应的奖励和处罚。通过成本考核,做到有奖有惩,赏罚分明,才能有效地调动企业的每一个职工在各自的施工岗位上努力完成目标成本的积极性,为降低项目成本和增加企业的积累做出自己的贡献。

三、项目成本管理的程序与流程

1. 项目成本管理的程序

(1)掌握生产要素的市场价格和变动状态。

(2)确定项目合同价。

(3)编制成本计划,确定成本实施目标。

(4)进行成本动态控制,实现成本实施目标。

(5)进行项目成本核算和工程价款结算,及时收回工程款。

(6)进行项目成本分析。

(7)进行项目成本考核,编制成本报告。

(8)积累项目成本资料。

2. 项目成本管理的流程

项目的成本管理工作归纳为以下几个关键环节:成本预测、成本决策、成本计划、成本控制、成本核算、成本分析、成本考核等,其流程如图 10-1 所示。

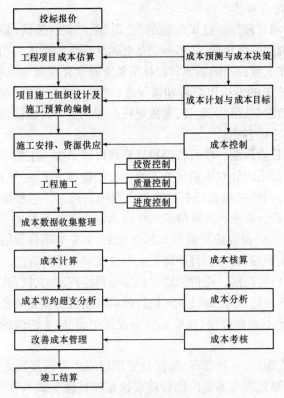

图 10-1　项目成本管理流程图

　　需要指出的是,在项目成本管理中必须树立项目的全面成本观念,用系统的观点,从整体目标优化的基点出发,把企业全体人员,以及各层次、各部门严密组织起来,围绕项目的生产和成本形成的整个过程,建立起成本管理保证体系,根据成本目标,通过管理信息系统,进行项目成本管理的各项工作,以实现成本目标的优化和企业整体经营效益的提高。特别是在实行项目经理责任制以后,各项目管理部必须在施工过程中对所发生的各种成本项目,通过有组织、有系统地进行预测、计划、控制、核算、分析等工作,促使项目系统内各种要素按照一定的目标运行,使工程项目的实际成本能够控制在预定的计划成本范围内。

四、项目成本管理的组织职责

　　1. 项目成本管理的层次划分

　　(1)公司管理层。这里所说的"公司"是广义的公司,是指直接参与经营管理的一级机构,并不一定是公司法所指的法人公司。这一级机构可以在上级公司的领导和授权下独立开展经营和施工管理活动。它是项目施工的直接组织者和领导者,对项目成本负责,对项目施工成本管理负领导、组织、监督、考核责任。各企业可以根据自己的管理体制,决定它的名称。

　　(2)项目管理层。项目管理层是公司根据承接的工程项目施工的需要,组织起来的针对该项目施工的一次性管理班子,一般称"项目经理部",经公司授权在现场直接管理工程项目施工。它根据公司管理层的要求,结合本项目实际情况和特点确定的本项目部成本管理的组织及人员,在公司管理层的领导和指导下,负责本项目部所承担工程的施工成本管理,对本项目的施工成本及成本降低率负责。

　　(3)岗位管理层。岗位管理层是指项目经理部的各管理岗位。它在项目经理部的领导和组织下,执行公司及项目部制定的各项成本管理制度和成本管理程序,在实际管理过程中,完成本岗位的成本责任指标。

　　公司管理层、项目管理层、岗位管理层三个管理层次之间是互相关联、互相制约的关系。岗位管理层次是项目施工成本管理的基础,项目管理层次是项目施工成本管理的主体,公司管理层次是项目施工成本管理的龙头。项目层次和岗位层次在公司管理层次的控制和监督下行使成本管理的职能。岗位层次对项目层次负责,项目层次对公司层次负责。

2. 项目成本管理的职责

(1)公司管理层的职责。公司管理层是项目成本管理的最高层次,负责全公司的项目成本管理工作,对项目成本管理工作负领导和管理责任。

1)负责制定项目成本管理的总目标及各项目(工程)的成本管理目标。

2)负责本单位成本管理体系的建立及运行情况考核、评定工作。

3)负责对项目成本管理工作进行监督、考核及奖罚兑现工作。

4)负责制定本单位有关项目成本管理的政策、制度、办法等。

(2)项目管理层的职责。公司管理层对项目成本的管理是宏观的。项目管理层对项目成本的管理则是具体的,是对公司管理层项目成本管理工作意图的落实。项目管理层既要对公司管理层负责,又要对岗位管理层进行监督、指导。因此,项目管理层是项目成本管理的主体。项目管理层的成本管理工作的好坏是公司项目成本管理工作成败的关键。项目管理层对公司确定的项目责任成本及成本降低率负责。

1)遵守公司管理层次制定的各项制度、办法,接受公司管理层次的监督和指导。

2)在公司项目成本管理体系中,建立本项目的成本管理体系,并保证其正常运行。

3)根据公司制定的项目成本目标制定本项目的目标成本和保证措施、实施办法。

4)分解成本指标,落实到岗位人员身上,并监督和指导岗位成本的管理工作。

(3)岗位管理层的职责。岗位管理层对岗位成本负责,是项目成本管理的基础。项目管理层将本工程的施工成本指标分解时,要按岗位进行分解,然后落实到岗位,落实到人。

1)遵守公司及项目制定的各项成本管理制度、办法,自觉接受公司和项目的监督、指导。

2）根据岗位成本目标，制定具体的落实措施和相应的成本降低措施。

3）按施工部位或按月对岗位成本责任的完成及时总结并上报，发现问题要及时汇报。

4）按时报送有关报表和资料。

五、项目成本管理的措施

为了取得项目成本管理的理想成果，应当从多方面采取措施实施管理，通常可以将这些措施归纳为组织措施、技术措施、经济措施、合同措施四个方面。

1. 组织措施

组织措施是从项目成本管理的组织方面采取的措施，如实行项目经理责任制，落实项目成本管理的组织机构和人员，明确各级项目成本管理人员的任务和职能分工、权力和责任，编制本阶段项目成本控制工作计划和详细的工作流程图等。项目成本管理不仅是专业成本管理人员的工作，各级项目管理人员都负有成本控制责任。组织措施是其他各类措施的前提和保障，而且一般不需要增加什么费用，运用得当可以收到良好的效果。

2. 技术措施

技术措施不仅对解决项目成本管理过程中的技术问题是不可缺少的，而且对纠正项目成本管理目标偏差也有相当重要的作用。因此，运用技术措施的关键，一是要能提出多个不同的技术方案，二是要对不同的技术方案进行技术经济分析。在实践中，要避免仅从技术角度选定方案而忽视对其经济效果的分析论证。

3. 经济措施

经济措施是最易为人接受和采用的措施。管理人员应编制资金使用计划，确定、分解项目成本管理目标。对项目成本管理目标进行风险分析，并制定防范性对策。通过偏差原因分析和未完项目成本预测，可发现一些可能导致未完项目成本增加的潜在问题，对这些问题应以主动控制为出发点，及时采取预防措施。由此可见，经济措施的运用绝不仅仅是财务人员的事情。

4. 合同措施

成本管理要以合同为依据,因此合同措施就显得尤为重要。对于合同措施从广义上理解,除了参加合同谈判、修订合同条款、处理合同执行过程中的索赔问题、防止和处理好与业主和分包商之间的索赔之外,还应分析不同合同之间的相互联系和影响,对每一个合同作总体和具体分析等。

第二节　项目成本预测

一、项目成本预测的概念

成本预测,就是依据成本的历史资料和有关信息,在认真分析当前各种技术经济条件、外界环境变化及可能采取的管理措施的基础上,对未来的成本与费用及其发展趋势所作的定量描述和逻辑推断。

项目成本预测是通过成本信息和工程项目的具体情况,对未来的成本水平及其发展趋势作出科学的估计,其实质就是工程项目在施工以前对成本进行核算。通过成本预测,使项目经理部在满足业主和企业要求的前提下,确定工程项目降低成本的目标,克服盲目性,提高预见性,为工程项目降低成本提供决策与计划的依据。

二、项目成本预测的意义

1. 投标决策的依据

建筑施工企业在选择投标项目过程中,往往需要根据项目是否盈利、利润大小等诸因素确定是否对工程投标。这样在投标决策时就要估计项目施工成本的情况,通过与施工图概预算的比较,才能分析出项目是否盈利、利润大小等。

2. 编制成本计划的基础

计划是管理的第一步。因此,编制可靠的计划具有十分重要的意义。但要编制出正确可靠的成本计划,必须遵循客观经济规律,从实际出发,对成本作出科学的预测。这样才能保证成本计划不脱离实际,切实起到控制成本的作用。

3. 成本管理的重要环节

成本预测是在分析各种经济与技术要素对成本升降影响的基础

上,推算其成本水平变化的趋势及其规律性,预测实际成本。它是预测和分析的有机结合,是事后反馈与事前控制的结合。通过成本预测,有利于及时发现问题,找出成本管理中的薄弱环节,采取措施,控制成本。

4. 项目成本预测程序

(1)制定预测计划。制定预测计划是预测工作顺利进行的保证。预测计划的内容主要包括:组织领导及工作布置,配合的部门,时间进度,搜集材料范围等。

(2)搜集整理预测资料。根据预测计划,搜集预测资料是进行预测的重要条件。预测资料一般有纵向和横向两方面的数据。纵向资料是企业成本费用的历史数据,据此分析其发展趋势;横向资料是指同类工程项目、同类施工企业的成本资料,据此分析所预测项目与同类项目的差异,并作出估计。

(3)选择预测方法。成本的预测方法可以分为定性预测法和定量预测法。

1)定性预测法是根据经验和专业知识进行判断的一种预测方法。常用的定性预测法有:管理人员判断法、专业人员意见法、专家意见法及市场调查法等。

2)定量预测法是利用历史成本费用资料以及成本与影响因素之间的数量关系,通过一定的数学模型来推测、计算未来成本的可能结果。

(4)成本初步预测。根据定性预测的方法及一些横向成本资料的定量预测,对成本进行初步估计。这一步的结果往往比较粗糙,需要结合现在的成本水平进行修正,才能保证预测结果的质量。

(5)影响成本水平的因素预测。影响成本水平的因素主要有:物价变化、劳动生产率、物料消耗指标、项目管理费开支、企业管理层次等。可根据近期内工程实施情况、本企业及分包企业情况、市场行情等,推测未来哪些因素会对成本费用水平产生影响,其结果如何。

(6)成本预测。根据初步的成本预测以及对成本水平变化因素预测结果,确定成本情况。

(7)分析预测误差。成本预测往往与实施过程中及其后的实际成本有出入,而产生预测误差。预测误差大小,反映预测准确程度的高低。如果误差较大,应分析产生误差的原因,并积累经验。

三、项目成本预测方法

1. 定性预测方法

(1)经验评判法。经验评判法是通过对过去类似工程的有关数据,并结合现有工程项目的技术资料,经综合分析而预测其成本。

(2)专家会议法。专家会议法是目前国内普遍采用的一种定性预测方法,它的优点是简便易行,信息量大,考虑的因素比较全面,参加会议的专家可以相互启发。这种方式的不足之处在于:参加会议的人数总是有限的,因此代表性不够充分;会上容易受权威人士或大多数人的意见的影响,而忽视少数人的正确意见,即所谓的"从众现象"——个人由于真实的或臆想的群体心理压力,在认知或行动上不由自主地趋向于多数人一致的现象。

使用该方法,预测值经常出现较大的差异,在这种情况下一般可采用预测值的平均数。

(3)德尔菲法。这种方法的优点是能够最大限度地利用各个专家的能力,相互不受影响,意见易于集中,且真实;缺点是受专家的业务水平、工作经验和成本信息的限制,有一定的局限性。这是一种广泛应用的专家预测方法,其具体程序如下:

1)组织领导。开展德尔菲法预测,需要成立一个预测领导小组。领导小组负责草拟预测主题,编制预测事件一览表,选择专家,以及对预测结果进行分析、整理、归纳和处理。

2)选择专家。选择专家是关键。专家一般指掌握某一特定领域知识和技能的人,人数不宜过多,一般 10～20 人为宜。该方法以信函方式与专家直接联系,专家之间没有任何联系。这可避免当面讨论时容易产生相互干扰等弊病,或者当面表达意见,受到约束。

3)预测内容。根据预测任务,制定专家应答的问题提纲,说明作出定量估计、进行预测的依据及其对判断的影响程度。

4)预测程序

第一轮,提出要求,明确预测目标,书面通知被选定的专家或专门人员。要求每位专家说明有什么特别资料可用来分析这些问题以及这些资料的使用方法。同时,请专家提供有关资料,并请专家提出进一步需要哪些资料。

第二轮,专家接到通知后,根据自己的知识和经验,对所预测事件的未来发展趋势提出自己的观点,并说明其依据和理由,书面答复主持预测的单位。

第三轮,预测领导小组根据专家定性预测的意见,对相关资料加以归纳整理,对不同的预测值分别说明预测值的依据和理由(根据专家意见,但不注明哪个专家意见),然后再寄给各位专家,要求专家修改自己原先的预测,以及提出还有什么要求。

第四轮,专家接到第二次信后,就各种预测的意见及其依据和理由进行分析,再次进行预测,提出自己修改的意见及其依据和理由。如此反复往返征询、归纳、修改,直到意见基本一致为止。修改的次数,根据需要决定。

(4)主观概率预测法。主观概率是与专家会议法和专家调查法相结合的方法。即,允许专家在预测时可以提出几个估计值,并评定各值出现的可能性(概率),然后,计算各个专家预测值的期望值,最后,对所有专家预测期望值求平均值,即为预测结果。

这种预测方法采用的计算公式如下:

$$E_i = \sum_{j=1}^{m} F_{ij} \cdot P_{ij} \tag{10-1}$$

$$E = \sum_{i=1}^{m} E_i / n \tag{10-2}$$

$$i = 1, 2, \cdots, n; j = 1, 2, \cdots, m$$

式中　F_{ij}——第 i 个专家所作出的第 j 个估计值;

P_{ij}——第 i 个专家对其第 j 个估计值评定的主观概率,

$\sum_{j=1}^{m} P_{ij} = 1$;

E_i——第 i 个专家的预测值的期望值;

E——预测结果,即所有专家预测期望值的平均值;

n——专家数;

m——允许每个专家作出的估计值的个数。

2. 定量预测方法

(1)简单平均法

1)算术平均法:此法简单易行,如预测对象变化不大且无明显的上升或下降趋势时,应用较为合理,不过它只能应用于近期预测。

2)加权平均法:当一组统计资料中每一个数据的重要性不完全相同时,求平均数的最理想方法是将每个数的重要性用权数来表示。

3)几何平均法:把一组观测值相乘再开 n 次方,所得 n 次方根称为几何平均数。几何平均数一般小于算术平均数,而且数据越分散几何平均数越小。

4)移动平均法:在算术平均法的基础上发展起来,以近期资料为依据,并考虑事物发展趋势。

①简单移动平均法:其计算公式如下:

$$M_t = \frac{Y_{t-1} + Y_{t-2} + \cdots + Y_{t-N}}{N} \tag{10-3}$$

式中 M_t——一次移动平均值,即代表第 t 期的预测值;

Y_t——各期($t,t-1,t-2,\cdots$)的实际数值;

N——移动平均法的分段数据的项数。

上式可改写成:

$$M_t = M_{t-1} + \frac{Y_{t-1} + Y_{t-(N+1)}}{N} \tag{10-4}$$

此公式说明,在计算移动平均数时,只要在前一期移动平均数的基础上,加上一个修正项 $[Y_{t-1} + Y_{t-(N+1)}]/N$,就可以求得所需要的移动平均数。

②加权移动平均法。加权移动平均法就是在计算移动平均数时,并不同等对待各时间序列的数据,而是给近期的数据以较大的比重,使其对移动平均数有较大的影响,从而使预测值更接近于实际。这种方法就是对每个时间序列的数据插上一加权系数。

其计算公式如下:

$$M_t = \frac{\alpha_1 Y_{t-1} + \alpha_2 Y_{t-2} + \cdots + \alpha_N Y_{t-N}}{N} \tag{10-5}$$

式中 M_t——第 t 期的一次加权移动平均数预测值;

α_i——加权系数,$\sum \alpha_i / N = 1$。

(2)回归分析法。回归分析有一元线性回归分析、多元线性回归和非线性回归等。这里仅介绍一元线性回归在成本预测中的应用。

1)一元线性回归预测的基本原理。一元线性回归预测法是根据历史数据在直角坐标系上描绘出相应点,再在各点间作一直线,使直线到各点的距离最小,即偏差平方和为最小,因而,这条直线就最能代表实际数据变化的趋势(或称倾向线),用这条直线适当延长来进行预测是合适的(图10-2)。其计算公式如下:

$$Y=a+bX \tag{10-6}$$

式中　X——自变量;

　　　Y——因变量;

　　　a、b——回归系数,亦称待定系数。

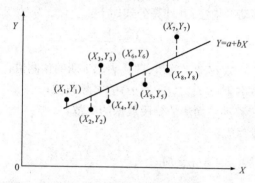

图10-2　一元线性回归预测法的基本原理

2)一元线性回归预测的步骤

①先根据 X、Y 两个变量的历史统计数据,把 X 与 Y 作为已知数,寻求合理的 a、b 回归系数,然后,依据 a、b 回归系数来确定回归方程。这是运用回归分析法的基础。

②利用已求出的回归方程中 a、b 回归系数的经验值,把 a、b 作为已知数,根据具体条件,测算 Y 值随着 X 值的变化而呈现的未来演变。这是运用回归分析法的目的。

3)回归系数 a 和 b 的求解。求解回归直线方程式中 a、b 两个回归系数要运用最小二乘法。具体的计算方法不再叙述,其结果如下:

$$b=\frac{N\sum X_iY_i-\sum Y_i\cdot\sum X_i}{N\sum X_i^2-\sum X_i\cdot\sum X_i} \tag{10-7}$$

$$a = \frac{\sum Y_i - b \sum X_i}{N} \tag{10-8}$$

或

$$b = \frac{\sum X_i \cdot Y_i - \overline{X}_i \cdot \sum Y_i}{\sum X_i^2 - \overline{X}_i \cdot \sum X_i} \tag{10-9}$$

$$a = \overline{Y}_i = \overline{bX_i} \tag{10-10}$$

式中　X_i——自变量的历史数据；

　　　Y_i——相应的因变量的历史数据；

　　　N——所采用的历史数据的组数；

　　　$\overline{X}_i$——X_i 的平均值，$\overline{X}_i = \sum X_i / N$；

　　　$\overline{Y}_i$——Y_i 的平均值，$\overline{Y}_i = \sum Y_i / N$。

（3）指数平滑法。指数平滑法也叫指数修正法，是一种简便易行的时间序列预测方法。它是在移动平均法基础上发展起来的一种预测方法，是移动平均法的改进形式。使用移动平均法有两个明显的缺点：一是它需要有大量的历史观察值的储备；二是要用时间序列中近期观察值的加权方法来解决，因为最近的观察中包含着最多的未来情况的信息，所以必须相对地比前期观察值赋予更大的权数。即对最近期的观察值给予最大的权数，而对于较远的观察值就给予递减的权数。指数平滑法就是既可以满足这样一种加权法，又不需要大量历史观察值的一种新的移动平均预测法。

指数平滑法又分为：一次指数平滑法、二次指数平滑法和三次指数平滑法。这里主要介绍一次指数平滑法。

1）一次指数平滑法基本公式。即：

$$S_t = \alpha Y_t + (1 - \alpha) S_{t-N} \tag{10-11}$$

式中　S_t——第 t 期的一次指数平滑值，也就是第 $t+1$ 期的预测值；

　　　Y_t——第 t 期的实际观察值；

　　　S_{t-N}——第 $t-N$ 期的一次指数平滑值，也就是第 t 期的预测值；

　　　α——加权系数，$0 \leqslant \alpha \leqslant 1$。

2）一次指数平滑法 α 值的选取。从式（10-11）可见，加权系数 α 取值的大小直接影响平滑值的计算结果。α 越大，其对应的观察值 Y_t 在 S_t 中所占的比重越高，所起的作用也越大。在实际应用中，选取 α 值，应经过反复试算而确定。

(4)高低点法。高低点法是成本预测的一种常用方法,它是根据统计资料中完成业务量(产量或产值)最高和最低两个时期的成本数据,通过计算总成本中的固定成本、变动成本和变动成本率来预测成本的。其计算公式如下:

1)变动成本率$=\dfrac{最高点总成本-最低点总成本}{最高点产值-最低点产值}$,即

$$b = \frac{Y_1 - Y_2}{X_1 - X_2} \tag{10-12}$$

2)总成本=固定成本+变动成本,即

$$Y = a + bX \tag{10-13}$$

(5)量本利分析法

1)量本利分析的基本数学模型。设某企业生产甲产品,本期固定成本总额为C_1,单位售价为P,单位变动成本为C_2。并设销售量为Q单位,销售收入为Y,总成本为C,利润为TP。则成本、收入、利润之间存在以下的关系:

$$C = C_1 + C_2 \times Q \tag{10-14}$$

$$Y = P \times Q \tag{10-15}$$

$$TP = Y - C = (P - C_2) \times Q - C_1 \tag{10-16}$$

2)盈亏分析图和盈亏平衡点。以纵轴表示收入与成本,以横轴表示销售量,建立坐标图,并分别在图上画出成本线和收入线,称之为盈亏分析图(图 10-3)。

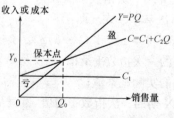

图 10-3　盈亏分析图

从图 10-3 上可看出,收入线与成本线的交点称之为盈亏平衡点或损益平衡点。在该点上,企业该产品收入与成本正好相等,即处于不亏不盈或损益平衡状态,也称为保本状态。

3)保本销售量和保本销售收入。保本销售量和保本销售收入,就是对应盈亏平衡点,销售量 Q 和销售收入 Y 的值,分别以 Q_0 和 Y_0 表示。由于在保本状态下,销售收入与生产成本相等,即:

$$Y_0 = C_1 + C_2 \times Q_0$$

因此,　　　　　　　$P \times Q_0 = C_1 + C_2 \times Q_0$

$$Y_0 = P \times C_1 / (P - C_2) = \frac{C_1}{(P - C_2)/P} \tag{10-17}$$

式中 $(P-C_2)$ 亦称边际利润,$(P-C_2)/P$ 亦称边际利润率,则:

保本销售量＝固定成本/(单位产品销售价－单位产品变动成本)

$$\frac{\text{保本销}}{\text{售收入}} = \frac{\text{单位产品}}{\text{销售价}} \times \frac{\text{固定}}{\text{成本}} / \left(\frac{\text{单位产品}}{\text{销售价}} - \frac{\text{单位产品}}{\text{变动成本}} \right) \tag{10-18}$$

第三节　项目成本决策

一、项目成本决策的概念

项目成本决策是对工程施工生产活动中与成本相关的问题作出判断和选择的过程。

项目施工生产活动中的许多问题涉及成本,为了提高各项施工活动的可行性和合理性,为了提高成本管理方法和措施的有效性,项目成本管理过程中,需要对涉及成本的有关问题作出决策。项目成本决策是项目成本管理的重要环节,也是成本管理的重要职能,贯穿于施工生产的全过程。项目成本决策的结果直接影响到未来的工程成本,正确的成本决策对成本管理极为重要。

二、项目成本决策的程序

项目成本决策应按以下程序进行:

(1)认识分析问题。

(2)明确项目成本目标。

(3)情报信息收集与沟通。

(4)确认可行的替代方案。

(5)选择判断最佳方案的标准。

(6)建立成本、方案、数据和成果之间的相互关系。

(7)预测方案结果并优化。

(8)选择达到成本最低的最佳方案。

(9)决策方案的实施与反馈。

三、项目成本决策的内容

(1)短期成本决策。短期成本决策是对未来一年内有关成本问题作出的决策。其所涉及的大多是项目在日常施工生产过程中与成本相关的内容,通常对项目未来经营管理方向不产生直接影响,故短期成本决策又被称为战术性决策。与短期成本决策有关的因素基本上是确定的,因此,短期成本决策大多属于确定型决策和重复性决策。短期成本决策的内容主要包括:

1)采购环节的短期成本决策。如不同等级材料的决策、经济采购批量的决策等。

2)施工生产环节的短期成本决策。如结构件是自制还是外购的决策、经济生产批量的决策、分派追加施工任务的决策、施工方案的选择、短期成本变动趋势预测等。

3)工程价款结算环节的短期成本决策。如结算方式、结算时间的决策等。

除上述内容以外,项目成本决策过程中,还涉及成本与收入、成本与利润等方面的问题,如特殊订货问题等。

(2)长期成本决策。长期成本决策是指对成本产生影响的时间长度超过一年以上的问题所进行的决策。一般涉及诸如项目施工规模、机械化施工程度、工程进度安排、施工工艺、质量标准等与成本密切相关的问题。这类问题涉及的时间长、金额大、对企业的发展具有战略意义,故又称为战略性决策。与长期成本决策有关的因素通常难以确定,大多数属于不确定决策和一次性决策。长期成本决策的内容主要包括:

1)施工方案的决策。项目的施工方案是对项目成本有着直接、重大影响的长期决策行为。施工方案牵涉面广,不确定性因素多,对项目未来的工程成本将在相当长的时间内产生重大的影响。

2)进度安排和质量标准的决策。工程项目进度的快慢和质量标准的高低也直接、长期影响着工程成本。在决策时应通盘考虑,要贯穿目标成本管理思想,在达到业主的工期和质量要求的前提下力求降低成本。

四、项目成本决策的方法

(1)定型化决策。定型化决策的特点是在事物的客观自然状态完全肯定的状况下所作出的决策,具有一定的规律性。方法比较简单,如单纯择优法(即直接择优决策方法)。

定型化决策看起来似乎很简单,有时也并不简单,因为决策人所面临的可供选择的方案,数量可能很大,从中选择出最优方案往往很不容易。例如一部邮车从一个城市到另外 10 个城市巡回一趟,其路线就有 $10 \times 9 \times 8 \times \cdots \times 3 \times 2 \times 1 = 3628800$ 条,要解决从中找出最短路线的问题,必须运用线性规划的数学方法才能解决。

(2)非定型化决策

1)决策者期望达到一定的目标。

2)被决策的事物具有两种以上客观存在的自然状态。

3)各种自然状态可以用定量数据反映其损益值。

4)具有可供决策人选择的两个以上方案。

(3)风险型决策。风险型决策方法除具有非定型决策的四个特点外,还有一个很重要的特点,即决策人对未来事物的自然状态变化情况不能肯定(可能发生,也可能不发生),但知道自然状态可能发生的概率。

风险型决策中自然状态发生的概率为:

$$\left.\begin{array}{l} 1 \geqslant P_i(Y_i) \geqslant 0 \\ \sum_{i=1}^{N} P_i(Y_i) = 1 \end{array}\right\} \tag{10-19}$$

式中　Y_i——出现第 i 种情况下的损益数值;

　　　P_i——第 i 种状态发生的概率;

　　　N——自然状态数目。

由于这种决策问题引入了概率的概念,是属于非确定的类型,所以这种决策具有一定的风险性。

风险情况下的决策标准主要有三个:期望值标准、合理性标准和最大可能性的标准。

1)期望值标准:损益期望值是按事件出现的概率而计算出来的可能得到的损益数值,并不是肯定能够得到的数值,所以叫做期望值。期望值的计算公式如下:

$$V = \sum_{i=1}^{N} Y_i P_i \tag{10-20}$$

式中　V——期望值;

　　P_i——第 i 种状态发生的概率;

　　Y_i——出现第 i 种情况下的损益数值。

用期望值标准来进行决策,就是以决策问题的损益表为基础,计算出每个方案的期望值,选择收益最大或损失最小的方案作为最优方案。

2)合理性标准:主要是在可参考的统计资料缺乏或不足的情况下采取的一种办法。

正因为缺乏足够的统计资料,所以难以确切估计自然状态出现的概率。于是,可以假设各自然状态发生的概率相等。如果有 n 个自然状态,那么各个自然状态的概率就为 $1/n$。这种假设的理由是不充分的,所以一般又把它叫做理由不充分原理。

3)最大可能性标准:就是选择自然状态中事件发生的概率最大的一个,然后找出在这种状态下收益值最大的方案作为最优方案。

(4)决策树。决策树是图论中用于决策的一种工具,它是以树的生长过程的不断分枝来表示事件发生的各种可能性,应用期望值准则来剪修以达到择优目的的一种决策方法。对于未来成本的发生水平存在两种以上的可能结果时,可采取决策树方法进行决策。

1)决策树的基本结构形式。决策树是决策者对某个成本决策问题未来发展情况的可能性和可能结果所作出的预测在图形上的反映。其基本结构形式如图 10-4 所示。

2)决策树的运用步骤

①根据期望值准则,从右至左、逆着编号计算每个方案的期望值。

②对各方案的期望值进行比较,剪去期望值较差的分枝,最后留下的一枝即为最优方案。

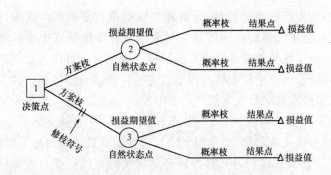

图 10-4 决策树基本结构形式

第四节 项目成本目标

一、项目成本目标概述

1. 项目成本目标的概念

成本目标是成本管理的一项重要内容,是目标管理在成本管理中的实际运用。它是以企业的目标利润和顾客所能接受的销售价格为基础,根据先进的消耗定额和计划期内能够实现的成本降低措施及其效果确定的,改变了以实际消耗为基础的传统成本控制观念,增强了成本管理的预见性、目的性和科学性。

项目成本目标是以项目为基本核算单元,通过定性或定量的分析计算,在充分考虑现场实际、市场供求等情况的前提下,确定出目前的内外环境下及合理工期内,通过努力所能达到的成本目标值。它是项目成本管理的一个重要环节,是项目实际成本支出的指导性文件。

2. 项目成本目标的作用

(1)编制是其他有关生产经营计划的基础。每一个工程项目都有着自己的项目目标,这是一个完整的体系。在这个体系中,成本目标与其他各方面的计划有着密切的联系。它们既相互独立,又起着相互依存和相互制约的作用。如编制项目流动资金计划、企业利润计划等都需要成本目标编制的资料,同时,成本目标的编制也需要以施工方案、物资与价格计划等为基础。

(2)为生产耗费的控制、分析和考核提供重要依据。成本目标既体现了社会主义市场经济体制下对成本核算单位降低成本的客观要求，也反映了核算单位降低成本的目标。成本目标可作为对生产耗费进行事前预计、事中检查控制和事后考核评价的重要依据。许多施工单位仅单纯重视项目成本管理的事中控制及事后考核，却忽视甚至省略了至关重要的事前计划，使得成本管理从一开始就缺乏目标，对于考核控制，也无从对比，产生很大的盲目性。项目成本目标一经确定，就要层层落实到部门、班组，并应经常将实际生产耗费与成本目标进行对比分析，揭露执行过程中存在的问题，及时采取措施，改进和完善成本管理工作，以保证项目成本目标指标得以实现。

(3)调动全体职工深入开展增产节约、降低产品成本活动的积极性。成本目标是全体职工共同奋斗的目标。为了保证成本目标的实现，企业必须加强成本管理责任制，把成本目标的各项指标进行分解，落实到各部门、班组乃至个人，实行归口管理并做到责、权、利相结合，检查评比和奖励惩罚有根有据，使开展增产节约、降低产品成本、执行和完成各项成本目标指标成为上下一致、左右协调、人人自觉努力完成的共同行动。

3. 项目成本目标制定的原则

成本目标制定的原则主要是指在成本目标制定过程中对有关业务处理的标准和要求。目标成本是项目控制成本的标准，所制定的成本目标要能真正起到控制生产成本的作用，就必须符合以下原则：

(1)可行性原则。成本目标必须是项目执行单位在现有基础上经过努力可以达到的成本水平。这个水平既要高于现有水平，又不能高不可攀，脱离实际，也不能把目标定得过低，失去激励作用。因此，成本目标应当符合企业各种资源条件和生产技术水平，符合国内市场竞争的需要，切实可行。

(2)科学性原则。成本目标的科学性就是成本目标的确定不能主观臆断，要收集和整理大量的情报资料，以可靠的数据为依据，通过科学的方法计算出来。

(3)先进性原则。成本目标要有激发职工积极性的功能，能充分调动广大职工的工作热情，使每个人尽力贡献自己的力量。如果成本目标可以轻而易举地达到,也就失去了成本控制的意义。

(4)适时性原则。项目的成本目标一般是在全面分析当时主客观条件的基础上制定的。由于现实中存在大量的不确定性因素,项目实施过程中的外部环境和内部条件会不断发生变化,这就要求企业根据条件的变化及时调整修订成本目标,以适应实际情况的需要。

(5)可衡量性原则。可衡量性是指成本目标要能用数量或质量指标表示。有些难以用数量表示的指标应尽量用间接方法使之数量化,以便能作为检查和评价实际成本水平偏离目标程度的标准和考核目标成本执行情况的准绳。

(6)统一性原则。同一时期对不同项目成本目标的制定必须采用统一标准,以统一尺度(施工定额水平)对项目成本进行约束。同时,成本目标要和企业总的经营目标协调一致,而且成本目标各种指标之间不能相互矛盾、相互脱节,要形成一个统一的整体的指标体系。

二、项目成本目标的编制

1. 项目成本目标编制依据

(1)项目经理责任合同,其中包括项目施工责任成本指标及各项管理目标。

(2)根据施工图计算的工程量及参考定额。

(3)施工组织设计及分部分项施工方案。

(4)劳务分包合同及其他分包合同。

(5)项目岗位成本责任控制指标。

2. 项目成本目标编制的程序

项目成本目标编制的基本程序,如图10-5所示。

3. 项目成本目标编制方法

(1)定性分析法。常用的定性分析方法是用目标利润百分比表示的成本控制标准。即:

$$成本目标=工程投标价×[1-目标利润率(\%)] \qquad (10-21)$$

在此方法中,目标利润率的取定主要是通过主观判断和对历史资料分析而得出。在计划经济条件下,由于工程造价按国家预算编制,其中的法定利润和计划利润是固定不变的,按此两项之和或略高一点制定工程的目标利润是完全可行的,也是被普遍认同的,但在市场竞

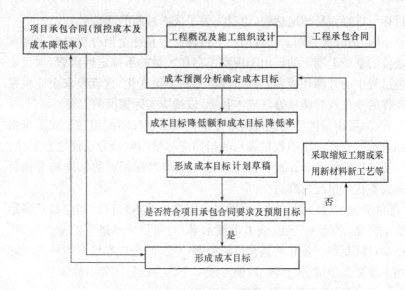

图 10-5　项目成本目标编制基本程序

争条件下,这种方法就明显表现出不足:

1)目标利润率指标和成本指标之间尽管可互相换算,但在具体操作上有本质区别。利用目标利润率确定成本目标是先有利润率,然后计算出成本目标,也就是企业下达的成本指标是相对指标而不是以后将讨论的绝对成本指标。

2)目标利润率指标的取定往往依据历史资料,如财务年度报告等,或根据行业的平均利润率而定,缺乏对企业本身深层次以及潜在优势的研究,不能挖掘出企业降低成本的潜力。

3)目标利润率指标易产生平均主义思想,不能充分调动管理者的管理积极性。不同时期、不同地点、不同的项目其投标价格的高低有较大的差异,其降低成本的潜力也各不相同。在同一企业内,不同的项目如果制定出相同的目标利润率,会使部分项目的利润流失;而制定出不同的目标利润率,又会导致项目间相互攀比的现象,并会造成心理上的抵触。

4)目标利润率指标不能充分反映各种外部环境对项目成本构成要素的影响。如市场供求关系的变化会影响到人工、材料、机械价格的高低,施工所投入的各种企业资源受经济环境和市场供求关系的影响较大,因此,对成本的影响也比较明显。

5)定性的成本目标确定方法不便于企业管理层了解项目的实际情况,也不便于项目成本的分解,更不利于成本的控制,成本目标往往流于形式。

6)利润率的考核往往只能依据财务报表数据,由于工程的变更和工程结算的不及时,容易导致财务成本失真。

(2)定量分析法。定量分析法就是在投标价格的基础上,充分考虑企业的外部环境对各成本要素的影响,通过对各工序中人工、材料、机械消耗的考察和定量分析计算,进而得出项目成本目标的方法。定量分析得出的成本目标为经营者提出的指标更为具体,更为现实,便于管理者抓住成本管理中的关键环节,有利于对成本的分解细化。

4. 项目成本目标的分解

项目成本目标一般可分为直接成本目标和间接成本目标,如果项目设有附属生产单位(如加工厂、预制厂、机械动力站和汽车队等),成本目标还可分解为产品和作业成本目标。

(1)直接成本目标。直接成本目标主要反映工程成本的目标价值,具体来说,要对材料、人工、机械费、运费等主要支出项目加以分解并各自制定目标。以材料费为例,应说明钢材、木材、水泥、砂石、加工订货制品等主要材料加工制品的目标用量、价格,模板摊销列入成本的幅度,脚手架等租赁用品计划应付款项,材料采购发生的成本差异的处理等,以便在实际施工中加以控制与考核。

(2)间接成本目标。间接成本目标主要反映施工现场管理费用的目标支出数。间接成本目标应根据工程项目的核算期,以项目总收入费的管理费用为基础,制定各部门的成本目标收支,汇总后作为工程项目的目标管理费用。在间接成本目标制定中,各部门费用的口径应该一致,支出应与会计核算中管理费用的二科目一致。间接成本目标的金额,应与项目成本目标中管理费一栏的数额相符。各部门应按照节约开支、压缩费用的原则,制定"管理费用归口包干指标落实办法",以保证该目标的实现。

(3)成本目标表格。在编制了成本目标以后还需要通过各种成本目标表格的形式将成本降低任务落实到整个项目的施工全过程,以便于在项目实施过程中实现对成本的控制。成本目标表格通常通过直接成本目标总表的形式反映;间接成本目标表格可用施工目标管理费用表格来控制。

1)直接成本目标总表。直接成本目标总表主要是将工程项目的成本目标分解为各个组成部分,通过在成本目标表中加入实际成本栏的方式,并且要在存在较大差异时对其原因进行解释,达到在实际中对施工中发生的费用进行有力控制的目的,见表 10-1。

表 10-1 　　　　　　　　　　　**直接成本目标总表**

工程名称:　　　　　　项目经理:　　　　　　日期:　　　　　　单位:

项　目	成本目标	实际发生成本	差　异	差异说明
1. 直接费用				
人工费				
材料费				
机械使用费				
其他直接费				
2. 间接费用				
施工管理费				
合计				

2)施工现场目标管理费用表格,见表 10-2。

表 10-2 　　　　　　　　　　　**施工现场目标管理费用表**

项　目	目标费用	实际支出	差　异	差异说明
1. 工作人员工资				
2. 生产工人辅助工资				
3. 工资附加费				
4. 办公费				
5. 差旅交通费				
6. 固定资产使用费				
7. 工具用具使用费				

续表

项 目	目标费用	实际支出	差 异	差异说明
8. 劳动保护费				
9. 检验试验费				
10. 工程保养费				
11. 财产保险费				
12. 取暖、水电费				
13. 排污费				
14. 其他				
合 计				

第五节　项目成本计划

一、项目成本计划概述

1. 项目成本计划的概念

成本计划是在多种成本预测的基础上,经过分析、比较、论证、判断之后,以货币形式预先规定计划期内项目施工的耗费和成本所要达到的水平,并且确定各个成本项目比预计要达到的降低额和降低率,提出保证成本计划实施所需要的主要措施方案。

项目成本计划是项目全面计划管理的核心。其内容涉及项目范围内的人、财、物和项目管理职能部门等方方面面,是受企业成本计划制约而又相对独立的计划体系,并且工程项目成本计划的实现,又依赖于项目组织对生产要素的有效控制。项目作为基本的成本核算单位,就更加有利于项目成本计划管理体制的改革和完善,更有利于解决传统体制下施工预算与计划成本、施工组织设计与项目成本计划相互脱节的问题,为改革施工组织设计,创立新的成本计划体系,创造有利条件和环境。

2. 项目成本计划的重要性

项目成本计划是项目成本管理的一个重要环节,是实现降低项目成本任务的指导性文件,也是项目成本预测的继续。

项目成本计划的过程是动员项目经理部全体职工,挖掘降低成本潜力的过程;也是检验施工技术质量管理、工期管理、物资消耗和劳动力消耗管理等效果的全过程。

项目成本计划的重要性具体表现为以下几个方面:

(1)是对生产耗费进行控制、分析和考核的重要依据。

(2)是编制核算单位其他有关生产经营计划的基础。

(3)是国家编制国民经济计划的一项重要依据。

(4)可以动员全体职工深入开展增产节约、降低产品成本的活动。

(5)是建立企业成本管理责任制、开展经济核算和控制生产费用的基础。

3. 项目成本计划的特点

(1)具有积极主动性。成本计划不再仅仅是被动地按照已确定的技术设计、工期、实施方案和施工环境来预算工程的成本,更注重进行技术经济分析,从总体上考虑项目工期、成本、质量和实施方案之间的相互影响和平衡,以寻求最优的解决途径。

(2)动态控制的过程。项目不仅在计划阶段进行周密的成本计划,而且要在实施过程中将成本计划和成本控制合为一体,不断根据新情况,如工程设计的变更、施工环境的变化等,随时调整和修改计划,预测项目施工结束时的成本状况以及项目的经济效益,形成一个动态控制过程。

(3)采用全寿命周期理论。成本计划不仅针对建设成本,还要考虑运营成本的高低。在通常情况下,对施工项目的功能要求高、建筑标准高,则施工过程中的工程成本增加,但今后使用期内的运营费用会降低;反之,如果工程成本低,则运营费用会提高。这就在确定成本计划时产生了争执,于是通常通过对项目全寿命期作总经济性比较和费用优化来确定项目的成本计划。

(4)成本目标的最小化与项目盈利的最大化相统一。盈利的最大化经常是从整个项目的角度分析的。如经过对项目的工期和成本的优化选择一个最佳的工期,以降低成本,但是,如果通过加班加点适当压缩工期,使得项目提前竣工投产,根据合同获得的奖金高于工程成本的增加额,这时成本的最小化与盈利的最大化并不一致,从项目的整体经济效益出发,提前完工是值得的。

二、项目成本计划的编制

1. 项目成本计划编制依据

(1)承包合同。合同文件除了包括合同文本外,还包括招标文件、投标文件、设计文件等,合同中的工程内容、数量、规格、质量、工期和支付条款都将对工程的成本计划产生重要的影响,因此,承包方在签订合同前应进行认真的研究与分析,在正确履约的前提下降低工程成本。

(2)项目管理实施规划。其中工程项目施工组织设计文件为核心的项目实施技术方案与管理方案,是在充分调查和研究现场条件及有关法规条件的基础上制定的,不同实施条件下的技术方案和管理方案,将导致工程成本的不同。

(3)可行性研究报告和相关设计文件。

(4)生产要素的价格信息。

(5)反映企业管理水平的消耗定额(企业施工定额)以及类似工程的成本资料等。

2. 项目成本计划编制要求

(1)由项目经理部负责编制,报组织管理层批准。

(2)自下而上分级编制并逐层汇总。

(3)反映各成本项目指标和降低成本指标。

3. 项目成本计划编制原则

(1)合法性原则。编制项目成本计划时,必须严格遵守国家的有关法令、政策及财务制度的规定,严格遵守成本开支范围和各项费用开支标准,任何违反财务制度的规定,随意扩大或缩小成本开支范围的行为,必然使计划失去考核实际成本的作用。

(2)先进可行性原则。成本计划既要保持先进性,又必须切实可行。否则,就会因计划指标过高或过低而失去应有的作用。这就要求编制成本计划必须以各种先进的技术经济定额为依据,并针对施工项目的具体特点,采取切实可行的技术组织措施作保证。只有这样,才能使制定的成本计划既有科学根据,又有实现的可能;也只有这样,成本计划才能起到促进和激励的作用。

(3)弹性原则。编制成本计划,应留有充分余地,保持计划具有一定的弹性。在计划期内,项目经理部的内部或外部的技术经济状况和供产销条件,很可能发生一些在编制计划时所未预料的变化,尤其是材料的市场价格。只有充分考虑这些变化的发展,才能更好地发挥成本计划的责任。

(4)可比性原则。成本计划应与实际成本、前期成本保持可比性。为了保证成本计划的可比性,在编制计划时应注意所采用的计算方法,应与成本核算方法保持一致(包括成本核算对象、成本费用的汇集、结转、分配方法等),只有保证成本计划的可比性,才能有效地进行成本分析,才能更好地发挥成本计划的作用。

(5)统一领导、分级管理原则。编制成本计划,应实行统一领导、分级管理的原则,采取走群众路线的工作方法。应在项目经理的领导下,以财物和计划部门为中心,发动全体职工总结降低成本的经验,找出降低成本的正确途径,使成本计划的制订和执行具有广泛的群众基础。

(6)从实际情况出发的原则。编制成本计划必须从企业的实际情况出发,充分挖掘企业内部潜力,使降低成本指标既积极可靠,又切实可行。工程项目管理部门降低成本的潜力在于正确选择施工方案,合理组织施工,提高劳动生产率,改善材料供应,降低材料消耗,提高机械设备利用率,节约施工管理费用等。但要注意,不能为降低成本而偷工减料,忽视质量,不对机械设备进行必要的维护修理,片面增加劳动强度,加班加点,或减掉合理的劳保费用,忽视安全工作。

(7)与其他计划结合的原则。编制成本计划,必须与工程项目的其他各项计划如施工方案、生产进度、财务计划、资料供应及耗费计划等密切结合,保持平衡。即成本计划一方面要根据工程项目的生产、技术组织措施、劳动工资、材料供应等计划来编制,另一方面又影响着其他各种计划指标。在制定其他计划时,应考虑适应降低成本的要求,与成本计划密切配合,而不能单纯考虑每一种计划本身的需要。

4. 项目成本计划编制程序

编制成本计划的程序,因项目的规模大小、管理要求不同而不同。大中型项目一般采用分级编制的方式,即先由各部门提出部门成本计划,再由项目经理部汇总编制全项目工程的成本计划;小型项目一般采用集中编制方式,即由项目经理部先编制各部门成本计划,再汇总编制全项目的成本计划。项目成本计划编制程序如图 10-6 所示。

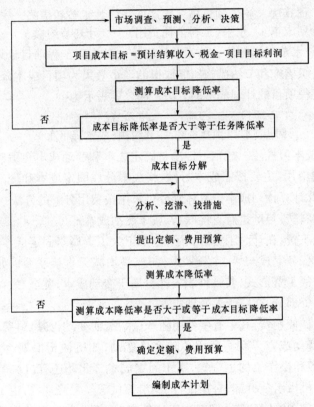

图 10-6　项目成本计划编制程序图

5. 项目成本计划编制方法

(1)施工预算法。施工预算法是指以施工图中的工程实物量,套以施工工料消耗定额,计算工料消耗量,并进行工料汇总,然后统一以货币形式反映其施工生产耗费水平。以施工工料消耗定额所计算的施工生产耗费水平,基本是一个不变的常数。一个工程项目要实现较高的经济效益(即较大降低成本水平),就必须在这个常数基础上采取技术节约措施,以降低单位消耗量和降低价格等措施,来达到成本计划的成本目标水平。因此,采用施工预算法编制成本计划时,必须考虑结合技术节约措施计划,以进一步降低施工生产耗费水平。用公式表示为:

$$\frac{施工预算法}{的计划成本}=\frac{施工预算施工生产耗费}{水平(工料消耗费用)}-\frac{技术节约措施}{计划节约额} \quad (10-22)$$

(2)技术节约措施法。技术节约措施法是指以工程项目计划采取的技术组织措施和节约措施所能取得的经济效果为项目成本降低额,然后求工程项目的计划成本的方法。用公式表示为:

$$\frac{工程项目}{计划成本}=\frac{工程项目}{预算成本}-\frac{技术节约措施计划}{节约额(成本降低额)} \quad (10-23)$$

(3)成本习性法。成本习性法是固定成本和变动成本在编制成本计划中的应用,主要按照成本习性,将成本分成固定成本和变动成本两类,以此计算计划成本。具体划分可采用按费用分解的方法。

1)材料费:与产量有直接联系,属于变动成本。

2)人工费:在计时工资形式下,生产工人工资属于固定成本,因为不管生产任务完成与否,工资照发,与产量增减无直接联系。如果采用计件超额工资形式,其计件工资部分属于变动成本,奖金、效益工资和浮动工资部分,亦应计入变动成本。

3)机械使用费:其中有些费用随产量增减而变动,如燃料费、动力费等,属变动成本。有些费用不随产量变动,如机械折旧费、大修理费、机修工和操作工的工资等,属于固定成本。此外还有机械的场外运输费和机械组装拆卸、替换配件、润滑擦拭等经常修理费,由于不直接用于生产,也不随产量增减成正比例变动,而是在生产能力得到充分利用,产量增长时,所分摊的费用就少些,在产量下降时,所分摊的费用就要大一些,所以这部分费用为介于固定成本和变动成本之间的半变动成本,可按一定比例划为固定成本和变动成本。

4)措施费:水、电、风、汽等费用以及现场发生的其他费用,多数与产量发生联系,属于变动成本。

5)施工管理费:其中大部分在一定产量范围内与产量的增减没有直接联系,如工作人员工资、生产工人辅助工资、工资附加费、办公费、差旅交通费、固定资产使用费、职工教育经费、上级管理费等,基本上属于固定成本。检验试验费、外单位管理费等与产量增减有直接联系,则属于变动成本范围。此外,劳动保护费中的劳保服装费、防暑降温费、防寒用品费,劳动部门都有规定的领用标准和使用年限,基本上属于固定成本范围。技术安全措施费、保健费,大部分与产量有关,属于变动成本。工具用具使用费中,行政使用的家具费属固定成本。工人领用工具,随管理制度不同而不同,有些企业对机修工、电工、钢筋、车工、钳工、刨工的工具按定额配备,规定使用年限,定期以旧换新,属于固定成本;而对民工、木工、抹灰工、油漆工的工具采取定额人工数、定价包干,则又属于变动成本。

在成本按习性划分为固定成本和变动成本后,可用公式表示,即:

$$\frac{工程项目}{计划成本} = \frac{工程项目变}{动成本总额} + \frac{工程项目固}{定成本总额} \quad (10\text{-}24)$$

三、项目月度成本计划

1. 项目月度成本计划编制

(1)项目月度成本计划的概念

项目月度成本计划是项目成本管理的基础,属于控制性计划,是进行各项施工成本活动的依据。它确定了月度施工成本管理的工作目标,也是对岗位责任人员进行月度岗位成本指标分解的基础。

项目月度成本计划是根据成本目标制定的月度成本支出和月度成本收入计划。包括:月度人工费成本计划、材料费成本计划、机械费成本计划、措施费用成本计划、临设费、项目管理、安全设施成本计划等。

(2)项目月度成本计划编制依据

1)项目施工责任成本指标和成本目标指标。

2)劳务分包合同、机具租赁合同及材料采购、加工订货合同等。

3)施工进度计划及计划完成工程量。

4)施工组织设计或施工方案。

5)成本降低计划及成本降低措施。

(3)项目月度成本计划编制原则

1)成本收入的确定与项目施工责任成本、成本目标的确定方法一致的原则。只有成本收入与项目施工责任成本、成本目标的确定方法一致,才能保证成本收入计算的准确性,保证与项目施工责任成本、成本目标具有可比性。

2)成本支出计划与实际发生相一致的原则。为完成工程施工任务而进行的支出是可以事先计划和规划的,如机械费的支出是根据机械租赁费按月包干费还是按使用台班计费,不同机械是否按不同计费方式计费,都可以根据租赁合同确定,因此,成本支出的计划应与实际发生相一致。

2. 项目月度成本计划的分解

在编制月度成本计划时,成本计划是根据构成成本的要素进行编制的,但实际上在进行管理时,成本管理的责任是按岗位进行划分的,因此,对按成本构成要素编制的月度成本计划,还要按岗位责任进行分解,作为进行岗位成本责任核算和考核的基础依据。

在具体的成本管理过程中,由于各单位的岗位设置有所不同,项目施工成本计划的分解也可能有所不同,但不管怎样,都应遵守以下原则:

(1)指标明确,责任到人。人员的职责分工要明确,指标要明确,目的是为了便于核算便于管理。

(2)量价分离,费用为标。在成本管理过程中,是通过节约量、降低价来达到控制成本费用的目的,因此,分解时要根据人员分工,凡能量价分离的,要进行量价分离,把成本费用作为一项综合指标来控制。

月度成本计划分解表见表 10-3。

表 10-3　　　　　　　　月度成本计划分解表

按构成要素编制	按岗位责任分解	
人工费	预算员、施工员	对人工费中的定额工日或工程量负责
	项目经理、预算员	对定额单价及总价负责
材料费(不包括周转工具费)	项目经理、预算员	对定额单价及总价负责
	主管材料员	对采购价和材料费总价负责
周转工具费	设专职或兼职管理人员负责周转工具的管理并对周转工具租赁费负责	

按构成要素编制	按岗位责任分解	
机械费	机械管理员	对大型机械的使用时间、数量负责
	其他人员	工长对大型机械的使用时间、数量负责,材料运输人员对汽车台班数量负责
项目管理成本	项目经理	对管理人员工资、办公费、交通费、业务费负责
	成本会计、劳资员	对临建费、代清、代扫费负责,协助项目经理进行控制
安全设施费	项目经理	对方案进行审定,确定应该投入的安全费
	安全员	对安全设施费负责
分包工程费用 (包工包料)	工　长	对分包工程量负责
	预算员	对分包工程费用负责

3. 项目月度成本计划的确定

(1)项目月度成本支出的确定

1)人工费计划支出的确定。人工费的计划支出,根据计划完成的工程量,按施工图预算定额计算定额用工量,然后根据分包合同的规定计算人工费。

2)材料费计划支出的确定。根据计划完成的工程量计算出预算材料费(不包括周转材料费),然后乘以相应的计划降低率,降低率可根据经验预估,一般为 $5\% \sim 7\%$。

3)周转工具支出计划的确定。周转工具应按月初现场实际使用和月中计划进货量或退货量乘以租赁单价确定,即:

$$周转工具支出=本月平均租量×天数×日租赁单价 \qquad (10\text{-}25)$$

4)机械费支出计划的确定。中型和大型机械根据现场实际拥有数量和进出场数量乘以租赁单价确定。小型机械根据预算和计划购置的数量或预计修理费综合考虑后确定。

5)安全措施费用支出的确定。根据当月施工部位的防护方案和措施来确定。

6)其他费用的确定。根据承包合同和计划支出综合考虑后确定。

(2)项目月度成本收入的确定

1)工程量分摊方法。即：

$$\frac{月度项目施}{工成本收入} = \frac{项目施工责任成本总额}{报价收入或调整后的报价} \times \frac{本月计划完}{成工作量}$$

$$(10-26)$$

该方法的优点是成本收入的多少随工程量完成的多少而变动，可以比较合理地反映收入，使用于人工费、机械费、材料费。缺点是在基础、结构阶段工程量较大，可能盈余较多，而在装饰阶段，则由于工程量较小，造成成本收入较低，容易出现亏损。尤其是机械费较容易出现波动较大的情况。

因此，若采用此方法确定月成本收入，则应按下列公式预留部分机械费放在装修阶段，以调节成本的盈亏平衡。一般预留 10%～15% 补贴在装修阶段。即：

$$\frac{结构阶段机械}{费成本收入} = \frac{机械费}{总收入} \times \frac{本月计划完成工程量}{总工程量} \times (0.85～0.9)$$

$$(10-27)$$

中小型机械按当月完成工程量预算收入计提。

2)时间分摊法。对周转工具、机械费都可采用此方法。

此方法的优点是简单明了，缺点是若出现工程延期，则延期时间内没有收入只有支出，成本盈亏相差较大。采用此方法的前提是工期要有可靠的保证。

此方法是根据排好的工期，按分部工程分阶段，分别确定配置的机械（主要指大型机械费），然后按时间分别确定每月的成本收入。而不是简单地用机械费成本总收入除以总工期（月数）确定月度机械费成本收入。

各项费用的成本收入都可以选择其中一种或两种方法相结合来确定。

4. 项目月度成本计划的调整

在执行过程中，要保证月度成本计划的严肃性。一旦确定就要严格地执行，不得随意调整、变动。但由于成本的形成是一个动态的过程，在实施过程中，由于客观条件的变化，可能导致成本的变化。因此,在这种情况下,若对月度成本计划不及时进行调整,就会影响到成本核算的准确性。为保证月度成本计划的准确性,就要对月度成本计划进行调整。

一般情况下,出现下列三种情况时要对成本计划进行调整:

(1)公司对该项目的责任成本确定办法进行更改时进行调整。由于核定办法的改变,必然导致项目成本目标的改变,因此,根据成本目标和月度施工计划编制的月度成本计划就必然要进行调整。这种情况主要是市场波动,材料价格变化较大,对成本影响较严重时才会出现。

(2)月度施工计划调整时进行调整。由于工程进度,增加施工内容,或由于材料、机械、图纸变更等的影响,原定施工内容不能进行而对施工内容进行调整时,在这种情况下,就需要对新增加或更换的工程项目按成本计划的编制原则和方法重新进行计算,并下发月度成本计划变更通知单。

(3)月度施工计划超额或未完成时进行调整。由于施工条件的复杂性和可变性,月度施工计划工程量与实际完成工作量是不同的,因此,每到月底要对实际完成工作量进行统计,根据统计结果将根据计划完成工作量编制的月度成本计划调整为实际完成工作量的月度成本计划。

第六节　项目成本控制

一、项目成本控制概述

1. 项目成本控制的概念

项目成本控制是指项目经理部在项目成本形成的过程中,为控制人、机、材消耗和费用支出,降低工程成本,达到预期的项目成本目标,所进行的成本预测、计划、实施、核算、分析、考核、整理成本资料与编制成本报告等一系列活动。

项目成本控制是在成本发生和形成的过程中,对成本进行的监督检查。成本的发生和形成是一个动态的过程,这就决定了成本的控制也应该是一个动态过程,因此,也可称为成本的过程控制。

2. 项目成本控制的要求

(1)要按照计划成本目标值来控制生产要素的采购价格,并认真做好材料、设备进场数量和质量的检查、验收与保管。

(2)要控制生产要素的利用效率和消耗定额,如任务单管理、限额领料、验工报告审核等。同时要做好不可预见成本风险的分析和预控,包括编制相应的应急措施等。

(3)控制影响效率和消耗量的其他因素(如工程变更等)所引起的成本增加。

(4)把项目成本管理责任制度与对项目管理者的激励机制结合起来,以增强管理人员的成本意识和控制能力。

(5)承包人必须有一套健全的项目财务管理制度,按规定的权限和程序对项目资金的使用和费用的结算支付进行审核、审批,使其成为项目成本控制的一个重要手段。

3. 项目成本控制的原则

(1)全面控制原则

1)项目成本的全员控制。项目成本的全员控制,并不是抽象的概念,而应该有一个系统的实质性内容,其中包括各部门、各单位的责任网络和班组经济核算等等,防止成本控制人人有责又都人人不管。

2)项目成本的全过程控制。项目成本的全过程控制,是指在工程项目确定以后,自施工准备开始,经过工程施工,到竣工交付使用后的保修期结束,其中每一项经济业务,都要纳入成本控制的轨道。

(2)动态控制原则

1)项目施工是一次性行为,其成本控制应更重视事前、事中控制。

2)在施工开始之前进行成本预测,确定成本目标,编制成本计划,制定或修订各种消耗定额和费用开支标准。

3)施工阶段重在执行成本计划,落实降低成本措施,实行成本目标管理。

4)成本控制随施工过程连续进行,与施工进度同步,不能时紧时松,不能拖延。

5)建立灵敏的成本信息反馈系统,使成本责任部门(人员)能及时获得信息,纠正不利成本偏差。

6)制止不合理开支,把可能导致损失和浪费的因素消灭在萌芽状态。

7)竣工阶段成本盈亏已成定局,主要进行整个项目的成本核算、分析、考评。

(3)目标管理原则。目标管理是贯彻执行计划的一种方法,它把计划的方针、任务、目的和措施等逐一加以分解,提出进一步的具体要求,并分别落实到执行计划的部门、单位甚至个人。

(4)责、权、利相结合原则。要使成本控制真正发挥及时有效的作用,必须严格按照经济责任制的要求,贯彻责、权、利相结合的原则。实践证明,只有责、权、利相结合的成本控制,才是名实相符的项目成本控制。

(5)节约原则

1)施工生产既是消耗资财人力的过程,也是创造财富增加收入的过程,其成本控制也应坚持增收与节约相结合的原则。

2)作为合同签约依据,编制工程预算时,应"以支定收",保证预算收入;在施工过程中,要"以收定支",控制资源消耗和费用支出。

3)每发生一笔成本费用,都要核查是否合理。

4)经常性的成本核算时,要进行实际成本与预算收入的对比分析。

5)抓住索赔时机,搞好索赔、合理力争甲方给予经济补偿。

6)严格控制成本开支范围,费用开支标准和有关财务制度,对各项成本费用的支出进行限制和监督。

7)提高工程项目的科学管理水平、优化施工方案,提高生产效率、节约人、财、物的消耗。

8)采取预防成本失控的技术组织措施,制止可能发生的浪费。

9)施工的质量、进度、安全都对工程成本有很大的影响,因而成本控制必须与质量控制、进度控制、安全控制等工作相结合、相协调,避免返工(修)损失,降低质量成本,减少并杜绝工程延期违约罚款、安全事故损失等费用支出发生。

10)坚持现场管理标准化,堵塞浪费的漏洞。

(6)开源与节流相结合原则。降低项目成本,需要一面增加收入,一面节约支出。因此,每发生一笔金额较大的成本费用,都要查一查有无与其相对应的预算收入,是否支大于收。

二、项目成本控制实施

1. 项目成本控制的对象

(1)以项目成本形成的过程作为控制对象。根据对项目成本实行全面、全过程控制的要求,具体的控制内容包括:

1)在工程投标阶段,应根据工程概况和招标文件,进行项目成本的预测,提出投标决策意见。

2)施工准备阶段,应结合设计图纸的自审、会审和其他资料(如地质勘探资料等),编制实施性施工组织设计,通过多方案的技术经济比较,从中选择经济合理、先进可行的施工方案,编制明细而具体的成本计划,对项目成本进行事前控制。

3)施工阶段,以施工图预算、施工预算、劳动定额、材料消耗定额和费用开支标准等,对实际发生的成本费用进行控制。

4)竣工交付使用及保修期阶段,应对竣工验收过程发生的费用和保修费用进行控制。

(2)以项目的职能部门、施工队和生产班组作为成本控制的对象。成本控制的具体内容是日常发生的各种费用和损失。这些费用和损失,都发生在各个职能部门、施工队和生产班组。因此,也应以职能部门、施工队和班组作为成本控制对象,接受项目经理和企业有关部门的指导、监督、检查和考评。

与此同时,项目的职能部门、施工队和班组还应对自己承担的责任成本进行自我控制,应该说,这是最直接、最有效的项目成本控制。

(3)以分部分项工程作为项目成本的控制对象。为了把成本控制工作做得扎实、细致,落到实处,还应以分部分项工程作为项目成本的控制对象。在正常情况下,项目应该根据分部分项工程的实物量,参照施工预算定额,联系项目管理的技术素质、业务素质和技术组织措施的节约计划,编制包括工、料、机消耗数量以及单价、金额在内的施工预算,作为对分部分项工程成本进行控制的依据。

目前,边设计、边施工的项目比较多,不可能在开工之前一次编出整个项目的施工预算,但可根据出图情况,编制分阶段的施工预算。

总的来说,不论是完整的施工预算,还是分阶段的施工预算,都是进行项目成本控制必不可少的依据。

(4)以对外经济合同作为成本控制对象。在社会主义市场经济体制下,工程项目的对外经济业务,都要以经济合同为纽带建立合约关系,以明确双方的权利和义务。在签订上述经济合同时,除了要根据业务要求规定的时间、质量、结算方式和履(违)约奖罚等条款外,还必须强调要将合同的数量、单价、金额控制在预算收入以内。合同金额超过预算收入,就意味着成本亏损;反之,就能降低成本。

2. 项目成本控制实施内容

(1)工程投标阶段

1)根据工程概况和招标文件,联系建筑市场和竞争对手的情况,进行成本预测,提出投标决策意见。

2)中标以后,应根据项目的建设规模,组建与之相适应的项目经理部,同时以"标书"为依据确定项目的成本目标,并下达给项目经理部。

(2)施工准备阶段

1)根据设计图纸和有关技术资料,对施工方法、施工顺序、作业组织形式、机械设备选型、技术组织措施等进行认真的研究分析,并运用价值工程原理,制定出科学先进、经济合理的施工方案。

2)根据企业下达的成本目标,以分部分项工程实物工程量为基础,联系劳动定额、材料消耗定额和技术组织措施的节约计划,在优化的施工方案的指导下,编制明细而具体的成本计划,并按照部门、施工队和班组的分工进行分解,作为部门、施工队和班组的责任成本落实下去,为今后的成本控制做好准备。

3. 项目成本控制的实施方法

(1)以项目成本目标控制成本支出。在项目的成本控制中,可根据项目经理部制定的成本目标控制成本支出,实行"以收定支",或者叫"量入为出",这是最有效的方法之一。具体的处理方法如下:

1)人工费用的控制。在企业与业主的合同签订后,应根据工程特点和施工范围确定劳务队伍。劳务分包队伍一般应通过招投标方式确定。一般情况下,应按定额工日单价或平方米包干方式一次包死,尽量不留活口,以便管理。在施工过程中,必须严格按合同核定劳务分包费用,严格控制支出,并每月预结一次,发现超支现象应及时分析原因。同时,在施工过程中,要加强预控管理,防止合同外用工现象的发生。

2)材料费用的控制。对材料费的控制主要是通过控制消耗量和进场价格来进行的。

①材料消耗量的控制。材料消耗量的控制又包括:材料需用量计划的编制适时性、完整性、准确地控制,材料领用控制和工序施工质量控制。

②材料进场价格的控制。材料进场价格控制的依据是工程投标时的报价和市场信息。材料的采购价加运杂费构成的材料进场价应尽量控制在工程投标时的报价以内。由于市场价格是动态的。企业的材料管理部门,应利用现代化信息手段,广泛收集材料价格信息,定期发布当期材料最高限价和材料价格趋势,控制项目材料采购和提供采购参考信息。项目部也应逐步提高信息采集能力,优化采购。

3)施工机械使用费的控制。凡是在确定成本目标时单独列出租赁的机械。在控制时也应按使用数量、使用时间、使用单价逐项进行控制。小型机械及电动工具购置及修理费采取由劳务队包干使用的方法进行控制,包干费应低于成本目标的要求。

4)构件加工费和分包工程费的控制。在市场经济体制下,钢门窗、木制成品、混凝土构件、金属构件和成型钢筋的加工,以及打桩、土方、吊装、安装、装饰和其他专项工程(如屋面防水等)的分包,都要通过经济合同来明确双方的权利和义务。在签订这些经济合同的时候,特别要坚持"以施工图预算控制合同金额"的原则,绝不允许合同金额超过施工图预算。根据部分工程的历史资料综合测算,上述各种合同金额的总和约占全部工程造价的55%~70%。由此可见,将构件加工和分包工程的合同金额控制在施工图预算以内,是十分重要的。如果能做到这一点,实现预期的成本目标,就有了相当大的把握。

(2)以施工方案控制资源消耗。资源消耗数量的货币表现大部分是成本费用。因此,资源消耗的减少,就等于成本费用的节约;控制了资源消耗,也等于是控制了成本费用。

以施工预算控制资源消耗的实施步骤和方法如下:

1)在工程项目开工以前,根据施工图纸和工程现场的实际情况,制定施工方案,包括人力物资需用量计划,机具配置方案等,以此作为指导和管理施工的依据在施工过程中,如需改变施工方法,则应及时调整施工方案。

2)组织实施。施工方案是进行工程施工的指导性文件,但是,针对某一个项目而言,施工方案一经确定,则应是强制性的。有步骤、有条理地按施工方案组织施工,可以避免盲目性,可以合理配置人力和机械,可以有计划地组织物资进场,从而可以做到均衡施工,避免资源闲置或积压造成浪费。

3)采用价值工程,优化施工方案。对同一工程项目的施工,可以有不同的方案,选择最合理的方案是降低工程成本的有效途径。采用价值工程,可以解决施工方案优化的难题。价值工程,又称价值分析,是一门技术与经济相结合的现代化管理科学,应用价值工程,既要研究技术,又要研究经济,既研究在提高功能的同时不增加成本,或在降低成本的同时不影响功能,把提高功能和降低成本统一在最佳方案中。表现在施工方面,主要是寻找实现设计要求的最佳方案,如分析施工方法、流水作业、机械设备等有无不切实际的过高要求。最优化的方案,也是对资源利用最合理的方案。采用这样的方案,必然会降低损耗,降低成本。

(3)用工期与成本同步对应

1)按照适时的更新进度计划进行成本控制。项目成本的开支与计划不相符,往往是由两个因素引起的:一是在某道工序上的成本开支超出计划;二是某道工序的施工进度与计划不符。因此,要想找出成本变化的真正原因,实施良好有效的成本控制措施,必须与进度计划的适时更新相结合。

2)利用偏差分析法进行成本控制

①在项目成本控制中,把施工成本的实际值与计划值的差异叫做施工成本偏差,即:

$$\text{施工成本偏差} = \text{已完工程实际施工成本} - \text{已完工程计划施工成本} \tag{10-28}$$

$$\frac{\text{已完工程实}}{\text{际施工成本}} = \frac{\text{已完工}}{\text{程量}} \times \frac{\text{实际单}}{\text{位成本}} \tag{10-29}$$

$$\frac{\text{已完工程计}}{\text{划施工成本}} = \frac{\text{已完工}}{\text{程量}} \times \frac{\text{计划单}}{\text{位成本}} \tag{10-30}$$

结果为正,表示施工成本超支,结果为负,表示施工成本节约。但是,必须特别指出,进度偏差对施工成本偏差分析的结果有重要影响,如果不加考虑,就不能正确反映施工成本偏差的实际情况。如:某一阶段的施工成本超支,可能是由于进度超前导致的,也可能由于物价上涨导致。所以,必须引入进度偏差的概念。即:

$$\text{进度偏差(I)} = \frac{\text{已完工程}}{\text{实际时间}} - \frac{\text{已完工程}}{\text{计划时间}} \tag{10-31}$$

为了与施工成本偏差联系起来,进度偏差也可表示为:

$$\text{进度偏差(II)} = \frac{\text{拟完工程计}}{\text{划施工成本}} - \frac{\text{已完工程计}}{\text{划施工成本}} \tag{10-32}$$

所谓拟完工程计划施工成本,是指根据进度计划安排在某一确定时间内所应完成的工程内容的计划施工成本。即:

$$\frac{\text{拟完工程计}}{\text{划施工成本}} = \frac{\text{拟完工程量}}{\text{(计划工程量)}} \times \frac{\text{计划单}}{\text{位成本}} \tag{10-33}$$

进度偏差为正值,表示工期拖延;结果为负值,表示工期提前。用公式(10-32)来表示进度偏差,其思路是可以接受的,但表达并不十分严格。在实际应用时,为了便于工期调整,还需将用施工成本差额表示的进度偏差转换为所需要的时间。

②偏差分析可采用不同的方法,常用的有表格法、横道图法和曲线法。

a. 表格法。表格法是进行偏差分析最常用的一种方法。它将项目编号、名称、各施工成本参数以及施工成本偏差数综合归纳入一张表格中,并且直接在表格中进行比较。由于各偏差参数都在表中列出,使得施工成本管理者能够综合地了解并处理这些数据。

b. 横道图法。用横道图法进行项目成本偏差分析,是用不同的横道标识已完工程计划施工成本、拟完工程计划施工成本和已完工程实际施工成本,横道的长度与其金额成正比例。如图10-7所示。

c. 曲线法。曲线法又称赢值法,是用项目成本累计曲线来进行施工成本偏差分析的一种方法。如图 10-8 所示。

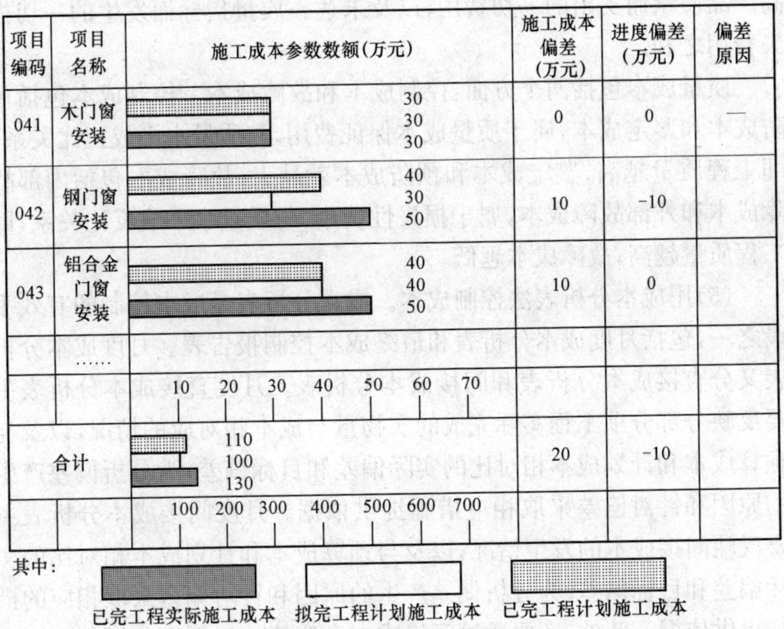

项目编码
项目名称
施工成本参数数额(万元)
施工成本偏差(万元)
进度偏差(万元)
偏差原因
041
木门窗安装
30
30
30
0
0
—
042
钢门窗安装
40
30
50
10
-10
043
铝合金门窗安装
40
40
50
10
0
……
10 20 30 40 50 60 70
合计
110
100
130
20
-10
100 200 300 400 500 600 700
其中：
已完工程实际施工成本
拟完工程计划施工成本
已完工程计划施工成本

图 10-7 横道图法施工成本偏差分析

施工成本
施工成本实际值曲线
a
施工成本偏差
p
施工成本计划值曲线
0
时间

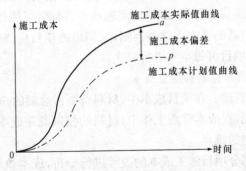

图 10-8 施工成本计划值与实际值曲线

图 10-8 中 a 表示施工成本实际值曲线，p 表示施工成本计划值曲线，两条曲线之间的竖向距离表示施工成本偏差。

(4)加强质量成本控制。项目质量成本是指工程项目为保证和提高产品质量而支出的一切费用,以及未达一质量指标而发生的一切损失费用之和。

质量成本包括两个方面:控制成本和故障成本。控制成本包括预防成本和鉴定成本,属于质量成本保证费用,与质量水平成正比关系,即工程质量越高,鉴定成本和预防成本就越大;故障成本包括内部故障成本和外部故障成本,属于损失性费用,与质量水平成反比关系,即工程质量越高,故障成本越低。

(5)用成本分析表法控制成本。成本分析表是成本控制的有效手段之一,包括月度成本分析表和最终成本控制报告表。月度成本分析表又分直接成本分析表和间接成本分析表。月度直接成本分析表主要反映分部分项工程实际完成的实物量与成本相对应的情况,以及与预算成本和计划成本相对比的实际偏差和目标偏差,为分析偏差产生的原因和针对偏差采取相应措施提供依据。月度间接成本分析表主要反映间接成本的发生情况,以及与预算成本和计划成本相对比的实际偏差和目标偏差,为分析偏差产生的原因和针对偏差采取相应的措施提供依据。此外,还要通过间接成本占产值的比例来分析其支用水平。最终成本控制报告表主要是通过已完实物进度、已完产值和已完累计成本,联系尚需完成的实物进度,尚可上报的产品和还将发生的成本,进行最终成本预测,以检验实现成本目标的可能性,并可为项目成本控制提出新的要求。这种预测,工期短的项目应该每季度进行一次,工期长的项目可每半年进行一次。

4. 项目成本控制实施重点

(1)材料管理。在项目成本中,材料费要占总额的 $50\%\sim60\%$,甚至更多。因此,在成本管理工作中,材料的控制既是成本控制的重点,也是成本控制的难点。

通过对部分项目施工成本的盈亏进行分析,成本盈利或亏损的主要原因都出在材料方面。在一定程度上可以说,材料费的盈亏左右着整个工程项目施工成本的盈亏。要想根本解决材料管理工作中的问题,切实搞好材料成本的控制工作,就必须更新观念,进行机制创新,从管理理念和管理机制两个方面对材料管理工作进行改革。

应该从材料管理的流程开始讨论材料成本的控制方法。图 10-9 为材料管理中的材料流转程序图。

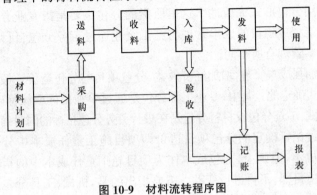

图 10-9　材料流转程序图

从图 10-9 中可以看出，对材料的管理工作有六个重要环节，那就是采购、收料、验收、入库、发料、使用。要搞好材料成本的控制工作，必须对上述六个环节进行重点控制。

（2）劳动管理。在项目成本管理中，搞好劳动管理，节约使用劳动力，充分发挥每个劳动者的积极性和创造性，这就为企业的成本管理工作打下了良好的基础，对保证本企业的成本管理工作顺利进行具有十分重要的意义。

（3）机械设备管理。机械设备管理是建筑企业管理的一项重要内容，设备管理的好坏，对于减轻劳动强度、提高劳动效率以及减少原材料消耗、降低成本，具有极其重要的作用。如果机械管理不善，将使产品质量下降、产量减少、消耗增加、成本上升，对于某些需连续性施工的项目，如混凝土浇筑、大坝施工等，由于设备故障停工，会造成严重的经济损失和社会影响。如果一个企业的设备发生故障停产，还会引起连锁反应，影响整个工程的进展甚至成败。

（4）工程项目间接费的管理。间接费包括施工企业为组织和管理施工生产经营活动所发生的管理费用，企业为筹集资金而发生的财务费用以及项目部为施工准备、组织施工生产和经营管理所需要的现场施工费用。这些费用包括的范围广、项目多、内容繁杂，因此，也成了企业成本和费用控制的重要方面。

(5)分包项目的成本管理。由于建筑工程是由多工种、多专业密切配合完成的劳动密集型工作,在施工过程中,有部分专业工程或项目是采用分包形式完成的。这里所指的分包主要是指专业分包。由于分包工程或项目的成本管理与施工企业通过劳务分包自行完成的工程成本管理有所不同。

为加强成本管理,增加经济效益,分包项目的分包造价一般是通过招标方式确定的。其中,专业工程分包是通过单独招标或议标确定的,而对机械、工具分包及材料分包是在进行劳务分包招标的同时确定的。

通过招标确定的分包项目造价即项目施工责任成本中分包项目的分包成本,原则上,分包成本作为项目施工责任成本中的指标之一下达给项目部,不再进行变动。需要指出的是,机械、工具分包及材料分包必须在工程开工前,与劳务分包同时确定,而专业分包则可以根据工程的进展情况,在专业工程施工前确定。因此,在确定分包项目的项目施工责任成本时,专业分包工程可根据预算工程量与市场价确定。在专业分包进行施工招标时,要以此作为报价的上限控制。

三、降低项目成本的措施

1. 降低项目成本的目的

(1)降低成本是企业发展的需要。施工企业的发展必须要更新设备。企业有了先进设备和职工的生产积极性,才能建设出质量好、工期快,又安全的项目,使项目早发挥投资效益。

(2)降低成本是企业在市场竞争的需要。现在建筑市场是僧多粥少,市场竞争空前激烈,企业要想在众多的竞争对手面前取得胜利,往往是投标报价偏低才能中标。低价中标要求项目施工过程中必须要降低成本,才能不亏损。

(3)降低成本是提高企业全体职工物质待遇的需要。社会主义国家的总方针之一就是要不断提高人们的物质生活待遇,这是基本国策。社会主义国家的国有企业、集体企业或个体企业也要执行这一基本国策。企业提高了职工物质生活,才能调动和发挥职工的施工生产积极性。在施工生产过程中,人是活跃的生产要素,也是最重要的,所以,调动人的生产积极性可以降低成本,提高项目的经济效益,有了效益也就可以提高职工的物质生活。

(4)降低成本必须以最少的投入获取最大的产出。在市场经济条件下,对资源采购、管理和使用,必须符合市场经济规律。组织施工必须按着施工规律、技术规律、经济规律,一句话就是我们必须按着客观规律组织施工活动,优化资源配置,才能降低成本,以最少的投入获取最大的产出,取得较好的经济效益。

2. 降低施工项目成本的主要措施

(1)制定先进合理,经济实用的施工方案

1)施工方案主要包括四项内容:施工方法的确定、施工机具的选择、施工顺序的安排和流水施工的组织。正确选择施工方案是降低成本的关键所在。

2)制定施工方案要以合同工期和上级要求为依据,联系项目的规模、性质、复杂程度、现场条件、装备情况、人员素质等因素综合考虑。

3)同时制定两个或两个以上的先进可行的施工方案,以便从中优选最合理、最经济的一个。

(2)认真审核图纸,积极提出修改意见。在项目实施过程中,施工单位必须按图施工。但是,图纸是由设计单位按照用户要求和项目所在地的自然地理条件(如水文地质情况等)设计的,其中起决定作用的是设计人员的主观意图,设计人员很少考虑为施工单位提供方便,有时还可能给施工单位出些难题。因此,施工单位应该在满足用户要求和保证工程质量的前提下,联系项目施工的主客观条件,对设计图纸进行认真的会审,并提出积极的修改意见,在取得用户和设计单位的同意后,修改设计图纸,同时办理增减账。

在会审图纸的时候,对于结构复杂、施工难度高的项目,更要加倍认真,并且要从方便施工,有利于加快工程进度和保证工程质量,又能降低资源消耗、增加工程收入等方面综合考虑,提出有科学根据的合理化建议,争取得到建设单位和设计单位的认同。

(3)组织流水施工,加快施工进度

1)凡按时间计算的成本费用,在加快施工进度缩短施工周期的情况下,都会有明显的节约。除此之外,还可从用户那里得到一笔提前竣工奖。

2)加快施工进度,将会增加一定的成本支出。因此在签订合同时,应根据用户和赶工的要求,将赶工费列入施工图预算。如果事先并未明确,而由用户在施工中临时提出要求,则应该请用户签字,费用按实计算。

3)在加快施工进度的同时,必须根据实际情况,组织均衡施工,切实做到快而不乱,以免发生不必要的损失。

(4)切实落实技术组织措施。落实技术组织措施,走技术与经济相结合的道路,以技术优势来取得经济效益,是降低项目成本的又一个关键。一般情况下,项目应在开工以前根据工程情况制定技术组织措施计划,作为降低成本计划的内容之一列入施工组织设计,在编制月度施工作业计划的同时,也可以按照作业计划的内容编制月度技术组织措施计划。

为了保证技术组织措施计划的落实,并取得预期的效果,应在项目经理的领导下明确分工:由工程技术人员定措施,材料人员供材料,现场管理人员和班组负责执行,财务成本员计算节约效果,最后由项目经理根据措施执行情况和节约效果对有关人员进行奖励,形成落实技术组织措施的一条龙。必须强调,在结算技术组织措施执行效果时,除要按照定额数据等进行理论计算外,还要做好节约实物的验收,防止"理论上节约,实际上超用"的情况发生。

技术组织措施计划的编制方法,见表 10-4。

表 10-4　　　　　　　　　　**技术组织措施计划表**

项目名称:　　　　　　　　　　　　　　　　　　　　年　　月

分项工程	单位	工程量	措施内容	节约效果	执行人、检查人
C20 有梁钢筋混凝土条形基础	m^3	185.00	掺用 0.25%木质素(1.50 元/kg),节约水泥(0.40 元/kg)8%	$(185 \times 378 \times 8\% \times 0.40)$ $-185 \times 378 \times (1-8\%) \times$ $0.25\% \times 1.50) = 2237.76$ $-241.26 = 1996.50(元)$	
M10 砂浆砖基础	m^3	218.00	1. M10 砂浆掺用 25%原状粉煤灰(20 元/t)代砂子(60 元/t) 2. 充分利用断砖节约操作损耗 1.5%(0.30 元/块)	$218 \times 0.241 \times 1.515 \times$ $25\% \times (60-20) = 795.95$ $(元)$ $218 \times 519 \times 1.5\% \times 0.30$ $= 509.14(元)$	

续表

分项工程	单位	工程量	措施内容	节约效果	执行人、检查人
C20 钢筋混凝土设备基础	m³	436.00	C20 钢筋混凝土（118 元/m³）掺用 30%大石块（40 元/t，1.70t/m³）	436×30%×(118−40×1.70t)=6540(元)	
施工便道	m²	720.00	利用永久道路路基（14.66 元/m²）	720×14.66=10555.20(元)	

(5)以激励机制调动职工增产节约的积极性

1)对关键工序施工的关键班组要实行重奖。如高层建筑的每一层结构施工结束后，应对在进度和质量起主要保证作用的班组实行重奖，而且要说到做到，立即兑现。这对激励职工的生产积极性，促进项目建设的高速、优质、低耗有明显的效果。

2)对材料操作损耗特别大的工序，可由生产班组直接承包。例如：玻璃易碎，陶瓷锦砖容易脱胶，在采购、保管和施工等过程中，往往会超过定额规定的损耗系数，甚至超过很多。如果将采购来的玻璃、陶瓷锦砖直接交生产班组验收、保管和使用，并按规定的损耗率由班组承包，所发奖金有限，节约效果相当可观。

3)实行钢模零件和脚手螺丝有偿回收。项目施工需要大量的钢模零件和脚手螺丝，有时多达几万只，甚至几十万只。如果任意丢弃，回收率很低，由此而造成的经济损失也很大。假如对这些零件实行有偿回收，班组就会在拆除钢模和钢管脚手时，自觉地将这些零件收集起来，也就会减少浪费。

4)实行班组落手清承包。施工现场的落手清，一直是现场管理的老大难问题。它不仅带来材料的浪费，还影响场容的整洁。如果把落手清工作交给班组承包，问题就会有很大的改观。具体方法可以采用：经验收做到了落手清，按定额用工增加 10%；如果没有做到落手清，按定额用工倒扣 10%。如此奖罚，必然引起班组对落手清的重视，从而可使建筑垃圾减少到最低限度。

(6)加强合同管理，增创工程收入

1)深入研究招标文件和投标策略,正确编制施工图概预算,在此基础上,充分考虑可能发生的成本费用,正确编制施工图概预算。凡是政策规定允许的,要做到不少算、不漏项,以保证项目的预算收入。但不能将项目管理不善造成的损失也列入施工图概预算,更不允许违反政策向业主高估冒算或乱收费。

2)加强合同管理,及时办理增减账和进行索赔。由于设计、施工和业主使用要求等各种原因,在工程项目中会经常发生工程、材料选用变更,也必然会带来工程内容的增减和施工工序的改变,从而影响成本费用的支出。这就要求项目承包方要加强合同的管理,要利用合同赋予的权力,开展索赔工作,及时办理增减账手续,通过工程款结算从业主那里得到补偿。

(7)降低材料成本

1)加强材料采购、运输、收发、保管等工作,减少各环节的损耗,节约采购费用。

2)加强现场材料管理,组织分批进场,减少搬运。

3)对进场材料的数量、质量要严格签收,实行材料的限额领料。

4)推广使用新技术、新工艺、新材料。

5)制定并贯彻节约材料措施,合理使用材料,扩大代用材料、修旧利废和废料回收。

(8)降低机械使用费

1)结合施工方案地制订,从机械性能、操作运行和台班成本等因素综合考虑,选择最适合项目施工特点的施工机械,要求做到既实用又经济。

2)做好工序、工种机械施工的组织工作,最大限度地发挥机械效能;同时,对机械操作人员的技能也要有一定的要求,防止因不规范操作或操作不熟练影响正常施工,降低机械利用率。

3)做好平时的机械维修保养工作,使机械始终保持完好状态,随时都能正常运转。严禁在机械维修时将零部件拆东补西,人为地损坏机械。

第七节 项目成本核算

一、项目成本核算概述

1. 项目成本核算的概念

项目成本核算是在项目法施工条件下诞生的,是企业探索适合行业特点管理方式的一个重要体现。它是建立在企业管理方式和管理水平基础上,适合施工企业特点的一个降低成本开支、提高企业利润水平的主要途径。

项目法施工的成本核算体系是以工程项目为对象,对施工生产过程中各项耗费进行的一系列科学管理活动。它对加强项目全过程管理、理顺项目各层经济关系、实施项目全过程经济核算、落实项目责任制、增进项目及企业的经济活力和社会效益、深化项目法施工有着重要作用。项目法施工的成本核算体系,基本指导思想是以提高经济效益为目标,按项目法施工内在要求,通过全面全员的项目成本核算,优化项目经营管理和施工作业管理,建立适应市场经济的企业内部运行机制。

2. 项目成本核算的特点

由于建筑产品具有多样性、固定性、形体庞大、价值巨大等不同于其他工业产品的特点,所以建筑产品的成本核算也具有如下特点:

(1)项目成本核算内容繁杂、周期长。

(2)成本核算需要全员的分工与协作,共同完成。

(3)成本核算满足三同步要求难度大。

(4)在项目总分包制条件下,对分包商的实际成本很难把握。

(5)在成本核算过程中,数据处理工作量巨大,应充分利用计算机,使核算工作程序化、标准化。

3. 项目成本核算的要求

(1)项目经理部应根据财务制度和会计制度的有关规定,建立项目成本核算制,明确项目成本核算的原则、范围、程序、方法、内容、责任及要求,并设置核算台账,记录原始数据。

(2)项目经理部应按照规定的时间间隔进行项目成本核算。

(3)项目成本核算应坚持形象进度、产值统计、成本归集三同步的原则。

(4)项目经理部应编制定期成本报告。

4.项目成本核算的对象

(1)一个单位工程由几个施工单位共同施工时,各施工单位都应以同一单位工程为成本核算对象,各自核算自行完成的部分。

(2)规范大、工期长的单位工程,可以将工程划分为若干部位,以分部位的工程作为成本核算对象。

(3)同一建设项目,由同一施工单位施工,并在同一施工地点,属于同一建设项目的各个单位工程合并作为一个成本核算对象。

(4)改建、扩建的零星工程,可根据实际情况和管理需要,以一个单项工程为成本核算对象,或将同一施工地点的若干个工程量较少的单项工程合并作为一个成本核算对象。

5.项目成本核算的任务

(1)执行国家有关成本开支范围,费用开支标准,工程预算定额和企业施工预算,成本计划的有关规定。控制费用,促使项目合理、节约地使用人力、物力和财力。这是项目成本核算的先决前提和首要任务。

(2)正确及时地核算施工过程中发生的各项费用,计算工程项目的实际成本。这是项目成本核算的主体和中心任务。

(3)反映和监督项目成本计划的完成情况,为项目成本预测,为参与项目施工生产、技术和经营决策提供可靠的成本报告和有关资料,促进项目改善经营管理,降低成本,提高经济效益。这是项目成本核算的根本目的。

二、项目成本核算办法

1.项目成本核算的过程

(1)人工费的归集和分配

1)内包人工费。指两层分开后企业所属的劳务分公司(内部劳务市场自有劳务)与项目经理签订的劳务合同结算的全部工程价款。适用于类似外包工式的合同定额结算支付办法,按月结算计入项目单位工程成本。当月结算,隔月不予结算。

2)外包人工费。按项目经理部与劳务基地(内部劳务市场外来劳务)或直接与外单位施工队伍签订的包清工合同,以当月验收完成的工程实物量,计算出定额工日数,然后乘以合同人工单价确定人工费。并按月凭项目经济员提供的"包清工工程款月度成本汇总表"(分外包单位和单位工程)预提计入项目单位工程成本。当月结算,隔月不予结算。

(2)材料费的归集和分配

1)工程耗用的材料,根据限额领料单、退料单、报损报耗单,大堆材料耗用计算单等,由项目料具员按单位工程编制"材料耗用汇总表",据以计入项目成本。

2)钢材、水泥、木材高进高出价差核算。

①标内代办。指"三材"(钢材、水泥、木材)差价列入工程预算账单内作为造价组成部分。通常由项目经理部委托材料分公司代办,由材料分公司向项目经理部收取价差费。由项目成本员按价差发生额,一次或分次提供给项目负责统计的经济员报出产值,以便及时回收资金。月度结算成本时,为谨慎起见可不作降低,而作持平处理,使预算与实际同步。单位工程竣工结算,按实际消耗量调整实际成本。

②标外代办。指由建设单位直接委托材料分公司代办"三材",其发生的"三材"差价,由材料分公司与建设单位按代办合同口径结算。项目经理部不发生差价,亦不列入工程预算账单内,不作为造价组成部分,可作类似于交料平价处理。项目经理部只核算实际耗用超过设计预算用量的那部分量差及应负担市场高进高出的差价,并计入相应的项目单位工程成本。

3)一般价差核算

①提高项目材料核算的透明度,简化核算,做到明码标价。一般可按一定时点上内部材料市场挂牌价作为材料记账,材料、财务账相符的"计划价",两者对比产生的差异,计入项目单位工程成本,即所谓的实际消耗量调整后的实际价格。如市场价格发生较大变化,可适时调整材料记账的"计划价",以便缩小材料成本差异。

②钢材、水泥、木材、玻璃、沥青按实际价格核算,高于预算取费的差价,高进高出,谁用谁负担。

③装饰材料按实际采购价作为计划价核算,计入该项目成本。

④项目对外自行采购或按定额承包供应材料,如砖、瓦、砂、石、小五金等,应按实际采购价或按议定供应价格结算,由此产生的材料、成本差异节超,相应增减项目成本。同时重视转嫁压价让利风险,获取材料采购经营利益,使供应商让利受益于项目。

(3)周转材料的归集和分配

1)周转材料实行内部租赁制,以租费的形式反映其消耗情况,按"谁租用谁负担"的原则,核算其项目成本。

2)按周转材料租赁办法和租赁合同,由出租方与项目经理部按月结算租赁费。租赁费按租用的数量、时间和内部租赁单价计算计入项目成本。

3)周转材料在调入移出时,项目经理部都必须加强计量验收制度,如有短缺、损坏,一律按原价赔偿,计入项目成本(缺损数=进场数-退场数)。

4)租用周转材料的进退场运费,按其实际发生数,由调入项目负担。

5)对U形卡、脚手扣件等零件除执行项目租赁制外,考虑到其比较容易散失的因素,故按规定实行定额预提摊耗,摊耗数计入项目成本,相应减少次月租赁基数及租赁费。单位工程竣工,必须进行盘点,盘点后的实物数与前期逐月按控制定额摊耗后的数量差,按实调整清算计入成本。

6)实行租赁制的周转材料,一般不再分配负担周转材料差价。退场后发生的修复整理费用,应由出租单位做出租成本核算,不再向项目另行收费。

(4)结构件的归集和分配

1)项目结构件的使用必须要有领发手续,并根据这些手续,按照单位工程使用对象编制"结构件耗用月报表"。

2)项目结构件的单价,以项目经理部与外加工单位签订的合同为准,计算耗用金额进入成本。

3)根据实际施工形象进度、已完施工产值的统计、各类实际成本报耗三者在月度时点上的"三同步"原则(配比原则的引申与应用),结构件耗用的品种和数量应与施工产值相对应。结构件数量金额账的结存数,应与项目成本员的账面余额相符。

4)结构件的高进高出价差核算同材料费的高进高出价差核算一致。结构件内三材数量、单价、金额均按报价书核定,或按竣工结算单的数量按实结算。报价内的节约或超支由项目自负盈亏。

5)如发生结构件的一般价差,可计入当月项目成本。

6)部位分项分包,如铝合金门窗、卷帘门、轻钢龙骨石膏板、平顶、屋面防水等,按照企业通常采用的类似结构件管理和核算方法,项目经济员必须做好月度已完工程部分验收记录,正确计报部位分项分包产值,并书面通知项目成本员及时、正确、足额计入成本。预算成本的折算、归类可与实际成本的出账保持同口径。分包合同价可包括制作费和安装费等有关费用,工程竣工按部位分包合同结算书,据以按实调整成本。

7)在结构件外加工和部位分包施工过程中,项目经理部通过自身努力获取的经营利益或转嫁压价让利风险所产生的利益,均应受益于工程项目。

(5)机械使用费的归集和分配

1)机械设备实行内部租赁制,以租赁费形式反映其消耗情况,按"谁租用谁负担"的原则,核算其项目成本。

2)按机械设备租赁办法和租赁合同,由企业内部机械设备租赁市场与项目经理部按月结算租赁费。租赁费根据机械使用台班,停置台班和内部租赁单价计算,计入项目成本。

3)机械进出场费,按规定由承租项目负担。

4)项目经理部租赁的各类大中小型机械,其租赁费全额计入项目机械费成本。

5)根据内部机械设备租赁市场运行规则要求,结算原始凭证由项目指定专人签证开班和停班数,据以结算费用。现场机、电、修等操作工奖金由项目考核支付,计入项目机械费成本并分配到有关单位工程。

6)向外单位租赁机械,按当月租赁费用全额计入项目机械费成本。

上述机械租赁费结算,尤其是大型机械租赁费及进出场费应与产值对应,防止只有收入无成本的不正常现象,或反之,形成收入与支出不配比状况。

(6)施工措施费的归集和分配

1)施工过程中的材料二次搬运费,按项目经理部向劳务分公司汽车队托运汽车包天或包月租费结算,或以运输公司的汽车运费计算。

2)临时设施摊销费按项目经理部搭建的临时设施总价(包括活动房)除项目合同工期求出每月应摊销额,临时设施使用一个月摊销一个月,摊完为止,项目竣工搭拆差额(盈亏)按实调整实际成本。

3)生产工具用具使用费。大型机动工具、用具等可以套用类似内部机械租赁办法以租费形式计入成本,也可按购置费用一次摊销法计入项目成本,并做好在用工具实物借用记录,以便反复利用。工用具的修理费按实际发生数计入成本。

4)除上述以外的措施费内容,均应按实际发生的有效结算凭证计入项目成本。

(7)施工间接费的归集和分配

1)要求以项目经理部为单位编制工资单和奖金单列支工作人员薪金。项目经理部工资总额每月必须正确核算,以此计提职工福利费、工会经费、教育经费、劳保统筹费等。

2)劳务分公司所提供的炊事人员代办食堂承包、服务,警卫人员提供区域岗点承包服务以及其他代办服务费用计入施工间接费。

3)内部银行的存贷款利息,计入"内部利息"(新增明细子目)。

4)施工间接费,先在项目"施工间接费"总账归集,再按一定的分配标准计入受益成本核算对象(单位工程)"工程施工——间接成本"。

(8)分包工程成本的归集和分配。项目经理部将所管辖的个别单位工程双包或以其他分包形式发包给外单位承包,其核算要求包括:

1)包清工工程,如前所述纳入人工费——外包人工费内核算。

2)部位分项分包工程,如前所述纳入结构件费内核算。

3)双包工程,是指将整幢建筑物以包工包料的形式分包给外单位施工的工程。可根据承包合同取费情况和发包(双包)合同支付情况,即上下合同差,测定目标盈利率。月度结算时,以双包工程已完工程价款作收入,应付双包单位工程款作支出,适当负担施工间接费预结降低额。为稳妥起见,拟控制在目标盈利率的 50% 以内,也可月结成本时作收支持平,竣工结算时,再按实调整实际成本,反映利润。

4)机械作业分包工程,是指利用分包单位专业化施工优势,将打桩、吊装、大型土方、深基础等工程项目分包给专业单位施工的形式。对机械作业分包产值统计的范围是,只统计分包费用,而不包括物耗价值。即:打桩只计打桩费而不计桩材费,吊装只计吊装费而不包括构件费。机械作业分包实际成本与此对应,包括分包结账单内除工期奖之外的全部工程费用,总体反映其全貌成本。

同双包工程一样,总分包企业合同差,包括总包单位管理费,分包单位让利收益等在月结成本时,可先预结一部分,或月结时作收支持平处理,到竣工结算时,再作为项目效益反映。

5)上述双包工程和机械作业分包工程由于收入和支出比较容易辨认(计算),所以项目经理部也可以对这两项分包工程,采用竣工点交办法,即月度不结盈亏。

6)项目经理部应增设"分建成本"成本项目,核算反映双包工程,机械作业分包工程的成本状况。

7)各类分包形式(特别是双包),对分包单位领用、租用、借用本企业物资、工具、设备、人工等费用,必须根据项目经管人员开具的、且经分包单位指定专人签字认可的专用结算单据,如"分包单位领用物资结算单"及"分包单位租用工用具设备结算单"等结算依据入账,抵作已付分包工程款。同时要注意对分包资金的控制,分包付款、供料控制,主要应依据合同及用料计划实施制约,单据应及时流转结算,账上支付额(包括抵作额)不得突破合同。要注意阶段控制,防止资金失控,引起成本亏损。

2. 项目成本表格核算的方法

表格核算法是建立在内部各项成本核算基础上、各要素部门和核算单位定期采集信息,填制相应的表格,并通过一系列的表格,形成项目成本核算体系,作为支撑项目成本核算平台的方法。

(1)确定项目责任成本总额。首先根据确定"项目成本责任总额"

分析项目成本收入的构成。

(2)项目编制内控成本和落实岗位成本责任。在控制项目成本开支的基础上；在落实岗位成本考核指标的基础上，制定"项目内控成本"。

(3)项目责任成本和岗位收入调整。岗位收入变更表：工程施工过程中的收入调整和签证而引起的工程报价变化或项目成本收入的变化，而且后者更为重要。

(4)确定当期责任成本收入。在已确认的工程收入的基础上，按月确定本项目的成本收入。这项工作一般由项目统计员或合约预算人员与公司合约部门或统计部门，依据项目成本责任合同中有关项目成本收入确认方法和标准，进行计算。

(5)确定当月的分包成本支出。项目依据当月分部分项的完成情况，结合分包合同和分包商提出的当月完成产值，确定当月的项目分包成本支出，编制"分包成本支出预估表"，这项工作一般是：由施工员提出，预算合约人员初审，项目经理确认，公司合约部门批准的程序。

(6)材料消耗的核算。以经审核的项目报表为准，由项目材料员和成本核算员计算后，确认其主要材料消耗值和其他材料的消耗值。在分清岗位成本责任的基础上，编制材料耗用汇总表。由材料员依据各施工员开具的领料单，而汇总计算的材料费支出，经项目经理确认后，报公司物资部门批准。

(7)周转材料租用支出的核算。以施工员提供的或财务转入项目的租费确认单为基础，由项目材料员汇总计算，在分清岗位成本责任的前提下，经公司财务部门审核后，落实周转材料租用成本支出，项目经理批准后，编制其费用预估成本支出。如果是租用外单位的周转材料，还要经过公司有关部门审批。

(8)水、电费支出的核算。以机械管理员或财务转入项目的租费确认单为基础，由项目成本核算员汇总计算，在分清岗位成本责任的前提下，经公司财务部门审核后，落实周转材料租用成本支出，项目经理批准后，编制其费用成本支出。

(9)项目外租机械设备的核算。所谓项目从外租入机械设备，是指项目从公司或公司从外部租入用于项目的机械设备,从项目讲,不管此机械设备是公司的产权还是公司从外部临时租入用于项目施工的,对于项目而言都是从外部获得,周转材料也是这个性质,真正属于项目拥有的机械设备,往往只有部分小型机械设备或部分大型工器具。

(10)项目自有机械设备、大小型工器具摊销、CI费用分摊、临时设施摊销等费用开支的核算。由项目成本核算员按公司规定的摊销年限,在分清岗位成本责任的基础上,计算按期进入成本的金额。经公司财务部门审核并经项目经理批准后,按月计算成本支出金额。

(11)现场实际发生的措施费开支的核算。由项目成本核算员按公司规定的核算类别,在分清岗位成本责任的基础上,按照当期实际发生的金额,计算进入成本的相关明细。经公司财务部门审核并经项目经理批准后,按月计算成本支出金额。

(12)项目成本收支核算。按照已确认的当月项目成本收入和各项成本支出,由项目会计编制,经项目经理同意,公司财务部门审核后,及时编制项目成本收支计算表,完成当月的项目成本收支确认。

(13)项目成本总收支的核算。首先由项目预算合约人员与公司相关部门,根据项目成本责任总额和工程施工过程中的设计变更,以及工程签证等变化因素,落实项目成本总收入。由项目成本核算员与公司财务部门,根据每月的项目成本收支确认表中所反映的支出与耗费,经有关部门确认和依据相关条件调整后,汇总计算并落实项目成本总支出。在以上基础上由成本核算员落实项目成本总的收入、总的支出和项目成本降低水平。

3. 项目成本会计核算的方法

会计核算法是指建立在会计核算基础上,利用会计核算所独有的借贷记账法和收支全面核算的综合特点,按项目成本内容和收支范围,组织项目成本核算的方法。

(1)项目成本的直接核算。项目除及时上报规定的工程成本核算资料外,还要直接进行项目施工的成本核算,编制会计报表,落实项目成本的盈亏。项目不仅是基层财务核算单位,而且是项目成本核算的主要承担者。还有一种是不进行完整的会计核算,通过内部列账单的形式,利用项目成本台账,进行项目成本列账核算。

直接核算是将核算放在项目上,便于项目及时了解项目各项成本情况,也可以减少一些扯皮。不足的一面是每个项目都要配有专业水平和工作能力较高的会计核算人员。目前一些单位还不具备直接核算的条件。此种核算方式,一般适用于大型项目。

(2)项目成本的间接核算。项目经理部不设置专职的会计核算部门,由项目有关人员按期、按规定的程序和质量向财务部门提供成本核算资料,委托企业在本项目成本责任范围内进行项目成本核算,落实当期项目成本盈亏。企业在外地设立分公司的,一般由分公司组织会计核算。

间接核算是将核算放在企业的财务部门,项目经理部不配专职的会计核算部门,由项目有关人员按期与相应部门共同确定当期的项目成本收入。项目按规定的时间、程序和质量向财务部门提供成本核算资料,委托企业的财务部门在项目成本收支范围内,进行项目成本支出的核算,落实当期项目成本的盈亏。这样可以使会计专业人员相对集中,一个成本会计可以完成两个或两个以上的项目成本核算。不足之处,一是项目了解成本情况不方便,项目对核算结论信任度不高;二是由于核算不在项目上进行,项目开展管理岗位成本责任核算,就会失去人力支持和平台支持。

(3)项目成本列账核算。项目成本列账核算是介于直接核算和间接核算之间的一种方法。项目经理部组织相对直接核算,正规的核算资料留在企业的财务部门。项目每发生一笔业务,其正规资料由财务部门审核存档后,与项目成本员办理确认和签认手续。项目凭此列账通知作为核算凭证和项目成本收支的依据,对项目成本范围的各项收支,登记台账会计核算,编制项目成本及相关的报表。企业财务部门按期以确认资料,对其审核。这里的列账通知单,一式两联,一联给项目据以核算,另一联留财务审核之用。项目所编制的报表,企业财务不汇总,只作为考核之用,一般式样见表10-5。内部列账单,项目主要使用台账进行核算和分析。

表 10-5　　　　　　　　　　　　**列账通知单**

项目名称　　　　　　　　　　　　　年　月　日　　　　　　　　　　单位:元

借/贷	摘　要			百	十	万	千	百	十	元	角	分
	＿＿级科目	＿＿级科目	岗位责任									
大写												
注:	第一联:列账单位使用											
	第二联:接受单位使用											

　　列账核算法的正规资料在企业财务部门,方便档案保管,项目凭相关资料进行核算,也有利于项目开展项目成本核算和项目岗位成本责任考核。但企业和项目要核算两次,相互之间往返较多,比较烦琐。因此它适用于较大工程。

　　4. 两种核算方法的并行运用

　　由于表格核算法便于操作和表格格式自由的特点,它可以根据我们管理方式和要求设置各种表式。使用表格法核算项目岗位成本责任,能较好地解决核算主体和载体的统一、和谐问题,便于项目成本核算工作的开展。并且随着项目成本核算工作的深入发展,表格的种类、数量、格式、内容、流程都在不断地发展和改进,以适应各个岗位的成本控制和考核。

　　随着项目成本管理的深入开展,要求项目成本核算内容更全面,结论更权威。表格核算由于它的局限性,显然不能满足。于是,采用会计核算法进行项目成本核算提到了会计部门的议事日程。

　　基于近年来对项目成本核算方法的认识已趋于统一,计算机及其网络的使用和普及、财务软件的迅速发展,为开展项目成本核算的自动化和信息化提供了可能。已具备了采用会计核算法开展项目成本核算的条件。在本书第五章,就讨论了将工程成本核算和项目成本核算从收入上做到了统一,在支出中将项目非责任成本的支出,利用一定的手段单独列出来,其成本收支,就成了项目成本的收支范围。会计核算项目成本,也就成了很平常的事情,所以从核算方法上进行调整,是会计核算项目成本的主要手段。

　　总的说来,用表格核算法进行项目施工各岗位成本的责任考核和控制,用会计核算法进行项目成本核算,两者互补,相得益彰。

第八节　项目成本分析与考核

一、项目成本分析

1. 项目成本分析的概念

　　项目成本分析,就是根据统计核算、业务核算和会计核算提供的资料,对项目成本的形成过程和影响成本升降的因素进行分析,以寻求进一步降低成本的途径(包括项目成本中的有利偏差的挖潜和不利偏差的纠正);另一方面,通过成本分析,可从账簿、报表反映的成本现象看清成本的实质,从而增强项目成本的透明度和可控性,为加强成本控制,实现项目成本目标创造条件。由此可见,项目成本分析,也是降低成本、提高项目经济效益的重要手段之一。

2. 项目成本分析的作用

　　(1)有助于恰当评价成本计划的执行结果。工程项目的经济活动错综复杂,在实施成本管理时制定的成本计划,其执行结果往往存在一定偏差,如果简单地根据成本核算资料直接做出结论,则势必影响结论的正确性。反之,若在核算资料的基础上,通过深入的分析,则可能做出比较正确的评价。

　　(2)揭示成本节约和超支的原因,进一步提高企业管理水平。成本是反映工程项目经济活动的综合性指标,它直接影响着项目经理部和施工企业生产经营活动的成果。如果工程项目降低了原材料的消耗,减少了其他费用的支出,提高了劳动生产率和设备利用率,这必定会在成本上综合反映出来。借助成本分析,用科学方法,从指标、数学着手,在各项经济指标相互联系中系统地对比分析,揭示矛盾,找出差距,就能正确地查明影响成本高低的各种因素及原因,了解生产经营活动中哪一部门、哪一环节工作做出了成绩或产生了问题,从而可以采取措施,不断提高项目经理部和施工企业经营管理的水平。

(3)寻求进一步降低成本的途径和方法,不断提高企业的经济效益。对项目成本执行情况进行评价,找出成本升降的原因,归根到底,是为了挖掘潜力,寻求进一步降低成本的途径和方法。只有把企业的潜力充分挖掘出来,才会使企业的经济效益越来越好。

3. 项目成本分析的原则

(1)实事求是的原则。在成本分析中,必然会涉及一些人和事,因此要注意人为因素的干扰。成本分析一定要有充分的事实依据,对事物进行实事求是的评价。

(2)用数据说话的原则。成本分析要充分利用统计核算和有关台账的数据进行定量分析,尽量避免抽象的定性分析。

(3)注重时效的原则。项目成本分析贯穿于项目成本管理的全过程。这就要求要及时进行成本分析,及时发现问题,及时予以纠正,否则,就有可能贻误解决问题的最好时机,造成成本失控、效益流失。

(4)为生产经营服务的原则。成本分析不仅要揭露矛盾,而且要分析产生矛盾的原因,提出积极有效的解决矛盾的合理化建议。这样的成本分析,必然会深得人心,从而受到项目经理部有关部门和人员的积极支持与配合,使项目的成本分析更健康地开展下去。

4. 项目成本分析的内容

(1)人工费用水平的合理性。在实行管理层和作业层两层分离的情况下,项目施工需要的人工和人工费,由项目经理部与施工队签订劳务承包合同,明确承包范围、承包金额和双方的权利、义务。对项目经理部来说,除了按合同规定支付劳务费以外,还可能发生一些其他人工费支出,这些费用支出主要有:

1)因实物工程量增减而调整的人工和人工费。

2)定额人工以外的估点工工资(已按定额人工的一定比例由施工队包干,并已列入承包合同的,不再另行支付)。

3)对在进度、质量、节约、文明施工等方面作出贡献的班组和个人进行奖励的费用。

项目经理部应分析上述人工费的合理性。人工费用合理性是指人工费既不过高,也不过低。如果人工费过高,就会增加工程项目的成本,而人工费过低,工人的积极性不高,工程项目的质量就有可能得不到保证。

(2)材料、能源利用效果。在其他条件不变的情况下,材料、能源消耗定额的高低,直接影响材料、燃料成本的升降。材料、燃料价格的变动,也直接影响产品成本的升降。可见,材料、能源利用的效果及其价格水平是影响产品成本升降的重要因素。

(3)机械设备的利用效果。施工企业的机械设备有自有和租用两种。在机械设备的租用过程中,存在着两种情况:一是按产量进行承包,并按完成产量计算费用的,如土方工程,项目经理部只要按实际挖掘的土方工程量结算挖土费用,而不必过问挖土机械的完好程度和利用程度;另一种是按使用时间(台班)计算机械费用的。如塔吊、搅拌机、砂浆机等,如果机械完好率差或在使用中调度不当,必然会影响机械的利用率,从而延长使用时间,增加使用费用。自有机械也要提高机械完好率和利用率,因为自有机械停用,仍要负担固定费用。因此,项目经理部应该给予一定的重视。

(4)施工质量水平的高低。对施工企业来说,提高工程项目质量水平就可以降低施工中的故障成本,减少未达到质量标准而发生的一切损失费用,但这也意味着为保证和提高项目质量而支出的费用就会增加。可见,施工质量水平的高低也是影响项目成本的主要因素之一。

(5)其他影响项目成本变动的因素。其他影响项目成本变动的因素,包括除上述四项以外的措施费用以及为施工准备、组织施工和管理所需要的费用。

5.项目成本分析的方法

(1)项目成本分析的基本方法

1)比较法。通常有下列形式:

①将实际指标与目标指标对比。以此检查目标完成情况,分析影响目标完成的积极因素和消极因素,以便及时采取措施,保证成本目标的实现。在进行实际指标与目标指标对比时,还应注意目标本身有无问题。如果目标本身出现问题,则应调整目标,重新正确评价实际

工作的成绩。

②本期实际指标与上期实际指标对比。通过这种对比,可以看出各项技术经济指标的变动情况,反映施工管理水平的提高程度。

③与本行业平均水平、先进水平对比。通过这种对比,可以反映本项目的技术管理和经济管理与行业的平均水平和先进水平的差距,进而采取措施赶超先进水平。

2)因素分析法。因素分析法是把项目施工成本综合指标分解为各个项目联系的原始因素,以确定引起指标变动的各个因素的影响程度的一种成本费用分析方法,它可以衡量各项因素影响程度的大小,以便查明原因,明确主要问题所在,提出改进措施,达到降低成本的目的。

因素分析法的计算步骤如下:

①确定分析对象,并计算出实际数与目标数的差异。

②确定该指标是由哪几个因素组成的,并按其相互关系进行排序。

③以目标数为基础,将各因素的目标数相乘,作为分析替代的基数。

④将各个因素的实际数按照上面的排列顺序进行替换计算,并将替换后的实际数保留下来。

⑤将每次替换计算所得的结果,与前一次的计算结果相比较,两者的差异即为该因素对成本的影响程度。

⑥各个因素的影响程度之和,应与分析对象的总差异相等。

3)差额计算法。差额计算法是因素分析法的一种简化形式,它利用各个因素的目标与实际的差额来计算其对成本的影响程度。

4)比率法。比率法是指用两个以上的指标的比例进行分析的方法。它的基本特点是:先把对比分析的数值变成相对数,再观察其相互之间的关系。常用的比率法有以下几种:

①相关比率法。由于项目经济活动的各个方面是相互联系,相互依存,又相互影响的,因而可以将两个性质不同而又相关的指标加以对比,求出比率,并以此来考察经营成果的好坏。例如:产值和工资是两个不同的概念,但它们的关系又是投入与产出的关系。在一般情况

下,都希望以最少的工资支出完成最大的产值。因此,用产值工资率指标来考核人工费的支出水平,就很能说明问题。

②构成比率法。又称比重分析法或结构对比分析法。通过构成比率,可以考察成本总量的构成情况及各成本项目占成本总量的比重,同时也可看出量、本、利的比例关系(即预算成本、实际成本和降低成本的比例关系),从而为寻求降低成本的途径指明方向。

③动态比率。动态比率法就是将同类指标不同时期的数值进行对比,求出比率,用以分析该项指标的发展方向和发展速度。动态比率的计算通常采用基期指数和环比指数两种方法。

5)"两算"对比法。"两算"对比,是指施工预算和施工图预算对比。施工图预算确定的是工程预算成本,施工预算确定的是工程计划成本,它们是从不同角度计算的两本经济账。"两算"的核心是工程量对比。尽管"两算"采用的定额不同、工序不同,工程量有一定区别,但二者的主要工程量应当是一致的。如果"两算"的工程量不一致,必然有一份出现了问题,应当认真检查并解决问题。

"两算"对比是建筑施工企业加强经营管理的手段。通过施工预算和施工图预算的对比,可预先找出节约或超支的原因,研究解决措施,实现对人工、材料和机械的事先控制,避免发生计划成本亏损。

(2)项目综合成本的分析方法

1)分部分项工程成本分析。分部分项工程成本分析是项目成本分析的基础。分部分项工程成本分析的对象为已完成分部分项工程。分析的方法是:进行预算成本、成本目标和实际成本的"三算"对比,分别计算实际偏差和目标偏差,分析偏差产生的原因,为今后的分部分项工程成本寻求节约途径。

分部分项工程成本分析的资料来源是:预算成本来自投标报价成本,成本目标来自施工预算,实际成本来自施工任务单的实际工程量、实耗人工和限额领料单的实耗材料。

由于工程项目包括很多分部分项工程,不可能也没有必要对每一个分部分项工程都进行成本分析。特别是一些工程量小、成本费用微不足道的零星工程。但是,对于那些主要分部分项工程则必须进行成本分析,而且要做到从开工到竣工进行系统的成本分析。这是一项很有意义的工作,因为通过主要分部分项工程成本的系统分析,可以基本上了解项目成本形成的全过程,为竣工成本分析和今后的项目成本管理提供一份宝贵的参考资料。

2)月(季)度成本分析。月(季)度的成本分析,是工程项目定期的、经常性的中间成本分析。它对于有一次性特点的工程项目来说,有着特别重要的意义。因为,通过月(季)度成本分析,可以及时发现问题,以便按照成本目标指示的方向进行监督和控制,保证项目成本目标的实现。

月(季)度的成本分析的依据是当月(季)的成本报表。分析的方法,通常有以下几个方面:

①通过实际成本与预算成本的对比,分析当月(季)的成本降低水平;通过累计实际成本与累计预算成本的对比,分析累计的成本降低水平,预测实现项目成本目标的前景。

②通过实际成本与成本目标的对比,分析成本目标的落实情况,发现目标管理中的问题和不足,进而采取措施,加强成本管理,保证成本目标的落实。

③通过对各成本项目的成本分析,可以了解成本总量的构成比例和成本管理的薄弱环节。例如:在成本分析中,发现人工费、机械费和间接费等项目大幅度超支,就应该对这些费用的收支配比关系认真研究,并采取对应的增收节支措施,防止今后再超支。如果是属于预算定额规定的"政策性"亏损,则应从控制支出着手,把超支额压缩到最低限度。

④通过主要技术经济指标的实际与目标的对比,分析产量、工期、质量"三材"节约率、机械利用率等对成本的影响。

⑤通过对技术组织措施执行效果的分析,寻求更加有效的节约途径。

⑥分析其他有利条件和不利条件对成本的影响。

3)年度成本分析。企业成本要求一年结算一次,不得将本年成本转入下一年度。而项目成本则以项目的寿命周期为结算期,要求从开工、竣工到保修期结束连续计算,最后结算出成本总量及其盈亏。由于项目的施工周期一般较长,除进行月(季)度成本核算和分析外,还要进行年度成本的核算和分析。这不仅是为了满足企业汇编年度成本报表的需要,同时也是项目成本管理的需要。因为通过年度成本的综合分析,可以总结一年来成本管理的成绩和不足,为今后的成本管理提供经验和教训,从而可对项目成本进行更有效的管理。

年度成本分析的依据是年度成本报表。年度成本分析的内容,除了月(季)度成本分析的六个方面以外,重点是针对下一年度的施工进展情况规划提出切实可行的成本管理措施,以保证项目成本目标的实现。

4)竣工成本的综合分析。凡是有几个单位工程而且是单独进行成本核算(即成本核算对象)的工程项目,其竣工成本分析应以各单位工程竣工成本分析资料为基础,再加上项目经理部的经营效益(如资金调度、对外分包等所产生的效益)进行综合分析。如果工程项目只有一个成本核算对象(单位工程),就以该成本核算对象的竣工成本资料作为成本分析的依据。

单位工程竣工成本分析,应包括以下三方面内容:

①竣工成本分析。

②主要资源节超对比分析。

③主要技术节约措施及经济效果分析。

(3)项目专项成本的分析方法

1)成本盈亏异常分析。对工程项目来说,成本出现盈亏异常情况,必须引起高度重视,彻底查明原因,立即加以纠正。

"三同步"检查是提高项目经济核算水平的有效手段,不仅适用于成本盈亏异常的检查,也可用于月度成本的检查。"三同步"检查可以通过以下五方面的对比分析来实现。

①产值与施工任务单的实际工程量和形象进度是否同步?

②资源消耗与施工任务单的实耗人工、限额领料单的实耗材料,当期租用的周转材料和施工机械是否同步?

③其他费用(如材料价差、超高费、井点抽水的打拔费和台班费等)的产值统计与实际支付是否同步?

④预算成本与产值统计是否同步?

⑤实际成本与资源消耗是否同步?

2)工期成本分析。一般来说,工期越长费用支出越多,工期越短费用支出越少。特别是固定成本的支出,基本上是与工期长短成正比增减的,它是进行工期成本分析的重点。工期成本分析,就是计划工期成本与实际工期成本的比较分析。

工期成本分析的方法一般采用比较法,即将计划工期成本与实际工期成本进行比较,然后应用"因素分析法"分析各种因素的变动对工期成本差异的影响程度。

进行工期成本分析的前提条件是,根据施工图预算和施工组织设计进行量本利分析,计算工程项目的产量、成本和利润的比例关系,然后用固定成本除以合同工期,求出每月支用的固定成本。

3)资金成本分析。资金与成本的关系,就是工程收入与成本支出的关系。根据工程成本核算的特点,工程收入与成本支出有很强的配比性。在一般情况下,都希望工程收入越多越好,成本支出越少越好。

工程项目的资金来源,主要是工程款收入;而施工耗用的人、财、物的货币表现,则是工程成本支出。因此,减少人、财、物的消耗,既能降低成本,又能节约资金。

进行资金成本分析,通常应用"成本支出率"指标,即成本支出占工程款收入的比例。其计算公式如下:

$$成本支出率 = \frac{计算期实际成本支出}{计算期实际工程款收入} \times 100\% \qquad (10\text{-}34)$$

通过对"成本支出率"的分析,可以看出资金收入中用于成本支出的比重有多大;也可通过加强资金管理来控制成本支出;还可联系储备金和结存资金的比重,分析资金使用的合理性。

4)技术组织措施执行效果分析。技术组织措施是工程项目降低工程成本、提高经济效益的有效途径。因此,在开工以前都要根据工程特点编制技术组织措施计划,列入施工组织设计。在施工过程中,为了落实施工组织设计所列技术组织措施计划,可以结合月度施工作业计划的内容编制月度技术组织措施计划,同时,还要对月度技术组织措施计划的执行情况进行检查和考核。

在实际工作中,往往有些措施已按计划实施,有些措施并未实施,还有一些措施则是计划以外的。因此,在检查和考核措施计划执行情况的时候,必须分析未按计划实施的具体原因,做出正确的评价,以免挫伤有关人员的积极性。

对执行效果的分析也要实事求是,既要按理论计算,又要联系实际,对节约的实物进行验收,然后根据实际节约效果论功行赏,以激励有关人员执行技术组织措施的积极性。

技术组织措施必须与工程项目的工程特点相结合,技术组织措施有很强的针对性和适应性(当然也有各工程项目通用的技术组织措施)。计算节约效果的方法一般按以下公式计算:

$$措施节约效果=措施前的成本-措施后的成本 \qquad (10\text{-}35)$$

对节约效果的分析,需要联系措施的内容和执行经过来进行。有些措施难度比较大,但节约效果并不高;而有些措施难度并不大,但节约效果却很高。因此,在对技术组织措施执行效果进行考核的时候,也要根据不同情况区别对待。对于在项目施工管理中影响比较大、节约效果比较好的技术组织措施,应该以专题分析的形式进行深入详细的分析,以便推广应用。

5)其他有利因素和不利因素对成本影响的分析。在项目施工过程中,必然会有很多有利因素,同时也会碰到不少不利因素。不管是有利因素还是不利因素,都将对项目成本产生影响。

对待这些有利因素和不利因素,项目经理首先要有预见,有抵御风险的能力;同时还要把握机遇充分利用有利因素,积极争取转换不利因素。这样,就会更有利于项目施工,也更有利于项目成本的降低。

(4)项目成本目标差异分析方法

1)人工费分析

①人工费量差。计算人工费量差首先要计算工日差,即实际耗用工日数同预算定额工日数的差异。预算定额工日的取得,根据验工月报或设计预算中的人工费补差中取得工日数,实耗人工根据外包管理部门的包清工成本工程款月报,列出实物量定额工日数和估点工工日数。工日差乘以预算人工单价计算得人工费量差,计算后可以看出由于实际用工增加或减少,使人工费增加或减少。

②人工费价差。计算人工费价差先要计算出每工人工费价差,即预算人工单价和实际人工单价之差。预算人工单价根据预算人工费

除以预算工日数得出预算人工平均单价。实际人工单价等于实际人工费除以实耗工日数,每工人工费价差乘以实耗工日数得人工费价差,计算后可以看出由于每工人工单价增加或减少,使人工费增加或减少。

人工费量差与人工费价差的计算公式如下:

$$人工费量差=\left(\begin{array}{c}实际耗用 \\ 工日数\end{array}-\begin{array}{c}预算定额 \\ 工日数\end{array}\right)\times\begin{array}{c}预算人 \\ 工单价\end{array} \quad (10\text{-}36)$$

$$人工费价差=\begin{array}{c}实际耗用 \\ 工日数\end{array}\times\left(\begin{array}{c}实际人 \\ 工单价\end{array}-\begin{array}{c}预算人 \\ 工单价\end{array}\right) \quad (10\text{-}37)$$

影响人工费节约或超支的原因是错综复杂的,除上述分析外,还应分析定额用工、估点工用工,从管理上找原因。

2)材料费分析

①主要材料和结构件费用的分析。主要材料和结构件费用的高低,主要受价格和消耗数量的影响。而材料价格的变动,又要受采购价格、运输费用、途中损耗、来料不足等因素的影响;材料消耗数量的变动,也要受操作损耗、管理损耗和返工损失等因素的影响,可在价格变动较大和数量超用异常的时候再作深入分析。为了分析材料价格和消耗数量的变化对材料和结构件费用的影响程度,可按下列公式计算:

因材料价格变动对材料费的影响,用公式表示为:

$$(预算单价-实际单价)\times消耗数量 \quad (10\text{-}38)$$

因消耗数量变动对材料费的影响,用公式表示为:

$$(预算用量-实际用量)\times预算价格 \quad (10\text{-}39)$$

②周转材料使用费分析。在实行周转材料内部租赁制的情况下,项目周转材料费的节约或超支,决定于周转材料的周转利用率和损耗率。如果周转慢,周转材料的使用时间就长,就会增加租赁费支出,而超过规定的损耗,更要照原价赔偿。周转利用率和损耗率的计算公式如下:

$$周转利用率=\frac{实际使用数\times租用期内的周转次数}{进场数\times租用期}\times100\% \quad (10\text{-}40)$$

$$损耗率=\frac{退场数}{进场数}\times100\% \quad (10\text{-}41)$$

③采购保管费分析。材料采购保管费属于材料的采购成本,包括:材料采购保管人员的工资、工资附加费、劳动保护费、办公费、差旅费,以及材料采购保管过程中发生的固定资产使用费、工具用具使用费、检验试验费、材料整理及零星运费和材料物资的盘亏及毁损等。

材料采购保管费一般应与材料采购数量同步,即材料采购多,采购保管费也会相应增加。因此,应该根据每月实际采购的材料数量(金额)和实际发生的材料采购保管费,计算"材料采购保管费支用率",作为前后期材料采购保管费的对比分析之用。

材料采购保管支用率的计算公式如下:

$$材料采购保\atop 管费支用率 = \frac{计算期实际发生的采购保管费}{计算期实际采购的材料总值} \times 100\% \qquad (10\text{-}42)$$

④材料储备资金分析:材料的储备资金,是根据日平均用量、材料单价和储备天数(即从采购到进场所需要的时间)计算的。上述任何一个因素的变动,都会影响储备资金的占用量。材料储备资金的分析,可以应用因素分析法。

3)机械使用费分析。主要通过实际成本与成本目标之间的差异分析,成本目标分析主要列出超高费和机械费补差收入。施工机械有自有和租赁两种。租赁的机械在使用时要支付使用台班费,停用时要支付停班费,因此,要充分利用机械,以减少台班使用费和停班费的支出。自有机械也要提高机械完好率和利用率,因为自有机械停用,仍要负担固定费用。机械完好率与机械利用率的计算公式如下:

$$机械完好率 = \frac{报告期机械完好台班数+加班台班}{报告期制度台班数+加班台班} \times 100\%$$
$$(10\text{-}43)$$

$$机械利用率 = \frac{报告期机械实际工作台班数+加班台班}{报告期制度台班数+加班台班} \times 100\%$$
$$(10\text{-}44)$$

4)施工措施费分析。措施费的分析,主要应通过预算与实际数的比较来进行。如果没有预算数,可以计划数代替预算数。

5)间接费用分析。间接成本是指为施工设备、组织施工生产和管理所需要的费用,主要包括现场管理人员的工资和进行现场管理所需要的费用。

应将其实际成本和成本目标进行比较,将其实际发生数逐项与目标数加以比较,就能发现超额完成施工计划对间接成本的节约或浪费及其发生的原因。

6)项目成本目标差异汇总分析。用成本目标差异分析方法分析完各成本项目后,再将所有成本差异汇总进行分析。

6. 项目成本分析实例

某项目工程工期为180d,与业主结算采用分阶段结算的方式,在成本核算方面对应也按分阶段核算的形式,整个工程划分为打桩、基础、主体结构、门窗、内外装饰、水电安装等几个阶段。

该项目各阶段实际成本情况,见表10-6。

表 10-6 培训中心项目实际成本汇总表 (万元)

序 号	分部工程	人工费	材料费	机械费	其他费用	合 计
1	打桩工程	11.78	60.44	20.71	17.32	110.25
2	基础工程	16.91	58.38	7.41	12.20	94.90
3	主体结构工程	54.60	270.18	26.87	49.16	400.81
4	门窗工程	0.60	33.18	1.73	5.82	41.33
5	内外装饰工程	18.24	43.29	0.18	11.56	73.27
6	水电安装工程	9.99	39.84	8.15	12.18	70.16
	合 计	112.12	505.31	65.05	108.24	790.72

根据项目施工过程中的具体情况,对该工程预算成本、计划成本和实际成本进行比较,分析项目实施过程各阶段的成本偏差原因。

(1)打桩工程实际成本分析。打桩工程实际成本与计划成本对比情况,见表10-7。

表 10-7 打桩工程实际成本与计划成本对比表 (万元)

序 号	内 容	计划成本	实际成本	实际成本节约(+)	实际成本超支(一)
1	人工费	11.2	11.78		-0.58
2	材料费	66.73	60.44	+6.29	
3	机械费	20.47	20.71		-0.24
4	其他费用	16.01	17.32		-1.31
	合 计	114.41	110.25	+4.16	

打桩工程实际成本比计划成本低,这是因为在打桩施工过程中,对打桩和接桩的材料进行了严格控制,使材料费用成本下降。对预制方桩,在与供货商签订合同的时候,双方谈定的制桩费用,包括了桩的制作、运输等费用;对打桩分包单位,要求其承担接桩用电焊条、角钢等材料费用,这些材料和制品的费用低于与建设单位签订合同中的材料单价。

另外,在打桩场地铺道渣费用方面,原定铺设道渣厚度 15cm,根据现场施工情况,在打桩机开行范围内,采用局部铺道渣,局部铺设路基箱的方法,道渣用量减少,机械费用略有提高,但材料费用减少,因而降低了总费用。

(2)基础工程实际成本分析。基础工程实际成本与计划成本对比情况,见表 10-8。

表 10-8　　　　基础工程实际成本与计划成本对比表　　　　（万元）

序 号	内 容	计划成本	实际成本	实际成本节约(＋)	实际成本超支(一)
1	人工费	15.48	16.91		−1.43
2	材料费	53.06	58.38		−5.32
3	机械费	6.23	7.41		−1.18
4	其他费用	11.33	12.20		−0.87
	合计	86.10	94.90		−8.80

基础工程施工成本分析:基础施工时,土方开挖后发现土质较差,不能直接作为地基承受荷载。因此,决定先将软土层挖去,再回填砂石,并用压路机夯实;然后再铺设 10cm 厚的道渣和碎石作基层,并在上面铺 10cm 厚的混凝土垫层。这样的地基处理导致基础部分施工成本上升。分析下来,发生这种情况的原因是预计的土质情况和实际并不符合,导致原本安排的人工、材料和机械不能够满足施工要求,需要增加人工数量和机械数量,垫层也要加厚。那么,相应的人工费、机械费、材料费和其他生产成本费用就要增加,从而导致该部分工程总的成本费用增加。由于施工依据的地质报告等资料是建设单位提供的,投标报价是以设计图纸规定的基础埋深为依据的,因此,这部分施工成本增加可以向建设单位提出索赔,由签证增加费用补偿该部分成本增加。

（3）主体结构工程实际成本分析。主体结构工程实际成本与计划成本对比情况，见表 10-9。

表 10-9　　　　主体结构工程实际成本与计划成本对比表　　（万元）

序　号	内　容	计划成本	实际成本	实际成本节约（＋）	实际成本超支（－）
1	人工费	44.24	54.60		−10.36
2	材料费	251.59	270.18		−18.59
3	机械费	29.67	26.87	＋2.80	
4	其他费用	45.69	49.16		−3.47
	合计	371.19	400.81		−29.62

主体结构工程施工中，人工费和材料费超过计划成本较多，其原因是由于天气原因，影响施工进度。为确保工程如期交工，不得不加班赶工，工人加班费用上升，导致人工费成本超支。同时周转材料，特别是模板租用量增加，使材料费用超支。另外，在砌筑施工过程中，部分砌筑墙体经检查不符合优良要求，需要返工重砌。这部分返工人工费用由作业队承担，而材料费用要计入工程成本里。因此，主体结构工程施工中，尽管钢筋等材料费用有所节余，但总材料费用还是超出计划成本，实际成本比计划成本高。在机械费用方面，由于外玻璃幕墙工程由建设单位直接发包，工程垂直运输机械在主体结构完成后，为幕墙施工单位提供配合所用垂直运输机械费用由幕墙公司承担，因此对项目经理部减少了部分机械费用的支出。

（4）门窗工程实际成本分析。门窗工程实际成本与计划成本对比情况，见表 10-10。

表 10-10　　　　门窗工程实际成本与计划成本对比表　　（万元）

序　号	内　容	计划成本	实际成本	实际成本节约（＋）	实际成本超支（－）
1	人工费	0.59	0.60		−0.01
2	材料费	31.90	33.18		−1.28
3	机械费	0.31	1.73		−1.42
4	其他费用	5.38	5.82		−0.44
	合计	38.18	41.33		−3.15

门窗工程施工中发现,设计图纸提供的门窗表与各层平面图中门窗数量不符,投标报价时,按设计图纸门窗表计算工程量,少算了部分异形窗的工程量。项目经理部负责人员向建设单位提出索赔,建设单位不予认可。由此导致门窗分部工程实际成本高于计划成本。

(5)内外装饰工程实际成本分析。内外装饰工程实际成本与计划成本对比情况,见表10-11。

表 10-11　　　　内外装饰工程实际成本与计划成本对比表　　　　（万元）

序　号	内　容	计划成本	实际成本	实际成本节约（＋）	实际成本超支（－）
1	人工费	18.80	18.24	＋0.56	
2	材料费	45.64	43.29	＋2.35	
3	机械费	0.57	0.18	＋0.38	
4	其他费用	11.36	11.56		－0.2
	合计	76.37	73.27	＋3.1	

本工程二次装修由建设单位另行发包,项目经理部负责的主要装饰施工内容为墙面抹灰和涂料,以及部分公共部位的墙地砖。这些施工内容不复杂,施工中没有变更要求,因建设单位要求吊顶上部墙面不做粉刷,实际施工工程量比预算工程量略有减少,施工实际成本低于计划成本。

(6)水电安装工程实际成本分析。水电安装工程实际成本与计划成本对比情况,见表10-12。

表 10-12　　　　水电安装工程实际成本与计划成本对比表　　　　（万元）

序　号	内　容	计划成本	实际成本	实际成本节约（＋）	实际成本超支（－）
1	人工费	9.81	9.99		－0.19
2	材料费	47.43	39.84	＋7.59	
3	机械费	8.2	8.15	＋0.05	
4	其他费用	10.34	12.18		－1.84
	合计	75.78	70.16	＋5.62	

水电安装工程实际成本比计划成本节约,主要原因是采购的主材价格较低,特别是管线、洁具、电气设备,经项目经理部多家询价比价,

在满足建设单位和设计要求的前提下,采购价格低于投标报价。结果尽管增加了管理人员的工作,使现场管理费用有所增加,但材料设备费用大大降低,节约了安装工程成本。

二、项目成本考核

1. 项目成本考核概要

(1)项目成本考核的概念。项目成本考核,是指对项目成本目标(降低成本目标)完成情况和成本管理工作业绩两方面的考核。这两方面的考核,都属于企业对项目经理部成本监督的范畴。应该说,成本降低水平与成本管理工作之间有着必然的联系,又同受偶然因素的影响,但都是对项目成本评价的一个方面,都是企业对项目成本进行考核和奖罚的依据。

项目的成本考核,特别要强调施工过程中的中间考核,这对具有一次性特点的施工项目来说尤为重要。因为通过中间考核发现问题,还能及时弥补;而竣工后的成本考核虽然也很重要,但对成本管理的不足和由此造成的损失,已经无法弥补。

(2)项目成本考核的意义。项目成本考核的目的,在于贯彻落实责权利相结合的原则,促进成本管理工作的健康发展,更好地完成工程项目的成本目标。在工程项目的成本管理中,项目经理和所属部门、施工队直到生产班组,都有明确的成本管理责任,而且有定量的责任成本目标。通过定期和不定期的成本考核,既可对他们加强督促,又可调动他们对成本管理的积极性。

(3)项目成本考核的要求。项目成本考核是项目落实成本控制目标的关键。是将项目施工成本总计划支出,在结合项目施工方案、施工手段和施工工艺、讲究技术进步和成本控制的基础上提出的,针对项目不同的管理岗位人员,而作出的成本耗费目标要求。具体要求如下:

1)组织应建立和健全项目成本考核制度,对考核的目的、时间、范围、对象、方式、依据、指标、组织领导、评价与奖惩原则等作出规定。

2)组织应以项目成本降低额和项目成本降低率作为成本考核主要指标。项目经理部应设置成本降低额和成本降低率等考核指标。发现偏离目标时,应及时采取改进措施。

3)组织应对项目经理部的成本和效益进行全面审核、审计、评价、考核和奖惩。

（4）项目成本考核的原则

1)按照项目经理部人员分工,进行成本内容确定。每个项目有大有小,管理人员投入量也有不同,项目大的,管理人员就多一些,项目有几个栋号施工时,还可能设立相应的栋号长,分别对每个单体工程或几个单体工程进行协调管理。工程体量小时,项目管理人员就相应减少,一个人可能兼几份工作,所以成本考核,以人和岗位为主,没有岗位就计算不出管理目标,同样没有人,就会失去考核的责任主体。

2)简单易行、便于操作。项目的施工生产,每时每刻都在发生变化,考核项目的成本,必须让项目相关管理人员明白,由于管理人员的专业特点,对一些相关概念不可能很清楚,所以我们确定的考核内容,必须简单明了,要让考核者一看就能明白。

3)及时性原则。岗位成本是项目成本要考核的实时成本,如果以传统的会计核算对项目成本进行考核,就偏离了考核的目的。所以时效性是项目成本考核的生命。

2. 项目成本考核的内容

项目成本考核,可以分为两个层次:一是企业对项目经理的考核;二是项目经理对所属部门、施工队和班组的考核。通过层层考核,督促项目经理、责任部门和责任者更好地完成自己的责任成本,从而形成实现项目成本目标的层层保证体系。

（1）企业对项目经理考核的内容

1)项目成本目标和阶段成本目标的完成情况。

2)建立以项目经理为核心的成本管理责任制的落实情况。

3)成本计划的编制和落实情况。

4)对各部门、各作业队和班组责任成本的检查和考核情况。

5)在成本管理中贯彻责权利相结合原则的执行情况。

（2）项目经理对所属各部门、各作业队和班组考核的内容。

1)对各部门的考核内容

①本部门、本岗位责任成本的完成情况。

②本部门、本岗位成本管理责任的执行情况。

2)对各作业队的考核内容

①对劳务合同规定的承包范围和承包内容的执行情况。

②劳务合同以外的补充收费情况。

③对班组施工任务单的管理情况,以及班组完成施工任务后的考核情况。

3)对生产班组的考核内容(平时由作业队考核)

以分部分项工程成本作为班组的责任成本。以施工任务单和限额领料单的结算资料为依据,与施工预算进行对比,考核班组责任成本的完成情况。

3. 项目成本考核的实施

(1)项目成本考核采取评分制。项目成本考核是工程项目根据责任成本完成情况和成本管理工作业绩确定权重后,按考核的内容评分。

具体方法为:先按考核内容评分,然后按 7:3 的比例加权平均,即:责任成本完成情况的评分为 7,成本管理工作业绩的评分为 3。这是一个假设的比例,工程项目可以根据自己的具体情况进行调整。

(2)项目的成本考核要与相关指标的完成情况相结合。项目成本的考核评分要考虑相关指标的完成情况,予以褒奖或扣罚。与成本考核相结合的相关指标,一般有进度、质量、安全和现场标准化管理。

(3)强调项目成本的中间考核。项目成本的中间考核,一般有月度成本考核和阶段成本考核。成本的中间考核,能更好地带动今后成本的管理工作,保证项目成本目标的实现。

1)月度成本考核:一般是在月度成本报表编制以后,根据月度成本报表的内容进行考核。在进行月度成本考核的时候,不能单凭报表数据,还要结合成本分析资料和施工生产、成本管理的实际情况,然后才能做出正确的评价,带动今后的成本管理工作,保证项目成本目标的实现。

2)阶段成本考核。项目的施工阶段,一般可分为:基础、结构、装饰、总体等四个阶段。如果是高层建筑,可对结构阶段的成本进行分层考核。

阶段成本考核能对施工告一段落后的成本进行考核,可与施工阶段其他指标(如进度、质量等)的考核结合得更好,也更能反映工程项目的管理水平。

(4)正确考核项目的竣工成本。项目的竣工成本,是在工程竣工和工程款结算的基础上编制的,它是竣工成本考核的依据,也是项目成本管理水平和项目经济效益的最终反映,也是考核承包经营情况、实施奖罚的依据。必须做到核算无误,考核正确。

(5)项目成本的奖罚。工程项目的成本考核,可分为月度考核、阶段考核和竣工考核三种。为贯彻责权利相结合原则,应在项目成本考核的基础上,确定成本奖罚标准,并通过经济合同的形式明确规定,及时兑现。

由于月度成本考核和阶段成本考核属假设性的,因而,实施奖罚应留有余地,待项目竣工成本考核后再进行调整。

项目成本奖罚的标准,应通过经济合同的形式明确规定。因为,经济合同规定的奖罚标准具有法律效力,任何人都无权中途变更,或者拒不执行。另外,通过经济合同明确奖罚标准以后,职工群众就有了奋斗目标,因而也会在实现项目成本目标中发挥更积极的作用。

在确定项目成本奖罚标准的时候,必须从本项目的客观情况出发,既要考虑职工的利益,又要考虑项目成本的承受能力。在一般情况下,造价低的项目,奖金水平要定得低一些;造价高的项目,奖金水平可以适当提高。具体的奖罚标准,应该经过认真测算再行确定。

除此之外,企业领导和项目经理还可对完成项目成本目标有突出贡献的部门、作业队、班组和个人进行随机奖励。这是项目成本奖励的另一种形式,显然不属于上述成本奖罚的范围,但往往能起到很好的效果。

第十一章 项目现场管理

第一节 项目现场管理概述

一、建筑施工现场管理的概念

建筑施工现场指从事建筑施工活动经批准占用的施工场地。它既包括红线以内占用的建筑用地和施工用地,又包括红线以外现场附近经批准占用的临时施工用地。

建筑施工现场管理就是运用科学的管理思想、管理组织、管理方法和管理手段,对建筑施工现场的各种生产要素,如人(操作者,管理者)、机(设备)、料(原材料)、法(工艺、检测)、环境、资金、能源、信息等,进行合理的配置和优化组合,通过计划、组织、控制、协调、激励等管理职能,保证现场能按预定的目标,实现优质、高效、低耗、按期、安全、文明地生产。

二、建筑施工现场管理的意义

(1)施工现场管理是贯彻执行有关法规的集中体现。建筑施工现场管理不仅是一个工程管理问题,也是一个严肃的社会问题。它涉及许多城市建设管理法规,诸如:城市绿化、消防安全、交通运输、工业生产保障、文物保护、居民安全、人防建设、居民生活保障、精神文明建设等。

(2)施工现场管理是建设体制改革的重要保证。在从计划经济向市场经济转换过程中,原来的建设管理体制必须进行深入的改革,而每个改革措施的成果,必然都通过施工现场反映出来。在市场经济条件下,在现场内建立起新的责、权、利结构,对施工现场进行有效的管理,既是建设体制改革的重要内容,也是其他改革措施能否成功的重要保证。

(3)施工现场是施工企业与社会的主要接触点。施工现场管理是一项科学的、综合的系统管理工作,施工企业的种项管理工作,都通过现场管理来反映。企业可以通过现场这个接触点体现自身的实力,获得良好的信誉,取得生存和发展的压力和动力。同时,社会也通过这个接触来认识、评价企业。

(4)施工现场管理的施工活动正常进行的基本保证。在建筑施工中,大量的人流、物流、财流和信息流汇于施工现场。这些流是否畅通,涉及施工生产活动是否顺利进行,而现场管理是人流、物流、财流和信息畅通的基本保证。

(5)施工现场是各专业管理联系的纽带。在施工现场,各项专业管理工作即按合理分工分头进行,而又密切协作,相互影响,相互制约。施工现场管理的好坏,直接关系到各项专业管理的热核经济效果。

三、建筑施工现场管理的任务

施工员是现场施工的直接指挥员,应学习有关施工现场管理的基本理论和方法,合理组织施工,达到优质、低耗、高效、安全和文明施工的目的。

建筑施工现场管理的任务,具体可以归纳为以下几点:

(1)全面完成生产计划规定的任务(含产量、产值、质量、工期、资金、成本、利润和安全等)。

(2)按施工规律组织生产,优化生产要素的配置,实现高效率和高效益。

(3)搞好劳动组织和班组建设,不断提高施工现场人员的思想和技术素质。

(4)加强定额管理,降低物料和能源的消耗,减少生产储备和资金占用,不断降低生产成本。

(5)优化专业管理,建立完善管理体系,有效地控制施工现场的投入和产出。

(6)加强施工现场的标准化管理,使人流、物流高效有序。

(7)治理施工现场环境,改变"脏、乱、差"的状况,注意保护施工环境,做到施工不扰民。

四、建筑施工现场管理的内容

工程项目施工现场管理涉及生产、劳动、材料、机械、技术、安

全、消防、保卫、环境卫生等各项管理措施,其工作内容主要有以下几个方面:

(1)现场平面管理。施工现场的布置,是要解决建筑施工所需的各项设施和永久性建筑(拟建和已有的建筑)之间的合理布置,按照施工部署、施工方案和施工进度的要求,对施工用临时房屋建筑、临时加工预制场、材料仓库、堆场、临时水、电、动力管线和交通运道路等做出周密规划和布置。

(2)材料管理。材料管理就是项目对施工生产过程中所需要的各种材料的计划、订购、运输、储备、发放和使用所进行的一系列组织与管理工作。现场管理的主要内容是:确定供料和用料目标;确定供料、用料方式及措施;组织材料及制品的采购、加工和储备,作好施工现场的进料安排;组织材料进场、保管及合理使用;完工后及时退料及办理结算等。

(3)设备管理。设备管理主要是指对项目施工所需的施工设备、临时设施和必需的后勤供应进行管理。施工设备,如塔吊、混凝土拌合设备、运输设备等。临时设施,如施工用仓库、宿舍、办公室、工棚、厕所、现场施工用供排系统(水电管网、道路等)。

(4)技术管理。技术管理是对所承包工程的各项技术活动和施工技术的各项内容进行计划、组织、指挥、协调和控制的总称,是对建设工程项目进行的科学管理。

(5)安全生产。施工现场安全防护要齐全、符合规定,做到领导不违章指挥,工人不违章操作。

(6)环境保护。不得随意排放污水、丢弃污物。注意控制减少施工噪声。在居民区附近施工时,要采取各种有效措施减少施工扰民。

(7)消防。施工现场应建立防火责任制,按规定设置消防管道、消火栓,配备器材。严格控制易燃、易爆物品。各种临时设置应符合消防要求。

(8)保卫。施工现场应建立保卫工作责任制。按规定建立保卫组织机构,有效实施"人防、物防、技防",确保施工现场治安秩序。

(9)现场整洁。施工现场要文明施工,保持整洁。工作面上要活完、料净、脚下清。施工中产生的垃圾要集中堆放,及时清运。多层、高层建筑的施工垃圾要用临时垃圾筒漏下,或装入容器运下,严禁自楼上向外抛洒。

(10)保持环境卫生。现场的办公室、更衣室、职工宿舍、食堂、厕所等要整洁卫生,符合要求。

第二节 施工现场平面布置

一、施工平面图设计要求

(一)施工总平面图设计

1. 施工总平面图设计的主要内容

(1)施工用地范围。

(2)一切地上和地下的已有和拟建的建筑物、构筑物及其他设施的平面位置与尺寸。

(3)永久性与非永久性坐标位置,必要时标出建筑场地的等高线。

(4)场内取土和弃土的区域位置。

(5)为施工服务的各种临时设施的位置。这些设施包括:

1)各种运输业务用的建筑物和运输道路;

2)各种加工厂、半成品制备站及机械化装置等;

3)各种建筑材料、半成品及零件的仓库和堆置场;

4)行政管理及文化生活福利用的临时建筑物;

5)临时给水排水管线、供电线路、管道等;

6)保安及防火设施

2. 施工总平面图设计的原则

施工总平面图是建设项目或群体工程的施工布置图,由于栋号多、工期长、施工场地紧张及分批交工的特点,使施工平面图设计难度大,应当坚持以下原则:

(1)在满足施工要求的前提下布置紧凑,少占地,不挤占交通道路。

(2)最大限度地缩短场内运输距离,尽可能避免二次搬运。物料应分批进场,大件置于起重机下。

(3)在满足施工需要的前提下,临时工程的工程量应该最小,以降低临时工程费,故应利用已有房屋和管线,永久工程前期完工的为后期工程使用。

(4)临时设施布置应利于生产和生活,减少工人往返时间。

(5)充分考虑劳动保护、环境保护、技术安全、防火要求等

3.施工总平面图的设计要求

(1)场外交通道路的引入与场内布置。

1)一般大型工业企业都有永久性铁路建筑,可提前修建为工程服务,但应恰当确定起点和进场位置,考虑转弯半径和坡度限制,有利于施工场地的利用。

2)当采用公路运输时,公路应与加工厂、仓库的位置结合布置,与场外道路连接,符合标准要求。

3)当采用水路运输时,卸货码头不应少于两个,宽度不应小于2.5m,江河距工地较近时,可在码头附近布置主要加工厂和仓库。

(2)仓库的布置。一般应接近使用地点,其纵向宜与交通线路平行,装卸时间长的仓库应远离路边。

(3)加工厂和混凝土搅拌站的布置。总的指导思想是应使材料和构件的运输量小,有关联的加工厂适当集中。

(4)内部运输道路的布置。

1)提前修建永久性道路的路基和简单路面为施工服务;临时道路要把仓库、加工厂、堆场和施工点贯穿起来。

2)按货运量大小设计双行环行干道或单行支线,道路末端要设置回车场。路面一般为土路、砂石路或礁碴路。

3)尽量避免临时道路与铁路、塔轨交叉,若必须交叉,其交叉角宜为直角,至少应大于30°。

(5)临时房屋的布置。

1)尽可能利用已建的永久性房屋为施工服务,不足时再修建临时房屋。临时房屋应尽量利用活动房屋。

2)全工地行政管理用房宜设在全工地入口处。工人用的生活福利设施,如商店、俱乐部等,宜设在工人较集中的地方,或设在工

人出入必经之处。

3)工人宿舍一般宜设在场外,并避免设在低洼潮湿地及有烟尘不利于健康的地方。

4)食堂宜布置在生活区,也可视条件设在工地与生活区之间。

(6)临时水电管网和其他动力设施的布置。

1)尽量利用已有的和提前修建的永久线路。

2)临时总变电站应设在高压线进入工地处,避免高压线穿过工地。

3)临时水池、水塔应设在用水中心和地势较高处。管网一般沿道路布置,供电线路应避免与其他管道设在同一侧。主要供水、供电管线采用环状,孤立点可设枝状。

4)管线穿过道路处均要套以铁管,一般电线用 $\phi51\sim\phi76$ 管,电缆用 $\phi102$ 管,并埋入地下 0.6m 处。

5)过冬的临时水管须埋在冰冻线以下或采取保温措施。

6)排水沟沿道路布置,纵坡不小于 0.2%,通过道路处须设涵管,在山地建设时应有防洪设施。

7)消火栓间距不大于 120m,距拟建房屋不小于 5m,不大于25m,距路边不大于 2m。

8)各种管道间距应符合规定要求。

(二)单位工程施工平面图设计

1. 设计要求

布置紧凑,占地要省,不占或少占农田;短运输,少搬运;临时工程要在满足需要的前提下,少用资金;利于生产、生活、安全、消防、环保、市容、卫生、劳动保护等,符合国家有关规定和法规。

2. 设计要点

(1)起重机械布置。井架、门架等固定式垂直运输设备的布置,要结合建筑物的平面形状、高度、材料、构件的重量,考虑机械的负荷能力和服务范围,做到便于运送,便于组织分层分段流水施工,便于楼层和地面的运输,运距要短。

塔式起重机的布置要结合建筑物的形状及四周的场地情况布置。起重高度、幅度及起重量要满足要求,使材料和构件可达到建筑物的任何使用地点。路基按规定进行设计和建造。

履带吊和轮胎吊等自行式起重机的行驶路线要考虑吊装顺序、构件重量、建筑物的平面形状、高度、堆放场位置以及吊装方法,避免机械能力的浪费。

(2)运输道路的修筑。应按材料和构件运输的需要,沿着仓库和堆场进行布置,使之畅行无阻。宽度要符合规定,单行道不小于3~3.5m,双车道不小于5.5~6m。木材场两侧应有6m宽通道,端头处应有12m×12m回车场。消防车道不小于3.5m。

(3)供水设施的布置。临时供水首先要经过计算、设计,然后进行设置,其中包括水源选择、取水设施、贮水设施、用水量计算(生产用水、机械用水、生活用水、消防用水)、配水布置、管径的计算等。单位工程施工组织设计的供水计算和设计可以简化或根据经验进行安排。

一般5000~10000m²的建筑物施工用水主管径为50mm,支管径为40mm或25mm。消防用水一般利用城市或建设单位的永久消防设施。

(4)临时供电设施。临时供电设计,包括用电量计算、电源选择、电力系统选择和配置。用电量包括电动机用电量、电焊机用电量、室内和室外照明容量。

二、临时建筑布置

临时建筑可分为行政、生活临时用房和临时仓库、加工厂等。

(一)临时行政、生活用房

1. 临时行政、生活用房分类

(1)行政管理和辅助用房:包括办公室、会议室、门卫、消防站、汽车库及修理车间等。

(2)生活用房:包括职工宿舍、食堂、卫生设施、工人休息室、开水房等。

(3)文化福利用房:包括医务室、浴室、理发室、文化活动室、小卖部等。

2. 临时行政、生活用房的布置原则

临时行政、生活用房的布置应尽量利用永久性建筑,延缓现场原有建筑的拆除,尽量采用活动式临时房屋,可根据施工不同阶段利用已建好的工程建筑,应视场地条件及周围环境条件对所设临时行政、生活用房进行合理地取舍。

在大型工程和场地宽松的条件下,工地行政管理用房宜设在工地入口处或中心地区,现场办公室应靠近施工地点,生活区应设在工人较集中的地方和工人出入必经地点,工地食堂和卫生设施应设在不受影响且有利于文明施工的地点。

在市区内的工程,往往由于场地狭窄,应尽量减少临时建设所设项目,且尽量沿场地周边集中布置,一般只考虑设置办公室、工人宿舍或休息室、食堂、门卫和卫生设施等。

3. 确定临时行政、生活用房面积

各类临时用房及使用人数确定后,可根据表 11-1、现行定额或实际经验数值,确定临时建筑所需用的面积。计算公式如下:

$$A = N \times P \tag{11-1}$$

式中　A——建筑面积;

　　　N——人数;

　　　P——建筑面积定额。

表 11-1　　　　　　行政、生活、福利临时建筑参考指标

临时房屋名称	指标使用方法	参考指标(m^2/人)
一、办公室	按干部人数	3～4
二、宿舍	按高峰年(季)职工平均人数	2.5～3.5
单层通铺	(扣除不在工地住宿人数)	2.5～3
双层床		2.0～2.5
单层床		3.5～4
三、家属宿舍		16～25m²/户
四、食堂	按高峰年职工平均人数	0.5～0.8
五、食堂兼礼堂	按高峰年职工平均人数	0.6～0.9
六、其他		
医务室	按高峰年职工平均人数	0.05～0.07
浴室	按高峰年职工平均人数	0.07～0.1
理发室	按高峰年职工平均人数	0.01～0.03
浴室兼理发室	按高峰年职工平均人数	0.08～0.1

续表

临时房屋名称	指标使用方法	参考指标(m²/人)
俱乐部	按高峰年职工平均人数	0.1
小卖店	按高峰年职工平均人数	0.03
招待所	按高峰年职工平均人数	0.06
托儿所	按高峰年职工平均人数	0.03～0.06
子弟小学	按高峰年职工平均人数	0.06～0.08
其他公用	按高峰年职工平均人数	0.05～0.10
七、现场小型设施		
开水房		10～40m²
厕　所	按高峰年职工平均人数	0.02～0.07
工人休息室	按高峰年职工平均人数	0.15

（二）临时仓库、加工厂

1. 现场仓库的形式

现场仓库按其储存材料的性质和重要程度，可采用露天堆场、半封闭式(棚)或封闭式(仓库)三种形式。

(1)露天堆场。用于不受自然气候影响而损坏质量的材料。如砂、石、砖、混凝土构件。

(2)半封闭式(棚)。用于储存防止雨、雪、阳光直接侵蚀的材料。如堆放油毡、沥青、钢材等。

(3)封闭式(库)。用于受气候影响易变质的制品、材料等。如水泥、五金零件、器具等。

2. 仓库的布置

仓库应尽量利用永久性仓库为现场服务。应布置在使用地点，位于平坦、宽敞、交通方便之处，距各使用地点要比较适中，使之距各使用地点的运输造价或运输吨公里最小。且应考虑材料运入方式(铁路、船运、汽运)及应遵守安全技术和防火规定。

一般材料仓库应邻近公路和施工地区布置；钢筋木材仓库应布置在其加工厂附近；水泥库、砂石堆场则布置在搅拌站附近；油库、氧气库和电石库、危险品库宜布置在僻静、安全之处；大型工业企业的主要设备的仓库一般应与建筑材料仓库分开设置；易燃材料的仓库要设在拟建工程的下风方向;车库和机械站应布置在现场入口处。

3. 仓库材料储备量

确定材料的储备量,要在保证正常施工的前提下,不宜储存过多,减少仓库占地面积,降低临时设施费用。通常的储备量应根据现场条件、材料的供需要求、运输条件和资金的周转情况等来确定,同时要考虑季节性施工的影响(如雨季、冬季运输条件不便,可多储备一些)。

在求得计划期间内材料的需用量后,其储备量可按储备期计算:

$$P = \frac{K_1 T_i Q}{T} \tag{11-2}$$

式中　P——材料的储备量;

　　　K_1——材料使用不均匀系数,见表 11-2;

　　　T_i——某种材料的储备期(天),见表 11-3;

　　　Q——某种材料的计划用量(m^2,t 等);

　　　T——某种材料的施工天数。

表 11-2　　　　　　　　材料使用的不均匀系数

序　号	材料名称	材料使用不均匀系数	
		K_1	K_2
1	砂　子	1.2~1.4	1.5~1.8
2	碎、卵石	1.2~1.4	1.6~1.9
3	石　灰	1.2~1.4	1.7~2.0
4	砖	1.4~1.8	1.6~1.9
5	瓦	1.6~1.8	2.2~2.5
6	块　石	1.5~1.7	2.5~2.8
7	炉　渣	1.4~1.6	1.7~2.0
8	水　泥	1.2~1.4	1.3~1.6
9	型钢及钢板	1.3~1.5	1.7~2.0
10	钢　筋	1.2~1.4	1.6~1.9
11	木　材	1.2~1.4	1.0~1.0
12	沥　青	1.3~1.5	1.8~2.1
13	卷　材	1.5~1.7	2.4~2.8
14	玻　璃	1.2~1.4	2.7~3.0

表 11-3 仓库面积计算数据参考资料

序号	材料名称	单位	储备天数	每 1m² 储存量	堆置高度（m）	仓库类型
1	钢　材	t	40～50	1.5	1.0	
	工槽钢	t	40～50	0.8～0.9	0.5	露　天
	角　钢	t	40～50	1.2～1.8	1.2	露　天
	钢筋（直筋）	t	40～50	1.8～2.4	1.2	露　天
	钢筋（盘筋）	t	40～50	0.8～1.2	1.0	库或棚约占 20%
	钢　板	t	40～50	2.4～2.7	1.0	露　天
	钢管 ϕ200 以上	t	40～50	0.5～0.6	1.2	露　天
	钢管 ϕ200 以下	t	40～50	0.7～1.0	2.0	露　天
	钢　轨	t	20～30	2.3	1.0	露　天
	铁　皮	t	40～50	2.4	1.0	库或棚
2	生　铁	t	40～50	5	1.4	露　天
3	铸铁管	t	20～30	0.6～0.8	1.2	露　天
4	暖气片	t	40～50	0.5	1.5	露天或棚
5	水暖零件	t	20～30	0.7	1.4	库或棚
6	五　金	t	20～30	1.0	2.2	库
7	钢丝绳	t	40～50	0.7	1.0	库
8	电线电缆	t	40～50	0.3	2.0	库或棚
9	木　材	m³	40～50	0.8	2.0	露　天
	原　材	m³	40～50	0.9	2.0	露　天
	成　材	m³	30～40	0.7	3.0	露　天
	枕　木	m³	20～30	1.0	2.0	露　天
	灰板条	千根	20～30	5	3.0	棚
10	水　泥	t	30～40	1.4	1.5	库
11	生石灰（块）	t	20～30	1～1.5	1.5	棚
	生石灰（袋装）	t	10～20	1～1.3	1.5	棚
	石　膏	t	10～20	1.2～1.7	2.0	棚
12	砂、石子（人工堆置）	m³	10～30	1.2	1.5	露　天
	砂、石子（机械堆置）	m³	10～30	2.4	3.0	露　天
13	石　块	m³	10～20	1.0	1.2	露　天
14	红　砖	千块	10～30	0.5	1.5	露　天
15	耐火砖	t	20～30	2.5	1.8	棚
16	黏土瓦、水泥瓦	千块	10～30	0.25	1.5	露　天
17	石棉瓦	张	10～30	25	1.0	露　天
18	水泥管、陶土管	t	20～30	0.5	1.5	露　天
19	玻　璃	箱	20～30	6～10	0.8	棚或库

续表

序号	材料名称	单位	储备天数	每 1m² 储存量	堆置高度 (m)	仓库类型
20	卷　材	卷	20～30	15～24	2.0	库
21	沥　青	t	20～30	0.8	1.2	露　天
22	液体燃料润滑油	t	20～30	0.3	0.9	库
23	电　石	t	20～30	0.3	1.2	库
24	炸　药	t	10～30	0.7	1.0	库
25	雷　管	t	10～30	0.7	1.0	库
26	煤	t	10～30	1.4	1.5	露　天
27	炉　渣	m³	10～30	1.2	1.5	露　天
28	钢筋混凝土构件	m³				
	板	m³	3～7	0.14～0.24	2.0	露　天
	梁、柱	m	3～7	0.12～0.18	1.2	露　天
29	钢筋骨架	t	3～7	0.12～0.18	—	露　天
30	金属结构	t	3～7	0.16～0.24	—	露　天
31	铁件	t	10～20	0.9～1.5	1.5	露天或棚
32	钢门窗	t	10～20	0.65	2	棚
33	木门窗	m³	3～7	30	2	棚
34	木屋架	m³	3～7	0.3	—	露　天
35	模　板	m³	3～7	0.7	—	露　天
36	大型砌块	m³	3～7	0.9	1.5	露　天
37	轻质混凝土制品	m³	3～7	1.1	2	露　天
38	水、电及卫生设备	t	20～30	0.35	1	棚库各约占 1/4
39	工艺设备	t	20～30	0.6～0.8	—	露天约占 1/2
40	多种劳保用品	件		250	2	库

注：1. 当采用散装水泥时设水泥罐，其容积按水泥周转量计算，不再设集中水泥库；

2. 块石、砖、水泥管等以在建筑物附近堆放为原则，一般不设集中堆场。

4. 仓库面积的确定

(1)按材料储备量计算：

$$F = \frac{P}{q \cdot K_2}$$ (11-3)

式中　F——仓库总面积(m^2)；

P——材料的储备量(m^3, t 等)；

q——每 $1m^2$ 仓库面积上存放材料数量，见表 11-3；

K_2——仓库面积利用系数，见表 11-2。

(2)按系数计算：

$$F = \varphi \cdot m$$ (11-4)

式中 F——仓库总面积(m^2);

φ——系数,见表 11-4;

m——计算基数,见表 11-4。

表 11-4 按系数计算仓库面积参考资料

序号	名 称	计算基数	单位	系数(φ)	备注
1	仓库(综合)	按年平均全员人数(工地)	m^2/人	0.7~0.8	陕西省一局统计手册
2	水泥库	按当年水泥用量的40%~50%	m^2/t	0.7	黑龙江、安徽省用
3	其他仓库	按当年工作量	m^2/万元	1~1.5	
4	五金杂品库	按年建安工作量计算时	m^2/万元	0.1~0.2	
		按年平均在建面积计算时	m^2/百 m^2	0.5~1	原华东院施工组织设计手册
5	土建工具库	按高峰年(季)平均全员人数	m^2/人	0.1~0.2	建研院、一机部一院资料
6	水暖器材库	按年平均在建建筑面积	m^2/百 m^2	0.2~0.4	建研院、一机部一院资料
7	电器器材库	按年平均在建建筑面积	m^2/百 m^2	0.3~0.5	建研院、一机部一院资料
8	化工油漆危险品仓库	按年建安工作量	m^2/万元	0.05~0.1	
9	三大工具堆场	按年平均在建建筑面积	m^2/百 m^2	1~2	
	(脚手、跳板、模板)	按年建安工作量	m^2/万元	0.3~0.5	

5. 临时加工厂

根据工程的性质、规模、施工方法、工程所处的环境条件(包括地点、场地条件、材料、构件供应条件等),工程所需的临时加工厂不尽相同。通常设有钢筋、混凝土、木材(包括模板、门窗等)、金属结构等加工厂。加工厂布置时应使材料及构件的总运输费用最小,减少进入现场的二次搬运量,同时使加工厂有良好的生产条件,做到加工与施工互不干扰,一般情况下,把加工厂布置在工地的边缘。这样,既便于管理,又能降低铺设道路、动力管线及给排水管道的费用。常见临时加工厂和现场作业棚所需面积参考指标见表11-5、表11-6。

表 11-5　　　　　　　　临时加工厂所需面积参考指标

序号	加工厂名称	年产量		单位产量所需建筑面积	占地总面积(m³)	备注
		单位	数量			
1	混凝土搅拌站	m³	3200	0.022m²/m³	按砂石堆场考虑	400L 搅拌机 2 台
		m³	4800	0.021m²/m³		400L 搅拌机 3 台
		m³	6400	0.020m²/m³		400L 搅拌机 4 台
2	临时性混凝土预制厂	m³	1000	0.25m²/m³	2000	生产屋面板和中小型梁板柱等,配有蒸养设施
		m³	2000	0.20m²/m³	3000	
		m³	3000	0.15m²/m³	4000	
		m³	5000	0.125m²/m³	小于 6000	
3	半永久性混凝土预制厂	m³	3000	0.6m²/m³	9000～12000	
		m³	5000	0.4m²/m³	12000～15000	
		m³	10000	0.3m²/m³	15000～20000	
4	木材加工厂	m³	15000	0.0244m²/m³	1800～3600	进行原木、木方加工
		m³	24000	0.0199m²/m³	2200～4800	
		m³	30000	0.0181m²/m³	3000～5500	
	综合木工加工	m³	200	0.30m²/m³	100	加工门窗、模板、地板、屋架等
		m³	500	0.25m²/m³	200	
		m³	1000	0.20m²/m³	300	
		m³	2000	0.15m²/m³	420	
	粗木加工厂	m³	5000	0.12m²/m³	1350	加工屋架、模板
		m³	10000	0.10m²/m³	2500	
		m³	15000	0.09m²/m³	3750	
		m³	2000	0.08m²/m³	4800	
	细木加工厂	万 m³	5	0.0140m²/m³	7000	加工门窗、地板
		万 m³	10	0.0114m²/m³	10000	
		万 m³	15	0.0106m²/m³	14000	
	钢筋加工厂	t	200	0.35m²/t	280～560	加工、成型、焊接
		t	500	0.25m²/t	380～750	
		t	1000	0.20m²/t	400～800	
		t	2000	0.15m²/t	450～900	
5	现场钢筋调直或冷拉 拉直场卷扬机棚 冷拉场 时效场	所需场地(长×宽) (70～80)m×(3～4)m 15～20m² (4～60)m×(3～4)m (3～40)m×(6～8)m				包括材料和成品堆放

序号	加工厂名称	年产量		单位产量所需建筑面积	占地总面积（m³）	备注
		单位	数量			
5	钢筋对焊 对焊场地 对焊棚			所需场地（长×宽） (3～40)m×(4～5)m 15～20m²		包括材料和成品堆放
	钢筋冷加工 冷拔、冷轧机 剪断机 弯曲机 φ12 以下 弯曲机 φ40 以下			所需场地（m²/台） 40～50 30～40 50～60 60～70		
6	金属结构加工 （包括一般 铁件）			所需场地（m²/t） 所产 500t 为 10 年产 1000t 为 8 年产 2000t 为 6 年产 3000t 为 5		按一批加工数量计算
7	石灰消化 贮灰池 淋灰池 淋灰槽			5×3＝15m² 4×3＝12m² 3×2＝6m²		第二个贮灰池配一套淋灰池和淋灰槽,每600kg 石灰可消化 1m³ 石灰膏
8	沥青锅场地			20～40m²		台班产量 1～1.5t/台

表 11-6　　　　　　　　现场作业棚所需面积参考指标

序号	名　称	单　位	面积（m²）	备　注
1	木工作业棚	m²/人	2	占地为建筑面积的 2～3 倍
2	电锯房	m²	80	34～36 的圆锯一台
	电锯房	m²	40	小圆锯一台
3	钢筋作业棚	m²/人	3	占地为建筑面积的 3～4 倍
4	搅拌棚	m²/台	10～18	
5	卷扬机棚	m²/台	6～12	
6	烘炉房	m²	30～40	
7	焊工房	m²	20～40	
8	电工房	m²	15	
9	白铁工房	m²	20	
10	油漆工房	m²	20	
11	机、钳工修理房	m²	20	
12	立式锅炉房	m²/台	5～10	

序号	名 称	单 位	面积(m²)	备 注
13	发电机房	m²/kW	0.2～0.3	
14	水泵房	m²/台	3～8	
15	空压机房(移动式)	m²/台	18～30	
	空压机房(固定式)	m²/台	9～15	

三、施工机械、材料、构件堆放与布置

(一)施工机械的布置

随着现代施工技术的发展,工程施工的机械化程度越来越高,使用的机械种类也越来越多,因此,在施工中如何合理地进行布置,对充分发挥机械效率,提高劳动生产率,实现现场安全、文明施工有重要意义。

施工中所使用的机械设备,有许多是为局部或某些施工过程所使用,具有小型、灵便、可随时移动操作位置等特点,如电焊机、切割机、空压机等。而有些全场性的机械设备,如垂直运输机械,混凝搅拌站,施工电梯等,这些机械布置的位置要固定,在整个工程施工期占用一定的场地,并对施工的顺利完成起重要作用。

1. 起重机械

现场的起重机械有塔吊、履带吊起重机、井架、龙门架、平台式起重机等。它的位置直接影响仓库、料堆、砂浆和混凝土搅拌站的位置以及场地道路和水电管网的位置等。因此要首先予以考虑。

塔式起重机的布置要结构建筑物的平面形状和四周场地条件综合考虑。轨道式塔吊一般应在场地较宽的一面沿建筑物的长度方向布置,以充分发挥其效率。塔吊的布置要尽量使建筑物处于其回转半径覆盖之下,并尽可能地覆盖最大面积的施工现场,使起重机能将材料、构件运至施工各个地点,避免出现"死角"。

布置固定式垂直运输设备(如井架、龙门架、桅杆、固定式塔吊)的位置时,主要根据机械性能、建筑物平面形状和大小、施工段划分的情况、起重高度、材料和构件的重量及运输道路的情况等而定。做到使用方便、安全、便于组织流水施工,便于楼层和地面运输,并使其运距要短。

2. 施工电梯

当进行高层建筑施工时，为施工人员的上下及携带工具和运送少量材料，一般需设施工电梯。施工电梯的基础及与建筑物的连接基本可按固定式塔吊设置。

与塔吊相比，施工电梯是一种辅助性垂直运输机械，布置时主要依附于主楼结构，宜布置在窗口处，并应考虑易进行基础处理处。

3. 搅拌站

砂浆及混凝土的搅拌站位置，要根据房屋的类型、场地条件、起重机和运输道路的布置来确定。在一般的砖混结构房屋中，砂浆的用量比混凝土用量大，要以砂浆搅拌站位置为主。在现浇混凝土结构中，混凝土用量大，又要以混凝土搅拌站为主来进行布置。搅拌站的布置要求如下：

(1)搅拌站应有后台上料的场地，尤其是混凝土搅拌机，要与砂石堆场、水泥库一起考虑布置，既要互相靠近，又要便于材料的运输和装卸。

(2)搅拌站应尽可能布置在垂直运输机械附近或其服务范围内，以减少水平运距。

(3)搅拌站应设置在施工道路近旁，使小车、翻斗车运输方便。

(4)搅拌站场地四周应设置排水沟，以有利于清洗机械和排除污水，避免造成现场积水。

(5)混凝土搅拌台所需面积约 $25m^2$，砂浆搅拌台约 $15m^2$。

(二)材料、构件堆放与布置

(1)材料的堆放应尽量靠近使用地点，减少或避免二次搬运，并考虑到运输及卸料方便。基础施工用的材料可堆放在基坑四周，但不易离基坑(槽)太近，以防压坍土壁。

(2)如用固定式垂直运输设备，则材料、构件堆场应尽量靠近垂直运输设备，以减少二次搬运或布置的塔吊起重半径之内。

(3)预制构件的堆放位置要考虑到吊装顺序。先吊的放在上面，吊装构件进场时间应密切与吊装进行配合，力求直接卸到就位位置，避免二次搬运。

(4)砂石应尽可能布置在搅拌站后台附近，石子的堆场更应靠近搅拌机一些,并按石子不同粒径分别设置。如同袋装水泥,要设专门干燥、防潮的水泥库房;采用散装水泥时,则一般设置圆形贮罐。

(5)石灰、淋灰池要接近灰浆搅拌站布置。沥青堆放和熬制地点均应布置在下风向,要离开易燃、易爆库房。

(6)模板、脚手架等周转材料,应选择在装卸、取用、整理方便和靠近拟建工程的地方布置。

(7)钢筋应与钢筋加工厂统一考虑布置,并应注意进场、加工和使用的先后顺序。应按型号、直径、用途分门别类堆放。

四、运输道路的布置

施工运输道路应按材料和构件运输的需要,应沿仓库和堆场进行布置,使之畅通无阻。

(一)施工道路技术要求

1. 道路的最小宽度、最小转弯半径

施工现场道路的最小宽度和最小转弯半径分别见表11-7、表11-8。架空线及管道下面的道路,其通行空间宽度应比道路宽度大0.5m,空间高度应大于4.5m。

表 11-7　　　　　　　　施工现场道路最小宽度

序　号	车辆类别及要求	道路宽度(m)
1	汽车单行道	不小于3.0
2	汽车双行道	不小于6.0
3	平板拖车单行道	不小于4.0
4	平板拖车双行道	不小于8.0

表 11-8　　　　　　　　施工现场道路最小转弯半径

车辆类型	路面内侧的最小曲线半径(m)		
	无拖车	有一辆拖车	有二辆拖车
小客车、三轮汽车	6		
一般二轴载重汽车	单车道9 双车道7	12	15
二轴载重汽车重型载重汽车	12	15	18
起重型载重汽车	15	18	21

2. 道路的做法

一般砂质土可采用碾压土路办法。当土质黏或泥泞、翻浆时，可采用加骨料碾压路面的方法，骨料应尽量就地取材，如碎砖、炉渣、卵石、碎石及大石块等。

为了排除路面积水，保证正常运输，道路路面应高出自然地面0.1～0.2m，雨量较大的地区，应高出0.5m左右，道路的两侧设置排水沟，一般沟深和底宽不小于0.4m。

(二)施工道路布置要求

(1)应满足材料、构件等的运输要求，使道路通到各个仓库及堆场，并距离其装卸区越近越好，以便装卸。

(2)应满足消防的要求，使道路靠近建筑物、木料场等易发生火灾的地方，以便车辆能开到消防栓处。消防车道宽度不小于3.5m。

(3)为提高车辆的行驶速度和通行能力，应尽量将道路布置成环路。如不能设置环形路，则应在路端设置掉头场地。

(4)应尽量利用已有道路或永久性道路。根据建筑总平面图上永久性道路的位置，先修筑路基，作为临时道路。工程结束后，再修筑路面。

(5)施工道路应避开拟建工程和地下管等地方。否则工程后期施工时，将切断临时道路，给施工带来困难。

第三节 施工项目材料管理

一、材料管理

材料管理就是项目对施工生产过程中所需要的各种材料的计划、订购、运输、储备、发放和使用所进行的一系列组织与管理工作。做好这些物资管理工作，有利于企业合理使用和节约材料，加速资金周转，降低工程成本，增加企业的盈利，保证并提高建设工程产品质量。

对工程项目材料的管理,主要是指在材料计划的基础上,对材料的采购、供应、保管和使用进行组织和管理,其具体内容包括材料定额的制定管理、材料计划的编制、材料的库存管理、材料的订货采购、材料的组织运输、材料的仓库管理、材料的现场管理、材料的成本管理等方面。

二、材料管理系统

材料管理系统的主要任务是对施工的工程项目按计划保质、保量、按时地供应所需的各种材料设备,并负责加工订货。在我国社会主义市场经济的初级阶段,除国外和外埠的工程项目外,项目经理部一般不宜有材料采购权,而应以签订合同的方式,委托专门的材料设备公司负责采购供应。

三、材料计划管理

材料计划管理,就是运用计划手段组织、指导、监督、调节材料的采购、供应、储备、使用等一系列工作的总称。

项目经理部应及时向企业物资部门提供主要材料、大宗材料需用计划,由企业负责采购。工程项目工程项目材料需用计划一般包括整个工程项目(或单位工程)和各计划期(年、季、月)的需用计划。

材料需用计划应根据工程项目设计文件及施工组织设计编制,反映所需的各种材料的品种、规格、数量和时间要求,是编制其他各项计划的基础。准确确定材料需要数量是编制材料计划的关键。

(1)项目材料需用量的确定

1)计算需用量。确定材料需用量是编制材料计划的重要环节,是搞好材料平衡、解决供求矛盾的关键。因此,在确定材料需用量时,不仅要坚持实事求是的原则,力求全面正确地来确定需用量,也要注意运用正确的方法。

由于各项需要的特点不同,其确定需用量的方法也不同,见表11-9。

表 11-9　　　　　　　　　　　　需用量确定方法

序号	方法	内　容　说　明
1	直接计算法	直接计算法是用直接资料计算材料需用量的方法,主要有以下两种形式。 (1)定额计算法,是依据计划任务量和材料消耗定额,单机配套定额来确定材料需用量的方法。其公式是: 计划需用量＝计划任务量×材料消耗定额 在计划任务量一定的情况下,影响材料需用量的主要因素就是定额。如果定额不准,计算出的需用量就难以确定。 (2)万元比例法,是根据基本建设投资总额和每万元投资额平均消耗材料来计算需用量的方法。这种方法主要是在综合部分使用,它是基本建设需用量的常用方法之一。其公式如下: 计划需用量＝某项工程总投资额(万元)×万元消耗材料数量 用这种方法计算出的材料需用量误差较大,但用于概算基建用料,审查基建材料计划指标,是简便有效的。
2	间接计算法	间接计算法是运用一定的比例、系数和经验来估算材料需用量的方法。 (1)动态分析法,是对历史资料进行分析、研究,找出计划任务量与材料消耗量变化的规律计算材料需用量的方法。其公式如下: 计划需用量＝计划期任务量/上期预计完成任务量×上期预计所消耗材料总量×(1±材料消耗增减系数) 或 计划需用量＝计划任务量×上期预计单位任务材料消耗量×(1±材料消耗增减系数) 公式中的材料消耗系数,一般是根据上期预计消耗量的增减趋势,结合计划期的可能性来决定的。 (2)类比计算法,是指生产某项产品时,既无消耗定额,也无历史资料参考的情况下,参照同类产品的消耗定额计算需用量的方法。其计算公式如下: 计划需用量＝计划任务量×类似产品的材料消耗量×(1±调整系数) 上式中的调整系数可根据两种产品材料消耗量不同的因素来确定。 (3)经验统计法,这是凭借工作经验和调查资料,经过简单计算来确定材料需用量的一种方法。经验统计法常用于确定维修、各项辅助材料及不便制定消耗定额的材料需用量。 间接计算法的计算结果往往不够准确,在执行中要加强检查分析,及时进行调整。

2)确定实际需用量,编制材料需用计划。根据各工程项目计算的需用量,进一步核算实际需用量。核算的依据有以下几个方面:

①对于一些通用性材料,在工程进行初期,考虑到可能出现的施工进度超期因素,一般都略加大储备,因此其实际需用量就略大于计划需用量。

②在工程竣工阶段,因考虑到工完料清场地净,防止工程竣工材料积压,一般是利用库存控制进料,这样实际需用量要略小于计划需用量。

③对于一些特殊材料,为保证工程质量,往往是要求一批进料,因此,计划需用量虽只是一部分,但在申请采购中往往是一次购进,这样实际需用量就要大大增加。实际需用量的计算公式如下:

$$实际需用量=计划需用量\pm调整因素 \qquad (11\text{-}5)$$

(2)材料总需求计划的编制

1)编制依据。材料总需用量计划进行编制时,其主要依据是项目设计文件、项目投标书中的《材料汇总表》、项目施工组织计划、当期物资市场采购价格及有关材料消耗定额等。

2)编制步骤。计划的编制步骤大致可分为四步,具体情况如下:

第一步,计划编制人员与投标部门进行联系,了解工程投标书中该项目的《材料汇总表》;

第二步,计划编制人员查看经主管领导审批的项目施工组织设计,了解工程工期安排和机械使用计划;

第三步,根据企业资源和库存情况,对工程所需物资的供应进行策划,确定采购或租赁的范围;根据企业和地方主管部门的有关规定确定供应方式(招标或非招标,采购或租赁);了解当期市场价格情况;

第四步,进行具体编制,可按表 11-10 进行。

表 11-10   单位工程材料总量供应计划表   元

序 号	材料名称	规 格	单 位	数 量	单 价	金 额	供应单位	供应方式

制表人: 审核人: 审批人: 制表时间:

(3)材料计划期(季、月)需求计划的编制

按计划期的长短,工程项目材料需用计划可分为年度、季度和月度计划,相应的计划期计划也应有三种,但以季度、月度计划应用较为频繁,故而计划期需用计划一般多指季度或月度材料需用计划。

1)编制依据。计划期计划主要是用来组织本计划期(季、月)内材料的采购、订货和供应等,其编制依据主要是施工项目的材料计划、企业年度方针目标、项目施工组织设计和年度施工计划、企业现行材料消耗定额、计划期内的施工进度计划等。

2)确定计划期材料需用量。确定计划期(季、月)内材料的需用量,常用以下两种方法:

①定额计算法。根据施工进度计划中各分部、分项工程量获取相应的材料消耗定额,求得各分部、分项的材料需用量,然后再汇总,求得计划期各种材料的总需用量。

②卡段法。根据计划期施工进度的形象部位,从施工项目材料计划中,摘出与施工进度相应部分的材料需用量,然后汇总,求得计划期各种材料的总需用量。

3)编制步骤。季度计划是年度计划的滚动计划和分解计划,因此,要想了解季度计划,必须首先了解年度计划。年度计划是物资部门根据企业年初制定的方针目标和项目年度施工计划,通过套用现行的消耗定额编制的年度物资供应计划,是企业控制成本,编制资金计划和考核物资部门全年工作的主要依据。

月度需求计划也称备料计划,是由项目技术部门依据施工方案和项目月度计划编制的下月备料计划,也可以说是年、季度计划的滚动计划,多由项目技术部门编制,经项目总工审核后报项目物资管理部门。

备料计划编制步骤大致如下:

第一步,了解企业年度方针目标和本项目全年计划目标;

第二步,了解工程年度的施工计划;

第三步,根据市场行情,套用企业现行定额,编制年度计划;

第四步,根据表11-11编制材料备料计划,如某些特殊物资需要加工定做的,可参照表11-12进行编制。

表 11-11　　　　　　　　　　　　物资备料计划

年　月

项目名称：　　　计划编号：　　　编制依据：　　　　　　　第　页共　页

序　号	材料名称	型　号	规　格	单　位	数　量	质量标准	备　注

制表人：　　　　审核人：　　　　　　　审批人：　　　　　制表时间：

表 11-12　　　　　部分特殊物资加工订货周期参考表

序　号	物资名称	加工周期/d	备　注
1	木制门窗	30	
2	铝合金、塑钢门窗	45～60	
3	铝木门窗	30	
4	防火门	30	
5	进口石材	60	
6	国产石材	30～45	
7	瓷砖	20～45	
8	电梯	120	
9	其他设备	60	
10	机电安装材料	20～45	

四、材料使用计划管理

1. 材料供应量计算

材料供应计划是在确定计划期需用量的基础上，预计各种材料的期初储存量、期末储备量，经过综合平衡后，计算出材料的供应量，然后再进行编制。

材料供应量的计算公式如下：

材料供应量＝材料需用量＋期末储备量－期初库存量　（11-6）

式中，期末储备量主要是由供应方式和现场条件决定的，在一般情况下也可按下列公式计算：

某项材料储备量＝某项材料的日需用量×（该项材料的供应间隔
天数＋运输天数＋入库检验天数＋生产前准备天数）　　（11-7）

2. 编制原则

（1）材料供应计划的编制，只是计划工作的开始，更重要的是组织
计划的实施。而实施的关键问题是实行配套供应，即对各分部、分项
工程所需的材料品种、数量、规格、时间及地点，组织配套供应，不能缺
项，不能颠倒。

（2）要实行承包责任制，明确供求双方的责任与义务，以及奖惩规
定，签订供应合同，以确保施工项目顺利进行。

（3）材料供应计划在执行过程中，如遇到设计修改、生产或施工工
艺变更时，应作相应的调整和修订，但必须有书面依据，要制定相应的
措施，并及时通告有关部门，要妥善处理并积极解决材料的余缺，以避
免和减少损失。

3. 编制要求

（1）A 类物资供应计划：由项目物资部经理根据月度申请计划和
施工现场、加工场地、加工周期和供应周期分别报出。供应计划一式
二份，公司物资部计划责任师一份，交各专业责任师按计划时间要求
供应到指定地点。

（2）B 类物资的供应计划：由项目物资部经理根据审批的申请计
划和工程部门提供的现场实际使用时间、供应周期直接编制。

（3）C 类物资在进场前按物资供应周期直接编制采购计划进场。

4. 编制内容

材料供应计划的编制，要注意从数量、品种、时间等方面进行平
衡，以达到配套供应、均衡施工。计划中要明确物资的类别、名称、品
种（型号）、规格、数量、进场时间、交货地点、验收人和编制日期、编制
依据、送达日期、编制人、审核人、审批人。

在材料供应计划执行过程中，应定期或不定期地进行检查。主要
内容是：供应计划落实的情况、材料采购情况、订货合同执行情况、主
要材料的消耗情况、主要材料的储备及周转情况等，以便及时发现问
题及时处理解决。

材料供应计划的表式见表 11-13。

表 11-13　　　　　　　　　　**材料供应计划**

编制单位＿＿＿＿＿＿

工程名称＿＿＿＿＿＿　　　　　　　　　　　　编制日期＿＿＿＿＿＿

材料名称	规格型号	计量单位	期初预计库存	计划需用量				期末库存量	计划供应量				供应时间			
				合计	其中				合计	市场采购	挖潜代用	加工自制	其他	第一次	第二次	…	…
					工程用料	周转材料	其他										

五、施工项目现场材料管理

1. 材料进场验收

材料进场验收是划清企业内部和外部经济责任,防止进料中的差错事故和因供货单位、运输单位的责任事故造成企业不应有的损失。

(1)进场验收要求。材料进场验收是材料由流通领域向消耗领域转移的中间环节,是保证进入现场的物资满足工程达到预定的质量标准,满足用户最终使用,确保用户生命安全的重要手段和保证。其要求如下:

1)材料验收必须做到认真、及时、准确、公正、合理。

2)严格检查进场材料的有害物质含量检测报告,按规范应复验的必须复验,无检测报告或复验不合格的应予退货。

3)严禁使用有害物质含量不符合国家规定的建筑材料。

4)使用国家明令淘汰的建筑材料,使用没有出厂检验报告的建筑材料,应按规定对有关建筑材料有害物质含量指标进行复验。

5)对于室内环境应当进行验收,如验收不合格,则工程不得竣工。

(2)进场验收方法。材料进场时,应当予以验收,其验收的主要依据是订货合同、采购计划及所约定的标准,或经有关单位和部门确认后封存的样品或样本,还有材质证明或合格证等。其常用的验收方法有如下几种:

1)双控把关。为了确保进场材料合格,对预制构件、钢木门窗、各种制品及机电设备等大型产品,在组织送料前,由两级材料管理部门业务人员会同技术质量人员先行看货验收;进库时由保管员和材料业务人员再行一起组织验收方可入库。对于水泥、钢材、防水材料、各类外加剂实行检验双控,既要有出厂合格证,还要有试验室的合格试验单方可接收入库以备使用。

2)联合验收把关。对直接送到现场的材料及构配件,收料人员可会同现场的技术质量人员联合验收;进库物资由保管员和材料业务人员一起组织验收。

3)收料员验收把关。收料员对地材、建材及有包装的材料及产品,应认真进行外观检验;查看规格、品种、型号是否与来料相符,宏观质量是否符合标准,包装、商标是否齐全完好。

4)提料验收把关。总公司、分公司两级材料管理的业务人员到外单位及材料公司各仓库提送料,要认真检查验收提料的质量、索取产品合格证和材质证明书。送到现场(或仓库)后,应与现场(仓库)的收料员(保管员)进行交接验收。

(3)进场验收。在对材料进行验收前,要保持进场道路畅通,以方便运输车辆进出;同时,还应把计量器具准备齐全,然后针对物资的类别、性能、特点、数量确定物资的存放地点及必需的防护措施,进而确定材料验收方式。如现场建有样品库,对特殊物资和贵重物资采取封样,此类进场物资严格按样品(样板)进行验收。

材料进场验收的程序,如图 11-1 所示。

验收准备 ⇒ 单据验收 ⇒ 数量验收 ⇒ 质量验收 ⇒ 环保、职安验收 ⇒ 办理验收手续

图 11-1 材料进场验收程序

1)单据验收。单据验收主要查看材料是否有国家强制性产品认证书、材质证明、装箱单、发货单、合格证等。具体来说,就是查看所到货物是否与合同(采购计划)一致;材质证明(合格证)是否齐全并随货同行,是否有强制产品认证书,能否满足施工资料管理的需要;材质证明的内容是否合格,能否满足施工资料管理的需要;查看材料的环保指标是否符合要求。

2)数量验收。数量验收主要是核对进场材料的数量与单据量是否一致。材料的种类不同,点数或量方的方法也不相同。对计重材料的数量验证,原则上以进货方式进行验收;以磅单验收的材料应进行复磅或监磅,磅差范围不得超过国家规范,超过规范应按实际复磅重量验收;以理论重量换算交货的材料,应按照国家验收标准规范作检尺计量换算验收,理论数量与实际数量的差超过国家标准规范的,应作为不合格材料处理;不能换算或抽查的材料一律过磅计重;计件材料的数量验收应全部清点件数。

3)质量验收。质量验收常包括内在质量和环境质量。材料质量验收就是保证物资的质量满足合同中约定的标准。

(4)验收结果处理

1)材料进场验收后,验收人员按规定填写各类材料的进场检测记录。如资料齐全,可及时登入进料台账,发料使用。

2)材料经验收合格后,应及时办理入库手续,由负责采购供应的材料人员填写《验收单》,经验收人员签字后办理入库,并及时登账、立卡、标识。

验收单通常一式四份,计划员一份,采购员一份,保管员一份,财务报销一份。

3)经验收不合格,应将不合格的物资单独码放于不合格品区,并进行标识,尽快退场,以免用于工程。同时做好不合格品记录和处理情况记录。

4)已进场(进库)的材料,发现质量问题或技术资料不齐时,收料员应及时填报《材料质量验收报告单》报上一级主管部门,以便及时处理,暂不发料,不使用,原封妥善保管。

2. 材料保管

现场材料的堆放,由于受场地限制一般较仓库零乱一些,再加上进出料频繁,使保管工作更加困难。应重点抓住以下几个问题:

(1)材料的规格型号。对于易混淆规格的材料,要分别堆放,严格管理。比如钢筋,应按不同的钢号和规格分开,避免出错。再如水泥,除了规格外,还应分清生产地,进场时间等。

(2)材料的质量。对于受自然界影响易变质的材料,应特别注意保管,防止变质损坏。如木材应注意支垫,通风等。

(3)材料的散失。由于现场保管条件差,多数材料都是露天堆放,容易散失,要采取相应的防范措施。比如砂石堆放,应平整好场地,否则因场地不平会损失掉一些材料。

(4)材料堆放的安全。现场材料中有许多结构件,它们体大量重,不好装卸,容易发生安全事故。因此,要选择恰当的搬运和装卸方法,防止事故发生。

3. 材料使用管理

(1)材料领发。施工现场材料领发包括两个方面:即材料领发和材料耗用。控制材料的领发,监督材料的耗用,是实现工程节约,防止超耗的重要保证。

1)材料领发步骤。材料领发要本着先进先出的原则,准确、及时地为生产服务,保证生产顺利进行。其步骤如下:

①发放准备。材料出库前,应做好计量工具、装卸运输设备、人力以及随货发出的有关证件的准备,提高材料出库效率。

②核对凭证。材料调拨单、限额领料单是材料出库的凭证,发料时要认真审核材料发放的规格、品种、数量,并核对签发人的签章及单据的有效印章,非正式的凭证或有涂改的凭证一律不得发放材料。

③备料。凭证经审核无误后,按凭证所列品种、规格、数量准备材料。

④复核。为防止差错,备料后要检查所备材料是否与出库单所列相吻合。

⑤点交。发料人与领取人应当面点交清楚,分清责任。

2)材料领发中应注意的问题。

①提高材料人员的业务素质和管理水平。

②严格执行材料进场及发放的计量检测制度。

③认真执行限额用料制度。

④严格执行材料管理制度。

⑤对价值较高及易损、易坏、易丢的材料,领发双方应当面点清,签字认证,做好领发记录,并实行承包责任制。

3)材料耗用中应注意的问题。现场耗料是保证施工生产、降低材料消耗的重要环节,为此应做好以下工作:

①加强材料管理制度,建立、健全各种台账,严格执行限额领料和

料具管理规定。

②分清耗料对象,记入相应成本,对分不清对象的,按定额和进度适当分解。

③建立、健全相应的考核制度。

④严格保管原始凭证,不得任意涂改。

⑤加强材料使用过程中的管理,认真进行材料核算。

(2)限额领料。限额领料,是指在施工阶段对施工人员所使用物资的消耗量控制在一定的消耗范围内。它是企业内开展定额供应、提高材料的使用效果和企业经济效益、降低材料成本的基础和手段。

1)限额领料的依据。限额用料的依据一般有三个:一是施工材料消耗定额;二是用料者所承担的工程量或工作量;三是施工中必须采取的技术措施。由于定额是在一般条件下确定的,在实际操作中应根据具体的施工方法、技术措施及不同材料的试配翻样资料来确定限额用量。

2)限额领料的程序。

①签发限额领料单。工程施工前,应根据工程的分包形式与使用单位确定限额领料的形式,然后根据有关部门编制的施工预算和施工组织设计,将所需材料数量汇总后编制材料限额数量,经双方确认后下发。

通常,限额领料单为一式三份。一份交保管员作为控制发料的依据,一份交使用单位,作为领料的依据,一份由签发单位留存作为考核的依据。

②下达。将限额领料单下达到用料者手中,并进行用料交底,应讲清用料措施、要求及注意事项。

③应用。用料者凭限额领料单到指定部门领料,材料部门在限额内发料。每次领发数量、时间要做好记录,并互相签认。

④检查。在用料过程中,对影响用料因素进行检查,帮助用料者正确执行定额,合理使用材料。检查的内容包括施工项目与定额项目的一致性、验收工程量与定额工程量的一致性、操作是否符合规程、技术措施是否落实、工作完成是否料净。

⑤验收。完成任务后,由有关人员对实际完成工程量和用料情况进行测定和验收,作为结算用工、用料的依据。

⑥结算与分析。限额领料是在多年的实践中不断总结出的控制现场使用材料的行之有效的方法。工程完工后,双方应及时办理结算手续,检查限额领料的执行情况,并根据实际完成的工程量核对和调整应用材料量,与实耗量进行对比,结算出用料的节约或超耗,然后进行分析,查找用料节超原因,总结经验,吸取教训。

3)领料限额量的调整。在限额领料的执行过程中,会有许多因素影响材料的使用,如工程量的变更、设计更改、环境因素的影响等。限额领料的主管部门在限额领料的执行过程中深入施工现场,了解用料情况,根据实际情况及时调整限额数量,以保证施工生产的顺利进行和限额领料制度的连续性、完整性。

六、周转材料管理

周转材料是指能够多次应用于施工生产,有助于产品形成,但不构成产品实体的各种材料,是有助于建筑产品的形成而必不可少的劳动手段。如:浇捣混凝土所需的模板和配套件;施工中搭设的脚手架及其附件等。

1. 周转材料分类

周转材料,是指反复使用,而又基本保持原有形态的材料。它不直接构成建筑物的实体,而是在多次反复的使用过程中逐步地磨损和消耗的材料,是构成建筑物使用价值的必要部分。

周转材料按其自然属性可分为钢制品和木制品两类;按使用对象可分为混凝土工程用周转材料、结构及装修工程用周转材料和安全防护用周转材料三类。

2. 周转材料管理任务

(1)根据生产需要,及时、配套地提供适量和适用的各种周转材料。

(2)根据不同周转材料的特点建立相应的管理制度和办法,加速周转,以较少的投入发挥尽可能大的效能。

(3)加强维修保养,延长使用寿命,提高使用的经济效果。

3. 周转材料管理内容

(1)使用。周转材料的使用是指为了保证施工生产正常进行或有助于产品的形成而对周转材料进行拼装、支搭以及拆除的作业过程。

（2）养护。养护指例行养护，包括除去灰垢、涂刷防锈剂或隔离剂，使周转材料处于随时可投入使用的状态。

（3）维修。修复损坏的周转材料：使之恢复或部分恢复原有功能。

（4）改制。对损坏且不可修复的周转材料，按照使用和配套的要求进行大改小、长改短的作业。

（5）核算。核算包括会计核算、统计核算和业务核算三种核算方式。会计核算主要反映周转材料投入和使用的经济效果及其摊销状况，它是资金（货币）的核算；统计核算主要反映数量规模、使用状况和使用趋势，它是数量的核算；业务核算是材料部门根据实际需要和业务特点而进行的核算，它既有资金的核算，也有数量的核算。

4. 周转材料管理方法

（1）租赁管理。租赁是指在一定期限内，产权的拥有方向使用方提供材料的使用权，但不改变所有权，双方各自承担一定的义务，履行契约的一种经济关系。

实行租赁制度必须将周转材料的产权集中于企业进行统一管理，这是实行租赁制度的前提条件。

租赁管理应根据周转材料的市场价格变化及摊销额度要求测算租金标准，并使之与工程周转材料费用收入相适应。

租赁管理方法见表 11-14。

表 11-14　　　　　　　　　　　　租赁管理方法

序号	方法	内　容　说　明
1	租用	项目确定使用周转材料后，应根据使用方案制定需求计划，由专人向租赁部门签订租赁合同，并做好周转材料进入施工现场的各项准备工作，如存放及拼装场地等。租赁部门必须按合同保证配套供应并登记"周转材料租赁台账"
2	验收和赔偿	租赁部门应对退库周转材料进行外观质量验收。如有丢失损坏应由租用单位赔偿。验收及赔偿标准一般按以下原则掌握：对丢失或严重损坏（指不可修复的，如管体有死弯、板面严重扭曲）按原值的50%赔偿；一般性损坏（指可修复的，如板面打孔、开焊等）按原值30%赔偿；轻微损坏（指不需使用机械，仅用手工即可修复的）按原值的10%赔偿。租用单位退租前必须清除混凝土灰垢，为验收创造条件

序号	方法	内　容　说　明
3	结算	租金的结算期限一般自提运的次日起至退租之日止,租金按日历天数逐日计取,按月结算。租用单位实际支付的租赁费用包括租金和赔偿费两项。 　　租赁费用(元)＝∑(租用数量×相应日租金(元) 　　　　　　×租用天数＋丢失损坏数量 　　　　　　×相应原值×相应赔偿率%) 　　根据结算结果由租赁部门填制《租金及赔偿结算单》。 　　为简化核算工作也可不设"周转材料租赁台账",而直接根据租赁合同进行结算。但要加强合同的管理,严防遗失,以免错算和漏算

（2）费用承包管理。周转材料的费用承包是适应项目管理的一种管理形式,或者说是项目管理对周转材料管理的要求。它是指以单位工程为基础,按照预定的期限和一定的方法测定一个适当的费用额度交由承包者使用,实行节奖超罚的管理。

1)承包费用的确定。承包费用的收入即是承包者所接受的承包额。承包额有两种确定方法,一种是扣额法;另一种是加额法。扣额法指按照单位工程周转材料的预算费用收入,扣除规定的成本降低额后的费用;加额法是指根据施工方案所确定的费用收入,结合额定周转次数和计划工期等因素所限定的实际使用费用,加上一定的系数额作为承包者的最终费用收入。所谓系数额是指一定历史时期的平均耗费系数与施工方案所确定的费用收入的乘积。其计算公式如下:

扣额法费用收入(元)＝预算费用收入(元)×

(1－成本降低率%)　　　　　(11-8)

加额法费用收入(元)＝施工方案确定的费用收入(元)×

(1＋平均耗费系数)　　　　　(11-9)

承包费用的支出是在承包期限内所支付的周转材料使用费(租金)、赔偿费、运输费、二次搬运费以及支出的其他费用之和。

2)费用承包管理的内容。签订承包协议。承包协议是对承、发包双方的责、权、利进行约束的内部法律文件。一般包括工程概况,应完成的工程量,需用周转材料的品种、规格、数量及承包费用,承包期限,双方的责任与权力,不可预见问题的处理以及奖罚等内容。

承包额的分析。首先要分解承包额。承包额确定之后,应进行大概的分解,以施工用量为基础将其还原为各个品种的承包费用,例如将费用分解为钢模板、焊管等品种所占的份额。然后要分析承包额。在实际工作中,常常是不同品种的周转材料分别进行承包,或只承包某一品种的费用,这就需要对承包效果进行预测,并根据预测结果提出有针对性的管理措施。

周转材料进场前的准备工作。根据承包方案和工程进度认真编制周转材料的需用计划,注意计划的配套性(品种、规格、数量及时间的配套),要留有余地,不留缺口。

根据配套数量同企业租赁部门签订租赁合同,积极组织材料进场并做好进场前的各项准备工作,包括选择、平整存放和拼装场地、开通道路等,对狭窄的现场应做好分批进场的时间安排,或事先另选存放场地。

3)费用承包效果的考核。承包期满后要对承包效果进行严肃认真的考核、结算和奖罚。承包的考核和结算指承包费用收、支对比,出现盈余为节约,反之为亏损。

如实现节约应对参与承包的有关人员进行奖励。可以按节约额进行金额奖励,也可以扣留一定比例后再予奖励。奖励对象应包括承包班组、材料管理人员、技术人员和其他有关人员。按照各自的参与程度和贡献大小分配奖励份额。如出现亏损,则应按与奖励对等的原则对有关人员进行罚款。费用承包管理方法是目前普遍实行项目经理责任制中较为有效的方法,企业管理人员应不断探索有效管理措施,提高承包经济效果。

(3)实物量承包管理。实物量承包的主体是施工班组,也称班组定包。它是指项目班子或施工队根据使用方案按定额数量对班组配备周转材料,规定损耗率,由班组承包使用,实行节奖超罚的管理办法。

实物量承包是费用承包的深入和继续,是保证费用承包目标值的实现和避免费用承包出现断层的管理措施。

1)定包数量的确定,以组合钢模为例,说明定包数量的确定方法。根据费用承包协议规定的混凝土工程量编制模板配模图,据此确定模板计划用量,加上一定的损耗量即为交由班组使用的承包数量。其计算公式如下：

模板定包数量(m^2)＝计划用量(m^2)×(1＋定额损耗率%)

$$(11-10)$$

式中,定额损耗量一般不超过计划用量的1%。

2)定包效果的考核和核算。定包效果的考核主要是损耗率的考核。即用定额损耗量与实际损耗量相比,如有盈余为节约,反之为亏损。如实现节约则全额奖给定包班组,如出现亏损则由班组赔偿全部亏损金额,根据定包及考核结果,对定包班组兑现奖罚。

七、项目材料管理考核

材料管理考核工作应对材料计划、使用、回收以及相关制度进行效果评价。材料管理考核应坚持计划管理、跟踪检查、总量控制、节奖超罚的原则。

1. 材料管理评价

材料管理评价就是对企业的材料管理情况进行分析,发现材料供应、库存、使用中存在的问题,找出原因,采取相应的措施对策,以达到改进材料管理工作的目的。

材料供应动态控制就是按照全面物资管理的原理,严格控制现场供应全过程的每一个环节,建立健全各种原始记录及相应的报表、账册,以便能及时反映动态变化情况。

对项目材料进行动态控制分析,可以了解项目材料的使用情况和周转速度,搞清影响项目材料供应管理的内因和外因,发现问题,找出差距,促使其注意和改进。

(1)物资供应保证程度分析。

1)物资收入量分析：

$$物资计划收入量完成率＝\frac{本期实际收入量}{本期计划收入量}×100\% \qquad (11-11)$$

2)物资计划准确率分析：

实际消耗小于计划需要量时：

$$计划准确率＝\frac{本期或单位工程实际消耗量}{本期或单位工程计划需要量}×100\% \qquad (11-12)$$

实际消耗大于计划需要量时：

$$\frac{计\ \ 划}{准确率}=1-\frac{本期或单位工程实际消耗量-计划需用量}{本期或单位工程计划需用量}\times100\% \quad (11\text{-}13)$$

(2)储备资金利用情况分析。

1)储备资金占用情况分析：

$$库存物资资金占用率=\frac{物资平均库存总量}{年度建安工作量}\times100\% \quad (11\text{-}14)$$

2)物资库存周转情况分析：

$$周转次数=\frac{消耗量}{平均库存量} \quad (11\text{-}15)$$

$$每日周转次数=\frac{计划量}{周转次数} \quad (11\text{-}16)$$

(3)物资成本情况分析。

1)物资成本降低额：

物资成本降低额＝物资预算成本－物资实际成本

　　　　　　　＝按预算定额计算的物资需要量×预算单价－

　　　　　　　　物资实际使用量×物资实际单价

2)物资成本降低率分析：

$$物资成本降低率=1-\left(\frac{物资实际成本}{物资预算成本}\times100\%\right) \quad (11\text{-}17)$$

(4)物资消耗与利用分析。

1)物资定额执行情况分析：

$$定额完成率=\frac{预算定额\times实际完成建安工作量}{实际消耗量}\times100\% \quad (11\text{-}18)$$

$$定额执行率=\frac{实际执行预算定额的预算种类}{有预算定额的物资种类}\times100\% \quad (11\text{-}19)$$

2)原材料利用率分析：

$$原材料利用率=\frac{单位建安工程实际工程量中包括的物资数量}{完成单位建安实物工程量中的物资总消耗量}\times100\%$$

$$(11\text{-}20)$$

2. 材料管理考核指标

(1)材料管理指标考核。材料管理指标，俗称软指标，是指在材料供应管理过程中，将定性的管理工作以量化的方式对物资部门进行的考核。具体考核内容应包括以下几方面：

1)材料供应兑现率:

$$材料供应兑现率 = \frac{材料实际供应量}{材料计划量} \times 100\% \qquad (11-21)$$

2)材料验收合格率:

$$材料验收合格率 = \frac{材料验收合格入库量}{材料进场验收数量} \times 100\% \qquad (11-22)$$

3)限额领料执行面:

$$限额领料执行面 = \frac{实行限额领料材料品种数}{项目使用材料全部品种数} \times 100\% \qquad (11-23)$$

4)重大环境因素控制率:

$$重大环境因素控制率 = \frac{实际控制的重大环境因素项}{全部所识别的重大因素项} \times 100\%$$

$$(11-24)$$

(2)材料经济指标考核。材料经济指标,俗称硬指标,它反映了材料在实际供应过程中为企业所带来的经济效益,也是管理人最关心的一种考核指标。其考核内容主要包括以下两个方面:

1)采购成本降低率:

$$某材料采购成本降低率 = \frac{该种材料采购成本降低额}{该种材料工程预算收入额} \times 100\%$$

$$(11-25)$$

采购成本降低额 = 工程材料预算收入(与业主结算)单价×

采购数量 - 实际采购单价×采购数量　(11-26)

工程预算收入额 = 与业主结算单价×采购量　　(11-27)

2)工程材料成本降低率:

$$工程材料成本降低率 = \frac{工程实际材料成本降低额}{工程实际材料收入成本} \times 100\%$$

$$(11-28)$$

工程实际材料成本降低额 = 工程实际材料收入成本 - 工程实际材料发生成本

$$(11-29)$$

工程实际材料收入成本 = 与业主结算材料单价×与业主结算量

$$(11-30)$$

工程实际材料发生成本 = 实际采购价×实际使用量　(11-31)

第四节　施工项目机械设备管理

施工项目机械设备管理是指项目经理部针对所承担的施工项目,运用科学方法优化选择和配备施工机械设备,并在生产过程中合理使用,进行维修保养等各项管理工作。

一、项目经理部机械管理职责

(1)贯彻执行上级颁发的各种规章制度,并及时检查各段、班、组的执行情况。

(2)根据施工组织设计和有关会议要求编制季、月度机械使用计划、保修计划,下达班组执行,并上报主管部门考核备案。

(3)负责日常机械施工管理安排,切实做好调度工作。

(4)检查监督驾驶、操作人员做好机械保养工作,并做好停用机械的维修、保养。

(5)做好机械使用的原始记录和保修记录,并按月汇总上报,及时检查机械履历书、领油卡的填写情况。

(6)负责单机的经济核算工作,并及时公布核算结果。

(7)组织开展红旗设备评比活动,定期进行机械使用、保修检查工作,及时公布检查结果,为表扬奖励提供依据。

(8)适时与施工部门研究改进机械化施工工艺和作业方法,不断提高机械的生产效率。

(9)组织机械事故的调查、分析,根据处理权限进行处理和上报,并及时制定防范措施。

(10)贯彻 QHSE 三位一体的管理标准,不断提高机械管理水平。

(11)做好机械设备的租赁工作,按月上报机械设备租赁计划、租赁合同、租赁设备使用情况报表。

(12)配合安全部门及时办理车辆的年审工作。

(13)按季、年度编制机械购置和保修计划,上报公司机械管理部门。

(14)协助机械部门进行新购置机械的调试和验收工作。

(15)会同有关部门做好机械操作人员的培训工作和机械设备定

机定人工作。

二、项目机械设备管理计划

1. 机械设备需求计划

施工机械设备需求计划主要用于确定施工机具设备的类型、数量、进场时间,可据此落实施工机具设备来源,组织进场。其编制方法为:将工程施工进度计划表中的每一个施工过程每天所需的机具设备类型、数量和施工日期进行汇总,即得出施工机具设备需要量计划。其表格形式见表 11-15。

表 11-15　　　　　　　　施工机具需要量计划表

序号	施工机具名称	型号	规格	电功率(kV·A)	需要量(台)	使用时间	备　注

2. 机械使用计划管理

项目经理部应根据工程需要编制机械设备使用计划,报组织领导或组织有关部门审批,其编制依据是根据工程施工组织设计。施工组织设计包括工程的施工方案、方法、措施等。同样的工程采用不同的施工方法、生产工艺及技术安全措施,选配的机械设备也不同。因此编制施工组织设计,应在考虑合理的施工方法、工艺、技术安全措施时,同时考虑用什么设备去组织生产,才能最合理、最有效地保证工期和质量,降低生产成本。

机械设备使用计划一般由项目经理部机械管理员或施工准备员负责编制。中、小型设备机械一般由项目经理部主管经理审批。大型设备经主管项目经理审批后,报组织有关职能部门审批,方可实施运作。租赁大型起重机械设备,主要考虑机械设备配置的合理性(是否符合使用、安全要求)以及是否符合资质要求(包括租赁企业、安装设备组织的资质要求,设备本身在本地区的注册情况及年检情况、操作设备人员的资格情况等)。

　　为了细化管理,克服机械使用中的混乱状况,建筑工程项目部应根据施工的进展情况按月、季编制机械使用计划,编制内容和方法如下:

　　(1)中标工程总体使用计划。中标工程总体使用计划见表11-16。

表11-16　　　　　　　　　中标工程总体使用计划表

工程名称		所在省市		总工作量	
工期		主体工程内容			
序号	机械名称	规格	计划使用日期	来源	计划台数

　　(2)季度机械使用计划表。季度机械使用计划见表11-17。

表11-17　　　　　　　　　季度机械使用计划表

序号	机械名称	规格	施工计划			需要数量(台)				调配(台)			备注
			作业名称	数量	计划台班	季均需要量	月	月	月	现有	调入	调出	
甲	乙	丙	1	2	3	4	5	6	7	8	9	10	11

三、项目机械经济管理

1. 机械寿命周期费用

机械寿命周期费用就是机械一生的总费用,它包括与该机械有关的研究开发、设计制造、安装调试、使用维修、一直到报废为止所发生的一切费用总和。研究寿命周期费用的目的,是全面追求该费用最经济、综合效率最高,而不是只考虑机械在某一阶段的经济性。

机械寿命周期费用由其设置费(或称原始费)和维持费(或称使用费)两大部分组成。

对寿命周期费用进行计算时,首先要明确所包括的具体费用项目。一些发达国家的企业规定的寿命周期费用构成,见表11-18。

表 11-18　　　　　　　　机械寿命周期费用构成

费用项目		直　接　费	间接费
机械寿命周期费用	设置费	研究开发费	开发规划费、市场调研费、试验费、试制费、试验实验设备费等	技术资料费 上机机时费 管理费 图书费 与合同有关的费用

费用项目			直　接　费	间接费
机械寿命周期费用	设置费	研究开发费	开发规划费、市场调研费、试验费、试制费、试验实验设备费等	技术资料费 上机机时费 管理费 图书费 与合同有关的费用
		设计费	专利使用费、设计费	
		制造安装费	制造费、包装费、运输费、库存费、安装费、操作指导及印刷费、操作人员培训费、培训设施费、备件费、图样资料	
		试运行费	调整及试运行费	
	使用费	运行费	操作人员费、辅助人员费、动力费(电、气、燃料、润滑油、蒸汽)、材料费、水费、操作人员培训费等	办公费 调研费 搬运费 图书费
		维修费	维修材料费、备件费、维修人员工资、维修人员培训费、维修器材、设施费、设备改造费	
		后勤费	库房保管费(库存器材、备用设备、维修用材料)、租赁费、固定资产税及其他后勤保障费用	
		报废处理费	出售残值减去拆除处理费	

在机械的整个寿命周期费用内,从各个阶段费用发生的情况来分析,在一般情况下,机械从规划到设计、制造,其所支出的费用是递增的,到安装调试时下降,其后运转阶段的费用支出则保持一定的水平。但是到运转阶段的后期,机械逐渐劣化,修理费用增加,维持费上升;上升到一定程度,机械寿命终止,机械就需要改造和更新,机械的寿命周期也到此完结。

机械设备的寿命周期费用最经济只是评价机械经济性的一个方面,还要评价机械的效率。同样的机械如果寿命周期费用相同,就要选择效率高而又全面的机械。评价机械的效率有综合效率、系统效率和费用效率。

(1)机械的综合效率。在日本全员设备管理理论中,把机械效率用综合效率来衡量,其计算公式是:

$$机械综合效率=\frac{机械整个寿命期内的输出}{对机械的输入} \qquad (11\text{-}32)$$

机械寿命周期费用即对机械的输入,是这个公式的分母,而公式的分子即机械整个寿命期内的输出,是指机械在六个方面的任务和目标,简化为六个英文字头:

P(Product)——产量:要完成产品产量任务,即机械的生产率要高。

Q(Quality)——质量:能保证生产高质量的产品,即保证产品质量。

C(Cost)——成本:生产的产品成本要低,即机械的能耗低,维修费小。

D(Delivery)——交货期:机械故障少,能如期完成任务。

S(Safety)——安全:机械的安全性能好,保证安全,文明生产,对环境污染小。

M(Morale)——劳动情绪:人、机匹配关系比较好,使操作人员保持旺盛干劲和劳动情绪。

机械综合效率还同时指机械运行现场的综合效率,其计算公式如下:

$$机械综合效率=时间开动率\times性能开动率\times成品率 \qquad (11\text{-}33)$$

　　式中的时间开动率、性能开动率、成品率与机械时间利用及各种损失的关系,如图 11-2 所示。

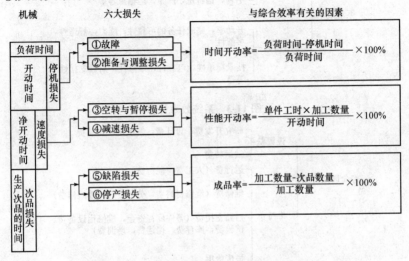

图 11-2　机械综合效率与各种因素的关系图

　　(2)机械的系统效率。机械的系统效率是综合概念的扩大与延伸,它是指投入寿命周期费用所取得的效果。如果以寿命周期费用为输入,则系统效率为输出。系统效率通常用经济效益、价值效果来表示。

　　(3)机械的费用效率。机械寿命周期费用是机械一生的总费用,包含多项费用,是综合性的费用指标。机械的效率,不论是综合效率或系统效率,同样包含很多因素。费用效率就是把上述两个综合指标进一步加以权衡分析。

　　费用效率有以下两种计算公式:

$$费用效率 = \frac{综合效率}{寿命周期费用} \tag{11-34}$$

或

$$费用效率 = \frac{系统效率}{寿命周期费用} \tag{11-35}$$

　　式中综合效率可根据图 11-2 计算,系统效率计算见图 11-3,寿命周期费用计算见图 11-4。

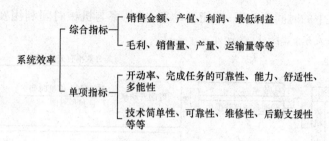

图 11-3　系统效率计算

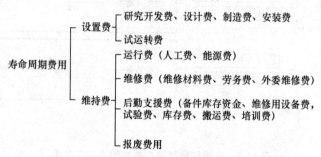

图 11-4　寿命周期费用计算

2. 施工机械定额管理

(1)机械主要定额。技术经济定额是企业在一定生产技术条件下,对人力、物力、财力的消耗规定的数量标准。有关机械设备技术经济定额的种类和内容主要有以下几个方面:

1)产量定额。产量定额按计算时间区分为台班产量定额、年台班定额和年产量定额。

台班产量定额指机械设备按规格型号,根据生产对象和生产条件的不同,在一个台班中所应完成的产量数额。

年台班定额是机械设备在一年中应该完成的工作台班数。它根据机械使用条件和生产班次的不同而分别制定。

年产量定额是各种机械在一年中应完成的产量数额。其数量为台班产量定额与年台班定额之积。

2)油料消耗定额。油料消耗定额是指内燃机械在单位运行时间(或 km)中消耗的燃料和润滑油的限额。一般按机型、道路条件、气候条件和工作对象等确定。润滑油消耗定额按燃油消耗定额的比例制定,一般按燃油消耗定额的 2‰～3‰ 计算。油料消耗定额还应包括保养修理用油定额,应根据机型和保养级别而定。

3)轮胎消耗定额。轮胎消耗定额是指新轮胎使用到翻新或翻新轮胎使用到报废所应达到的使用期限数额(以 km 计)。按轮胎的厂牌、规格、型号等分别制定。

4)随机工具、附具消耗定额。随机工具、附具消耗定额是指为做好主要机械设备的经常性维修、保养所必须配备的随机工具、附具的限额。

5)替换设备消耗定额。替换设备消耗定额是指机械的替换设备,如蓄电池、钢丝绳、胶管等的使用消耗限额。一般换算成耐用班台数额或每台班的摊销金额。

6)大修理间隔期定额。大修理间隔期定额是新机到大修,或本次大修到下一次大修应达到的使用间隔期限额(以台班数计)。它是评价机械使用和保养、修理质量的综合指标,应分机型制定,对于新机械和老机械采取相应的增减系数。新机械第一次大修间隔期应按一般定额时间增加 10%～20%。

7)保养修理工时定额。保养修理工时定额指完成各类保养和修理作业的工时限额,是衡量维修单位(班组)和维修上的实际工效,作为超产计奖的依据,并可供确定定员时参考。分别按机械、保养和修理类别制定。为计算方便,常以大修理工时定额为基础,乘以各类保养、修理的换算系数,即为各类保养、修理的工时定额。

8)保养、修理费用定额。保养、修理费用定额包括保养和修理过程中所消耗的全部费用的限额,是综合考核机械保养、修理费用的指标。保养、修理费用定额应按机械类型、新旧程度、工作条件等因素分别制定。并可相应制定大修配件、辅助材料等包干费用和大修喷漆费用等单项定额。

9)保养、修理停修期定额。保养、修理停修期定额指机械进行保养、修理时允许占用的时间,是保证机械完好率的定额。

10)机械操作、维修人员配备定额。机械操作、维修人员配备定额指每台机械设备的操作、维修人员限定的名额。

11)机械设备台班费用定额。机械设备台班费用定额是指使用一个台班的某台机械设备所耗用费用的限额。它是将机械设备的价值和使用、维修过程中所发生的各项费用科学地转移到生产成本中的一种表现形式,是机械使用的计费依据,也是施工企业实行经济核算、单机或班组核算的依据。

上述机械设备技术经济定额由行业主管部门制定。企业在执行上级定额的基础上,可以制定一些分项定额。

(2)施工机械台班定额。施工机械使用费是根据施工中耗用的机械台班数量和机械台班单价确定的。施工机械台班耗用量按预算定额规定计算;施工机械台班单价是指一台施工机械,在正常运转条件下一个工作班中所发生的全部费用,每台班按八小时工作制计算。正确制定施工机械台班单价是合理控制工程造价的重要方面。

施工机械台班单价由七项费用组成,包括折旧费、大修理费、经常修理费、安拆费及场外运费、人工费、燃料动力费、养路费及车船使用税等。

四、项目机械设备管理控制

机械设备管理控制应包括机械设备购置与租赁管理、使用管理、操作人员管理、报废和出场管理等。机械设备管理控制的任务主要包括:正确选择机械;保证机械在使用中处于良好状态;减少闲置、损坏;提高使用效率及产出水平;机械设备的维护和保养。

1. 机械设备的购置

(1)装备规划。机械装备规划是远期目标规划,还需要通过年度机械购置计划来实现,并应根据客观情况变化而对规划进行必要的调整和补充,使之符合实际需要。

(2)机械选型。选择最优的机械装备,是企业经营决策中的一项重要工作。正确地选择施工机械,可使有限的投资发挥最大的技术经济效益。

1)机械设备选型依据和程序。机械设备选型的主要依据是使用范围、技术条件、技术装备规划、机型与单机价格。机械设备来源有自制、外购两种方式。机械选型程序如图 11-5 所示。

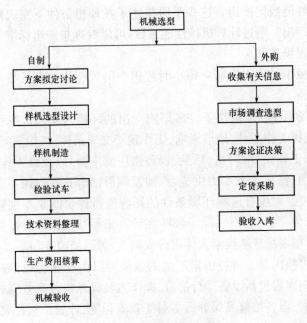

图 11-5　机械选型程序

2)机械选型的原则。

①生产上适用。生产上适用是符合企业装备结构合理化的要求，适合于施工需要，能发挥投资效果。

②技术上先进。技术上先进是以生产适用为前提，以获得最大经济效益为目的。既不可脱离企业的实际需要而片面追求技术上的先进，也要防止购置技术上已属落后的机型。

③经济上合理。在追求上述要求的前提下，还必须考虑购置费用的合理性，购置费的降低能减轻机械使用成本。

（3）机械性能评估。评估机械性能需要试验。根据现场试验可以确定在指定的场地条件下机械完成指派任务的能力，也可以根据过去类似场地条件下机械的性能记录，来评估机械生产能力。但在设备选择阶段进行现场试验可能并不现实，而过去性能记录不可能总能得到，或者随地点及项目的不同场地条件也不同，过去数据可能并不合适。在缺乏可靠数据的情况下，设备产出标准可以从厂家设备手册中给出的性能数据推出。这些手册描述了在理想条件下完成规定任务的小时产出。通过计算机械性能系数，可以对理想产出标准加以修正以符合现场条件。

机械小时产出定额＝每小时理想产出×性能效率系数×修正系数

$$(11\text{-}36)$$

现场机械性能取决于许多影响产出的环境因素。这些环境因素包括：机械工作条件、地形影响、工作现场交通条件、工作空间限制、天气条件、工作条件（时机、后勤、设备供应商支持）以及像操作人员、机械租赁服务、电力及水力供应、汽油及润滑油等这些资源在当地的可获取程度。对所有这些环境条件的影响进行评价既是不现实也是不值得的，为了简化评估，除了那些在计算机械性能标准时需要考虑的因素外，重要的环境因素大体分成两类，即可控因素和不可控因素。

1）可控因素。可控因素产生的效果可以由现场管理来控制。重要的影响因素包括设备运行价值、操作人员操纵机械有效完成指定任务的技能、设备维修及保养服务易于获取程度、计划及监督效果、激励水平等。

2）不可控因素。不可控因素是指现场管理无法控制的环境因素。这些因素包括地形、天气和温度等。这些因素造成的预期性能效率可以进行评估，根据这些评估结果可以把工作环境分成"有利"或"不利"两种。

3）性能效率系数。在各种可控及不可控因素作用下的性能效率系数可以按下式确定：

性能效率系数＝可控系数×不可控系数　　　$(11\text{-}37)$

表 11-19 列举了性能效率系数近似值。

表 11-19　　　　　　　　　　性能效率系数近似值

不可控因素		可　控　因　素			
		优良	良好	一般	差
环境系数		0.90	0.75	0.65	0.55
有利	0.90	0.80	0.70	0.60	0.50
一般	0.70	0.65	0.55	0.45	0.40
不利	0.50	0.45	0.40	0.35	0.30

这样确定的机械效率既可以用小数或百分比形式来表示,也可以用每小时有效工作分钟数来表示。例如,效率系数 0.6 可以说成 60% 或在最优生产效率下每小时有 36min 的有效产出。

应注意,机械并不是孤立运转的,通常要按一定的次序运转,也就是说一台机械要紧跟着另一台机械或相关活动运行。这样,每台机械的性能会影响它后面的机械或活动的产出。由于在相关活动中的任何不平衡都会严重影响系统总体产出,每台机械产出定额必须根据整个系统来考虑,并根据需要来调整。

(3)机械设备的选择方法。

1)单位工程量成本选择法。使用机械时总要消费一定的费用,这些费用可分为两类:一类为操作费(也称可变费用),它随着机械的工作时间而变化,如操作人员的工资、燃料动力费、小修理费、直接材料费等;另一类是按一定施工期限分摊的费用,称为固定费,如折旧费、大修理费、机械管理费、投资应付利息、固定资产占用率等。那么,单位工程量成本的计算式如下:

$$\frac{\text{单位工}}{\text{程量成本}} = \frac{\text{操作时间固定费用} + \text{操作时间} \times \text{单位时间操作费}}{\text{操作时间} \times \text{单位时间产量}}$$

$$(11\text{-}38)$$

2)折算费用选择法。当机械在一项工程中使用时间较长,甚至涉及购置费时,在选择时往往涉及机械的原值(投资);利用银行贷款时又涉及利息,甚至复利计息。这时,可采用折算费用法(又称等值成本法)进行选择。

所谓折算费用是首先预计机械的使用时间,然后按年或按月摊入成本的机械费用,常涉及机械原值、年使用费、残值和复利利息。其计算公式如下:

$$\text{年折算费用} = \text{每年按等值分摊的机械投资} + \text{每年的机械使用费}$$

$$(11\text{-}39)$$

如需考虑复利和残值,则为:

$$\text{年折算费用} = (\text{原值} - \text{残值}) \times \text{资金回收系数} +$$

$$\text{残值} \times \text{利率} + \text{年度机械使用费} \quad (11\text{-}40)$$

$$资金回收系数 = \frac{i(1+i)^n}{(1+i)^n-1} \qquad (11\text{-}41)$$

式中　i——复利率；

　　　n——计利期。

(4)机械设备生产率控制。在建设工程项目施工中,往往需要综合使用劳动力和机械设备,并根据机械设备生产率控制求出机械设备在工地上的利用时间、完成的产量和它的生产率。设备生产率控制的主要目的是使设备利用的浪费减到最少。

1)影响机械设备生产率的因素。通常,工地上机械设备生产率与标准生产率不同。在初始阶段,实际生产率比标准生产率低;若设备处于可用的条件下,生产率会逐渐改进。机械设备的表现主要取决于很多内在因素,其中包括设备的可用条件、地形的影响、进入工地的道路情况、工作空间限制、气候条件、工作条件、工作时限、后勤以及设备卖方的支持等。

此外,还有一些可控制的,不利的影响机械设备生产率的因素,如准备工作不足,任务缺乏连续性,操作工的技术熟练程度不足,缺乏有效的监督指导,保养、修理设施和备件的不可得到性,设备管理糟糕(特别是缺乏预防性保养措施)和一些施工事故等。

2)机械设备生产率的计算。在机械设备生产率计算中,应着重跟踪每项主要设备的使用时间、费用和相应完成的工作量。这种计算方法可将一个承包商计算的每项设备的费用作为直接费,并且估算它的生产率和利润率,然后做出是购买还是租用设备的决策。

①每日设备利用计算。设备的计时卡是计算每台设备利用时间和相应的工作表现的基本文件。对于每台设备,时间卡格式一般按照劳动力计时卡的布置,并且每种卡可按需要适当地修改,以满足信息需要。典型的每日设备利用卡样品见表 11-20。这个时间卡由此设备的操作工携带,由在工作中使用此设备的工长和监督者分别填写。

对于周期时间计算,如果需要的话,可修改计时卡,或另外单独适当地设计一个计时台账,用于收集周期时间数据。

表 11-20　　　　　　　**典型的每日设备利用卡**

设备号＿＿＿＿＿＿＿　　　操作工＿＿＿＿＿＿＿＿＿　　　日期

类　型＿＿＿＿＿＿＿　　　商标和型号＿＿＿＿＿＿＿

工作时间					总雇用时间	非生产性时间(小时)		
从	至	工作性质	数　量	小　　时		等候时间	修理时间	杂项时间

1. 发动机运转小时　　读数开始＿＿＿＿＿＿＿　　结束＿＿＿＿＿＿＿

2. 本日期收到的　燃料＿＿＿＿＿＿　油＿＿＿＿＿＿　润滑油＿＿＿＿＿＿

　　　　　　　　　　　　　　　(L)

3. 进行修理

　　每日设备计时卡,在每个工作班结束,由此设备的操作工移交给设备费用中心。应特别指出,燃料消耗一般通过测量需灌满燃料箱的数量来计算。如果设备开始工作时燃料箱是满的,则:

　　燃料消耗＝需要填满燃料箱的额外燃料＝燃料箱容积－箱内剩余燃料　　　　　　　　　　　　　　　　　　　　　　　　　(11-42)

　　②每周设备生产率台账。设备生产率台账,见表 11-21,可提供关于给定工作的每台设备实际生产率的信息。它显示设备的细节、已完工作的性质、预定时间、等候时间、修理时间和设备的适用条件。在工地上,设备未被利用时所损失的时间,显示在可用设备的等候时间项下,和设备产生故障的情况下在修理项下。等候时间可再进一步细分为可避免的等候时间和不可避免的等候时间,并且等候的理由可写在计时卡的背面。这样,在每周末,可按每周设备生产率台账的形式总结设备生产率。

表 11-21　　　　　　　　　　　每周设备生产率报告

序号	设备细节		工作细节		生产率（数量/小时）	时间计算				
	编号	类型	工作性质	数量		总小时	工作（小时）	等候（小时）	修理（小时）	杂项（小时）

　　工地上使用设备的费用计算时,应考虑每台设备的持有费用和运转费用。这些费用可以工作保养日志的形式保存每台设备的这些记录:

　　①设备所有权数据,包括编号、商标、型号和购买细节(例如时间、购买费用和主要部件的替换费用)。

　　②设备的主要修理历史台账。

　　③设备的定期保养记录。

　　④自购买以来,设备的使用历史、月度运转小时和燃料消耗记录。

　　⑤操作工的记录。

　　⑥设备操作注意事项。

　　需要强调的是,设备生产率计算和它的费用计算不需要对所有设备进行。小件设备像焊机、压缩机、甚至小容量发电机,在估计持有费用时都不必计算,所有这些设备作预算时考虑其寿命为项目的工期时间,它们的持有费用在项目寿命周期内按比例分配。仅对寿命长的主要设备的每小时设备运转费用进行估价。

　　3)提高设备生产率的方法。设备生产率可以通过以下方法来提高:给工作合理地配备机器;雇用有经验的操作工和能胜任的保养职员;采取正确的工作实施方法;使用好用的机器;强化正确保养措施;雇用一个高效的设备经理。

　　(5)选择机械设备的经济评价。在选择机械设备时,除定性分析外,还必须进行经济评价,其评价方法有投资回收期评价法、年费用评价法和综合评价法三种。

1)投资回收期法。采用投资回收期法评价时,常采用的公式如下:

$$机械设备投资回收期(年)=\frac{投资额(元)}{采用新设备后得年节约额(元/年)}$$

$$(11-43)$$

2)年费用法。采用年费用法进行机械设备评价时,常采用的公式如下:

$$机械设备年费用=一次投资额×资本回收系数+年维持费$$

$$(11-44)$$

【例 11-1】市场上有两种型号的机械设备可供选择,其费用支出,见表 11-22,试问采用何种型号设备为佳?

表 11-22　　　　　不同型号的机械设备费用支出

设备型号	A	B
一次投资(元)	70000	100000
设备寿命期(年)	10	10
年维持费(元)	25000	20000
年利率(i)	6%	6%

【解】资本回收系数 $=\dfrac{1(1+i)^n}{(1+i)^n-1}=\dfrac{0.06(1+0.06)^{10}}{(1+0.06)^{10}-1}=0.13587$

A 型设备每年总费用:

$$70000×0.13587+25000=34510 元$$

B 型设备每年总费用:

$$100000×0.13587+20000=33590 元$$

计算结果表明 B 型设备的年总费用比 A 型设备少,故应选 B 型设备。

3)综合评价法。机械设备的综合性评价可采用等级评分法进行。

例如,某建筑企业需购置一台施工机械,现有两种型号的机械可供选择,其资料数据见表 11-23 中第(3)、(6)栏内,试问采用何种设备为佳?

表 11-23　　　　　　　　　　机械设备综合评价表

项　　目	等级系数	甲型机械			乙型机械		
		资料数据	计分或评分	得分	资料数据	计分或评分	得分
(1)	(2)	(3)	(4)	(5)=(2)×(4)	(6)	(7)	(8)=(2)×(7)
生产效率(m³/台班)	10	40	6.7	67	60	10	100
价格(元)	10	25000	10	100	32000	7.2	72
年使用费(元)	9	1400	3.5	33.5	8500	10	90
使用年限(年)	7	10	10	70	8	8	56
可靠性	7	较好	8	56	较好	8	56
维修难易	6	较易	8	48	较复杂	4	24
安全性能	8	一般	6	48	较好	8	64
环保性	7	一般	6	42	一般	6	42
灵活性	6	较好	8	48	一般	6	36
节能性	8	较好	8	64	一般	6	48
方案得分				574.5			588

①根据各项目指标的重要程度,用 1～10 分表示其等级系数。10 分表示该项目指标最重要,1 分表示不重要。本案例各项的等级系数见表 11-23 中第(2)栏。

②对各项目指标,分别进行计分和评分。

a. 对于定量指标采用计分法。计分法是两个对比的定量指标相互对比而确定的相对分值。如"生产效率"项目的计分,乙型机械生产效率高,计 10 分,甲型机械生产效率低,计 $\frac{40}{60} \times 10 = 6.7$ 分;再如,"价格"项目的计分,甲型机械便宜,计 10 分,乙型机械价格贵,计 $10 - \frac{32000 - 25000}{2500} = 7.2$ 分。其他"年使用费"使用年限项目可按同样办法计分。

b. 对定性指标。可参照表 11-24 所列标准评分。

表 11-24　　　　　　　　　定性指标评分标准

好	较好、容易	一般	较差、较复杂	差
10	8	6	4	2

根据以上计分和评分方法,本例各项目的分值即可确定下来。见表 11-23 中第(4)栏。

③计算各项目得分:项目得分=项目等级系数×项目的计分或评分。

④计算两种机械方案的得分:方案得分=Σ项目得分。

⑤根据方案得分多少,选择最优设备。本例甲型机械得分574.5,乙型机械得分 588 分,故应选择乙型机械。

2. 施工机械的租赁管理

(1)租赁管理要求。

1)项目经理部在施工进场或单项工序开工前,须向公司机械主管部门上报机械使用计划。

2)项目施工使用的机械设备必须以现有机械设备为主,在现有机械不能满足施工需要时,应向公司机械主管部门上报机械租用计划,待批复后,由项目部负责实施机械租赁的具体工作。

①大型机械设备租赁工作由公司机械管理部门负责实施。

②中小型机械设备租赁由项目部自行实施。

③因项目部不能自行解决时,由公司机械管理部门负责协调解决。

3)各项目经理部必须建立:①机械租赁台账;②租赁机械结算台账;③每月上报租赁机械使用报表;④租赁网络台账;⑤租赁合同台账。

4)项目部应建立有良好的机械租赁联系网络,并报公司机械管理部门,以保证在需要租用机械设备时,能准时按要求进场。

5)机械设备租赁时,要严格执行合同式管理,机械租赁合同须报公司主管部门批准后方可生效。

6)租用单位要及时与出租单位办理租赁结算,杜绝因租赁费用结算而发生法律纠纷。

(2)机械设备租赁形式。机械设备租赁形式有内部租赁和社会租赁两种:

1)内部租赁。指由施工企业所属的机械经营单位与施工单位之间的机械租赁。作为出租方的机械经营单位,承担着提供机械、保证施工生产需要的职责,并按企业规定的租赁办法签订租赁合同,收取租赁费用。

2)社会租赁。指社会化的租赁企业对施工企业的机械租赁。社会租赁有以下两种形式:

①融资性租赁。指租赁公司为解决施工企业在发展生产中需要增添机械设备而又资金不足的困难,而融通资金、购置企业所选定的机械设备并租赁给施工企业,施工企业按租赁合同的规定分期交纳租金,合同期满后,施工企业留购并办理产权移交手续。

②服务性租赁。指施工企业为解决企业在生产过程中对某些大、中型机械设备的短期需要而向租赁公司租赁机械设备。在租赁期间,施工企业不负责机械设备的维修、操作,施工企业只是使用机械设备,并按台班、小时或施工实物量支付租赁费,机械设备用完后退还给租赁公司,不存在产权移交的问题。

3. 机械设备使用管理

机械设备的使用管理是机械设备管理的基本环节,只有正确、合理地使用机械,才能减轻少械磨损,保持机械的良好工作性能,充分发挥机械的效率,延长机械使用寿命,提高机械使用的经济效益。

(1)对进入施工现场机械设备的要求。在施工现场使用的机械设备,主要有施工单位自有或其租赁的设备等。对进入施工现场的机械设备应当检查其相关的技术文件,如设备安装、调试、使用、拆除及试验图标程序和详细文字说明书,各种安全保险装置及行程限位器装置调试和使用说明书,维护保养及运输说明书,安全操作规程,产品鉴定证书、合格证书,配件及配套工具目录,其他重要的注意事项等。

(2)机械设备验收。

1)企业的设备验收:企业要建立健全设备购置验收制度,对于企业新购置的设备,尤其是大型施工机械设备和进口的机械设备,相关部门和人员要认真进行检查验收,及时安装、调试、移交使用,以便在索赔期内发现问题,及时办理索赔手续。同时要按照国家档案管理要求,及时建立设备技术档案。

2)工程项目的设备验收:工程项目要严格设备进场验收工作,

一般中小型机械设备由施工员（工长）会同专业技术管理人员和使用人员共同验收；大型设备、成套设备需在项目经理部自检自查基础上报请公司有关部门组织技术负责人及有关部门及人员验收；对于重点设备要组织第三方具有人证或相关验收资质单位进行验收，如塔式起重机、电动吊篮、外用施工电梯、垂直卷扬提升架等。

（3）施工现场设备管理机构。施工现场机械设备的使用管理，包括施工现场、生产加工车间和一切有机械设备作业场所的设备管理，重点是施工现场的设备管理。由于施工项目总承包企业对进入施工现场的机械设备安装、调试、验收、使用、管理、拆除退场等负有全面管理的责任，所以对无论是施工项目总承包企业自身的设备单位或租用、外借的设备单位、还是分承包单位自带的设备单位，都要负责对其执行国家有关设备管理标准、管理规定情况进行监督检查。

1）对于大型施工现场，项目经理部应设置相应的设备管理机构和配备专职的设备管理人员，设备出租单位也应派驻设备管理人员和设备维修人员。

2）对于中小型施工现场，项目经理部也应配备兼职的设备管理人员，设备出租单位要定期检查和不定期巡回检修。

3）对于分承包单位自带的设备单位，也应配备相应的设备管理人员，配合施工项目总承包企业加强对施工现场机械设备的管理，确保机械设备的正常运行。

（4）项目经理部机械设备部门业务管理。

1）坚持实行操作制度，无证不准上岗。设备操作和维护人员，都必须经过相关专业技术培训，考试合格取得相应的操作证后，持证上岗。专机的专门操作人员必须经过培训和统一考试，确认合格，发给驾驶证。这是保证机械设备得到合理使用的必要条件。

2）遵守机械使用规定，这样，可以防止机件早期磨损，延长机械使用寿命和修理周期。操作人员必须坚持搞好机械设备的例行保养。

3）建立设备档案制度，这样就能了解设备的情况，便于使用与维修。施工项目要在设备验收的基础上，建立健全设备技术原始资料、使用、运行、维修台账,其验收资料要分专业归档。

4)要努力组织好机械设备的流水施工。当施工的推进主要靠机械而不是人力的时候,划分施工段的大小必须考虑机械的服务能力,把机械作为分段的决定因素。要使机械连续作业、不停歇、必要时"歇人不歇马",使机械三班作业。一个施工项目有多个单位工程时,应使机械在单位工程之间流水,减少进出场时间和装卸费用。

5)机械设备安全作业。项目经理部在机械作业前应向操作人员进行安全操作交底,使操作人员对施工要求、场地环境、气候等安全生产要素有清楚的了解。项目经理部按机械设备的安全操作要求安排工作和进行指挥,不得要求操作人员违章作业,也不得强令机械带病操作,更不得指挥和允许操作人员野蛮施工。

6)为机械设备的施工创造良好条件。现场环境、施工平面布置图应适合机械作业要求,交通道路畅通无障碍,夜间施工安排好照明。协助机械部门落实现场机械标准化。

(5)机械设备使用中的"三定"制度。"三定"制度是指定机、定人、定岗位责任。实行"三定"制度,有利于操作人员熟悉机械设备特性,熟练掌握操作技术,合理和正确地使用、维护机械设备,提高机械效率;有利于大型设备的单机经济核算和考评操作人员使用机械设备的经济效果;也有利于定员管理,工资管理。具体做法如下:

1)多班作业或多人操作的机械设备,实行机长负责制,从操作人员中任命一名骨干能手为机长。

2)一人管理一台或多台机械设备,该人即为机长或机械设备的保管人员。

3)中小型机械设备,在没有绝对固定操作者情况下,可任命机组长。

5. 机械设备操作人员管理

(1)项目应建立健全设备安全使用岗位责任制,从选型、购置、租赁、安装、调试、验收到使用、操作、检查、维护、保养和修理直至拆除退场等各个环节,都要严格,并且有操作性能的岗位责任制。

(2)项目要建立健全设备安全检查、监督制度,要定期和不定期地进行设备安全检查,及时消除隐患,确保设备和人身安全。

（3）设备操作和维护人员，要严格遵守建筑机械使用安全技术规程，对于违章指挥，设备操作者有权拒绝执行；对违章操作，现场施工管理人员和设备管理人员应坚决制止。

（4）对于起重设备的安全管理，要认真执行当地政府的有关规定。要经过培训考核，具有相应资质的专业施工单位承担设备的拆装、施工现场移位、顶升、锚固、基础处理、轨道铺设、移场运输等工作任务。

（5）各种机械必须按照国家标准安装安全保险装置。机械设备转移施工现场，重新安装后必须对设备安全保险装置重新调试，并经试运转，以确认各种安全保险装置符合标准要求，方可交付使用。任何单位和个人都不得私自拆除设备出厂时所配置的安全保险装置而操作设备。

6．机械设备保养和维修管理

机械设备的管理、使用、保养与修理是几个互相影响、不可分割的方面。管好、养好、修好的目的是为了使用，但如果只强调使用，忽视管理、保养、修理，则不能达到更好的使用目的。

（1）机械设备的磨损。机械设备的磨损可分为三个阶段：

第一阶段：磨合磨损。这是初期磨损，包括制造或大修理中的磨损和使用初期的磨合磨损，这段时间较短。此时，只要执行适当的磨合期使用规定就可降低初期磨损，延长机械使用寿命。

第二阶段：正常工作磨损。这一阶段零件经过磨合磨损，表面粗糙度降低了，磨损较少，在较长时间内基本处于稳定的均匀磨损状态。这个阶段后期，条件逐渐变坏，磨损就逐渐加快，进入第三阶段。

第三阶段：事故性磨损。此时，由于零件配合的间隙扩展而负荷加大，磨损激增，可能很快磨损。如果磨损程度超过了极限不及时修理，就会引起事故性损坏，造成修理困难和经济损失。

机械设备使用过程中，造成机械技术状况变化的原因除磨损外，还有疲劳和腐蚀。疲劳是指零件在长期交变荷载作用下，由于损伤的积累或应力集中，使零件表面材料疲劳剥落或疲劳裂纹而造成的零件损伤。而腐蚀则是指金属零件表面受到的化学腐蚀、电化学腐蚀;或非金属零件的真菌腐蚀、老化、硫化等变质而造成的零件损伤。

(2)机械设备的保养。保养是指在零件尚未达到极限磨损或发生故障以前,对零件采取相应的维护措施,以降低零件的磨损速度,消除产生故障的隐患,从而保证机械正常工作,延长使用寿命。

保养的内容有:清洁、紧固、调整、润滑、防腐。

保养所追求的目标是提高机械效率、减少材料消耗和降低维修费用。因此,在确定保养项目内容时,应充分考虑机械类型及新旧程度,使用环境和条件,维修质量,燃料油、润滑油及材料配件的质量等因素。

(3)机械设备的修理。机械在使用的过程中,其零部件会逐渐产生磨损、变形、断裂等有形磨损现象,随着时间的增长,有形磨损会逐渐增加,使机械技术状态逐渐恶化而出现故障,导致不能正常作业,甚至停机。为维持机械的正常运转,更换或修复磨损失效的零件,并对整机或局部进行拆卸、调整的技术作业称为修理。

1)修理的方式。修理的方式有:故障修理,定期修理,按需修理,综合修理,预知修理。

2)修理的分类。机械设备的修理可分为大修、中修和零星小修。

3)修理计划。机械设备的修理计划是企业组织机械修理的指导性文件,也是企业生产经营计划的重要组成部分。企业机械管理部门按年、季度编制机械大修、中修计划。编制修理计划时,要结合企业施工生产需要尽量利用施工淡季,优先安排生产急需的重点机械设备,并做好各机械设备年度修理力量的平衡。

7. 机械设备报废和出厂管理

企业设备的报废应与企业设备的更新改造相结合,当设备达到报废条件,尤其对提前报废的设备,企业应组织有关人员对其进行技术鉴定,按照企业设备管理制度或程序办理手续。对于已经报废的汽车、起重机械、压力容器等,不得再继续使用,同时也不得整机出售转让。企业报废设备应有残值,其净残值率应不低于原值的3%,不高于原值的5%。

当企业设备具有下列条件之一时,应予以报废:

(1)磨损严重,基础件已经损坏,再进行大修已经不能达到使用和安全要求的。

(2)设备老化,技术性能落后,消耗能源高,效率低下,又无改造价值的。

(3)修理费用高,在经济上不如更新合算的。

(4)噪声大,废气、废物多,严重污染环境,危害人身安全和健康,进行改造又不经济的。

(5)属于国家限制使用,明令淘汰机型,又无配件来源的。

此外,企业设备管理部门也要加强闲置设备的管理,认真做好闲置设备的保护维修管理,防止拆卸、丢失、锈蚀和损坏,确保其技术状态良好。积极采取措施调剂利用闲置设备,充分发挥闲置设备的作用。在调剂闲置设备时,企业应组织有关人员对其进行技术鉴定和经济评估,严格执行相关审批程序和权限,按质论价,一般成交价不应低于设备净值。

五、机械设备检查考核评比

1. 检查时间

项目经理部每季检查一次;工程处每半年检查一次,检查工作必须持之以恒,才能见效,但次数不宜过多,次数过多容易流于形式和影响施工。

2. 检查内容

根据机械技术状况,分为以下四类:

(1)"完好"。凡机容整洁,设备齐全,运转正常,安全可靠,达到不漏油、不漏水、不漏电、不漏气的"四不漏"水平。

(2)"基本完好"。虽达不到一类水平,但基本上运转正常,个别部位虽带病运转,但不影响使用和安全。

(3)"待修"。已到修理周期或已严重损坏不能运转,而停用者为待修。

(4)"待报废"机械耗能高于规定或损坏严重,机件残缺不全,已无修复价值,并合乎报废条件者为"待报废"。

3. 考核指标

机械设备检查考核指标见表 11-25。

表 11-25 机械设备检查考核指标

序号	项　　目	各项主要技术经济技术	备　　注
1	机械管理规章制度		既有上级颁发的规章制度,又有本单位的实施细则
2	企业内部 1000 分标准得分	900	
3	机械完好率	92	
4	机械利用率	45	
5	机械设备大修计划完成率(%)	95	考核前两年的
6	机械设备保修计划完成率(%)	95	考核前两年的
7	红旗设备率(%)	25	
8	机械新度系数	0.6	
9	机械事故率(‰)	<6	
10	机械燃油节约率(%)	2	

4. 检查方法

(1)检查机械设备时,采用听、看、查、问、试五种形式,以达到了解情况的目的。

(2)检查每台机械时,对照标准进行衡量。如不够标准,则按规定扣分记入表内。

(3)查管理工作时,除了检查实际情况外,还要查阅各种任务单等原始记录和

统计资料是否完整、准确、全面了解各种制度的落实情况。

(4)在检查中发现一般常见性问题,当场提出要求改正,较为严重的问题,填

写"机械检查整改通知单"(表 11-26)通知管理单位限期改正,并将改进情况向检查单位作出书面报告。

表 11-26 机械检查整改通知单

第 号 年 月 日

管理单位		机械编号		机械名称	
驾驶员姓名	操作证号	规 格			

主要问题：

检查组处理意见：

负责人： 检查人：

管理单位整改情况：

机务部门： 经办：

(5)检查结束时,将"机械检查统计表"(表 11-27)进行整理,分别存入技术档案内,作为使用和维修的参考。

表 11-27 机械检查统计表

年 月 日

序 号	机 号	机 名	规格型号	技术简况	划分类别	备 注

检查组长(签字)： 检查组(签字)：

(6)检查结束后,应作出书面总结,向所属单位通报检查情况,以促进管理水平的提高。

5. 奖评办法

(1)评订单位综合分数时,按照"机械设备检查考核评比标准"(表11-28),作为该次检查的结果。

(2)每台机械的评分,填写"机械设备检查登记表"(表11-29)作为该次检查的结果和机械划类的依据。

(3)成绩的划分:

单位:

950 分	优秀
800~949 分	良好
601~799 分	差
600 分以下	不合格

机组(个人)

90~100 分	优秀
80~89 分	良好
61~79 分	差
60 分以下	不及格

(4)凡被评为设备管理优秀单位的,主管机械领导及技术干部均应予奖励,奖金额根据情况酌情评定。被评为优秀驾驶员亦按当时的情况酌情评定。

(5)凡在检查中不合格的单位,限期在三个月之内改进。如在限期内仍无改进,取消其单位的荣誉称号,不合格的机组或个人,取消其个人的荣誉称号。

(6)凡被评为"不合格"单位的主管领导、技术干部,均根据情况给予处罚。

(7)奖罚均于检查结束时在现场评定。

表 11-28　　　　　　　机械设备检查考核评比标准

项目	序号	检查内容	标准分	检查办法	评分标准
组织机构140分	1	机械管理机构健全,并配备有一定数量的机械管理人员	50	查机械管理机构图,查各级负责人任命文件	机构不健全,缺一个单位扣10分,无负责人扣5分
	2	领导重视机械管理工作,分工主管领导能经常了解每个时期机关工作的重点,及时帮助解决工作中存在的问题	40	听取机械主管领导汇报,接受检查组提问	按该单位最终得分结果,按比例打分。600～700分之间,按10～15分打分;700～800分之间;按16～25分打分;800～900分之间,按26～34分打分;900～950分之间按36～40分打分。600分以下不得分
	3	机械管理部门和机械管理人员有明确的职责分工和岗位责任制	30	查职责分工和岗位责任制是否齐全	无职责分工扣10～15分;缺一种岗位责任制扣5分
	4	机械管理人员业务知识	20	按试题内容抽试机管人员的1/3	一人不合格扣3分
资产管理120分	5	机械设备账、卡、物三对口	40	抽查10台,以账对物对卡	一台不全扣3分,账、卡内容中主要项目填写不全或不准确
	6	固定资产从验收……报废都办理及时,手续完备	40	抽查验收、更新、报废等各项原始凭证	一项不全扣3分,每项凭证的填写应项目齐全,数字正确,字迹不得涂改,一项不全扣2分
	7	统计报表内容完整、数字准确,上报及时。组织开展计算机应用工作	40	查报表的质量及上级主管部门的时间	报表质量中每发现一处有误或应填写而未填写项目扣5分;月报上报不及时扣10分

（续一）

项目	序号	检查内容	标准分	检查办法	评分标准
使用管理 480 分	8	完好率达到规定的指标值，抽查完好设备质量	50	查完好率指标的落实情况，并抽查5%～10%红旗设备及单机检测点	完好率达不到要求扣10～15 分，与指标相比每低 10%增扣 10 分；抽查中发现 1 台完好设备不合格扣 5 分
	9	利用率指标达到规定指标值	30	查利用率指标落实情况	利用率达不到要求扣10～15 分
	10	红旗设备率达到指标，抽查红旗设备质量红旗设备评比记录	100	查红旗设备率的落实情况，并抽查5%～10%红旗设备及单机检测点	红旗设备低于规定的指标扣 20 分，抽查一台红旗设备不合格扣 10 分
	11	年机械事故率低于 6‰，无重大机械事故	60	查机械事故记录和统计报表	机械事故率高于 6‰扣20 分，一次重大事故扣30 分。如有发生机械事故隐瞒未报被发现者，本项分全扣
	12	操作证核发情况，在岗操作人员技术培训情况	30	操作证随机携带，以备检查，抽查驾驶人员的操作技术情况	凡应该领取操作证的驾驶人员全部领齐，准驾机种与审验手续完备，发现一人未领扣 5 分。培训考核率达 100%，低于100%扣 5 分，低于 80%扣 20 分
	13	大型机械设备"三定"制定的落实情况，执行机长负责制	30	查大型机械委托书和人机配备名单	一台"三定"未落实扣 5分，一台机长未落实扣5 分
	14	主要机械设备技术档案完整、齐全、准确。档案资料管理正常	50	抽查 10 台单机技术档案三保以上原始记录随档案抽查	一台未建档案扣 10分，档案中运转记录、保修记录等有一项不全或不准扣 2 分，其他资料亦应收集齐全

(续二)

项目	序号	检查内容	标准分	检查办法	评分标准
使用管理 480 分	15	机械履历书填写情况	50	查机械履历书的各项内容是否记载齐全准确	一台应建未建履历书的扣 10 分,内容记载一项不全扣 2 分,履历书保管不善的撕页缺页者扣 3 分
	16	操作规程齐全,不违章作业	25	半固定设备操作规程设在明显处;不固定设备采取口头提出	一种设备无操作规程扣 10 分,应设在明显处而未设者扣 5 分,发现一项违章作业者扣 20 分
	17	驾驶、操作人员应知常识抽验	25	口头提问与实际相结合	一人不合格扣 5 分
	18	油料使用管理情况	30	油料管理及原始资料建立情况	油料管理不善该过滤未过滤者扣 10 分;耗油应进行核算而未进行核算者扣 10 分;润滑、液压油未及时增补或更换者扣 10 分
保养修理 160 分	19	保修机构健全,配备检验员	20	拥有 10 台以上机械应设保修机构	保修机构未设扣 10 分,检验员未设扣 5 分
	20	月度保修计划齐全、准确、查修理返修记录	60	查保修间隔执行情况,查月保修计划及完成率	失修失保超过 10% 以上扣 20 分,缺一个月计划完成报表扣 20 分,保修完成率低于 60% 扣 10 分,有返修但未记返修一台扣 10 分
	21	保修"双化"执行情况	20	按规定要求落实	以实际使用项目为准,10~15 台的单位为 4 项,缺一项 3 分;15~70 台的单位为 8 项,缺一项扣 2 分;70 台以上单位为 15 项,缺一项扣 1 分

（续三）

项目	序号	检查内容	标准分	检查办法	评分标准
保养修理160分	22	检查手段完备,检测器具配备清单和计划齐全	30	查检测设备和性能	检测手段不完备扣10～15分,无检测设备全靠目测、耳听等原始办法扣10～15分
	23	三保以上保修记录齐全、准确	30	要求记入技术档案并查填写质量	缺一台原始记录扣10分,一台记录不全扣5分,一处不准确扣1分
文明生产100分	24	文明车场: (1)场地平整坚实。 (2)无积水、道路畅通。 (3)场内设有停车标志。 (4)按机种分类排列。 (5)机车停放一条线。 (6)有排水设施。 (7)机车外貌整洁。 (8)有简易的围墙。 (9)场内灭火器材齐全。 (10)场内设有必要的照明。 (11)场内环境卫生好	40	逐项检查	一项不合格扣2分
	25	文明车间: (1)清洁 (2)三不落地 (3)工具摆放整齐 (4)附件、材料存放整齐 (5)消防设施齐全 (6)不漏雨	30	查一个保修车间或加工车间	一项不合格扣5分

（续四）

项目	序号	检查内容	标准分	检查办法	评分标准
文明生产100分	26	文明施工现场： (1)清洁 (2)排水好 (3)怕潮湿的机械设备有防雨设施 (4)作业区无障碍物 (5)机容好 (6)机械施工生产符合安全规定要求	30	查一个施工现场	一项不合格扣5分

表 11-29　　　　　　　机械设备检查登记表

管理单位：　　　　　　　总分数：　　　　　　　检查日期：

机械编号		机械名称		规格型号	
驾驶员		有无操作证及证号			
查次检查技术分类		上次大修后实际运转工时			
机械部位	技术状况摘录				
发动机					
传动机构					
行走机构					
工作装置					

机械技术状况检查

检查标准	检查内容和评分	检查方法	扣分情况
技术状况好，工作能力达到规定要求（20分）	(1)发动机有异响或严重烧机油冒烟机油质量超过规定标准要求者扣3分。 (2)底盘及工作装置有严重裂纹或严重松旷现象者扣3～5分(指未报修者)。 (3)水箱漏水、电系漏电各扣3分。 (4)机油管接头漏油扣1～2分。 (5)液压油各部主要管路漏油扣5分		

（续一）

检查标准	检查内容和评分	检查方法	扣分情况
优质高产安全低耗(20分)	(1)每发生一次小的机械事故扣2分；发生一次大的机械事故本项分全扣 (2)燃料按定额不超耗。超耗5%～15%扣3～5分。拿不出原始资料扣10分		
清洁 润滑 紧固 调整 防腐好 (40分)	(1)发动机、机身、底盘、传动机构应清洁无陈旧油泥，如有老油泥者每处扣2分。 (2)发动机三滤有一项不清洁扣3分。 (3)油底机油粘度差或变质者扣3分。 (4)油底机油有水，亦未及时报修者扣5分。 (5)大小空滤器，以中间油平面槽为准，油过多或过少者扣2分，无油者扣3分(干式应该常用气吹通)，堵塞扣3分，有水者扣1～2分。曲轴箱通气孔不清洁扣1～2分。 (6)减速箱以油堵为准，不足扣2分。 (7)明齿轮油嘴，扣2～5分。 (8)各润滑点缺油嘴者，每缺一个扣1分，油嘴内无油者扣1分。 (9)各处连接螺丝每松动一处，每条扣1～2分。 (10)风扇皮带失调每边扣2分。 (11)履带式机械履带失调扣2分。 (12)轮胎式机械轮胎气压不足或轮胎损坏失修，每只扣2分。 (13)起重机械的安装、检验、使用、维修等都按安全管理规定进行，有一个程序未按规定办扣5～10分。 (14)各操作杆失调每个扣1分。 (15)电瓶液面应高出极板10～15mm，低于极板每格扣1分，气孔不通每个扣1分，不清洁者扣1分。 (16)安全装置齐全有效，方向、制动灵敏可靠，不全者扣2分，失调者扣2分，制动失灵者扣5分。 (17)附属装置锈蚀较严重者扣5分，轻者扣2分。 (18)灯光不亮每个扣0.5分。 (19)喇叭不响，雨刷不动者每项扣1分		

续二

检查标准	检查内容和评分	检查方法	扣分情况
零部件工具完整齐全（10分）	（1）零部件、附属装置不全者扣2~3分。 （2）工具、附件不清洁者扣2分，锈蚀者扣2分，每丢失一件扣3分		
原始记录齐全、准确及时（10分）	（1）机械使用记录未填写者扣5分。填写不及时者、项目不全与填写潦草者，每项扣2分。 （2）无履历书扣5分，有履历书不填者扣3分。 （3）履历书的项目填写不全者扣2分。 （4）履历书不清洁并有撕毁缺页现象者扣3分		

第五节　施工项目技术管理

工程项目技术管理是对所承包的工程各项技术活动和构成施工技术的各项要素进行计划、组织、指挥、协调和控制的总称。施工技术管理必须为企业经营管理服务，因此，施工技术管理的一切活动都要符合企业生产经营的总目标。

一、技术管理的作用

（1）保证施工过程符合技术规范的要求，保证施工按正常秩序进行。

（2）通过技术管理，不断提高技术管理水平和职工的技术素质，能预见性地发现问题，最终达到高质量完成施工任务的目的。

（3）充分发挥施工中人员及材料、设备的潜力，针对工程特点和技术难题，开展合理化建议和技术攻关活动，在保证工程质量和生产计划的前提下，降低工程成本，提高经济效益。

（4）通过技术管理，积极开发与推广新技术、新工艺、新材料，促进施工技术现代化，提高竞争能力。

（5）有利于用新的科研成果对技术管理人员、施工作业人员进行教育培养，不断提高技术管理素质和技术能力。

二、技术管理的内容

工程项目技术管理包括技术管理基础工作和技术管理基本工作

两种,如图 11-6 所示。其中,技术管理基本工作包括施工技术准备工作、施工过程技术工作和技术开发工作等,其内容主要包括以下两个方面:

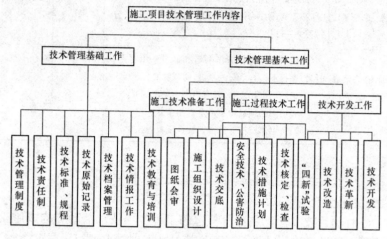

图 11-6 施工项目技术管理工作内容

1. 经常性的技术管理工作

(1)施工图样的熟悉、审查和会审。

(2)编制施工管理规划。

(3)组织技术交底。

(4)工程变更和变更洽谈。

(5)制定技术措施和技术标准。

(6)建立技术岗位责任制。

(7)进行技术检验、材料和半成品的试验与检测。

(8)贯彻技术规范和规程。

(9)技术情报、技术交流、技术档案的管理工作。

(10)监督与控制技术措施的执行,处理技术问题等。

2. 开发性的技术管理工作

(1)组织各类技术培训工作。

(2)根据项目的需要制定新的技术措施和技术标准。

(3)进行技术改造和技术创新。

（4）开发新技术、新结构、新材料、新工艺等。

三、项目经理的职责

为了确保项目施工的顺利进行，杜绝技术问题和质量事故的发生，保证工程质量，提高经济效益，项目经理应抓好以下技术工作：

（1）组织审查图样，掌握工程特点与关键部位，以便全面考虑施工部署与施工方案。还应着重找出在施工操作、特殊材料、设备能力，以及物质条件供应等方面有实际困难之处，及早与建设单位或设计单位研究解决。

（2）贯彻各级技术责任制，明确中级人员组织和职责分工，决定本工程项目拟采用的新技术、新工艺、新材料和新设备。

（3）经常深入现场，检查重点项目和关键部位。检查施工操作、原料使用、检验报告、工序搭接、施工质量和安全生产等方面的情况。对出现的问题、难点、薄弱环节，要及时提给有关部门和人员研究处理。

（4）主持技术交流，组织全体技术管理人员，对施工图和施工组织的设计、重要施工方法和技术措施等，进行全面深入的讨论。

（5）进行人才培训，不断提高职工的技术素质和技术管理水平。一方面为提高业务能力而组织专题或技术讲座；另一方面应结合生产需要，组织学习规范规程、技术措施、施工组织设计以及与工程有关的新技术等。

四、项目技术管理计划

技术管理计划应包括技术开发计划，设计技术计划和工艺技术计划。

（1）技术开发计划。技术开发的依据有：国家的技术政策，包括科学技术的专利政策、技术成果有偿转让；产品生产发展的需要，是指未来对建筑产品的种类、规模、质量以及功能等需要；组织的实际情况，指企业的人力、物力、财力以及外部协作条件等。

（2）设计技术计划。设计计划主要是涉及技术方案的确立、设计文件的形成以及有关指导意见和措施的计划。

（3）工艺技术计划。施工工艺上存在客观规律和相互制约关系，一般是不能违背的。如基坑未挖完上方，后序工作垫层就不能施工，浇注混凝土必须在模板安装和钢筋绑扎完成后，才能施工。因此，要对工艺技术进行科学、周密的计划和安排。

五、项目技术管理控制

1. 技术开发管理

(1)确立技术开发方向和方式。根据我国国情,根据企业自身特点和建筑技术发展趋势确定技术开发方向,走与科研机构、大专院校联合开发的道路,但从长远来看,企业应有自己的研发机构,强化自己的技术优势,在技术上形成一定的垄断,走技术密集型道路。

(2)加大技术开发的投入。应制定短、中、长期的研究投入费用及其占营业额的比例,逐步提高科技投入量,监督实施,并建立规范化的评价、审查和激励机制;加强研发力量,重视科研人才,增添先进的设备和设施,保证技术开发具有先进手段。

(3)加大科技推广和转化力度。

(4)增大技术装备投入。增大技术装备投入才能提高劳动生产率。考虑投入规模至少应当是承包商当年收益的 $2\%\sim3\%$,并逐年增长。

(5)提倡应用计算机和网络技术。利用软件进行招投标、工程设计和概预算工作,利用网络收集施工技术等情报信息,通过电子商务采购降低采购成本。

(6)加强科技开发信息的管理。建立强有力的情报信息中心,利于快速决策。

2. 新产品、新材料、新工艺的应用管理

应有权威的技术检验部门关于其技术性能的鉴定书,制定出质量标准以及操作规程后,才能在工程上使用,加大推广力度。

3. 施工组织设计管理

施工组织设计是企业实现科学管理、提高施工水平和保证工程质量的主要手段,也是贯穿设计、规范、规程等技术标准组织施工,纠正施工盲目性的有力措施。要进行充分的调查研究,广泛发动技术人员、管理人员制定措施,使施工组织设计符合实际,切实可行。

4. 技术档案管理

技术档案是按照一定的原则、要求,经过移交、归档后整理,保管起来的技术文件材料。它既记录了各建筑物、构筑物的真实历史,更是技术人员、管理人员和操作人员智慧的结晶。实行统一领导、分专业管理。资料收集做到及时、准确、完整,分类正确,传递及时,符合地方法规要求,无遗留问题。

5. 测试仪器管理

组织建立计量、测量工作管理制度。由项目技术负责人明确责任人,制定管理制度,经批准后实施。管理制度要明确职责范围,仪表、器具使用、运输、保管有明确要求,建立台账定期检测,确保所有仪表、器具的精度、检测周期和使用状态符合要求。记录和成果符合规定,确保成果、记录、台账、设备的安全、有效、完整。

六、技术管理考核

项目技术管理考核应包括对技术管理工作计划的执行,技术方案的实施,技术措施的实施,技术问题的处置,技术资料收集、整理和归档以及技术开发,新技术和新工艺应用等情况进行分析和评价。

第六节 施工项目安全管理

安全生产管理是指经营管理者对安全生产工作进行的策划、组织、指挥、协调、控制和改进的一系列活动,目的是保证在生产经营活动中的人身安全、财产安全,促进生产的发展,保持社会的稳定。

一、安全管理体系

1. 建立安全管理体系的作用

(1)职业安全卫生状况是经济发展和社会文明程度的反映。使所有劳动者获得安全与健康,是社会公正、安全、文明、健康发展的基本标志,也是保持社会安定团结和经济可持续发展的重要条件。

(2)安全管理体系是对企业环境的安全卫生状态规定了具体的要求和限定,通过科学管理使工作环境符合安全卫生标准的要求。

(3)安全管理体系的运行主要依赖于逐步提高,持续改进。是一个动态的、自我调整和完善的管理系统,同时,也是职业安全卫生管理体系的基本思想。

(4)安全管理体系是项目管理体系中的一个子系统,其循环也是整个管理系统循环的一个子系统。

2. 管理职责

(1)安全管理目标。工程项目实施施工总承包的,由总承包单位负责制定施工项目的安全管理目标并确保:

1)项目经理为施工项目安全生产第一责任人,对安全生产应负全面的领导责任,实现重大伤亡事故为零的目标。

2)有适合于工程项目规模、特点的应用安全技术。

3)应符合国家安全生产法律、行政法规和建筑行业安全规章、规程及对业主和社会要求的承诺。

4)形成全体员工所理解的文件,并实施保持。

(2)安全管理组织。

1)职责和权限。施工项目对从事与安全有关的管理、操作和检查人员,特别是需要独立行使权力开展工作的人员,规定其职责、权限和相互关系,并形成文件。

①编制安全计划,决定资源配备。

②安全生产管理体系实施的监督、检查和评价。

③纠正和预防措施的验证。

2)资源。项目经理部应确定并提供充分的资源,以确保安全生产管理体系的有效运行和安全管理目标的实现。资源包括:

①配备与施工安全相适应并经培训考核持证的管理、操作和检查人员。

②施工安全技术及防护设施。

③用电和消防设施。

④施工机械安全装置。

⑤必要的安全检测工具。

⑥安全技术措施的经费。

二、安全生产保证体系

完善安全管理体制,建立健全安全管理制度、安全管理机构和安全生产责任制是安全管理的重要内容,也是实现安全生产目标管理的组织保证。

1. 安全生产组织保证体系

(1)根据工程施工特点和规模,设置项目安全生产最高权力机构——安全生产委员会或安全生产领导小组。

1)建筑面积在 5 万 m²(含 5 万 m²)以上或造价在 3000 万元人民币(含 3000 万元)以上的工程项目,应设置安全生产委员会;建筑面积在 5 万 m²以下或造价在 3000 万元人民币以下的工程项目,应设置安全领导小组。

2)安全生产委员会由工程项目经理、主管生产和技术的副经理、安全部负责人、分包单位负责人以及人事、财务、机械、工会等有关部门负责人组成,人员以 5～7 人为宜。

3)安全生产领导小组由工程项目经理、主管生产和技术的副经理、专职安全管理人员、分包单位负责人以及人事、财务、机械、工会等负责人组成,人员 3～5 人为宜。

4)安全生产委员会(或安全生产领导小组)主任(或组长)由工程项目经理担任。

5)安全生产委员会(安全生产领导小组)职责。

①安全生产委员会(或小组)是工程项目安全生产的最高权力机构,负责对工程项目安全生产的重大事项及时做出决策。

②认真贯彻执行国家有关安全生产和劳动保护的方针、政策、法令以及上级有关规章制度、指示、决议,并组织检查执行情况。

③负责制定工程项目安全生产规划和各项管理制度,及时解决实施过程中的难点和问题。

④每月对工程项目进行至少一次全面的安全生产大检查,并召开专门会议,分析安全生产形势,制定预防因工伤亡事故发生的措施和对策。

⑤协助上级有关部门进行因工伤亡事故的调查、分析和处理。

6)大型工程项目可在安全生产委员会下按栋号或片区设置安全生产领导小组。

(2)设置安全生产专职管理机构——安全部,并配备一定素质和数量的专职安全管理人员。

1)安全部是工程项目安全生产专职管理机构,安全生产委员会或领导小组的常设办事机构设在安全部。其职责包括:

①协助工程项目经理开展各项安全生产业务工作。

②定时准确地向工程项目经理和安全生产委员会或领导小组汇报安全生产情况。

③组织和指导下属安全部门和分包单位的专职安全员(安全生产管理机构)开展各项有效的安全生产管理工作。

④行使安全生产监督检查职权。

2)设置安全生产总监(工程师)职位。其职责为:

①协助工程项目经理开展安全生产工作,为工程项目经理进行安全生产决策提供依据。

②每月向项目安全生产委员会(或小组)汇报本月工程项目安全生产状况。

③定期向公司(厂、院)安全生产管理部门汇报安全生产情况。

④对工程项目安全生产工作开展情况进行监督。

⑤有权要求有关部门和分部分项工程负责人报告各自业务范围内的安全生产情况。

⑥有权建议处理不重视安全生产工作的部门负责人、栋号长、工长及其他有关人员。

⑦组织并参加各类安全生产检查活动。

⑧监督工程项目正、副经理的安全生产行为。

⑨对安全生产委员会或领导小组做出的各项决议的实施情况进行监督。

⑩行使工程项目副经理的相关职权。

3)安全管理人员的配置。

①施工项目1万 m^2 (建筑面积)及以下设置1人。

②施工项目1~3万 m^2 设置2人。

③施工项目3~5万 m^2 设置3人。

④施工项目在5万 m^2 以上按专业设置安全员,成立安全组。

(3)分包队伍按规定建立安全组织保证体系,其管理机构以及人员纳入工程项目安全生产保证体系,接受工程项目安全部的业务领导,参加工程项目统一组织的各项安全生产活动,并按周向项目安全部传递有关安全生产的信息。

1)分包自身管理体系的建立:分包单位100人以下设兼职安全

员;100～300 人必须有专职安全员 1 名;300～500 人必须有专职安全员 2 名,纳入总包安全部统一进行业务指导和管理。

2)班组长、分包专业队长是兼职安全员,负责本班组工人的健康和安全,负责消除本作业区的安全隐患,对施工现场实行目标管理。

2. 安全生产责任保证体系

施工项目是安全生产工作的载体,具体组织和实施项目安全生产工作,是企业安全生产的基层组织。负全面责任。

(1)施工项目安全生产责任保证体系分为三个层次。

1)项目经理作为本施工项目安全生产第一负责人,由其组织和聘用施工项目安全负责人、技术负责人、生产调度负责人、机械管理负责人、消防管理负责人、劳动管理负责人及其他相关部门负责人组成安全决策机构。

2)分包队伍负责人作为本队伍安全生产第一责任人,组织本队伍执行总包单位安全管理规定和各项安全决策,组织安全生产。

3)作业班组负责人(或作业工人)作为本班组或作业区域安全生产第一责任人,贯彻执行上级指令,保证本区域、本岗位安全生产。

(2)施工项目应履行下列安全生产责任:

1)贯彻落实各项安全生产的法律、法规、规章、制度,组织实施各项安全管理工作,完成上级下达的各项考核指标。

2)建立并完善项目经理部安全生产责任制和各项安全管理规章制度,组织开展安全教育、安全检查,积极开展日常安全活动,监督、控制分包队伍执行安全规定,履行安全职责。

3)建立安全生产组织机构,设置安全专职人员,保证安全技术措施经费的落实和投入。

4)制定并落实项目施工安全技术方案和安全防护技术措施,为作业人员提供安全的生产作业环境。

5)发生伤亡事故及时上报,并保护好事故现场,积极抢救伤员,认真配合事故调查组开展伤亡事故的调查和分析,按照"四不放过"原则,落实整改防范措施,对责任人员进行处理。

3. 安全生产资源保证体系

施工项目的安全生产必须有充足的资源做保障。安全生产资源投入包括人力资源、物资资源和资金的投入。安全人力资源投入包括专职安全管理人员的设置和高素质技术人员、操作工人的配置，以及安全教育培训投入；安全物资资源投入包括进入现场材料的把关和料具的现场管理以及机电、起重设备、锅炉、压力容器及自制机械等资源的投入。其中：

(1)物资资源系统人员对机、电、起重设备、锅炉、压力容器及自制机械的安全运行负责，按照安全技术规范进行经常性检查，并监督各种设备、设施的维修和保养；对大型设备设施、中小型机械操作人员定期进行培训、考核，持证上岗。负责起重设备、提升机具、成套设施的安全验收。

(2)安全生产所需材料应加强供应过程中的质量管理，防止假冒伪劣产品进入施工现场，最大限度地减少工程建设伤亡事故的发生。首先是正确选择进货渠道和材料的质量把关。一般大型建筑公司都有相对的定点采购单位，对生产厂家及供货单位要进行资格审查，内容如下：

1)要有营业执照，生产许可证，生产产品允许等级标准，产品监察证书，产品获奖情况；

2)应有完善的检测手段、手续和实验机构，可提供产品合格证和材质证明；

3)应对其产品质量和生产历史情况进行调查和评估，了解其他用户使用情况与意见，生产厂方(或供货单位)的经济实力、担保能力、包装储运能力等。质量把关应由材料采购人员做好市场调查和预测工作，通过"比质量、比价格、比运距"的优化原则，验证产品合格证及有关检测实验等资料，批量采购并应签订合同。

(3)安全材料质量的验收管理。在组织送料前由安全人员和材料员先行看货验收；进库时由保管员和安全人员一起组织验收方可入库。必须是验收质量合格，技术资料齐全的才能登入进料台账，发料使用。

(4)安全材料、设备的维修保养工作。维修保养工作是施工项目资源保证的重要环节，保管人员应经常对所管物资进行检查，了解和掌握物资保管过程中的变化情况，以便及时采取措施，进行防护，从而保证设备出场的完好。如用电设备,包括手动工具、照明设施必须在出库前由电工全面检测并做好记录,只有保证合格设备才能出库,避免工人有时盲目检修而形成的事故隐患。

安全投资包括主动投资和被动投资、预防投资与事后投资、安全措施费用、个人防护品费用、职业病诊治费用等。安全投资的政策应遵循"谁受益谁整改,谁危害谁负担;谁需要谁投资的原则"。现阶段我国一般企业的安全投资应该达到项目造价的 $0.8\%\sim2.5\%$。因此,每一个工程项目,在资金投入方面必须认真贯彻执行国家、地方政府有关劳动保护用品的规定和防暑降温经费规定,做到职工个人防护用品费用和现场安全措施费用的及时提供。特别是部分工程具有自身的特点,如建筑物周边有高压线路或变压器需要采取防护,建筑物临近高层建筑需要采取措施临边进行加固等。

安全投资所产生的效益可从事故损失测算和安全效益评价来估算。事故损失的分类包括:直接损失与间接损失、有形损失与无形损失、经济损失与非经济损失等。

安全生产资源保证体系中对安全技术措施费用的管理非常重要,要求:

(1)规范安全技术措施费用管理,保证安全生产资源基本投入。

1)公司应在全面预算中专门立项,编制安全技术措施费用预算计划,纳入经营成本预算管理;

2)安全部门负责编制安全技术措施项目表,作为公司安全生产管理标准执行;

3)项目经理部按工程标的总额编制安全技术措施费用使用计划表,总额由经理部控制,须按比例分解到劳务分包,并监督使用。

公司须建立专项费用用于抢险救灾和应急。

(2)加强安全技术措施费用管理,既要坚持科学、实用、低耗,又要保证执行法规、规范,确保措施的可靠性。

1)编制的安全技术措施必须满足安全技术规范、标准,费用投入应保证安全技术措施的实现,要对预防和减少伤亡事故起到保证作用;

2)安全技术措施的贯彻落实要由总包负责;

3)用于安全防护的产品性能、质量达标并检测合格。

(3)编制安全技术措施费用项目目录表。包括基坑、沟槽防护、结构工程防护、临时用电、装修施工、集料平台及个人防护等。

4. 安全生产管理制度

施工项目应建立十项安全生产管理制度：

(1)安全生产责任制度。

(2)安全生产检查制度。

(3)安全生产验收制度。

(4)安全生产教育培训制度。

(5)安全生产技术管理制度。

(6)安全生产奖罚制度。

(7)安全生产值班制度。

(8)工人因工伤亡事故报告、统计制度。

(9)重要劳动防护用品定点使用管理制度。

(10)消防保卫管理制度。

三、安全管理要求

1. 正确处理安全的五种关系

(1)安全与危险的关系。安全与危险在同一事物的运动中是相互对立的，也是相互依赖而存在的，因为有危险，所以才进行安全生产过程控制，以防止或减少危险。安全与危险并非是等量并存、平静相处，随着事物的运动变化，安全与危险每时每刻都在起变化，彼此进行斗争。事物的发展将向斗争的胜方倾斜。可见，在事物的运动中，都不会存在绝对的安全或危险。保持生产的安全状态，必须采取多种措施，以预防为主，危险因素是可以控制的。因为危险因素是客观的存在于事物运动之中的，是可知的，也是可控的。

(2)安全与生产的统一。生产是人类社会存在和发展的基础，如生产中的人、物、环境都处于危险状态，则生产无法顺利进行，因此，安全是生产的客观要求，当生产完全停止，安全也就失去意义；就生产目标来说，组织好安全生产就是对国家、人民和社会最大的负责。有了安全保障，生产才能持续、稳定健康发展。若生产活动中事故不断发生，生产势必陷于混乱、甚至瘫痪，当生产与安全发生矛盾；危及员工生命或资产时,停止生产经营活动进行整治、消除危险因素以后,生产经营形势会变得更好。

(3)安全与质量同步。质量和安全工作,交互作用,互为因果。安全第一,质量第一,两个第一并不矛盾。安全第一是从保护生产经营因素的角度提出的。而质量第一则是从关心产品成果的角度而强调的,安全为质量服务,质量需要安全保证。生产过程哪一头都不能丢掉,否则,将陷于失控状态。

(4)安全与速度互促。生产中违背客观规律,盲目蛮干、乱干,在侥幸中求得的进度,缺乏真实与可靠的安全支撑,往往容易酿成不幸,不但无速度可言,反而会延误时间,影响生产。速度应以安全做保障,安全就是速度,我们应追求安全加速度,避免安全减速度。安全与速度成正比关系。一味强调速度,置安全于不顾的做法是极其有害的。当速度与安全发生矛盾时,暂时减缓速度,保证安全才是正确的选择。

(5)安全与效益同在。安全技术措施的实施,会不断改善劳动条件,调动职工的积极性,提高工作效率,带来经济效益,从这个意义上说,安全与效益完全是一致的,安全促进了效益的增长。在实施安全措施中,投入要精打细算、统筹安排。既要保证安全生产,又要经济合理,还要考虑力所能及。为了省钱而忽视安全生产,或追求资金盲目高投入,都是不可取的。

2. 做到"六个坚持"

施工项目做好安全工作,实现安全目标,必须做到"六个坚持"。

(1)坚持生产、安全同时管。安全寓于生产之中,并对生产发挥促进与保证作用,因此,安全与生产虽有时会出现矛盾,但从安全、生产管理的目标,表现出高度的一致和统一。安全管理是生产管理的重要组成部分,安全与生产在实施过程中,两者存在着密切的联系,存在着进行共同管理的基础。管生产同时管安全,不仅是对各级领导人员明确安全管理责任,同时,也向一切与生产有关的机构、人员明确了业务范围内的安全管理责任。由此可见,一切与生产有关的机构、人员,都必须参与安全管理,并在管理中承担责任。认为安全管理只是安全部门的事,是一种片面的、错误的认识。各级人员安全生产责任制度的建立,管理责任的落实,体现了管生产同时管安全的原则。

(2)坚持目标管理。安全管理的内容是对生产中的人、物、环境因素状态的管理,在于有效地控制人的不安全行为和物的不安全状态,消除或避免事故,达到保护劳动者的安全与健康的目标。没有明确目标的安全管理是一种盲目行为。盲目的安全管理,往往劳民伤财,危险因素依然存在。在一定意义上,盲目的安全管理,只能纵容威胁人的安全与健康的状态,向更为严重的方向发展或转化。

(3)坚持预防为主。安全生产的方针是"安全第一、预防为主",安全第一是从保护生产力的角度和高度,表明在生产范围内,安全与生产的关系,肯定安全在生产活动中的位置和重要性。进行安全管理不是处理事故,而是在生产经营活动中,针对生产的特点,对生产要素采取管理措施,有效的控制不安全因素的发生与扩大,把可能发生的事故,消灭在萌芽状态,以保证生产经营活动中,人的安全与健康。预防为主,首先是端正对生产中不安全因素的认识和消除不安全因素的态度,选准消除不安全因素的时机。在安排与布置生产经营任务的时候,针对施工生产中可能出现的危险因素,采取措施予以消除是最佳选择,在生产活动过程中,经常检查,及时发现不安全因素,采取措施,明确责任,尽快地、坚决地予以消除,是安全管理应有的鲜明态度。

(4)坚持全员管理。安全管理不是少数人和安全机构的事,而是一切与生产有关的机构、人员共同的事,缺乏全员的参与,安全管理不会有生气、不会出现好的管理效果。当然,这并非否定安全管理第一责任人和安全监督机构的作用。单位负责人在安全管理中的作用固然重要,但全员参与安全管理更加重要。安全管理涉及生产经营活动的方方面面,涉及从开工到竣工交付的全部过程、生产时间和生产要素。因此,生产经营活动中必须坚持全员、全方位的安全管理。

(5)坚持过程控制。通过识别和控制特殊关键过程,达到预防和消除事故,防止或消除事故伤害。在安全管理的主要内容中,虽然都是为了达到安全管理的目标,但是对生产过程的控制,与安全管理目标关系更直接,显得更为突出,因此,对生产中人的不安全行为和物的不安全状态的控制,必须列入过程安全制定管理的节点。事故发生往往由于人的不安全行为运动轨迹与物的不安全状态运动轨迹的交叉所造成的,从事故发生的原因看,也说明了对生产过程的控制,应该作为安全管理重点。

(6)坚持持续改进。安全管理是在变化着的生产经营活动中的管理,是一种动态管理。其管理就意味着是不断改进发展的、不断变化的,以适应变化的生产活动,消除新的危险因素。需要的是不间断的摸索新的规律,总结控制的办法与经验,指导新的变化后的管理,从而不断提高安全管理水平。

四、项目部安全生产责任

为贯彻落实党和国家有关安全生产的政策法规,明确施工项目各级人员、各职能部门安全生产责任,保证施工生产过程中的人身安全和财产安全,根据国家及上级有关规定,特制定施工项目安全生产责任制。

(一)项目经理部安全生产责任

(1)项目经理部是安全生产工作的载体,具体组织和实施项目安全生产、文明施工、环境保护工作,对本项目工程的安全生产负全面责任。

(2)贯彻落实各项安全生产的法律、法规、规章、制度,组织实施各项安全管理工作,完成各项考核指标。

(3)建立并完善项目部安全生产责任制和安全考核评价体系,积极开展各项安全活动,监督、控制分包队伍执行安全规定,履行安全职责。

(4)发生伤亡事故及时上报,并保护好事故现场,积极抢救伤员,认真配合事故调查组开展伤亡事故的调查和分析,按照"四不放过"原则,落实整改防范措施,对责任人员进行处理。

(二)项目部各级人员安全生产责任

1. 工程项目经理

(1)工程项目经理是项目工程安全生产的第一责任人,对项目工程经营生产全过程中的安全负全面领导责任。

(2)工程项目经理必须经过专门的安全培训考核,取得项目管理人员安全生产资格证书,方可上岗。

(3)贯彻落实各项安全生产规章制度,结合工程项目特点及施工性质,制定有针对性的安全生产管理办法和实施细则,并落实实施。

(4)在组织项目施工、聘用业务人员时,要根据工程特点、施工人数、施工专业等情况,按规定配备一定数量和素质的专职安全员,确定安全管理体系;明确各级人员和分承包方的安全责任和考核指标,并制定考核办法。

(5)健全和完善用工管理手续,录用外协施工队伍必须及时向人事劳务部门、安全部门申报,必须事先审核注册、持证等情况,对工人进行三级安全教育后,方准入场上岗。

(6)负责施工组织设计、施工方案、安全技术措施的组织落实工作,组织并督促工程项目安全技术交底制度、设施设备验收制度的实施。

(7)领导、组织施工现场每旬一次的定期安全生产检查,发现施工中的不安全问题,组织制定整改措施及时解决;对上级提出的安全生产与管理方面的问题,要在限期内定时、定人、定措施予以解决;接到政府部门安全监察指令书和重大安全隐患通知单,应立即停止施工,组织力量进行整改。隐患消除后,必须报请上级部门验收合格,才能恢复施工。

(8)在工程项目施工中,采用新设备、新技术、新工艺、新材料,必须编制科学的施工方案、配备安全可靠的劳动保护装置和劳动防护用品,否则不准施工。

(9)发生因工伤亡事故时,必须做好事故现场保护与伤员的抢救工作,按规定及时上报,不得隐瞒、虚报和故意拖延不报。积极组织配合事故的调查,认真制定并落实防范措施,吸取事故教训,防止发生重复事故。

2. 工程项目生产副经理

(1)对工程项目的安全生产负直接领导责任,协助工程项目经理认真贯彻执行国家安全生产方针、政策、法规,落实各项安全生产规范、标准和工程项目的各项安全生产管理制度。

(2)组织实施工程项目总体和施工各阶段安全生产工作规划以及各项安全技术措施、方案的组织实施工作,组织落实工程项目各级人员的安全生产责任制。

(3)组织领导工程项目安全生产的宣传教育工作,并制定工程项目安全培训实施办法,确定安全生产考核指标,制定实施措施和方案,并负责组织实施,负责外协施工队伍各类人员的安全教育、培训和考核审查的组织领导工作。

(4)配合工程项目经理组织定期安全生产检查,负责工程项目各种形式的安全生产检查的组织、督促工作和安全生产隐患整改"三落实"的实施工作,及时解决施工中的安全生产问题。

(5)负责工程项目安全生产管理机构的领导工作,认真听取、采纳安全生产的合理化建议,支持安全生产管理人员的业务工作,保证工程项目安全生产保证体系的正常运转。

(6)工地发生伤亡事故时,负责事故现场保护、职工教育、防范措施落实,并协助做好事故调查分析的具体组织工作。

3. 项目安全总监

(1)在现场经理的直接领导下履行项目安全生产工作的监督管理职责。

(2)宣传贯彻安全生产方针政策、规章制度,推动项目安全组织保证体系的运行。

(3)督促实施施工组织设计、安全技术措施;实现安全管理目标;对项目各项安全生产管理制度的贯彻与落实情况进行检查与具体指导。

(4)组织分承包商安全专兼职人员开展安全监督与检查工作。

(5)查处违章指挥、违章操作、违反劳动纪律的行为和人员,对重大事故隐患采取有效的控制措施,必要时可采取局部直至全部停产的非常措施。

(6)督促开展周一安全活动和项目安全讲评活动。

(7)负责办理与发放各级管理人员的安全资格证书和操作人员安全上岗证。

（8）参与事故的调查与处理。

4. 工程项目技术负责人

（1）对工程项目生产经营中的安全生产负技术责任。

（2）贯彻落实国家安全生产方针、政策，严格执行安全技术规程、规范、标准；结合工程特点，进行项目整体安全技术交底。

（3）参加或组织编制施工组织设计，在编制、审查施工方案时，必须制定、审查安全技术措施，保证其可行性和针对性，并认真监督实施情况，发现问题及时解决。

（4）主持制定技术措施计划和季节性施工方案的同时，必须制定相应的安全技术措施并监督执行，及时解决执行中出现的问题。

（5）应用新材料、新技术、新工艺，要及时上报，经批准后方可实施，同时必须组织对上岗人员进行安全技术的培训、教育；认真执行相应的安全技术措施与安全操作工艺要求，预防施工中因化学药品引起的火灾、中毒或在新工艺实施中可能造成的事故。

（6）主持安全防护设施和设备的验收。严格控制不符合标准要求的防护设备、设施投入使用；使用中的设施、设备，要组织定期检查，发现问题及时处理。

（7）参加安全生产定期检查，对施工中存在的事故隐患和不安全因素，从技术上提出整改意见和消除办法。

（8）参加或配合工伤及重大未遂事故的调查，从技术上分析事故发生的原因，提出防范措施和整改意见。

5. 工长、施工员

（1）工长、施工员是所管辖区域范围内安全生产的第一责任人，对所管辖范围内的安全生产负直接领导责任。

（2）认真贯彻落实上级有关规定，监督执行安全技术措施及安全操作规程，针对生产任务特点，向班组（外协施工队伍）进行书面安全技术交底，履行签字手续，并对规程、措施、交底要求的执行情况经常检查，随时纠正违章作业。

（3）负责组织落实所管辖施工队伍的三级安全教育、常规安全教育、季节转换及针对施工各阶段特点等进行的各种形式的安全教育，负责组织落实所管辖施工队伍特种作业人员的安全培训工作和持证上岗的管理工作。

(4)经常检查所管辖区域的作业环境、设备和安全防护设施的安全状况,发现问题及时纠正解决。对重点特殊部位施工,必须检查作业人员及各种设备和安全防护设施的技术状况是否符合安全标准要求,认真做好书面安全技术交底,落实安全技术措施,并监督其执行,做到不违章指挥。

(5)负责组织落实所管辖班组(外协施工队伍)开展各项安全活动,学习安全操作规程,接受安全管理机构或人员的安全监督检查,及时解决其提出的不安全问题。

(6)对工程项目中应用的新材料、新工艺、新技术严格执行申报、审批制度,发现不安全问题,及时停止施工,并上报领导或有关部门。

(7)发生因工伤亡及未遂事故必须停止施工,保护现场,立即上报,对重大事故隐患和重大未遂事故,必须查明事故发生原因,落实整改措施,经上级有关部门验收合格后方准恢复施工,不得擅自撤除现场保护设施,强行复工。

6. 外协施工队负责人

(1)外协施工队负责人是本队安全生产的第一责任人,对本单位安全生产负全面领导责任。

(2)认真执行安全生产的各项法规、规定、规章制度及安全操作规程,合理安排组织施工班组人员上岗作业,对本队人员在施工生产中的安全和健康负责。

(3)严格履行各项劳务用工手续,做到证件齐全,特种作业持证上岗。做好本队人员的岗位安全培训、教育工作,经常组织学习安全操作规程,监督本队人员遵守劳动、安全纪律,做到不违章指挥,制止违章作业。

(4)必须保持本队人员的相对稳定,人员变更须事先向用工单位有关部门报批,新进场人员必须按规定办理各种手续,并经入场和上岗安全教育后,方准上岗。

(5)组织本队人员开展各项安全生产活动,根据上级的交底向本队各施工班组进行详细的书面安全交底,针对当天施工任务、作业环境等情况,做好班前安全讲话,施工中发现安全问题,应及时解决。

（6）定期和不定期组织检查本队施工的作业现场安全生产状况，发现不安全因素，及时整改，发现重大事故隐患应立即停止施工，并上报有关领导，严禁冒险蛮干。

（7）发生因工伤亡或重大未遂事故，组织保护好事故现场，做好伤者抢救工作和防范措施，并立即上报，不准隐瞒、拖延不报。

7. 班组长

（1）班组长是本班组安全生产的第一责任人，认真执行安全生产规章制度及安全技术操作规程，合理安排班组人员的工作，对本班组人员在施工生产中的安全和健康负直接责任。

（2）经常组织班组人员开展各项安全生产活动和学习安全技术操作规程，监督班组人员正确使用个人劳动防护用品和安全设施、设备，不断提高安全自保能力。

（3）认真落实安全技术交底要求，做好班前交底，严格执行安全防护标准，不违章指挥，不冒险蛮干。

（4）经常检查班组作业现场的安全生产状况和工人的安全意识、安全行为，发现问题及时解决，并上报有关领导。

（5）发生因工伤亡及未遂事故，保护好事故现场，并立即上报有关领导。

8. 工人

（1）工人是本岗位安全生产的第一责任人，在本岗位作业中对自己、对环境、对他人的安全负责。

（2）认真学习，严格执行安全操作规程，模范遵守安全生产规章制度。

（3）积极参加各项安全生产活动，认真执行安全技术交底要求，不违章作业，不违反劳动纪律，虚心服从安全生产管理人员的监督、指导。

（4）发扬团结友爱精神，在安全生产方面做到互相帮助，互相监督，维护一切安全设施、设备，做到正确使用，不准随意拆改，对新工人有传、带、帮的责任。

（5）对不安全的作业要求要提出意见，有权拒绝违章指令。

（6）发生因工伤亡事故，要保护好事故现场并立即上报。

(7)在作业时,要严格做到"眼观六面、安全定位;措施得当、安全操作"。

(三)项目部各职能部门安全生产责任

1. 安全部

(1)安全部是项目安全生产的责任部门,是项目安全生产领导小组的办公机构,行使项目安全工作的监督检查职权。

(2)协助项目经理开展各项安全生产业务活动,监督项目安全生产保证体系的正常运转。

(3)定期向项目安全生产领导小组汇报安全情况,通报安全信息,及时传达项目安全决策,并监督实施。

(4)组织、指导项目分包安全机构和安全人员开展各项业务工作,定期进行项目安全性测评。

2. 工程管理部

(1)在编制项目总工期控制进度计划和年、季、月计划时,必须树立"安全第一"的思想,综合平衡各生产要素,保证安全工程与生产任务协调一致。

(2)对于改善劳动条件、预防伤亡事故项目,要视同生产项目优先安排;对于施工中重要的安全防护设施、设备的施工要纳入正式工序,予以时间保证。

(3)在检查生产计划实施情况的同时,检查安全措施项目的执行情况。

(4)负责编制项目文明施工计划,并组织具体实施。

(5)负责现场环境保护工作的具体组织和落实。

(6)负责项目大、中、小型机械设备的日常维护、保养和安全管理。

3. 技术部

(1)负责编制项目施工组织设计中安全技术措施方案,编制特殊、专项安全技术方案。

(2)参加项目安全设备、设施的安全验收,从安全技术角度进行把关。

(3)检查施工组织设计和施工方案的实施情况的同时,检查安全技术措施的实施情况,对施工中涉及的安全技术问题,提出解决办法。

(4)对项目使用的新技术、新工艺、新材料、新设备,制定相应的安全技术措施和安全操作规程,并负责工人的安全技术教育。

4. 物资部

(1)重要劳动防护用品的采购和使用必须符合国家标准和有关规定,执行本系统重要劳动防护用品定点使用管理规定。同时,会同项目安全部门进行验收。

(2)加强对在用机具和防护用品的管理,对自有及协力自备的机具和防护用品定期进行检验、鉴定,对不合格品及时报废、更新,确保使用安全。

(3)负责施工现场材料堆放和物品储运的安全。

5. 机电部

(1)选择机电分承包方时,要考核其安全资质和安全保证能力。

(2)平衡施工进度,交叉作业时,确保各方安全。

(3)负责机电安全技术培训和考核工作。

6. 合约部

(1)分包单位进场前签订总分包安全管理合同或安全管理责任书。

(2)在经济合同中应分清总分包安全防护费用的划分范围。

(3)在每月工程款结算单中扣除由于违章而被处罚的罚款。

7. 办公室

(1)负责项目全体人员安全教育培训的组织工作。

(2)负责现场 CI 管理的组织和落实。

(3)负责项目安全责任目标的考核。

(4)负责现场文明施工与各相关方的沟通。

(四)责任追究制度

(1)对因安全责任不落实、安全组织制度不健全、安全管理混乱、安全措施经费不到位、安全防护失控、违章指挥、缺乏对分承包方安全控制力度等主要原因导致因工伤亡事故发生,除对有关人员按照责任状进行经济处罚外,对主要领导责任者给予警告、记过处分;对重要领导责任者给予警告处分。

(2)对因上述主要原因导致重大伤亡事故发生,除对有关人员按照责任状进行经济处罚外,对主要领导责任者给予记过、记大过、降级、撤职处分;对重要领导责任者给予警告、记过、记大过处分。

(3)构成犯罪的,由司法机关依法追究刑事责任。

五、安全生产教育培训

(一)安全生产教育的内容

安全是生产赖以正常进行的前提,安全教育又是安全管理工作的重要环节,是提高全员安全素质、安全管理水平和防止事故,从而实现安全生产的重要手段。

安全生产教育,主要包括安全生产思想、安全知识、安全技能和法制教育四个方面的内容。

1. 安全生产思想教育

安全思想教育的目的是为安全生产奠定思想基础。通常,从加强思想认识、方针政策和劳动纪律教育等方面进行。

(1)思想认识和方针政策的教育。一是提高各级管理人员和广大职工群众对安全生产重要意义的认识。从思想上、理论上认识社会主义制度下搞好安全生产的重要意义,以增强关心人、保护人的责任感,树立牢固的群众观点;二是通过安全生产方针、政策教育。提高各级技术、管理人员和广大职工的政策水平,使他们正确全面地理解党和国家的安全生产方针、政策,严肃认真地执行安全生产方针、政策和法规。

(2)劳动纪律教育。主要是使广大职工懂得严格执行劳动纪律对实现安全生产的重要性,企业的劳动纪律是劳动者进行共同劳动时必须遵守的法则和秩序。反对违章指挥,反对违章作业,严格执行安全操作规程,遵守劳动纪律是贯彻安全生产方针,减少伤害事故,实现安全生产的重要保证。

2. 安全知识教育

企业所有职工必须具备安全基本知识。因此,全体职工都必须接受安全知识教育和每年按规定学时进行安全培训。安全基本知识教育的主要内容是:企业的基本生产概况;施工(生产)流程、方法;企业施工(生产)危险区域及其安全防护的基本知识和注意事项;机械设备、厂(场)内运输的有关安全知识;有关电气设备(动力照明)的基本安全知识；高处作业安全知识；生产(施工)中使用的有毒、有害物质的安全防护基本知识；消防制度及灭火器材应用的基本知识；个人防护用品的正确使用知识等。

3. 安全技能教育

安全技能教育，就是结合本工种专业特点，实现安全操作、安全防护所必须具备的基本技术知识要求。每个职工都要熟悉本工种、本岗位专业安全技术知识。

安全技能知识是比较专门、细致和深入的知识。它包括安全技术、劳动卫生和安全操作规程。建筑登高架设、起重、焊接、电气、爆破、压力容器、锅炉等特种作业人员必须进行专门的安全技术培训。宣传先进经验，既是教育职工找差距的过程，又是学、赶先进的过程。事故教育，可以从事故教训中吸取有益的东西，防止今后类似事故的重复发生。

4. 法制教育

法制教育就是要采取各种有效形式，对全体职工进行安全生产法规和法制教育，从而提高职工遵法、守法的自觉性，以达到安全生产的目的。

(二)安全生产教育的对象

生产经营单位应当对从业人员进行安全生产教育和培训，保证从业人员具备必要的安全生产知识，熟悉有关的安全生产规章制度和安全操作规程，掌握本岗位的安全操作技能。未经安全生产教育和培训不合格的从业人员，不得上岗作业。

地方政府及行业管理部门对施工项目各级管理人员的安全教育培训做出了具体规定，要求施工项目安全教育培训率实现 100%。

施工项目安全教育培训的对象包括以下五类人员：

(1)工程项目经理、项目执行经理、项目技术负责人：工程项目主要管理人员必须经过当地政府或上级主管部门组织的安全生产专项培训，培训时间不得少于 24 小时，经考核合格后，持《安全生产资质证书》上岗。

(2)工程项目基层管理人员：施工项目基层管理人员每年必须接受公司安全生产年审，经考试合格后，持证上岗。

（3）分包负责人、分包队伍管理人员：必须接受政府主管部门或总包单位的安全培训，经考试合格后持证上岗。

（4）特种作业人员：必须经过专门的安全理论培训和安全技术实际训练，经理论和实际操作的双项考核，合格者持《特种作业操作证》上岗作业。

（5）操作工人：新入场工人必须经过三级安全教育，考试合格后持"上岗证"上岗作业。

（三）安全生产教育的形式

1. 新工人"三级安全教育"

三级安全教育是企业必须坚持的安全生产基本教育制度。对新工人（包括新招收的合同工、临时工、学徒工、农民工及实习和代培人员）必须进行公司、项目、作业班组三级安全教育，时间不得少于40小时。三级安全教育由安全、教育和劳资等部门配合组织进行。经教育考试合格者才准许进入生产岗位；不合格者必须补课、补考。对新工人的三级安全教育情况，要建立档案（印制职工安全生产教育卡）。新工人工作一个阶段后还应进行重复性的安全再教育，加深安全感性、理性知识的意识。

三级安全教育的主要内容：

（1）公司进行安全基本知识、法规、法制教育，主要内容是：

1）党和国家的安全生产方针、政策。

2）安全生产法规、标准和法制观念。

3）本单位施工（生产）过程及安全生产规章制度，安全纪律。

4）本单位安全生产形势、历史上发生的重大事故及应吸取的教训。

5）发生事故后如何抢救伤员、排险、保护现场和及时进行报告。

（2）项目进行现场规章制度和遵章守纪教育，主要内容包括：

1）本单位（工区、工程处、车间、项目）施工（生产）特点及施工（生产）安全基本知识。

2）本单位（包括施工、生产场地）安全生产制度、规定及安全注意事项。

3）本工种的安全技术操作规程。

4)机械设备、电气安全及高处作业等安全基本知识。

5)防火、防雷、防尘、防爆知识及紧急情况安全处置和安全疏散知识。

6)防护用品发放标准及防护用具、用品使用的基本知识。

(3)班组安全生产教育由班组长主持进行,或由班组安全员及指定技术熟练、重视安全生产的老工人讲解。进行本工种岗位安全操作及班组安全制度、纪律教育,主要内容包括:

1)本班组作业特点及安全操作规程。

2)班组安全活动制度及纪律。

3)爱护和正确使用安全防护装置(设施)及个人劳动防护用品。

4)本岗位易发生事故的不安全因素及其防范对策。

5)本岗位的作业环境及使用的机械设备、工具的安全要求。

2. 转场安全教育

新转入施工现场的工人,必须进行转场安全教育,教育时间不得少于 8 小时,教育内容包括:

(1)本工程项目安全生产状况及施工条件。

(2)施工现场中危险部位的防护措施及典型事故案例。

(3)本工程项目的安全管理体系、规定及制度。

3. 变换工种安全教育

凡改变工种或调换工作岗位的工人必须进行变换工种安全教育;变换工种安全教育时间不得少于 4 小时,教育考核合格后方准上岗。教育内容包括:

(1)新工作岗位或生产班组安全生产概况、工作性质和职责。

(2)新工作岗位必要的安全知识,各种机具设备及安全防护设施的性能和作用。

(3)新工作岗位、新工种的安全技术操作规程。

(4)新工作岗位容易发生事故及有毒有害的地方。

(5)新工作岗位个人防护用品的使用和保管。

一般工种不得从事特种作业。

4. 特种作业安全教育

从事特种作业的人员必须经过专门的安全技术培训,经考试合格取得操作证后方准独立作业。特种作业的类别及操作项目包括：

(1)电工作业：

1)用电安全技术。

2)低压运行维修。

3)高压运行维修。

4)低压安装。

5)电缆安装。

6)高压值班。

7)超高压值班。

8)高压电气试验。

9)高压安装。

10)继电保护及二次仪表整定。

(2)金属焊接作业：

1)手工电弧焊。

2)气焊、气割。

3)CO_2 气体保护焊。

4)手工钨极氩弧焊。

5)埋弧自动焊。

6)电阻焊。

7)钢材对焊(电渣焊)。

8)锅炉压力容器焊接。

(3)起重机械作业：

1)塔式起重机操作。

2)汽车式起重机驾驶。

3)桥式起重机驾驶。

4)挂钩作业。

5)信号指挥。

6)履带式起重机驾驶。

7)轨道式起重机驾驶。

8)垂直卷扬机操作。

9)客运电梯驾驶。

10)货运电梯驾驶。

11)施工外用电梯驾驶。

(4)登高架设作业：

1)脚手架拆装。

2)起重设备拆装。

3)超高处作业。

(5)厂内机动车辆驾驶：

1)叉车、铲车驾驶。

2)电瓶车驾驶。

3)翻斗车驾驶。

4)汽车驾驶。

5)摩托车驾驶。

6)拖拉机驾驶。

7)机械施工用车(推土机、挖掘机、装载机、压路机、平地机、铲运机)驾驶。

8)矿山机车驾驶。

9)地铁机车驾驶。

(6)有下列疾病或生理缺陷者,不得从事特种作业：

1)器质性心脏血管病。包括风湿性心脏病、先天性心脏病(治愈者除外)、心肌病、心电图异常者。

2)血压超过 160/90mmHg,低于 86/56mmHg。

3)精神病、癫痫病。

4)重症神经官能症及脑外伤后遗症。

5)晕厥(近一年有晕厥发作者)。

6)血红蛋白男性低于 90%,女性低于 80%。

7)肢体残废,功能受限者。

8)慢性骨髓炎。

9)厂内机动驾驶类：大型车身高不足 155cm;小型车身高不足 150cm。

10)耳全聋及发音不清者;厂内机动车驾驶听力不足 5m 者。

11)色盲。

12)双眼裸视力低于 0.4,矫正视力不足 0.7 者。

13)活动性结核(包括肺外结核)。

14)支气管哮喘(反复发作者)。

15)支气管扩张(反复感染、咯血)。

(7)对特种作业人员的培训、取证及复审等工作严格执行国家、地方政府的有关规定。对从事特种作业的人员要进行经常性的安全教育,时间为每月一次,每次教育 4 小时;教育内容为:

1)特种作业人员所在岗位的工作特点,可能存在的危险、隐患和安全注意事项。

2)特种作业岗位的安全技术要领及个人防护用品的正确使用方法。

3)本岗位曾发生的事故案例及经验教训。

5. 班前安全活动交底(班前讲话)

班前安全讲话作为施工队伍经常性安全教育活动之一,各作业班组长于每班工作开始前(包括夜间工作前)必须对本班组全体人员进行不少于 15min 的班前安全活动交底。班组长要将安全活动交底内容记录在专用的记录本上,各成员在记录本上签名。

班前安全活动交底的内容应包括:

(1)本班组安全生产须知。

(2)本班工作中的危险点和应采取的对策。

(3)上一班工作中存在的安全问题和应采取的对策。

在特殊性、季节性和危险性较大的作业前,责任工长要参加班前安全讲话并对工作中应注意的安全事项进行重点交底。

6. 周一安全活动

周一安全活动作为施工项目经常性安全活动之一,每周一开始工作前应对全体在岗工人开展至少 1 小时的安全生产及法制教育活动。活动形式可采取看录像、听报告、分析事故案例、图片展览、急救示范、智力竞赛、热点辩论等形式进行。

工程项目主要负责人要进行安全讲话,主要内容包括:

(1)上周安全生产形势、存在问题及对策。

(2)最新安全生产信息。

(3)重大和季节性的安全技术措施。

(4)本周安全生产工作的重点、难点和危险点。

(5)本周安全生产工作目标和要求。

7. 季节性施工安全教育

进入雨期及冬期施工前,在现场经理的部署下,由各区域责任工程师负责组织本区域内施工的分包队伍管理人员及操作工人进行专门的季节性施工安全技术教育;时间不少于2小时。

8. 节假日安全教育

节假日前后应特别注意各级管理人员及操作者的思想动态,有意识有目的地进行教育、稳定他们的思想情绪,预防事故的发生。

9. 特殊情况安全教育

施工项目出现以下几种情况时,工程项目经理应及时安排有关部门和人员对施工工人进行安全生产教育,时间不少于2小时。主要内容包括:

(1)因故改变安全操作规程。

(2)实施重大和季节性安全技术措施。

(3)更新仪器、设备和工具,推广新工艺、新技术。

(4)发生因工伤亡事故、机械损坏事故及重大未遂事故。

(5)出现其他不安全因素,安全生产环境发生了变化。

六、建筑施工安全检查

(一)安全检查制度

为了全面提高项目安全生产管理水平,及时消除安全隐患,落实各项安全生产制度和措施,在确保安全的情况下正常地进行施工、生产,施工项目实行逐级安全检查制度。

(1)公司对项目实施定期检查和重点作业部位巡检制度。

(2)项目经理部每月由现场经理组织,安全总监配合,对施工现场进行一次安全大检查。

(3)区域责任工程师每半个月组织专业责任工程师(工长)、分包商(专业公司)、行政、技术负责人、工长对所管辖的区域进行安全大检查。

(4)专业责任工程师(工长)实行日巡检制度。

(5)项目安全总监对上述人员的活动情况实施监督与检查。

(6)项目分包单位必须建立各自的安全检查制度,除参加总包组织的检查外,必须坚持自检,及时发现、纠正、整改本责任区的违章、隐患。对危险和重点部位要跟踪检查,做到预防为主。

(7)施工(生产)班组要做好班前、班中、班后和节假日前后的安全自检工作,尤其作业前必须对作业环境进行认真检查,做到身边无隐患,班组不违章。

(8)各级检查都必须有明确的目的,做到"四定",即定整改责任人、定整改措施、定整改完成时间、定整改验收人。并做好检查记录。

(二)安全检查的内容

1. 安全检查工作

(1)各级管理人员对安全施工规章制度的建立与落实。规章制度的内容包括:安全施工责任制,岗位责任制,安全教育制度,安全检查制度。

(2)施工现场安全措施的落实和有关安全规定的执行情况。主要包括以下内容:

1)安全技术措施。根据工程特点、施工方法、施工机械、编制了完善的安全技术措施并在施工过程中得到贯彻。

2)施工现场安全组织。工地上是否有专、兼职安全员并组成安全活动小组,工作开展情况,完整的施工安全记录。

3)安全技术交底,操作规章的学习贯彻情况。

4)安全设防情况。

5)个人防护情况。

6)安全用电情况。

7)施工现场防火设备。

8)安全标志牌等。

2. 安全检查重点内容

(1)临时用电系统和设施。

1)临时用电是否采用 TN-S 接零保护系统。

1)TN-S 系统就是五线制,保护零线和工作零线分开。在一级配电柜设立两个端子板,即工作零线和保护零线端子板,此时入线是一根中性线,出线就是两根线,也就是工作零线和保护零线分别由各自端子板引出。

2)现场塔吊等设备要求电源从一级配电柜直接引入,引到塔吊专用箱,不允许与其他设备共用。

3)现场一级配电柜要做重复接地。

(2)施工中临时用电的负荷匹配和电箱合理配置、配设问题。

内容:负荷匹配和电箱合理配置、配设要达到"三级配电、两级保护"要求,符合《施工现场临时用电安全技术规范》(JGJ 46—2005)和《建筑施工安全检查标准》(JGJ 59—2011)等规范和标准。

(3)临电器材和用电设备是否具备安全防护装置和有安全措施。

1)对室外及固定的配电箱要有防雨防砸棚、围栏,如果是金属的,还要接保护零线、箱子下方砌台、箱门配锁、有警告标志和制度责任人等。

2)木工机械等,环境和防护设施齐全有效。

3)手持电动工具达标等。

(4)生活和施工照明的特殊要求。

1)灯具(碘钨灯、镝灯、探照灯、手把灯等)高度、防护、接线、材料符合规范要求。

2)走线要符合规范和必要的保护措施。

3)在需要使用安全电压场所要采用低压照明,低压变压器配置符合要求。

(5)消防泵、大型机械的特殊用电要求。

对塔吊、消防泵、外用电梯等配置专用电箱,做好防雷接地,对塔吊、外用电梯电缆要做合适处理等。

(6)雨期施工中,对绝缘和接地电阻的及时摇测和记录情况。

3. 施工准备阶段

(1)如施工区域内有地下电缆、水管或防空洞等,要指令专人进行妥善处理。

(2)现场内或施工区域附近有高压架空线时,要在施工组织设计中采取相应的技术措施,确保施工安全。

(3)施工现场的周围如临近居民住宅或交通要道,要充分考虑施工扰民、妨碍交通、发生安全事故的各种可能因素,以确保人员安全。对有可能发生的危险隐患,要有相应的防护措施,如:搭设过街、民房防护棚,施工中作业层的全封闭措施等。

(4)在现场内设金属加工、混凝土搅拌站时,要尽量远离居民区及交通要道,防止施工中噪声干扰居民正常生活。

4. 基础施工阶段

(1)土方施工前,检查是否有针对性的安全技术交底并督促执行。

(2)在雨期或地下水位较高的区域施工时,是否有排水、挡水和降水措施。

(3)根据组织设计放坡比例是否合理,有没有支护措施或打护坡桩。

(4)深基础施工,作业人员工作环境和通风是否良好。

(5)工作位置距基础 2m 以下是否有基础周边防护措施。

5. 结构施工阶段

(1)做好对外脚手架的安全检查与验收,预防高处坠落和防物体打击。

1)搭设材料和安全网合格与检测。

2)水平 6m 支网和 3m 挑网。

3)出入口的护头棚。

4)脚手架搭设基础、间距、拉结点、扣件连接。

5)卸荷措施。

6)结构施工层和距地 2m 以上操作部位的外防护等。

(2)做好"三宝"等安全防护用品(安全帽、安全带、安全网、绝缘手套、防护鞋等)的使用检查与验收。

(3)做好孔、洞口(楼梯口、预留洞口、电梯井口、管道井口、首层出入口等)的安全检查与验收。

(4)做好临边(阳台边、屋面周边、结构楼层周边、雨篷与挑檐边、水箱与水塔周边、斜道两侧边、卸料平台外侧边、梯段边)的安全检查与验收。

(5)做好机械设备人员教育和持证上岗情况,对所有设备进行检查与验收。

(6)对材料,特别是大模板存放和吊装使用。

(7)施工人员上下通道。

(8)对一些特殊结构工程,如钢结构吊装、大型梁架吊装以及特殊危险作业要对施工方案和安全措施、技术交底进行检查与验收。

6.装修施工阶段

(1)对外装修脚手架、吊篮、桥式架子的保险装置、防护措施在投入使用前进行检查与验收,日常期间要进行安全检查。

(2)室内管线洞口防护设施。

(3)室内使用的单梯、双梯、高凳等工具及使用人员的安全技术交底。

(4)内装修使用的架子搭设和防护。

(5)内装修作业所使用的各种染料、涂料和胶粘接剂是否挥发有毒气体。

(6)多工种的交叉作业。

7.竣工收尾阶段

(1)外装修脚手架的拆除。

(2)现场清理工作。

(三)安全检查的形式

安全检查的形式多样,主要有上级检查、定期检查、专业性检查、经常性检查、季节性检查以及自行检查等(表11-30)。

表 11-30　　　　　　　　　　施工项目安全检查形式

检查形式	检 查 内 容
上级检查	上级检查是指主管各级部门对下属单位进行的安全检查。这种检查,能发现本行业安全施工存在的共性和主要问题,具有针对性、调查性,也有批评性。同时通过检查总结,扩大(积累)安全施工经验,对基层推动作用较大
定期检查	建筑公司内部必须建立定期安全检查制度。公司级定期安全检查可每季度组织一次,工程处可每月或每半月组织一次检查,施工队要每周检查一次。每次检查都要由主管安全的领导带队,同工会、安全、动力设备、保卫等部门一起,按照事先计划的检查方式和内容进行检查。定期检查属全面性和考核性的检查

检查形式	检 查 内 容
专业性检查	专业安全检查应由公司有关业务分管部门单独组织,有关人员针对安全工作存在的突出问题,对某项专业(如,施工机械、脚手架、电气、塔吊、锅炉、防尘防毒等)存在的普遍性安全问题进行单项检查。这类检查针对性强,能有地放矢,对帮助提高某项专业安全技术水平有很大作用
经常性检查	经常性的安全检查主要是要提高大家的安全意识,督促员工时刻牢记辈全,在施工中安全操作,及时发现安全隐患,消除隐患,保证施工的正常进行。经常性安全检查有:班组进行班前、班后岗位安全检查;各级安全员及安全值班人员日常巡回安全检查;各级管理人员在检查施工同时检查安全等
季节性检查	季节性和节假日前后的安全检查。季节性安全检查是针对气候特点(如,夏季、冬季、风季、雨季等)可能给施工安全和施工人员健康带来危害而组织的安全检查。节假日(如,元旦、劳动节、国庆节)前后的安全检查,主要是防止施工人员在这一段时间思想放松,纪律松懈而容易发生事故。检查应由单位领导组织有关部门人员进行
自行检查	施工人员在施工过程中还要经常进行自检、互检和交接检查。自检是施工人员工作前、后对自身所处的环境和工作程序进行安全检查,以随时消除安全隐患。互检是指班组之间、员工之间开展的安全检查,以便互相帮助,共同防事故。交接检查是指上道工序完毕,交给下道工序使用前,在工地负责人组织工长、安全员、班组及其他有关人员参加情况下,由上道工序施工人员进行安全交底并一起进行安全检查和验收,认为合格后,才能交给下道工序使用

(四)安全检查评分标准

1. 安全检查评价

　　为了科学地评价施工项目安全生产情况,提高安全生产工作和文明施工的管理水平,预防伤亡事故的发生,确保职工的安全和健康,应用工程安全系统原理,结合建筑施工中伤亡事故规律,按照住房和城乡建设部《建筑施工安全检查标准》(JGJ 59—2011),对建筑施工中容易发生伤亡事故的主要环节、部位和工艺等的完成情况进行安全检查评价。此评价为定性评价,采用检查评分表的形式,分为安全管理、文明工地、脚手架、基坑工程、模板支架、高处作业、施工用电、物料提升机与施工升降机、塔式起重机与起重吊装、施工机具分项检查评分表和检查评分汇总表。汇总表对各分项内容检查结果进行汇总,利用汇总表所得分值,来确定和评价施工项目总体系统的安全生产工作情况。

建筑施工安全检查评分汇总表见表 11-31。

表 11-31　　　　建筑施工安全检查评分汇总表

企业名称:　　　　　　　　　资质等级:　　　　　　　年　月　日

单位工程(施工现场)名称	建筑面积/m²	结构类型	总计得分(满分分值100分)	项目名称及分值									
				安全管理(满分10分)	文明施工(满分15分)	脚手架(满分10分)	基坑工程(满分10分)	模板支架(满分10分)	高处作业(满分10分)	施工用电(满分10分)	物料提升机与施工升降机(满分10分)	塔式起重机与起重吊装(满分5分)	施工机具(满分5分)

评语:

检查单位		负责人		受检项目			项目经理	

2. 安全检查评分方法

(1)建筑施工安全检查评定中,保证项目应全数检查。

(2)各评分表的评分应符合下列规定:

1)分项检查评分表和检查评分汇总表的满分分值均应为100分，评分表的实得分值应为各检查项目所得分值之和；

2)评分应采用扣减分值的方法，扣减分值总和不得超过该检查项目的应得分值；

3)当按分项检查评分表评分时，保证项目中有一项未得分或保证项目小计得分不足40分，此分项检查评分表不应得分；

4)检查评分汇总表中各分项项目实得分值应按下式计算：

$$A_1 = \frac{B \times C}{100} \tag{11-45}$$

式中　A_1——汇总表各分项项目实得分值；

　　　B——汇总表中该项应得满分值；

　　　C——该项检查评分表实得分值。

5)当评分遇有缺项时，分项检查评分表或检查评分汇总表的总得分值应按下式计算：

$$A_2 = \frac{D}{E} \times 100 \tag{11-46}$$

式中　A_2——遇有缺项目在该表的实得分值之和；

　　　D——实查项目在该表的实得分值之和；

　　　E——实查项目在该表的应得满分值之和。

6)脚手架、物料提升机与施工升降机、塔式起重机与起重吊装项目的实得分值，应为所对应专业的分项检查评分表实得分值的算术平均值。

3. 安全检查评定等级

(1)应按汇总表的总得分和分项检查评分表的得分，对建筑施工安全检查评定划分为优良、合格、不合格三个等级。

(2)建筑施工安全检查评定的等级划分应符合下列规定：

1)优良：分项检查评分表无零分，汇总表得分值应在80分及以上。

2)合格：分项检查评分表无零分，汇总表得分值应在80分以下，70分及以上。

3)不合格：

①当汇总表得分值不足 70 分时；

②当有一分项检查评分表为零时。

（3）当建筑施工安全检查评定的等级为不合格时，必须限期整改达到合格。

4. 安全管理检查评定

安全管理检查评定保证项目应包括：安全生产责任制、施工组织设计及专项施工方案、安全技术交底、安全检查、安全教育、应急救援。一般项目应包括：分包单位安全管理、持证上岗、生产安全事故处理、安全标志。

（1）安全管理保证项目

1）安全生产责任制。安全生产责任制主要是指工程项目部各级管理人员，包括：项目经理、工长、安全员、生产、技术、机械、器材、后勤、分包单位负责人等管理人员，均应建立安全责任制。根据《建筑施工安全检查标准》（JGJ 59—2011）和项目制定的安全管理目标，进行责任目标分解。建立考核制度，定期（每月）考核。

2）施工组织设计及专项施工方案

①工程项目部在施工前应编制施工组织设计，施工组织设计应针对工程特点、施工工艺制定安全技术措施。安全技术措施应包括安全生产管理措施。

②危险性较大的分部分项工程应按规定编制安全专项施工方案，专项施工方案应有针对性，并按有关规定进行设计计算。

③超过一定规模危险性较大的分部分项工程，施工单位应组织专家对专项施工方案进行论证。经专家论证后提出修改完善意见的，施工单位应按论证报告进行修改，并经施工单位技术负责人、项目总监理工程师、建设单位项目负责人签字后，方可组织实施。专项方案经论证后需做重大修改的，应重新组织专家进行论证。

④施工组织设计、专项施工方案，应由有关部门审核，施工单位技术负责人、监理单位项目总监批准。

⑤工程项目部应按施工组织设计、专项施工方案组织实施。

3）安全技术交底。安全技术交底主要包括三个方面：一是按工程部位分部分项进行交底；二是对施工作业相对固定，与工程施工部位没有直接关系的工程,如起重机械、钢筋加工等,应单独进行交底;三是对工程项目的各级管理人员,应进行以安全施工方案为主要内容的交底。

①施工负责人在分派生产任务时,应对相关管理人员、施工作业人员进行书面安全技术交底。

②安全技术交底应按施工工序、施工部位、施工栋号分部分项进行。

③安全技术交底应结合施工作业场所状况、特点、工序,对危险因素、施工方案、规范标准、操作规程和应急措施进行交底。

④安全技术交底应由交底人、被交底人、专职安全员进行签字确认。

4)安全检查。安全检查应包括定期安全检查和季节性安全检查。定期安全检查以每周一次为宜。季节性安全检查,应在雨期、冬期之前和雨期、冬期施工中分别进行。

①工程项目部应建立安全检查制度。

②安全检查应由项目负责人组织,专职安全员及相关专业人员参加,定期进行并填写检查记录。

③对检查中发现的事故隐患应下达隐患整改通知单,定人、定时间、定措施进行整改。重大事故隐患整改后,应由相关部门组织复查。对重大事故隐患的整改复查,应按照谁检查谁复查的原则进行。

5)安全教育。

①工程项目部应建立安全教育培训制度。

②当施工人员入场时,工程项目部应组织进行以国家安全法律法规、企业安全制度、施工现场安全管理规定及各工种安全技术操作规程为主要内容的三级安全教育培训和考核。施工人员入场安全教育应按照先培训后上岗的原则进行,且培训教育应进行试卷考核。

③当施工人员变换工种或采用新技术、新工艺、新设备、新材料施工时,应进行安全教育培训,以保证施工人员熟悉作业环境,掌握相应的安全知识技能。

④施工管理人员、专职安全员每年度应进行安全教育培训和考核。

6)应急救援。

①工程项目部应针对工程特点,进行重大危险源的辨识;应制定防触电、防坍塌、防高处坠落、防起重及机械伤害、防火灾、防物体打击等主要内容的专项应急救援预案,并对施工现场易发生重大安全事故的部位、环节进行监控。

②施工现场应建立应急救援组织,培训、配备应急救援人员,定期组织员工进行应急救援演练。对难以进行现场演练的预案,可按演练程序和内容采取室内桌牌式模拟演练。

③按应急救援预案要求,应配备应急救援器材和设备,包括:急救箱、氧气袋、担架、应急照明灯具、消防器材、通信器材、机械、设备、材料、工具、车辆、备用电源等。

(2)安全管理一般项目。

1)分包单位安全管理。

①总包单位应对承揽分包工程的分包单位进行资质、安全生产许可证和相关人员安全生产资格的审查。

②当总包单位与分包单位签订分包合同时,应签订安全生产协议书,明确双方的安全责任。

③分包单位应按规定建立安全机构,配备专职安全员。分包单位安全员的配备应按住建部的规定,专业分包至少1人;劳务分包的工程50人以下的至少1人;50～200人的至少2人;200人以上的至少3人。

④分包单位应根据每天工作任务的不同特点,对施工作业人员进行班前安全交底。

2)持证上岗。

①从事建筑施工的项目经理、专职安全员和特种作业人员,必须经行业主管部门培训考核合格,取得相应资格证书,方可上岗作业。

②项目经理、专职安全员和特种作业人员应持证上岗。

3)生产安全事故管理。工程项目发生的各种安全事故应进行登记报告,并按规定进行调查、处理、制定预防措施,建立事故档案。重伤以上事故,按国家有关调查处理规定进行登记建档。

①当施工现场发生生产安全事故时,施工单位应按规定及时

报告。

②施工单位应按规定对生产安全事故进行调查分析,制定防范措施。

③应依法为施工作业人员办理保险。

4)安全标志。

①施工现场人口处及主要施工区域、危险部位应设置相应的安全警示标志牌。

②施工现场应绘制安全标志布置图。

③应根据工程部位和现场设施的变化,调整安全标志牌设置。主要包括基础施工、主体施工、装修施工三个阶段。

④对夜间施工或人员经常通行的危险区域、设施,应安装灯光警示标志。

⑤按照危险源辨识的情况,施工现场应设置重大危险源公示牌。

5. 安全管理检查评分表

安全管理检查评分表的格式见表11-32。

表 11-32　　　　　　　　安全管理检查评分表

序号	检查项目		扣　分　标　准	应得分数	扣减分数	实得分数
1	保证项目	安全生产责任制	未建立安全责任制,扣10分; 安全生产责任未经责任人签字确认,扣3分; 未备有各工种安全技术操作规程,扣2~10分; 未按规定配备专职安全员,扣2~10分; 工程项目部承包合同中未明确安全生产考核指标,扣5分; 未制定安全生产资金保障制度,扣5分; 未编制安全资金使用计划或未按计划实施,扣2~5分; 未制定伤亡控制、安全达标、文明施工等管理目标,扣5分; 未进行安全责任目标分解,扣5分; 未建立对安全生产责任制和责任目标的考核制度,扣5分; 未按考核制度对管理人员定期考核,扣2~5分	10		

（续一）

序号	检查项目	扣 分 标 准	应得分数	扣减分数	实得分数
2	施工组织设计及专项施工方案	施工组织设计中未制定安全技术措施,扣10分; 危险性较大的分部分项工程未编制安全专项施工方安要,扣10分; 未按规定对超过一定规模危险性较大的分部分项工程专项施工方案进行专家论证,扣10分; 施工组织设计、专项施工方案未经审批,扣10分; 安全技术措施、专项施工方案无针对性或缺少设计计算,扣2~8分; 未按施工组织设计、专项施工方案组织实施,扣2~10分	10		
3	安全技术交底	未进行书面安全技术交底,扣10分; 未按分部分项进行交底,扣5分; 交底内容不全面或针对性不强,扣2~5分; 交底未履行签字手续,扣4分	10		
4	安全检查	未建立安全检查制度,扣10分; 未有安全检查记录,扣5分; 事故隐患的整改未做到定人、定时间、定措施,扣2~6分; 对重大事故隐患整改通知书所列项目未按期整改和复查,扣5~10分	10		
5	安全教育	未建立安全教育培训制度,扣10分; 施工人员入场未进行三级安全教育培训和考核,扣5分; 未明确具体安全教育培训内容,扣2~8分; 变换工种或采用新技术、新工艺、新设备、新材料施工时未进行安全教育,扣5分; 施工管理人员、专职安全员未按规定进行年度教育培训和考核,每人扣2分	10		
6	应急救援	未制定安全生产应急救援预案,扣10分; 未建立应急救援组织或未按规定配备救援人员,扣2~6分; 未定期进行应急救援演练,扣5分; 未配置应急救援器材和设备,扣5分	10		
	小计		60		

（保证项目）

续二

序号	检查项目	扣 分 标 准	应得分数	扣减分数	实得分数
7	分包单位安全管理	分包单位资质、资格、分包手续不全或失效,扣10分; 未签订安全生产协议书,扣5分; 分包合同、安全生产协议书,签字盖章手续不全,扣2~6分; 分包单位未按规定建立安全机构或未配备专职安全员,扣2~6分	10		
8	持证上岗	未经培训从事施工、安全管理和特种作业,每人扣5分; 项目经理、专职安全员和特种作业人员未持证上岗,每人扣2分	10		
9	生产安全事故处理	生产安全事故未按规定报告,扣10分; 生产安全事故未按规定进行调查分析、制定防范措施,扣10分; 未依法为施工作业人员办理保险,扣5分	10		
10	安全标志	主要施工区域、危险部位未按规定悬挂安全标志,扣2~6分; 未绘制现场安全标志布置图,扣3分; 未按部位和现场设施的变化高速安全标志设置,扣2~6分; 未设置重大危险源公示牌,扣5分	10		
	小计		40		
检查项目合计			100		

（一般项目 —— 序号 7、8、9、10 的"检查项目"栏）

第七节 施工项目环境管理

一、项目环境管理体系

1. 环境管理体系的内容

（1）环境方针。环境方针的内容必须包括对遵守法律及其他要求、持续改进和污染预防的承诺,并作为制定与评审环境目标和指标的框架。

（2）环境因素。识别环境因素时要考虑到"三种状态"（正常、异常、紧急)、"三种时态"(过去、现在、将来)、向大气排放、向水体排放、废弃物处理、土地污染、原材料和自然资源的利用、其他当地环境问题,及时更新环境方面的信息,以确保环境因素识别的充分性和重要环境因素评价的科学性。

(3)法律和其他要求。组织应建立并保持程序以保证活动、产品或服务中环境因素遵守法律和其他要求还应建立获得相关法律和其他要求的渠道,包括对变动信息的跟踪。

(4)目标和指标。

1)组织内部各管理层次、各有关部门和岗位在一定时期内均有相应的目标和指标,并用文本表示。

2)组织在建立和评审目标时,应考虑的因素主要有:环境影响因素、遵守法律法规和其他要求的承诺、相关方要求等。

3)目标和指标应与环境方针中的承诺相呼应。

(5)环境管理方案。组织应制定一个或多个环境管理方案,其作用是保证环境目标和指标的实现。方案的内容一般可以有:组织的目标、指标的分解落实情况,使各相关层次与职能在环境管理方案中与其所承担的目标、指标相对应,并应规定实现目标、指标的职责、方法和时间表等。

(6)组织结构和职责。

1)环境管理体系的有效实施要靠组织的所有部门承担相关的环境职责,必须对每一层次的任务、职责、权限作出明确规定,形成文件并给予传达。

2)最高管理者应指定管理者代表并明确其任务、职责、权限,应为环境管理体系的实施提供各种必要的资源。

3)管理者代表应对环境管理体系建立、实施、保持负责,并向最高管理者报告环境管理体系运行情况。

(7)培训、意识和能力。组织应明确培训要求和需要特殊培训的工作岗位和人员,建立培训程序,明确培训应达到的效果,并对可能产生重大影响的工作,要有必要的教育、培训、工作经验、能力方面的要求,以保证他们能胜任所负担的工作。

(8)信息交流。组织应建立对内对外双向信息交流的程序,其功能是：能在组织的各层次和职能间交流有关环境因素和管理体系的信息，以及外部相关方信息的接收、成文、答复，特别注意涉及重要环境因素的外部信息的处理并记录其决定。

（9）环境管理体系文件。环境管理体系文件应充分描述环境管理体系的核心要素及其相互作用，应给出查询相关文件的途径，明确查找的方法，使相关人员易于获取有效版本。

（10）文件控制。

1）组织应建立并保持有效的控制程序，保证所有文件的实施，注明日期（包括发布和修订日期）、字迹清楚、标志明确，妥善保管并在规定期间予以保留等要求；还应及时从发放和使用场所收回失效文件，防止误用，建立并保持有关制定和修改各类文件的程序。

2）环境管理体系重在运行和对环境因素的有效控制，应避免文件过于繁琐，以利于建立良好的控制系统。

（11）运行控制。

1）组织的方针、目标和指标及重要环境因素有关的运行和活动，应确保它们在程序的控制下运行；当某些活动有关标准在第三层文件中已有具体规定时，程序可予以引用。

2）对缺乏程序指导可能偏离方针、目标、指标的运行应建立运行控制程序，但并不要求所有的活动和过程都建立相应的运行控制程序。

3）应识别组织使用的产品或服务中的重要环境因素，并建立和保持相应的文件程序，将有关程序与要求通报供方和承包方，以促使他们提供的产品或服务符合组织的要求。

（12）应急准备和响应。

1）组织应建立并保持一套程序，使之能有效确定潜在的事故或紧急情况，并在其发生前予以预防，减少可能伴随的环境影响；一旦紧急情况发生时做出响应，尽可能地减少由此造成的环境影响。

2）组织应考虑可能会有的潜在事故和紧急情况，采取预防和纠正的措施应针对潜在的和发生的原因，必要时特别是在事故或紧急情况发生后，应对程序予以评审和修订，确保其切实可行。

3）可行时，按程序有关规定定期进行实验或演练。

（13）监测和测量。对环境管理体系进行例行监测和测量,既是对体系运行状况的监督手段,又是发现问题及时采取纠正措施,实施有效运行控制的首要环节。

1)监测的内容,通常包括:组织的环境绩效(如组织采取污染预防措施收到的效果,节省资源和能源的效果,对重大环境因素控制的结果等),有关的运行控制(对运行加以控制,监测其执行程序及其运行结果是否偏离目标和指标),目标、指标和环境管理方案的实现程度,为组织评价环境管理体系的有效性提供充分的客观依据。

2)对监测活动,在程序中应明确规定:如何进行例行监测,如何使用、维护、保管监测设备,如何记录和如何保管记录,如何参照标准进行评价,什么时候向谁报告监测结果和发现的问题等。

3)组织应建立评价程序,定期检查有关法律法规的持续遵循情况,以判断环境方针有关承诺的符合性。

（14）不符合、纠正与预防措施。

1)组织应建立并保持文件程序,用来规定有关的职责和权限,对不符合的进行处理与调查,采取措施减少由此产生的影响,采取纠正与预防措施并予以完成。

2)对于旨在消除已存在和潜在不符合所采取的纠正或预防措施,应分析原因并与该问题的严重性和伴随的环境影响相适应。

3)对于纠正与预防措施所引起的对程序文件的任何更改,组织均应遵守实施并予以记录。

（15）记录。

1)组织应建立对记录进行管理的程序,明确对环境管理的标识、保存、处置的要求。

2)程序应规定记录的内容。

3)对记录本身的质量要求是字迹清楚、标识清楚、可追溯。

（16）环境管理体系审核。

1)组织应制定、保持定期开展环境管理体系内部审核的程序、方案。

2)审核程序和方案的目的,是判定其是否满足符合性(即环境管理体系是否符合对环境管理工作的预定安排和规范要求)和有效性

（即环境管理体系是否得到正确实施和保持），向管理者报告管理结果。

3）对审核方案的编制依据和内容要求，应立足于所涉及活动的环境的重要性和以前审核的结果。

4）审核的具体内容，应规定审核的范围、频次、方法，对审核组的要求，审核报告的要求等。

（17）管理评审。

1）组织应按规定的时间间隔进行，评审过程要记录，结果要形成文件。

2）评审的对象是环境管理体系，目的是保证环境管理体系的持续适用性、充分性、有效性。

3）评审前要收集充分必要信息，作为评审依据。

2. 环境管理体系的运行模式

环境管理体系建立在一个由"策划、实施、检查评审和改进"几个环节构成的动态循环过程的基础上，其具体的运行模式如图 11-7 所示。

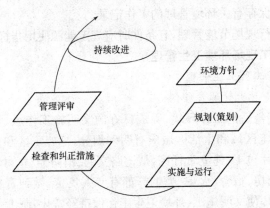

图 11-7　环境管理体系运行模式

3. 项目环境管理的程序

企业应根据批准的建设项目环境影响报告，通过对环境因素的识别和评估，确定管理目标及主要指标，并在各个阶段贯彻实施。项目的环境管理应遵循下列程序：

(1)确定项目环境管理目标。

(2)进行项目环境管理策划。

(3)实施项目环境管理策划。

(4)验证并持续改进。

4. 项目环境管理的工作内容

项目经理负责现场环境管理工作的总体策划和部署，建立项目环境管理组织机构，制定相应制度和措施，组织培训，使各级人员明确环境保护的意义和责任。

项目经理部的工作应包括以下几个方面：

(1)按照分区划块原则，搞好项目的环境管理，进行定期检查，加强协调，及时解决发现的问题，实施纠正和预防措施，保持现场良好的作业环境、卫生条件和工作秩序，做到预防污染。

(2)对环境因素进行控制，制定应急准备和相应措施，并保证信息通畅，预防可能出现的非预期的损害。在出现环境事故时，应及时消除污染，并应制定相应措施，防止环境二次污染。

(3)应保存有关环境管理的工作记录。

(4)进行现场节能管理，有条件时应规定能源使用指标。

二、施工现场环境卫生管理

(一)施工区卫生管理

1. 环境卫生管理责任区

为创造舒适的工作环境，养成良好的文明施工作风，保证职工身体健康，施工区域和生活区域应有明确划分，把施工区和生活区分成若干片，分片包干，建立责任区，从道路交通、消防器材、材料堆放到垃圾、厕所、厨房、宿舍、火炉、吸烟等都有专人负责，做到责任落实到人(名单上墙)，使文明施工、环境卫生工作保持经常化、制度化。

2. 环境卫生管理措施

(1)施工现场要天天打扫，保持整洁卫生，场地平整，各类物品堆放整齐，道路平坦畅通，无堆放物、无散落物，做到无积水、无黑臭、无垃圾，有排水措施。生活垃圾与建筑垃圾要分别定点堆放，严禁混放，并应及时清运。

(2)施工现场严禁大小便,发现有随地大小便现象要对责任区负责人进行处罚。施工区、生活区有明确划分,设置标志牌,标牌上注明责任人姓名和管理范围。

(3)卫生区的平面图应按比例绘制,并注明责任区编号和负责人姓名。

(4)施工现场零散材料和垃圾,要及时清理,垃圾临时放不得超过3天,如违反该规定要处罚工地负责人。

(5)办公室内做到天天打扫,保持整洁卫生,做到窗明地净,文具摆放整齐,达不到要求,对当天卫生值班员罚款。

(6)职工宿舍铺上、铺下做到整洁有序,室内和宿舍四周保持干净,污水和污物、生活垃圾集中堆放,及时外运,发现不符合此条要求,处罚当天卫生值班员。

(7)冬季办公室和职工宿舍取暖炉,必须有验收手续,合格后方可使用。

(8)楼内清理出的垃圾,要用容器或小推车,用塔吊或提升设备运下,严禁高空抛撒。

(9)施工现场的厕所,做到有顶、门窗齐全并有纱,坚持天天打扫,每周撒白灰或打药1～2次,消灭蝇蛆,便坑须加盖。

(10)为了广大职工身体健康,施工现场必须设置保温桶(冬季)和开水(水杯自备),公用杯子必须采取消毒措施,茶水桶必须有盖并加锁。

(11)施工现场的卫生要定期进行检查,发现问题,限期改正。

(二)生活区卫生管理

1. 宿舍卫生管理

(1)职工宿舍要有卫生管理制度,实行室长负责制,规定一周内每天卫生值日名单并张贴上墙,做到天天有人打扫,保持室内窗明地净,通风良好。

(2)宿舍内各类物品应堆放整齐,不到处乱放,做到整齐美观。

(3)宿舍内保持清洁卫生,清扫出的垃圾倒在指定的垃圾站堆放,并及时清理。

(4)生活废水应有污水池,二楼以上也要有水源及水池,做到卫生区内无污水、无污物,废水不得乱倒乱流。

(5)夏季宿舍应有消暑和防蚊虫叮咬措施。冬季取暖炉的防煤气中毒设施必须齐全、有效,建立验收合格证制度,经验收合格发证后,方准使用。

(6)未经许可一律禁止使用电炉及其他用电加热器具。

2. 办公室卫生管理

(1)办公室的卫生由办公室全体人员轮流值班,负责打扫,排出值班表。

(2)值班人员负责打扫卫生、打水,做好来访记录,整理文具。文具应摆放整齐,做到窗明地净,无蝇、无鼠。

(3)冬季负责取暖炉的看火,落地炉灰及时清扫,炉灰按指定地点堆放,定期清理外运,防止发生火灾。

(4)未经许可一律禁止使用电炉及其他电加热器具。

(三)食堂卫生管理

为加强建筑工地食堂管理,严防肠道传染病的发生,杜绝食物中毒,把住病从口入关,各单位要加强对食堂的治理整顿。

根据《食品安全法》规定,依照食堂规模的大小,入伙人数的多少,应当有相应的食品原料处理、加工、贮存等场所及必要的上、下水等卫生设施。要做到防尘、防蝇,与污染源(污水沟、厕所、垃圾箱等)应保持30m以上的距离。食堂内外每天做到清洗打扫,并保持内外环境的整洁。

1. 食品卫生管理

(1)采购运输。

1)采购外地食品应向供货单位索取县以上食品卫生监督机构开具的检验合格证或检验单。必要时可请当地食品卫生监督机构进行复验。

2)采购食品使用的车辆、容器要清洁卫生,做到生熟分开,防尘、防蝇、防雨、防晒。

3)不得采购制售腐败变质、霉变、生虫、有异味或《食品卫生法》规定禁止生产经营的食品。

(2)贮存、保管。

1)根据《食品安全法》的规定,食品不得接触有毒物、不洁物。建筑工程使用的防冻盐(亚硝酸钠)等有毒有害物质,各施工单位要设专人专库存放,严禁亚硝酸盐和食盐同仓共贮,要建立健全管理制度。

2)贮存食品要隔墙、离地,注意做到通风、防潮、防虫、防鼠。食堂内必须设置合格的密封熟食间,有条件的单位应设冷藏设备。主副食品、原料、半成品、成品要分开存放。

3)盛放酱油、盐等副食调料要做到容器物见本色,加盖存放,清洁卫生。

4)禁止用铝制品、非食用性塑料制品盛放熟菜。

(3)制售过程的卫生。

1)制作食品的原料要新鲜卫生,做到不用、不卖腐败变质的食品,各种食品要烧熟煮透,以免食物中毒的发生。

2)制售过程及刀、墩、案板、盆、碗及其他盛器、筐、水池子、抹布和冰箱等工具要严格做到生熟分开,售饭时要用工具销售直接入口食品。

3)非经过卫生监督管理部门批准,工地食堂禁止供应生吃凉拌菜,以防止肠道传染疾病。剩饭、菜要回锅彻底加热再食用,一旦发现变质,不得食用。

4)共用食具要洗净消毒,应有上下水洗手和餐具洗涤设备。

5)使用的代价券必须每天消毒,防止交叉污染。

6)盛放丢弃食物的桶(缸)必须有盖,并及时清运。

2. 炊管人员卫生管理

(1)凡在岗位上的炊管人员,必须持有所在地区卫生防疫部门办理的健康证和岗位培训合格证,并且每年进行一次体检。

(2)凡患有痢疾、肝炎、伤寒、活动性肺结核、渗出性皮肤病以及其他有碍食品卫生的疾病,不得参加接触直接入口食品的制售及食品洗涤工作。

(3)民工炊管人员无健康证的不准上岗,否则予以经济处罚,责令关闭食堂,并追究有关领导的责任。

(4)炊管人员操作时必须穿戴好工作服、发帽,做到"三白"(白衣、白帽、白口罩),并保持清洁整齐,做到文明操作,不赤背,不光脚,禁止随地吐痰。

(5)炊管人员必须做好个人卫生,要坚持做到四勤(勤理发、勤洗澡、勤换衣、勤剪指甲)。

3. 集体食堂卫生管理

(1)新建、改建、扩建的集体食堂,在选址和设计时应符合卫生要求,远离有毒有害场所,30m 内不得有露天坑式厕所、暴露垃圾堆(站)和粪堆畜圈等污染源。

(2)需有与进餐人数相适应的餐厅、制作间和原料库等辅助用房。餐厅和制作间(含库房)建筑面积比例一般应为 1∶1.5。其地面和墙裙的建筑材料,要用具有防鼠、防潮和便于洗刷的水泥等。有条件的食堂,制作间灶台及其周围要镶嵌白瓷砖,炉灶应有通风排烟设备。

(3)制作间应分为主食间、副食间、烧火间,有条件的可开设生间、摘菜间、炒菜间、冷荤间、面点间。做到生与熟,原料与成品、半成品、食品与杂物、毒物(亚硝酸盐、农药、化肥等)严格分开。冷荤间应具备"五专"(专人、专室、专容器用具、专消毒、专冷藏)。

(4)主、副食应分开存放。易腐食品应有冷藏设备(冷藏库或冰箱)。

(5)食品加工机械、用具、炊具、容器应有防蝇、防尘设备。用具、容器和食用苫布(棉被)要有生、熟及反、正面标记,防止食品污染。

(6)采购运输要有专用食品容器及专用车。

(7)食堂应有相应的更衣、消毒、盥洗、采光、照明、通风和防蝇、防尘设备,以及通畅的上下水管道。

(8)餐厅设有洗碗池、残渣桶和洗手设备。

(9)公用餐具应有专用洗刷、消毒和存放设备。

(10)食堂炊管人员(包括合同工、临时工)必须按有关规定进行健康检查和卫生知识培训并取得健康合格证和培训证。

(11)具有健全的卫生管理制度。单位领导要负责食堂管理工作,并将提高食品卫生质量、预防食物中毒,列入岗位责任制的考核评奖条件中。

(12)集体食堂的经常性食品卫生检查工作,各单位要根据《食品安全法》、《建筑施工现场环境与卫生标准》(JGJ 146—2004)及本地颁发的有关建筑工地食堂卫生管理标准和要求,进行管理检查。

4. 职工饮水卫生管理

施工现场应供应开水,饮水器具要卫生。夏季要确保施工现场的凉开水或清凉饮料供应,暑伏天可增加绿豆汤,防止中暑脱水现象发生。

(四)厕所卫生管理

(1)施工现场要按规定设置厕所,厕所的合理设置方案:厕所的设置要离食堂30m以外,屋顶墙壁要严密,门窗齐全有效,便槽内必须铺设瓷砖。

(2)厕所要有专人管理,应有化粪池,严禁将粪便直接排入下水道或河流沟渠中,露天粪池必须加盖。

(3)厕所定期清扫制度:厕所设专人天天冲洗打扫,做到无积垢、垃圾及明显臭味,并应有洗手水源,市区工地厕所要有水冲设施保持厕所清洁卫生。

(4)厕所灭蝇蛆措施:厕所按规定采取冲水或加盖措施,定期打药或撒白灰粉,消灭蝇蛆。

三、文明施工

文明施工是指保持施工场地整洁、卫生,施工组织科学,施工程序合理的一种施工活动。实现文明施工,不仅要着重做好现场的场容管理工作,而且还要相应做好现场材料、机械、安全、技术、保卫、消防和生活卫生等方面的管理工作。一个工地的文明施工水平是该工地乃至所在企业各项管理工作水平的综合体现。

(一)文明施工基本条件

(1)有整套的施工组织设计(或施工方案)。

(2)有健全的施工指挥系统和岗位责任制度。

(3)工序衔接交叉合理,交接责任明确。

(4)有严格的成品保护措施和制度。

(5)大小临时设施和各种材料、构件、半成品按平面布置堆放整齐。

(6)施工场地平整,道路畅通,排水设施得当,水电线路整齐。

(7)机具设备状况良好,使用合理,施工作业符合消防和安全要求。

（二）文明施工基本要求

（1）工地主要入口要设置简朴规整的大门，门旁必须设立明显的标牌，标明工程名称，施工单位和工程负责人姓名等内容。

（2）施工现场建立文明施工责任制，划分区域，明确管理负责人，实行挂牌制，做到现场清洁整齐。

（3）施工现场场地平整，道路坚实畅通，有排水措施，基础、地下管道施工完后要及时回填平整，清除积土。

（4）现场施工临时水电要有专人管理，不得有长流水、长明灯。

（5）施工现场的临时设施，包括生产、办公、生活用房、仓库、料场、临时上下水管道以及照明、动力线路，要严格按施工组织设计确定的施工平面图布置、搭设或埋设整齐。

（6）工人操作地点和周围必须清洁整齐，做到活完脚下清，工完场地清，丢洒在楼梯、楼板上的砂浆混凝土要及时清除，落地灰要回收过筛后使用。

（7）砂浆、混凝土在搅拌、运输、使用过程中，要做到不洒、不漏、不剩，使用地点盛放砂浆、混凝土必须有容器或垫板，如有洒、漏要及时清理。

（8）要有严格的成品保护措施，严禁损坏污染成品，堵塞管道。高层建筑要设置临时便桶，严禁在建筑物内大小便。

（9）建筑物内清除的垃圾渣土，要通过临时搭设的竖井或利用电梯井或采取其他措施稳妥下卸，严禁从门窗口向外抛掷。

（10）施工现场不准乱堆垃圾及余物。应在适当地点设置临时堆放点，并定期外运。清运渣土垃圾及流体物品，要采取遮盖防漏措施，运送途中不得遗撒。

（11）根据工程性质和所在地区的不同情况，采取必要的围护和遮挡措施，并保持外观整洁。

（12）针对施工现场情况设置宣传标语和黑板报，并适时更换内容，切实起到表扬先进、促进后进的作用。

（13）施工现场严禁居住家属，严禁居民、家属、小孩在施工现场穿行、玩耍。

(14)现场使用的机械设备,要按平面布置规划固定点存放,遵守机械安全规程,经常保持机身及周围环境的清洁,机械的标记、编号明显,安全装置可靠。

(15)清洗机械排出的污水要有排放措施,不得随地流淌。

(16)在用的搅拌机、砂浆机旁必须设有沉淀池,不得将浆水直接排放下水道及河流等处。

(17)塔吊轨道按规定铺设整齐稳固,塔边要封闭,道渣不外溢,路基内外排水畅通。

(18)施工现场应建立不扰民措施,针对施工特点设置防尘和防噪声设施,夜间施工必须有当地主管部门的批准。

(三)文明施工检查评定

文明施工检查评定保证项目应包括:现场围挡、封闭管理、施工场地、材料管理、现场办公与住宿、现场防火。一般项目应包括:综合治理、公示标牌、生活设施、社会服务。

1.文明施工保证项目

(1)现场围挡。工地必须沿四周连续设置封闭围挡,围挡材料应选用砌体、金属板材等硬性材料。

1)市区主要路段的工地应设置高度不小于 2.5m 的封闭围挡。

2)一般路段的工地应设置高度不小于 1.8m 的封闭围挡。

3)围挡应坚固、稳定、整洁、美观。

(2)封闭管理。

1)施工现场进出口应设置大门,并应设置门卫值班室。

2)应建立门卫值守管理制度,并应配备门卫值守人员。

3)施工人员进入施工现场应佩戴工作卡。

4)施工现场出入口应标有企业名称或标识,并应设置车辆冲洗设施。

(3)施工场地。

1)施工现场主要道路及材料加工区地面必须采用混凝土、碎石或其他硬质材料进行硬化处理,做到畅通、平整,其宽度应能满足施工及消防等要求。

2)对现场易产生扬尘污染的路面、裸露地面及存放的土方等,应采取合理、严密的防尘措施。

3)施工现场应设置排水设施,且排水通畅无积水。

4)施工现场应有防止泥浆、污水、废水污染环境的措施。

5)施工现场应设置专门的吸烟处,严禁随意吸烟。

6)温暖季节应有绿化布置。

(4)材料管理。

1)建筑材料、构件、料具应按总平面布局进行码放。

2)材料应码放整齐,并应标明名称、规格等。

3)现场存放的材料(如:钢筋、水泥等),为了达到质量和环境保护的要求,应有防雨水浸泡、防锈蚀和防止扬尘等措施。

4)建筑物内施工垃圾的清运,为防止造成人员伤亡和环境污染,必须要采用合理容器或管道运输,严禁凌空抛掷。

5)现场易燃易爆物品必须严格管理,并分类储藏在专用仓库内。在使用和储藏过程中,必须有防暴晒、防火等保护措施,并应间距合理、分类存放。

(5)现场办公与住宿。

1)为了保证住宿人员的人身安全,在建工程内、伙房、库房严禁兼做员工宿舍。

2)施工现场应做到作业区、材料区与办公区、生活区进行明显的划分,并应有隔离措施;如因现场狭小,不能达到安全距离的要求,必须对办公区、生活区采取可靠的防护措施。

3)宿舍、办公用房的防火等级应符合规范要求。

4)宿舍应设置可开启式窗户,严禁使用通铺,床铺不得超过 2 层,通道宽度不应小于 0.9m。

5)宿舍内住宿人员人均面积不应小于 2.5m^2,且不得超过 16 人。

6)冬季宿舍内应有采暖和防一氧化碳中毒措施。

7)夏季宿舍内应有防暑降温和防蚊蝇措施。

8)生活用品应摆放整齐,环境卫生应良好。

(6)现场防火。

1)施工现场应建立消防安全管理制度,制定消防措施。

2)现场临时用房和设施,包括:办公用房、宿舍、厨房操作间、食堂、锅炉房、库房、变配电房、围挡、大门、材料堆场及其加工厂、固定动火作业场、作业棚、机具棚等设施,在防火设计上,必须达到有关消防安全技术规范的要求。

3)现场木料、保温材料、安全网等易燃材料必须实行入库、合理存放,并配备相应、有效、足够的消防器材。

4)施工现场应设置消防通道、消防水源,并应符合规范要求。

5)施工现场灭火器材应保证可靠有效,布局配置应符合规范要求。

6)明火作业应履行动火审批手续,配备动火监护人员。

2. 文明施工一般项目

(1)综合治理。

1)生活区内应设置供作业人员学习和娱乐的场所。

2)施工现场应建立治安保卫制度,责任分解落实到人。

3)施工现场应制定治安防范措施。

(2)公示标牌。

1)大门口处应设置公示标牌,主要内容应包括:工程概况牌、消防保卫牌、文明施工牌、管理人员名单及监督电话牌、施工现场总平面图。

2)标牌应规范、整齐、统一。

3)施工现场应有安全标语。

4)应有宣传栏、读报栏、黑板报。

(3)生活设施。

1)应建立卫生责任制度并落实到人。

2)食堂与厕所、垃圾站等污染及有毒有害场所的间距必须大于15m,并应设置在上述场的上风侧(地区主导风向)。

3)食堂必须经相关部门审批,颁发卫生许可证和炊事人员的身体健康证。

4)食堂使用的燃气罐应单独设置存放间,存放间应通风良好,并严禁存放其他物品。

5)食堂的卫生环境应良好,且设专人进行管理和消毒,门扇下方设防鼠挡板,操作间设清洗池、消毒池、隔油池、排风、防蚊蝇等设施,储藏间应配有冰柜等冷藏设施,防止食物变质。

6)厕所的蹲位和小便槽应满足现场人员数量的需求,高层建筑或作业面积大的场地应设置临时性厕所,并由专人及时进行清理。

7)厕所必须符合卫生要求。

8)施工现场应设置淋浴室,且应能满足作业人员的需求,淋浴室与人员的比例宜大于1：20。

9)必须保证现场人员卫生饮水。

10)现场应针对生活垃圾建立卫生责任制,使用合理、密封的容器,指定专人负责生活垃圾的清运工作。

(4)社区服务。

1)夜间施工前,必须经批准后方可进行施工。

2)为了保护环境,施工现场严禁焚烧各类废弃物(包括:生活垃圾、废旧的建筑材料等),应进行及时的清运。

3)施工现场应制定防粉尘、防噪声、防光污染等措施。

4)应制定施工不扰民措施。

3. 文明施工检查评分表

文明施工检查评分表的格式见表11-33。

表 11-33   文明施工检查评分表

序号	检查项目		扣 分 标 准	应得分数	扣减分数	实得分数
1	保证项目	现场围挡	市区主要路段的工地未设置封闭围挡或围挡高度小于2.5m,扣5~10分; 一般路段的工地未设置封闭围挡或围挡高度小于1.8m,扣5~10分; 围挡未达到坚固、稳定、整洁、美观,扣5~10分	10		
2		封闭管理	施工现场进出口未设置大门,扣10分; 未设置门卫室,扣5分; 未建立门卫值守管理制度或未配备门卫值守人员,扣2~6分; 施工人员进入施工现场未佩戴工作卡,扣2分; 施工现场出入口未标有企业名称或标识,扣2分; 未设置车辆冲洗设施,扣3分	10		

(续一)

序号	检查项目		扣 分 标 准	应得分数	扣减分数	实得分数
3		施工场地	施工现场主要道路及材料加工区地面未进行硬化处理,扣5分; 施工现场道路不畅通、路面不平整坚实,扣5分; 施工现场未采取防尘措施,扣5分; 施工现场未设置排水设施或排水不通畅、有积水,扣5分; 未采取防止泥浆、污水、废水污染环境措施,扣2～10分; 未设置吸烟处、随意吸烟,扣5分; 温暖季节未进行绿化布置,扣分	10		
4	保证项目	材料管理	建筑材料、构件、料具未按总平面布局码放,扣4分; 材料码放不整齐,未标明名称、规格,扣2分; 施工现场材料存放未采取防火、防锈蚀、防雨措施,扣3～10分; 建筑物内施工垃圾的清运未使用器具或管道运输,扣5分; 易燃易爆物品未分类储藏在专用库房、未采取防火措施,扣5～10分	10		
5		现场办公与住宿	施工作业区、材料存放区与办公、生活区未采取隔离措施扣6分; 宿舍、办公用房防火等级不符合有关消防安全技术规范要求,扣10分; 在施工程、伙房、库房兼作住宿,扣10分; 宿舍未设置可开启式窗户,扣4分 宿舍未设置床铺、床铺超过2层或通道宽度小于0.9m,扣2～6分; 宿舍人均面积或人员数量不符合规范要求,扣5分; 夏季宿舍内未采取防暑降温和防蚊蝇措施,扣5分; 生活用品摆放混乱、环境卫生不符合要求,扣3分	10		

（续二）

序号	检查项目		扣　分　标　准	应得分数	扣减分数	实得分数
6	保证项目	现场防火	施工现场未制定消防安全管理制度、消防措施，扣10分； 施工现场的临时用房和作业场所的防火设计不符合规范要求，扣10分； 施工现场消防通道、消防水源的设置不符合规范要求，扣5～10分； 施工现场灭火器材布局、配置不合理或灭火器材失效，扣5分； 未办理动火审批手续或未指定动火监护人员，扣5～10分			
		小计		60		
7	一般项目	综合治理	生活区未设置供作业人员学习和娱乐场所，扣2分； 施工现场未建立治安保卫制度或责任未分到人，扣3～5分； 施工现场未制定治安防范措施，扣5分	10		
8		公示标牌	大门口处设置的公示标牌内容不齐全，扣2～8分； 标牌不规范、不整齐，扣3分； 未设置安全标语，扣3分； 未设置宣传栏、读报栏、黑板报，扣2～4分	10		
9		生活设施	未建立卫生责任制度，扣5分； 食堂与厕所、垃圾站、有毒有害场所的距离不符合规范要求，扣2～6分； 食堂未办理卫生许可证或未办理炊事人员健康证，扣5分； 食堂使用的燃气罐未单独设置存放间或存放间通风条件不良，扣2～4分； 食堂未配备排风、冷藏、消毒、防鼠、防蚊蝇等设施，扣4分； 厕所内的设施数量和布局不符合规范要求，扣2～6分； 厕所卫生未达到规定要求，扣4分； 不能保证现场人员卫生饮水，扣5分； 未设置淋浴室或淋浴室不能满足现场人员需求，扣4分； 生活垃圾未装容器或未及时清理，扣3～5分			
10		社区服务	夜间未经许可施工，扣8分； 施工现场焚烧各类废弃物，扣8分； 施工现场未制定防粉尘、防噪声、防光污染等措施，扣5分； 未制定施工不扰民措施，扣5分			
		小计		40		
检查项目合计				100		

第八节　施工项目消防保安管理

一、防火防爆基本规定

(1)重点工程和高层建筑应编制防火防爆技术措施并履行报批手续,一般工程在拟定施工组织设计的同时,要拟定现场防火防爆措施。

(2)按规定施工现场配置消防器材、设施和用品,并建立消防组织。

(3)施工现场明确划定用火和禁火区域,并设置明显职业健康安全标志。

(4)现场动火作业必须履行审批制度,动火操作人员必须经考试合格持证上岗。

(5)施工现场应定期进行防火检查,及时消除火灾隐患。

二、防火防爆安全管理制度

(1)建立防火防爆知识宣传教育制度。组织施工人员认真学习《中华人民共和国消防条例》和公安部《关于建筑工地防火的基本措施》,教育参加施工的全体职工认真贯彻执行消防法规,增强全员的法律意识。

(2)建立定期消防技能培训制度。定期对职工进行消防技能培训,使所有施工人员都懂得基本防火防爆知识,掌握安全技术,能熟练使用工地上配备的防火防爆器具,能掌握正确的灭火方法。

(3)建立现场明火管理制度。施工现场未经主管领导批准,任何人不准擅自动用明火。从事电、气焊的作业人员要持证上岗(用火证),在批准的范围内作业。要从技术上采取安全措施,消除火源。

(4)存放易燃易爆材料的库房建立严格管理制度。现场的临建设施和仓库要严格管理,存放易燃液体和易燃易爆材料的库房,要设置专门的防火防爆设备,采取消除静电等防火防爆措施,防止火灾、爆炸等恶性事故的发生。

(5)建立定期防火检查制度。定期检查施工现场设置的消防器具,存放易燃易爆材料的库房、施工重点防火部位和重点工种的施工操作,不合格者责令整改,及时消除火灾隐患。

三、高层建筑施工防火防爆措施

高层建筑的施工必须从实际出发,始终贯彻"预防为主、防消结合"的消防工作方针,具体防火防爆措施如下:

(1)施工单位各级领导要重视施工防火安全,要始终将防火工作放在首要位置。将防火工作列入高层施工生产的全过程,做到同计划、同布置、同检查、同总结、同评比,交施工任务的同时要提防火要求,使防火工作做到经常化、制度化、群众化。

(2)要按照"谁主管,谁负责"的原则,从上到下建立多层次的防火管理网络,实行分工负责制,明确高层建筑工程施工防火的目标和任务,使高层施工现场防火安全得到组织保证。

(3)高层施工工地要建立防火领导小组,多单位施工的工程要以甲方为主成立甲方、施工单位、施工单位等参加的联合治安防火办公室,协调工地防火管理。领导小组或联合办公室要坚持每月召开防火会议和每月进行一次防火安全检查制度,认真分析研究施工过程中的薄弱环节,制定落实整改措施。

(4)现场要成立义务消防队,每个班组都要有一名义务消防员为班组防火员,负责班组施工的防火。同时要根据工程建筑面积、楼层的层数和防火重要程度,配专职防火干部、专职消防员、专职动火监护员,对整个工程进行防火管理,检查督促、配置器材和巡逻监护。

(5)高层施工必须制定工地的《消防管理制度》《施工材料和化学危险品仓库管理制度》,建立各工种的安全操作责任制,明确工程各个部位的动火等级,严格动火申请和审批手续、权限,强调电焊工等动火人员防火责任制,对无证人员、仓库保管员进行专业培训,做到持证上岗,进入内装饰阶段,要明确规定吸烟点等等。

(6)对参加高层建筑施工的外包队伍,要同每支队伍领队签订防火安全协议书,详细进行防火安全技术措施的交底。针对木工操作场所,明确人员对木屑刨花做到日做日清,油漆等易燃物品要妥善保管,不准在更衣室等场所乱堆乱放,力求减少火险隐患。

(7)高层建筑工程施工材料,有不少是国外进口的,属高分子合成的易燃物品,防火管理部门应责成有关部门加强对这些原材料的管理,要做到专人、专库、专管,施工前向施工班组做好安全技术交底;并实行限额领料,余料回收制度。

(8)施工中要将易燃材料的施工区域划为禁火区域,安置醒目的警戒标志并加强专人巡逻监护。施工完毕,负责施工的班组要对易燃的包装材料、装饰材料进行清理,要求做到随时做,随时清,现场不留火险。

(9)在焊割方面:严格控制火源和执行动火过程中的安全技术措施。1)每项工程都要划分动火级别。一般的高层动火划为二、三级,在外墙、电梯井、洞孔等部位,垂直穿到底及登高焊割,均应划为二级动火,其余所有场所均为三级动火。

2)按照动火级别进行动火申请和审批。二级动火应由施工管理人员在四天前提出申请并附上安全技术措施方案,报工地主管领导审批,批准动火期限一般为 3d。复杂危险场所,审批人在审批前应到现场察看确无危险或措施落实才予批准,准许动火的动火证要同时交焊割工、监护人。三级动火由焊割班组长在动火前三天提出申请,报防火管理人员批准,动火期限一般为 7d。

3)焊割工要持操作证、动火证进行操作,并接受监护人的监护和配合。监护人要持动火证,在配有灭火器材情况下进行监护,监护时严格履行监护人的职责。

4)复杂的、危险性大的场所焊割,工程技术人员要按照规定制定专项安全技术措施方案,焊割工必须按方案程序进行动火操作。

5)焊割工动火操作中要严格执行焊割操作规程。

(10)按照规定配置消防器材,重点部位器材配置分布要合理,有针对性,各种器材性能要良好、安全,通讯联络工具要有效、齐全。

1)20 层(含 20 层)以上高级宾馆、饭店、办公楼等高层建筑施工,应设置灭火专用的高压水泵,每个楼层应安装消火栓、配置消防水龙带。配置数量应视楼面大小而定。为保证水源,大楼底层应设蓄水池(不小于 $20m^3$)。高层建筑层次高而水压不足的,在楼层中间应设接力泵。

2)高压水泵、消防水管只限消防专用,要明确专人管理、使用和维修、保养,以保证水泵完好,正常运转。

3)所有高层建筑设置的消防泵、消火栓和其他消防器材的部位,都要有醒目的防火标志。

4)高层建筑(含 8 层以上、20 层以下)工程施工,应按楼层面积,一般每 100m² 设 2 个灭火器。

5)施工现场灭火器材的配置,应灵活机动,即易燃物品多的场所,动用明火多的部位相应要多配一些。

6)重点部位分布合理,是指木工操作处不应与机修、电工操作紧邻。灭火器材配置要有针对性,如配电间不应配酸式泡沫灭火机,仪器仪表室要配干粉灭火机等。

(11)一般的高层建筑施工期间,不得堆放易燃易爆危险物品。如确需存放,应在堆放区域配置专用灭火器材和加强管理措施。

(12)工程技术的管理人员在制定施工组织设计时,要考虑防火安全技术措施,要及时征求防火管理人员的意见。防火管理人员在审核现场布图时,要根据现场布置图到现场实地察看,了解工程四周状况,现场大临设施布置是否安全合理,有权提出修改施工组织设计中的问题。

四、项目现场保卫工作

项目现场的保卫工作主要应做好以下几个方面:

(1)建立完整可行的保卫制度,包括领导分工,管理机构,管理程序和要求,防范措施等。组建一支精干负责,有快速反应能力的警卫人员队伍,并与当地公安机关取得联系,求得支持。当前不少单位组建了经济民警队伍是一种比较好的形式。

(2)项目现场应设立围墙、大门和标牌(特殊工程,有保密要求的除外),防止与施工无关人员随意进出现场。围墙、大门、标牌的设立应符合政府主管部门颁发的有关规定。

(3)严格门卫管理。管理单位应发给现场施工人员专门的出入证件,凭证件出入现场。大型重要工程根据需要可实行分区管理,即根据工程进度,将整个施工现场划分为若干区域,分设出入口,每个区域使用不同的出入证件。对出入证件的发放管理要严肃认真,并应定期更换。

(4)一般情况下项目现场谢绝参观,不接待会客。对临时来到现场的外单位人员、车辆等要做好登记。

第十二章　项目信息管理

第一节　项目信息管理基础知识

一、信息

信息来源于拉丁语"Information"一词,原是"陈述"、"解释"的意思,后来泛指消息、音讯、情报、新闻、信号等等,它们都是人和外部世界以及人与人之间交换、传递的内容。在人类社会中,信息是无所不在的,没有一种工作不需要涉及某种信息处理工作。现今人类社会正在进入信息化的社会,人们在各种社会活动中,都将面临大量的信息。信息是需要被记载、加工和处理的,需要被交流和使用的。为了记载信息,人们使用了各种各样物理符号和它们的组合来表示信息,这些符号及其组合就是数据。

数据是反映客观实体的属性值,它可以用数字、文字、声音、图像或图形等形式表示。数据本身无特定意义,只是记录事物的性质、形态、数量特征的抽象符号,是中性概念。而信息则是被赋予一定含义的,经过加工处理以后产生的数据,例如报表、账册和图纸等都是经过对数据加工处理后产生的信息。

关于信息的定义,目前说法很多。但总的归纳起来,信息一词可被定义为:信息是客观存在的一切事物通过物质载体将发生的消息、指令、数据、信号等所包含的一切,经传送交换的知识。它反映事物的客观状态,向人们提供新事实的知识。应注意一点,数据虽能表现信息,但数据与信息之间既有区别又有联系。并非任何数据都能表示信息,信息是更基本直接反映现实的概念,通过数据的处理来具体反映。

二、信息系统

信息系统是由人和计算机等组成,以系统思想为依据,以计算机为手段,进行数据收集、传递、处理、存储、分发,加工产生信息,为决策、预测和管理提供依据的系统。

信息系统是一门新的多元性的学科。它引用其他各个学科中已成熟、先进的成果,集合成一些基本的概念。例如,计算机科学提供了计算及通讯的基础;运筹学提供了以正确的资料来作合理决策的基础等。信息系统必须建立在管理系统之中,各种基本的管理功能,例如:人事、财会、市场以及组织、协调、控制等都是信息系统建立的基础。由此可见,信息系统是任何一个组织中都存在的一个子系统,它渗透到组织的每一个部分。区别于一般意义的子系统,它并不从事某一具体工作,但它关系到整体并使系统中各子系统协调一致。也可以说信息系统类似于人体组织中的神经系统,它分布在人体组织中的每一个部分,关系到人体中每个子系统的动作的协调一致。

信息系统包括信息处理系统和信息传输系统两个方面。信息处理系统对数据进行处理,使它获得新的结构与形态或者产生新的数据。比如计算机系统就是一种信息处理系统,通过它对输入数据的处理可获得不同形态的新的数据。信息传输系统不改变信息本身的内容,作用是把信息从一处传到另一处。由于信息的作用只有在广泛交流中才能充分发挥出来,因此,通信技术的进步极大地促进了信息系统的发展。

三、工程项目信息

工程项目的信息量大,构成情况复杂,按照不同的类型、信息的内容、项目实施的主要工作环节以及参与项目的各个方面等,可以根据不同的情况进行分类。

1. 按项目管理的目标划分

(1)成本(投资)控制信息。它是指与成本控制直接有关的信息,如项目的成本计划、工程任务单、限额领料单、施工定额、对外分包经济合同、成本统计报表、原材料价格、机械设备台班费、人工费、运杂费等。

(2)质量控制信息。它是指与项目质量控制直接有关的信息。如国家或地方政府部门颁布的有关质量政策、法令、法规和标准等,质量目标体系和质量目标的分解,质量目标的分解图表,质量控制的工作流程和工作制度、质量保证体系的组成,质量控制的风险分析;质量抽样检查的数据、各种材料设备的合格证、质量证明书、检测报告、质量事故记录和处理报告等。

（3）进度控制信息。它是指与项目进度控制直接有关的信息。如施工定额；项目总进度计划、进度目标分解、项目年度计划、项目总网络计划和子网络计划、计划进度与实际进度偏差；网络计划的优化、网络计划的调整情况；进度控制的工作流程、进度控制的工作制度、进度控制的风险分析；材料和设备的到货计划、各分项分部工程的进度计划、进度记录等。

（4）合同管理信息。它是指工程相关的各种合同信息，如工程招投标文件；工程建设施工承包合同，物资设备供应合同，咨询、监理合同；合同的指标分解体系；合同签订、变更、执行情况；合同的索赔等。

2. 按项目信息的来源划分

（1）项目内部信息。内部信息取自建设项目本身，如工程概况、设计文件、施工方案、合同结构、合同管理制度、信息资料的编码系统、信息目录表、会议制度、监理班子的组织、项目的投资目标、项目的质量目标、项目的进度目标等。

（2）项目外部信息。外部信息是指来自项目外部环境的信息，如国家有关的政策及法规、国内及国际市场上原材料及设备价格、物价指数、类似工程造价、类似工程进度、投标单位的实力、投标单位的信誉、毗邻单位情况等。

3. 按项目的稳定程度划分

（1）固定信息。它是指在一定时间内相对稳定不变的信息，包括标准信息、计划信息和查询信息。标准信息主要指各种定额和标准，如施工定额、原材料消耗定额、生产作业计划标准、设备和工具的耗损程度等。计划信息反映在计划期内已定任务的各项指标情况。查询信息主要指国家和行业颁发的技术标准、不变价格、监理工作制度、监理工程师的人事卡片等。

（2）流动信息。它是指流动信息是指在不断地变化着的信息。如项目实施阶段的质量、投资及进度的统计信息，就是反映在某一时刻项目建设的实际进度及计划完成情况。又如，项目实施阶段的原材料消耗量、机械台班数、人工工日数等，也都属于流动信息。

4. 按其他标准划分

(1)按照信息范围的不同,可以把建设工程项目信息分为精细的信息和摘要的信息两类。

(2)按照信息时间的不同,可以把建设工程项目信息分为历史性信息、即时信息和预测性信息三大类。

(3)按照监理阶段的不同,可以把建设工程项目信息分为计划的、作业的、核算的、报告的信息。在监理开始时,要有计划的信息;在监理过程中,要有作业的和核算的信息;在某一项目的监理工作结束时,要有报告的信息。

(4)按照对信息的期待性不同,可以把建设工程项目信息分为预知的和突发的信息两类。预知的信息是监理工程师可以估计到的,它产生在正常情况下;突发的信息是监理工程师难以预计的,它发生在特殊情况下。

项目信息是一个庞大、复杂的系统,不同的项目、不同的实施方式,其信息的构成也往往有相当大的差异。因而,对项目信息的分类和处理必须具体考虑,考虑项目的具体情况,考虑项目实施的实际工作需要。

四、项目信息管理

1. 项目信息管理的任务

信息管理是指对信息的收集、整理、处理、储存、传递与应用等一系列工作的总称。建设工程项目的信息管理,应根据其信息的特点,有计划地组织信息沟通,以保证能及时、准确获得各级管理者所需要的信息,达到能正确作出决策的目的。

工程项目信息管理的根本作用在于为各级管理人员及决策者提供所需要的各种信息。通过系统管理工程建设过程中的各类信息,信息的可靠性、广泛性更高,使业主能对项目的管理目标进行较好的控制,较好协调各方的关系。

工程项目信息管理的任务主要包括以下几个方面:

(1)组织项目基本情况的信息,并系统化,编制项目手册。项目管理的任务之一是,按照项目的任务、项目的实施要求设计项目实施和项目管理中的信息和信息流,确定它们的基本要求和特征,并保证在实施过程中信息流通畅。

(2)项目报告及各种资料的规定,例如资料的格式、内容、数据结构要求。

(3)按照项目实施、项目组织、项目管理工作过程建立项目管理信息系统流程,在实际工作中保证这个系统正常运行,并控制信息流。

(4)文件档案管理工作。

2. 项目信息管理基本要求

为了能够全面、及时、准确地向项目管理人员提供有关信息,工程项目信息管理应满足以下几方面的基本要求。

(1)要有严格的时效性。一项信息如果不严格注意时间,那么信息的价值就会随之消失。因此,能适时提供信息,往往对指导工程施工十分有利,甚至可以取得很大的经济效益。

(2)要有针对性和实用性。信息管理的重要任务之一,就是如何根据需要,提供针对性强、十分适用的信息。如果仅仅能提供成沓的细部资料,其中又只能反映一些普通的、并不重要的变化,这样,会使决策者不仅要花费许多时间去阅览这些作用不大的繁琐细状,而且仍得不到决策所需要的信息,使得信息管理起不到应有的作用。

(3)要有必要的精确度。要使信息具有必要的精确度,需要对原始数据进行认真的审查和必要的校核,避免分类和计算的错误。即使是加工整理后的资料,也需要做细致的复核。这样,才能使信息有效可靠。但信息的精度应以满足使用要求为限,并不一定是越精确越好,因为不必要的精度,需耗用更多的精力、费用和时间,容易造成浪费。

(4)要考虑信息成本。各项资料的收集和处理所需要的费用直接与信息收集的多少有关,如果要求愈细、愈完整,则费用将愈高。例如,如果每天都将施工项目上的进度信息收集完整,则势必会耗费大量的人力、时间和费用,这将使信息的成本显著提高。因此,在进行施工项目信息管理时,必须要综合考虑信息成本及信息所产生的收益,寻求最佳的切入点。

3. 项目信息管理的方法

在工程项目信息管理的过程中,应重点抓好对信息的采集与筛

选、信息的处理与加工、信息的利用与扩大，以便业主能利用信息，对
投资目标、质量目标、进度目标实施有效控制。

（1）信息的采集与筛选。必须在施工现场建立一套完善的信息采
集制度，通过现场代表或监理的施工记录、工程质量纪录及各方参加
的工地会议纪要等方式，广泛收集初始信息，并对初始信息加以筛选、
整理、分类、编辑、计算等，变换为可以利用的形式。

（2）信息的处理与加工。信息处理的要求应符合及时、准确、适
用、经济，处理的方法包括信息的收集、加工、传输、存储、检索与输出。
信息的加工，既可以通过管理人员利用图表数据来进行手工处理，也
可以利用电子计算机进行数据处理。

（3）信息的利用与扩大。在管理中必须更好地利用信息、扩大信
息，要求被利用的信息应具有如下特性。

1）适用性。

①必须能为使用者所理解。

②必须为决策服务。

③必须与工程项目组织机构中的各级管理相联系。

④必须具有预测性。

2）及时性。信息必须能适时作出决策和控制。

3）可靠性。信息必须完整、准确，不能导致决策控制的失误。

第二节　项目信息管理计划

一、项目信息需求分析

在工程项目施工阶段，为了能更好地、按时地完成施工，需要获得
施工进程中的动态信息，主要表现在以下几个方面：

（1）项目的施工准备期间所需：施工图设计及施工图预算、施工
合同、施工单位项目经理部组成、进场人员资质；进场设备的规格型
号、保修记录；施工场地的准备情况；施工单位质量保证体系及施工
单位的施工组织设计，特殊工程的技术方案施工进度网络计划图
表；进场材料、构件管理制度；安全保安措施；数据和信息管理制度；
检测和检验、试验程序和设备；承包单位和分包单位的资质；建设工

程场地的地质、水文、测量、气象数据;地上、地下管线,地下洞室,地上原建筑物及周围建筑物、树木、道路;建筑红线,标高、坐标;水、电、气管道的引入标志;地质勘察报告、地形测量图及标桩;施工图的会审和交底记录;开工前的监理交底记录;对施工单位提交的施工组织设计按照项目监理部要求进行修改的情况;施工单位提交的开工报告及实际准备情况;工程相关建筑法律、法规和规范、规程,有关质量检验、控制的技术法、质量验收标准等。

(2)项目施工实施期间所需:施工过程中随时产生的数据,如施工单位人员、设备、水、电、气等能源的动态;施工期气象的中长期趋势及同期历史数据、气象报告;建筑原材料的相关问题;项目经理部管理方向技术手段;工地文明施工及安全措施;施工中需要执行的国家和地方规范、规程、标准;施工合同情况;建筑材料相关事宜等。

二、项目信息编码

1. 项目信息编码原则

信息编码是信息管理的基础,进行项目信息编码时应遵循以下原则:

(1)唯一性。每一个代码仅代表唯一的实体属性或状态。

(2)合理性。编码的方法必须是合理的,能够适合使用者和信息处理的需要,项目信息编码结构应与项目信息分类体系相适应。

(3)可扩充性和稳定性。代码设计应留出适当的扩充位置,以便当增加新的内容时,可直接利用原代码扩充,而无需更改代码系统。

(4)逻辑性与直观性。代码不但要具有一定的逻辑含义,以便于数据的统计汇总;而且要简明直观,以便于识别和记忆。

(5)规范性。国家有关编码标准是代码设计的重要依据,要严格遵照国家标准及行业标准进行代码设计,以便于系统的拓展。

(6)精炼性。代码的长度不仅会影响所占据的存储空间和信息处理的速度,而且也会影响代码输入时出错的概率及输入输出的速度,因而要适当压缩代码的长度。

2. 项目信息编码方法

(1)顺序编码法。顺序编码法是一种按对象出现的顺序进行编码的方法,就是从,001(或 0001,00001 等)开始依次排下去,直至最后。如目前各定额站编制的定额大多采用这种方法。该法简单,代码较短。但这种代码缺乏逻辑基础,本身不说明任何特征。此外,新数据只能追加到最后,删除数据又会产生空码。所以此法一般只用来做为其他分类编码后进行细分类的一种手段。

(2)分组编码法。这种方法也是从头开始,依次为数据编号。但在每批同类型数据之后留有一定余量,以备添加新的数据。这种方法是在顺序编码基础上的改动,也存在逻辑意义不清的问题。

(3)多面编码法。一个事物可能具有多个属性,如果在编码的结构中能为这些属性各规定一个位置,就形成了多面码。该法的优点是逻辑性能好,便于扩充。但这种代码位数较长,会有较多的空码。

(4)十进制编码法。该方法是先把编码对象分成若干大类,编以若干位十进制代码,然后将每一大类再分成若干小类,编以若干位十进制代码,依次下去,直至不再分类为止。例如,图 12-1 所示的建筑材料编码体系所采用的就是这种方法。

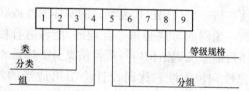

图 12-1　建筑材料编码体系

采用十进制编码法,编码、分类比较简单,直观性强,可以无限扩充下去。但代码位数较多,空码也较多。

(5)文字编码法。这种方法是用文字表明对象的属性,而文字一般用英文编写或用汉语拼音的字头。这种编码的直观性较好,记忆使用也都方便。但当数据过多时,单靠字头很容易使含义模糊,造成错误的理解。

上述几种编码方法,各有其优缺点,在实际工作中可以针对具体情况而选用适当的方法。有时甚至可以将它们组合起来使用。

三、项目信息流程

1. 项目内部信息流

工程项目管理组织内部存在着三种信息流。一是自上而下的信息流;二是自下而上的信息流;三是各管理职能部门横向间的信息流。这三种信息流都应畅通无阻,以保证项目管理工作的顺利实施。

(1)自上而下的信息流。自上而下的信息流是指自主管单位、主管部门、业主以及项目经理开始,流向项目工程师、检查员,乃至工人班组的信息,或在分级管理中,每一个中间层次的机构向其下级逐级流动的信息。即信息源在上,接受信息者是其下属。这些信息主要指监理目标、工作条例、命令、办法及规定、业务指导意见等。

(2)自下而上的信息流。自下而上的信息流通常是指各种实际工程的情况信息,由下逐渐向上传递,这个传递不是一般的叠合(装订)而是经过归纳整理形成的逐渐浓缩的报告。项目管理者就是做这个浓缩工作,以保证信息浓缩而不失真。通常信息太详细会造成处理量大、没有重点,且容易遗漏重要说明;而太浓缩又会存在对信息的曲解,或解释出错的问题。

(3)横向间的信息流。横向流动的信息指项目监理工作中,同一层次的工作部门或工作人员之间相互提供和接受的信息。这种信息一般是由于分工不同而各自产生的,但为了共同的目标又需要相互协作、互通有无或相互补充,以及在特殊、紧急情况下,为了节省信息流动时间而需要横向提供的信息。

2. 项目与外界的信息交流

项目作为一个开放系统,它与外界有大量的信息交换。这里包括以下两种信息流:

(1)由外界输入的信息。例如环境信息、物价变动的信息、市场状况信息,以及外部系统(如企业、政府机关)给项目的指令、对项目的干预等。

(2)项目向外界输出的信息,如项目状况的报告、请示、要求等。

第三节　项目信息过程管理

一、项目信息的收集

1. 建设工程信息的收集

施工项目参建各方对数据和信息的收集是不同的,有不同的来源,不同的角度,不同的处理方法。同时,施工项目参建各方在不同的时期对数据和信息收集要求和方式也是不同的。

(1)施工准备期

1)工程场地环境信息。

2)工程工作环境信息。

3)工程合同环境信息。

(2)施工阶段

1)资源信息。

2)气象信息。

3)材料信息。

4)技术法规、规范。

5)管理程序和制度。

6)质量检验数据。

7)设备试运行资料。

8)施工安全信息。

9)施工进展情况。

10)合同执行情况。

11)索赔信息。

(3)施工保修期

传统工程管理和现代化工程管理最大的区别在于传统工程管理不重视信息的收集和规范化,往往采取事后补做。在竣工保修期,要按建设单位的分工和要求,按照现行《建设工程文件归档整理规范》(GB/T 50328—2001)收集、汇总和归类整理。信息主要包括:

1)按规范规定范围的施工资料。

2)竣工图。按设计图和实际竣工的资料绘制,但有的项目竣工图由设计院出图。

　　3)竣工验收资料。工程竣工总结,竣工验收备案表,施工过程中的验收、验评记录、施工记录,电子档案等。

　　2. 图纸供应信息的收集

　　图纸信息分图纸内容信息和图纸供应信息两方面。图纸内容信息用计算机储存处理是很方便的:供应信息是设计单位用计算机生成的图和文档可以用网络传送图纸供应信息,就是图纸连同其他技术文档、资料、说明书、计算书等一切工程建设过程所要用到的东西的供应计划,实际到达情况、质量状况、变动情况、预期情况等信息。图纸是项目准备和实施的依据,也是进度、质量、造价控制的根据。

　　3. 设备供应信息的采集处理和利用

　　电力工程设备数量大、品种多、供货期长,往往是工程进展的制约因素。设备的订货周期长、运输环节多,因此,设备资源信息的采集、处理和利用在工程信息管理中首先要给予充分注意。项目经理部和监理单位要取得设备订货的第一手资料,即供货单位、交货地点、运输方式、装箱装车(船)的规格数量的详细清单,再与实际到货验收入库规格数量对照,据此决定进度安排和催交、催运措施。对实际领用情况和丢失损坏情况也要加以收集。

　　4. 材料供应信息的采集和处理

　　材料资源信息,分通用材料资源信息和工程材料资源信息两类,两者对建设单位都是有用的。通用材料资源信息包括生产厂家、供应厂商、订货渠道和方式、交货周期、批量限制价格、运费、质量、信誉、中间商、市场走向等。工程材料资源信息是本工程采购或订货的材料的有关信息,交货期与进度有关,质量与工程质量有关,一些材料的价格与结算造价有关。应当用计算机将它管理起来,为监理工作服务。

　　通用材料资源信息的采集主要靠从物资公共信息库或相应服务机构取得,联网或联机录入,按需要进行处理利用。这方面的来源有:地方建委、地方预算定额站、各级物资供应商、国家和地方信息中心等服务部门,以及各行业各城市的众多的信息服务组织。

　　工程订购的材料的资源信息的采集主要应来自直接采购订货单位或部门,如包工包料的施工单位、供应物资的工厂公司、从事采购工作的工作人员等。最好是能建立提供计算机数据的渠道,直接转录输入。

工程材料资源信息的内容应根据三项控制的需要来确定。除了有计划量,还要有实际量;除了有库存量,还应有预计到货量;除了有数量,还应有质量。这些信息应由直接采购订货单位或部门和仓库提供。

5. 其他资源信息的收集

(1)现场人力信息的收集。各施工单位在工程投标时都报出了项目进度计划和相应配备劳力和管理人员分期投入量计划。按需要实际投入充足的人力是完成计划的前提条件。为控制进度、及时全面地掌握动态因素,对投入人力信息进行管理,定期采集、录入投入人力的数量质量数据,加以统计对比、处理、利用,是很有效的措施。

投入人力信息管理主要是建立工程投入人力数据库,按月储存影响工程大局的各承包单位的各种各级人力的计划数(投标书计划和年季计划)、实际数、分布情况、相关项目等数据。

(2)资金供应信息的收集。按计划注入工程资金,及时足额支付材料设备、劳务及其他各项费用,这是工程顺利进行的必要条件。监理单位帮助业主进行资金信息管理,采集、录入工程资金的筹措、拨付、实收、支出、结存、待收及未来异动信息,作了内部分析比较处理,从而可以提出合理的催缴、分配利用和节约建议,及时提醒和帮助业主更好地使用投资。

(3)外部施工条件信息的收集。工程外部施工条件指场地征用、外部交通运输、供水供电供气、外部工程配合、电网送出、试运燃料等非工地解决事项,这些事项的进度直接影响工程。应由监理单位通过一定的渠道或方法获得这类信息,进行汇总协调,这将有利于工程的顺利完成。

二、项目信息加工、整理与储存

1. 信息优化选择

由于受客观条件的限制,或者是受人的主观因素的影响,人们收集到的部分信息经常会出现信息失真、信息老化甚至信息混乱等问题。所以,要想精简信息数量,提高信息质量,并控制信息的流速流向,就必须对从各类信息源采集来的信息进行优化选择。

(1)信息优化选择标准。一般说来,信息优化选择的标准主要有以下几点:

1)相关性。主要是指信息内容与用户提问的关联程度。相关性选择就是在社会信息流中挑选出与用户提问有关的信息,同时排除无关信息的过程。

2)真实性。即信息内容能否正确地反映客观现实。真实性判断也就是要鉴别信息所描述的事物是否存在,情况是否属实,数据是否准确,逻辑是否严密,反映是否客观等。

3)适用性。主要是指信息适合用户需要、便于当前使用的程度,是信息使用者作出的价值判定。由于用户及其信息需要的多样性,信息的适用性在很大程度上是随机多变的,它受用户所处的自然与社会环境、科技与经济发展水平、人的因素、资源条件以及组织机构的管理水平等很多因素的制约。不注意这些方面的差异,就很难使信息达到适用性的要求。

4)先进性。表现在时间上,主要指信息内容的新颖性,即创造出新理论、新方法、新技术、新应用,更符合科学的一般规律,能够更深刻地解释自然或社会现象,从而能更正确地指导人类社会实践活动;表现在空间上,主要指信息成果的领先水平,即按地域范围划分的级别,如世界水平、国家水平、地区水平等。先进性是人们不断追求的目标,但先进性的衡量标准因人因时因地而异,没有统一的固定的尺度。

(2)信息优化选择方法。信息优化选择的方法主要有以下几种:

1)分析法。通过对信息内容的分析而判断其正确与否、质量高低、价值大小等。例如,对某事件的产生背景、发展因果、逻辑关系或构成因素、基础水平和效益功能等进行深入分析,说明其先进性和适用性,从而辨清优劣,达到选择的目的。

2)比较法。比较就是对照事物,以揭示它们的共同点和差异点。通过比较,判定信息的真伪,鉴别信息的优劣,从而排除虚假信息,去掉无用信息。可分为时间、空间、来源、形式等方法。

①时间比较。同类信息按时间顺序比较其产生的时间,应选择时差小的较新颖的信息,对于明显陈旧过时的信息应及时剔除。

②空间比较。从信息产生的场所和空间范围看,在较大的区域,比如说在全国乃至全世界都引起了普遍注意或产生了广泛影响的事件具有更大的可靠性。

③来源比较。从信息来源看,学术组织与权威机构发布的信息可信度较高。

④形式比较。从信息产生与传播方式看,不同类型的信息,如口头信息、实物信息和文献信息的可靠性有很大不同。即使同为文献信息,如图书、期刊论文、会议文献等,因其具有不同出版发行方式,质量也各不相同。

3)核查法。通过对有关信息所涉及的问题进行审核查对来优化信息的质量。可以从以下三方面入手:

①核对有关原始材料或主要论据,检查有无断章取义或曲解原意等情况。

②按该信息所述方法、程序进行可重复性检验。

③深入实际对有关问题进行调查核实。

4)专家评估法。对于某些内容专深且又不易找到佐证材料的信息,可以请有关专家学者运用指标评分法、德尔斐法、技术经济评估法等方法进行评价,以估测其水平价值,判断其可靠性、先进性和适用性。

5)引用摘录法。引用表明了各信息单元之间的相互关系,一般来说,被引次数较多或被本学科专业权威出版物引用过的信息质量较高。

2. 项目信息加工整理

经过优化选择的信息要进行加工整理,确定信息在社会信息流这一时空隧道中的"坐标",以便使人们在需要时能够通过各种方便的形式查寻、识别并获取该信息。

在信息加工时,往往要求按照不同的需求,分层进行加工。不同的使用角度,加工方法是不同的。监理人员对数据的加工要从鉴别开始,一种数据是自己收集的,可靠度较高;而对由施工单位提供的数据就要从数据采样系统是否规范,采样手段是否可靠,提供数据的人员素质如何,数据的精度是否达到所要求的精度入手,对施工单位提供的数据要加以选择、核对,加以必要的汇总,对动态的数据要及时更新,对于施工中产生的数据要按照单位工程、分部工程、分项工程组织在一起,每一个单位、分部、分项工程又把数据分为:进度、质量、造价三个方面分别组织。

(1)信息加工整理的内容。在建设工程项目的施工过程中,信息加工整理的内容主要有以下几个方面:

1)工程施工进展情况。监理工程师每月、每季度都要对工程进度进行分析对比并作出综合评价,包括当月(季)整个工程各方面实际完成量,实际完成数量与合同规定的计划数量之间的比较。如果某些工作的进度拖后,应分析其原因、存在的主要困难和问题,并提出解决问题的建议。

2)工程质量情况与问题。监理工程师应系统地将当月(季)施工过程中的各种质量情况在月报(季报)中进行归纳和评价,包括现场监理检查中发现的各种问题、施工中出现的重大事故,对各种情况、问题、事故的处理意见。如有必要的话,可定期印发专门的质量情况报告。

3)工程结算情况。工程价款结算一般按月进行。监理工程师要对投资耗费情况进行统计分析,在统计分析的基础上做一些短期预测,以便为业主在组织资金方面的决策提供可靠依据。

4)施工索赔情况。在工程施工过程中,由于业主的原因或外界客观条件的影响使承包商遭受损失,承包商提出索赔;或由于承包商违约使工程蒙受损失,业主提出索赔,监理工程师可提出索赔处理意见。

(2)信息加工整理操作步骤。原始数据收集后,需要将其进行加工整理以使它成为有用的信息。一般的加工整理操作步骤如下:

1)依据一定的标准将数据进行排序或分组。

2)将两个或多个简单有序数据集按一定顺序连接、合并。

3)按照不同的目的计算求和或求平均值等。

4)为快速查找建立索引或目录文件等。

(3)信息加工整理的分级。根据不同管理层次对信息的不同要求,工程信息的加工整理从浅到深分为三个级别:

1)初级加工:如滤波、整理等,如图 12-2 所示。

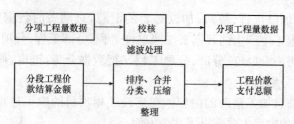

图 12-2　工程信息的初级加工

2) 综合分析：将基础数据综合成决策信息，供有关监理人员或高层决策人员使用，如图 12-3 所示。

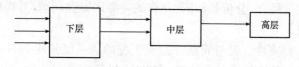

图 12-3　工程信息的综合分析处理

3) 数学模型统计、推断：采用特定的数学模型进行统计计算和模拟推断，为监理提供辅助决策服务，如图 12-4 所示。

图 12-4　数学模型统计、推断

3. 项目信息的传输与检索

信息在通过对收集的数据进行分类加工处理产生信息后，要及时提供给需要使用数据和信息的部门，信息和数据的传输要根据需要来分发，信息和数据的检索则要建立必要的分级管理制度，一般由使用软件来保证实现数据和信息的传输、检索，关键是要决定传输和检索的原则。

(1) 信息传输与检索的原则

1) 需要的部门和使用人，有权在需要的第一时间，方便地得到所需要的、以规定形式提供的一切信息和数据。

2) 保证不向不该知道的部门（人）提供任何信息和数据。

(2) 信息传输设计内容

1)了解使用部门(人)的使用目的、使用周期、使用频率、得到时间、数据的安全要求。

2)决定分发的项目、内容、分发量、范围、数据来源。

3)决定分发信息和数据的数据结构、类型、精度和如何组合成规定的格式。

4)决定提供的信息和数据介质(纸张、显示器显示、磁盘或其他形式)。

(3)信息检索设计内容

1)允许检索的范围、检索的密级划分、密码的管理。

2)检索的信息和数据能否及时、快速地提供,采用什么手段实现(网络、通信、计算机系统)。

3)提供检索需要的数据和信息输出形式、能否根据关键字实现智能检索。

4. 项目信息的储存

信息的储存是将信息保留起来以备将来应用。对有价值的原始资料、数据及经过加工整理的信息,要长期积累以备查阅。信息的存储一般需要建立统一的数据库,各类数据以文件的形式组织在一起,组织的方法一般由单位自定,但要考虑规范化。

(1)数据库的设计。基于数据规范化的要求,数据库在设计时需满足结构化、共享性、独立性、完整性、一致性、安全性等几个特点。同时,还要注意以下事项:

1)应按照规范化数据库设计原理进行设计,设置备选项目、建筑类型、成本费用、可行方案(财务指标)、盈亏平衡分析、敏感性分析、最优方案等数据库。

2)数据库相互调用结合系统的流程,分析数据库相互调用及数据库中数据传递情况,可绘出数据库相互调用及数据传递关系。

(2)文件的组织方式。根据建设工程实际情况,可以按照下列方式对文件进行组织:

1)按照工程进行组织,同一工程按照投资、进度、质量、合同的角度组织,各类进一步按照具体情况细化。

2)文件名规范化,以定长的字符串作为文件名,例如按照:

　　　<u>类别(3)</u><u>工程代号(拼音或数字)(2)</u><u>开工年月(4)</u>

组成文件名,例如合同以 HT 开头,该合同为监理合同 J,工程为2007 年 6 月开工,工程代号为 08,则该监理合同文件名可以用HTJ080706 表示。

　　3)各建设方协调统一存储方式,在国家技术标准有统一的代码时尽量采用统一代码。

　　4)有条件时可以通过网络数据库形式存储数据,达到建设各方数据共享,减少数据冗余,保证数据的唯一性。

三、项目信息输出与反馈

1. 项目信息的输出

信息处理的主要任务是为用户提供所需要的信息。因而输出信息的内容和格式是用户最关心的问题。

　　(1)信息输出内容设计。根据数据的性质和来源,信息输出内容可分为三类。

　　1)原始基础数据类,如市场环境信息等,这类数据主要用于辅助企业决策,其输出方式主要采用屏幕输出,即根据用户查询、浏览和比较的结果来输出,必要时也可打印。

　　2)过程数据类,主要指由原始基础数据推断、计算、统计、分析而得,如市场需求量的变化趋势、方案的收支预测数、方案的财务指标、方案的敏感性分析等,这类数据采用以屏幕输出为主、打印输出为辅的输出方式。

　　3)文档报告类,主要包括市场调查报告、经济评价报告、投资方案决策报告等,这类数据主要是存档、备案、送上级主管部门审查之用,因而采取打印输出的方式,而且打印的格式必须规范。

　　(2)信息输出格式设计。信息输出格式设计、输出信息的表格设计应以满足用户需要及习惯为目标。格式形式主要由表头、表底和存放正文的"表体"三部分组成。

打印输出主要是由 OLE 技术实现完成的。首先在 Word 软件中设计好打印模板,然后,把数据传输到 Word 模板中,利用 Word 软件的打印功能从后台输出。这样,方便了日后用户对打印格式的修改和维护,也方便了程序的设计。

2. 项目信息的反馈

信息反馈在工程项目管理过程中起着十分重要的作用。信息反馈就是将输出信息的作用结果再返送回来的一种过程,也就是施控系统将信息输出,输出的信息对受控系统作用的结果又返回施控系统,并对施控系统的信息再输出发生影响的这样一种过程。

(1)信息反馈的特征

1)及时性。在某项决策实施以后,要及时反馈真实情况,如果不及时,会使反馈的情况失去价值,不能对决策过程中出现的不妥当之处进行进一步完善,对决策本身造成不良影响,甚至导致决策的失败。

2)针对性。信息反馈具有很强的针对性,它是针对特定决策所采取的主动采集和反映,而不同于一般的反映情况。

3)连续性。对某项决策的实施情况必须进行连续、有层次的反馈,否则,不利于认识的深化,会影响到决策的进一步完善和发展。

4)滞后性。虽然信息反馈始终贯穿于信息的收集、加工、存储、检索、传递等众多环节之中,但它主要还是表现在这些环节之后的信息的"再传递"和"再返送"上。

(2)信息反馈的基本原则

1)真实、准确的原则。科学正确的决策只能建立在真实、准确的信息反馈基础之上。反馈客观实际情况要尽量做到真实、准确,不能任意夸大事实,脱离实际。

2)全面、完整的原则。只有全面、完整、系统地反馈各种信息,才能有利于建立科学、正确的决策。因此,反馈的信息一定要有深度和广度,尽可能地系统完整。

3)及时的原则。反馈各种相关信息要以最快的速度进行,以纠正决策过程中出现的偏差。

4)集中和分流相结合的原则。决策者在运用反馈方法时需要掌握好信息资源的流向,一方面要把某类事物的各个方面集中反馈给决策系统,使管理者能够掌握全局的情况;另一方面要把反馈信息根据内容的不同分别流向不同的方向。

5)适量的原则。在决策实施过程中要合理控制信息正负两方面的反馈量,过量的负反馈会助长消极情绪,怀疑决策的正确性,影响决策的顺利实施,而过量的正反馈会助长盲目乐观,忽视存在的问题和困难,阻碍决策的完善和发展。

6)反复的原则。反馈过程中,经过一次反馈后,制定出纠偏措施;纠偏措施实施之后的效果需要再次反馈给决策系统,使实施效果与决策预期目标基本吻合。

(3)信息反馈的方式

1)前馈。主要是指在某项决策实施过程中,将预测中得出的将会出现偏差的信息返送给决策机构,使决策机构在出现偏差之前采取措施,从而防止偏差的产生和发展。

2)正反馈。主要是指将某项决策实施后的正面经验、做法和效果反馈给决策机构,决策机构分析研究以后,总结推广成功经验,使决策得到更全面、更深入的贯彻。

3)负反馈。主要是指将某项决策实施过程中出现的问题或者造成的不良后果反馈给决策机构,决策机构分析研究以后,修正或者改变决策的内容,使决策的贯彻更加稳妥和完善。

(4)信息反馈的方法

1)跟踪反馈法。主要是指在决策实施过程中,对特定主题内容进行全面跟踪,有计划、分步骤地组织连续反馈,形成反馈系列。跟踪反馈法具有较强的针对性和计划性,能够围绕决策实施主线,比较系统地反映决策实施的全过程,便于决策机构随时掌握相关情况,控制工作进度,及时发现问题,实行分类领导。

2)典型反馈法。主要是指通过某些典型组织机构的情况、某些典型事例、某些代表性人物的观点言行,将其实施决策的情况以及对决策的反映反馈给决策者。

3)组合反馈法。主要是指在某一时期将不同阶层、不同行业和单位对决策的反映,通过一组信息分别进行反馈。由于每一反馈信息着重突出一个方面、一类问题,故将所有反馈信息组合在一起,便可以构成一个完整的面貌。

4)综合反馈法。主要是指将不同地区、阶层和单位对某项决策的反映汇集在一起,通过分析归纳,找出其内在联系,形成一套比较完整、系统的观点与材料,并加以集中反馈。

第十三章 项目风险管理

第一节 项目风险管理基础知识

一、项目风险

风险,是指一种客观存在的、损失的发生具有不确定性的状态。而工程项目中的风险则是指在工程项目的筹划、设计、施工建造以及竣工后投入使用各个阶段可能遭受的风险。

风险在任何项目中都存在。风险会造成项目实施的失控现象,如工期延长、成本增加、计划修改等,最终导致工程经济效益降低,甚至项目失败。而且现代工程项目的特点是规模大、技术新颖、持续时间长、参加单位多、与环境接口复杂,可以说在项目过程中危机四伏。许多项目,由于它的风险大、危害性大,例如国际工程承包、国际投资和合作,所以被人们称为风险型项目。

二、项目风险管理

风险管理是指人们对潜在的意外损失进行辨识、评估,并根据具体情况采取相应的措施进行处理,即在主观上尽可能做到有备无患,或在客观上无法避免时亦能寻求切实可行的补救措施,从而减少意外损失或化解风险为我所用。

建设工程项目风险管理是指参与工程项目的各方,包括发包方、承包方和勘察、设计、监理单位等在工程项目的筹划、设计、施工建造以及竣工后投入使用等各阶段采取的辨识、评估、处理项目风险的措施和方法。

第二节 项目风险因素分析

风险因素分析是确定一个项目的风险范围,即有哪些风险存在,将这些风险因素逐一列出,以作为工程项目风险管理的对象。在工程建设不同阶段,由于目标设计、项目的技术设计和计划,环境调查的深度不同,人们对风险的认识程度也不相同,需经历一个由浅入深逐步细化的过程。风险因素分析是基于人们对项目系统风险的基本认识上的,通常首先罗列对整个工程建设有影响的风险,然后再注意对自己有重大影响的风险。罗列风险因素通常要从多角度、多方面进行,形成对项目系统风险的多方位的透视。风险因素分析通常可以从以下几个角度进行分析。

一、按项目系统要素进行分析

1. 项目环境要素风险

项目环境系统结构的建立和环境调查对风险分析是有很大帮助的。从这个角度,最常见的风险因素为:

(1)政治风险。例如政局的不稳定性,战争状态、动乱、政变的可能性,国家的对外关系,政府信用和政府廉洁程度,政策及政策的稳定性,经济的开放程度或排外性,国有化的可能性,国内的民族矛盾,保护主义倾向等。

(2)经济风险。国家经济政策的变化,产业结构的调整,银根紧缩,项目的产品的市场变化;项目的工程承包市场、材料供应市场、劳动力市场的变动,工资的提高,物价上涨,通货膨胀速度加快,原材料进口价格和外汇汇率的变化等。

(3)法律风险。如法律不健全,有法不依、执法不严,相关法律的内容的变化,法律对项目的干预;人们可能对相关法律未能全面、正确理解,工程中可能有触犯法律的行为等。

(4)社会风险。包括宗教信仰的影响和冲击、社会治安的稳定性、社会的禁忌、劳动者的文化素质、社会风气等。

(5)自然条件。如地震、风暴、特殊的未预测到的地质条件如泥石流、河塘、垃圾场、流沙、泉眼等,反常的恶劣的雨、雪天气,冰冻天气,恶劣的现场条件,周边存在对项目的干扰源,工程项目的建设可能造成对自然环境的破坏,不良的运输条件可能造成供应的中断。

2. 项目系统结构风险

它是以项目结构图上项目单元作为对象确定的风险因素,即各个层次的项目单元,直到工作包在实施以及运行过程中可能遇到的技术问题,人工、材料、机械、费用消耗的增加,在实施过程中可能的各种障碍、异常情况。

3. 项目行为主体产生的风险

它是从项目组织角度进行分析的,主要有以下几种情况:

(1)业主和投资者

1)业主的支付能力差,企业的经营状况恶化,资信不好,企业倒闭,撤走资金,或改变投资方向,改变项目目标。

2)业主不能完成他的合同责任,如不及时供应他负责的设备、材料,不及时交付场地,不及时支付工程款。

3)业主违约、苛求、刁难、随便改变主意,但又不赔偿,发出错误的行为和指令,非程序地干预工程。

(2)承包商(分包商、供应商)

1)技术能力和管理能力不足,没有适合的技术专家和项目经理,不能积极地履行合同,由于管理和技术方面的失误,造成工程中断。

2)没有得力的措施来保证进度、安全和质量要求。

3)财务状况恶化,无力采购和支付工资,企业处于破产境地。

4)他们的工作人员罢工、抗议或软抵抗。

5)错误理解业主意图和招标文件,方案错误,报价失误,计划失误。

6)设计单位设计错误,工程技术系统之间不协调、设计文件不完备、不能及时交付图纸,或无力完成设计工作。

(3)项目管理者

1)项目管理者的管理能力、组织能力、工作热情和积极性、职业道德、公正性差。

2)项目管理者的管理风格、文化偏见可能会导致其不正确地执行合同,在工程中苛刻要求。

3)在工程中起草错误的招标文件、合同条件,下达错误的指令。

(4)其他方面。例如中介人的资信、可靠性差;政府机关工作人员、城市公共供应部门(如水、电等部门)的干预、苛求和个人需求;项目周边或涉及的居民或单位的干预、抗议或苛刻的要求等。

二、按风险对目标的影响进行分析

由于项目管理上层系统的情况和问题存在不确定性,目标的建立是基于对当时情况和对将来的预测之上,所以会有许多风险。这是按照项目目标系统的结构进行分析的,是风险作用的结果。从这个角度看,常见的风险因素有:

(1)工期风险。即造成局部的(工程活动、分项工程)或整个工程的工期延长,不能及时投入使用。

(2)费用风险。包括财务风险、成本超支、投资追加、报价风险、收入减少、投资回收期延长或无法收回、回报率降低。

(3)质量风险。包括材料、工艺、工程不能通过验收,工程试生产不合格,经过评价工程质量未达标准。

(4)生产能力风险。项目建成后达不到设计生产能力,可能是由于设计、设备问题,或生产用原材料、能源、水、电供应问题。

(5)市场风险。工程建成后产品未达到预期的市场份额,销售不足,没有销路,没有竞争力。

(6)信誉风险。即造成对企业形象、职业责任、企业信誉的损害。

(7)法律责任。即可能被起诉或承担相应法律的或合同的处罚。

三、按管理的过程进行分析

按管理的过程进行风险分析包括极其复杂的内容,常常是分析责任的依据。具体情况为:

(1)高层战略风险,如指导方针、战略思想可能有错误而造成项目目标设计错误。

(2)环境调查和预测的风险。

(3)决策风险,如错误的选择、错误的投标决策、报价等。

(4)项目策划风险。

(5)计划风险,包括对目标(任务书、合同、招标文件)理解错误,合同条款不准确、不严密、错误、二义性,过于苛刻的单方面约束性的、不完备的条款,方案错误、报价(预算)错误、施工组织措施错误。

(6)技术设计风险。

(7)实施控制中的风险,例如:

1)合同风险。合同未履行,合同伙伴争执,责任不明,**产生索**

赔要求。

2)供应风险。如供应拖延、供应商不履行合同、运输中的损坏以及在工地上的损失。

3)新技术新工艺风险。

4)由于分包层次太多,造成计划的执行和调整、实施控制的困难。

5)工程管理失误。

(8)运营管理风险。如准备不足,无法正常营运,销售渠道不畅,宣传不力等。

在风险因素列出后,可以采用系统分析方法,进行归纳整理,即分类、分项、分目及细目,建立项目风险的结构体系,并列出相应的结构表,作为后面风险评价和落实风险责任的依据。

第三节　项目风险评估

一、项目风险评估的内容

1. 风险因素发生的概率

风险发生的可能性有其自身的规律性,通常可用概率表示。既然被视为风险,则它必然在必然事件(概率＝1)和不可能事件(概率＝0)之间。它的发生有一定的规律性,但也有不确定性。所以,人们经常用风险发生的概率来表示风险发生的可能性。风险发生的概率需要利用已有数据资料和相关专业方法进行估计。

2. 风险损失量的估计

风险损失量是个非常复杂的问题,有的风险造成的损失较小,有的风险造成的损失很大,可能引起整个工程的中断或报废。风险之间常常是有联系的,某个工程活动受到干扰而拖延,则可能影响它后面的许多活动,例如:

(1)经济形势的恶化不但会造成物价上涨,而且可能会引起业主支付能力的变化;通货膨胀引起了物价上涨,会影响后期的采购、人工工资及各种费用支出,进而影响整个后期的工程费用。

(2)由于设计图纸提供不及时,不仅会造成工期拖延,而且会造成费用提高(如人工和设备闲置、管理费开支),还可能在原来本可以避开的冬雨季施工,造成更大的拖延和费用增加。

风险损失量的估计应包括下列内容:

(1)工期损失的估计。

(2)费用损失的估计。

(3)对工程的质量、功能、使用效果等方面的影响。

由于风险对目标的干扰常常首先表现在对工程实施过程的干扰上,所以风险损失量估计,一般通过以下分析过程:

(1)考虑正常状况下(没有发生该风险)的工期、费用、收益。

(2)将风险加入这种状态,分析实施过程、劳动效率、消耗、各个活动有什么变化。

(3)两者的差异则为风险损失量。

3. 风险等级评估

风险因素非常多,涉及各个方面,但人们并不是对所有的风险都予以十分重视。否则将大大提高管理费用,干扰正常的决策过程。所以,组织应根据风险因素发生的概率和损失量,确定风险程度,进行分级评估。

(1)风险位能的概念。通常对一个具体的风险,它如果发生,则损失为 R_H,发生的可能性为 E_W,则风险的期望值 R_W 为:

$$R_W = R_H \cdot E_W \qquad\qquad (13\text{-}1)$$

例如,一种自然环境风险如果发生,则损失达 20 万元,而发生的可能性为 0.1,则

$$损失的期望值 R_W = 20 \times 0.1 = 2 万元$$

引用物理学中位能的概念,损失期望值高的,则风险位能高。可以在二维坐标上作等位能线(即损失期望值相等)如图 13-1 所示,则具体项目中的任何一个风险可以在图上找到一个表示它位能的点。

(2)A、B、C 分类法:不同位能的风险可分为不同的类别。

1)A 类:高位能,即损失期望很大的风险。通常发生的可能性很大,而且一旦发生损失也很大。

2)B 类:中位能,即损失期望值一般的风险。通常发生可能性不大,损失也不大的风险,或发生可能性很大但损失极小,或损失比较大但可能性极小的风险。

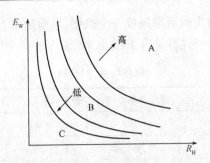

图 13-1 风险坐标图

3)C类:低位能,即损失期望极小的风险,发生的可能性极小,即使发生损失也很小的风险。

在工程项目风险管理中,A类是重点,B类要顾及到,C类可以不考虑。另外,也有不用 ABC 分类的形式,而用级别的形式划分,例如1级、2级、3级等,其意义是相同的。

(3)风险等级评估表。组织进行风险分级时可使用表 13-1。

表 13-1　　　　　　　　　等位能线风险等级评估表

风险等级　　后　果 可能性	轻度损失	中度损失	重大损失
很　大	Ⅲ	Ⅳ	Ⅴ
中　等	Ⅱ	Ⅲ	Ⅳ
极　小	Ⅰ	Ⅱ	Ⅲ

注:表中Ⅰ为可忽略风险;Ⅱ为可容许风险;Ⅲ为中度风险;Ⅳ为重大风险;Ⅴ为不容许风险。

二、项目风险评估分析的步骤

1. 收集信息

风险评估分析时必须收集的信息主要有:承包商类似工程的经验和积累的数据;与工程有关的资料、文件等;对上述两来源的主观分析结果。

2. 信息整理加工

根据收集的信息和主观分析加工,列出项目所面临的风险,并将发生的概率和损失的后果列成一个表格,风险因素、发生概率、损失后果、风险程度一一对应,见表 13-2。

表 13-2　　　　　　　　　　风险程度(**R**)分析

风险因素	发生概率 P(%)	损失后果 C(万元)	风险程度 R(万元)
物价上涨	10	50	5
地质特殊处理	30	100	30
恶劣天气	10	30	3
工期拖延罚款	20	50	10
设计错误	30	50	15
业主拖欠工程款	10	100	10
项目管理人员不胜任	20	300	60
合　　计	—	—	133

3. 评价风险程度

风险程度是风险发生的概率和风险发生后的损失严重性的综合结果。其表达式为:

$$R = \sum_{i=1}^{n} R_i = \sum_{i=1}^{n} P_i \times C_i \tag{13-2}$$

式中　R——风险程度;

　　　R_i——每一风险因素引起的风险程度;

　　　P_i——每一风险发生的概率;

　　　C_i——每一风险发生的损失后果。

4. 提出风险评估报告

风险评估分析结果必须用文字、图表进行表达说明,作为风险管理的文档,即以文字、表格的形式作风险评估报告。评估分析结果不仅作为风险评估的成果,而且应作为人们风险管理的基本依据。

风险评估报告中所用表的内容可以按照分析的对象进行编制,例如以项目单元(工作包)作为对象进行编制,见表 13-3。对以下两类风险,可以按风险的结构进行分析研究,见表 13-4。

表 13-3　　　　　　　　　　　**工作包编制**

工作 包号	风险 名称	风险会产 生的影响	原因	损　　失		可能性	损失 期望	预防 措施	评价等级 A、B、C
				工期	费用				

表 13-4　　　　　　　　**按风险结构进行分析研究**

风险 编号	风险 名称	风险的 影响范围	导致原因发生 的边界条件	损　　失		可能性	损失 期望	预防 措施	评价等级 A、B、C
				工期	费用				

(1)在项目目标设计和可行性研究中分析的风险。

(2)对项目总体产生影响的风险,例如通货膨胀影响、产品销路不畅、法律变化、合同风险等。

第四节　项目风险响应

一、风险规避

风险规避是指承包商设法远离、躲避可能发生的风险的行为和环境,从而达到避免风险发生的可能性,其具体做法有以下三种。

1. 拒绝承担风险

承包商拒绝承担风险大致有以下几种情况:

(1)对某些存在致命风险的工程拒绝投标。

(2)利用合同保护自己,不承担应该由业主承担的风险。

(3)不接受实力差、信誉不佳的分包商和材料、设备供应商,即使是业主或者有实权的其他任何人的推荐。

(4)不委托道德水平低下或其他综合素质不高的中介组织或个人。

2. 承担小风险回避大风险

这在建设工程项目决策时要注意,放弃明显可能亏损的项目。对于风险超过自己的承受能力,成功把握不大的项目,不参与投标,不参与合资。甚至有时在工程进行到一半时,预测后期风险很大,必然有更大的亏损,不得不采取中断项目的措施。

3. 为了避免风险而损失一定的较小利益

利益可以计算,但风险损失是较难估计的,在特定情况下,采用此种做法。如在建材市场有些材料价格波动较大,承包商与供应商提前订立购销合同并付一定数量的定金,从而避免因涨价带来的风险;采购生产要素时应选择信誉好、实力强的分包商,虽然价格略高于市场平均价,但分包商违约的风险减小了。

规避风险虽然是一种风险相应策略,但应该承认这是一种消极的防范手段。因为规避风险固然避免损失,但同时也失去了获利的机会。如果企业想生存、图发展,又想回避其预测的某种风险,最好的办法是采用除规避以外的其他策略。

二、风险减轻

承包商的实力越强,市场占有率越高,抵御风险的能力也就越强,一旦出现风险,其造成的影响就相对显得小些。如承包商承担一个项目,出现风险会使他难以承受;若承包若干个工程,其中一旦在某个项目上出现了风险损失,还可以有其他项目的成功加以弥补。这样,承包商的风险压力就会减轻。

在分包合同中,通常要求分包商接受建设单位合同文件中的各项合同条款,使分包商分担一部分风险。有的承包商直接把风险比较大的部分分包出去,将建设单位规定的误期损失赔偿费如数订入分包合同,将这项风险分散。

三、风险转移

风险转移是指承包商不能回避风险的情况下,将自身面临的风险转移给其他主体来承担。

风险的转移并非转嫁损失,有些承包商无法控制的风险因素,其他主体都可以控制。风险转移一般指对分包商和保险机构而言。

1. 转移给分包商

工程风险中的很大一部分可以分散给若干分包商和生产要素供应商。例如:对待业主拖欠工程款的风险,可以在分包合同中规定在业主支付给总包后若干日内向分包方支付工程款。

承包商在项目中投入的资源越少越好，以便一旦遇到风险，可以进退自如。可以租赁或指令分包商自带设备等措施来减少自身资金、设备沉淀。

2. 工程保险

购买保险是一种非常有效的转移风险的手段，将自身面临的风险很大一部分转移给保险公司来承担。

工程保险是指业主和承包商为了工程项目的顺利实施，向保险人（公司）支付保险费，保险人根据合同约定对在工程建设中可能产生的财产和人身伤害承担赔偿保险金责任。

3. 工程担保

工程担保是指担保人（一般为银行、担保公司、保险公司以及其他金融机构、商业团体或个人）应工程合同一方（申请人）的要求向另一方（债权人）作出的书面承诺。工程担保是工程风险转移的一项重要措施，它能有效地保障工程建设的顺利进行。许多国家政府都在法规中规定要求进行工程担保，在标准合同中也含有关于工程担保的条款。

四、风险自留

风险自留是指承包商将风险留给自己承担，不予转移。这种手段有时是无意识的，即当初并不曾预测的，不曾有意识地采取种种有效措施，以致最后只好由自己承受；但有时也可以是主动的，即经营者有意识、有计划地将若干风险主动留给自己。

决定风险自留必须符合以下条件之一：

（1）自留费用低于保险公司所收取的费用。

（2）企业的期望损失低于保险人的估计。

（3）企业有较多的风险单位，且企业有能力准确地预测其损失。

（4）企业的最大潜在损失或最大期望损失较小。

（5）短期内企业有承受最大潜在损失或最大期望损失的经济能力。

（6）风险管理目标可以承受年度损失的重大差异。

（7）费用和损失支付分布于很长的时间里，因而导致很大的机会成本。

(8)投资机会很好。

(9)内部服务或非保险人服务优良。

如果实际情况与以上条件相反,则应放弃风险自留的决策。

第五节 项目风险控制

一、风险预警

建设工程项目进行中会遇到各种风险,要做好风险管理,就要建立完善的项目风险预警系统,通过跟踪项目风险因素的变动趋势,测评风险所处状态,尽早地发出预警信号,及时向业主、项目监管方和施工方发出警报,为决策者掌握和控制风险争取更多的时间,尽早采取有效措施防范和化解项目风险。

在建设工程中需要不断地收集和分析各种信息。捕捉风险前奏的信号,可通过以下几条途径进行:

(1)天气预测警报。

(2)股票信息。

(3)各种市场行情、价格动态。

(4)政治形势和外交动态。

(5)各投资者企业状况报告。

(6)在工程中通过工期和进度的跟踪、成本的跟踪分析、合同监督、各种质量监控报告、现场情况报告等手段,了解工程风险。

(7)在工程的实施状况报告中应包括风险状况报告。

二、风险监控

在建设工程项目推进过程中,各种风险在性质和数量上都是在不断变化的,有可能会增大或者衰退。因此,在项目整个生命周期中,需要时刻监控风险的扩大与变化情况,并确定随着某些风险的消失而带来的新的风险。

1. 风险监控的目的

(1)监视风险的状况,例如风险是已经发生、仍然存在还是已经消失。

(2)检查风险的对策是否有效,监控机制是否在运行。

(3)不断识别新的风险并制定对策。

2. 风险监控的任务

(1)在项目进行过程中跟踪已识别风险、监控残余风险并识别新风险。

(2)保证风险应对计划的执行并评估风险应对计划执行效果。评估的方法可以是项目周期性回顾、绩效评估等。

(3)对突发的风险或"接受"风险采取适当的权变措施。

3. 风险监控的方法

(1)风险审计:专人检查监控机制是否得到执行,并定期作风险审核。例如在大的阶段点重新识别风险并进行分析,对没有预计到的风险制定新的应对计划。

(2)偏差分析:与基准计划比较,分析成本和时间上的偏差。例如,未能按期完工、超出预算等都是潜在的问题。

(3)技术指标:比较原定技术指标和实际技术指标差异。例如,测试未能达到性能要求,缺陷数大大超过预期等。

三、风险应急计划

在建设工程项目实施的过程中必然会遇到大量未曾预料到的风险因素,或风险因素的后果比已预料的更严重,使事先编制的计划不能奏效,所以,必须重新研究应对措施,即编制附加的风险应急计划。

建设工程项目风险应急计划应当清楚地说明当发生风险事件时要采取的措施,以便可以快速、有效地对这些事件做出响应。

1. 风险应急计划的编制要求

(1)中华人民共和国国务院令第 549 号《特种设备安全监察条例》。

(2)《职业健康安全管理体系　规范》(GB/T 28001—2011)。

(3)环境管理体系系列标准。

(4)《施工企业安全生产评价标准》(JGJ/T 77—2010)。

2. 风险应急计划的编制程序

(1)成立预案编制小组。

(2)制定编制计划。

(3)现场调查,收集资料。

(4)环境因素或危险源的辨识和风险评价。

(5)控制目标、能力与资源的评估。

(6)编制应急预案文件。

(7)应急预案评估。

(8)应急预案发布。

3. 风险应急计划的编写内容

(1)应急预案的目标。

(2)参考文献。

(3)适用范围。

(4)组织情况说明。

(5)风险定义及其控制目标。

(6)组织职能(职责)。

(7)应急工作流程及其控制。

(8)培训。

(9)演练计划。

(10)演练总结报告。

第十四章 项目沟通管理

第一节 项目沟通管理基础知识

一、项目沟通管理的概念

沟通是组织协调的手段，是解决组织成员间障碍的基本方法。组织协调的程度和效果常常依赖于各项目参加者之间沟通的程度。通过沟通，不但可以解决各种协调的问题，如在技术、过程、逻辑、管理方法和程序中的矛盾、困难和不一致，而且还可以解决各参加者心理的和行为的障碍和争执。

工程项目沟通管理就是要确保项目信息及时、正确地提取、收集、传播、存储，以及最终进行处置所需实施的一系列过程，最终保证项目组织内部的信息畅通。项目组织内部信息的沟通直接关系到组织的目标、功能和结构，对于项目的成功有着重要的意义。

二、项目沟通管理的特征

(1)复杂性。任何项目的建立都关系到大量的组织机构和单位。另外，多数项目都是由特意为其建立的项目组织实施的，具有临时性。因此，项目沟通管理必须协调各部门以及部门与部门之间的关系，以确保项目顺利实施。

(2)系统性。项目是开放的复杂系统，涉及社会政治、经济、文化等诸多方面，对生态环境、能源将产生或大或小的影响。所以，项目沟通管理应从整体利益出发，运用系统的思想和分析方法，进行有效的管理。

三、项目沟通管理的作用

在工程项目管理中，信息沟通管理的作用主要表现在以下几个方面：

(1)决策和计划的基础。项目组织要想作出正确的决策，必须以准确、完整、及时的信息作为基础。

（2）组织和控制管理过程的依据和手段。只有通过信息沟通，掌握项目组织内的各方面情况，才能为科学管理提供依据，才能有效地提高项目组织的管理效能。

（3）有利于建立和改善人际关系。信息沟通可以将许多独立的个人、团体组织贯通起来，成为一个整体。畅通的信息沟通，可以减少人与人的冲突，改善项目组织内、外部的关系。

（4）保证项目经理成功领导。项目经理需要通过各种途径将意图传递给下级人员，并使下级人员理解和执行。如果沟通不畅，下级人员就不能正确理解和执行领导意图，项目就不能按经理的意图进行，最终导致项目混乱，甚至失败。

四、项目沟通的程序

一般说来，组织进行项目沟通时，应按以下程序进行：

（1）根据项目的实际需要，预见可能出现的矛盾和问题，制定沟通与协调计划，明确原则、内容、对象、方式、途径、手段和所要达到的目标。

（2）针对不同阶段出现的矛盾和问题，调整沟通计划。

（3）运用计算机信息处理技术，进行项目信息收集、汇总、处理、传输与应用，进行信息沟通与协调，形成档案资料。

工程项目沟通基本流程，如图 14-1 所示。

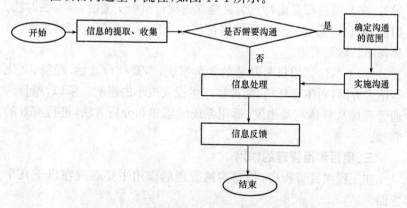

图 14-1　工程项目沟通基本流程示意图

五、项目沟通的内容

工程项目沟通的内容涉及与项目实施有关的所有信息，主要包括项目各相关方共享的核心信息，以及项目内部和相关组织产生的有关信息，具体可归纳为以下几个方面：

(1)核心信息应包括单位工程施工图纸、设备的技术文件、施工规范、与项目有关的生产计划及统计资料、工程事故报告、法规和部门规章、材料价格和材料供应商、机械设备供应商和价格信息、新技术及自然条件等。

(2)取得政府主管部门对该项建设任务的批准文件、取得地质勘探资料及施工许可证、取得施工用地范围及施工用地许可证、取得施工现场附近区域内的其他许可证等。

(3)项目内部信息主要有工程概况信息、施工记录信息、施工技术资料信息、工程协调信息、工程进度及资源计划信息、成本信息、资源需要计划信息、商务信息、安全文明施工及行政管理信息、竣工验收信息等。

(4)监理方信息主要有项目的监理规划、监理大纲、监理实施细则等。

(5)相关方包括社区居民、分承包方、媒体等提出的重要意见或观点等。

第二节　项目沟通计划

一、项目沟通计划的编制依据

工程项目沟通计划的编制依据主要包括：沟通要求、沟通技术、制约与假设因素三个方面。

1. 沟通要求

沟通要求是指项目涉及人信息需求的总和。信息需求结合信息类型和格式定义。信息的类型和格式在信息的数值分析中是必需的。项目资源只有通过信息沟通才能获得扩展。决定项目沟通通常所需要的信息有：

(1)项目组织和项目涉及人责任关系。

(2)涉及项目的纪律,行政部门、专业。

(3)项目所需人员的推算以及应分配的位置。

(4)外部信息需求(例如,同媒体的沟通)。

2. 沟通技术

在项目的基本单位之间来回传递信息,所能使用的技术和方法有时会差异很大。例如:从简短的谈话到长期的会议;从简单的书面文件到即时查询的在线的进度表和数据库。项目沟通技术的影响因素有:

(1)信息需求的即时性:项目的成功是取决于即时通知频繁更新的信息,还是通过定期发行的报告已足够?

(2)技术的有效性:已到位的系统运行良好吗? 还是系统要做一些变动?

(3)预期的项目人员配置:计划中的沟通系统是否同项目参与方的经验和知识相兼容? 还是需要大量的培训和学习?

(4)项目工期的长短:现有技术在项目结束前是否已经变化以至于必须采用更新的技术?

3. 制约与假设因素

(1)制约因素。制约因素是限制项目管理小组作出选择的因素。例如,如果需要大量地采购项目资源,那么处理合同的信息就需要更多考虑。当项目按照合同执行时,特定的合同条款也会影响沟通计划。

(2)假设因素。对计划中的目的来说,假设因素是被认为真实的确定的因素。假设通常包含一定程度的风险。

二、项目沟通计划的编制内容

项目沟通计划主要指建设工程项目的沟通管理计划,应包括下列内容:

(1)信息沟通方式和途径。主要说明在项目的不同实施阶段,针对不同的项目相关组织及不同的沟通要求,拟采用的信息沟通方式和沟通途径。即说明信息(包括状态报告、数据、进度计划、技术文件等)流向何人、将采用什么方法(包括书面报告、文件、会议等)分发不同类别的信息。

(2)信息收集归档格式。用于详细说明收集和储存不同类别信息的方法。应包括对先前收集和分发材料、信息的更新和纠正。

(3)信息的发布和使用权限。

(4)发布信息说明。包括格式、内容、详细程度以及应采用的准则或定义。

(5)信息发布时间。即用于说明每一类沟通将发生的时间,确定提供信息更新依据或修改程序,以及确定在每一类沟通之前应提供的现时信息。

(6)更新和修改沟通管理计划的方法。

(7)约束条件和假设。

三、项目沟通计划的执行规定

项目组织应根据项目沟通管理计划规定沟通的具体内容、对象、方式、目标、责任人、完成时间、奖罚措施等,采用定期或不定期的形式对沟通管理计划的执行情况进行检查、考核和评价,并结合实施结果进行调整,确保沟通管理计划的落实和实施。

第三节　项目沟通依据与方式

一、项目沟通依据

1. 项目内部沟通依据

项目内部沟通应包括项目经理部与组织管理层、项目经理部内部的各部门和相关成员之间的沟通与协调。

(1)项目经理部与组织管理层之间的沟通与协调,主要依据《项目管理目标责任书》,由组织管理层下达责任目标、指标,并实施考核、奖惩。

(2)项目经理部与内部作业层之间的沟通与协调,主要依据《劳务承包合同》和项目管理实施规划。

(3)项目经理部各职能部门之间的沟通与协调,重点解决业务环节之间的矛盾,应按照各自的职责和分工,顾全大局、统筹考虑、相互支持、协调工作。特别是对人力资源、技术、材料、设备、资金等重大问题,可通过工程例会的方式研究解决。

(4)项目经理部人员之间的沟通与协调,通过做好思想政治工作,召开党小组会和职工大会,加强教育培训,提高整体素质来实现。

2. 项目外部沟通依据

项目外部沟通应由组织与项目相关方进行沟通。外部沟通应依据项目沟通计划、有关合同和合同变更资料、相关法律法规、伦理道德、社会责任和项目具体情况等进行。

(1)施工准备阶段:项目经理部应要求建设单位按规定时间履行合同约定的责任,并配合做好征地拆迁等工作,为工程顺利开工创造条件;要求设计单位提供设计图纸、进行设计交底,并搞好图纸会审;引入竞争机制,采取招标的方式,选择施工分包和材料设备供应商,签订合同。

(2)施工阶段:项目经理部应按时向建设、设计、监理等单位报送施工计划、统计报表和工程事故报告等资料,接受其检查、监督和管理;对拨付工程款、设计变更、隐蔽工程签证等关键问题,应取得相关方的认同,并完善相应手续和资料。对施工单位应按月下达施工计划,定期进行检查、评比。对材料供应单位严格按合同办事,根据施工进度协商调整材料供应数量。

(3)竣工验收阶段:按照建设工程竣工验收的有关规范和要求,积极配合相关单位做好工程验收工作,及时提交有关资料,确保工程顺利移交。

二、项目沟通方式

1. 项目沟通方式的类型

沟通方式可分为正式沟通和非正式沟通;上行沟通、下行沟通和平行沟通;单向沟通与双向沟通;书面沟通和口头沟通;言语沟通和体语沟通等类型。

(1)正式沟通与非正式沟通

1)正式沟通是通过项目组织明文规定的渠道进行信息传递和交流的方式。它的优点是沟通效果好,有较强的约束力。缺点是沟通速度慢。

2)非正式沟通指在正式沟通渠道之外进行的信息传递和交流。

这种沟通的优点是沟通方便,沟通速度快,且能提供一些正式沟通中难以获得的信息,缺点是容易失真。

（2）上行沟通、下行沟通和平行沟通

1）上行沟通。上行沟通是指下级的意见向上级反映,即自下而上的沟通。

2）下行沟通。下行沟通是指领导者对员工进行的自上而下的信息沟通。

3）平行沟通。平行沟通是指组织中各平行部门之间的信息交流。在项目实施过程中,经常可以看到各部门之间发生矛盾和冲突,除其他因素外,部门之间互不通气是重要原因之一。保证平行部门之间沟通渠道畅通,是减少部门之间冲突的一项重要措施。

（3）单向沟通与双向沟通

1）单向沟通。单向沟通是指发送者和接受者两者之间的地位不变（单向传递）,一方只发送信息,另一方只接受信息方式。这种方式信息传递速度快,但准确性较差,有时还容易使接受者产生抗拒心理。

2）双向沟通。双向沟通中,发送者和接受者两者之间的位置不断交换,且发送者是以协商和讨论的姿态面对接受者,信息发出以后还需及时听取反馈意见,必要时双方可进行多次重复商谈,直到双方共同明确和满意为止,如交谈、协商等。其优点是沟通信息准确性较高,接受者有反馈意见的机会,产生平等感和参与感,增加自信心和责任心,有助于建立双方的感情。

（4）书面沟通和口头沟通

1）书面沟通。书面沟通大多用来进行通知、确认和要求等活动,一般在描述清楚事情的前提下尽可能简洁,以免增加负担而流于形式。书面沟通一般在以下情况使用:项目团队中使用的内部备忘录,或者对客户和非公司成员使用报告的方式,如正式的项目报告、年报、非正式的个人记录、报事贴。

2）口头沟通。口头沟通包括会议、评审、私人接触、自由讨论等。这一方式简单有效,更容易被大多数人接受,但是不像书面形式那样"白纸黑字"留下记录,因此不适用于类似确认这样的沟通。口头沟通过程中应该坦白、明确,避免由于文化背景、民族差异、用词表达等因素造成理解上的差异,这是特别需要注意的。沟通的双方一定不能带有想当然或含糊的心态,不理解的内容一定要表示出来,以求对方的进一步解释,直到达成共识。

(5)言语沟通和体语沟通。言语沟通是指用有言语的形式进行沟通。体语沟通是指用形体语言进行沟通。像手势、图形演示、视频会议都可以用来作为体语沟通方式。它的优点是摆脱了口头表达的枯燥,在视觉上把信息传递给接受者,更容易理解。

2. 项目沟通方式的选择

(1)项目内部沟通可采用委派、授权、会议、文件、培训、检查、项目进展报告、思想工作、考核与激励及电子媒体等方式进行。

(2)项目外部沟通可采用电话、传真、召开会议、联合检查、宣传媒体和项目进展报告等方式。

各种项目内外部沟通方式的选择,应按照项目沟通计划的要求进行,并协调相关事宜。

3. 项目进展报告

项目经理部应编写项目进展报告。项目进展报告应包括下列内容:

(1)项目的进展情况。应包括项目目前所处的位置、进度完成情况、投资完成情况等。

(2)项目实施过程中存在的主要问题以及解决情况,计划采取的措施。

(3)项目的变更。应包括项目变更申请、变更原因、变更范围及变更前后的情况、变更的批复等。

(4)项目进展预期目标。预期项目未来的状况和进度。

三、项目沟通渠道

沟通渠道是指项目成员为解决某个问题和协调某一方面的矛盾而在明确规定的系统内部进行沟通协调工作时,所选择和组建的信息沟通网络。沟通渠道分为正式沟通渠道和非正式沟通渠道两种。每一种沟通渠道都包含多种沟通模式。

(1)正式沟通渠道及其比较见表14-1。

表 14-1　　　　　　　　正式沟通渠道及其比较

沟通模式 指 标	链式	Y 型	轮式	环式	全通道式
解决问题的速度	适中	适中	快	慢	快
正确性	高	高	高	低	适 中
领导者的突出性	相当显著	非常显著	非常显著	不发生	不发生
士气	适中	适中	低	高	高

(2)非正式沟通渠道有:单线式、偶然式、流言式、集束式等几种形式。

第四节　项目沟通障碍与冲突管理

一、项目沟通的障碍

在项目沟通过程中,沟通双方所具有的不同心态、表达能力、理解能力以及所处的环境和所采取的沟通方式,都会影响到沟通的效果。进而造成语义理解、知识经验水平的限制、知觉的选择性、心理因素的影响、组织结构的影响、沟通渠道的选择、信息量过大等障碍。

1. 项目沟通障碍的表现形式

工程项目障碍的表现形式主要有:

(1)沟通的延迟。即基层信息在向上传递时过分缓慢。一些下属在向上级反映问题时犹豫不决,因为当工作完成不理想时,向上汇报就可能意味着承认失败。于是,每一层的人都可能延迟沟通,以便设法决定如何解决问题。

(2)信息的过滤。这种信息被部分筛除的现象之所以发生,是因为员工有一种自然的倾向。即在向主管报告时,只报告那些他们认为主管想要听的内容。不过,信息过滤也有合理的原因。所有的信息可能非常广泛;或者有些信息并不确实,需要进一步查证;或者主管要求员工仅报告那些事情的要点。因此,过滤必然成为沟通中潜在的问题。

为了设法防止信息的过滤,人们有时会采取短路而绕过主管,也就是说他们越过一个甚至更多个沟通层级。从积极的一面来看,这种短路可以减少信息的过滤和延迟;但其不利的一面是,由于它属于越级反应,管理中通常不鼓励这种做法。另一个问题涉及员工需要得到答复。由于员工向上级反映情况,他们作为信息的传递者,通常强烈地期望得到来自上级的反馈,而且希望能及时得到反馈。如果管理者提供迅速的相应,就会鼓励进一步的向上的沟通。

(3)信息的扭曲。这是指有意改变信息以便达到个人目的信息。有的项目组织成员为了得到更多的表扬和更多的获取,故意夸大自己的工作成绩;有些人则会掩饰部门中的问题。任何信息的扭曲都使管理者无法准确了解情况,不能做出明智的决策。而且,扭曲事实是一种不道德的行为,会破坏双方彼此的信任。

2. 项目沟通障碍的解决方法

工程项目沟通障碍的解决可采用下列方法:

(1)应重视双向沟通与协调方法,尽量保持多种沟通渠道的利用、正确运用文字语言等。

(2)信息沟通后必须同时设法取得反馈,以弄清沟通方是否已经了解,是否愿意遵循并采取了相应的行动等。

(3)项目经理部应自觉以法律、法规和社会公德约束自身行为,在出现矛盾和问题时,首先应取得政府部门的支持、社会各界的理解,按程序沟通解决;必要时借助社会中介组织的力量,调节矛盾、解决问题。

(4)为了消除沟通障碍,应熟悉各种沟通方式的特点,确定统一的沟通语言或文字,以便在进行沟通时能够采用恰当的交流方式。

二、项目冲突的管理

1. 项目冲突的概念

冲突是双方感知到矛盾与对立,是一方感觉到另一方对自己关心的事情产生或将要产生消极影响,因而与另一方产生互动的过程。

工程项目冲突是组织冲突的一种特定表现形态,是项目内部或外部某些关系难以协调而导致的矛盾激化和行为对抗。

2. 项目冲突的类型

在项目管理中,冲突无时不在,从项目发生的层次和特征的不同,项目冲突可以分为以下几种类型：

(1)人际冲突。人际冲突是指群体内的个人之间的冲突,主要指群体内两个或两个以上个体由于意见、情感不一致而相互作用时导致的冲突。

(2)群体或部门冲突。群体或部门冲突是指项目中的部门与部门、团体与团体之间,由于各种原因发生的冲突。

(3)个人与群体或部门之间的冲突。这种冲突不仅包括个人与正式组织部门的规则制度要求及目标取向等方面的不一致,也包括个人与非正式组织团体之间的利害冲突。

(4)项目与外部环境之间的冲突。项目与外部环境之间的冲突主要表现在项目与社会公众、政府部门、消费者之间的冲突。如社会公众希望项目承担更多的社会责任和义务,项目的组织行为与政府部门约束性的政策法规之间的不一致和抵触,项目与消费者之间发生的纠纷等等。

3. 项目冲突的来源

在项目管理过程中,冲突涉及项目组的所有成员和项目的各个阶段。建设工程项目冲突的来源主要包括以下几个方面：

(1)工作的内容。一个项目中,在将采用的技术、工作量、工作完成后的质量标准方面都可能存在冲突,不同的成员可能都有自己的看法。

(2)任务分配。项目组的成员在具体任务分配方面可能也会产生冲突。项目过程中,每个任务在工作量、难度、成员的兴趣、成员的专长等方面可能有很大的差别,冲突可能会由于分配某个成员从事某项具体的工作任务而产生。

(3)计划进度。冲突可能来源于完成任务的所需时间的长短、完成任务的次序等方面存在不同意见。项目经理在指定项目计划时,会经常碰到这方面的问题。

(4)任务的先后次序。当一个成员同时在多个项目中工作,或者忽然有新的任务,就会使正常的工作量突然增加,同时一个工作进程收到干扰。这时,在任务完成的先后次序方面就会产生冲突。

(5)项目组织。如果项目的组织和行为规范不合理,就会使项目过程缺乏沟通、成员的对问题表述含糊导致理解出现分歧、出现问题无法及时做出决策。当项目到了最后阶段,就会发现所有的问题都逐渐显现出来,而解决起来就很困难,涉及面太多。

(6)成员差异。项目组成员在思维方式、对待问题的态度方面的不同也会导致冲突。例如,某个功能的处理,有人喜欢这样,有人喜欢那样。

4. 项目冲突的解决方法

项目管理过程中,人们也许会认为冲突是没有好处的,所以,总是尽量避免。然而,冲突又是不可避免的,不同的意见存在是正常的。试图压制冲突是一种错误的做法,因为冲突可能带来新的信息、新的方法,帮助项目组另辟蹊径,指定更好的问题解决方案。

对建设工程项目实施各阶段出现的冲突,项目经理部应根据沟通的进展情况和结果,按程序要求通过各种方式及时将信息反馈给相关各方,实现共享,提高沟通与协调效果,以便及早解决冲突。项目冲突的解决可采用以下方法:

(1)灵活地采用协商、让步、缓和、强制和退出等方式。

(2)使项目的相关方了解项目计划,明确项目目标。

(3)及时做好变更管理。

第十五章　项目收尾管理

第一节　项目收尾管理基础知识

一、项目收尾管理的概念

收尾阶段是项目生命周期的最后阶段,没有这个阶段,项目就不能正式投入使用。如果不能做好必要的收尾工作,项目各干系人就不能终止他们为完成本项目所承担的义务和责任,也不能及时从项目获取应得的利益。因此,当项目的所有活动均已完成,或者虽然未完成,但由于某种原因而必须停止并结束时,项目经理部应当做好项目收尾管理工作。

工程项目收尾管理是指对项目的收尾、试运行、竣工验收、竣工结算、竣工决算、考核评价、回访保修等进行的计划、组织、协调和控制等活动。

二、项目收尾管理的内容

项目收尾管理是符合项目管理全过程的最后阶段。没有这个阶段,项目就不能顺利交工,就不能生产出符合设计规定的合格项目产品,就不能投入使用,就不能最终发挥投资效益。

项目收尾管理内容,是指项目收尾阶段的各项工作内容,主要包括竣工收尾、验收、结算、决算、回访保修、管理考核评价等方面的管理。

工程项目收尾管理工作的具体内容,如图 15-1 所示。

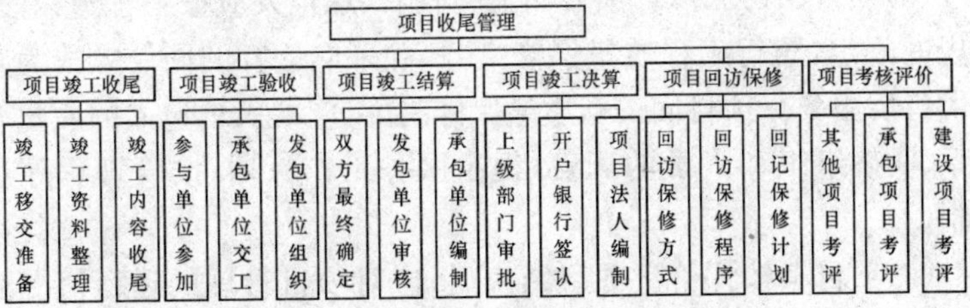

图 15-1　工程项目收尾管理工作内容图

三、项目收尾管理的要求

项目收尾阶段的工作内容多,组织应制定涵盖各项工作的计划,并提出要求将其纳入项目管理体系进行运行控制。工程项目收尾阶段各项管理工作应符合下列要求:

(1)项目竣工收尾。在项目竣工验收前,项目经理部应检查合同约定的哪些工作内容已经完成,或完成到什么程度,并将检查结果记录并形成文件;总分包之间还有哪些连带工作需要收尾接口,项目近外层和远外层关系还有什么工作需要沟通协调等,以保证竣工收尾顺利完成。

(2)项目竣工验收。项目竣工收尾工作内容按计划完成后,除了承包人的自检评定外,应及时地向发包人递交竣工工程申请验收报告。实行建设监理的项目,监理人还应当签署工程竣工审查意见。发包人应按竣工验收法规,向参与项目各方发出竣工验收通知单,组织进行项目竣工验收。

(3)项目竣工结算。项目竣工验收条件具备后,承包人应按合同约定和工程价款结算的规定,及时编制并向发包人递交项目竣工结算报告及完整的结算资料,经双方确认后,按有关规定办理项目竣工结算。办完竣工结算,承包人应履约按时移交工程成品,并建立交接记录,完善交工手续。

(4)项目竣工决算。项目竣工决算是由项目发包人(业主)编制的项目从筹建到竣工投产或使用全过程的全部实际支出费用的经济文件。竣工决算综合反映竣工项目建设成果和财务情况,是竣工验收报告的重要组成部分。按国家有关规定,所有新建、扩建、改建的项目竣工后都要编制竣工决算。

(5)项目回访保修。项目竣工验收后,承包人应按工程建设法律、法规的规定,履行工程质量保修义务,并采取适宜的回访方式为顾客提供售后服务。项目回访与质量保修制度,应纳入承包人的质量管理体系,明确组织和人员的职责,提出服务工作计划,按管理程序进行控制。

(6)项目考核评价。项目结束后,应对项目管理的运行情况进行全面评价。项目考核评价是项目干系人对项目实施效果从不同角度进行的评价和总结。通过定量指标和定性指标的分析、比较,从不同的管理范围总结项目管理经验,找出差距,提出改进处理意见。

第二节　项目竣工收尾

一、竣工收尾工作小组

工程项目进入竣工收尾阶段,项目经理部要有的放矢地组织配备好竣工收尾工作小组,明确分工管理责任制,做到因事设岗、以岗定责,以责考核,限期完成。收尾工作小组要由项目经理亲自领导,成员包括技术负责人、生产负责人、质量负责人、材料负责人、班组负责人等多方面的人员参加,收尾项目完工要有验证手续,建立完善的收尾工作制度,形成目标管理保证体系。

二、项目竣工计划的编制

项目竣工收尾是项目结束阶段管理工作的关键环节,项目经理部应编制详细的竣工收尾工作计划,采取有效措施逐项落实,保证按期完成任务。

1. 项目竣工计划的编制程序

工程项目竣工计划的编制应按以下程序进行:

(1)制定项目竣工计划。项目收尾应详细清理项目竣工收尾的工程内容,列出清单,做到安排的竣工计划有切实可靠的依据。

(2)审核项目竣工计划。项目经理应全面掌握项目竣工收尾条件,认真审核项目竣工内容,做到安排的竣工计划有具体可行的措施。

(3)批准项目竣工计划。上级主管部门应调查核实项目竣工收尾情况,按照报批程序执行,做到安排的竣工计划有目标可控的保证。

2. 项目竣工计划的内容

工程项目竣工计划的内容,应包括现场施工和资料整理两个部分,两者缺一不可,两部分都关系到竣工条件的形成,具体包括以下几个方面:

(1)竣工项目名称。

(2)竣工项目收尾具体内容。

(3)竣工项目质量要求。

(4)竣工项目进度计划安排。

(5)竣工项目文件档案资料整理要求。

项目竣工计划的内容编制格式见表 15-1。

表 15-1   项目竣工计划

序号	收尾项目名称	简要内容	起止时间	作业队组	班组长	竣工资料	整理人	验证人

项目经理: 技术负责人: 编制人:

3. 项目竣工计划的检查

项目竣工收尾阶段前,项目经理和技术负责人应定期和不定期地组织对项目竣工计划进行反复的检查。有关施工、质量、安全、材料、内业等技术、管理人员要积极协作配合,对列入计划的收尾、修补、成品保护、资料整理、场地清扫等内容,要按分工原则逐项检查核对,做到完工一项、验证一项、消除一项,不给竣工收尾留下遗憾。

项目竣工计划的检查应依据法律、行政法规和强制性标准的规定严格进行,发现偏差要及时进行调整、纠偏,发现问题要强制执行整改。竣工计划的检查应满足下列要求:

(1)全部收尾项目施工完毕,工程符合竣工验收条件的要求。

(2)工程的施工质量经过自检合格,各种检查记录、评定资料齐备。

(3)水、电、气、设备安装、智能化等经过试验、调试,达到使用功能的要求。

(4)建筑物室内外做到文明施工,四周 2m 以内的场地达到了工完、料净、场地清。

(5)工程技术档案和施工管理资料收集、整理齐全,装订成册,符合竣工验收规定。

三、项目竣工自检

项目经理部完成项目竣工计划,并确认达到竣工条件后,应按规定向所在企业报告,进行项目竣工自查验收,填写工程质量竣工验收记录、质量控制资料核查记录、工程质量观感记录表,并对工程施工质量做出合格结论。

工程项目竣工自检的步骤如下：

(1)属于承包人一家独立承包的施工项目,应由企业技术负责人组织项目经理部的项目经理、技术负责人、施工管理人员和企业的有关部门对工程质量进行检验评定,并做好质量检验记录。

(2)依法实行总分包的项目,应按照法律、行政法规的规定,承担质量连带责任,按规定的程序进行自检、复检和报审,直到项目竣工交接报验结束为止。建设工程项目总分包竣工报检的一般程序如图15-2所示。

图15-2　工程项目总分包竣工报检程序

(3)当项目达到竣工报验条件后,承包人应向工程监理机构递交工程竣工报验单,提请监理机构组织竣工预验收,审查工程是否符合正式竣工验收条件。

第三节　项目竣工验收

一、项目竣工验收的概念

工程项目竣工验收是指承包人按施工合同完成了项目全部任务,经检验合格,由发承包人组织验收的过程。项目的交工主体应是合同当事人的承包主体。验收主题应是合同当事人的发包主体,其他项目参与人则是项目竣工验收的相关组织。

二、项目竣工验收的依据

工程项目竣工验收的主要依据包括以下几方面：

(1)上级主管部门对该项目批准的各种文件。包括可行性研究报告、初步设计,以及与项目建设有关的各种文件。

(2)工程设计文件。包括施工图纸及说明、设备技术说明书等。

(3)国家颁布的各种标准和规范。包括现行的工程施工质量验收规范、工程施工技术标准等。

(4)合同文件。包括施工承包的工作内容和应达到的标准,以及施工过程中的设计修改变更通知书等。

三、项目竣工验收的条件

工程项目必须达到以下基本条件,才能组织竣工验收:

(1)建设项目按照工程合同规定和设计图纸要求已全部施工完毕,达到国家规定的质量标准,能够满足生产和使用的要求。

(2)交工工程达到窗明地净,水通灯亮及采暖通风设备正常运转。

(3)主要工艺设备已安装配套,经联动负荷试车合格,构成生产线,形成生产能力,能够生产出设计文件中所规定的产品。

(4)职工公寓和其他必要的生活福利设施,能适应初期的需要。

(5)生产准备工作能适应投产初期的需要。

(6)建筑物周围 2m 以内的场地清理完毕。

(7)竣工决算已完成。

(8)技术档案资料齐全,符合交工要求。

为了尽快发挥建设投资的经济效益和社会效益,在坚持竣工验收基本条件的基础上,通常对于具备下列条件的工程项目,也可以报请竣工验收。

(1)房屋室外或住宅小区内的管线已经全部完成,但个别不属于承包商施工范围的市政配套设施尚未完成,因而造成房屋尚不能使用的建筑工程。

(2)非工业项目中的房屋工程已建成,只是电梯尚未到货或晚到货而未安装,或是虽已安装但不能与房屋同时使用。

(3)工业项目中的房屋建筑已经全部建成,只是因为主要工艺设计变更或主要设备未到货,只剩下设备基础未做的工程。

四、项目竣工验收范围与内容

1. 项目竣工验收的范围

工程项目的竣工验收是资产转入生产的标志,是全面考核和检查建设工程是否符合设计要求和工程质量的重要环节,是建设单位会同设计、施工单位向国家(或投资者)汇报建设成果和交付新增固定资产的过程。建设单位对已符合竣工验收条件的建设工程项目,要按照国家有关部门关于《建设项目竣工验收办法》的规定,及时向负责验收的

主管单位提出竣工验收申请报告,适时组织建设项目正式进行竣工验收,办理固定资产移交手续。建设工程项目竣工验收的范围如下:

(1)凡列入固定资产投资计划的新建、扩建、改建、迁建的建设工程项目或单项工程按批准的设计文件规定的内容和施工图纸要求全部建成符合验收标准的,必须及时组织验收,办理固定资产移交手续。

(2)使用更新改造资金进行的基本建设或属于基本建设性质的技术改造工程项目,也应按国家关于建设项目竣工验收规定,办理竣工验收手续。

(3)小型基本建设和技术改造项目的竣工验收,可根据有关部门(地区)的规定适当简化手续,但必须按规定办理竣工验收和固定资产交付生产手续。

2. 项目竣工验收的内容

(1)隐蔽工程验收。隐蔽工程是指在施工过程中上一工序的工作结束,被下一工序所掩盖,而无法进行复查的部位。对这些工程在下一道工序施工以前,建设单位驻现场人员应按照设计要求及施工规范规定,及时签署隐蔽工程记录手续,以便承包单位继续施工下一道工序,同时,将隐蔽工程记录交承包单位归入技术资料;如不符合有关规定,应以书面形式告诉承包单位,令其处理,符合要求后再进行隐蔽工程验收与签证。

隐蔽工程验收项目及内容。对于基础工程要验收地质情况、标高尺寸、基础断面尺寸,桩的位置、数量。对于钢筋混凝土工程,要验收钢筋的品种、规格、数量、位置、形状、焊接尺寸、接头位置、预埋件的数量及位置以及材料代用情况。对于防水工程要验收屋面、地下室、水下结构的防水层数、防水处理措施的质量。

(2)分项工程的验收。对于重要的分项工程,建设单位或其代表应按照工程合同的质量等级要求,根据该分项工程施工的实际情况,参照质量评定标准进行验收。在分项工程验收中,必须严格按照有关验收规范选择检查点数,然后计算检验项目和实测项目的合格或优良的百分比,最后确定出该分项工程的质量等级,从而确定能否验收。

(3)分部工程验收。在分项工程验收的基础上,根据各分项工程质量验收结论,对照分部工程的质量等级,以便决定可否验收。另外,对单位或分部土建工程完工后交转安装工程施工前,或中间其他过程,均应进行中间验收,承包单位得到建设单位或其中间验收认可的凭证后,才能继续施工。

(4)单位工程竣工验收。在分项工程的分部工程验收的基础上,通过对分项、分部工程质量等级的统计推断,结合直接反映单位工程结构及性能质量保证资料,便可系统地核查结构是否安全,是否达到设计要求;再结合观感等直观检查以及对整个单位工程进行全面的综合评定,从而决定是否验收。

(5)全部验收。全部是指整个建设项目已按设计要求全部建设完成,并已符合竣工验收标准,施工单位预验通过,建设单位初验认可。有设计单位、施工单位、档案管理机关、行业主管部门参加,由建设单位主持的正式验收。

进行全部验收时,对已验收过的单项工程,可以不再进行正式验收和办理验收手续,但应将单项工程验收单独作为全部建设项目验收的附件而加以说明。

五、项目竣工验收程序与方式

1. 项目竣工验收的程序

工程项目竣工验收工作,通常按图 15-3 所示程序进行。

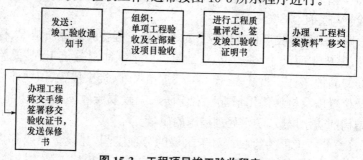

图 15-3　工程项目竣工验收程序

(1)发送《竣工验收通知书》。项目完成后,承包人应在检查评定合格的基础上,向发包人发出预约竣工验收的通知书,提交工程竣工报告,说明拟交工程项目的情况,商定有关竣工验收事宜。

承包人应向发包人递交预约竣工验收的书面通知,说明竣工验收前的准备情况,包括施工现场准备和竣工资料审查结论。发出预约竣工验收的书面通知应表达两个含义:一是承包人按施工合同的约定已全面完成建设工程施工内容,预验收合格;二是请发包人按合同的约定和有关规定,组织施工项目的正式竣工验收。《交付竣工验收通知书》的内容格式如下。

交付竣工验收通知书

××××(发包单位名称):

　　根据施工合同的约定,由我单位承建的××××工程,已于×××年××月××日竣工,经自检合格,监理单位审查签认,可以正式组织竣工验收。请贵单位接到通知后,尽快洽商,组织有关单位和人员于××××年××月××日前进行竣工验收。

　　附件:(1)工程竣工报验单
　　　　　(2)工程竣工报告

××××(单位公章)

年　月　日

　　(2)正式验收。项目正式验收的工作程序一般分为单项工程验收与全部验收两个阶段进行。

　　1)单项工程验收。指建设项目中一个单项工程,按设计图纸的内容和要求建成,并能满足生产或使用要求、达到竣工标准时,可单独整理有关施工技术资料及试车记录等,进行工程质量评定,组织竣工验收和办理固定资产转移手续。

　　2)全部验收。指整个建设项目按设计要求全部建成,并符合竣工验收标准时,组织竣工验收,办理工程档案移交及工程保修等移交手续。在全部验收时,对已验收的单项工程不再办理验收手续。

　　(3)进行工程质量评定,签发《竣工验收证明书》。验收小组或验收委员会,根据设计图纸和设计文件的要求,以及国家规定的工程质量检验标准,提出验收意见,在确认工程符合竣工标准和合同条款规定之后,应向施工单位签发《竣工验收证明书》。

　　(4)进行"工程档案资料"移交。"工程档案资料"是建设项目施工情况的重要记录,工程竣工后,应立即将全部工程档案资料按单位工程分类立卷,装订成册,然后,列出工程档案资料移交清单,注册资料编号、专业、档案资料内容、页数及附注。双方按清单上所列资料,查点清楚,移交后,双方在移交清单上签字盖章。移交清单一式两份,双方各自保存一份,以备查对。

(5)办理工程移交手续。工程验收完毕,施工单位要向建设单位逐项办理工程和固定资产移交手续,并签署交接验收证书和工程保修证书。

2. 项目竣工验收的方式

(1)工程竣工验收的方式。为了保证建设工程项目竣工验收的顺利进行,必须按照建设工程项目总体计划的要求,以及施工进展的实际情况分阶段进行。项目施工达到验收条件的验收方式可分为项目中间验收、单项工程验收和全部工程验收三大类,见表 15-2。规模较小、施工内容简单的建设工程项目,也可以一次进行全部项目的竣工验收。

表 15-2　　　　　　　　　建设工程项目验收的方式

类　型	验收条件	验收组织
中间验收	(1)按照施工承包合同的约定,施工完成到某一阶段后要进行中间验收。 (2)重要的工程部位施工已完成了隐蔽前的准备工作,该工程部位即将置于无法查看的状态	由监理单位组织,业主和承包商派人参加。该部位的验收资料将作为最终验收的依据
单项工程验收(交工验收)	(1)建设项目中的某个合同工程已全部完成。 (2)合同内约定有分步分项移交的工程已达到竣工标准,可移交给业主投入使用	由业主组织,会同承包商、监理单位、设计单位及使用单位等有关部门共同进行
全部工程竣工验收(动用验收)	(1)建设项目按设计规定全部建成,达到竣工验收条件。 (2)初验结果全部合格。 (3)竣工验收所需资料已准备齐全	大中型和限额以上项目由国家计委或由其委托项目主管部门或地方政府部门组织验收,小型和限额以下项目由项目主管部门组织验收。验收委员会由银行、物资、环保、劳动、统计、消防及其他有关部门组成,业主、监理单位、施工单位、设计单位和使用单位参加验收工作

(2)工程竣工验收报告的格式。根据专业特点和工程类别不同，各地工程竣工验收报告编制的格式也有所不同，《工程竣工验收报告》的常用格式见表 15-3。

表 15-3　　　　　　　　　　工程竣工验收报告

工程概况	工程名称		建设面积	
	工程地址		结构类型	
	层　数	地上　层；地下　层	总　高	
	电　梯	台	自动扶梯	台
	开工日期		竣工日期	
	建设单位		施工单位	
	勘察单位		监理单位	
	设计单位		质量监督	
	完成设计与合同约定内容情况			
验收组织形式				
验收组组成情况	专　业			
	建筑工程			
	建筑给排水与采暖工程			
	建筑电气安装工程			
	通风与空调工程			
	电梯安装工程			
	建筑智能化工程			
	工程竣工资料审查			
竣工验收程序				

续表

工程竣工验收意见	建设单位执行基本建设程序情况：	
	对工程勘察方面的评价：	
	对工程设计方面的评价：	
	对工程施工方面的评价：	
	对工程监理方面的评价：	
建设单位	项目负责人：	
		（单位公章）
		年　　月　　日
勘察单位	勘察负责人：	
		（单位公章）
		年　　月　　日
设计单位	设计负责人：	
		（单位公章）
		年　　月　　日
施工单位	项目经理： 企业技术负责人：	
		（单位公章）
		年　　月　　日
监理单位	总监理工程师：	
		（单位公章）
		年　　月　　日

竣工验收报告附件：

(1)施工许可证。

(2)施工图设计文件审查意见。

(3)勘察单位对工程勘察文件的质量检查报告。

(4)设计单位对工程设计文件的质量检查报告。

(5)施工单位对工程施工质量的检查报告，包括工程竣工资料明细、分类目录、汇总表。

(6)监理单位对工程质量的评估报告。

(7)地基与勘察、主体结构分部工程以单位工程质量验收记录。

(8)工程有关质量检测和功能性试验资料。

(9)建设行政主管部门、质量监督机构责令整改问题的整改结果。

(10)验收人员签署的竣工验收原始文件。

(11)竣工验收遗留问题处理结果。

(12)施工单位签署的工程质量保修书。

(13)法律、行政法规、规章规定必须提供的其他文件

第四节 工程文件归档管理

工程文件是建设工程的永久性技术资料,是施工项目进行竣工验收的主要依据,也是建设工程施工情况的重要记录。因此,工程文件的准备必须符合有关规定及规范的要求,必须做到准确、齐全,能够满足建设工程进行维修、改造、扩建时的需要。

一、工程文件归档整理基本规定

工程文件的归档整理应按国家发布的现行标准、规定执行,《建设工程文件归档整理规范》(GB/T 50328—2001)、《科学技术档案案卷构成的一般要求》(GB/T 11822—2008)等。承包人向发包人移交工程文件档案应与编制的清单目录保持一致,须有交接签认手续,并符合移交规定。

二、工程文件资料的内容

工程文件资料主要包括:

(1)工程项目开工报告。

(2)工程项目竣工报告。

(3)分项、分部工程和单位工程技术人员名单。

(4)图纸会审和设计交底记录。

(5)设计变更通知单。

(6)技术变更核实单。

(7)工程质量事故发生后调查和处理资料。

(8)水准点位置、定位测量记录、沉降及位移观测记录。

(9)材料、设备、构件的质量合格证明资料。

(10)试验、检验报告。

(11)隐蔽验收记录及施工日志。

(12)竣工图。

(13)质量检验评定资料。

(14)工程竣工验收资料。

三、工程文件的交接程序

(1)承包人,包括勘察、设计、施工必须对工程文件的质量负全面责任,对各分包人做到"开工前有交底,实施中有检查,竣工时有预验",确保工程文件达到一次交验合格。

(2)承包人,包括勘察、设计、施工根据总分包合同的约定,负责对分包人的工程文件进行中检和预验,有整改的待整改完成后,进行整理汇总一并移交发包人。

(3)承包人根据建设工程合同的约定,在项目竣工验收后,按规定和约定的时间,将全部应移交的工程文件交给发包人,并符合档案管理的要求。

(4)根据工程文件移交验收办法,建设工程发包人应组织有关单位的项目负责人、技术负责人对资料的质量进行检查,验证手续应完备,应移交的资料不齐全,不得进行验收。

四、工程文件的审核

项目竣工验收时,应对以下几个方面进行审核。

(1)材料、设备构件的质量合格证明材料。

(2)试验检验资料。

(3)核查隐蔽工程记录及施工记录。

(4)审查竣工图。建设项目竣工图是真实地记录各种地下,地上建筑物等详细情况的技术文件,是对工程进行交工验收、维护、扩建、改建的依据,也是使用单位长期保存的技术资料。监理工程师必须根据国家有关规定对竣工图绘制基本要求进行审核,以考查施工单位提交竣工图是否符合要求,一般规定如下:

1)凡按图施工没有变动的,则由施工单位(包括总包和分包施工单位)在原施工图上加盖"竣工图"标志后即作为竣工图。

2)凡在施工中,虽有一般性设计变更,但能将原施工图加以修改补充作为竣工图的,可不重新绘制,由施工单位负责在原施工图(必须是新蓝图)上注明修改部分,并附以设计变更通知单和施工说明,加盖"竣工图"标志后,即作为竣工图。

3)如果设计变更的内容很多,如改变平面布置、改变工艺、改变结构形式等,就必须重新绘制改变后的竣工图。由于设计原因造成,由设计单位负责重新绘图;由于施工原因造成的,由施工单位负责重新绘图;由于其他原因造成的,由建设单位自行绘图或委托设计单位绘图,施工单位负责在新图上加盖"竣工图"标志附以有关记录和说明,作为竣工图。

4)各项基本建设工程,特别是基础、地下建筑物、管线、结构、井巷、峒室、桥梁、隧道、港口、水坝以及设备安装等隐蔽部位都要绘制竣工图。

在审查施工图时,应注意以下三个方面:

1)审查施工单位提交的竣工图是否与实际情况相符。若有疑问,及时向施工单位提出质询。

2)竣工图图面是否整洁,字迹是否清楚,是否用圆珠笔和其他易于褪色的墨水绘制,若不整洁,字迹不清,使用圆珠笔绘制等,必须让施工单位按要求重新绘制。

3)审查中发现施工图不准确或短缺时,要及时让施工单位采取措施修改和补充。

五、工程文件的签证

项目竣工验收文件资料经审查,认为已符合工程承包合同及国家有关规定,而且资料准确、完整、真实,监理工程师便可签署同意竣工验收的意见。

参 考 文 献

[1] 本丛书编审委员会. 建筑工程施工项目管理总论[M]. 北京:机械工业出版社,2005.

[2] 成虎. 工程项目管理[M]. 北京:中国建筑工业出版社,2001.

[3] 丛培经. 实用工程项目管理手册[M]. 北京:中国建筑工业出版社,1999.

[4] 杜晓玲. 建设工程项目管理[M]. 北京:机械工业出版社,2006.

[5] 宫立鸣,孙正茂. 工程项目管理[M]. 北京:化学工业出版社,2005.

[6] 郭汉丁. 业主建设工程项目管理指南[M]. 北京:机械工业出版社,2005.

[7] 胡志根,黄建平. 工程项目管理[M]. 武汉:武汉大学出版社,2004.

[8] 国家标准. GB/T 50326—2006 建设工程项目管理规范[S]. 北京:中国建筑工业出版社,2006.

[9] 《建设工程项目管理规范》编写委员会. 建设工程项目管理规范实施手册[M]. 2 版. 北京:中国建筑工业出版社,2006.

[10] 《建筑施工手册》编写组. 建筑施工手册[M]. 4 版. 北京:中国建筑工业出版社,2001.

[11] 刘伊生. 建设项目管理[M]. 北京:北方交通大学出版社,2001.

[12] 田振郁. 工程项目管理实用手册[M]. 2 版. 北京:中国建筑工业出版社,2000.

[13] 魏连雨. 建设项目管理[M]. 北京:中国建材工业出版社,2000.

[14] 吴涛. 施工项目经理工作手册[M]. 北京:地震出版社,1998.

[15] 张检身. 建设项目管理指南[M]. 北京:中国计划出版社,2002.

[16] 张月娴,田以堂. 建设项目业主管理手册[M]. 北京:中国水利水电出版社,1998.

[17] 赵顺福. 项目法施工管理实用手册[M]. 北京:中国建筑工业出版社,2001.

[18] 冯州,张颖. 项目经理安全生产管理手册[M]. 北京:中国建筑工业出版社,2004.

[19] 上海市建筑业联合会. 项目经理安全知识读本[M]. 北京:中国建筑工业出版社,2002.